高等学校教材

有限单元法基础

FUNDAMENTALS OF FINITE ELEMENT METHOD

严波 编著

高等教育出版社·北京

内容简介

本书针对弹性力学、热传导和结构力学线性问题，介绍实体和结构分析有限单元方法。全书共13章，主要内容包括：绪论，弹性力学和热传导基础，加权残值法和变分原理，有限单元法的基本原理，单元插值函数构造，单元映射和数值积分，弹性实体有限元分析，杆件结构力学问题，板壳结构力学问题，复合材料结构力学问题，热传导和热应力问题，动力学问题，混合型有限元公式。

本书力求细化理论公式推导过程，便于读者自学。为了便于无张量分析基础的非力学类工科专业的读者学习理解，书中公式采用矩阵表达，未涉及张量描述。除了重点讲解有限单元法的原理和方法外，习题中还包括了程序设计作业，以加强对读者编程技能的培养；给出了利用有限元软件计算分析的练习题，以培养读者利用有限元方法解决实际问题的能力。本书配套的数字资源包括电子教案、习题算例的视频演示及分析，以便于读者学习参考。（需手机或PC端登录访问，见书中数字课程说明页）

本书适用于力学类、航空航天类、机械类、土木类等相关工科专业的本科生和研究生学习有限单元法的基本理论和方法，同时也适合从事数值仿真的工程师自学和应用参考。

图书在版编目（CIP）数据

有限单元法基础 / 严波编著. -- 北京 ：高等教育出版社，2022.2

ISBN 978-7-04-057947-5

Ⅰ. ①有… Ⅱ. ①严… Ⅲ. ①有限元法-教材 Ⅳ. ①O241.82

中国版本图书馆CIP数据核字(2022)第008098号

有限单元法基础

YOUXIAN DANYUAN FA JICHU

策划编辑 赵向东　责任编辑 赵向东　封面设计 于 婕 姜 磊　版式设计 于 婕

插图绘制 于 博　责任校对 窦丽娜　责任印制 韩 刚

出版发行 高等教育出版社
社　　址 北京市西城区德外大街4号
邮政编码 100120
印　　刷 北京华联印刷有限公司
开　　本 787 mm×1092 mm 1/16
印　　张 27.25
字　　数 580千字
购书热线 010－58581118
咨询电话 400－810－0598

网　　址 http://www.hep.edu.cn
http://www.hep.com.cn
网上订购 http://www.hepmall.com.cn
http://www.hepmall.com
http://www.hepmall.cn

版　　次 2022年2月第1版
印　　次 2022年12月第2次印刷
定　　价 58.00元

物 料 号 57947－00

有限单元法基础

1 计算机访问http://abook.hep.com.cn/1262771，或手机扫描二维码、下载并安装Abook应用。

2 注册并登录，进入"我的课程"。

3 输入封底数字课程账号（20位密码，刮开涂层可见），或通过Abook应用扫描封底数字课程账号二维码，完成课程绑定。

4 单击"进入课程"按钮，开始本数字课程的学习。

课程绑定后一年为数字课程使用有效期。受硬件限制，部分内容无法在手机端显示，请按提示通过计算机访问学习。

如有使用问题，请发邮件至abook@hep.com.cn。

http://abook.hep.com.cn/1262771

前言

有限单元法是结构分析软件的核心理论。面向国家强国战略,从大型复杂工程结构的设计到各种高精尖技术的开发都离不开以有限元数值模拟技术为核心的CAE软件的支撑。开发具有自主知识产权的CAE软件以及利用有限元数值模拟技术从事工程分析和科学研究,需要培养深入掌握有限单元理论方法和具有爱国情怀的专业技术人才。本书的编写正是在这样的需求和激励下完成的。

作者多年来承担重庆大学工程力学专业本科生的"计算力学"、硕士研究生的"计算固体力学"、博士研究生的"高等计算力学"课程的教学工作,在多年的教学过程中发现,目前国内关于有限单元法的教材有的讲解比较简单,不能满足强化基础理论学习的要求;有的内容偏难,公式推导偏简略,不能满足自学的需要。此外,专业课程教学学时大幅压缩,专业知识内容不断扩展,急需既有深度和广度又便于自学的教材。作者以经过多年使用的自编讲义为基础,通过不断扩展、修改和完善而形成本教材。

本教材定位于力学类、航空航天类、土木类和机械类等相关专业的本科生和研究生学习有限单元(简称有限元)基本理论和方法。使用本教材进行教学的过程中,应侧重于有限元基本理论和方法的学习,程序设计和软件应用能力的培养。本教材具有如下特色:

(1) **本教材力求对有限元的基本原理和方法进行详细和深入讲解,细化公式的推导过程,易于学生自学理解。**

(2) 工程实际中除了大量的实体结构外,广泛应用杆、梁和板壳结构,近年来复合材料结构在各种工程领域中也得到越来越广泛的应用。**本教材除了讲解实体有限元外,还系统讲解杆件结构、板壳结构和复合材料结构的有限元方法,形成较完整的体系。**

(3) 有限元方法的学习需要结合计算机编程,尽管有些教材附有一套完整的有限元程序,供学生参考,但这种方式不利于学生在理论学习过程中对各个知识点的逐步理解。**本教材在相关章节的习题中给出了程序设计作业,要求读者结合所学理论知识,编写计算机程序以加深对有限元方法的理解。**

(4) 在利用有限元方法和软件解决科学研究和工程实际中的问题时,如何建立合理的有限元模型是关键。**本教材注重讲解实际应用时如何建立合理的有限元模型,如何选择单**

元，如何判断和保证计算精度，如何分析计算结果等。

(5) 通过本课程的学习，要求读者掌握有限元的基本理论，并且具备基本的编程能力和利用商用有限元软件分析解决实际问题的能力。本教材适合于有限元理论学习、上机编程实践以及利用商用有限元软件分析科学研究和工程实际问题的能力培养。

(6) 本教材内容包括了有限元的基本理论和方法，同时增加了部分带(*)号的扩充内容，如约束变分原理和混合型有限元方法等，这些内容可根据实际需求选择学习。

重庆大学航空航天学院对本教材的编写给予了大力支持，重庆大学工程力学系的部分教师和同学也提出了很多宝贵的意见和建议，使得本教材得以顺利完成，在此表示感谢。清华大学航空航天学院庄茁教授审阅了书稿，提出了宝贵的意见，并对本教材的编写给予了肯定和大力支持，在此一并表示衷心的感谢！

由于作者水平有限，不当和疏漏在所难免，恳请读者批评指正。

严　波

2021 年 3 月于重庆大学

目录

0 第0章 绪论

0.1 微分方程数值近似解法

自然界的很多现象都可用微分方程进行描述。如固体在外载荷作用下的变形和应力可以用平衡方程、本构方程、几何方程描述，通过求解这些微分方程组在给定的位移和力边界条件下的解，即可获得物体的位移场、应变场和应力场。对于动力学问题，通过求解微分方程组在给定初始条件下的时间响应，可以得到结构的位移和应力时程，从而对结构的运动平稳性和强度进行分析和评判。流体(液体或气体)的流动可以采用流体力学理论给出流体的运动方程和保守方程，通过求解流体动力学方程，可以得到流场的分布，进而可以分析流体的流动特征。物质在热流或外界温度作用下的热传导问题，可以用热传导方程描述，通过求解热传导微分方程在给定的温度、热流、对流和辐射等边界条件下的解，可以得到温度和热流在物质中的分布与传导规律。与热传导问题类似的渗流等扩散问题可以用扩散方程描述，通过微分方程的求解可以得到各种场变量的扩散规律。此外，电磁场问题也可以利用微分方程描述，通过求解微分方程的解可以得到磁场和电场分布。

随着现代科学技术的发展，对考虑多种因素的耦合问题的研究越来越受到重视。描述各种耦合问题的理论不断出现，如流固耦合、热力耦合、力电磁耦合等。描述这些耦合问题的微分方程中出现了耦合物理量，使得微分方程的求解变得更加复杂。对描述各种物理现象的微分方程的求解是获取物理规律、理解物理机理的必要过程。然而，仅仅对于十分有限的简单问题或简化模型，才可以采用解析求解方法获得微分方程的解。实际工程和产品设计中的大量的复杂问题远远超出了求解析解的能力。

计算数学方法为求解各类微分方程的近似解提供了有效途径。采用数值近似方法求解各类场方程已成为必不可少的重要手段。特别是计算机硬件和软件技术的快速发展，使得微分方程数值求解技术及其计算软件得到了突飞猛进的发展。根据描述问题的微分方程的特点,不同类型的微分方程适用于不同的数值近似求解方法,这些方法主要有两类:一类是假设解的近似函数形式,通过特定的方法确定近似函数中的待定参数,从而获得微分方程的近似解。通常把描述问题的微分方程称为系统方程的**强式形式**。如有限差分法就是一种典型的基于强式形式的数值近似求解方法。采用强式方法,要求假设的近似函数要具有足够的连续性,且与微分方程具有同阶的可导性,这在有的情况下会带来困难。另一类近似求解方法是首先建立描述原问题微分方程的等效积分形式,然后假设解的近似函数,通过求解积分方程的近似解得到原问题的解。采用这种方法可以降低对近似函数的连续性要求,使数值近似计算变得更加容易。通常把与原微分方程等效的积分方程称为**弱式形式**(简称弱形式)。基于弱形式的公式通常是一组稳定性良好的离散系统方程,可以获得高精度的解。有限单元(简称有限元)方法即是一种典型的基于微分方程弱形式的近似求解方法。

时至今日,已经发展了很多求解微分方程的数值近似方法。除了前面提到的有限差分法和有限单元法外,还有边界元法、有限条元法、无网格法、无限元法、扩展有限元法、流形法和有限体积法等。在所有这些方法中,目前有限单元法的理论和软件发展最完善,应用最为广泛。

0.2 有限元近似解法的基本思想

有限单元法是一种求解微分方程近似解的方法。基于有限元方法的软件已经发展到很高的水平,其在固体力学、热传导、电磁场、流体动力学等领域中得到了极其广泛和成功的应用。本书重点学习弹性力学、热传导和结构力学问题有限单元法的基础理论和方法。

要求得描述问题的场方程在给定边界条件下的解,通常需要假设一个具有待定参数的近似解的形式。然而,对于绝大多数的实际问题,要在问题的全域上假设一个合理的近似解的形式非常困难,甚至是不可能的。因此,可以将求解的全域离散成一些小的区域的集合,在这些小区域中容易假设近似函数的形式,并可以在这些小区域中建立近似方程,通过组集所有小区域的方程得到全域的近似方程组,或基于小区域的近似函数直接建立全域的近似方程,最后求解方程即可获得全域的近似解。这种思想又称为分片近似,是有限单元法中结构离散化的核心。

以弹性力学为例,有限单元法将具有无穷自由度的弹性固体,用简单几何形状的小区域的集合体近似替代,即对弹性体进行离散化。这些小区域称为单元,每一个单元的边和连接这些边的点描述了该单元的几何特征,这些点称为结点。进而可在单元基础上建立位移的近似函数,以单元结点的位移作为基本变量,通过插值函数将单元内任意一点的位移用结点的位移表达,利用几何关系和本构关系将单元中任意点的应变和应力都用结点位移表达。结点的位移即是近似函数中的待定参数。这样,原来的连续体结构可以用有限个单元的集合近似代替,将原结构的无穷多个自由度(物理量)用有限个结点的基本物理量(位移)表达。进一步采用数值近似方法,如加权残值法和变分原理等,建立起以有限个结点位移为基本变量的代数方程组。最后采用数值方法求解该微分方程组，即可得到每一个结点的位移。在得到这些结点位移后，即可以在单元内计算任意点的位移，再根据需要可以利用几何方程和本构方程计算得到任意点的应变和应力。

归纳起来，有限单元法的最基本的思路是：首先，将具有无穷自由度的连续体用有限个具有简单几何形状的单元集合体近似，即对结构进行离散；其次，在单元基础上建立解的近似函数，即利用插值函数建立单元内任意一点物理量与结点物理量之间的关系；进而，采用加权残值法或变分原理建立以结点变量为基本变量的代数方程组；再次，利用数值方法求解代数方程组，获得所有结点的基本物理量；最后，根据需要利用单元插值函数计算其他任意点的基本物理量以及其他相关物理量。以上每一环节的理论方法及其实现正是本书的核心内容。图 0.1 所示为弹性力学有限单元法的基本求解过程。

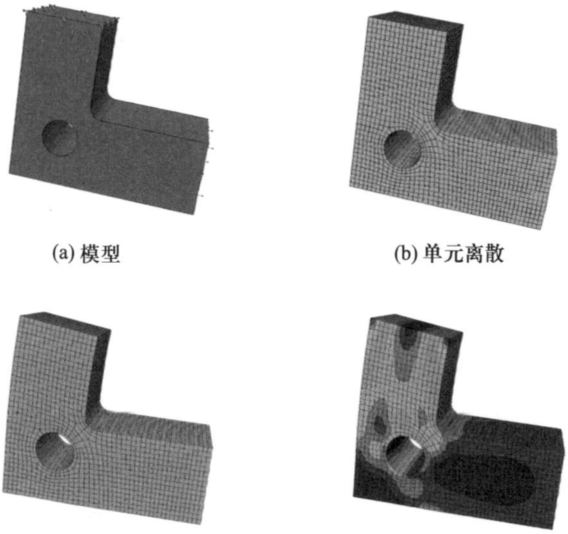

(a) 模型　　(b) 单元离散

(c) 变形　　(d) 应力分布

建立力学模型→离散化→确定结点基本变量（位移）→单元插值→建立离散方程组→数值求解方程组→获得结点位移→根据需要计算任意点的位移、应力、应变等

图 0.1　弹性力学有限单元法的基本求解过程

有限元方法的理论建立在严密的数学和物理理论之上，具有严密可靠的理论基础。同时，有限单元法采用矩阵运算，便于计算机编程实现，具有高效性。

0.3　有限单元法及其软件发展概述

1943 年美国数学家 Cournt 率先提出了离散化思想，即将结构划分成一系列三角形区域，在三角形区域上定义分片连续函数，并结合最小势能原理求解了圣维南扭转问题，这是最早出现的以离散化的思想方法求解连续体问题，可视为有限单元法思想的起源。1956 年 Turne 和 Clough 等提出了数值分析的一般定义，将刚架结构分析中的位移法推广到弹性力学平面问题,首次给出了三角形单元求解平面问题的方法,并将其应用于飞机结构的计算分析。他们的工作开启了使用计算机求解复杂弹性力学问题的新里程。1960年Clough第一次提出了"有限单元"的概念。

伴随计算机的出现,有限单元法开始应用于实际结构的分析。20世纪70年代初期,限于有限元理论、软件和计算机硬件条件,有限元分析仅限于航空航天、汽车、国防和核工业等领域,应用范围非常有限。自20世纪70年代以后,以英国Swansea大学的计算力学泰斗Zienkiewicz教授为代表的一大批科学家进一步发展和完善了有限元理论和方法,对有限单元技术的发展做出了巨大贡献。时至今日,有限单元理论方法的研究和应用已经极其广泛。从线性弹性问题扩展到了材料非线性问题、几何非线性问题、接触非线性问题;从静态和稳态问题扩展到了动态和瞬态问题;从固体力学问题扩展到了流体力学、热传导和电磁场等问题;从非耦合物理问题扩展到了各种耦合问题;从串行计算扩展到了大规模并行计算等。

尽管有限元的基本理论和方法已发展到相当高的水平,随着对特殊和极端条件下各种物理力学问题的关注,未来还有很多问题有待进一步研究完善,包括发展新的材料本构模型和单元形式;复杂工况和极端条件下结构全寿命过程的响应分析方法;材料、几何、边界等多重非线性耦合分析方法;结构、流体、热、电、化学等多场耦合分析方法;跨时间和跨空间尺度的多尺度分析方法;随机和模糊的非确定分析方法以及分析结果的评估和自适应分析方法等。

有限单元法的应用离不开计算机软件的开发。在有限元方法出现的初期,即20世纪50到60年代,出现了针对特定问题的专用有限元软件。20世纪70年代,美国NASA在实施"阿波罗"登月计划时开发了第一套通用有限元软件,这是第一个商用有限元结构分析软件NASTRAN的前身。之后,涌现了很多大型的通用有限元结构分析商用软件,如NASTRAN、ASKA、SAP、ALGO、ANSYS、ADINA、I-DEAS、MARC、ABAQUS等。我国通用有限元软件的开发长期以来处于落后状态,著名计算力学专家钟万勰院士一直强烈呼吁中国应开发具有独立自主知识产权的有限元软件,并极力推动软件开发工作。然而,由于种种原因,国产软件发展缓慢,与国际先进软件存在巨大差距。可喜的是,近年我国CAE软件的开发已经提高到国家发展战略的高度,受到极大的重视,目前已经取得可喜的进展,如大连理工大学开发的JIFEX和重庆励颐拓公司开发的LiToSim等。

随着计算机图形学的发展,网格自动划分技术以及计算结果的图像显示技术得到了飞速的发展。现有的有限元商用软件已经具备了强大的结构几何建模,边界条件施加,网格自动划分和优化,结构变形、位移、应力、应变计算结果的图像显示等前后处理功能。

此外,商用有限元结构分析软件一般还融合了结构力学分析、传热分析、电磁场分析、声场分析、各种耦合分析、疲劳寿命分析、大型方程组的并行算法等功能。为了满足用户开发新的材料模型和新的单元等,现有商用有限元软件还提供了多种开放接口,用户可以根据需要利用用户自定义程序添加新的材料模型和单元等,以满足特殊要求,求解特殊的问题。

各种商用有限元软件一直在不断发展中,很多软件开发商都会定期发布新的版本,补充完善计算功能,优化计算方法,提高计算能力等。目前,商用有限元结构分析软件已经在各行各业中得到非常广泛和成功的应用。

0.4 有限单元法在工程和科学研究中的应用

有限元方法和软件已经在航空航天、军事装备、交通运输工程、土木工程、机械工程、水利工程、船舶工程、能源工程、生物医学工程以及材料加工等领域中得到了极其广泛和成功的应用,成为了工程和产品设计的必要工具。有限元分析软件和计算机辅助设计/计算机辅助制造/计算机辅助工程(CAD/CAM/CAE)等软件系统共同集成,形成了完整的虚拟产品开发(VPD)系统。此外,有限元数值模拟技术已经成为现代科学技术研究中的重要手段。基于有限元的数值仿真技术,已在不同领域的科学研究中发挥了极其重要的作用。以下给出有限元方法在工程结构和科学研究中的几个典型实例。

图 0.2 所示为某无人机平直机翼结构有限元分析。该机翼下方外挂两枚导弹,用有限元方法模拟机翼在极限载荷下的变形和应力分布。通过改变机翼结构构件的几何参数和布置,进行有限元参数化模拟分析可以获得结构的优化设计方案。

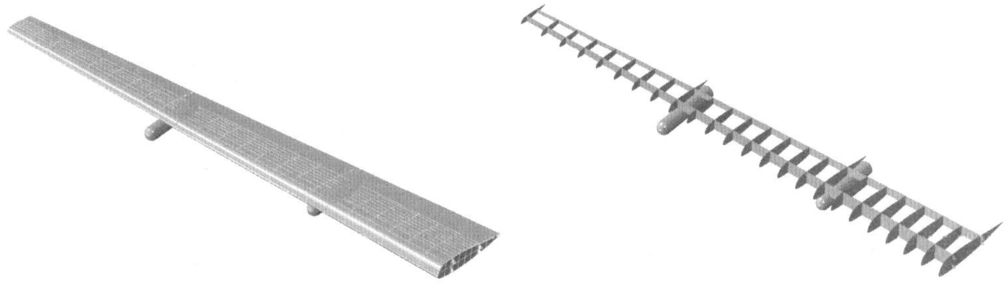

(a) 有限元模型

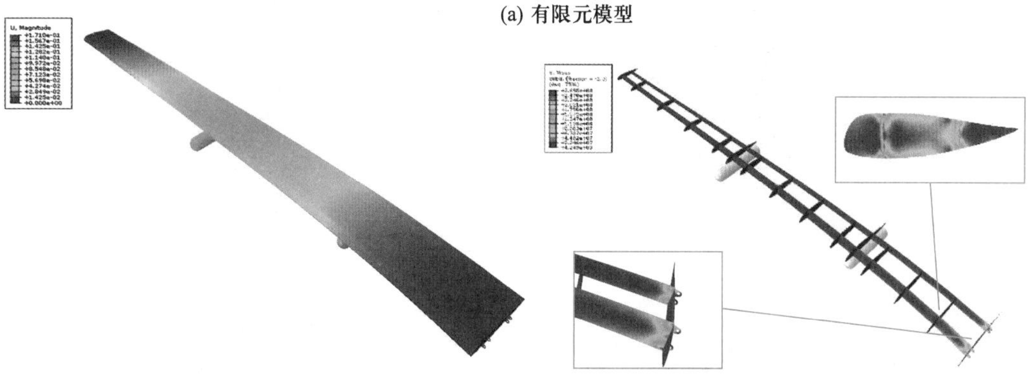

(b) 应力分布

图 0.2 某无人机平直机翼结构有限元分析

图 0.3 所示为某连续铸造机中的大型钢水罐回转台在放包时的结构有限元分析(青绍平,严波,等,2008)。该结构包括了 400 多个零部件,模型中考虑了包括螺栓连接区域的几乎所有细节。回转台设计过程中利用有限元数值模拟计算,指导结构的改进,直到满足设计要求为止。该回转台最终设计方案由有限元模拟得到的最大位移与实测结果吻合。

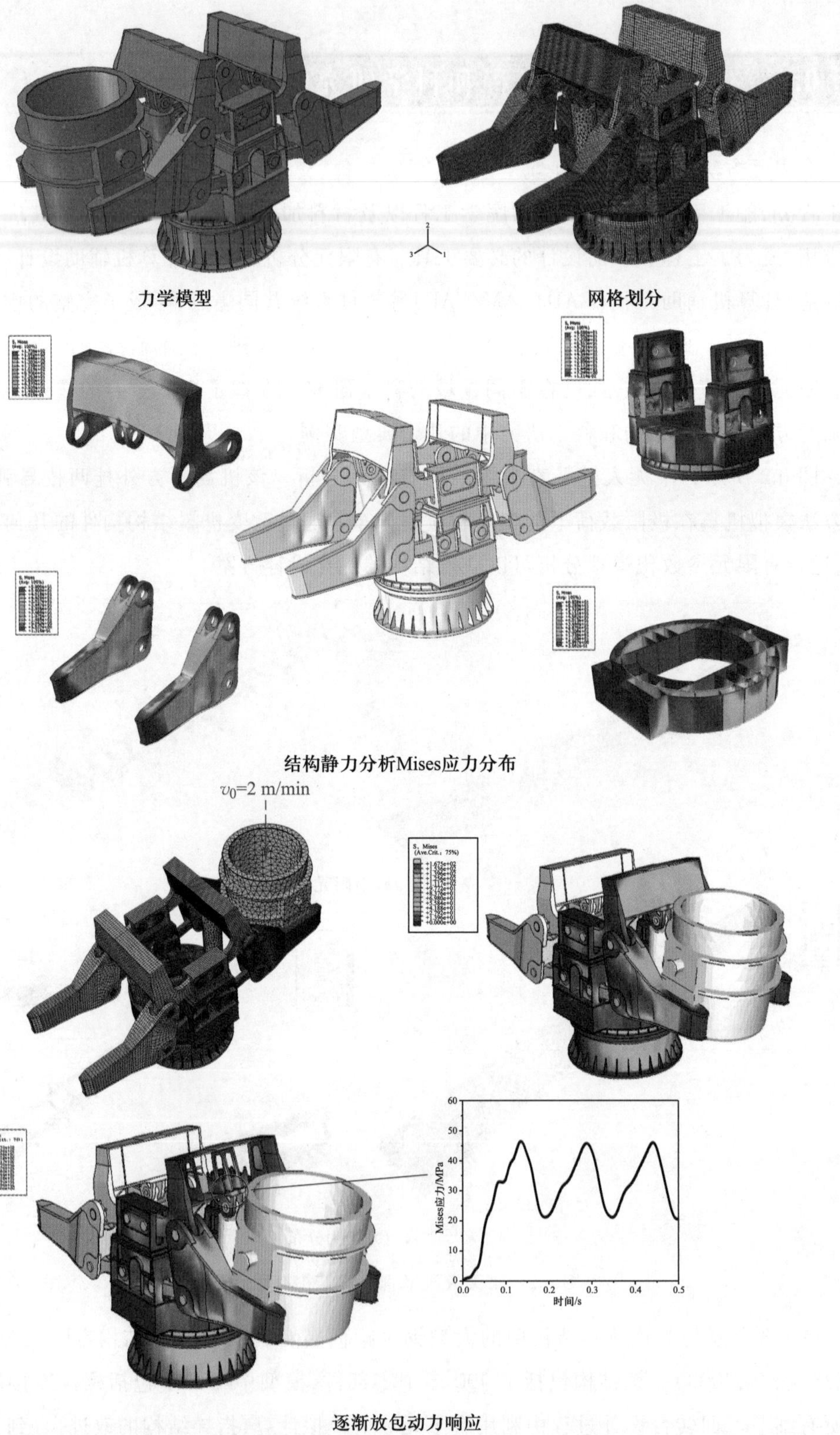

图 0.3　某连续铸造机钢水罐回转台结构静动力有限元分析

图 0.4 所示为某轿车白车身有限元模态分析（邓华超，2016）。车身对驾乘人员提供便利的驾乘环境，保护驾乘人员免受在汽车行驶时产生的振动、噪声、废气的伤害。对白车身进行模态分析，不仅能考察其整体刚度特性，并且可以优化车身结构，使其低阶固有频率避开来自多方面的激励频率。

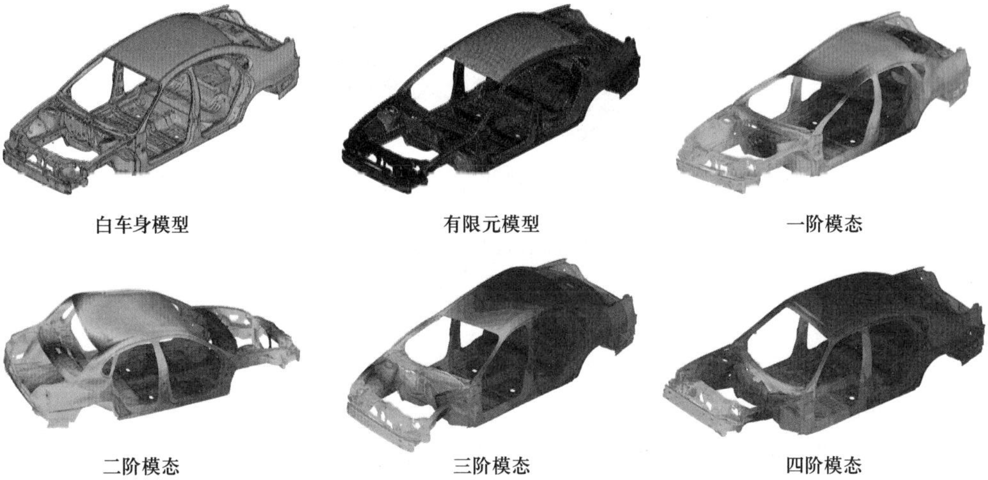

图 0.4　某轿车白车身有限元模态分析

图 0.5 所示为某型皮卡车碰撞过程的有限元模拟（林翔，2020）。在汽车安全性设计中，需要模拟汽车在不同碰撞速度以及与障碍之间呈不同碰撞速度时的碰撞力-位移曲线、B 柱下端的加速度曲线，以及汽车结构的变形和应力等，为汽车设计提供依据。

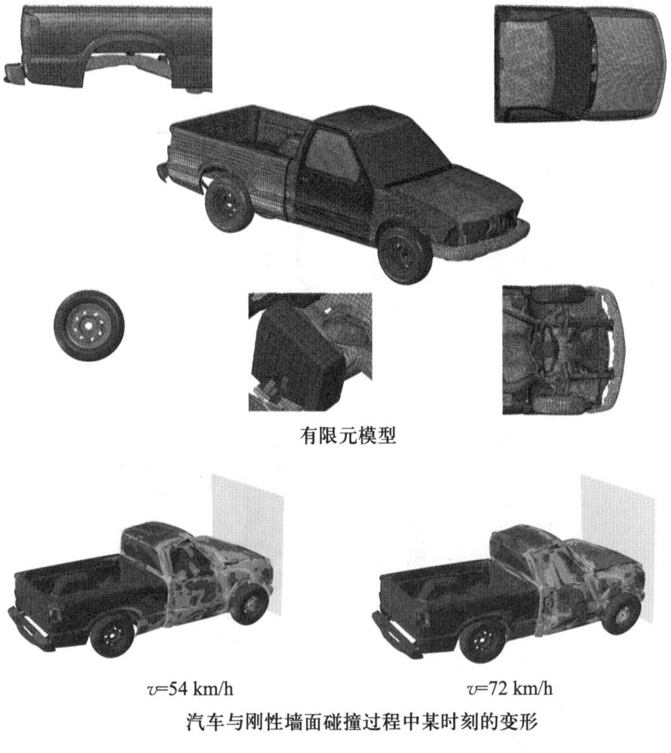

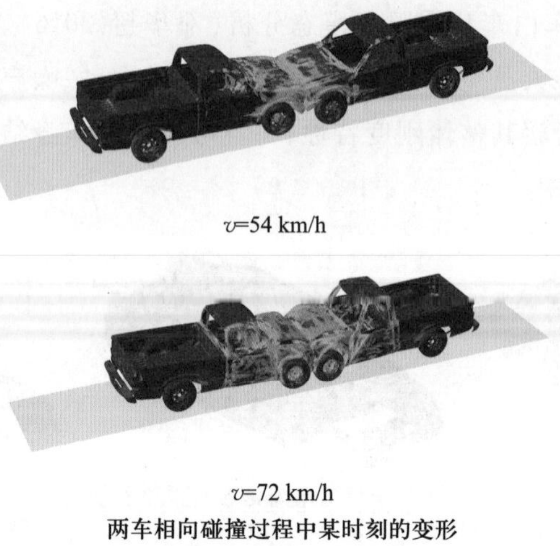

图 0.5　某型皮卡车碰撞过程有限元数值模拟

图 0.6 所示为某大型汽轮发电机端部的模态有限元分析(Zhao and Yan, et al., 2014)。为了避免发电机工作过程中由于电磁力作用导致的共振问题,要求发电机端部对应于特定模态的固有频率必须避开电磁力变化的频率。为此,利用有限元模拟进行参数化分析,研究结构构件几何特征尺寸、构件之间的连接关系等对结构固有频率和模态的影响规律,进而获得优化的结构设计参数。

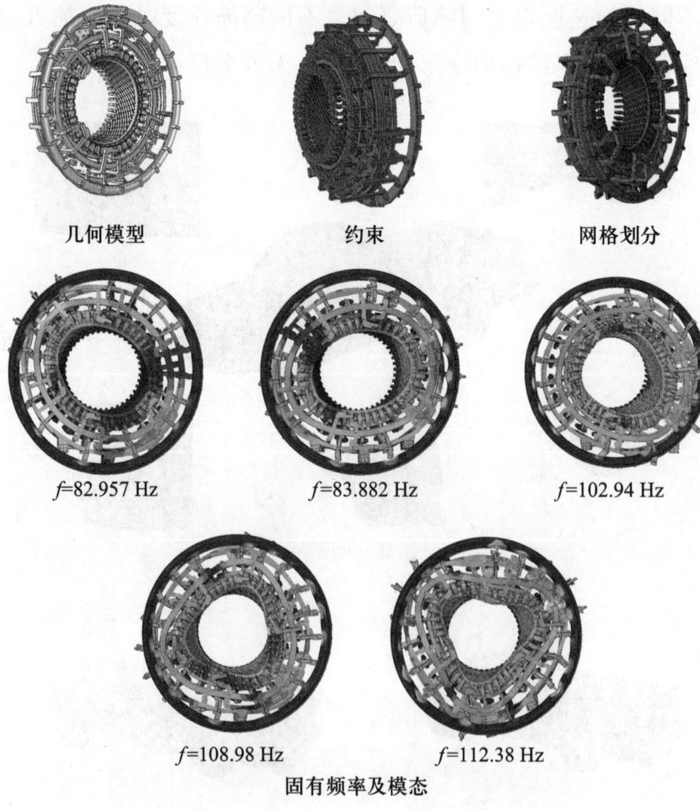

图 0.6　某大型汽轮发电机端部模态有限元分析

图 0.7 所示为异型坯连铸过程中结晶器铜板及铸坯热力行为有限元数值模拟结果(Luo and Yan,et al.,2012,2013;罗伟,2012)。异型坯连铸结晶器铜板的传热和热变形对铸坯的凝固过程及其质量影响显著,结晶器上的水孔设计是影响结晶器传热及铸坯的凝固、热变形和热应力的关键因素,其优化设计对连铸产品的质量控制具有极其重要的意义。

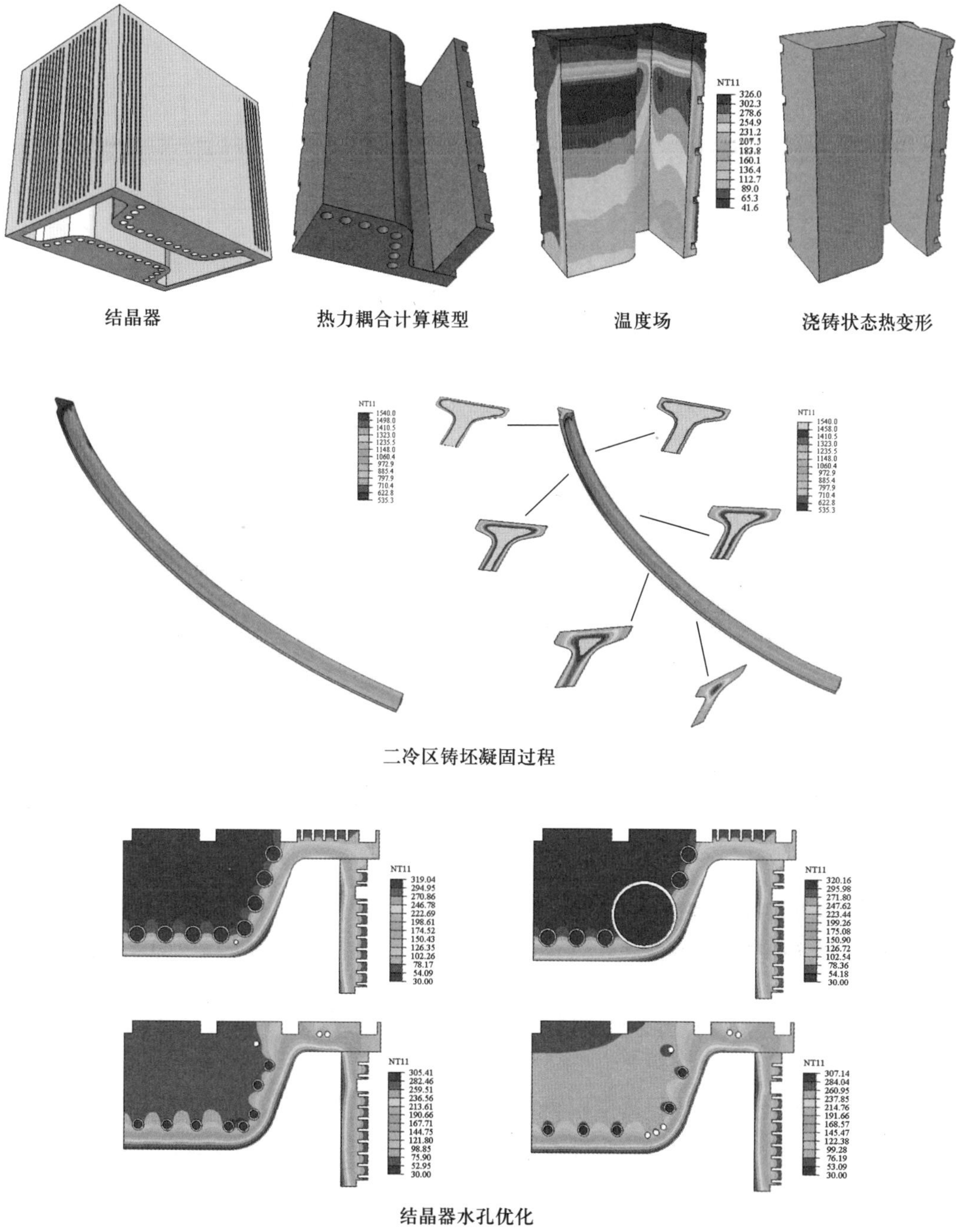

图 0.7　异型坯连铸过程中结晶器铜板及铸坯热力行为有限元模拟

图 0.8 所示为八分裂特高压同塔双回输电线路塔线体系有限元模型。采用有限元方法可对其在风载荷、脱冰和地震等激励下的动力响应进行数值模拟，研究悬垂绝缘子串的风偏角，导地线的运动轨迹、张力变化，杆塔的变形和应力等，进而分析线路的电气绝缘性能、结构强度、安全性等。

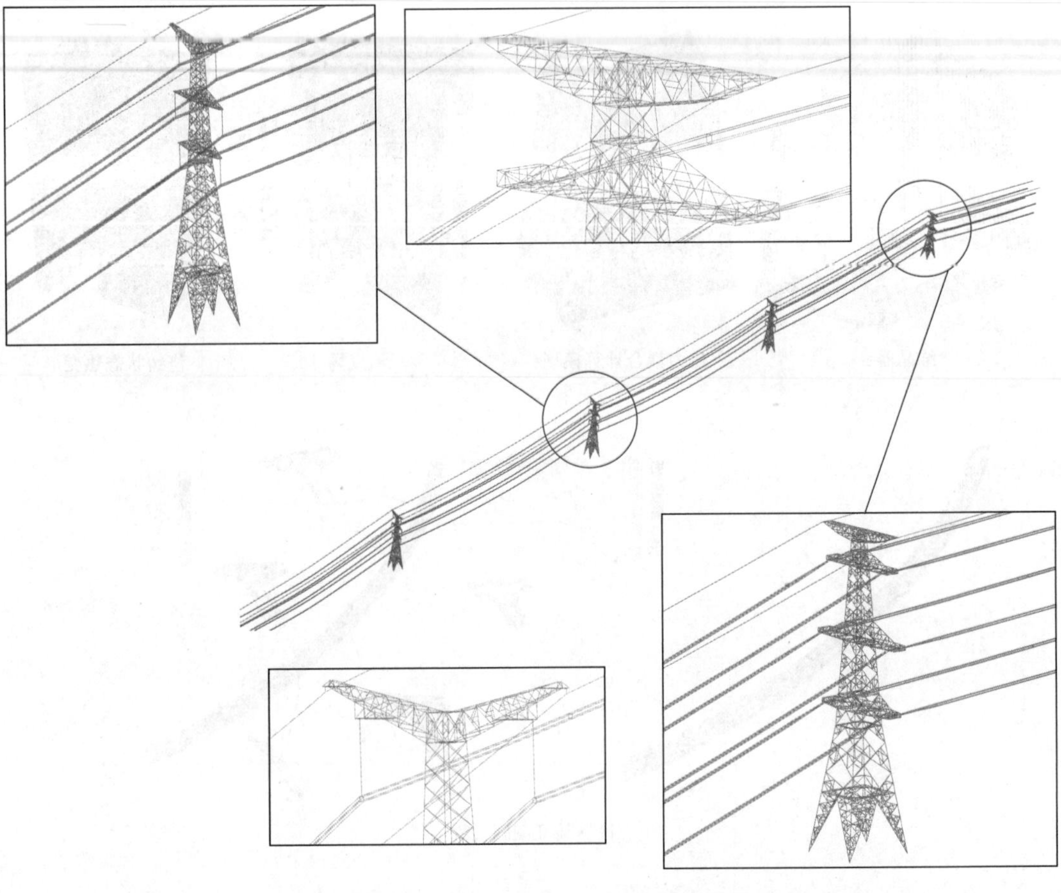

图 0.8　八分裂特高压同塔双回输电线路塔线体系有限元模型

0.5　本书内容概述

本书介绍弹性力学、热传导和结构力学线性问题有限单元法的基础理论和方法。总共包括 12 章，各章的主要内容如下：

第 1 章弹性力学和热传导基础。简要介绍弹性力学的基础知识，包括位移、应力、应变概念，平衡方程、应变-位移关系、弹性本构关系、边界条件的提法、应变能和应变余能、虚位移原理和最小势能原理等；介绍稳态和瞬态热传导问题的场方程。对于没有弹性力学和热传导理论基础的读者，通过本章的学习掌握弹性力学和热传导问题的基本定义，特别是描述弹性力学和热传导问题的基本方程，为后面各章的学习奠定基础。具备相关知识的读者，可以通过本章的学习熟悉弹性力学和热传导方程的矩阵表达形式，或直接跳过本章内容。

第 2 章加权残值法与变分原理。介绍近似求解微分方程组的加权残值法和变分原理。重点介绍 Galerkin 加权残值法、弹性力学和热传导问题的自然变分原理、弹性动力学变分原理和约束变分原理等。Galerkin 加权残值法和自然变分原理是建立有限单元方程的必要基础，是本章的核心内容。弹性动力学变分原理和约束变分原理可根据实际情况选择学习，建议将该部分作为研究生的必修内容。本章内容是难点，对于非力学专业的其他工科学生，只要能理解弹性力学最小势能原理，基本不影响理解后续各章中涉及的弹性力学和结构力学问题有限元方程的建立。

第 3 章有限单元法的基本原理。以弹性力学平面问题三角形 3 结点单元为例，介绍有限单元法的基本原理，包括：单元位移插值、单元刚度矩阵、等效结点载荷、结构有限元平衡方程等；二维实体问题、轴对称问题和三维实体问题的有限单元格式；有限元解的收敛性和下限性；线性代数方程的数值求解方法；利用有限元方法求解弹性静力学问题的基本过程。本章是学习有限单元法必须掌握的核心内容。

第 4 章单元插值函数构造。包括：一维单元 Lagrange 插值函数和 Hermite 插值函数；二维三角形单元、四边形 Lagrange 单元和 Serendipity 单元插值函数；三维四面体单元、六面体 Lagrange 单元、六面体 Serendipity 单元和三棱柱单元插值函数；阶谱单元插值函数。本章核心内容是各种单元插值函数的构造。阶谱单元可根据实际情况选择学习。

第 5 章映射单元和数值积分。包括：单元映射和等参变换的概念；二维四边形和三角形等参单元；轴对称四边形单元和三角形等参单元；三维六面体和四面体等参单元；等参单元的退化；模拟裂纹尖端奇异性的奇异单元和模拟无限区域的无限元；刚度矩阵和等效结点载荷的数值积分方法；单元矩阵数值积分阶次的选择以及自锁和沙漏现象；非协调单元和分片试验。等参单元的微分变换、积分变换以及数值积分是本章必须掌握的核心内容。等参单元的退化、模拟裂纹裂尖奇异性的奇异单元、模拟无限区域的无限元、非协调元以及拼片试验等内容可根据实际情况选择学习。

第 6 章弹性实体有限元分析。包括：总结二维平面问题、轴对称问题和三维问题的等参单元有限计算公式；基于位移的有限元解的误差、应力和应变解的精度以及提高其精度的改进方法；在未知精确解的情况下误差估计的方法；自适应有限元分析的概念；特殊位移边界条件的处理方法；有限元建模的基本原则及其注意事项。通过本章的学习，读者可以理解和掌握有限元解的性质，位移、应力、应变的计算精度，利用有限元建模时的要点，等等。

第 7 章杆件结构力学问题。包括：轴力单元、扭转单元、Euler-Bernoulli 梁单元和 Timoshenko 梁单元；平面和空间桁架结构有限元方法；平面和空间框架结构有限元方法；杆件系统结构的弹性失稳临界载荷的有限元计算方法。对于需要学习杆件结构有限元方法的读者，本章包含了线弹性问题的几乎全部核心内容。读者可以根据实际情况选择学习。

第 8 章板壳结构力学问题。介绍板壳结构有限元分析的基本方法，包括：薄板单元和 Mindlin 板单元；轴对称壳单元、通用平面壳单元、超参数连续体壳单元；薄板结构弹性稳定性分析方法。本章包含了板壳结构线性问题的主要内容，读者可以根据实际情况选择学习。

第 9 章复合材料结构问题。简要介绍纤维增强复合材料力学基础,层合材料层合梁和复合材料层合板单元,以及复合材料结构不同尺度的有限元分析方法。本章为关注复合材料结构有限元分析的读者提供了理论基础。

第 10 章热传导和热应力问题。包括二维稳态热传导和瞬态热传导问题的有限元方法,热传导瞬态方程的模态叠加和直接积分求解方法,以及热弹性问题的应力分析方法。本章是学习热传导和热应力有限元方法的核心内容,不关注相关问题的读者可以跳过本章。

第 11 章动力学问题。介绍动力学问题的空间和时间离散,结构动力学问题的有限元方程,质量矩阵和阻尼矩阵,结构特征值和特征向量的求解,动力学有限元方程的模态叠加法和时间积分法,等。本章包含学习动力学问题有限元方法必须掌握的核心内容。

第 12 章混合型有限元公式。介绍基于可约型变量的混合有限元格式,包括热传导问题的混合型有限元公式,基于位移-应力、位移-应力-应变的弹性力学混合有限元公式,以及不可压缩弹性体问题的有限元方法。本章为有限单元法基础的扩展内容,可作为研究生的学习内容。

第1章 弹性力学和热传导基础

1.1 引言

本章首先简要介绍弹性力学的基础知识，包括应力、平衡方程、位移、几何关系、本构关系、边界条件、能量原理等。其次介绍热传导问题的场方程。后面各章将逐步介绍求解这些问题的有限元方法。关于弹性力学和热传导知识的深入学习，读者可以阅读书后参考文献[1,21,22]等。

为便于计算机编程，有限单元法采用矩阵运算，位移、应变、应力等物理量以及微分方程均采用矩阵表达形式。为了便于没有张量基础的读者学习，本书不采用张量表达式。

1.2 弹性力学基础

弹性力学研究弹性体在机械或热载荷作用下的应力和变形，当外载荷去除后，弹性体将恢复到其原始状态。材料力学中的研究对象集中在杆和梁，分析方法基于这些构件的变形特征做出假设，如梁弯曲问题的直法线假设等。而弹性力学则针对的是一般的弹性实体的应力和变形问题，具有更加广泛的适用范围。杆、梁、索、膜、板、壳等所有弹性结构均是弹性实体结构的简化。本节简要阐述弹性力学的基础知识，为学习弹性力学有限元方法奠定基础。

弹性力学基于以下6个基本假设：可变形的固体介质在空间是连续分布的，即连续性假设；物体由同一种材料组成，在空间是均匀分布的，即均匀性假设；物体在不同方向上具有相同的物理性质，其弹性常数不随坐标方向的改变而改变，即各向同性假设；物体在外载荷作用下的应力和应变关系是线性的，即线弹性假设；物体的变形可以忽略高阶小量，在小变形范围内，即小变形假设；物体在力和温度变化等外界作用之前处于自然状态，内部没有初始应力,即无初应力状态假设。

1.2.1 应力与平衡方程

作用于物体上的外力分为体力和面力。体力是指分布在物体内所有质点上的力,如重力、惯性力和电磁力等。面力是指作用在物体表面上的力,如风载荷、液体压力和两物体之间的接触力等。物体在外力和温度变化等外界因素作用下其内各部分之间会产生相互作用,这种物体内一部分与其相邻的另一部分之间的相互作用的力,称为内力。

如图 1.1 所示,通过物体内任意一点 P 作法线方向为 n 的微元面 ΔS,假设作用于该微元面上的内力为 $\Delta \boldsymbol{F}$,该内力为矢量。根据连续性假设,作用于该微元面上的内力是连续分布的。将 $\dfrac{\Delta \boldsymbol{F}}{\Delta S}$ 定义为该微元面上的平均应力,当 ΔS 趋于零时,其极限值

$$\boldsymbol{t}_n = \lim_{\Delta S \to 0} \frac{\Delta \boldsymbol{F}}{\Delta S} \tag{1.1}$$

定义为作用在通过 P 点且法线方向为 n 的微元面上的应力。该应力可沿三个坐标方向分解得到三个分量 t_{nx}, t_{ny}, t_{nz}。

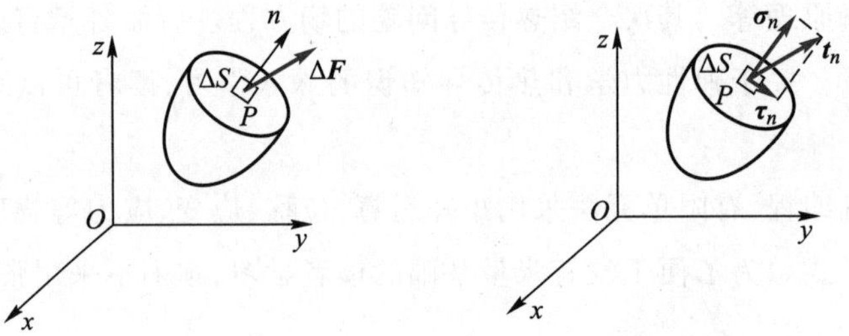

图 1.1　作用于微元面上的内力和应力

应力 $\boldsymbol{t}_n$ 还可以分解为沿该微元面的法向分量 $\boldsymbol{\sigma}_n$ 和切线分量 $\boldsymbol{\tau}_n$,前者称为正应力,后者称为剪应力(又称切应力)。显然,通过 P 点可以作出无穷多个具有不同法方向的微元面,不同微元面上的应力也不同。把物体内同一点各微元面上的应力情况称为一点的应力状态。为了表达一点的应力状态,通过该点作三个法线分别沿三个坐标轴方向的彼此垂直的微元面,如图 1.2 所示。按式(1.1)定义可得该三个微元面上的应力 $\boldsymbol{t}_x, \boldsymbol{t}_y, \boldsymbol{t}_z$,将这些应力沿

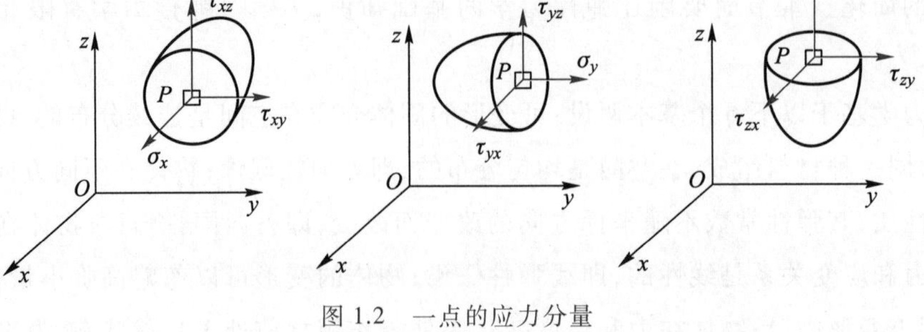

图 1.2　一点的应力分量

三个坐标方向分解，可以得到每一个微元面上的正应力分量和剪应力分量。例如把 $\boldsymbol{t}_x$ 分解为沿 x,y,z 方向的正应力分量 σ_x 和剪应力分量 τ_{xy} 和 τ_{xz}。这样，把该点三个微元面上的应力矢量分解后得到 9 个应力分量，表示为 $\sigma_x,\sigma_y,\sigma_z,\tau_{xy},\tau_{yx},\tau_{yz},\tau_{zy},\tau_{xz},\tau_{zx}$。应力分量的方向规定如下：当微元面的外法向和坐标轴一致时，该微元面上的应力分量方向与坐标轴正方向一致；反之则与坐标轴的负方向一致。

如图 1.3 所示，假设过 P 点作 3 个相互垂直并与坐标平面平行的微元面，这些面上的应力分量已知。再作一个与坐标轴倾斜的微元面，其上作用的应力矢量为 $(t_x,\ t_y,\ t_z)$。显然，当此倾斜微元面无限地接近 P 点时，则 $(t_x,\ t_y,\ t_z)$ 就表示过 P 点的任一微元面上的应力。假设该倾斜微元面的外法线方向余弦为 n_x,n_y,n_z，则由该四面体的平衡可以得到

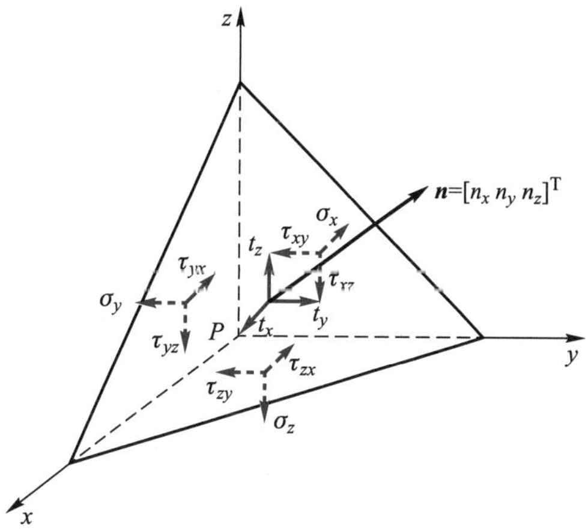

图 1.3　与坐标轴倾斜微元面上的应力

$$\left.\begin{aligned} t_x &= n_x\sigma_x + n_y\tau_{yx} + n_z\tau_{zx} \\ t_y &= n_x\tau_{xy} + n_y\sigma_y + n_z\tau_{zy} \\ t_z &= n_x\tau_{xz} + n_y\tau_{yz} + n_z\sigma_z \end{aligned}\right\} \tag{1.2}$$

该式给出了物体内一点的 9 个应力分量和通过该点的任一微元面上的应力之间的关系。后面将证明，剪应力分量是对称的，即 $\tau_{xy}=\tau_{yx},\tau_{yz}=\tau_{zy},\tau_{zx}=\tau_{xz}$，式(1.2)可用矩阵表达为

$$\boldsymbol{t} = \boldsymbol{n}\boldsymbol{\sigma} \tag{1.3}$$

其中，面力列向量 $\boldsymbol{t}=[t_x\quad t_y\quad t_z]^{\mathrm{T}}$，其方向余弦矩阵为

$$\boldsymbol{n} = \begin{bmatrix} n_x & 0 & 0 & n_y & 0 & n_z \\ 0 & n_y & 0 & n_x & n_z & 0 \\ 0 & 0 & n_z & 0 & n_y & n_x \end{bmatrix} \tag{1.4}$$

应力列向量为

$$\boldsymbol{\sigma} = [\sigma_x\quad \sigma_y\quad \sigma_z\quad \tau_{xy}\quad \tau_{yz}\quad \tau_{zx}]^{\mathrm{T}} \tag{1.5}$$

如果一个物体在外力作用下处于平衡状态，其中任意一个微元体都应该是平衡的。考虑如图 1.4 所示一平行六面微元体的平衡。其三条棱边长度分别为 $\mathrm{d}x,\mathrm{d}y,\mathrm{d}z$。假设在 $x=0$ 的面上的应力分量为 $\sigma_x,\tau_{xy},\tau_{xz}$，且它们的方向与坐标轴正方向相反。在 $x=\mathrm{d}x$ 的面上，x 改变了 $\mathrm{d}x$，将该三个应力分量按泰勒级数展开，保留一阶精度得到该面上的三个应力分量分别为

$$\sigma_x + \frac{\partial\sigma_x}{\partial x}\mathrm{d}x,\quad \tau_{xy} + \frac{\partial\tau_{xy}}{\partial x}\mathrm{d}x,\quad \tau_{xz} + \frac{\partial\tau_{xz}}{\partial x}\mathrm{d}x$$

它们的指向与坐标轴正方向一致。其他面上的应力分量类似。用 f_x，f_y，f_z 分别表示沿坐标 x，y，z 方向的体积力分量。该六面微元体的静力平衡包括力和力矩的平衡条件，即

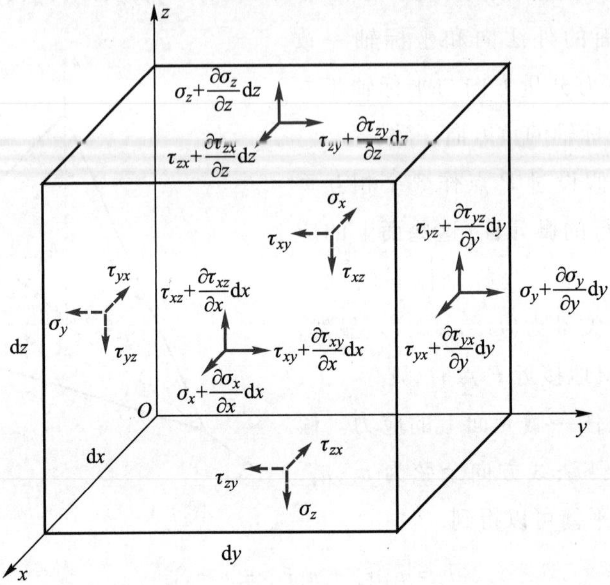

图 1.4　平行六面微元体上的应力

$$\left.\begin{array}{lll}\sum F_x = 0, & \sum F_y = 0, & \sum F_z = 0 \\ \sum M_x = 0, & \sum M_y = 0, & \sum M_z = 0\end{array}\right\} \tag{1.6}$$

由 $\sum F_x = 0$ 有

$$\left(\sigma_x + \frac{\partial\sigma_x}{\partial x}dx\right)dydz - \sigma_x dydz + \left(\tau_{yx} + \frac{\partial\tau_{yx}}{\partial y}dy\right)dxdz - \tau_{yx}dxdz +$$

$$\left(\tau_{zx} + \frac{\partial\tau_{zx}}{\partial z}dz\right)dxdy - \tau_{zx}dxdy + f_x dxdydz = 0$$

简化可得

$$\frac{\partial\sigma_x}{\partial x} + \frac{\partial\tau_{yx}}{\partial y} + \frac{\partial\tau_{zx}}{\partial z} + f_x = 0 \tag{1.7a}$$

此即 x 方向的平衡方程。类似地，由 $\sum F_y = 0$ 和 $\sum F_z = 0$ 可得到另外两个方程

$$\frac{\partial\tau_{xy}}{\partial x} + \frac{\partial\sigma_y}{\partial y} + \frac{\partial\tau_{zy}}{\partial z} + f_y = 0 \tag{1.7b}$$

$$\frac{\partial\tau_{xz}}{\partial x} + \frac{\partial\tau_{yz}}{\partial y} + \frac{\partial\sigma_z}{\partial z} + f_z = 0 \tag{1.7c}$$

上述三个方程(1.7a)、(1.7b)和(1.7c)即为平衡方程。

另一方面，由力矩的平衡条件 $\sum M_x = 0$，$\sum M_y = 0$，$\sum M_z = 0$ 写出力矩平衡方程，并略去四阶微小量，可得如下关系：

$$\tau_{xy}=\tau_{yx},\quad \tau_{yz}=\tau_{zy},\quad \tau_{zx}=\tau_{xz} \tag{1.8}$$

这又称为剪应力互等定理。

由前面的分析可知,物体一点的应力有 9 个分量,剪应力分量是对称的,故仅有 6 个应力分量是独立的,因此,应力分量可用应力列向量式(1.5)表达。

为了简便,平衡方程(1.7)可用矩阵表达为

$$\begin{bmatrix} \frac{\partial}{\partial x} & 0 & 0 & \frac{\partial}{\partial y} & 0 & \frac{\partial}{\partial z} \\ 0 & \frac{\partial}{\partial y} & 0 & \frac{\partial}{\partial x} & \frac{\partial}{\partial z} & 0 \\ 0 & 0 & \frac{\partial}{\partial z} & 0 & \frac{\partial}{\partial y} & \frac{\partial}{\partial x} \end{bmatrix} \begin{bmatrix} \sigma_x \\ \sigma_y \\ \sigma_z \\ \tau_{xy} \\ \tau_{yz} \\ \tau_{zx} \end{bmatrix} + \begin{bmatrix} f_x \\ f_y \\ f_z \end{bmatrix} = \mathbf{0} \tag{1.9a}$$

或

$$\boldsymbol{L}^{\mathrm{T}}\boldsymbol{\sigma}+\boldsymbol{f}=\mathbf{0} \tag{1.9b}$$

其中

$$\boldsymbol{L}=\begin{bmatrix} \frac{\partial}{\partial x} & 0 & 0 \\ 0 & \frac{\partial}{\partial y} & 0 \\ 0 & 0 & \frac{\partial}{\partial z} \\ \frac{\partial}{\partial y} & \frac{\partial}{\partial x} & 0 \\ 0 & \frac{\partial}{\partial z} & \frac{\partial}{\partial y} \\ \frac{\partial}{\partial z} & 0 & \frac{\partial}{\partial x} \end{bmatrix} \tag{1.10}$$

为微分算子矩阵,$\boldsymbol{f}=[f_x \quad f_y \quad f_z]^{\mathrm{T}}$ 为体积力载荷列向量。

对于弹性动力学问题,物体的位移、应变、应力等均为时间 t 的函数。考虑惯性力和阻尼力,利用达朗贝尔原理,根据图 1.4 所示微元体的平衡条件可得动力学平衡方程

$$\left.\begin{aligned} \frac{\partial \sigma_x}{\partial x}+\frac{\partial \tau_{yx}}{\partial y}+\frac{\partial \tau_{zx}}{\partial z}+f_x=\rho\frac{\partial^2 u}{\partial t^2}+\mu\frac{\partial u}{\partial t} \\ \frac{\partial \tau_{xy}}{\partial x}+\frac{\partial \sigma_y}{\partial y}+\frac{\partial \tau_{zy}}{\partial z}+f_y=\rho\frac{\partial^2 v}{\partial t^2}+\mu\frac{\partial v}{\partial t} \\ \frac{\partial \tau_{xz}}{\partial x}+\frac{\partial \tau_{yz}}{\partial y}+\frac{\partial \sigma_z}{\partial z}+f_z=\rho\frac{\partial^2 w}{\partial t^2}+\mu\frac{\partial w}{\partial t} \end{aligned}\right\} \tag{1.11}$$

其中 ρ 为材料的密度，μ 为阻尼系数，u,v,w 分别为沿三个坐标方向的位移。动力平衡方程(1.11)的矩阵形式可表达为

$$\boldsymbol{L}^{\mathrm{T}}\boldsymbol{\sigma}+\boldsymbol{f}=\rho\ddot{\boldsymbol{u}}+\mu\dot{\boldsymbol{u}} \tag{1.12}$$

其中

$$\ddot{\boldsymbol{u}}=\begin{bmatrix}\dfrac{\partial^2 u}{\partial t^2} & \dfrac{\partial^2 v}{\partial t^2} & \dfrac{\partial^2 w}{\partial t^2}\end{bmatrix}^{\mathrm{T}},\quad \dot{\boldsymbol{u}}=\begin{bmatrix}\dfrac{\partial u}{\partial t} & \dfrac{\partial v}{\partial t} & \dfrac{\partial w}{\partial t}\end{bmatrix}^{\mathrm{T}}$$

分别为加速度和速度列向量。

1.2.2　应变与位移的关系

物体在外力作用下其内部各部分之间要产生相对运动，这种运动形态称为变形。若物体中任意一点 (x,y,z) 三个坐标方向的位移分量用 u,v,w 表示，对应的位移列向量表达为

$$\boldsymbol{u}(x,y,z)=\begin{bmatrix}u(x,y,z)\\ v(x,y,z)\\ w(x,y,z)\end{bmatrix} \tag{1.13}$$

现在分析如图 1.5 所示微元体的变形。在小变形假设下，沿坐标 x 方向的正应变定义为

$$\varepsilon_x=\frac{u+\dfrac{\partial u}{\partial x}\mathrm{d}x-u}{\mathrm{d}x}=\frac{\partial u}{\partial x}$$

类似地，可得其他方向的正应变为

$$\varepsilon_y=\frac{\partial v}{\partial y},\quad \varepsilon_z=\frac{\partial w}{\partial z}$$

剪应变定义为两条相邻垂直边夹角的变化的二分之一，由图 1.5 可知

$$\varepsilon_{xy}=\frac{1}{2}\left(\frac{\partial u}{\partial y}+\frac{\partial v}{\partial x}\right)$$

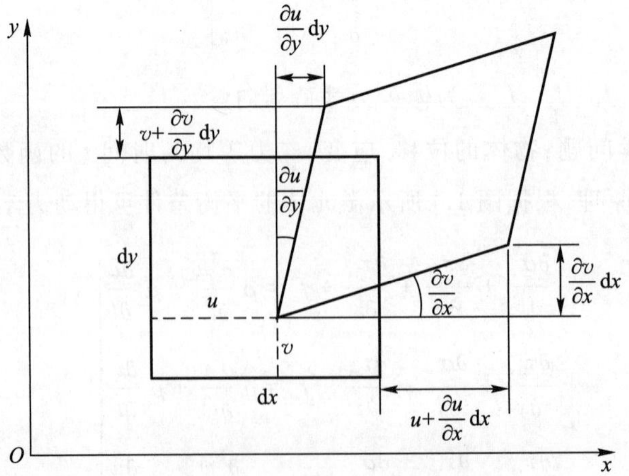

图 1.5　微元体的变形

类似地,可得其他剪应变为

$$\varepsilon_{yz} = \frac{1}{2}\left(\frac{\partial v}{\partial z} + \frac{\partial w}{\partial y}\right), \quad \varepsilon_{zx} = \frac{1}{2}\left(\frac{\partial u}{\partial z} + \frac{\partial w}{\partial x}\right)$$

物体中任一点的应变有 9 个分量,表示为 $\varepsilon_x, \varepsilon_y, \varepsilon_z, \varepsilon_{xy}, \varepsilon_{yx}, \varepsilon_{yz}, \varepsilon_{zy}, \varepsilon_{zx}, \varepsilon_{xz}$。由剪应变定义可知剪应变分量是对称的,存在关系 $\varepsilon_{xy} = \varepsilon_{yx}, \varepsilon_{yz} = \varepsilon_{zy}, \varepsilon_{zx} = \varepsilon_{xz}$,所以仅有 6 个应变分量是独立的。剪应变通常采用工程应变表达,工程剪应变与剪应变之间的关系定义如下:

$$\gamma_{xy} = 2\varepsilon_{xy}, \quad \gamma_{yz} = 2\varepsilon_{yz}, \quad \gamma_{zx} = 2\varepsilon_{zx} \tag{1.14}$$

一点的应变分量可用应变列向量表达为

$$\boldsymbol{\varepsilon} = [\varepsilon_x \quad \varepsilon_y \quad \varepsilon_z \quad \gamma_{xy} \quad \gamma_{yz} \quad \gamma_{zx}]^{\mathrm{T}} \tag{1.15}$$

根据前面的变形分析可知,基于小变形假设得到应变和位移之间的关系为

$$\left.\begin{aligned} &\varepsilon_x = \frac{\partial u}{\partial x}, \quad \varepsilon_y = \frac{\partial v}{\partial y}, \quad \varepsilon_z = \frac{\partial w}{\partial z} \\ &\gamma_{xy} = \frac{\partial u}{\partial y} + \frac{\partial v}{\partial x}, \quad \gamma_{yz} = \frac{\partial v}{\partial z} + \frac{\partial w}{\partial y}, \quad \gamma_{zx} = \frac{\partial u}{\partial z} + \frac{\partial w}{\partial x} \end{aligned}\right\} \tag{1.16}$$

应变和位移的关系又称为几何关系或几何方程,其矩阵表达式可写为

$$\begin{bmatrix} \varepsilon_x \\ \varepsilon_y \\ \varepsilon_z \\ \gamma_{xy} \\ \gamma_{yz} \\ \gamma_{zx} \end{bmatrix} = \begin{bmatrix} \frac{\partial}{\partial x} & 0 & 0 \\ 0 & \frac{\partial}{\partial y} & 0 \\ 0 & 0 & \frac{\partial}{\partial z} \\ \frac{\partial}{\partial y} & \frac{\partial}{\partial x} & 0 \\ 0 & \frac{\partial}{\partial z} & \frac{\partial}{\partial y} \\ \frac{\partial}{\partial z} & 0 & \frac{\partial}{\partial x} \end{bmatrix} \begin{bmatrix} u \\ v \\ w \end{bmatrix} \tag{1.17a}$$

或

$$\boldsymbol{\varepsilon} = \boldsymbol{L}\boldsymbol{u} \tag{1.17b}$$

其中 $\boldsymbol{L}$ 为式(1.10)所示的微分算子矩阵。

此外,定义物体变形后单位体积的改变为体积应变。考虑一边长分别为 $\mathrm{d}x$, $\mathrm{d}y$ 和 $\mathrm{d}z$ 的六面体,变形前的体积为

$$V = \mathrm{d}x\mathrm{d}y\mathrm{d}z$$

物体发生变形后,微元体的各棱边发生伸缩变形,棱边的夹角也要改变。由于剪应变引起的体积改变是高阶微小量,可以忽略不计,故变形后的体积为

$$V' = (\mathrm{d}x + \varepsilon_x \mathrm{d}x)(\mathrm{d}y + \varepsilon_y \mathrm{d}y)(\mathrm{d}z + \varepsilon_z \mathrm{d}z)$$

$$= dxdydz(1+\varepsilon_x)(1+\varepsilon_y)(1+\varepsilon_z)$$
$$\approx dxdydz(1+\varepsilon_x+\varepsilon_y+\varepsilon_z)$$

上式中最后一个等式忽略了高阶小量,则体积应变为

$$\theta=\frac{V'-V}{V}=\varepsilon_x+\varepsilon_y+\varepsilon_z \tag{1.18}$$

1.2.3 弹性本构关系

材料的本构关系即应力-应变关系,线弹性材料的本构关系又称为胡克(**Hooke**)定律。对于各向异性线弹性材料,其本构关系的一般形式为

$$\begin{bmatrix}\sigma_x\\\sigma_y\\\sigma_z\\\tau_{xy}\\\tau_{yz}\\\tau_{zx}\end{bmatrix}=\begin{bmatrix}D_{11}&D_{12}&D_{13}&D_{14}&D_{15}&D_{16}\\D_{21}&D_{22}&D_{23}&D_{24}&D_{25}&D_{26}\\D_{31}&D_{32}&D_{33}&D_{34}&D_{35}&D_{36}\\D_{41}&D_{42}&D_{43}&D_{44}&D_{45}&D_{46}\\D_{51}&D_{52}&D_{53}&D_{54}&D_{55}&D_{56}\\D_{61}&D_{62}&D_{63}&D_{64}&D_{65}&D_{66}\end{bmatrix}\begin{bmatrix}\varepsilon_x\\\varepsilon_y\\\varepsilon_z\\\gamma_{xy}\\\gamma_{yz}\\\gamma_{zx}\end{bmatrix} \tag{1.19a}$$

或

$$\boldsymbol{\sigma}=\boldsymbol{D\varepsilon} \tag{1.19b}$$

式中矩阵 $\boldsymbol{D}$ 称为弹性矩阵,组成弹性矩阵的元素 $D_{ij}(i,j=1,2,\cdots,6)$ 称为弹性系数。由于应力和应变分量是对称的,有 $D_{ij}=D_{ji}$,因而各向异性材料有 21 个独立的弹性常数。

工程中的大多数材料都是各向同性的,各向同性弹性体的本构关系为

$$\left.\begin{aligned}\sigma_x&=\frac{E}{1+\nu}\left(\frac{\nu}{1-2\nu}\theta+\varepsilon_x\right)=\lambda\theta+2G\varepsilon_x,\quad \tau_{xy}=\frac{E}{2(1+\nu)}\gamma_{xy}=G\gamma_{xy}\\\sigma_y&=\frac{E}{1+\nu}\left(\frac{\nu}{1-2\nu}\theta+\varepsilon_y\right)=\lambda\theta+2G\varepsilon_y,\quad \tau_{yz}=\frac{E}{2(1+\nu)}\gamma_{yz}=G\gamma_{yz}\\\sigma_z&=\frac{E}{1+\nu}\left(\frac{\nu}{1-2\nu}\theta+\varepsilon_z\right)=\lambda\theta+2G\varepsilon_z,\quad \tau_{zx}=\frac{E}{2(1+\nu)}\gamma_{zx}=G\gamma_{zx}\end{aligned}\right\} \tag{1.20a}$$

或

$$\left.\begin{aligned}\varepsilon_x&=\frac{1}{E}[\sigma_x-\nu(\sigma_y+\sigma_z)],\quad \gamma_{xy}=\frac{2(1+\nu)}{E}\tau_{xy}=\frac{1}{G}\tau_{xy}\\\varepsilon_y&=\frac{1}{E}[\sigma_y-\nu(\sigma_x+\sigma_z)],\quad \gamma_{yz}=\frac{2(1+\nu)}{E}\tau_{yz}=\frac{1}{G}\tau_{yz}\\\varepsilon_z&=\frac{1}{E}[\sigma_z-\nu(\sigma_x+\sigma_y)],\quad \gamma_{zx}=\frac{2(1+\nu)}{E}\tau_{zx}=\frac{1}{G}\tau_{zx}\end{aligned}\right\} \tag{1.20b}$$

式中 E 为弹性模量(也称杨氏模量),ν 为泊松比,λ 为拉梅常数、G 为剪切模量(又称切变模量)。此外,一点的平均应力定义为

$$p = \frac{1}{3}(\sigma_x + \sigma_y + \sigma_z)$$

由关系式(1.20b)可得如下关系：

$$\theta = \frac{p}{K}$$

其中 K 称为体积模量。上述 5 个弹性常数中仅有 2 个是独立的。弹性模量和泊松比是最常用的弹性常数,其他常数与它们之间的关系如下：

$$G = \frac{E}{2(1+\nu)} \tag{1.21}$$

$$\lambda = \frac{E\nu}{(1+\nu)(1-2\nu)} \tag{1.22}$$

$$K = \frac{E}{3(1-2\nu)} \tag{1.23}$$

要保证材料的其他所有常数为正,泊松比的取值范围应为

$$0 < \nu < \frac{1}{2} \tag{1.24}$$

一个特殊的情况是 $\nu=\frac{1}{2}$,由式(1.23)可知,此时体积模量 K 为无穷大,即材料的体积不可压缩,这种材料称为不可压缩材料。

各向同性弹性体的本构关系(1.20a)可用矩阵表达为

$$\begin{bmatrix}\sigma_x\\\sigma_y\\\sigma_z\\\tau_{xy}\\\tau_{yz}\\\tau_{zx}\end{bmatrix} = \frac{E(1-\nu)}{(1+\nu)(1-2\nu)}\begin{bmatrix}1 & \frac{\nu}{1-\nu} & \frac{\nu}{1-\nu} & 0 & 0 & 0\\ \frac{\nu}{1-\nu} & 1 & \frac{\nu}{1-\nu} & 0 & 0 & 0\\ \frac{\nu}{1-\nu} & \frac{\nu}{1-\nu} & 1 & 0 & 0 & 0\\ 0 & 0 & 0 & \frac{1-2\nu}{2(1-\nu)} & 0 & 0\\ 0 & 0 & 0 & 0 & \frac{1-2\nu}{2(1-\nu)} & 0\\ 0 & 0 & 0 & 0 & 0 & \frac{1-2\nu}{2(1-\nu)}\end{bmatrix}\begin{bmatrix}\varepsilon_x\\\varepsilon_y\\\varepsilon_z\\\gamma_{xy}\\\gamma_{yz}\\\gamma_{zx}\end{bmatrix} \tag{1.25a}$$

或

$$\boldsymbol{\sigma} = \boldsymbol{D}\boldsymbol{\varepsilon} \tag{1.25b}$$

1.2.4 弹性力学问题场方程

归纳起来,弹性力学问题的基本方程包括平衡方程、几何方程和本构方程。现将弹性静力学问题的方程总结如下:

平衡方程

$$\boldsymbol{L}^{\mathrm{T}}\boldsymbol{\sigma}+\boldsymbol{f}=\boldsymbol{0} \tag{1.26}$$

几何方程

$$\boldsymbol{\varepsilon}=\boldsymbol{L}\boldsymbol{u} \tag{1.27}$$

本构方程

$$\boldsymbol{\sigma}=\boldsymbol{D}\boldsymbol{\varepsilon} \tag{1.28}$$

将几何方程(1.27)代入本构方程(1.28),再代入平衡方程(1.26)即可得到仅以位移为独立变量的平衡方程

$$\boldsymbol{L}^{\mathrm{T}}\boldsymbol{D}\boldsymbol{L}\boldsymbol{u}+\boldsymbol{f}=\boldsymbol{0}$$

这种形式又称为场方程的不可约形式。

弹性力学问题给定的力和位移边界条件如图 1.6 所示。自由边界可视为外力为零的边界,因此,总的边界为给定力的边界 S_σ 和给定位移的边界 S_u 之和,即 $S=S_\sigma+S_u$。不失一般性,边界面可能与坐标轴之间是倾斜的,类似于图 1.3,若已知作用于边界面上单位面积的面力为 $\bar{\boldsymbol{t}}=[\bar{t}_x \quad \bar{t}_y \quad \bar{t}_z]^{\mathrm{T}}$,利用关系(1.3)力边界条件可用矩阵表达为

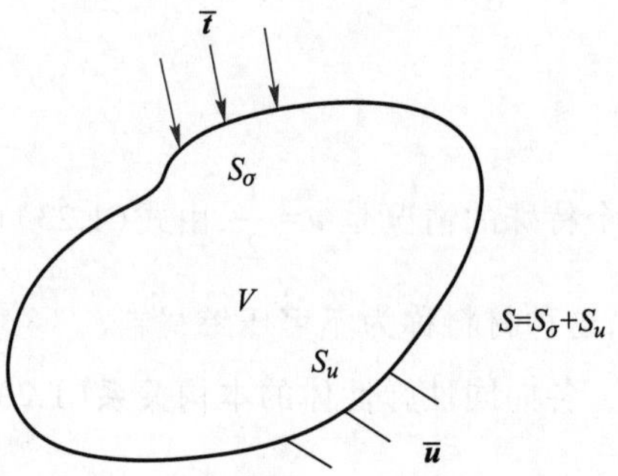

图 1.6　弹性体的力和位移边界条件

$$\boldsymbol{t}=\boldsymbol{n}\boldsymbol{\sigma}=\bar{\boldsymbol{t}}\quad（在 S_\sigma 边界上）\tag{1.29}$$

给定的位移边界条件表达为

$$\boldsymbol{u}=\bar{\boldsymbol{u}}\quad（在 S_u 边界上）\tag{1.30}$$

式中 $\bar{\boldsymbol{u}}=[\bar{u} \quad \bar{v} \quad \bar{w}]^{\mathrm{T}}$ 为给定的已知位移。

对于弹性动力学问题,动力平衡方程为式(1.12),即

$$\boldsymbol{L}^{\mathrm{T}}\boldsymbol{\sigma}+\boldsymbol{f}=\rho\ddot{\boldsymbol{u}}+\mu\dot{\boldsymbol{u}}$$

几何方程和本构方程的形式与静力学问题相同,但此时位移、应变和应力均为时间的函数。除了边界条件外,动力学问题还需给出初始条件,包括位移和速度在运动初始时刻的值。给定的位移和速度初始条件表达为

$$\boldsymbol{u}(0)=\bar{\boldsymbol{u}}(0),\quad \dot{\boldsymbol{u}}(0)=\bar{\dot{\boldsymbol{u}}}(0) \tag{1.31}$$

式中 $\bar{\boldsymbol{u}}(0)$ 和 $\bar{\dot{\boldsymbol{u}}}(0)$ 分别为给定的初始位移和初始速度。将式(1.31)代入动力学平衡方程可以计算得到初始加速度。

1.2.5 平面问题场方程

任何弹性体都是三维空间物体。但实际中一些问题可根据物体的几何构型、变形和受力特征，简化为平面问题。如图 1.7 所示的圆形薄板，其在垂直于厚度方向受均匀分布载荷作用，沿厚度方向无载荷作用。由于板很薄，沿厚度方向的应力 $\sigma_z,\tau_{yz},\tau_{xz}$ 很小，可以忽略。而其他应力分量沿厚度的变化可以忽略，即

$$\sigma_x = f_1(x,y),\quad \sigma_y = f_2(x,y),\quad \tau_{xy} = f_3(x,y)$$

应力状态具有这种性质的问题称为平面应力问题。

图 1.8 所示为受静水压力作用的大坝，由于坝体的轴线(z)方向很长，其在外力作用下任意截面上的一点在截面内的位移远大于轴线方向的位移，因而可以忽略沿轴线方向的变形，即点的位移具有如下特点：

$$u = u(x,y),\quad v = v(x,y),\quad w = 0$$

由几何关系可知

$$\varepsilon_x = f_1(x,y),\quad \varepsilon_y = f_2(x,y),\quad \gamma_{xy} = f_3(x,y)$$

$$\varepsilon_z = 0,\quad \gamma_{yz} = 0,\quad \gamma_{xz} = 0$$

这类问题的位移和应变均发生在平面内，称为平面应变问题。

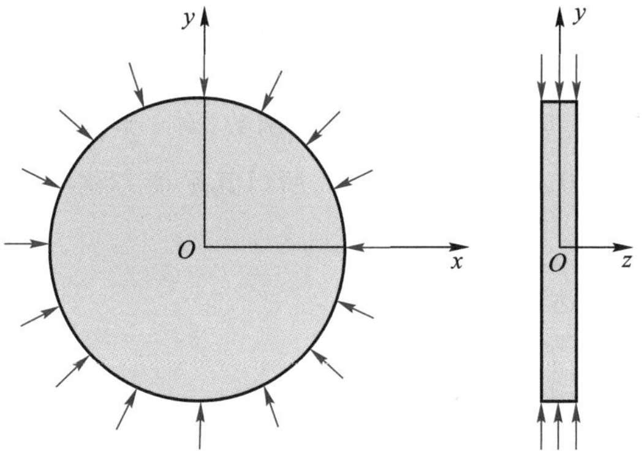

图 1.7 受面内载荷作用的圆形薄板

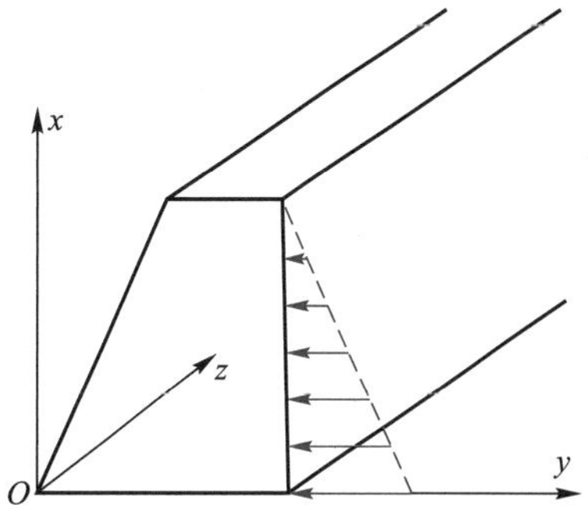

图 1.8 受静水压力的大坝

在有限元方法中，将平面应力和平面应变问题表达成统一的形式，以便于计算机编程，对该两类问题可以采用相同的程序模块，因而其场方程采用统一形式。平面应力和平面应变问题的位移向量可表达为

$$\boldsymbol{u}(x,y) = \begin{bmatrix} u(x,y) \\ v(x,y) \end{bmatrix} \tag{1.32}$$

对应的应变列向量可以统一表达为

$$\boldsymbol{\varepsilon} = [\varepsilon_x \quad \varepsilon_y \quad \gamma_{xy}]^{\mathrm{T}} \tag{1.33}$$

值得注意的是,对于平面应变问题有 $\varepsilon_z=0$,而平面应力问题 $\varepsilon_z\neq 0$,但其与 z 坐标无关。平面应力和平面应变问题的应力列向量可以统一表达为

$$\boldsymbol{\sigma}=[\sigma_x \quad \sigma_y \quad \tau_{xy}]^{\mathrm{T}} \tag{1.34}$$

注意:平面应力问题有 $\sigma_z=0$,而平面应变问题 $\sigma_z\neq 0$,但其与 z 坐标无关。

对于平面问题,平衡方程(1.7)简化为

$$\left.\begin{aligned}\frac{\partial\sigma_x}{\partial x}+\frac{\partial\tau_{yx}}{\partial y}+f_x=0\\ \frac{\partial\tau_{xy}}{\partial x}+\frac{\partial\sigma_y}{\partial y}+f_y=0\end{aligned}\right\} \tag{1.35}$$

其矩阵形式为

$$\begin{bmatrix}\dfrac{\partial}{\partial x} & 0 & \dfrac{\partial}{\partial y}\\ 0 & \dfrac{\partial}{\partial y} & \dfrac{\partial}{\partial x}\end{bmatrix}\begin{bmatrix}\sigma_x\\ \sigma_y\\ \tau_{xy}\end{bmatrix}+\begin{bmatrix}f_x\\ f_y\end{bmatrix}=\boldsymbol{L}^{\mathrm{T}}\boldsymbol{\sigma}+\boldsymbol{f}=\boldsymbol{0} \tag{1.36}$$

这时

$$\boldsymbol{L}=\begin{bmatrix}\dfrac{\partial}{\partial x} & 0\\ 0 & \dfrac{\partial}{\partial y}\\ \dfrac{\partial}{\partial y} & \dfrac{\partial}{\partial x}\end{bmatrix} \tag{1.37}$$

值得注意的是,对于平面应变问题,虽然 $\sigma_z\neq 0$,但其仅是坐标(x,y)的函数,对 z 坐标的导数均为零。此外,对于平面应变问题,因 $\gamma_{xz}=0,\gamma_{yz}=0$,故 $\tau_{xz}=0,\tau_{yz}=0$,所以其平衡方程的形式和平面应力问题是一致的。

将平面应力和平面应变的几何方程的矩阵表达式统一写成

$$\boldsymbol{\varepsilon}=\begin{bmatrix}\varepsilon_x\\ \varepsilon_y\\ \gamma_{xy}\end{bmatrix}=\begin{bmatrix}\dfrac{\partial}{\partial x} & 0\\ 0 & \dfrac{\partial}{\partial y}\\ \dfrac{\partial}{\partial y} & \dfrac{\partial}{\partial x}\end{bmatrix}\begin{bmatrix}u\\ v\end{bmatrix}=\boldsymbol{L}\boldsymbol{u} \tag{1.38}$$

对于平面应力问题,$\varepsilon_z\neq 0$,该应变分量可以直接利用本构关系用应力分量确定,具体表达式为

$$\varepsilon_z=-\frac{\nu}{E}(\sigma_x+\sigma_y)$$

而平面应变问题的应力分量 $\sigma_z\neq 0$,可以由如下关系确定:

$$\sigma_z=\nu(\sigma_x+\sigma_y)$$

将二维平面问题的本构方程写成如下统一形式：

$$\boldsymbol{\sigma}=\begin{bmatrix}\sigma_x\\ \sigma_y\\ \tau_{xy}\end{bmatrix}=\frac{E_0}{1-\nu_0^2}\begin{bmatrix}1 & \nu_0 & 0\\ \nu_0 & 1 & 0\\ 0 & 0 & \dfrac{1-\nu_0}{2}\end{bmatrix}\begin{bmatrix}\varepsilon_x\\ \varepsilon_y\\ \gamma_{xy}\end{bmatrix}=\boldsymbol{D\varepsilon} \tag{1.39}$$

式中，对于平面应力问题，$E_0=E,\nu_0=\nu$；平面应变问题，$E_0=\dfrac{E}{1-\nu^2},\nu_0=\dfrac{\nu}{1-\nu}$。可见，对于平面应力和平面应变问题，采用相同的方程，仅材料参数 E_0 和 ν_0 的取值不同而已。

对于平面问题，应力边界条件(1.29)的分量形式简化为

$$\left.\begin{aligned}t_x&=n_x\sigma_x+n_y\tau_{yx}\\ t_y&=n_x\tau_{xy}+n_y\sigma_y\end{aligned}\right\} \tag{1.40}$$

矩阵表达式(1.29)中的外法线方向余弦矩阵(1.4)简化为

$$\boldsymbol{n}=\begin{bmatrix}n_x & 0 & n_y\\ 0 & n_y & n_x\end{bmatrix} \tag{1.41}$$

此时 $\boldsymbol{t}=[t_x\quad t_y]^{\mathrm{T}}$，$\bar{\boldsymbol{t}}=[\bar{t}_x\quad \bar{t}_y]^{\mathrm{T}}$。

平面问题的位移边界条件为

$$\boldsymbol{u}=\bar{\boldsymbol{u}}\quad（在 S_u 边界上）$$

式中 $\bar{\boldsymbol{u}}=[\bar{u}\quad \bar{v}]^{\mathrm{T}}$ 为给定的已知位移。

1.2.6　轴对称问题场方程

如果三维空间结构的几何形状、位移约束条件和载荷均关于某一轴对称，则称为空间轴对称问题，该轴称为对称轴，如图 1.9 所示的受压圆柱。通过对称轴的所有平面都是对称面，所有的位移、应变和应力都关于对称轴对称。轴对称问题采用柱坐标描述比直角坐标方便。如图 1.10 所示，以 z 轴为对称轴，则所有的位移、应变和应力分量都只是 r 和 z 的函数，与 θ 无关。下面讨论轴对称问题的平衡方程、几何方程和本构方程用柱坐标描述的形式。

图 1.10a 所示为轴对称实体中的一个微元体，各边的长度分别为 $\mathrm{d}r,\mathrm{d}z,r\mathrm{d}\theta,(r+\mathrm{d}r)\mathrm{d}\theta$。由于对称性，剪应力分量 $\tau_{r\theta},\tau_{\theta r},\tau_{z\theta},\tau_{\theta z}$ 均为零，仅有 4 个独立的应力分量 $\sigma_r,\sigma_z,\sigma_\theta,\tau_{rz}=\tau_{zr}$，它们仅是 r 和 z 的函数，与 θ 无关。类似于 1.2.1 节的图 1.4 中直角坐标系下三维微元体的分析，作用于该微元体各个面上的应力分量如图 1.10b 所示。除了这些应力分量之外，还有作用于 r 和 z 方向的体积力 f_r 和 f_z。

利用该微元体在径向（r 向）的静力平衡条件，将作用于微元体各个面上的力向该方向投影，并取 $\sin\dfrac{\mathrm{d}\theta}{2}\approx\dfrac{\mathrm{d}\theta}{2},\cos\dfrac{\mathrm{d}\theta}{2}\approx 1$，可得

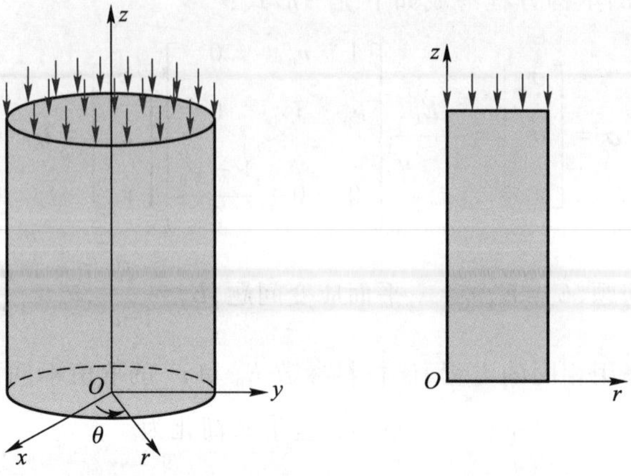

(a) 受压圆柱   (b) 对称面

图 1.9　受压圆柱

(a) 微元体

(b) 微元体上的应力

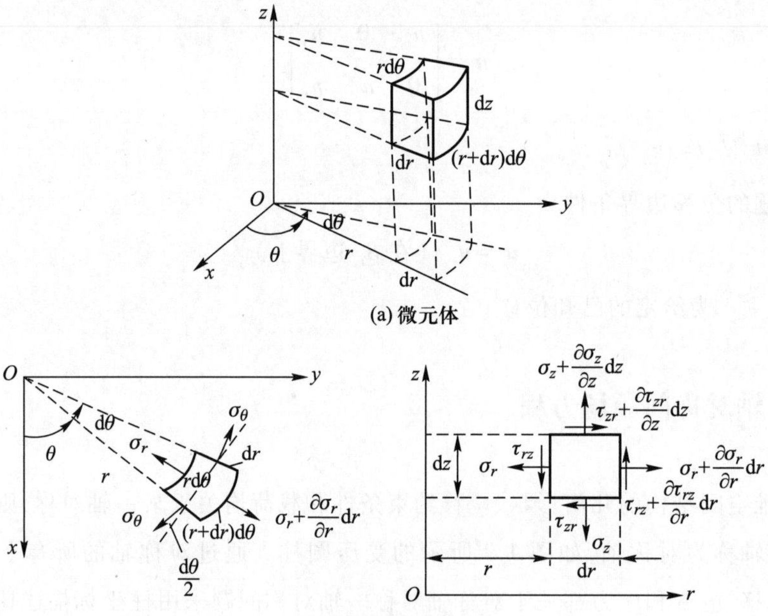

图 1.10　轴对称问题微元体上的应力

$$\left(\sigma_r + \frac{\partial \sigma_r}{\partial r}dr\right)(r+dr)d\theta dz - \sigma_r r d\theta dz - 2\sigma_\theta dr dz \frac{d\theta}{2} +$$

$$\left(\tau_{zr} + \frac{\partial \tau_{zr}}{\partial z}dz\right) r d\theta dr - \tau_{rz} r d\theta dr + f_r r d\theta dr dz = 0$$

展开上式,略去高阶小量,并除以 $r d\theta dr dz$ 得到

$$\frac{\partial \sigma_r}{\partial r} + \frac{\partial \tau_{zr}}{\partial z} + \frac{\sigma_r - \sigma_\theta}{r} + f_r = 0 \qquad (1.42\text{a})$$

利用微元体 z 方向的平衡条件,将微元体各面上的力向该方向投影得平衡方程

$$\left(\tau_{rz}+\frac{\partial\tau_{rz}}{\partial r}\mathrm{d}r\right)(r+\mathrm{d}r)\mathrm{d}\theta\mathrm{d}z-\tau_{rz}r\mathrm{d}\theta\mathrm{d}z+$$

$$\left(\sigma_z+\frac{\partial\sigma_z}{\partial z}\mathrm{d}z\right)r\mathrm{d}\theta\mathrm{d}r-\sigma_z r\mathrm{d}\theta\mathrm{d}r+f_z r\mathrm{d}\theta\mathrm{d}r\mathrm{d}z=0$$

展开上式，略去高阶小量，并除以 $r\mathrm{d}\theta\mathrm{d}r\mathrm{d}z$ 得到

$$\frac{\partial\sigma_z}{\partial z}+\frac{\partial\tau_{rz}}{\partial r}+\frac{\tau_{rz}}{r}+f_z=0 \tag{1.42b}$$

将应力列向量写成

$$\boldsymbol{\sigma}=[\sigma_r\quad\sigma_z\quad\tau_{rz}\quad\sigma_\theta]^{\mathrm{T}} \tag{1.43}$$

则平衡方程(1.42)可写成如下矩阵形式：

$$\begin{bmatrix}\frac{\partial}{\partial r}+\frac{1}{r} & 0 & \frac{\partial}{\partial z} & -\frac{1}{r}\\ 0 & \frac{\partial}{\partial z} & \frac{\partial}{\partial r}+\frac{1}{r} & 0\end{bmatrix}\begin{bmatrix}\sigma_r\\ \sigma_z\\ \tau_{rz}\\ \sigma_\theta\end{bmatrix}+\begin{bmatrix}f_r\\ f_z\end{bmatrix}=\bar{\boldsymbol{L}}^{\mathrm{T}}\boldsymbol{\sigma}+\boldsymbol{f}=\boldsymbol{0} \tag{1.44}$$

其中

$$\bar{\boldsymbol{L}}=\begin{bmatrix}\frac{\partial}{\partial r}+\frac{1}{r} & 0\\ 0 & \frac{\partial}{\partial z}\\ \frac{\partial}{\partial z} & \frac{\partial}{\partial r}+\frac{1}{r}\\ -\frac{1}{r} & 0\end{bmatrix} \tag{1.45}$$

另一方面，轴对称问题的位移关于对称轴 z 对称，也只是 r 和 z 的函数，因此位移列向量为

$$\boldsymbol{u}(r,z)=\begin{bmatrix}u(r,z)\\ w(r,z)\end{bmatrix} \tag{1.46}$$

与应力分量对应，仅有 4 个应变分量，应变列向量为

$$\boldsymbol{\varepsilon}=[\varepsilon_r\quad\varepsilon_z\quad\gamma_{rz}\quad\varepsilon_\theta]^{\mathrm{T}} \tag{1.47}$$

在对称面 $r-z$ 平面上类似于 1.2.2 节应变的定义可得

$$\varepsilon_r=\frac{\partial u}{\partial r},\quad\varepsilon_z=\frac{\partial w}{\partial z},\quad\gamma_{rz}=\frac{\partial u}{\partial z}+\frac{\partial w}{\partial r}$$

参见图 1.11 所示微元体的变形，环向应变分量 ε_θ 由线段 $AB=r\mathrm{d}\theta$ 的伸长率定义为

$$\varepsilon_\theta=\frac{(r+u)\mathrm{d}\theta-r\mathrm{d}\theta}{r\mathrm{d}\theta}=\frac{u}{r}$$

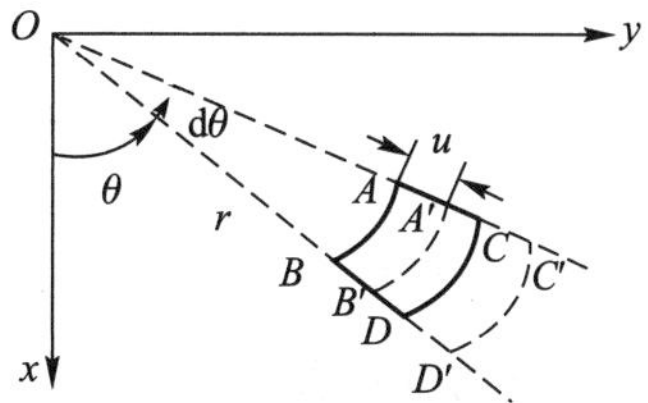

图 1.11 轴对称问题应变定义

进而几何方程可用矩阵表达为

$$\boldsymbol{\varepsilon} = \begin{bmatrix} \varepsilon_r \\ \varepsilon_z \\ \gamma_{rz} \\ \varepsilon_\theta \end{bmatrix} = \begin{bmatrix} \dfrac{\partial}{\partial r} & 0 \\ 0 & \dfrac{\partial}{\partial z} \\ \dfrac{\partial}{\partial z} & \dfrac{\partial}{\partial r} \\ \dfrac{1}{r} & 0 \end{bmatrix} \begin{bmatrix} u \\ w \end{bmatrix} = \boldsymbol{L}\boldsymbol{u} \tag{1.48}$$

注意式(1.45)和式(1.48)中的 $\overline{\boldsymbol{L}}$ 和 $\boldsymbol{L}$ 不同。

由于柱坐标系和直角坐标系一样都是正交坐标系，其本构方程可以直接根据 Hooke 定律得到。参见式(1.20a)可以得到轴对称问题的本构方程

$$\sigma_r = \frac{E}{1+\nu}\left(\frac{\nu}{1-2\nu}\theta + \varepsilon_r\right) = \lambda\theta + 2G\varepsilon_r$$

$$\sigma_\theta = \frac{E}{1+\nu}\left(\frac{\nu}{1-2\nu}\theta + \varepsilon_\theta\right) = \lambda\theta + 2G\varepsilon_\theta$$

$$\sigma_z = \frac{E}{1+\nu}\left(\frac{\nu}{1-2\nu}\theta + \varepsilon_z\right) = \lambda\theta + 2G\varepsilon_z$$

$$\tau_{rz} = \frac{E}{2(1+\nu)}\gamma_{rz} = G\gamma_{rz}$$

用矩阵表达为

$$\boldsymbol{\sigma} = \begin{bmatrix} \sigma_r \\ \sigma_z \\ \tau_{rz} \\ \sigma_\theta \end{bmatrix} = \frac{E(1-\nu)}{(1+\nu)(1-2\nu)} \begin{bmatrix} 1 & \dfrac{\nu}{1-\nu} & 0 & \dfrac{\nu}{1-\nu} \\ \dfrac{\nu}{1-\nu} & 1 & 0 & \dfrac{\nu}{1-\nu} \\ 0 & 0 & \dfrac{1-2\nu}{2(1-\nu)} & 0 \\ \dfrac{\nu}{1-\nu} & \dfrac{\nu}{1-\nu} & 0 & 1 \end{bmatrix} \begin{bmatrix} \varepsilon_r \\ \varepsilon_z \\ \gamma_{rz} \\ \varepsilon_\theta \end{bmatrix} = \boldsymbol{D}\boldsymbol{\varepsilon} \tag{1.49}$$

其边界条件与平面问题类似，参见 1.2.5 节。

1.2.7 坐标系间位移、应变和应力的变换

弹性力学问题有时会涉及两个坐标系之间的变换。如图 1.12 所示的坐标系 $O'x'y'z'$ 和 $Oxyz$ 之间的变换关系为

$$\boldsymbol{x}' = \begin{bmatrix} x' \\ y' \\ z' \end{bmatrix} = \begin{bmatrix} \cos(x',x) & \cos(x',y) & \cos(x',z) \\ \cos(y',x) & \cos(y',y) & \cos(y',z) \\ \cos(z',x) & \cos(z',y) & \cos(z',z) \end{bmatrix} \begin{bmatrix} x \\ y \\ z \end{bmatrix}$$

$$= \begin{bmatrix} l_{x'x} & l_{x'y} & l_{x'z} \\ l_{y'x} & l_{y'y} & l_{y'z} \\ l_{z'x} & l_{z'y} & l_{z'z} \end{bmatrix} \begin{bmatrix} x \\ y \\ z \end{bmatrix} = \boldsymbol{T}\boldsymbol{x} \tag{1.50}$$

式中 $\boldsymbol{T}$ 为坐标变换矩阵，l_{ij}是两个坐标系坐标轴之间夹角的方向余弦。

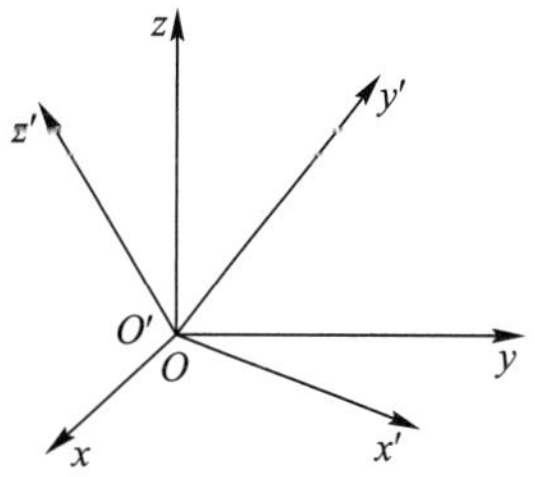

图 1.12 三维坐标系之间的变换

对于二维问题，转换矩阵简化为

$$\boldsymbol{T} = \begin{bmatrix} l_{x'x} & l_{x'y} \\ l_{y'x} & l_{y'y} \end{bmatrix} \tag{1.51}$$

可以证明，$\boldsymbol{T}$ 为正交矩阵，即有

$$\boldsymbol{T}^{-1} = \boldsymbol{T}^{\mathrm{T}} \tag{1.52}$$

两个坐标系下位移的变换关系为

$$\boldsymbol{u}' = \boldsymbol{T}\boldsymbol{u} \tag{1.53}$$

如果应力和应变用如下矩阵形式表达：

$$\boldsymbol{\sigma} = \begin{bmatrix} \sigma_x & \tau_{xy} & \tau_{xz} \\ \tau_{yx} & \sigma_y & \tau_{yz} \\ \tau_{zx} & \tau_{zy} & \sigma_z \end{bmatrix}, \quad \boldsymbol{\varepsilon} = \begin{bmatrix} \varepsilon_x & \gamma_{xy} & \gamma_{xz} \\ \gamma_{yx} & \varepsilon_y & \gamma_{yz} \\ \gamma_{zx} & \gamma_{zy} & \varepsilon_z \end{bmatrix} \tag{1.54}$$

则两个坐标系下应力和应变的变换关系可以表达为

$$\boldsymbol{\sigma}' = \boldsymbol{T}\boldsymbol{\sigma}\boldsymbol{T}^{\mathrm{T}}, \quad \boldsymbol{\varepsilon}' = \boldsymbol{T}\boldsymbol{\varepsilon}\boldsymbol{T}^{\mathrm{T}} \tag{1.55}$$

若应力和应变分别用列向量式(1.5)和式(1.15)表示，则两个坐标系下应力和应变的变换关系可以表达为

$$\boldsymbol{\sigma}' = \boldsymbol{T}_{\sigma}\boldsymbol{\sigma} \tag{1.56}$$

$$\boldsymbol{\varepsilon}' = \boldsymbol{T}_{\varepsilon}\boldsymbol{\varepsilon} \tag{1.57}$$

其中

$$\boldsymbol{T}_{\sigma} = \begin{bmatrix} l_{x'x}l_{x'x} & l_{x'y}l_{x'y} & l_{x'z}l_{x'z} & 2l_{x'x}l_{x'y} & 2l_{x'y}l_{x'z} & 2l_{x'z}l_{x'x} \\ l_{y'x}l_{y'x} & l_{y'y}l_{y'y} & l_{y'z}l_{y'z} & 2l_{y'x}l_{y'y} & 2l_{y'y}l_{y'z} & 2l_{y'z}l_{y'x} \\ l_{z'x}l_{z'x} & l_{z'y}l_{z'y} & l_{z'z}l_{z'z} & 2l_{z'x}l_{z'y} & 2l_{z'y}l_{z'z} & 2l_{z'z}l_{z'x} \\ l_{x'x}l_{y'x} & l_{x'y}l_{y'y} & l_{x'z}l_{y'z} & (l_{x'x}l_{y'y} + l_{x'y}l_{y'x}) & (l_{x'y}l_{y'z} + l_{x'z}l_{y'y}) & (l_{x'z}l_{y'x} + l_{x'x}l_{y'z}) \\ l_{y'x}l_{z'x} & l_{y'y}l_{z'y} & l_{y'z}l_{z'z} & (l_{y'x}l_{z'y} + l_{y'y}l_{z'x}) & (l_{y'y}l_{z'z} + l_{y'z}l_{z'y}) & (l_{y'z}l_{z'x} + l_{y'x}l_{z'z}) \\ l_{z'x}l_{x'x} & l_{z'y}l_{x'y} & l_{z'z}l_{x'z} & (l_{z'x}l_{x'y} + l_{z'y}l_{x'x}) & (l_{z'y}l_{x'z} + l_{z'z}l_{x'y}) & (l_{z'z}l_{x'x} + l_{z'x}l_{x'z}) \end{bmatrix} \tag{1.58}$$

$$
\boldsymbol{T}_\varepsilon = \begin{bmatrix}
l_{x'x}l_{x'x} & l_{x'y}l_{x'y} & l_{x'z}l_{x'z} & l_{x'x}l_{x'y} & l_{x'y}l_{x'z} & l_{x'z}l_{x'x} \\
l_{y'x}l_{y'x} & l_{y'y}l_{y'y} & l_{y'z}l_{y'z} & l_{y'x}l_{y'y} & l_{y'y}l_{y'z} & l_{y'z}l_{y'x} \\
l_{z'x}l_{z'x} & l_{z'y}l_{z'y} & l_{z'z}l_{z'z} & l_{z'x}l_{z'y} & l_{z'y}l_{z'z} & l_{z'z}l_{z'x} \\
2l_{x'x}l_{y'x} & 2l_{x'y}l_{y'y} & 2l_{x'z}l_{y'z} & (l_{x'x}l_{y'y}+l_{x'y}l_{y'x}) & (l_{x'y}l_{y'z}+l_{x'z}l_{y'y}) & (l_{x'z}l_{y'x}+l_{x'x}l_{y'z}) \\
2l_{y'x}l_{z'x} & 2l_{y'y}l_{z'y} & 2l_{y'z}l_{z'z} & (l_{y'x}l_{z'y}+l_{y'y}l_{z'x}) & (l_{y'y}l_{z'z}+l_{y'z}l_{z'y}) & (l_{y'z}l_{z'x}+l_{y'x}l_{z'z}) \\
2l_{z'x}l_{x'x} & 2l_{z'y}l_{x'y} & 2l_{z'z}l_{x'z} & (l_{z'x}l_{x'y}+l_{z'y}l_{x'x}) & (l_{z'y}l_{x'z}+l_{z'z}l_{x'y}) & (l_{z'z}l_{x'x}+l_{z'x}l_{x'z})
\end{bmatrix} \tag{1.59}
$$

$\boldsymbol{T}_\sigma$ 和 $\boldsymbol{T}_\varepsilon$ 分别称为应力转换矩阵和应变转换矩阵。

对于二维平面问题，应力列阵和应变列阵分别如式(1.34)和式(1.33)所示，对应的转换矩阵分别为

$$
\boldsymbol{T}_\sigma = \begin{bmatrix}
\cos^2\theta & \sin^2\theta & 2\sin\theta\cos\theta \\
\sin^2\theta & \cos^2\theta & -2\sin\theta\cos\theta \\
-\sin\theta\cos\theta & \sin\theta\cos\theta & \cos^2\theta-\sin^2\theta
\end{bmatrix} \tag{1.60}
$$

$$
\boldsymbol{T}_\varepsilon = \begin{bmatrix}
\cos^2\theta & \sin^2\theta & \sin\theta\cos\theta \\
\sin^2\theta & \cos^2\theta & -\sin\theta\cos\theta \\
-2\sin\theta\cos\theta & 2\sin\theta\cos\theta & \cos^2\theta-\sin^2\theta
\end{bmatrix} \tag{1.61}
$$

式中 θ 为两坐标系对应坐标轴之间的夹角，如图 1.13 所示。

系统的能量是一个重要的力学量，可以利用能量得到应力和应变转换矩阵之间的关系。在此定义能量

$$
E = \boldsymbol{\sigma}^{\mathrm{T}}\boldsymbol{\varepsilon} \tag{1.62}
$$

由于能量是一个标量，与坐标系无关，利用关系式(1.56)和式(1.57)可得

$$
E = \boldsymbol{\sigma}'^{\mathrm{T}}\boldsymbol{\varepsilon}' = \boldsymbol{\sigma}^{\mathrm{T}}\boldsymbol{T}_\sigma^{\mathrm{T}}\boldsymbol{T}_\varepsilon\boldsymbol{\varepsilon} \tag{1.63}
$$

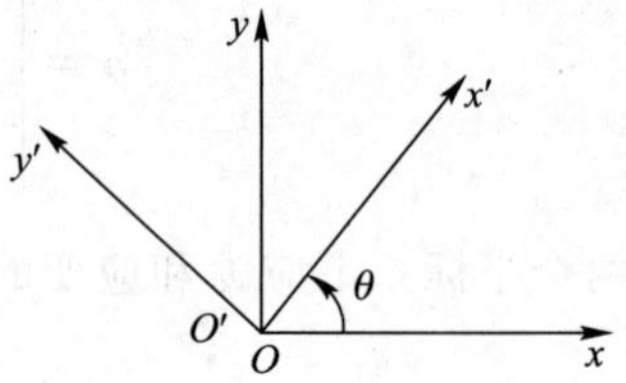

图 1.13　二维坐标系之间的变换

故有

$$
\boldsymbol{T}_\sigma^{\mathrm{T}}\boldsymbol{T}_\varepsilon = \boldsymbol{I} \tag{1.64}
$$

由此可得

$$
\boldsymbol{T}_\varepsilon^{-1} = \boldsymbol{T}_\sigma^{\mathrm{T}}, \quad \boldsymbol{T}_\sigma^{-1} = \boldsymbol{T}_\varepsilon^{\mathrm{T}} \tag{1.65}
$$

可见，应力转换矩阵和应变转换矩阵之间可以利用上式进行简单的变换。

1.2.8　初应变和初应力

很多原因会导致结构中出现初应变，如皱缩、晶体生长或温度的变化等都会导致初应变。初应变向量可表达为

$$
\boldsymbol{\varepsilon}_0 = [\varepsilon_{x0} \quad \varepsilon_{y0} \quad \varepsilon_{z0} \quad \gamma_{xy0} \quad \gamma_{yz0} \quad \gamma_{zx0}]^{\mathrm{T}} \tag{1.66}
$$

例如,各向同性材料中温度的变化引起的初应变为

$$\boldsymbol{\varepsilon}_0 = \alpha\Delta T[1 \quad 1 \quad 1 \quad 0 \quad 0 \quad 0]^{\mathrm{T}} \tag{1.67}$$

式中 α 为热膨胀系数。对于正交各向异性材料,在材料主方向的热应变为

$$\boldsymbol{\varepsilon}_0' = \Delta T[\alpha_{x'} \quad \alpha_{y'} \quad \alpha_{z'} \quad 0 \quad 0 \quad 0]^{\mathrm{T}} \tag{1.68}$$

式中 $\alpha_{x'}$,$\alpha_{y'}$,$\alpha_{z'}$为材料主方向的热膨胀系数。由式(1.57)可得不同坐标系下初应变的转换关系

$$\boldsymbol{\varepsilon}_0 = \boldsymbol{T}_\varepsilon^{-1}\boldsymbol{\varepsilon}_0' = \boldsymbol{T}_\sigma^{\mathrm{T}}\boldsymbol{\varepsilon}_0' \tag{1.69}$$

考虑初应力和初应变的线弹性材料本构关系为

$$\boldsymbol{\sigma} = \boldsymbol{D}(\boldsymbol{\varepsilon} - \boldsymbol{\varepsilon}_0) + \boldsymbol{\sigma}_0 \tag{1.70}$$

或

$$\boldsymbol{\varepsilon} = \boldsymbol{D}^{-1}(\boldsymbol{\sigma} - \boldsymbol{\sigma}_0) + \boldsymbol{\varepsilon}_0 \tag{1.71}$$

初应力 $\boldsymbol{\sigma}_0$ 和初应变 $\boldsymbol{\varepsilon}_0$ 是非机械力产生的应力和应变,如前述温度变化引起的初应变。

1.2.9 应变能和应变余能

假设弹性体在受力过程中始终保持平衡,因而没有动能的改变,如果弹性体的非机械能也没有变化,则外力势能的减少,即外力所做的功,就完全转变为变形势能,又称为应变能,存储在弹性体内部。应变能可以用应力在其相应的应变上所做的功来计算。考虑一维问题,假设弹性体仅在 x 方向受均匀正应力 σ_x 作用,相应的正应变为 ε_x,则其单位体积内具有的应变能,即应变能密度为

$$u_\varepsilon = \int_0^{\varepsilon_x}\sigma_x \mathrm{d}\varepsilon_x \tag{1.72}$$

应变能密度是以应变分量为自变量的泛函,在图 1.14 中表示为应力-应变曲线右下方的面积。将本构关系 $\sigma_x = E\varepsilon_x$ 代入式(1.72)得

$$u_\varepsilon = \int_0^{\varepsilon_x}\sigma_x \mathrm{d}\varepsilon_x = \frac{1}{2}E\varepsilon_x^2 = \frac{1}{2}\sigma_x\varepsilon_x \tag{1.73}$$

定义应变余能密度为

$$u_\sigma = \int_0^{\sigma_x}\varepsilon_x \mathrm{d}\sigma_x = \frac{1}{2E}\sigma_x^2 = \frac{1}{2}\varepsilon_x\sigma_x \tag{1.74}$$

其为图 1.14 中应力-应变曲线左上方面积。显然,线弹性体的应变能密度和应变余能密度数值相等,但它们的自变量不同,应变能密度是应变的函数,应变余能密度是应力的函数。顺便指出,当应力-应变关系为非线性时,仍然可以按此方式定义应变能密度和应变余能密度,但此时应变能密度和应变余能密度不再相等。

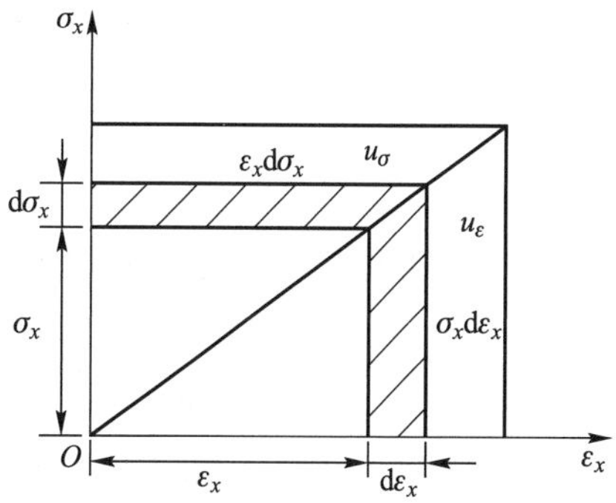

图 1.14 应变能密度和应变余能密度定义

扩展到三维应力状态,可得应变能密度

$$u_{\varepsilon}=\frac{1}{2}(\sigma_x\varepsilon_x+\sigma_y\varepsilon_y+\sigma_z\varepsilon_z+\tau_{xy}\gamma_{xy}+\tau_{yz}\gamma_{yz}+\tau_{zx}\gamma_{zx})=\frac{1}{2}\boldsymbol{\varepsilon}^{\mathrm{T}}\boldsymbol{\sigma} \tag{1.75}$$

和应变余能密度

$$u_{\sigma}=\frac{1}{2}(\varepsilon_x\sigma_x+\varepsilon_y\sigma_y+\varepsilon_z\sigma_z+\gamma_{xy}\tau_{xy}+\gamma_{yz}\tau_{yz}+\gamma_{zx}\tau_{zx})=\frac{1}{2}\boldsymbol{\sigma}^{\mathrm{T}}\boldsymbol{\varepsilon} \tag{1.76}$$

应变能密度可以只用应变分量表示,将广义胡克定律式(1.20a)代入式(1.75)可得

$$u_{\varepsilon}=\frac{E}{2(1+\nu)}\left[\frac{\nu}{1-2\nu}\theta^2+(\varepsilon_x^2+\varepsilon_y^2+\varepsilon_z^2)+\frac{1}{2}(\gamma_{xy}^2+\gamma_{yz}^2+\gamma_{zx}^2)\right] \tag{1.77}$$

对整个弹性体体积进行积分得到应变能

$$U_{\varepsilon}=\int_V u_{\varepsilon}\mathrm{d}V=\frac{E}{2(1+\nu)}\int_V\left[\frac{\nu}{1-2\nu}\theta^2+(\varepsilon_x^2+\varepsilon_y^2+\varepsilon_z^2)+\frac{1}{2}(\gamma_{xy}^2+\gamma_{yz}^2+\gamma_{zx}^2)\right]\mathrm{d}V \tag{1.78}$$

由于 $0<\nu<\frac{1}{2}$,由上式知 $U_{\varepsilon}>0$,即不论变形如何,弹性体的应变能不会是负的,只有在所有应变分量为零的情况下,应变能才等于零。

将应变能密度式(1.77)对应变分量求导,并利用本构关系式(1.20a)可得

$$\left.\begin{aligned}&\frac{\partial u_{\varepsilon}}{\partial\varepsilon_x}=\sigma_x,\quad\frac{\partial u_{\varepsilon}}{\partial\varepsilon_y}=\sigma_y,\quad\frac{\partial u_{\varepsilon}}{\partial\varepsilon_z}=\sigma_z\\&\frac{\partial u_{\varepsilon}}{\partial\gamma_{xy}}=\tau_{xy},\quad\frac{\partial u_{\varepsilon}}{\partial\gamma_{yz}}=\tau_{yz},\quad\frac{\partial u_{\varepsilon}}{\partial\gamma_{zx}}=\tau_{zx}\end{aligned}\right\} \tag{1.79}$$

这些关系式表明:弹性体的应变能密度对任一应变分量的改变率等于相应的应力分量。

类似地,将本构关系式(1.20b)代入式(1.76)可得应力表达的应变余能密度

$$u_{\sigma}=\frac{1}{2E}[(\sigma_x^2+\sigma_y^2+\sigma_z^2)-2\nu(\sigma_x\sigma_z+\sigma_z\sigma_y+\sigma_y\sigma_x)+2(1+\nu)(\tau_{xy}^2+\tau_{yz}^2+\tau_{zx}^2)] \tag{1.80}$$

体积积分得弹性体的应变余能

$$\begin{aligned}U_{\sigma}&=\int_V u_{\sigma}\mathrm{d}V\\&=\frac{1}{2E}\int_V[(\sigma_x^2+\sigma_y^2+\sigma_z^2)-2\nu(\sigma_x\sigma_z+\sigma_z\sigma_y+\sigma_y\sigma_x)+2(1+\nu)(\tau_{xy}^2+\tau_{yz}^2+\tau_{zx}^2)]\mathrm{d}V\end{aligned} \tag{1.81}$$

将应变余能密度对应力分量求导,并利用本构关系(1.20b)可得

$$\left.\begin{aligned}&\frac{\partial u_{\sigma}}{\partial\sigma_x}=\varepsilon_x,\quad\frac{\partial u_{\sigma}}{\partial\sigma_y}=\varepsilon_y,\quad\frac{\partial u_{\sigma}}{\partial\sigma_z}=\varepsilon_z\\&\frac{\partial u_{\sigma}}{\partial\tau_{xy}}=\gamma_{xy},\quad\frac{\partial u_{\sigma}}{\partial\tau_{yz}}=\gamma_{yz},\quad\frac{\partial u_{\sigma}}{\partial\tau_{zx}}=\gamma_{zx}\end{aligned}\right\} \tag{1.82}$$

这些关系式表明:弹性体的应变余能密度对任一应力分量的改变率等于相应的应变分量。

1.2.10 虚位移原理和最小势能原理

虚位移原理和虚应力原理统称为虚功原理。变形体中任意满足平衡方程的力系在任意满足协调条件的变形状态上所做的虚功等于零,即体系外力的虚功与内力虚功相等,此即虚功原理。

假设一物体处于平衡状态,满足位移分量表示的平衡方程、位移边界条件和应力的边界条件。若这些位移分量发生了位移边界条件容许的微小位移,即虚位移或位移变分 $\delta\boldsymbol{u} = [\delta u \quad \delta v \quad \delta w]^{\mathrm{T}}$,则新的位移分量为

$$\boldsymbol{u}' = \boldsymbol{u} + \delta\boldsymbol{u}$$

或

$$u' = u + \delta u, \quad v' = v + \delta v, \quad w' = w + \delta w$$

外力在虚位移上做的虚功即外力虚功为

$$\begin{aligned}&\int_V (f_x\delta u + f_y\delta v + f_z\delta w)\,\mathrm{d}V + \int_{S_\sigma}(\bar{t}_x\delta u + \bar{t}_y\delta v + \bar{t}_z\delta w)\,\mathrm{d}S \\ &= \int_V \boldsymbol{f}^{\mathrm{T}}\delta\boldsymbol{u}\,\mathrm{d}V + \int_{S_\sigma}\bar{\boldsymbol{t}}^{\mathrm{T}}\delta\boldsymbol{u}\,\mathrm{d}S \end{aligned} \tag{1.83}$$

另一方面,应力在虚应变上做的功,即内力虚功为

$$\int_V (\sigma_x\delta\varepsilon_x + \sigma_y\delta\varepsilon_y + \sigma_z\delta\varepsilon_z + \tau_{xy}\delta\gamma_{xy} + \tau_{yz}\delta\gamma_{yz} + \tau_{zx}\delta\gamma_{zx})\,\mathrm{d}V = \int_V \boldsymbol{\sigma}^{\mathrm{T}}\delta\boldsymbol{\varepsilon}\,\mathrm{d}V \tag{1.84}$$

根据虚功原理,外力虚功和内力虚功相等,由式(1.83)和式(1.84)可得

$$\int_V \boldsymbol{\sigma}^{\mathrm{T}}\delta\boldsymbol{\varepsilon}\,\mathrm{d}V = \int_V \boldsymbol{f}^{\mathrm{T}}\delta\boldsymbol{u}\,\mathrm{d}V + \int_{S_\sigma}\bar{\boldsymbol{t}}^{\mathrm{T}}\delta\boldsymbol{u}\,\mathrm{d}S \tag{1.85}$$

此即虚功方程,又称虚位移原理。注意,虚功方程并没有涉及物体的本构关系,故其既适用于线性弹性体也适用于非线性材料。

对于线弹性体,虚位移产生的应变能为

$$\begin{aligned}\delta U_\varepsilon &= \delta\int_V u_\varepsilon\,\mathrm{d}V = \int_V \delta u_\varepsilon\,\mathrm{d}V \\ &= \int_V\left(\frac{\partial u_\varepsilon}{\partial\varepsilon_x}\delta\varepsilon_x + \frac{\partial u_\varepsilon}{\partial\varepsilon_y}\delta\varepsilon_y + \frac{\partial u_\varepsilon}{\partial\varepsilon_z}\delta\varepsilon_z + \frac{\partial u_\varepsilon}{\partial\gamma_{xy}}\delta\gamma_{xy} + \frac{\partial u_\varepsilon}{\partial\gamma_{yz}}\delta\gamma_{yz} + \frac{\partial u_\varepsilon}{\partial\gamma_{zx}}\delta\gamma_{zx}\right)\mathrm{d}V \\ &= \int_V (\sigma_x\delta\varepsilon_x + \sigma_y\delta\varepsilon_y + \sigma_z\delta\varepsilon_z + \tau_{xy}\delta\gamma_{xy} + \tau_{yz}\delta\gamma_{yz} + \tau_{zx}\delta\gamma_{zx})\,\mathrm{d}V \\ &= \int_V \boldsymbol{\sigma}^{\mathrm{T}}\delta\boldsymbol{\varepsilon}\,\mathrm{d}V \end{aligned} \tag{1.86}$$

上式推导过程中利用了关系式(1.79)和运算法则:变分的运算与定积分的运算可以变换顺序,复合函数的变分运算法则和微分运算法则相同。

定义外力势能为外力在实际位移上做的功取负值,即

$$E_{\mathrm{p}} = -\int_V (f_x u + f_y v + f_z w)\,\mathrm{d}V - \int_{S_\sigma} (\bar{t}_x u + \bar{t}_y v + \bar{t}_z w)\,\mathrm{d}S$$

$$= -\left(\int_V \boldsymbol{f}^{\mathrm{T}} \boldsymbol{u}\,\mathrm{d}V + \int_{S_\sigma} \bar{\boldsymbol{t}}^{\mathrm{T}} \boldsymbol{u}\,\mathrm{d}S\right) \tag{1.87}$$

则

$$\delta E_{\mathrm{p}} = -\int_V \boldsymbol{f}^{\mathrm{T}} \delta \boldsymbol{u}\,\mathrm{d}V - \int_{S_\sigma} \bar{\boldsymbol{t}}^{\mathrm{T}} \delta \boldsymbol{u}\,\mathrm{d}S \tag{1.88}$$

由虚功方程(1.85)以及式(1.86)和式(1.88)可得

$$\delta U_\varepsilon = \int_V \boldsymbol{\sigma}^{\mathrm{T}} \delta \boldsymbol{\varepsilon}\,\mathrm{d}V = \int_V \boldsymbol{f}^{\mathrm{T}} \delta \boldsymbol{u}\,\mathrm{d}V + \int_{S_\sigma} \bar{\boldsymbol{t}}^{\mathrm{T}} \delta \boldsymbol{u}\,\mathrm{d}S = -\delta E_{\mathrm{p}}$$

即

$$\delta(U_\varepsilon + E_{\mathrm{p}}) = 0$$

令 $\Pi_{\mathrm{p}} \doteq U_\varepsilon + E_{\mathrm{p}}$ 为系统的势能,则上式可写成

$$\delta \Pi_{\mathrm{p}} = 0 \tag{1.89}$$

上式表明:在给定的外力作用下,真实的位移使系统的势能变分为零,取驻值。在 2.5.1 节将证明,真实的位移使系统的势能取最小值,即在所有几何可能的位移中,真实的位移使系统总的势能取最小值,此即最小势能原理。

下面讨论具有初应力和初应变时材料的应变能表达式。考虑初应力和初应变的线弹性材料本构关系如式(1.70)所示,由式(1.86)可知应变能的变分为

$$\delta U_\varepsilon = \int_V \boldsymbol{\sigma}^{\mathrm{T}} \delta \boldsymbol{\varepsilon}\,\mathrm{d}V = \int_V (\delta \boldsymbol{\varepsilon})^{\mathrm{T}} \boldsymbol{\sigma}\,\mathrm{d}V$$

将式(1.70)代入上式得

$$\delta U_\varepsilon = \int_V (\delta \boldsymbol{\varepsilon})^{\mathrm{T}} \boldsymbol{\sigma}\,\mathrm{d}V$$

$$= \int_V (\delta \boldsymbol{\varepsilon})^{\mathrm{T}} [\boldsymbol{D}(\boldsymbol{\varepsilon} - \boldsymbol{\varepsilon}_0) + \boldsymbol{\sigma}_0]\,\mathrm{d}V$$

$$= \int_V (\delta \boldsymbol{\varepsilon})^{\mathrm{T}} \boldsymbol{D} \boldsymbol{\varepsilon}\,\mathrm{d}V - \int_V (\delta \boldsymbol{\varepsilon})^{\mathrm{T}} \boldsymbol{D} \boldsymbol{\varepsilon}_0\,\mathrm{d}V + \int_V (\delta \boldsymbol{\varepsilon})^{\mathrm{T}} \boldsymbol{\sigma}_0\,\mathrm{d}V$$

由此可得

$$U_\varepsilon = \frac{1}{2}\int_V \boldsymbol{\varepsilon}^{\mathrm{T}} \boldsymbol{D} \boldsymbol{\varepsilon}\,\mathrm{d}V - \int_V \boldsymbol{\varepsilon}^{\mathrm{T}} \boldsymbol{D} \boldsymbol{\varepsilon}_0\,\mathrm{d}V + \int_V \boldsymbol{\varepsilon}^{\mathrm{T}} \boldsymbol{\sigma}_0\,\mathrm{d}V \tag{1.90}$$

此即考虑初应变和初应力时的应变能表达式。

1.2.11 虚应力原理和最小余能原理

假设一弹性体处于平衡状态,实际的应力分量 $\boldsymbol{\sigma}$ 满足平衡方程和应力边界条件,其相应的位移还满足位移边界条件。若体积力和给定应力的边界上的面力不变,而应力分量发生了微小的改变,即虚应力或应力变分 $\delta\boldsymbol{\sigma}$,使应力分量成为

$$\boldsymbol{\sigma}' = \boldsymbol{\sigma} + \delta\boldsymbol{\sigma}$$

将该式代入平衡方程(1.26)和应力边界条件(1.29)有

$$\boldsymbol{L}^{\mathrm{T}}(\boldsymbol{\sigma} + \delta\boldsymbol{\sigma}) + \boldsymbol{f} = \boldsymbol{0}$$

$$\boldsymbol{n}(\boldsymbol{\sigma} + \delta\boldsymbol{\sigma}) = \bar{\boldsymbol{t}} \quad (\text{在 } S_\sigma \text{ 边界上})$$

由于 $\boldsymbol{\sigma}$ 是真实的应力,必须满足平衡方程和应力边界条件,故上述两式成为

$$\boldsymbol{L}^{\mathrm{T}}(\delta\boldsymbol{\sigma}) = \boldsymbol{0}$$

$$\boldsymbol{n}\delta\boldsymbol{\sigma} = \delta\boldsymbol{t} = \boldsymbol{0} \quad (\text{在 } S_\sigma \text{ 边界上})$$

即要使应力 $\boldsymbol{\sigma}'$静力可能,虚应力 $\delta\boldsymbol{\sigma}$ 必须满足无体积力的平衡方程和无面力的应力边界条件。同时,在位移给定的边界上,应力分量的变分必然伴随着面力分量的变分 $\delta\boldsymbol{t}$。

将 $\boldsymbol{\sigma}'=\boldsymbol{\sigma}+\delta\boldsymbol{\sigma}$ 代入虚功方程(1.85),并取其中的几何可能位移为真实位移,对应的应变为真实的应变,则有

$$\int_V \boldsymbol{\varepsilon}^{\mathrm{T}}(\boldsymbol{\sigma} + \delta\boldsymbol{\sigma})\mathrm{d}V = \int_V \boldsymbol{f}^{\mathrm{T}}\boldsymbol{u}\mathrm{d}V + \int_{S_\sigma} \bar{\boldsymbol{t}}^{\mathrm{T}}\boldsymbol{u}\mathrm{d}S + \int_{S_u} (\boldsymbol{\sigma} + \delta\boldsymbol{\sigma})^{\mathrm{T}}\boldsymbol{n}^{\mathrm{T}}\bar{\boldsymbol{u}}\mathrm{d}S \tag{1.91}$$

上式右端最后一项是给定位移边界上外力做的功。在虚功方程(1.85)中因给定位移的变分为零,未包含此项。若变形体上作用一从 0 逐渐增大到 F 的力,该力作用点的变形产生从 0 变到 a 的位移,则该力所做的功为$\dfrac{1}{2}Fa$,故上式右端中的下面三个积分

$$\int_V \boldsymbol{f}^{\mathrm{T}}\boldsymbol{u}\mathrm{d}V + \int_{S_\sigma} \bar{\boldsymbol{t}}^{\mathrm{T}}\boldsymbol{u}\mathrm{d}S + \int_{S_u} (\boldsymbol{n}\boldsymbol{\sigma})^{\mathrm{T}}\bar{\boldsymbol{u}}\mathrm{d}S$$

为外力功的 2 倍。根据能量平衡原理,应变能等于外力功,则真实的应力和位移满足如下方程:

$$\int_V \boldsymbol{\varepsilon}^{\mathrm{T}}\boldsymbol{\sigma}\mathrm{d}V = \int_V \boldsymbol{f}^{\mathrm{T}}\boldsymbol{u}\mathrm{d}V + \int_{S_\sigma} \bar{\boldsymbol{t}}^{\mathrm{T}}\boldsymbol{u}\mathrm{d}S + \int_{S_u} (\boldsymbol{n}\boldsymbol{\sigma})^{\mathrm{T}}\bar{\boldsymbol{u}}\mathrm{d}S$$

上式左端项为应变能的 2 倍。将上式代入式(1.91)可得

$$\int_V (\delta\boldsymbol{\sigma})^{\mathrm{T}}\boldsymbol{\varepsilon}\mathrm{d}V - \int_{S_u} (\delta\boldsymbol{t})^{\mathrm{T}}\bar{\boldsymbol{u}}\mathrm{d}S = 0 \tag{1.92}$$

此即虚应力原理。上式中 $\delta\boldsymbol{t}=\delta(\boldsymbol{n}\boldsymbol{\sigma})=\boldsymbol{n}\delta\boldsymbol{\sigma}$。

从虚应力原理出发可以推导最小余能原理,详细的推导和证明见 2.5.2 节。弹性体的总余能为

$$\Pi_{\mathrm{c}} = \int_V u_\sigma \mathrm{d}V - \int_{S_u} \boldsymbol{t}\bar{\boldsymbol{u}}\mathrm{d}S = \int_V \frac{1}{2}\boldsymbol{\sigma}^{\mathrm{T}}\boldsymbol{\varepsilon}\mathrm{d}V - \int_{S_u} \boldsymbol{t}\bar{\boldsymbol{u}}\mathrm{d}S \tag{1.93}$$

则有

$$\delta\Pi_{\mathrm{c}} = 0 \tag{1.94}$$

系统的余能 Π_{c} 是应力分量的泛函。对于稳定的平衡状态,系统的余能为最小值,称为最小余能原理,即在所有静力可能的应力中,真实的应力使系统总的余能取最小值。

1.3　热传导问题基本方程

1.3.1　傅里叶(Fourier)定律

物体中传热的基本模式包括传导、对流和辐射。温度是表征物体任意部分冷热程度的物理量,符号为 T,单位符号为℃或 K。无论哪种传热模式,热量的传播都是因为物体中的温度差造成的。温度是一个标量,物体的每一个空间点都有一个唯一的温度值,物体中所有点的温度值构成了温度场或温度分布。一般而言,温度既是空间坐标的函数,又是时间的函数,即 $T(x,y,z,t)$。若温度场与时间无关,则称为稳态温度场,对应的热传导为稳态热传导;温度场随时间变化,则为非稳态温度场或瞬态温度场,对应的热传导为瞬态热传导。

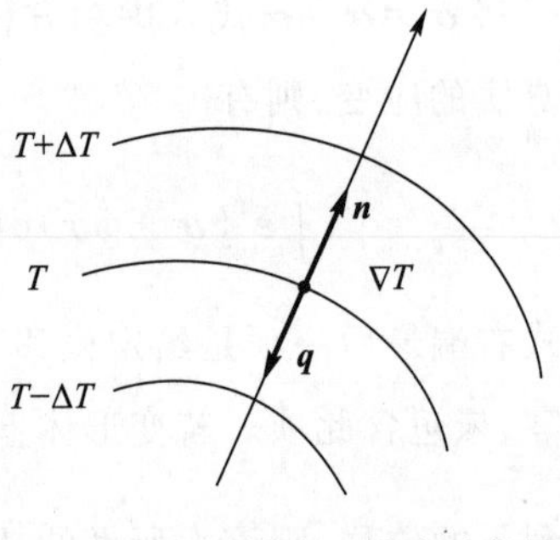

图 1.15　温度梯度和热流示意图

物体上所有具有相同温度的点组成的几何面称为等温面。如图 1.15 所示,对于任意物体,在穿越等温面的方向上都会有温度的变化,等温面间法线方向上温度变化最大的向量称为温度梯度。温度梯度可表达为

$$\nabla T = \frac{\partial T}{\partial n}\boldsymbol{n} = \frac{\partial T}{\partial x}\boldsymbol{i} + \frac{\partial T}{\partial y}\boldsymbol{j} + \frac{\partial T}{\partial z}\boldsymbol{k} \tag{1.95}$$

式中 $\boldsymbol{n}$ 为等温面上的单位法向矢量,$\frac{\partial T}{\partial n}$为温度的法向导数,它是温度梯度的模,即该点的温度梯度值。∇为梯度算子,表达式为

$$\nabla = \begin{bmatrix} \frac{\partial}{\partial x} & \frac{\partial}{\partial y} & \frac{\partial}{\partial z} \end{bmatrix}^{\mathrm{T}} \tag{1.96}$$

单位表面积上的热流量或单位时间内单位表面积通过的热量称为热流密度 $\boldsymbol{q}$(单位为 $\mathrm{W/m^2}$)。热流密度为一矢量,其分量形式可写成

$$\boldsymbol{q} = [\, q_x \quad q_y \quad q_z \,]^{\mathrm{T}} \tag{1.97}$$

傅里叶定律指出,热流密度正比于温度梯度,即

$$\begin{bmatrix} q_x \\ q_y \\ q_z \end{bmatrix} = -\begin{bmatrix} k_{xx} & k_{xy} & k_{xz} \\ k_{yx} & k_{yy} & k_{yz} \\ k_{zx} & k_{zy} & k_{zz} \end{bmatrix} \begin{bmatrix} \frac{\partial T}{\partial x} \\ \frac{\partial T}{\partial y} \\ \frac{\partial T}{\partial z} \end{bmatrix} \tag{1.98a}$$

或

$$\boldsymbol{q} = -\boldsymbol{k}\nabla T \tag{1.98b}$$

其中 $\boldsymbol{k}$[单位为 W/(m·K)]为**热传导矩阵**,是对称矩阵,矩阵元素 k_{ij}为导热系数。对于各向同性均匀材料,其为一常数 k,因而式(1.98)可简化为

$$\boldsymbol{q} = -k\nabla T \tag{1.99}$$

值得注意的是,热流密度的方向垂直于等温面,其正方向为温度降低的方向,代表物体内热量由热向冷的方向流动。因此,热流密度的方向与温度梯度的方向相反。式(1.98)又称为**热传导本构方程**。

1.3.2 热传导方程

考虑物体内一微元体,如图 1.16 所示,其内有热源 Q(单位为 W/m^3),当物体传出热量时内热源 Q 为正,当物体吸收热量时内热源 Q 为负。根据能量守恒定律,时间间隔 dt 内净输入微元体的热量 dQ_c加上内热源所产生的热量 dQ_i应等于微元体的能量的变化 dQ_e,即

$$\mathrm{d}Q_c + \mathrm{d}Q_i = \mathrm{d}Q_e \tag{1.100}$$

由图 1.16 可知,时间间隔 dt 内净输入微元体的热量为

$$\begin{aligned}\mathrm{d}Q_c &= q_x\mathrm{d}y\mathrm{d}z\mathrm{d}t + q_y\mathrm{d}x\mathrm{d}z\mathrm{d}t + q_z\mathrm{d}x\mathrm{d}y\mathrm{d}t - \\ &\left(q_x + \frac{\partial q_x}{\partial x}\mathrm{d}x\right)\mathrm{d}y\mathrm{d}z\mathrm{d}t - \left(q_y + \frac{\partial q_y}{\partial y}\mathrm{d}y\right)\mathrm{d}x\mathrm{d}z\mathrm{d}t - \left(q_z + \frac{\partial q_z}{\partial z}\mathrm{d}z\right)\mathrm{d}x\mathrm{d}y\mathrm{d}t \\ &= -\left(\frac{\partial q_x}{\partial x} + \frac{\partial q_y}{\partial y} + \frac{\partial q_z}{\partial z}\right)\mathrm{d}x\mathrm{d}y\mathrm{d}z\mathrm{d}t\end{aligned} \tag{1.101}$$

内热源所产生的热量为

$$\mathrm{d}Q_i = Q\mathrm{d}x\mathrm{d}y\mathrm{d}z\mathrm{d}t \tag{1.102}$$

最后,内能变化为

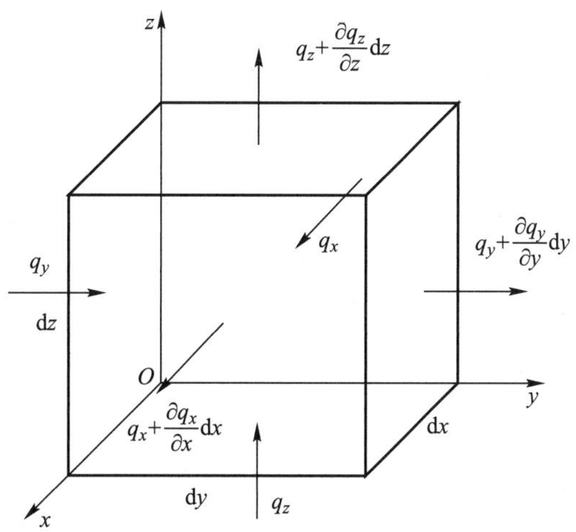

图 1.16 六面微元体的热传导

$$dQ_e = c_p dm \frac{\partial T}{\partial t} dt = c_p \rho \frac{\partial T}{\partial t} dV dt = c_p \rho \frac{\partial T}{\partial t} dx dy dz dt \tag{1.103}$$

其中 c_p 为比定压热容[单位为 J/(kg · K)],m 为质量(单位为 kg),ρ 为密度(单位为 kg/m^3)。

将式(1.101)~(1.103)代入式(1.100)可得

$$-\left(\frac{\partial q_x}{\partial x} + \frac{\partial q_y}{\partial y} + \frac{\partial q_z}{\partial z}\right) + Q = \rho c_p \frac{\partial T}{\partial t} \tag{1.104a}$$

此即瞬态热传导方程,又称连续性方程。其矩阵形式为

$$-\nabla^T \boldsymbol{q} + Q = \rho c_p \frac{\partial T}{\partial t} \tag{1.104b}$$

对于稳态问题,该方程简化为

$$-\left(\frac{\partial q_x}{\partial x} + \frac{\partial q_y}{\partial y} + \frac{\partial q_z}{\partial z}\right) + Q = 0 \tag{1.105a}$$

$$-\nabla^T \boldsymbol{q} + Q = 0 \tag{1.105b}$$

将本构方程(1.99)代入连续性方程(1.104),可得用温度表达的瞬态热传导方程

$$k\left(\frac{\partial^2 T}{\partial x^2} + \frac{\partial^2 T}{\partial y^2} + \frac{\partial^2 T}{\partial z^2}\right) + Q = \rho c_p \frac{\partial T}{\partial t} \tag{1.106a}$$

或

$$k \nabla^T (\nabla T) + Q = \rho c_p \frac{\partial T}{\partial t} \tag{1.106b}$$

再将式(1.99)代入式(1.105)可得用温度表达的稳态热传导方程

$$k\left(\frac{\partial^2 T}{\partial x^2} + \frac{\partial^2 T}{\partial y^2} + \frac{\partial^2 T}{\partial z^2}\right) + Q = 0 \tag{1.107a}$$

或

$$k \nabla^T (\nabla T) + Q = 0 \tag{1.107b}$$

方程(1.106)和(1.107)中的变量 T 是唯一的独立变量,方程不能再进一步化简,为不可约形式。

对于平面问题,上述方程中删除与坐标 z 相关的量,或删除矩阵形式中的第三行和第三列即可。平面问题的热传导本构方程为

$$\begin{bmatrix} q_x \\ q_y \end{bmatrix} = -k \begin{bmatrix} \dfrac{\partial T}{\partial x} \\ \dfrac{\partial T}{\partial y} \end{bmatrix} \tag{1.108a}$$

对于各向异性材料

$$\begin{bmatrix} q_x \\ q_y \end{bmatrix} = -\begin{bmatrix} k_{xx} & k_{xy} \\ k_{yx} & k_{yy} \end{bmatrix} \begin{bmatrix} \dfrac{\partial T}{\partial x} \\ \dfrac{\partial T}{\partial y} \end{bmatrix} \tag{1.108b}$$

瞬态连续性方程为

$$-\left(\frac{\partial q_x}{\partial x}+\frac{\partial q_y}{\partial y}\right)+Q=\rho c_p\frac{\partial T}{\partial t} \tag{1.109}$$

稳态方程为

$$-\left(\frac{\partial q_x}{\partial x}+\frac{\partial q_y}{\partial y}\right)+Q=0 \tag{1.110}$$

以温度为独立变量的瞬态和稳态热传导方程分别为

$$k\left(\frac{\partial^2 T}{\partial x^2}+\frac{\partial^2 T}{\partial y^2}\right)+Q=\rho c_p\frac{\partial T}{\partial t} \tag{1.111}$$

和

$$k\left(\frac{\partial^2 T}{\partial x^2}+\frac{\partial^2 T}{\partial y^2}\right)+Q=0 \tag{1.112}$$

对于轴对称问题,热流密度为

$$\boldsymbol{q}=[q_r \quad q_z]^{\mathrm{T}} \tag{1.113}$$

温度梯度的表达式为

$$\nabla T=\left[\frac{\partial T}{\partial r} \quad \frac{\partial T}{\partial z}\right]^{\mathrm{T}} \tag{1.114}$$

瞬态和稳态热传导平衡方程分别为

$$-\left(\frac{\partial q_r}{\partial r}+\frac{q_r}{r}+\frac{\partial q_z}{\partial z}\right)+Q=\rho c_p\frac{\partial T}{\partial t} \tag{1.115}$$

和

$$-\left(\frac{\partial q_r}{\partial r}+\frac{q_r}{r}+\frac{\partial q_z}{\partial z}\right)+Q=0 \tag{1.116}$$

热传导本构方程为

$$\begin{bmatrix} q_r \\ q_z \end{bmatrix}=-k\begin{bmatrix} \dfrac{\partial T}{\partial r} \\ \dfrac{\partial T}{\partial z} \end{bmatrix} \tag{1.117a}$$

对于各向异性材料

$$\begin{bmatrix} q_r \\ q_z \end{bmatrix}=-\begin{bmatrix} k_{rr} & k_{rz} \\ k_{zr} & k_{zz} \end{bmatrix}\begin{bmatrix} \dfrac{\partial T}{\partial r} \\ \dfrac{\partial T}{\partial z} \end{bmatrix} \tag{1.117b}$$

将式(1.117a)分别代入式(1.115)和式(1.116)可得以温度为独立变量的轴对称瞬态热传导方程

$$k\left(\frac{\partial^2 T}{\partial r^2}+\frac{1}{r}\frac{\partial T}{\partial r}+\frac{\partial^2 T}{\partial z^2}\right)+Q=\rho c_p\frac{\partial T}{\partial t} \tag{1.118}$$

和稳态方程

$$k\left(\frac{\partial^2 T}{\partial r^2}+\frac{1}{r}\frac{\partial T}{\partial r}+\frac{\partial^2 T}{\partial z^2}\right)+Q=0 \tag{1.119}$$

对于正交各向异性材料，存在一个局部坐标系 $O'x'y'z'$ 使得式(1.98)描述的热传导矩阵 $\boldsymbol{k}'$ 为对角阵

$$\boldsymbol{k}'=\begin{bmatrix} k_{x'x'} & 0 & 0 \\ 0 & k_{y'y'} & 0 \\ 0 & 0 & k_{z'z'} \end{bmatrix} \tag{1.120}$$

即在三个正交轴下 $\boldsymbol{k}$ 仅有三个分量。这些分量可以是坐标的函数，对于均匀材料则为常数。将本构方程(1.98)代入式(1.104b)，得到在该局部坐标系 $O'x'y'z'$ 下的方程

$$\frac{\partial}{\partial x'}\left(k_{x'x'}\frac{\partial T}{\partial x'}\right)+\frac{\partial}{\partial y'}\left(k_{y'y'}\frac{\partial T}{\partial y'}\right)+\frac{\partial}{\partial z'}\left(k_{z'z'}\frac{\partial T}{\partial z'}\right)+Q=\rho c_p\frac{\partial T}{\partial t} \tag{1.121a}$$

或

$$(\nabla')^{\mathrm{T}}(\boldsymbol{k}'\,\nabla' T)+Q=\rho c_p\frac{\partial T}{\partial t} \tag{1.121b}$$

其中

$$\nabla'=\begin{bmatrix}\dfrac{\partial}{\partial x'} & \dfrac{\partial}{\partial y'} & \dfrac{\partial}{\partial z'}\end{bmatrix}^{\mathrm{T}} \tag{1.122}$$

对于稳态问题

$$\frac{\partial}{\partial x'}\left(k_{x'x'}\frac{\partial T}{\partial x'}\right)+\frac{\partial}{\partial y'}\left(k_{y'y'}\frac{\partial T}{\partial y'}\right)+\frac{\partial}{\partial z'}\left(k_{z'z'}\frac{\partial T}{\partial z'}\right)+Q=0 \tag{1.123a}$$

或

$$(\nabla')^{\mathrm{T}}(\boldsymbol{k}'\,\nabla' T)+Q=0 \tag{1.123b}$$

由坐标变换式(1.50)可知

$$\boldsymbol{x}'=\boldsymbol{T}\boldsymbol{x}$$

由于 $\boldsymbol{T}$ 是正交的，因此

$$\boldsymbol{x}=\boldsymbol{T}^{\mathrm{T}}\boldsymbol{x}'$$

两个坐标系下的导数存在如下关系：

$$\frac{\partial}{\partial x}=\frac{\partial}{\partial x'}\frac{\partial x'}{\partial x}+\frac{\partial}{\partial y'}\frac{\partial y'}{\partial x}+\frac{\partial}{\partial z'}\frac{\partial z'}{\partial x}$$

$$\frac{\partial}{\partial y}=\frac{\partial}{\partial x'}\frac{\partial x'}{\partial y}+\frac{\partial}{\partial y'}\frac{\partial y'}{\partial y}+\frac{\partial}{\partial z'}\frac{\partial z'}{\partial y}$$

$$\frac{\partial}{\partial z}=\frac{\partial}{\partial x'}\frac{\partial x'}{\partial z}+\frac{\partial}{\partial y'}\frac{\partial y'}{\partial z}+\frac{\partial}{\partial z'}\frac{\partial z'}{\partial z}$$

故有

$$\nabla(\,)=\boldsymbol{T}^{\mathrm{T}}\,\nabla'(\,) \tag{1.124}$$

或

$$\nabla'(\,)=\boldsymbol{T}\nabla(\,) \tag{1.125}$$

方程(1.123b)中的$(\nabla')^{\mathrm{T}}(\boldsymbol{k}'\nabla'T)$为标量,与坐标系无关,若用$\varphi$表示温度$T$,则有

$$(\nabla')^{\mathrm{T}}(\boldsymbol{k}'\nabla'\varphi)=(\nabla)^{\mathrm{T}}(\boldsymbol{k}\nabla\varphi) \tag{1.126}$$

将式(1.125)代入式(1.126)左边,有

$$(\nabla')^{\mathrm{T}}(\boldsymbol{k}'\nabla'\varphi)=(\nabla)^{\mathrm{T}}\boldsymbol{T}^{\mathrm{T}}(\boldsymbol{k}'\boldsymbol{T}\nabla\varphi)=(\nabla)^{\mathrm{T}}(\boldsymbol{k}\nabla\varphi)$$

可见

$$\boldsymbol{k}=\boldsymbol{T}^{\mathrm{T}}\boldsymbol{k}'\boldsymbol{T} \quad 或 \quad \boldsymbol{k}'=\boldsymbol{T}\boldsymbol{k}\boldsymbol{T}^{\mathrm{T}} \tag{1.127}$$

此即两个坐标系下热传导矩阵$\boldsymbol{k}$的转换关系。

1.3.3 边界条件和初始条件

热传导问题的边界条件通常包括以下三类:

(1) 在边界S_T上给定温度值,即

$$T=\overline{T} \quad (在 S_T 边界上) \tag{1.128}$$

(2) 在边界S_q上给定热流密度

$$q_n=\overline{q}_n \quad (在 S_q 边界上) \tag{1.129a}$$

其中q_n是热流密度$\boldsymbol{q}$沿边界法向的分量值,定义为

$$q_n=\boldsymbol{n}^{\mathrm{T}}\boldsymbol{q}, \quad \boldsymbol{n}=[n_x \quad n_y \quad n_z]^{\mathrm{T}}$$

热流密度边界条件还可以用温度梯度表达为

$$-k\frac{\partial T}{\partial n}=\overline{q}_n \quad (在 S_q 边界上) \tag{1.129b}$$

这里$\overline{q}_n$沿边界外法线方向取正,即热量流出物体为正。应用中有时取热量输入物体为正,则上式成为

$$k\frac{\partial T}{\partial n}=\overline{q}_n \quad (在 S_q 边界上) \tag{1.129c}$$

(3) 物体和外界的换热边界条件为

$$q_n=h(T-T_{\mathrm{a}}) \quad (在 S_c 边界上) \tag{1.130a}$$

或

$$k\frac{\partial T}{\partial n}=h(T-T_{\mathrm{a}}) \quad (在 S_c 边界上) \tag{1.130b}$$

其中h是换热系数(单位为$\mathrm{W/(m^2 \cdot K)}$),T_{a}是环境温度。若取热量输入物体为正,则上式成为

$$k\frac{\partial T}{\partial n}=h(T_{\mathrm{a}}-T) \quad (在 S_c 边界上) \tag{1.130c}$$

上式三类边界构成了总的边界$S=S_T+S_q+S_c$。

对于瞬态问题,还需给出温度的初始值

$$T(x,y,z,0)=\overline{T}(x,y,z) \tag{1.131}$$

1.4　小结

本章简要阐述了弹性力学基础知识和热传导问题的基本方程。描述弹性力学问题的基本方程,包括平衡方程、几何方程和本构方程。弹性力学问题的求解是获得这些场方程在给定位移和力边界条件下的解。弹性力学的最小势能原理是建立有限元平衡方程的基础。

热传导问题的场方程包括 Fourier 定律和连续性方程。针对热传导问题,可以建立相应的有限元求解方法。

习题

1.1　线性弹性力学的基本假设有哪些?

1.2　描述弹性力学问题的基本方程有哪些?边界条件由给定位移的边界条件和给定力的边界条件组成,自由边界属于什么边界?

1.3　各向同性弹性材料的弹性常数有几个?具体包括哪些常数?其中独立常数有几个?不可压缩材料的泊松比是多少?体积模量是多少?

1.4　弹性静力学的平衡方程为 $\boldsymbol{L}^{\mathrm{T}}\boldsymbol{\sigma}+\boldsymbol{f}=\boldsymbol{0}$,几何方程为 $\boldsymbol{\varepsilon}=\boldsymbol{L}\boldsymbol{u}$,本构方程为 $\boldsymbol{\sigma}=\boldsymbol{D}\boldsymbol{\varepsilon}$,导出以位移为基本变量的平衡方程,即弹性力学问题场方程的不可约形式。

1.5　已知某平面应力问题的位移具有如下多项式的形式:

$$u = a_1 + a_2 y + a_3 x^2 y + a_4 y^3$$

$$v = a_5 + a_6 x + a_7 x y^2 + a_8 x^3$$

式中 $a_1 \sim a_8$ 为参数。(a)写出应变列向量表达式;(b)如果材料是各向同性弹性的,其弹性模量为 E,泊松比为 ν,给出应力列向量表达式。

1.6　一厚壁圆筒的内径为 a,外径为 b,其轴对称位移解如下:

$$u = ar + b\frac{1}{r}, \quad w = 0$$

(a)给出其应变表达式;(b)如果材料是各向同性弹性的,其弹性模量为 E,泊松比为 ν,给出其应力列向量表达式。

1.7　长圆柱的内径为 a,外径为 b,内表面的温度为 T_a,外表面的温度为 T_b。(a)温度场 $T(r)$ 与坐标 z 无关,并假设热源 $Q=0$,试确定其稳态温度分布场;(b)假设材料的热膨胀系数为 α,参考状态的温度为 T_0,由温度 $T(r)$ 计算其热应变;(c)如果材料是各向同性弹性的,其弹性模量为 E,泊松比为 ν,假设无应力参考状态的温度为 T_0,计算其热应力。

参考答案 A1

第2章

加权残值法和变分原理

2.1 引言

求弹性力学问题、热传导问题以及其他场问题的解，实际上就是求解场方程在给定边界条件下的解。理想的情况是求得场方程的解析解。然而，绝大多数的工程问题都很复杂，难以求得其解析解。因此，采用各种近似方法求解场方程在给定边界条件下的近似解，已经成为极为重要的手段。

如0.1节中所述，求解场方程近似解的方法主要有两类：一是假设解的近似函数形式，直接求解微分方程的近似解的强式方法；二是首先建立描述原问题微分方程的等效积分形式，假设解的近似函数，通过求解积分方程的近似解得到原问题的解的弱式方法。基于弱形式的公式通常是一组稳定性良好的离散系统方程，可以获得高精度的解。有限元方法即是一种典型的基于微分方程弱形式的近似求解方法。

本章介绍基于弱形式的求解微分方程组的近似解法，主要内容包括微分方程等效积分形式、加权残值法、变分原理，以及弹性力学和热传导问题的变分原理和约束变分原理等。本章内容是建立有限元方程的基础。

2.2 微分方程的等效积分形式及其弱形式

2.2.1 微分方程的等效积分形式

如图2.1所示为某问题的求解域和边界，假设描述该场问题的微分方程为

$$A(u) = \begin{bmatrix} A_1(u) \\ A_2(u) \\ \vdots \\ A_m(u) \end{bmatrix} = \mathbf{0} \quad (\text{在 } V \text{ 域中}) \qquad (2.1)$$

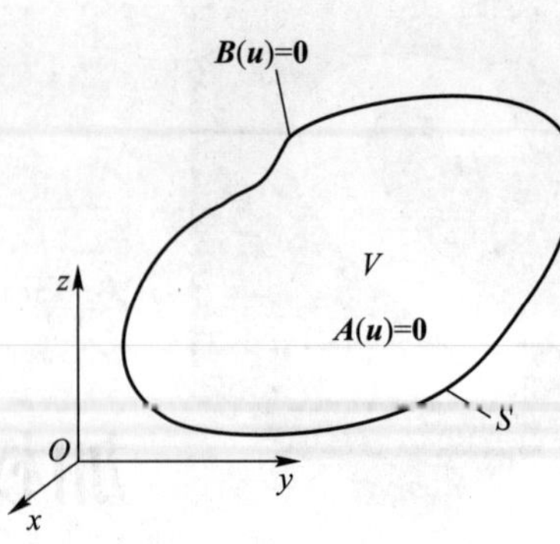

图 2.1　场问题的求解域和边界

给定的边界条件为

$$B(u) = \begin{bmatrix} B_1(u) \\ B_2(u) \\ \vdots \\ B_l(u) \end{bmatrix} = \mathbf{0} \quad (\text{在 } S \text{ 边界上}) \qquad (2.2)$$

式中 $A_i(i=1,2,\cdots,m)$ 和 $B_j(j=1,2,\cdots,l)$ 为微分算子，$\boldsymbol{A}$ 和 $\boldsymbol{B}$ 为微分算子矩阵；方程有 m 个未知函数

$$\boldsymbol{u} = [u_1 \quad u_2 \quad \cdots \quad u_m]^{\mathrm{T}}$$

以各向同性二维稳态热传导问题为例，其场方程可以用连续性方程(1.110)和本构方程(1.108a)表达为

$$\frac{\partial q_x}{\partial x} + \frac{\partial q_y}{\partial y} - Q = 0, \quad q_x + k\frac{\partial T}{\partial x} = 0, \quad q_y + k\frac{\partial T}{\partial y} = 0$$

若仅考虑给定温度边界条件(1.128)和热流密度边界条件(1.129a)，则

$$T - \overline{T} = 0 \quad (\text{在 } S_T \text{ 边界上})$$

$$q_n - \overline{q}_n = 0 \quad (\text{在 } S_q \text{ 边界上})$$

上述方程和边界条件用矩阵表达为

$$A(u) = \begin{bmatrix} \dfrac{\partial q_x}{\partial x} + \dfrac{\partial q_y}{\partial y} - Q \\ q_x + k\dfrac{\partial T}{\partial x} \\ q_y + k\dfrac{\partial T}{\partial y} \end{bmatrix} = \mathbf{0} \quad (\text{在 } V \text{ 域中}) \qquad (2.3a)$$

和

$$B(u) = \begin{cases} T - \overline{T} = 0 & (\text{在 } S_T \text{ 边界上}) \\ q_n - \overline{q}_n = 0 & (\text{在 } S_q \text{ 边界上}) \end{cases} \qquad (2.3b)$$

未知函数向量为 $\boldsymbol{u}=[T \quad q_x \quad q_y]^{\mathrm{T}}$。

可以将本构方程代入连续性方程得到仅以温度 T 为独立变量的不可约形式的热传导场方程[见式(1.112)]

$$A(T) = k\left(\frac{\partial^2 T}{\partial x^2} + \frac{\partial^2 T}{\partial y^2}\right) + Q = 0 \quad (\text{在 } V \text{ 域中}) \qquad (2.4a)$$

以及给定温度的边界条件[见式(1.128)]和给定热流密度的边界条件[见式(1.129c)]

$$B(T)=\begin{cases} T-\overline{T}=0 & (\text{在 } S_T \text{ 边界上}) \\ k\dfrac{\partial T}{\partial n}-\overline{q}_n=0 & (\text{在 } S_q \text{ 边界上}) \end{cases} \tag{2.4b}$$

这里假设输入物体的热流为正。若假设沿边界外法线方向的热流为正,则热流密度边界条件为 $k\dfrac{\partial T}{\partial n}+\overline{q}_n=0$(在 S_q 边界上)。

如前所述,为求解该微分方程组在给定边界条件下的解,可以采用近似方法对原微分方程组直接求解,也可将微分方程和边界条件转换为积分方程进行求解。前者为基于强式形式的方法,后者为基于弱形式的方法。在求近似解时,首先假设未知函数 $\boldsymbol{u}$ 的近似函数形式,然后采用某种方法确定近似函数中的待定参数即可得到近似解。采用弱式方法可以降低对近似函数的连续性要求。下面讨论弱式方法。

首先构造任意函数列向量 $\boldsymbol{v}=[v_1 \quad v_2 \quad \cdots \quad v_m]^{\mathrm{T}}$ 和 $\overline{\boldsymbol{v}}=[\overline{v}_1 \quad \overline{v}_2 \quad \cdots \quad \overline{v}_l]^{\mathrm{T}}$,令

$$\int_V \boldsymbol{v}^{\mathrm{T}}\boldsymbol{A}(\boldsymbol{u})\mathrm{d}V \equiv \int_V [v_1A_1(\boldsymbol{u})+v_2A_2(\boldsymbol{u})+\cdots+v_mA_m(\boldsymbol{u})]\mathrm{d}V \equiv 0 \tag{2.5}$$

$$\int_S \overline{\boldsymbol{v}}^{\mathrm{T}}\boldsymbol{B}(\boldsymbol{u})\mathrm{d}S \equiv \int_S [\overline{v}_1B_1(\boldsymbol{u})+\overline{v}_2B_2(\boldsymbol{u})+\cdots+\overline{v}_lB_l(\boldsymbol{u})]\mathrm{d}S \equiv 0 \tag{2.6}$$

若该两方程对于任意函数列向量 $\boldsymbol{v}$ 和 $\overline{\boldsymbol{v}}$ 都成立,则它们与方程(2.1)、(2.2)是等效的。现将式(2.5)与式(2.6)相加,有

$$\int_V \boldsymbol{v}^{\mathrm{T}}\boldsymbol{A}(\boldsymbol{u})\mathrm{d}V+\int_S \overline{\boldsymbol{v}}^{\mathrm{T}}\boldsymbol{B}(\boldsymbol{u})\mathrm{d}S=0 \tag{2.7}$$

称该积分方程为原场问题微分方程的等效积分形式。若能求得该积分方程的近似解,即得到原微分方程的近似解。

例如热传导场方程(2.3)的等效积分形式可写成

$$\int_V v_1\left(\frac{\partial q_x}{\partial x}+\frac{\partial q_y}{\partial y}-Q\right)\mathrm{d}V+\int_V v_2\left(q_x+k\frac{\partial T}{\partial x}\right)\mathrm{d}V+\int_V v_3\left(q_y+k\frac{\partial T}{\partial y}\right)\mathrm{d}V+$$
$$\int_{S_q}\overline{v}_1(q_n-\overline{q}_n)\mathrm{d}S+\int_{S_T}\overline{v}_2(T-\overline{T})\mathrm{d}S=0$$

其中 $\boldsymbol{v}=[v_1 \quad v_2 \quad v_3]$,$\overline{\boldsymbol{v}}=[\overline{v}_1 \quad \overline{v}_2]$ 为任意函数。

实际应用时为使问题得以简化,边界条件可以灵活处理。利用近似方法求解微分方程时,可以使构造的近似函数预先满足部分边界条件,这种边界条件无须引入等效积分方程,称之为强制边界条件,而余下的通过等效积分形式引入的边界条件则称为自然边界条件。

例如,将式(2.3b)中的温度边界条件视为强制边界条件,即假设的温度近似函数已经满足了温度边界条件,则场方程和边界条件(2.3)相应的等效积分形式中不再包含给定温度边界条件,成为

$$\int_V v_1\left(\frac{\partial q_x}{\partial x}+\frac{\partial q_y}{\partial y}-Q\right)\mathrm{d}V+\int_V v_2\left(q_x+k\frac{\partial T}{\partial x}\right)\mathrm{d}V+$$

$$\int_V v_3\left(q_y+k\frac{\partial T}{\partial y}\right)\mathrm{d}V+\int_{S_q}\bar{v}_1(q_n-\bar{q}_n)\,\mathrm{d}S=0$$

值得注意的是,方程(2.7)要能求解,则必须可以积分。微分方程的等效积分形式要可积,必须满足以下条件:(1)$\boldsymbol{v}$ 和 $\bar{\boldsymbol{v}}$ 是单值函数,且在 V 内和 S 上是可积分的;(2)若微分算子 $\boldsymbol{A}$ 的最高阶导数为 n 阶,则近似函数 $\boldsymbol{u}$ 的 $n-1$ 阶导数必须连续,称 $\boldsymbol{u}$ 具有 C_{n-1}连续性。若 $\boldsymbol{A}$ 的最高阶导数为一阶,则函数 $\boldsymbol{u}$ 必须具有 C_0连续性。例如,如图 2.2 所示函数 u 在 x_0点连续,其一阶导数即斜率在该点不连续,但是有限的,而其二阶导数在该点为无穷大。若微分方程中的最高阶导数为一阶,假设的近似函数连续即可。若方程中的最高阶导数为二阶,则必须要求 u 的一阶导数是连续的,才能保证其二阶导数是有限的。

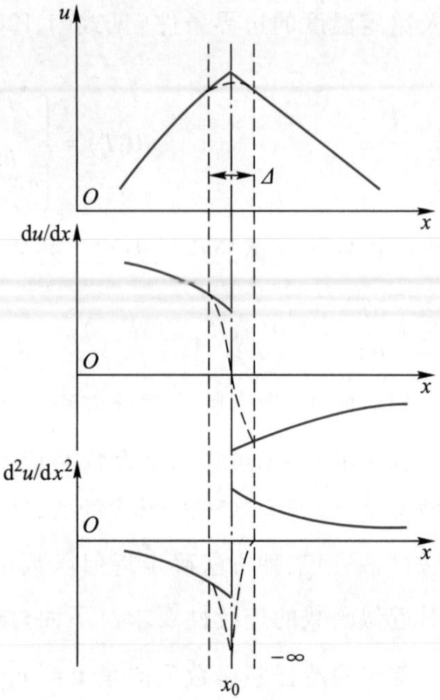

图 2.2　具有 C_0连续性的函数

2.2.2　等效积分的弱形式

为了降低方程(2.7)中微分的阶次,对其进行分部积分,可得

$$\int_V \boldsymbol{C}^{\mathrm{T}}(\boldsymbol{v})\boldsymbol{D}(\boldsymbol{u})\,\mathrm{d}V+\int_S \boldsymbol{E}^{\mathrm{T}}(\bar{\boldsymbol{v}})\boldsymbol{F}(\boldsymbol{u})\,\mathrm{d}S=0 \tag{2.8}$$

式中 $\boldsymbol{C},\boldsymbol{D},\boldsymbol{E},\boldsymbol{F}$ 均为微分算子。可知微分算子 $\boldsymbol{D}$ 和 $\boldsymbol{F}$ 比 $\boldsymbol{A}$ 和 $\boldsymbol{B}$ 的阶次低一阶,这样就降低了对 $\boldsymbol{u}$ 的连续性要求,提高了对 $\boldsymbol{v}$ 和 $\bar{\boldsymbol{v}}$ 的连续性要求,这使得构造 $\boldsymbol{u}$ 的近似函数更加容易。方程(2.8)称为微分方程的等效积分弱形式。

现在讨论式(2.4a)和式(2.4b)描述的二维稳态热传导问题。构造 T 的近似函数,使其在边界 S_T 上自动满足条件 $T-\bar{T}=0$,即将式(2.4b)中的第一个边界条件视为强制边界条件,将第二个边界条件视为自然边界条件。该微分方程和边界条件的等效积分形式为

$$\int_V v\left[k\left(\frac{\partial^2 T}{\partial x^2}+\frac{\partial^2 T}{\partial y^2}\right)+Q\right]\mathrm{d}x\mathrm{d}y+\int_{S_q}\bar{v}\left(k\frac{\partial T}{\partial n}-\bar{q}_n\right)\mathrm{d}S=0 \tag{2.9}$$

利用 Green 公式

$$\int_V \phi\varphi_{,i}\,\mathrm{d}V=-\int_V \phi_{,i}\varphi\,\mathrm{d}V+\oint_S \phi\varphi n_i\,\mathrm{d}S \tag{2.10}$$

其分量形式为

$$\int_V \phi \frac{\partial \varphi}{\partial x} \mathrm{d}x\mathrm{d}y = -\int_V \varphi \frac{\partial \phi}{\partial x} \mathrm{d}x\mathrm{d}y + \oint_S \phi\varphi n_x \mathrm{d}S \tag{2.11a}$$

$$\int_V \phi \frac{\partial \varphi}{\partial y} \mathrm{d}x\mathrm{d}y = -\int_V \varphi \frac{\partial \phi}{\partial y} \mathrm{d}x\mathrm{d}y + \oint_S \phi\varphi n_y \mathrm{d}S \tag{2.11b}$$

则式(2.9)左边第一项和第二项可写成

$$\int_V v\left(k \frac{\partial^2 T}{\partial x^2}\right) \mathrm{d}x\mathrm{d}y = -\int_V \frac{\partial v}{\partial x}\left(k \frac{\partial T}{\partial x}\right) \mathrm{d}x\mathrm{d}y + \oint_S v\left(k \frac{\partial T}{\partial x}\right) n_x \mathrm{d}S \tag{2.12a}$$

$$\int_V v\left(k \frac{\partial^2 T}{\partial y^2}\right) \mathrm{d}x\mathrm{d}y = -\int_V \frac{\partial v}{\partial y}\left(k \frac{\partial T}{\partial y}\right) \mathrm{d}x\mathrm{d}y + \oint_S v\left(k \frac{\partial T}{\partial y}\right) n_y \mathrm{d}S \tag{2.12b}$$

将式(2.12)代入等效积分形式(2.9)得

$$\int_V \left[-k\left(\frac{\partial v}{\partial x}\frac{\partial T}{\partial x} + \frac{\partial v}{\partial y}\frac{\partial T}{\partial y}\right) + Qv\right] \mathrm{d}x\mathrm{d}y +$$

$$\oint_S vk\left(\frac{\partial T}{\partial x}n_x + \frac{\partial T}{\partial y}n_y\right) \mathrm{d}S + \int_{S_q} \bar{v}\left(k\frac{\partial T}{\partial n} - \bar{q}_n\right) \mathrm{d}S = 0$$

式中 $\frac{\partial T}{\partial x}n_x + \frac{\partial T}{\partial y}n_y = \frac{\partial T}{\partial n}$，边界 $\oint_S = \int_{S_T} + \int_{S_q}$，则上式可写成

$$\int_V \left[-k\left(\frac{\partial v}{\partial x}\frac{\partial T}{\partial x} + \frac{\partial v}{\partial y}\frac{\partial T}{\partial y}\right) + Qv\right] \mathrm{d}x\mathrm{d}y +$$

$$\int_{S_T} vk\frac{\partial T}{\partial n}\mathrm{d}S + \int_{S_q} vk\frac{\partial T}{\partial n}\mathrm{d}S + \int_{S_q} \bar{v}\left(k\frac{\partial T}{\partial n} - \bar{q}_n\right) \mathrm{d}S = 0 \tag{2.13}$$

不失一般性，在 S_q 上选择 $v=-\bar{v}$，上式可进一步写成

$$-\int_V \nabla^{\mathrm{T}} vk\nabla T\mathrm{d}V + \int_V vQ\mathrm{d}V + \int_{S_q} v\bar{q}_n\mathrm{d}S + \int_{S_T} vk\frac{\partial T}{\partial n}\mathrm{d}S = 0$$

两边同时乘以 -1 得到

$$\int_V \nabla^{\mathrm{T}} vk\nabla T\mathrm{d}V - \int_V vQ\mathrm{d}V - \int_{S_q} v\bar{q}_n\mathrm{d}S - \int_{S_T} vk\frac{\partial T}{\partial n}\mathrm{d}S = 0 \tag{2.14}$$

式中 $\nabla^{\mathrm{T}} = \left[\frac{\partial}{\partial x} \quad \frac{\partial}{\partial y}\right]$ 为梯度算子。式(2.14)即为等效积分(2.9)的弱形式。

由二维稳态热传导方程(2.4a)可见，微分方程中温度函数 T 的最高阶导数 n 为 2 阶，由 2.2.1 节中的讨论可知，若对原微分方程求近似解，构造温度近似函数时需构造 $n-1=2-1=1$ 阶导数连续的函数，即 C_1 连续函数。而其等效积分弱形式(2.14)中 T 的最高阶导数为 1 阶，构造近似函数时只需函数的 0 阶导数连续，即函数连续即可，也即构造具有 C_0 连续性的函数即可。同理，由式(2.14)可知任意函数 v 的 0 阶导数要连续，即函数连续。若采用等效积分形式(2.9)，任意函数 v 可以不连续。因此，利用微分方程的等效积分弱形式，以提高对任意函数 $\boldsymbol{v}$ 的连续性要求为代价，降低了对函数 $\boldsymbol{u}$ 的连续性要求。后面可以看到，这种处理方式使构造近似函数 $\boldsymbol{u}$ 变得更加容易。

根据前述分析可知，式(2.9)中包含了热流密度边界条件，即给定的热流密度边界条件

自动满足，为自然边界条件。在构造近似函数时，预先使 $T=\overline{T}$ 在 S_T 上得到满足，为强制边界条件。此外，可适当选择 v，使 v 在 S_T 上为零，以简化弱形式方程。后面将看到，若取 v 为温度的变分 δT，则在给定温度的边界 S_T 上 $\delta T=0$，方程(2.14)还可以进一步简化为

$$\int_V \nabla^{\mathrm{T}}\delta T k \nabla T \mathrm{d}V - \int_V \delta T Q \mathrm{d}V - \int_{S_q} \delta T \overline{q} \mathrm{d}S = 0$$

所以，为求微分方程近似解而建立的等效积分及其弱形式的具体形式并不是唯一的，得到的近似解形式也不是唯一的。通常希望建立的近似方程尽量简单，系数矩阵最好具有对称性，并能够得到具有足够精度的近似解。

2.3　加权残值法

2.3.1　基本原理

近似求解微分方程的基本思路可归结为：假设一个有待定参数的近似函数作为微分方程的近似解，采用某种方法确定待定参数，进而得到问题的近似解。若某微分方程组的精确解为 $\boldsymbol{u}$，其独立的变量有 m 个，现假设一个近似函数 $\tilde{\boldsymbol{u}}$ 代替精确解

$$\tilde{\boldsymbol{u}} = \begin{bmatrix} \tilde{u}_1 \\ \tilde{u}_2 \\ \vdots \\ \tilde{u}_m \end{bmatrix} = [\boldsymbol{N}_1 \quad \boldsymbol{N}_2 \quad \cdots \quad \boldsymbol{N}_n] \begin{bmatrix} a_1 \\ a_2 \\ \vdots \\ a_n \end{bmatrix} = \begin{bmatrix} N_1^1 & N_2^1 & \cdots & N_n^1 \\ N_1^2 & N_2^2 & \cdots & N_n^2 \\ \vdots & \vdots & & \vdots \\ N_1^m & N_2^m & \cdots & N_n^m \end{bmatrix} \begin{bmatrix} a_1 \\ a_2 \\ \vdots \\ a_n \end{bmatrix} = \boldsymbol{N}\boldsymbol{a} \qquad (2.15)$$

式中 $a_i(i=1,2,\cdots,n)$ 为待定参数，$\boldsymbol{N}_i$ 为试探函数，也称为基函数。将该近似函数代入微分方程(2.1)和边界条件(2.2)得

$$\boldsymbol{A}(\tilde{\boldsymbol{u}}) = \boldsymbol{A}(\boldsymbol{N}\boldsymbol{a}) = \boldsymbol{R} \qquad (2.16\mathrm{a})$$

$$\boldsymbol{B}(\tilde{\boldsymbol{u}}) = \boldsymbol{B}(\boldsymbol{N}\boldsymbol{a}) = \overline{\boldsymbol{R}} \qquad (2.16\mathrm{b})$$

其中 $\boldsymbol{R}$ 和 $\overline{\boldsymbol{R}}$ 分别为将近似函数代入微分方程和边界条件后的残值，或称为余量。精确解代入微分方程和边界条件的残值或余量为零。

可以按 2.2.1 节中的方法写出微分方程和边界条件的等效积分形式。因为近似解有 n 个待定参数，现用 n 组规定的函数来代替等效积分形式(2.7)中的任意函数 $\boldsymbol{v}$ 和 $\overline{\boldsymbol{v}}$，即

$$\boldsymbol{v} = \boldsymbol{W}_j, \quad \overline{\boldsymbol{v}} = \overline{\boldsymbol{W}}_j \quad (j=1,2,\cdots,n) \qquad (2.17)$$

将它们代入(2.7)式可得“近似的”等效积分形式

$$\int_V \boldsymbol{W}_j^{\mathrm{T}} \boldsymbol{A}(\boldsymbol{N}\boldsymbol{a}) \mathrm{d}V + \int_S \overline{\boldsymbol{W}}_j^{\mathrm{T}} \boldsymbol{B}(\boldsymbol{N}\boldsymbol{a}) \mathrm{d}S = 0 \quad (j=1,2,\cdots,n) \qquad (2.18)$$

或

$$\int_V \boldsymbol{W}_j^{\mathrm{T}} \boldsymbol{R} \mathrm{d}V + \int_S \overline{\boldsymbol{W}}_j^{\mathrm{T}} \overline{\boldsymbol{R}} \mathrm{d}S = 0 \quad (j = 1, 2, \cdots, n) \tag{2.19}$$

这里的 $\boldsymbol{W}_j$ 和 $\overline{\boldsymbol{W}}_j$ 称为权函数。方程组(2.18)包含了 n 个方程,可以求解 n 个待定参数 $a_i(i=1,2,\cdots,n)$。方程(2.19)可以理解为通过选择待定参数,强迫近似解的残值在加权平均意义上等于零。

类似地,可以进一步给出微分方程(2.1)和边界条件(2.2)的等效积分弱形式的近似形式

$$\int_V \boldsymbol{C}^{\mathrm{T}}(\boldsymbol{W}_j) \boldsymbol{D}(\boldsymbol{Na}) \mathrm{d}V + \int_S \boldsymbol{E}^{\mathrm{T}}(\overline{\boldsymbol{W}}_j) \boldsymbol{F}(\boldsymbol{Na}) \mathrm{d}S = 0 \quad (j = 1, 2, \cdots, n) \tag{2.20}$$

采用使近似解的残值(余量)的加权积分为零来求得微分方程近似解的方法称为加权残值法或加权余量法。值得一提的是,权函数的不同选择对应于不同的加权残值法,如 Galerkin 法、配点法、子域法、加权最小二乘法和力矩法等。

2.3.2 伽辽金(Galerkin)加权残值法

如前所述,加权残值方法中权函数可以有不同的选择方法。式(2.15)给出的是一种近似函数的形式,如果取权函数与试探函数于同一函数空间,且

$$\boldsymbol{W}_j = \boldsymbol{N}_j, \quad \overline{\boldsymbol{W}}_j = -\boldsymbol{N}_j \quad (j = 1, 2, \cdots, n) \tag{2.21}$$

则式(2.18)和式(2.19)分别成为

$$\int_V \boldsymbol{N}_j^{\mathrm{T}} \boldsymbol{A}(\boldsymbol{Na}) \mathrm{d}V - \int_S \boldsymbol{N}_j^{\mathrm{T}} \boldsymbol{B}(\boldsymbol{Na}) \mathrm{d}S = 0 \quad (j = 1, 2, \cdots, n) \tag{2.22}$$

和

$$\int_V \boldsymbol{N}_j^{\mathrm{T}} \boldsymbol{R} \mathrm{d}V - \int_S \boldsymbol{N}_j^{\mathrm{T}} \overline{\boldsymbol{R}} \mathrm{d}S = 0 \quad (j = 1, 2, \cdots, n) \tag{2.23}$$

对应的等效积分的弱形式为

$$\int_V \boldsymbol{C}^{\mathrm{T}}(\boldsymbol{N}_j) \boldsymbol{D}(\boldsymbol{Na}) \mathrm{d}V - \int_S \boldsymbol{E}^{\mathrm{T}}(\boldsymbol{N}_j) \boldsymbol{F}(\boldsymbol{Na}) \mathrm{d}S = 0 \quad (j = 1, 2, \cdots, n) \tag{2.24}$$

由这些方程可以确定近似函数的待定参数,从而得到近似解,这种方法称为 **Galerkin** 加权残值法(简称 Galerkin 法)。采用 Galerkin 方法得到的方程的系数矩阵是对称的,因此在建立有限元方程时几乎都采用该方法。

例 2.1 用 Galerkin 加权残值法求解二阶常微分方程

$$\frac{\mathrm{d}^2 u}{\mathrm{d}x^2} + u + x = 0 \quad (0 \leqslant x \leqslant 1)$$

边界条件:

$$x = 0, \quad u = 0; \quad x = 1, \quad u = 0$$

解:假设一个近似解,且该近似解满足边界条件,即将两个边界条件均视为强制边界条

件。可假设如下形式的近似函数：

$$u = x(1 - x)(a_1 + a_2x + a_3x^2 + \cdots)$$

显然该近似函数满足边界条件 $u|_{x=0}=0$ 和 $u|_{x=1}=0$。

（1）若仅取多项式的常数项，即取近似解为

$$\tilde{u} = a_1x(1 - x) = N_1a_1,\quad N_1 = x(1 - x)$$

将该近似解代入微分方程 $\frac{d^2u}{dx^2}+u+x=0$ 的左边，得其残值

$$R(\tilde{u}) = -2a_1 + a_1x(1 - x) + x$$

采用 Galerkin 法，令 $w_1=N_1$，将 w_1 和 $R(x)$ 代入加权残值积分方程(2.23)有

$$\int_0^1 N_1R(\tilde{u})\,dx = \int_0^1 x(1 - x)[x + a_1x(1 - x) - 2a_1]\,dx = 0$$

由此可解得

$$a_1 = \frac{5}{18}$$

代入解的近似形式有

$$\tilde{u} = \frac{5}{18}x(1 - x)$$

（2）若在多项式中取两项，即取近似解为

$$\tilde{u} = a_1x(1 - x) + a_2x^2(1 - x) = N_1a_1 + N_2a_2$$

$$N_1 = x(1 - x),\quad N_2 = x^2(1 - x)$$

代入微分方程的左边得残值

$$R(\tilde{u}) = x + a_1(-2 + x - x^2) + a_2(2 - 6x + x^2 - x^3)$$

采用 Galerkin 法，令 $w_1=N_1, w_2=N_2$，将 w_1, w_2 和 $R(x)$ 代入加权残值积分方程(2.23)有

$$\int_0^1 N_1R(\tilde{u})\,dx = \int_0^1 x(1 - x)[x + a_1(-2 + x - x^2) + a_2(2 - 6x + x^2 - x^3)]\,dx = 0$$

$$\int_0^1 N_2R(\tilde{u})\,dx = \int_0^1 x^2(1 - x)[x + a_1(-2 + x - x^2) + a_2(2 - 6x + x^2 - x^3)]\,dx = 0$$

求解该方程组可得

$$a_1 = 0.192\,4,\quad a_2 = 0.170\,7$$

代入近似解有

$$\tilde{u} = x(1 - x)(0.192\,4 + 0.170\,7x)$$

该方程的精确解为 $u=\frac{\sin x}{\sin 1}-x$。作出一次近似解、二次近似解和精确解在求解域内的变化曲线，如图 2.3 所示。可见，一次近似与精确解差异明显，二次近似线与精确解曲线几乎完全重合。

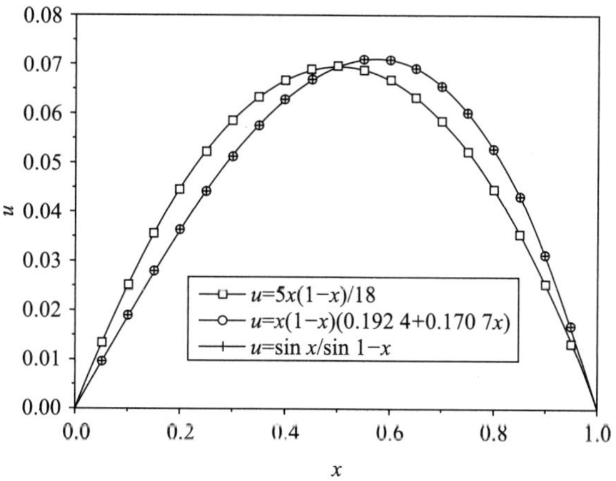

图 2.3　例 2.1 近似解与精确解的比较

2.4 变分原理和里茨(Ritz)法

2.4.1 变分原理的定义

变分原理是求解微分方程近似解的另一种方法。针对一组微分方程和边界条件,建立一标量

$$\Pi = \int_V \boldsymbol{F}\left(\boldsymbol{u}, \frac{\partial \boldsymbol{u}}{\partial \boldsymbol{x}}, \cdots\right) \mathrm{d}V + \int_S \boldsymbol{E}\left(\boldsymbol{u}, \frac{\partial \boldsymbol{u}}{\partial \boldsymbol{x}}, \cdots\right) \mathrm{d}S \tag{2.25}$$

式中 Π 为未知函数的泛函,$\boldsymbol{F}$ 和 $\boldsymbol{E}$ 为微分算子,$\boldsymbol{u}$ 为未知函数。若问题的解 $\boldsymbol{u}$ 使得泛函 Π 对于微小变化 $\delta \boldsymbol{u}$ 取驻值,即泛函的变分为零

$$\delta \Pi = 0 \tag{2.26}$$

通过这一驻值条件可以求得微分方程的解,这种求问题解的方法,称为变分原理或变分法。这一方法的另一表述为:满足微分方程及边界条件的函数使泛函取极值或驻值,即使泛函取极值或驻值的函数是满足微分方程及边界条件的解。

2.4.2 微分方程变分原理的建立

如何建立求解微分方程的变分原理,关键在于如何构造泛函。下面首先介绍线性自伴随微分方程的概念。设微分方程

$$L(u) + b = 0 \tag{2.27}$$

L 为线性微分算子。若

$$L(\alpha \phi + \beta \varphi) = \alpha L(\phi) + \beta L(\varphi) \tag{2.28}$$

式中 α 和 β 为常数,则方程(2.27)为线性微分方程。定义内积

$$\int_V L(\phi)\varphi \mathrm{d}V = \int_V \phi L^*(\varphi)\mathrm{d}V + b.t.(\phi,\varphi) \tag{2.29}$$

式中 $b.t.(\phi,\varphi)$ 表示在积分域 V 的边界上由 ϕ 和 φ 及其导数组成的积分项。式中 L^* 称为伴随算子。若 $L=L^*$，则称其为线性自伴随微分算子。

例 2.2　证明 $L(\,)=-\dfrac{\mathrm{d}^2(\,)}{\mathrm{d}x^2}$ 是自伴随微分算子。

证：按式(2.29)构造内积并进行分部积分

$$\begin{aligned}
\int_{x_1}^{x_2} L(\phi)\varphi\mathrm{d}x &= \int_{x_1}^{x_2}\left(-\frac{\mathrm{d}^2\phi}{\mathrm{d}x^2}\right)\varphi\mathrm{d}x \\
&= \int_{x_1}^{x_2}\frac{\mathrm{d}\phi}{\mathrm{d}x}\frac{\mathrm{d}\varphi}{\mathrm{d}x}\mathrm{d}x - \left(\frac{\mathrm{d}\phi}{\mathrm{d}x}\varphi\right)\Bigg|_{x_1}^{x_2} \quad \left(\text{因}\int \mathrm{d}\left(\frac{\mathrm{d}\phi}{\mathrm{d}x}\varphi\right) = \int\frac{\mathrm{d}^2\phi}{\mathrm{d}x^2}\varphi\mathrm{d}x + \int\frac{\mathrm{d}\phi}{\mathrm{d}x}\frac{\mathrm{d}\varphi}{\mathrm{d}x}\mathrm{d}x\right) \\
&= \int_{x_1}^{x_2}\left(-\frac{\mathrm{d}^2\varphi}{\mathrm{d}x^2}\right)\phi\mathrm{d}x + \left(\phi\frac{\mathrm{d}\varphi}{\mathrm{d}x}\right)\Bigg|_{x_1}^{x_2} - \left(\frac{\mathrm{d}\phi}{\mathrm{d}x}\varphi\right)\Bigg|_{x_1}^{x_2} \\
&\qquad \left(\text{因}\int\frac{\mathrm{d}}{\mathrm{d}x}\left(\phi\frac{\mathrm{d}\varphi}{\mathrm{d}x}\right)\mathrm{d}x = \int\frac{\mathrm{d}\phi}{\mathrm{d}x}\frac{\mathrm{d}\varphi}{\mathrm{d}x}\mathrm{d}x + \int\phi\frac{\mathrm{d}^2\varphi}{\mathrm{d}x^2}\mathrm{d}x\right) \\
&= \int_{x_1}^{x_2} L(\varphi)\phi\mathrm{d}x + b.t.(\phi,\varphi)
\end{aligned}$$

可见 $L=L^*$，故 $L(\,)=-\dfrac{\mathrm{d}^2(\,)}{\mathrm{d}x^2}$ 为线性自伴随微分算子。

下面讨论针对线性自伴随微分方程，如何构造其泛函。假设描述问题的微分方程和边界条件为

$$\left.\begin{aligned}
&\boldsymbol{A}(\boldsymbol{u}) \equiv \boldsymbol{L}(\boldsymbol{u}) + \boldsymbol{f} = \boldsymbol{0} \quad (\text{在 } V \text{ 域中}) \\
&\boldsymbol{B}(\boldsymbol{u}) = \boldsymbol{0} \qquad\qquad\qquad (\text{在 } S \text{ 边界上})
\end{aligned}\right\} \tag{2.30}$$

式中 $\boldsymbol{L}$ 为线性自伴随微分算子。利用等效积分的 Galerkin 提法，即 $\boldsymbol{v}=\delta\boldsymbol{u}$，$\bar{\boldsymbol{v}}=-\delta\boldsymbol{u}$，则

$$\int_V (\delta\boldsymbol{u})^{\mathrm{T}}[\boldsymbol{L}(\boldsymbol{u}) + \boldsymbol{f}]\mathrm{d}V - \int_S (\delta\boldsymbol{u})^{\mathrm{T}}\boldsymbol{B}(\boldsymbol{u})\mathrm{d}S = 0 \tag{2.31}$$

式中 $\delta\boldsymbol{u}$ 是变量 $\boldsymbol{u}$ 的变分（任意微小变化量），变分的运算法则与微分相同。对上式中第一个积分的第一项进行如下运算：

$$\begin{aligned}
\int_V (\delta\boldsymbol{u})^{\mathrm{T}}\boldsymbol{L}(\boldsymbol{u})\mathrm{d}V &= \int_V\left[\frac{1}{2}(\delta\boldsymbol{u})^{\mathrm{T}}\boldsymbol{L}(\boldsymbol{u}) + \frac{1}{2}(\delta\boldsymbol{u})^{\mathrm{T}}\boldsymbol{L}(\boldsymbol{u})\right]\mathrm{d}V \\
&= \int_V\left[\frac{1}{2}(\delta\boldsymbol{u})^{\mathrm{T}}\boldsymbol{L}(\boldsymbol{u}) + \frac{1}{2}\boldsymbol{u}^{\mathrm{T}}\boldsymbol{L}(\delta\boldsymbol{u})\right]\mathrm{d}V + b.t.(\delta\boldsymbol{u},\boldsymbol{u}) \quad (\text{自伴随性质}) \\
&= \int_V\left[\frac{1}{2}(\delta\boldsymbol{u})^{\mathrm{T}}\boldsymbol{L}(\boldsymbol{u}) + \frac{1}{2}\boldsymbol{u}^{\mathrm{T}}\delta\boldsymbol{L}(\boldsymbol{u})\right]\mathrm{d}V + b.t.(\delta\boldsymbol{u},\boldsymbol{u}) \quad (\text{线性微分}) \\
&= \delta\int_V\left[\frac{1}{2}\boldsymbol{u}^{\mathrm{T}}\boldsymbol{L}(\boldsymbol{u})\right]\mathrm{d}V + b.t.(\delta\boldsymbol{u},\boldsymbol{u})
\end{aligned}$$

代入式(2.31)有

$$\delta\left\{\int_V\left[\frac{1}{2}\boldsymbol{u}^{\mathrm{T}}\boldsymbol{L}(\boldsymbol{u})+\boldsymbol{u}^{\mathrm{T}}\boldsymbol{f}\right]\mathrm{d}V+b.t.(\boldsymbol{u})\right\}=0 \tag{2.32}$$

式中 $b.t.(\boldsymbol{u})$ 项是由前一式中的 $b.t.(\delta\boldsymbol{u},\boldsymbol{u})$ 项和式(2.31)中的边界积分项两部分组成，当函数 $\boldsymbol{u}$ 及其变分 $\delta\boldsymbol{u}$ 满足一定条件时，该两部分能够形成一个全变分。根据泛函取驻值的条件(2.26)，令

$$\Pi=\int_V\left[\frac{1}{2}\boldsymbol{u}^{\mathrm{T}}\boldsymbol{L}(\boldsymbol{u})+\boldsymbol{u}^{\mathrm{T}}\boldsymbol{f}\right]\mathrm{d}V+b.t.(\boldsymbol{u}) \tag{2.33}$$

此即原微分方程所描述问题的泛函。可见，原问题的等效积分的 Galerkin 提法等效于它的变分原理，即原问题的微分方程和边界条件等效于泛函的变分等于零，亦即泛函取驻值。

2.4.3 里茨（Ritz）法

下面阐述利用变分原理求解问题的过程。若已知描述某一问题的微分方程及其边界条件，并建立了对应的泛函 Π。假设微分方程的近似解为式(2.15)的形式，即

$$\tilde{\boldsymbol{u}}=\boldsymbol{N}\boldsymbol{a}$$

将其代入泛函并由泛函的驻值条件(2.26)可得

$$\delta\Pi=\frac{\partial\Pi}{\partial a_1}\delta a_1+\frac{\partial\Pi}{\partial a_2}\delta a_2+\cdots+\frac{\partial\Pi}{\partial a_n}\delta a_n=0 \tag{2.34}$$

由 δa_i 的任意性有

$$\frac{\partial\Pi}{\partial\boldsymbol{a}}=\begin{bmatrix}\dfrac{\partial\Pi}{\partial a_1}\\ \vdots\\ \dfrac{\partial\Pi}{\partial a_n}\end{bmatrix}=\boldsymbol{0} \tag{2.35}$$

由此得到 n 个方程，可以求解 n 个未知数 $\boldsymbol{a}$。此方法称为 **Ritz** 法。

如果 Π 为二次式，或称二次泛函，则

$$\frac{\partial\Pi}{\partial\boldsymbol{a}}=\boldsymbol{K}\boldsymbol{a}-\boldsymbol{P}=\boldsymbol{0} \tag{2.36}$$

对$\dfrac{\partial\Pi}{\partial\boldsymbol{a}}$求变分有

$$\delta\left(\frac{\partial\Pi}{\partial\boldsymbol{a}}\right)=\begin{bmatrix}\dfrac{\partial}{\partial a_1}\left(\dfrac{\partial\Pi}{\partial a_1}\right)\delta a_1+\dfrac{\partial}{\partial a_2}\left(\dfrac{\partial\Pi}{\partial a_1}\right)\delta a_2+\cdots+\dfrac{\partial}{\partial a_n}\left(\dfrac{\partial\Pi}{\partial a_1}\right)\delta a_n\\ \vdots\\ \dfrac{\partial}{\partial a_1}\left(\dfrac{\partial\Pi}{\partial a_n}\right)\delta a_1+\dfrac{\partial}{\partial a_2}\left(\dfrac{\partial\Pi}{\partial a_n}\right)\delta a_2+\cdots+\dfrac{\partial}{\partial a_n}\left(\dfrac{\partial\Pi}{\partial a_n}\right)\delta a_n\end{bmatrix}=\boldsymbol{K}'\delta\boldsymbol{a} \tag{2.37}$$

可知

$$K'_{ij}=\frac{\partial^2 \Pi}{\partial a_i \partial a_j}=\frac{\partial^2 \Pi}{\partial a_j \partial a_i}=K'^{\mathrm{T}}_{ij} \tag{2.38}$$

即 $\boldsymbol{K}'$ 为对称阵。又对式(2.36)求变分可得

$$\delta\left(\frac{\partial \Pi}{\partial \boldsymbol{a}}\right)=\delta(\boldsymbol{K}\boldsymbol{a}-\boldsymbol{P})=\boldsymbol{K}\delta\boldsymbol{a} \tag{2.39}$$

可见 $\boldsymbol{K}=\boldsymbol{K}'$,即矩阵 $\boldsymbol{K}$ 是对称的。由变分原理得到的方程组的系数矩阵具有对称性是一个极为重要的性质,为基于变分原理建立的有限元方程的数值求解带来很大的便利。

根据式(2.36),二次泛函可以写成

$$\Pi=\frac{1}{2}\boldsymbol{a}^{\mathrm{T}}\boldsymbol{K}\boldsymbol{a}-\boldsymbol{a}^{\mathrm{T}}\boldsymbol{P} \tag{2.40}$$

对其求变分

$$\delta\Pi=\frac{1}{2}\delta\boldsymbol{a}^{\mathrm{T}}\boldsymbol{K}\boldsymbol{a}+\frac{1}{2}\boldsymbol{a}^{\mathrm{T}}\boldsymbol{K}\delta\boldsymbol{a}-\delta\boldsymbol{a}^{\mathrm{T}}\boldsymbol{P} \tag{2.41}$$

由于 $\boldsymbol{K}$ 为对称阵,则

$$\delta\boldsymbol{a}^{\mathrm{T}}\boldsymbol{K}\boldsymbol{a}=\boldsymbol{a}^{\mathrm{T}}\boldsymbol{K}\delta\boldsymbol{a}$$

将其代入式(2.41),并考虑式(2.35)得

$$\delta\Pi=\delta\boldsymbol{a}^{\mathrm{T}}(\boldsymbol{K}\boldsymbol{a}-\boldsymbol{P})=0$$

由 $\delta\boldsymbol{a}$ 的任意性得

$$\boldsymbol{K}\boldsymbol{a}-\boldsymbol{P}=\boldsymbol{0} \tag{2.42}$$

这就是与式(2.36)相同的求解待定参数 $\boldsymbol{a}$ 的代数方程组。

值得一提的是,并非所有的微分方程描述的连续介质问题都存在这种变分原理。

例 2.3　用 Ritz 法求解二阶常微分方程

$$\frac{\mathrm{d}^2 u}{\mathrm{d}x^2}+u+x=0 \quad (0\leqslant x\leqslant 1)$$

边界条件:$x=0,u=0;x=1,u=0$。

解:例 2.2 已证明 $L(\,)=-\dfrac{\mathrm{d}^2(\,)}{\mathrm{d}x^2}$ 是线性自伴随微分算子。故可以按式(2.33)构造泛函

$$\begin{aligned}\Pi&=\int_V\left[\frac{1}{2}\boldsymbol{u}^{\mathrm{T}}\boldsymbol{L}(\boldsymbol{u})+\boldsymbol{u}^{\mathrm{T}}\boldsymbol{f}\right]\mathrm{d}V\\&=\int_0^1\left[\frac{1}{2}u\left(\frac{\mathrm{d}^2 u}{\mathrm{d}x^2}+u\right)+ux\right]\mathrm{d}x\\&=\int_0^1\left(\frac{1}{2}u\frac{\mathrm{d}^2 u}{\mathrm{d}x^2}+\frac{1}{2}u^2+ux\right)\mathrm{d}x\end{aligned}$$

上式最后一个等式中右端第一项

$$\int_0^1 \frac{1}{2}u\frac{\mathrm{d}^2u}{\mathrm{d}x^2}\mathrm{d}x = -\int_0^1 \frac{1}{2}\frac{\mathrm{d}u}{\mathrm{d}x}\frac{\mathrm{d}u}{\mathrm{d}x}\mathrm{d}x + \frac{1}{2}\int_0^1 \mathrm{d}\left(u\frac{\mathrm{d}u}{\mathrm{d}x}\right)$$

$$= -\int_0^1 \frac{1}{2}\left(\frac{\mathrm{d}u}{\mathrm{d}x}\right)^2\mathrm{d}x + u\frac{\mathrm{d}u}{\mathrm{d}x}\bigg|_0^1 \qquad \text{(代入边界条件)}$$

$$= -\int_0^1 \frac{1}{2}\left(\frac{\mathrm{d}u}{\mathrm{d}x}\right)^2\mathrm{d}x$$

故此问题的泛函为

$$\Pi = \int_0^1\left[-\frac{1}{2}\left(\frac{\mathrm{d}u}{\mathrm{d}x}\right)^2 + \frac{1}{2}u^2 + ux\right]\mathrm{d}x$$

现在可以基于变分原理利用 Ritz 法求其近似解。

(1) 取近似函数

$$\tilde{u} = a_1x(1-x) \quad \text{(满足边界条件)}$$

可得

$$\frac{\mathrm{d}\tilde{u}}{\mathrm{d}x} = a_1 - 2a_1x$$

代入泛函表达式

$$\Pi = \int_0^1\left[-\frac{1}{2}a_1^2(1-2x)^2 + \frac{1}{2}a_1^2x^2(1-x)^2 + ax^2(1-x)\right]\mathrm{d}x$$

$$= -\frac{1}{2}\left(\frac{3}{10}\right)a_1^2 + \frac{1}{12}a_1$$

由泛函取驻值的条件$\dfrac{\partial \Pi}{\partial a_1}=0$得

$$a_1 = \frac{5}{18}$$

则近似解为

$$\tilde{u} = \frac{5}{18}x(1-x)$$

可见,该近似解与例 2.1 利用 Galerkin 加权残值法得到的近似解相同。

(2) 设试函数$\tilde{u}=a_1\sin x+a_2x$,代入边界条件

$$\tilde{u}(x=0)=0$$

$$\tilde{u}(x=1)=a_1\sin 1 + a_2 = 0$$

可得

$$a_2 = -a_1\sin 1$$

故可取试函数$\tilde{u}=a_1(\sin x-x\sin 1)$,代入泛函并取驻值$\dfrac{\partial \Pi}{\partial a_1}=0$可得

$$a_1 = \frac{1}{\sin 1}$$

其解为

$$\tilde{u}=\frac{\sin x}{\sin 1}-x$$

其正是该微分方程的精确解。

2.5　弹性力学和热传导问题的变分原理

2.5.1　弹性力学场方程的等效积分弱形式

本节证明,虚位移原理可视为平衡方程和力边界条件的等效积分弱形式,而虚应力原理可视为几何方程和位移边界条件的等效积分弱形式。即虚位移原理与平衡方程和力边界条件的等效积分弱形式是等效的,虚应力原理与几何方程和位移边界条件的等效积分弱形式是等效的。

首先,假设本构关系和几何关系预先满足,视位移边界条件为强制边界条件,则问题成为求解平衡方程和力边界条件下的解。平衡方程和力边界条件分别如式(1.26)和式(1.29)所示

$$\boldsymbol{L}^{\mathrm{T}}\boldsymbol{\sigma}+\boldsymbol{f}=\boldsymbol{0}\quad(\text{在 } V \text{ 域中})$$

$$\boldsymbol{t}=\boldsymbol{n}\boldsymbol{\sigma}=\bar{\boldsymbol{t}}\quad(\text{在 } S_{\sigma} \text{ 边界上})$$

在物体内选择虚位移为权函数,在力边界上选择负的虚位移为权函数,即

$$\boldsymbol{v}=\delta\boldsymbol{u}\quad(\text{在 } V \text{ 域中})$$

$$\bar{\boldsymbol{v}}=-\boldsymbol{v}=-\delta\boldsymbol{u}\quad(\text{在 } S_{\sigma} \text{ 边界上})$$

则可以写出平衡方程和力边界条件的等效积分形式

$$\int_V(\delta\boldsymbol{u})^{\mathrm{T}}(\boldsymbol{L}^{\mathrm{T}}\boldsymbol{\sigma}+\boldsymbol{f})\mathrm{d}V-\int_{S_{\sigma}}(\delta\boldsymbol{u})^{\mathrm{T}}(\boldsymbol{n}\boldsymbol{\sigma}-\bar{\boldsymbol{t}})\mathrm{d}S=0 \tag{2.43}$$

由 Green 公式,上式左边第一项

$$\int_V(\delta\boldsymbol{u})^{\mathrm{T}}\boldsymbol{L}^{\mathrm{T}}\boldsymbol{\sigma}\mathrm{d}V=-\int_V\boldsymbol{\sigma}^{\mathrm{T}}\boldsymbol{L}\delta\boldsymbol{u}\mathrm{d}V+\oint_S(\delta\boldsymbol{u})^{\mathrm{T}}\boldsymbol{n}\boldsymbol{\sigma}\mathrm{d}S \tag{2.44}$$

考虑到几何方程(1.27),上式右端第一项

$$\int_V\boldsymbol{\sigma}^{\mathrm{T}}\boldsymbol{L}\delta\boldsymbol{u}\mathrm{d}V=\int_V\boldsymbol{\sigma}^{\mathrm{T}}\delta\boldsymbol{\varepsilon}\mathrm{d}V=\int_V(\delta\boldsymbol{\varepsilon})^{\mathrm{T}}\boldsymbol{\sigma}\mathrm{d}V$$

由于真实位移的变分在位移边界 S_u 上为零,故边界积分

$$\oint_S(\delta\boldsymbol{u})^{\mathrm{T}}\boldsymbol{n}\boldsymbol{\sigma}\mathrm{d}S=\int_{S_{\sigma}}(\delta\boldsymbol{u})^{\mathrm{T}}\boldsymbol{n}\boldsymbol{\sigma}\mathrm{d}S+\int_{S_u}(\delta\boldsymbol{u})^{\mathrm{T}}\boldsymbol{n}\boldsymbol{\sigma}\mathrm{d}S=\int_{S_{\sigma}}(\delta\boldsymbol{u})^{\mathrm{T}}\boldsymbol{n}\boldsymbol{\sigma}\mathrm{d}S$$

将上述两个结果代入方程(2.44)可得

$$\int_V(\delta\boldsymbol{u})^{\mathrm{T}}\boldsymbol{L}^{\mathrm{T}}\boldsymbol{\sigma}\mathrm{d}V=-\int_V(\delta\boldsymbol{\varepsilon})^{\mathrm{T}}\boldsymbol{\sigma}\mathrm{d}V+\int_{S_{\sigma}}(\delta\boldsymbol{u})^{\mathrm{T}}\boldsymbol{n}\boldsymbol{\sigma}\mathrm{d}S \tag{2.45}$$

进一步将其代入式(2.43)得到

$$-\int_V(\delta\boldsymbol{\varepsilon})^{\mathrm{T}}\boldsymbol{\sigma}\mathrm{d}V+\int_V(\delta\boldsymbol{u})^{\mathrm{T}}\boldsymbol{f}\mathrm{d}V+\int_{S_\sigma}(\delta\boldsymbol{u})^{\mathrm{T}}\bar{\boldsymbol{t}}\mathrm{d}S=0 \tag{2.46a}$$

或

$$\int_V(\delta\boldsymbol{\varepsilon})^{\mathrm{T}}\boldsymbol{\sigma}\mathrm{d}V-\int_V(\delta\boldsymbol{u})^{\mathrm{T}}\boldsymbol{f}\mathrm{d}V-\int_{S_\sigma}(\delta\boldsymbol{u})^{\mathrm{T}}\bar{\boldsymbol{t}}\mathrm{d}S=0 \tag{2.46b}$$

该表达式为平衡方程和力边界条件的等效积分的弱形式,正是虚位移原理表达式(1.85)。式中$(\delta\boldsymbol{\varepsilon})^{\mathrm{T}}\boldsymbol{\sigma}$为内力虚功;$(\delta\boldsymbol{u})^{\mathrm{T}}\boldsymbol{f}$和$(\delta\boldsymbol{u})^{\mathrm{T}}\bar{\boldsymbol{t}}$为外力虚功。

值得一提的是,前述虚位移原理的推导过程中,假设本构关系预先满足,但并未要求材料的本构关系是线弹性的,因而虚位移原理不仅适用丁线弹性力学问题,也适用于非线性弹性和弹塑性等非线性问题。

现在假设本构关系和平衡方程预先满足,视力的边界条件为强制边界条件,则问题成为求解几何方程和位移边界条件下的解。几何方程和位移边界条件分别如式(1.27)和式(1.30)所示

$$\boldsymbol{\varepsilon}=\boldsymbol{L}\boldsymbol{u}\quad(\text{在 }V\text{ 域中})$$

$$\boldsymbol{u}=\bar{\boldsymbol{u}}\quad(\text{在 }S_u\text{ 边界上})$$

在物体内选择虚应力为权函数,在位移边界上选择虚面力为权函数,即

$$\boldsymbol{v}=\delta\boldsymbol{\sigma}\quad(\text{在 }V\text{ 域中})$$

$$\bar{\boldsymbol{v}}=\delta\boldsymbol{t}\quad(\text{在 }S_\sigma\text{ 边界上})$$

则几何方程和位移边界条件的等效积分为

$$\int_V\delta\boldsymbol{\sigma}^{\mathrm{T}}(\boldsymbol{\varepsilon}-\boldsymbol{L}\boldsymbol{u})\mathrm{d}V+\int_{S_u}\delta\boldsymbol{t}^{\mathrm{T}}(\boldsymbol{u}-\bar{\boldsymbol{u}})\mathrm{d}S=0 \tag{2.47}$$

对上式进行分部积分后可推导得到其弱形式

$$\int_V(\delta\boldsymbol{\sigma})^{\mathrm{T}}\boldsymbol{\varepsilon}\mathrm{d}V-\int_{S_u}(\delta\boldsymbol{t})^{\mathrm{T}}\bar{\boldsymbol{u}}\mathrm{d}S=0 \tag{2.48}$$

此即虚应力原理。

类似于虚位移原理,虚应力原理的推导过程中,假设本构关系预先满足,但也没有要求材料的本构关系是线弹性的,因而虚应力原理也同时适用于线弹性问题,以及非线性弹性和弹塑性等非线性问题。虚位移原理和虚应力原理统称为虚功原理。

2.5.2 最小势能原理

从虚位移原理出发可以导出弹性力学问题的最小势能原理。弹性体的应变能密度式(1.75)为

$$u_\varepsilon=\frac{1}{2}\boldsymbol{\varepsilon}^{\mathrm{T}}\boldsymbol{\sigma}=\frac{1}{2}\boldsymbol{\varepsilon}^{\mathrm{T}}\boldsymbol{D}\boldsymbol{\varepsilon}$$

则

$$\frac{\partial u_\varepsilon}{\partial \boldsymbol{\varepsilon}} = \boldsymbol{D}\boldsymbol{\varepsilon} = \boldsymbol{\sigma}$$

故

$$(\delta\boldsymbol{\varepsilon})^{\mathrm{T}}\boldsymbol{\sigma} = (\delta\boldsymbol{\varepsilon})^{\mathrm{T}}\frac{\partial u_\varepsilon}{\partial \boldsymbol{\varepsilon}} = \delta u_\varepsilon$$

将上式代入式(2.46)可得

$$\int_V \delta u_\varepsilon \mathrm{d}V - \int_V (\delta\boldsymbol{u})^{\mathrm{T}}\boldsymbol{f}\mathrm{d}V - \int_{S_\sigma} (\delta\boldsymbol{u})^{\mathrm{T}}\bar{\boldsymbol{t}}\mathrm{d}S = 0$$

该式可写成

$$\delta\left(\int_V u_\varepsilon \mathrm{d}V - \int_V \boldsymbol{u}^{\mathrm{T}}\boldsymbol{f}\mathrm{d}V - \int_{S_\sigma} \boldsymbol{u}^{\mathrm{T}}\bar{\boldsymbol{t}}\mathrm{d}S\right) = 0$$

若令

$$\begin{aligned}\Pi_{\mathrm{p}} &= \int_V u_\varepsilon \mathrm{d}V - \int_V \boldsymbol{u}^{\mathrm{T}}\boldsymbol{f}\mathrm{d}V - \int_{S_\sigma} \boldsymbol{u}^{\mathrm{T}}\bar{\boldsymbol{t}}\mathrm{d}S \\ &= \int_V \frac{1}{2}\boldsymbol{\varepsilon}^{\mathrm{T}}\boldsymbol{D}\boldsymbol{\varepsilon}\mathrm{d}V - \int_V \boldsymbol{u}^{\mathrm{T}}\boldsymbol{f}\mathrm{d}V - \int_{S_\sigma} \boldsymbol{u}^{\mathrm{T}}\bar{\boldsymbol{t}}\mathrm{d}S\end{aligned} \tag{2.49}$$

则有

$$\delta\Pi_{\mathrm{p}} = 0 \tag{2.50}$$

式(2.49)中 Π_{p} 为弹性体的总势能,它是应变分量和位移分量的泛函。由于应变分量可通过几何关系用位移分量表示,所以其又是位移分量的泛函。式(2.50)表明,真实的位移使系统的势能取驻值。

下面进一步证明真实的位移使系统的势能取极小值。设位移的近似值为 $\tilde{\boldsymbol{u}} = \boldsymbol{u} + \delta\boldsymbol{u}$,这里 $\boldsymbol{u}$ 为真实位移。真实位移对应的势能为

$$\Pi_{\mathrm{p}}(\boldsymbol{\varepsilon},\boldsymbol{u}) = \int_V [u_\varepsilon(\boldsymbol{\varepsilon}) - \boldsymbol{u}^{\mathrm{T}}\boldsymbol{f}]\mathrm{d}V - \int_{S_\sigma} \boldsymbol{u}^{\mathrm{T}}\bar{\boldsymbol{t}}\mathrm{d}S$$

近似位移场对应的势能为

$$\tilde{\Pi}_{\mathrm{p}}(\tilde{\boldsymbol{\varepsilon}},\tilde{\boldsymbol{u}}) = \int_V [u_\varepsilon(\tilde{\boldsymbol{\varepsilon}}) - \tilde{\boldsymbol{u}}^{\mathrm{T}}\boldsymbol{f}]\mathrm{d}V - \int_{S_\sigma} \tilde{\boldsymbol{u}}^{\mathrm{T}}\bar{\boldsymbol{t}}\mathrm{d}S$$

其中

$$\tilde{\boldsymbol{\varepsilon}} = \boldsymbol{L}\tilde{\boldsymbol{u}} = \boldsymbol{L}(\boldsymbol{u} + \delta\boldsymbol{u}) = \boldsymbol{\varepsilon} + \delta\boldsymbol{\varepsilon}$$

近似位移场对应的应变能密度为

$$
\begin{aligned}
u_\varepsilon(\tilde{\boldsymbol{\varepsilon}}) &= \frac{1}{2}\tilde{\boldsymbol{\varepsilon}}^{\mathrm{T}}\boldsymbol{D}\tilde{\boldsymbol{\varepsilon}} \\
&= \frac{1}{2}(\boldsymbol{\varepsilon}+\delta\boldsymbol{\varepsilon})^{\mathrm{T}}\boldsymbol{D}(\boldsymbol{\varepsilon}+\delta\boldsymbol{\varepsilon}) \\
&= \frac{1}{2}\boldsymbol{\varepsilon}^{\mathrm{T}}\boldsymbol{D}\boldsymbol{\varepsilon}+\frac{1}{2}\boldsymbol{\varepsilon}^{\mathrm{T}}\boldsymbol{D}\delta\boldsymbol{\varepsilon}+\frac{1}{2}\delta\boldsymbol{\varepsilon}^{\mathrm{T}}\boldsymbol{D}\boldsymbol{\varepsilon}+\frac{1}{2}\delta\boldsymbol{\varepsilon}^{\mathrm{T}}\boldsymbol{D}\delta\boldsymbol{\varepsilon} \\
&= u_\varepsilon(\boldsymbol{\varepsilon})+\delta u_\varepsilon(\boldsymbol{\varepsilon})+\frac{1}{2}\delta\boldsymbol{\varepsilon}^{\mathrm{T}}\boldsymbol{D}\delta\boldsymbol{\varepsilon}
\end{aligned}
$$

上式中

$$
\frac{1}{2}\delta\boldsymbol{\varepsilon}^{\mathrm{T}}\boldsymbol{D}\delta\boldsymbol{\varepsilon} = u_\varepsilon(\delta\boldsymbol{\varepsilon})
$$

则

$$
u_\varepsilon(\tilde{\boldsymbol{\varepsilon}}) = u_\varepsilon(\boldsymbol{\varepsilon})+\delta u_\varepsilon(\boldsymbol{\varepsilon})+u_\varepsilon(\delta\boldsymbol{\varepsilon})
$$

因而近似位移场对应的势能为

$$
\begin{aligned}
\tilde{\Pi}_{\mathrm{p}}(\tilde{\boldsymbol{\varepsilon}},\tilde{\boldsymbol{u}}) &= \int_V [u_\varepsilon(\boldsymbol{\varepsilon})+\delta u_\varepsilon(\boldsymbol{\varepsilon})+u_\varepsilon(\delta\boldsymbol{\varepsilon})-(\boldsymbol{u}+\delta\boldsymbol{u})^{\mathrm{T}}\boldsymbol{f}]\mathrm{d}V-\int_{S_\sigma}(\boldsymbol{u}+\delta\boldsymbol{u})^{\mathrm{T}}\bar{\boldsymbol{t}}\mathrm{d}S \\
&= \int_V [u_\varepsilon(\boldsymbol{\varepsilon})-\boldsymbol{u}^{\mathrm{T}}\boldsymbol{f}]\mathrm{d}V-\int_{S_\sigma}\boldsymbol{u}^{\mathrm{T}}\bar{\boldsymbol{t}}\mathrm{d}S+\delta\left[\int_V\left[u_\varepsilon(\boldsymbol{\varepsilon})-\boldsymbol{u}^{\mathrm{T}}\boldsymbol{f}\right]\mathrm{d}V-\int_{S_\sigma}\boldsymbol{u}^{\mathrm{T}}\bar{\boldsymbol{t}}\mathrm{d}S\right]+ \\
&\quad \int_V u_\varepsilon(\delta\boldsymbol{\varepsilon})\mathrm{d}V \\
&= \Pi_{\mathrm{p}}+\delta\Pi_{\mathrm{p}}+\int_V u_\varepsilon(\delta\boldsymbol{\varepsilon})\mathrm{d}V
\end{aligned}
$$

由式(2.50)可知 $\delta\Pi_{\mathrm{p}}=0$,代入上式可得

$$
\tilde{\Pi}_{\mathrm{p}}(\tilde{\boldsymbol{\varepsilon}},\tilde{\boldsymbol{u}}) = \Pi_{\mathrm{p}}+\int_V u_\varepsilon(\delta\boldsymbol{\varepsilon})\mathrm{d}V
$$

对于稳定的平衡状态,应变能密度为正定函数,故上式右端积分项恒大于零,从而有

$$
\Pi_{\mathrm{p}}(\boldsymbol{\varepsilon},\boldsymbol{u}) \leqslant \tilde{\Pi}_{\mathrm{p}}(\tilde{\boldsymbol{\varepsilon}},\tilde{\boldsymbol{u}}) \tag{2.51}
$$

只有 $\delta\boldsymbol{u}=\boldsymbol{0}$,$\Pi_{\mathrm{p}}=\tilde{\Pi}_{\mathrm{p}}$,即在所有几何可能的位移中,真实的位移使系统总的势能取最小值,此即最小势能原理。

采用最小势能原理求问题的近似解,首先假设近似函数,代入系统的势能,即用式(2.49)表达的泛函,然后利用泛函的极值条件(2.50)求近似函数中的待定参数,从而得到问题的近似解。所以,弹性体的最小势能原理是一种变分原理。

2.5.3 最小余能原理

类似地,从虚应力原理出发可以推导弹性力学问题的最小余能原理。弹性体的余能密度式(1.76)为

$$u_\sigma = \frac{1}{2}\boldsymbol{\sigma}^{\mathrm{T}}\boldsymbol{\varepsilon} = \frac{1}{2}\boldsymbol{\sigma}^{\mathrm{T}}\boldsymbol{C}\boldsymbol{\sigma}$$

式中 $\boldsymbol{C}$ 为弹性材料的柔性系数矩阵,由此

$$\frac{\partial u_\sigma}{\partial \boldsymbol{\sigma}} = \boldsymbol{C}\boldsymbol{\sigma} = \boldsymbol{\varepsilon}$$

故

$$(\delta\boldsymbol{\sigma})^{\mathrm{T}}\boldsymbol{\varepsilon} = (\delta\boldsymbol{\sigma})^{\mathrm{T}}\frac{\partial u_\sigma}{\partial \boldsymbol{\sigma}} = \delta u_\sigma$$

将其代入式(2.48)可得

$$\delta\left(\int_V u_\sigma \mathrm{d}V - \int_{S_u}\boldsymbol{\sigma}^{\mathrm{T}}\boldsymbol{n}\bar{\boldsymbol{u}}\mathrm{d}S\right) = 0 \tag{2.52}$$

令

$$\Pi_{\mathrm{c}} = \int_V u_\sigma \mathrm{d}V - \int_{S_u}\boldsymbol{\sigma}^{\mathrm{T}}\boldsymbol{n}\bar{\boldsymbol{u}}\mathrm{d}S = \int_V \frac{1}{2}\boldsymbol{\sigma}^{\mathrm{T}}\boldsymbol{C}\boldsymbol{\sigma}\mathrm{d}V - \int_{S_u}\boldsymbol{\sigma}^{\mathrm{T}}\boldsymbol{n}\bar{\boldsymbol{u}}\mathrm{d}S \tag{2.53}$$

则有

$$\delta\Pi_{\mathrm{c}} = 0 \tag{2.54}$$

这里 Π_{c} 为弹性体的总余能,它是应力分量的泛函。可以证明,对于稳定的平衡状态,其为最小值,称为最小余能原理:在所有静力可能的应力中,真实的应力使系统总的余能取最小值。最小余能原理也是一种变分原理。

2.5.4 近似解的上下界

利用最小势能原理和最小余能原理可以得到近似解的上下界性质。现将系统的势能式(2.49)和余能式(2.53)相加,有

$$\begin{aligned}
&\Pi_{\mathrm{p}}(\boldsymbol{\varepsilon}) + \Pi_{\mathrm{c}}(\boldsymbol{\sigma}) \\
&= \int_V \frac{1}{2}\boldsymbol{\varepsilon}^{\mathrm{T}}\boldsymbol{D}\boldsymbol{\varepsilon}\mathrm{d}V - \int_V \boldsymbol{u}^{\mathrm{T}}\boldsymbol{f}\mathrm{d}V - \int_{S_\sigma}\boldsymbol{u}^{\mathrm{T}}\bar{\boldsymbol{t}}\mathrm{d}S + \int_V \frac{1}{2}\boldsymbol{\sigma}^{\mathrm{T}}\boldsymbol{C}\boldsymbol{\sigma}\mathrm{d}V - \int_{S_u}\boldsymbol{\sigma}^{\mathrm{T}}\boldsymbol{n}\bar{\boldsymbol{u}}\mathrm{d}S \\
&= \int_V \boldsymbol{\varepsilon}^{\mathrm{T}}\boldsymbol{\sigma}\mathrm{d}V - \int_V \boldsymbol{u}^{\mathrm{T}}\boldsymbol{f}\mathrm{d}V - \int_{S_\sigma}\boldsymbol{u}^{\mathrm{T}}\bar{\boldsymbol{t}}\mathrm{d}S - \int_{S_u}\boldsymbol{\sigma}^{\mathrm{T}}\boldsymbol{n}\bar{\boldsymbol{u}}\mathrm{d}S
\end{aligned} \tag{2.55}$$

上式中 $\int_V \boldsymbol{\varepsilon}^{\mathrm{T}}\boldsymbol{\sigma}\mathrm{d}V$ 为应变能的 2 倍,$\int_V \boldsymbol{u}^{\mathrm{T}}\boldsymbol{f}\mathrm{d}V + \int_{S_\sigma}\boldsymbol{u}^{\mathrm{T}}\bar{\boldsymbol{t}}\mathrm{d}S + \int_{S_u}\boldsymbol{\sigma}^{\mathrm{T}}\boldsymbol{n}\bar{\boldsymbol{u}}\mathrm{d}S$ 为外力功的 2 倍(参见 1.2.11 节中的讨论)。根据能量平衡原理,应变能等于外力功,故由上式可知,弹性系统的总势能与总余能之和为零,即

$$\Pi_{\mathrm{p}}(\boldsymbol{\varepsilon}) + \Pi_{\mathrm{c}}(\boldsymbol{\sigma}) = 0 \tag{2.56}$$

假设位移边界 S_u 上给定的位移 $\bar{\boldsymbol{u}} = \boldsymbol{0}$,则

$$\Pi_{\mathrm{c}}(\boldsymbol{\sigma}) = \int_V \frac{1}{2}\boldsymbol{\sigma}^{\mathrm{T}}\boldsymbol{C}\boldsymbol{\sigma}\mathrm{d}V - \int_{S_u}\boldsymbol{\sigma}^{\mathrm{T}}\boldsymbol{n}\bar{\boldsymbol{u}}\mathrm{d}S = \int_V \frac{1}{2}\boldsymbol{\sigma}^{\mathrm{T}}\boldsymbol{C}\boldsymbol{\sigma}\mathrm{d}V = \int_V u_\sigma(\boldsymbol{\sigma})\mathrm{d}V \tag{2.57}$$

$$\Pi_{\mathrm{p}}(\boldsymbol{\varepsilon})=\int_V \frac{1}{2}\boldsymbol{\varepsilon}^{\mathrm{T}}\boldsymbol{D}\boldsymbol{\varepsilon}\mathrm{d}V-\int_V \boldsymbol{u}^{\mathrm{T}}\boldsymbol{f}\mathrm{d}V-\int_{S_\sigma}\boldsymbol{u}^{\mathrm{T}}\bar{\boldsymbol{t}}\mathrm{d}S \tag{2.58}$$

此时，$\int_V \boldsymbol{u}^{\mathrm{T}}\boldsymbol{f}\mathrm{d}V+\int_{S_\sigma}\boldsymbol{u}^{\mathrm{T}}\bar{\boldsymbol{t}}\mathrm{d}S$ 为外力功的 2 倍，由能量的平衡可知，应变能等于外力功，因此式(2.58)右端后两项为应变能的 2 倍，故

$$\begin{aligned}\Pi_{\mathrm{p}}(\boldsymbol{\varepsilon})&=\int_V \frac{1}{2}\boldsymbol{\varepsilon}^{\mathrm{T}}\boldsymbol{D}\boldsymbol{\varepsilon}\mathrm{d}V-2\int_V \frac{1}{2}\boldsymbol{\varepsilon}^{\mathrm{T}}\boldsymbol{D}\boldsymbol{\varepsilon}\mathrm{d}V\\&=-\int_V \frac{1}{2}\boldsymbol{\varepsilon}^{\mathrm{T}}\boldsymbol{D}\boldsymbol{\varepsilon}\mathrm{d}V\\&=-\int_V u_\varepsilon(\boldsymbol{\varepsilon})\mathrm{d}V\end{aligned} \tag{2.59}$$

由式(2.51)，近似解($\tilde{\boldsymbol{\varepsilon}}$，$\tilde{\boldsymbol{u}}$)和真实解对应的势能有如下关系：

$$\Pi_{\mathrm{p}}(\boldsymbol{\varepsilon},\boldsymbol{u})\leqslant\tilde{\Pi}_{\mathrm{p}}(\tilde{\boldsymbol{\varepsilon}},\tilde{\boldsymbol{u}})$$

结合式(2.59)可得

$$\int_V u_\varepsilon(\tilde{\boldsymbol{\varepsilon}})\mathrm{d}V\leqslant\int_V u_\varepsilon(\boldsymbol{\varepsilon})\mathrm{d}V \tag{2.60}$$

即由最小势能原理得到的近似解的弹性应变能小于真实解的应变能，近似位移场总体上偏小，结构偏刚硬。类似地

$$\Pi_{\mathrm{c}}(\boldsymbol{\sigma})\leqslant\tilde{\Pi}_{\mathrm{c}}(\tilde{\boldsymbol{\sigma}})$$

结合式(2.57)可得

$$\int_V u_\sigma(\tilde{\boldsymbol{\sigma}})\mathrm{d}V\geqslant\int_V u_\sigma(\boldsymbol{\sigma})\mathrm{d}V \tag{2.61}$$

即由最小余能原理得到的近似解的弹性余能大于真实解的余能，近似的应力解总体上偏大。

综上可以得到结论：利用最小势能原理得到的位移近似解的弹性应变能是精确解应变能的下界，即近似位移场总体上偏小，计算模型偏于刚硬；而由最小余能原理得到的应力近似解的弹性余能是精确解余能的上界，即近似的应力解总体上偏大，计算模型偏于柔软。

2.5.5　热传导问题变分原理

本节建立热传导问题的变分原理。由 1.3.2 节可知，用温度表达的三维稳态热传导方程为

$$k\left(\frac{\partial^2 T}{\partial x^2}+\frac{\partial^2 T}{\partial y^2}+\frac{\partial^2 T}{\partial z^2}\right)+Q=0\quad(\text{在 } V \text{ 域中}) \tag{2.62}$$

三类边界条件为

$$T-\bar{T}=0\quad(\text{在 } S_T \text{ 边界上}) \tag{2.63a}$$

$$k\frac{\partial T}{\partial n}-\bar{q}_n=0\quad(\text{在 } S_q \text{ 边界上}) \tag{2.63b}$$

$$k\frac{\partial T}{\partial n}-h(T-T_a)=0 \quad （在 S_c 边界上） \tag{2.63c}$$

视给定温度边界条件(2.63a)为强制边界条件,热流密度边界条件(2.63b)和对流边界条件(2.63c)为自然边界条件。热传导方程(2.62)和自然边界条件的 Galerkin 提法可表示为

$$\int_V \delta T\left[k\left(\frac{\partial^2 T}{\partial x^2}+\frac{\partial^2 T}{\partial y^2}+\frac{\partial^2 T}{\partial z^2}\right)+Q\right]\mathrm{d}V-$$

$$\int_{S_q}\delta T\left(k\frac{\partial T}{\partial n}-\bar{q}_n\right)\mathrm{d}S-\int_{S_c}\delta T\left[k\frac{\partial T}{\partial n}-h(T-T_a)\right]\mathrm{d}S=0 \tag{2.64}$$

类似于式(2.12),经分部积分可得

$$\int_V\left[-k\left(\frac{\partial \delta T}{\partial x}\frac{\partial T}{\partial x}+\frac{\partial \delta T}{\partial y}\frac{\partial T}{\partial y}+\frac{\partial \delta T}{\partial z}\frac{\partial T}{\partial z}\right)+\delta TQ\right]\mathrm{d}V+\oint_S\delta Tk\frac{\partial T}{\partial n}\mathrm{d}S-$$

$$\int_{S_q}\delta T\left(k\frac{\partial T}{\partial n}-\bar{q}_n\right)\mathrm{d}S-\int_{S_c}\delta T\left[k\frac{\partial T}{\partial n}-h(T-T_a)\right]\mathrm{d}S=0$$

式中

$$\oint_S\delta Tk\frac{\partial T}{\partial n}\mathrm{d}S=\int_{S_q}\delta Tk\frac{\partial T}{\partial n}\mathrm{d}S+\int_{S_T}\delta Tk\frac{\partial T}{\partial n}\mathrm{d}S+\int_{S_c}\delta Tk\frac{\partial T}{\partial n}\mathrm{d}S$$

将其代入前式得到

$$\int_V\left[-k\left(\frac{\partial \delta T}{\partial x}\frac{\partial T}{\partial x}+\frac{\partial \delta T}{\partial y}\frac{\partial T}{\partial y}+\frac{\partial \delta T}{\partial z}\frac{\partial T}{\partial z}\right)+\delta TQ\right]\mathrm{d}V+$$

$$\int_{S_T}\delta Tk\frac{\partial T}{\partial n}\mathrm{d}S+\int_{S_q}\delta T\bar{q}_n\mathrm{d}S+\int_{S_c}\delta Th(T-T_a)\mathrm{d}S=0 \tag{2.65}$$

注意到在给定温度的边界 S_T上 $\delta T=0$,则有

$$\int_V\left[-k\left(\frac{\partial \delta T}{\partial x}\frac{\partial T}{\partial x}+\frac{\partial \delta T}{\partial y}\frac{\partial T}{\partial y}+\frac{\partial \delta T}{\partial z}\frac{\partial T}{\partial z}\right)+\delta TQ\right]\mathrm{d}V+$$

$$\int_{S_q}\delta T\bar{q}_n\mathrm{d}S+\int_{S_c}\delta Th(T-T_a)\mathrm{d}S=0 \tag{2.66}$$

由上式可以得到该问题的变分原理,即稳态热传导问题可以描述为如下泛函的驻值问题:

$$\Pi_T=\int_V\left\{\frac{1}{2}k\left[\left(\frac{\partial T}{\partial x}\right)^2+\left(\frac{\partial T}{\partial y}\right)^2+\left(\frac{\partial T}{\partial z}\right)^2\right]-TQ\right\}\mathrm{d}V-$$

$$\int_{S_q}T\bar{q}_n\mathrm{d}S-\frac{1}{2}\int_{S_c}h\,(T-T_a)^2\mathrm{d}S \tag{2.67}$$

即在满足温度边界条件的可能的温度场中,真实的温度场使泛函(2.67)取极小值

$$\delta\Pi_T=0 \tag{2.68}$$

从前述推导过程可知,热传导问题的变分原理与热传导方程和热流及对流边界条件的 Galerkin 提法是等效的。

*2.6 弹性动力学变分原理

2.6.1 达朗贝尔-拉格朗日(d'Alembert-Lagrange)原理

由 1.2 节,弹性动力平衡方程为

$$\boldsymbol{L}^{\mathrm{T}}\boldsymbol{\sigma}+\boldsymbol{f}=\rho\ddot{\boldsymbol{u}}+\mu\dot{\boldsymbol{u}} \tag{2.69}$$

场方程还包括几何方程(1.27)和本构方程(1.28),力的边界条件(1.29)和位移边界条件(1.30),以及位移和速度初始条件(1.31)。

类似于静力学问题,动力平衡方程和力的边界条件的等效积分形式的 Galerkin 提法为

$$\int_V(\delta\boldsymbol{u})^{\mathrm{T}}(\boldsymbol{L}^{\mathrm{T}}\boldsymbol{\sigma}+\boldsymbol{f}-\rho\ddot{\boldsymbol{u}}-\mu\dot{\boldsymbol{u}})\mathrm{d}V-\int_{S_\sigma}(\delta\boldsymbol{u})^{\mathrm{T}}(\boldsymbol{n}\boldsymbol{\sigma}-\bar{\boldsymbol{t}})\mathrm{d}S=0 \tag{2.70}$$

上式可写成

$$\begin{aligned}&-\int_V(\delta\boldsymbol{u})^{\mathrm{T}}\rho\ddot{\boldsymbol{u}}\mathrm{d}V-\int_V(\delta\boldsymbol{u})^{\mathrm{T}}\mu\dot{\boldsymbol{u}}\mathrm{d}V+\\&\int_V(\delta\boldsymbol{u})^{\mathrm{T}}(\boldsymbol{L}^{\mathrm{T}}\boldsymbol{\sigma}+\boldsymbol{f})\mathrm{d}V-\int_{S_\sigma}(\delta\boldsymbol{u})^{\mathrm{T}}(\boldsymbol{n}\boldsymbol{\sigma}-\bar{\boldsymbol{t}})\mathrm{d}S=0\end{aligned} \tag{2.71}$$

类似于 2.5.1 节的推导,由式(2.43)得到式(2.46a),因此上式后两个积分为

$$-\int_V(\delta\boldsymbol{\varepsilon})^{\mathrm{T}}\boldsymbol{\sigma}\mathrm{d}V+\int_V(\delta\boldsymbol{u})^{\mathrm{T}}\boldsymbol{f}\mathrm{d}V+\int_{S_\sigma}(\delta\boldsymbol{u})^{\mathrm{T}}\bar{\boldsymbol{t}}\mathrm{d}S$$

将其代入式(2.71)可得

$$\begin{aligned}&-\int_V(\delta\boldsymbol{u})^{\mathrm{T}}\rho\ddot{\boldsymbol{u}}\mathrm{d}V-\int_V(\delta\boldsymbol{u})^{\mathrm{T}}\mu\dot{\boldsymbol{u}}\mathrm{d}V-\int_V(\delta\boldsymbol{\varepsilon})^{\mathrm{T}}\boldsymbol{\sigma}\mathrm{d}V+\\&\int_V(\delta\boldsymbol{u})^{\mathrm{T}}\boldsymbol{f}\mathrm{d}V+\int_{S_\sigma}(\delta\boldsymbol{u})^{\mathrm{T}}\bar{\boldsymbol{t}}\mathrm{d}S=0\end{aligned} \tag{2.72}$$

上式中第一项为惯性力的虚功,第二项为黏性力的虚功,第三项为内力虚功,最后两项为外力虚功。式(2.72)即为线弹性动力学问题的达朗贝尔-拉格朗日原理。该原理没有涉及本构方程,所以其不仅适用于线弹性动力学问题,也适用于非线性弹性及弹塑性等非线性问题。对于无阻尼系统,式(2.72)简化为

$$\int_V(\delta\boldsymbol{u})^{\mathrm{T}}\rho\ddot{\boldsymbol{u}}\mathrm{d}V+\int_V(\delta\boldsymbol{\varepsilon})^{\mathrm{T}}\boldsymbol{\sigma}\mathrm{d}V-\int_V(\delta\boldsymbol{u})^{\mathrm{T}}\boldsymbol{f}\mathrm{d}V-\int_{S_\sigma}(\delta\boldsymbol{u})^{\mathrm{T}}\bar{\boldsymbol{t}}\mathrm{d}S=0 \tag{2.73}$$

2.6.2 哈密顿(Hamilton)变分原理

将式(2.72)在时间间隔 t_1 到 t_2 之间对时间积分

$$-\int_{t_1}^{t_2}\int_V(\delta\boldsymbol{u})^{\mathrm{T}}\rho\ddot{\boldsymbol{u}}\mathrm{d}V\mathrm{d}t-\int_{t_1}^{t_2}\int_V(\delta\boldsymbol{u})^{\mathrm{T}}\mu\dot{\boldsymbol{u}}\mathrm{d}V\mathrm{d}t-\int_{t_1}^{t_2}\int_V(\delta\boldsymbol{\varepsilon})^{\mathrm{T}}\boldsymbol{\sigma}\mathrm{d}V\mathrm{d}t+$$

$$\int_{t_1}^{t_2}\int_V(\delta\boldsymbol{u})^{\mathrm{T}}\boldsymbol{f}\mathrm{d}V\mathrm{d}t+\int_{t_1}^{t_2}\int_{S_\sigma}(\delta\boldsymbol{u})^{\mathrm{T}}\bar{\boldsymbol{t}}\mathrm{d}S\mathrm{d}t=0 \tag{2.74}$$

对上式第一项进行分部积分

$$\begin{aligned}-\int_{t_1}^{t_2}\int_V(\delta\boldsymbol{u})^{\mathrm{T}}\rho\ddot{\boldsymbol{u}}\mathrm{d}V\mathrm{d}t&=-\int_V\int_{t_1}^{t_2}(\delta\boldsymbol{u})^{\mathrm{T}}\rho\ddot{\boldsymbol{u}}\mathrm{d}t\mathrm{d}V\\&=-\int_V\int_{t_1}^{t_2}\rho\left[\frac{\mathrm{d}}{\mathrm{d}t}(\delta\boldsymbol{u}^{\mathrm{T}}\dot{\boldsymbol{u}})-\delta\dot{\boldsymbol{u}}^{\mathrm{T}}\dot{\boldsymbol{u}}\right]\mathrm{d}t\mathrm{d}V\\&=-\int_V\rho\delta\boldsymbol{u}^{\mathrm{T}}\dot{\boldsymbol{u}}\Big|_{t_1}^{t_2}+\int_V\int_{t_1}^{t_2}\rho\delta\dot{\boldsymbol{u}}^{\mathrm{T}}\dot{\boldsymbol{u}}\mathrm{d}t\mathrm{d}V\end{aligned} \tag{2.75}$$

由于在 t_1 和 t_2 时刻的位移值 $\boldsymbol{u}$ 给定，则在该两时刻的虚位移为零，即 $\delta\boldsymbol{u}|_{t=t_1}=\boldsymbol{0}$，$\delta\boldsymbol{u}|_{t=t_2}=\boldsymbol{0}$，故

$$-\int_{t_1}^{t_2}\int_V(\delta\boldsymbol{u})^{\mathrm{T}}\rho\ddot{\boldsymbol{u}}\mathrm{d}V\mathrm{d}t=\int_V\int_{t_1}^{t_2}\rho\delta\dot{\boldsymbol{u}}^{\mathrm{T}}\dot{\boldsymbol{u}}\mathrm{d}t\mathrm{d}V=\int_{t_1}^{t_2}\delta E_{\mathrm{k}}\mathrm{d}t \tag{2.76}$$

其中

$$E_{\mathrm{k}}=\frac{1}{2}\int_V\rho\dot{\boldsymbol{u}}^{\mathrm{T}}\dot{\boldsymbol{u}}\mathrm{d}V \tag{2.77}$$

为弹性体的动能。将式(2.76)代入式(2.74)可得

$$\int_{t_1}^{t_2}(\delta E_{\mathrm{k}}+\delta W+\delta W_\mu)\mathrm{d}t=0 \tag{2.78}$$

其中

$$\delta W=-\int_V(\delta\boldsymbol{\varepsilon})^{\mathrm{T}}\boldsymbol{\sigma}\mathrm{d}V+\int_V(\delta\boldsymbol{u})^{\mathrm{T}}\boldsymbol{f}\mathrm{d}V+\int_V(\delta\boldsymbol{u})^{\mathrm{T}}\bar{\boldsymbol{t}}\mathrm{d}S \tag{2.79a}$$

为系统的内力和外力的虚功，而

$$\delta W_\mu=-\int_V(\delta\boldsymbol{u})^{\mathrm{T}}\mu\dot{\boldsymbol{u}}\mathrm{d}V\mathrm{d}t \tag{2.79b}$$

为黏性力 $-\mu\dot{\boldsymbol{u}}$ 做的虚功。式(2.78)表明，对于真实运动，系统的动能变分和内力、外力以及黏性力的虚功之和在任意时间间隔内对时间的积分等于零，此即具有普遍意义的哈密顿原理。对于无阻尼系统

$$\int_{t_1}^{t_2}(\delta E_{\mathrm{k}}+\delta W)\mathrm{d}t=0 \tag{2.80}$$

考虑弹性本构方程，比较式(2.79a)和式(2.49)可知

$$\delta W=-\delta\Pi_{\mathrm{p}} \tag{2.81}$$

即弹性系统的内力和外力功等于系统的势能的负值。将上式代入式(2.80)得

$$\int_{t_1}^{t_2}\delta(E_{\mathrm{k}}-\Pi_{\mathrm{p}})\mathrm{d}t=0 \tag{2.82}$$

对于完整系统，上式中的积分运算和变分运算可以交换顺序，令

$$\Sigma=\int_{t_1}^{t_2}(E_{\mathrm{k}}-\Pi_{\mathrm{p}})\mathrm{d}t \tag{2.83a}$$

则

$$\delta\Sigma = 0 \tag{2.83b}$$

这里 Σ 称为哈密顿作用量。式(2.83)表明,完整有势系统在任意时间间隔内满足几何关系和给定位移边界条件的所有可能运动中,真实运动使哈密顿作用量 Σ 取驻值,此即哈密顿原理。

上面从动力平衡方程和力的边界条件出发导出了哈密顿变分原理,即哈密顿原理和动力平衡方程及力的边界条件的等效积分弱形式是等效的。由于在推导哈密顿原理时利用了线弹性本构方程,哈密顿原理(2.83)仅适用于线弹性问题,而达朗贝尔-拉格朗日原理(2.73)不仅适用于线弹性问题,也适用于非线性问题。

*2.7 约束变分原理

前面讨论的变分原理所涉及的场变量已事先满足附加条件,称为自然变分原理。例如,弹性力学的最小势能原理中的位移函数,事先应满足几何方程和给定的位移边界条件;而最小余能原理中的应力函数则事先应满足平衡方程和力的边界条件。利用自然变分原理的好处是通常仅保留一个场函数,同时函数具有极值性。然而实际中有很多物理问题,如果采用自然变分原理,要求其泛函中的场函数事先满足全部的附加条件可能存在困难。这时可以将场函数应事先满足的附加约束条件引入泛函,使有附加条件的变分原理成为无附加条件的变分原理,这种变分原理称为约束变分原理,也称为广义变分原理。

2.7.1 拉格朗日(Lagrange)乘子法

对于一泛函 Π 的驻值问题,如果其中的未知函数还需要满足附加条件

$$\boldsymbol{C}(\boldsymbol{u}) = \boldsymbol{0} \quad (\text{在 } V \text{ 域中}) \tag{2.84}$$

其中 $\boldsymbol{C}$ 为微分算子,则在原泛函中引入上述附加条件,构造一个新的泛函

$$\Pi^* = \Pi + \int_V \boldsymbol{\lambda}^{\mathrm{T}} \boldsymbol{C}(\boldsymbol{u}) \mathrm{d}V \tag{2.85}$$

式中 $\boldsymbol{\lambda}$ 称为 Lagrange 乘子,是独立坐标的函数向量。引入该附加条件后,原泛函的有条件驻值问题转化成了新的泛函的无附加条件的驻值问题。该泛函的驻值条件为

$$\delta\Pi^* = \delta\Pi + \int_V \delta\boldsymbol{\lambda}^{\mathrm{T}} \boldsymbol{C}(\boldsymbol{u}) \mathrm{d}V + \int_V \boldsymbol{\lambda}^{\mathrm{T}} \delta\boldsymbol{C}(\boldsymbol{u}) \mathrm{d}V = 0 \tag{2.86}$$

利用约束变分原理可以推导得到无附加条件的求近似解的方程。假设原问题的微分方程为

$$\boldsymbol{A}(\boldsymbol{u}) = \boldsymbol{0} \tag{2.87}$$

其附加条件是线性微分方程组

$$\boldsymbol{C}(\boldsymbol{u}) = \boldsymbol{L}_1(\boldsymbol{u}) + \boldsymbol{C}_1 = \boldsymbol{0} \tag{2.88}$$

式中 $\boldsymbol{C}_1$ 为常数向量。将式(2.87)和式(2.88)代入式(2.85)可得

$$\begin{aligned}\delta\Pi^* &= \int_V \delta\boldsymbol{u}^{\mathrm{T}}\boldsymbol{A}(\boldsymbol{u})\,\mathrm{d}V + \int_V \delta\boldsymbol{\lambda}^{\mathrm{T}}\boldsymbol{C}(\boldsymbol{u})\,\mathrm{d}V + \int_V \boldsymbol{\lambda}^{\mathrm{T}}\delta\boldsymbol{L}_1(\boldsymbol{u})\,\mathrm{d}V \\ &= \int_V \delta\boldsymbol{u}^{\mathrm{T}}\boldsymbol{A}(\boldsymbol{u})\,\mathrm{d}V + \int_V \delta\boldsymbol{\lambda}^{\mathrm{T}}[\boldsymbol{L}_1(\boldsymbol{u}) + \boldsymbol{C}_1]\,\mathrm{d}V + \int_V [\delta\boldsymbol{L}_1(\boldsymbol{u})]^{\mathrm{T}}\boldsymbol{\lambda}\,\mathrm{d}V \end{aligned} \tag{2.89}$$

构造近似函数

$$\boldsymbol{u} = \boldsymbol{N}_u\hat{\boldsymbol{u}}, \quad \boldsymbol{\lambda} = \boldsymbol{N}_\lambda\hat{\boldsymbol{\lambda}} \tag{2.90}$$

将其代入式(2.89)可得

$$\begin{aligned}\delta\Pi^* &= (\delta\hat{\boldsymbol{u}})^{\mathrm{T}}\int_V \boldsymbol{N}_u^{\mathrm{T}}\boldsymbol{A}(\boldsymbol{N}_u\hat{\boldsymbol{u}})\,\mathrm{d}V + \\ &\quad (\delta\hat{\boldsymbol{\lambda}})^{\mathrm{T}}\int_V \boldsymbol{N}_\lambda^{\mathrm{T}}[\boldsymbol{L}_1(\boldsymbol{N}_u\hat{\boldsymbol{u}}) + \boldsymbol{C}_1]\,\mathrm{d}V + (\delta\hat{\boldsymbol{u}})^{\mathrm{T}}\int_V \boldsymbol{L}_1^{\mathrm{T}}(\boldsymbol{N}_u)\boldsymbol{N}_\lambda\hat{\boldsymbol{\lambda}}\,\mathrm{d}V \\ &= (\delta\hat{\boldsymbol{u}})^{\mathrm{T}}\left\{\left[\int_V \boldsymbol{N}_u^{\mathrm{T}}\boldsymbol{A}(\boldsymbol{N}_u)\,\mathrm{d}V\right]\hat{\boldsymbol{u}} + \left[\int_V \boldsymbol{L}_1^{\mathrm{T}}(\boldsymbol{N}_u)\boldsymbol{N}_\lambda\,\mathrm{d}V\right]\hat{\boldsymbol{\lambda}}\right\} + \\ &\quad (\delta\hat{\boldsymbol{\lambda}})^{\mathrm{T}}\left\{\left[\int_V \boldsymbol{N}_\lambda^{\mathrm{T}}[\boldsymbol{L}_1(\boldsymbol{N}_u)\,\mathrm{d}V\right]\hat{\boldsymbol{u}} + \int_V \boldsymbol{N}_\lambda^{\mathrm{T}}\boldsymbol{C}_1\,\mathrm{d}V\right\} \\ &= 0 \end{aligned} \tag{2.91}$$

由 $\delta\hat{\boldsymbol{u}}$,$\delta\hat{\boldsymbol{\lambda}}$ 的任意性,得到如下方程组:

$$\left.\begin{aligned}&\left[\int_V \boldsymbol{N}_u^{\mathrm{T}}\boldsymbol{A}(\boldsymbol{N}_u)\,\mathrm{d}V\right]\hat{\boldsymbol{u}} + \left[\int_V \boldsymbol{L}_1^{\mathrm{T}}(\boldsymbol{N}_u)\,\boldsymbol{N}_\lambda\,\mathrm{d}V\right]\hat{\boldsymbol{\lambda}} = 0 \\ &\left[\int_V \boldsymbol{N}_\lambda^{\mathrm{T}}[\boldsymbol{L}_1(\boldsymbol{N}_u)\,\mathrm{d}V\right]\hat{\boldsymbol{u}} + \int_V \boldsymbol{N}_\lambda^{\mathrm{T}}\boldsymbol{C}_1\,\mathrm{d}V = 0\end{aligned}\right\} \tag{2.92}$$

上式中第一个方程中的第一项是线性方程组 $\boldsymbol{A}(\boldsymbol{u})=\boldsymbol{0}$ 对应的自然变分原理得到的线性方程

$$\boldsymbol{K}\hat{\boldsymbol{u}} = \boldsymbol{P} \tag{2.93}$$

则式(2.92)可写成

$$\left.\begin{aligned}\boldsymbol{K}\hat{\boldsymbol{u}} + \boldsymbol{K}_{u\lambda}\hat{\boldsymbol{\lambda}} - \boldsymbol{P} = \boldsymbol{0} \\ \boldsymbol{K}_{u\lambda}^{\mathrm{T}}\hat{\boldsymbol{u}} - \boldsymbol{Q} = \boldsymbol{0}\end{aligned}\right\} \tag{2.94}$$

其中

$$\boldsymbol{K}_{u\lambda} = \int_V \boldsymbol{L}_1^{\mathrm{T}}(\boldsymbol{N}_u)\boldsymbol{N}_\lambda\,\mathrm{d}V, \quad \boldsymbol{Q} = -\int_V \boldsymbol{N}_\lambda^{\mathrm{T}}\boldsymbol{C}_1\,\mathrm{d}V \tag{2.95}$$

方程组(2.94)可写成

$$\begin{bmatrix}\boldsymbol{K} & \boldsymbol{K}_{u\lambda} \\ \boldsymbol{K}_{u\lambda}^{\mathrm{T}} & \boldsymbol{0}\end{bmatrix}\begin{bmatrix}\hat{\boldsymbol{u}} \\ \hat{\boldsymbol{\lambda}}\end{bmatrix} = \begin{bmatrix}\boldsymbol{P} \\ \boldsymbol{Q}\end{bmatrix} \tag{2.96}$$

求解方程(2.96)可以得到问题的近似解。

例 2.4　已知如下函数:

$$z(x,y) = 2x^2 - 2xy + y^2 + 18x + 6y$$

其附加条件为

$$x - y = 0$$

求该函数 z 取驻值时的 x 和 y 值。

解:(1) 由附加条件知 $x=y$,将其代入函数表达式得到仅有一个独立变量的函数

$$z(x) = x^2 + 24x$$

该函数不再有附加条件。其驻值条件为

$$\frac{dz}{dx} = 2x + 24 = 0, \quad x = -12$$

代入原来的附加条件可得 $y=-12$。再代入函数可得 $z=-144$。因为$\frac{d^2z}{dx^2}>0$,该驻值为极小值。

(2) 若附加条件不能给出 x 和 y 之间的显示关系,则可将 Lagrange 乘子引入函数中。对于本例,采用 Lagrange 乘子法引入附加条件,将问题转化成求如下函数的无附加条件的驻值问题:

$$z^*(x,y,\lambda) = 2x^2 - 2xy + y^2 + 18x + 6y + \lambda(x - y)$$

其驻值条件为

$$\frac{\partial z^*}{\partial x} = 4x - 2y + \lambda + 18 = 0, \quad \frac{\partial z^*}{\partial y} = -2x + 2y - \lambda + 6 = 0, \quad \frac{\partial z^*}{\partial \lambda} = x - y = 0$$

求解该方程组可得

$$x = -12, \quad y = -12, \quad \lambda = 6, \quad z^* = -144$$

该方法增加了计算量。

(3) 可以对方法(2)进行改进。由 z^* 驻值条件的前两个方程中的任意一个方程可以得到 Lagrange 乘子 λ,再代入 z^* 可以消去 λ。如由驻值条件的第一个方程 $4x-2y+\lambda+18=0$,可得 $\lambda=-4x+2y-18$,代入

$$z^*(x,y,\lambda) = 2x^2 - 2xy + y^2 + 18x + 6y + \lambda(x - y)$$

可得如下形式的函数:

$$z^*(x,y) = -2x^2 + 4xy - y^2 + 24y$$

其驻值条件为

$$\frac{\partial z^*}{\partial x} = -4x + 4y = 0, \quad \frac{\partial z^*}{\partial y} = 4x - 2y + 24 = 0$$

求解该方程组可得

$$x = -12, \quad y = -12, \quad z^* = -144$$

也可以由驻值条件的第二个方程得到 λ,代入 z^* 消去 λ,进一步由驻值条件可以得到方程的完全相同的解。建议读者自己完成此过程。

应该指出,当利用 Lagrange 乘子法求解具有附加条件的函数的驻值问题时,修正函数不再保持原来函数在驻值点的极值性质。

例 2.5 推导热传导问题无附加条件的广义变分原理。

解:在 2.5.5 节中,以温度边界条件(2.63a)为预先满足的强制边界条件,导出了热传导

自然变分原理的泛函 Π_T[式(2.67)]。现在不再将温度边界条件(2.63a)作为强制边界条件,利用 Lagrange 乘子法将温度边界条件引入泛函

$$\Pi^*(T,\lambda)=\Pi_T(T)+\int_{S_T}\lambda(T-\overline{T})\mathrm{d}S$$

对其求变分得

$$\delta\Pi^*(T,\lambda)=\delta\Pi_T(T)+\int_{S_T}\delta\lambda(T-\overline{T})\mathrm{d}S+\int_{S_T}\lambda\delta T\mathrm{d}S=0$$

在 2.2.5 节建立自然变分原理时,由于假设温度预先满足边界条件(2.63a),泛函(2.67)是在 S_T 上 $\delta T=0$ 的前提下给出的,即式(2.65)中 $\int_{S_T}\delta Tk\frac{\partial T}{\partial n}\mathrm{d}S=0$。现在温度边界条件(2.63a)不再是强制边界条件,因此由式(2.65)给出的泛函应该包含 $\int_{S_T}\delta Tk\frac{\partial T}{\partial n}\mathrm{d}S$ 项。可以将修正的泛函写成

$$\delta\Pi^*(T,\lambda)=\delta\Pi_T(T)+\int_{S_T}\delta\lambda(T-\overline{T})\mathrm{d}S+\int_{S_T}\delta T\left(\lambda+k\frac{\partial T}{\partial n}\right)\mathrm{d}S=0$$

注意,上式中的 $\Pi_T(T)$ 仍然为式(2.67),不包含 $\int_{S_T}\delta Tk\frac{\partial T}{\partial n}\mathrm{d}S$ 项。上式对所有的 δT 和 $\delta\lambda$ 都成立,由后两个边界积分可得

$$T-\overline{T}=0\quad(\text{在 } S_T \text{ 边界上})$$

$$\lambda+k\frac{\partial T}{\partial n}=0\quad(\text{在 } S_q \text{ 边界上})$$

由上面第二式可得 $\lambda=-k\frac{\partial T}{\partial n}$,其物理意义为边界热流密度的负值。将 $\lambda=-k\frac{\partial T}{\partial n}$ 和式(2.67)代入修正泛函得到

$$\Pi^*(T)=\int_V\left\{\frac{1}{2}k\left[\left(\frac{\partial T}{\partial x}\right)^2+\left(\frac{\partial T}{\partial y}\right)^2+\left(\frac{\partial T}{\partial z}\right)^2\right]-TQ\right\}\mathrm{d}V-$$
$$\int_{S_q}T\overline{q}_n\mathrm{d}S-\frac{1}{2}\int_{S_c}h(T-T_\mathrm{a})^2\mathrm{d}S-\int_{S_T}k\frac{\partial T}{\partial n}(T-\overline{T})\mathrm{d}S$$

泛函中不再出现 λ。利用该约束变分原理求近似解时,近似函数不必事先满足给定温度边界条件,又称为修正变分原理。

尽管 Lagrange 乘子是按数学概念引入的一个参数,用来处理给定的外部约束以满足原始的变分原理,但是对于很多物理问题,它们是原始数学模型中重要的物理量。修正变分原理使问题的未知函数或参数的个数与原来的相同,通常具有计算上的优势。

2.7.2 罚函数法

仍然考虑具有附加条件 $\boldsymbol{C}(\boldsymbol{u})=\boldsymbol{0}$ 的泛函 Π 的驻值问题。该附加条件函数的乘积

$$\boldsymbol{C}^{\mathrm{T}}\boldsymbol{C}=0 \tag{2.97}$$

当附加条件(2.84)得到满足的时候,该乘积精确为零。当附加条件近似满足时,其变分为零的条件

$$\delta(\boldsymbol{C}^{\mathrm{T}}\boldsymbol{C})=0 \tag{2.98}$$

使 $\boldsymbol{C}^{\mathrm{T}}\boldsymbol{C}$ 取最小值,即得到的乘积的值最小。

利用罚函数将附加条件引入泛函,构造一个新的泛函

$$\Pi^{*}=\Pi+\alpha\int_{V}\boldsymbol{C}^{\mathrm{T}}\boldsymbol{C}\mathrm{d}V \tag{2.99}$$

式中 α 为罚函数,其取值越大,$\boldsymbol{C}(\boldsymbol{u})$ 越接近于零,但太大可能使方程出现病态。

以欧拉梁弯曲问题为例,其势能泛函的表达式为

$$\Pi=\int_{0}^{l}\frac{EI}{2}\left(\frac{\mathrm{d}^{2}w}{\mathrm{d}x^{2}}\right)^{2}\mathrm{d}x-\int_{0}^{l}wq\mathrm{d}x \tag{2.100}$$

式中 EI 为抗弯刚度,w 为挠度,q 为作用于梁上的分布载荷,l 为梁的长度。由于泛函中存在 w 对 x 的二阶导数,要求挠度 w 的试函数为 C_1 连续函数。为降低对 w 的连续性要求,将上式改写成

$$\Pi=\int_{0}^{l}\frac{EI}{2}\left(\frac{\mathrm{d}\theta}{\mathrm{d}x}\right)^{2}\mathrm{d}x-\int_{0}^{l}wq\mathrm{d}x \tag{2.101}$$

式中 θ 为截面的转角。上式利用了挠度和转角之间的如下关系:

$$\frac{\mathrm{d}w}{\mathrm{d}x}-\theta=0 \tag{2.102}$$

利用罚函数法将其作为附加条件引入,构造一新的泛函

$$\Pi^{*}=\Pi+\alpha\int_{0}^{l}\left(\frac{\mathrm{d}w}{\mathrm{d}x}-\theta\right)^{2}\mathrm{d}x \tag{2.103}$$

这样就可以将 w 和 θ 视为独立变量。可见,这里利用罚函数法引入约束条件(2.102),使 C_1 连续问题转化为了 C_0 连续问题。利用该约束变分原理,对 w 和 θ 分别插值,可以建立有限元方程。这一方法在梁、板、壳中得到应用。

例 2.6 利用罚函数法求例 2.4 中函数在附加条件下的驻值。

解:已知函数为

$$z(x,y)=2x^{2}-2xy+y^{2}+18x+6y$$

为了引入附加条件 $x-y=0$,利用罚函数法构造如下修正函数:

$$z^{*}(x,y)=2x^{2}-2xy+y^{2}+18x+6y+\alpha(x-y)^{2}$$

其驻值条件为

$$\frac{\partial z^{*}}{\partial x}=4x-2y+18+2\alpha(x-y)=0,\quad \frac{\partial z^{*}}{\partial y}=-2x+2y+6-2\alpha(x-y)=0$$

解方程可得

$$x=-12,\quad y=\frac{-12-15/\alpha}{1+1/\alpha}$$

可见,当 $\alpha\to\infty$时,$\gamma\to-12$,趋于精确解。

若某场问题存在线性约束条件 $C(u)=C_0u+C_1$,称为线性约束问题。可采用罚函数法构造约束变分原理。

*2.8　弹性力学广义变分原理

弹性力学问题可以归结为求平衡方程、本构方程和几何方程在位移边界条件以及力边界条件下的解。这些方程和边界条件包括

平衡方程

$$\boldsymbol{L}^{\mathrm{T}}\boldsymbol{\sigma}+\boldsymbol{f}=\boldsymbol{0} \tag{2.104a}$$

本构方程

$$\boldsymbol{\sigma}=\boldsymbol{D\varepsilon} \tag{2.104b}$$

几何方程

$$\boldsymbol{\varepsilon}=\boldsymbol{Lu} \tag{2.104c}$$

位移边界条件

$$\boldsymbol{u}=\bar{\boldsymbol{u}}\quad(\text{在 } S_u \text{ 边界上}) \tag{2.105a}$$

力边界条件

$$\boldsymbol{n\sigma}=\bar{\boldsymbol{t}}\quad(\text{在 } S_\sigma \text{ 边界上}) \tag{2.105b}$$

由 2.5.1 节可知,若视位移边界条件为强制边界条件,该问题可以视为平衡方程和力的边界条件等效积分形式以及本构方程和几何方程的求解问题。平衡方程和力的边界条件的等效积分形式为[见式(2.43)]

$$\int_V(\delta\boldsymbol{u})^{\mathrm{T}}(\boldsymbol{L}^{\mathrm{T}}\boldsymbol{\sigma}+\boldsymbol{f})\,\mathrm{d}V-\int_{S_\sigma}(\delta\boldsymbol{u})^{\mathrm{T}}(\boldsymbol{n\sigma}-\bar{\boldsymbol{t}})\,\mathrm{d}S=0$$

2.5.1 节中已经证明,该积分的弱形式与虚位移原理(2.46)是等效的。

2.8.1　Hellinger-Reissner 广义变分原理

若几何方程预先满足,将几何方程(2.104c)代入本构方程(2.104b)可以消除应变,得到

$$\boldsymbol{\sigma}=\boldsymbol{DLu} \tag{2.106}$$

该方程的等效积分形式可写成

$$\int_V\delta\boldsymbol{\sigma}^{\mathrm{T}}(\boldsymbol{Lu}-\boldsymbol{D}^{-1}\boldsymbol{\sigma})\,\mathrm{d}V=0 \tag{2.107}$$

上式中 $\delta\boldsymbol{\sigma}$ 作为权函数引入。将几何方程(2.104c)代入虚位移原理表达式(2.46)有

$$\int_V\delta(\boldsymbol{Lu})^{\mathrm{T}}\boldsymbol{\sigma}\,\mathrm{d}V-\int_V(\delta\boldsymbol{u})^{\mathrm{T}}\boldsymbol{f}\,\mathrm{d}V-\int_{S_\sigma}(\delta\boldsymbol{u})^{\mathrm{T}}\bar{\boldsymbol{t}}\,\mathrm{d}S=0 \tag{2.108}$$

这样一来,弹性静力问题的求解可视为积分方程(2.107)和式(2.108)的求解。事实上,该两

方程与如下泛函的极值条件是等效的：

$$\Pi_{\mathrm{HR}}=\int_V \boldsymbol{\sigma}^{\mathrm{T}}\boldsymbol{L}\boldsymbol{u}\,\mathrm{d}V-\frac{1}{2}\int_V \boldsymbol{\sigma}^{\mathrm{T}}\boldsymbol{D}^{-1}\boldsymbol{\sigma}\,\mathrm{d}V-\int_V \boldsymbol{u}^{\mathrm{T}}\boldsymbol{f}\,\mathrm{d}V-\int_{S_\sigma}\boldsymbol{u}^{\mathrm{T}}\bar{\boldsymbol{t}}\,\mathrm{d}S \tag{2.109}$$

该泛函的极值条件为 $\delta\Pi_{\mathrm{HR}}=0$，此时位移边界条件为强制边界条件。这容易利用如下过程进行证明。利用 $\delta\Pi_{\mathrm{HR}}=0$，可得

$$\begin{aligned}
\delta\Pi_{\mathrm{HR}}&=\int_V[\delta\boldsymbol{\sigma}^{\mathrm{T}}\boldsymbol{L}\boldsymbol{u}+\boldsymbol{\sigma}^{\mathrm{T}}\delta(\boldsymbol{L}\boldsymbol{u})]\,\mathrm{d}V-\int_V\delta\boldsymbol{\sigma}^{\mathrm{T}}\boldsymbol{D}^{-1}\boldsymbol{\sigma}\,\mathrm{d}V-\int_V\delta\boldsymbol{u}^{\mathrm{T}}\boldsymbol{f}\,\mathrm{d}V-\int_{S_\sigma}\delta\boldsymbol{u}^{\mathrm{T}}\bar{\boldsymbol{t}}\,\mathrm{d}S\\
&=\int_V\delta\boldsymbol{\sigma}^{\mathrm{T}}(\boldsymbol{L}\boldsymbol{u}-\boldsymbol{D}^{-1}\boldsymbol{\sigma})\,\mathrm{d}V+\int_V\boldsymbol{\sigma}^{\mathrm{T}}\delta(\boldsymbol{L}\boldsymbol{u})\,\mathrm{d}V-\int_V\delta\boldsymbol{u}^{\mathrm{T}}\boldsymbol{f}\,\mathrm{d}V-\int_{S_u}\delta\boldsymbol{u}^{\mathrm{T}}\bar{\boldsymbol{t}}\,\mathrm{d}S\\
&=\int_V\delta\boldsymbol{\sigma}^{\mathrm{T}}(\boldsymbol{L}\boldsymbol{u}-\boldsymbol{D}^{-1}\boldsymbol{\sigma})\,\mathrm{d}V+\int_V\delta(\boldsymbol{L}\boldsymbol{u})^{\mathrm{T}}\boldsymbol{\sigma}\,\mathrm{d}V-\int_V\delta\boldsymbol{u}^{\mathrm{T}}\boldsymbol{f}\,\mathrm{d}V-\int_{S_\sigma}\delta\boldsymbol{u}^{\mathrm{T}}\bar{\boldsymbol{t}}\,\mathrm{d}S\\
&=\int_V\delta\boldsymbol{\sigma}^{\mathrm{T}}(\boldsymbol{L}\boldsymbol{u}-\boldsymbol{D}^{-1}\boldsymbol{\sigma})\,\mathrm{d}V+\int_V\delta\boldsymbol{u}^{\mathrm{T}}\boldsymbol{L}^{\mathrm{T}}\boldsymbol{\sigma}\,\mathrm{d}V-\int_V\delta\boldsymbol{u}^{\mathrm{T}}\boldsymbol{f}\,\mathrm{d}V-\int_{S_\sigma}\delta\boldsymbol{u}^{\mathrm{T}}\bar{\boldsymbol{t}}\,\mathrm{d}S\\
&=0
\end{aligned}$$

由 $\delta\boldsymbol{\sigma}$ 和 $\delta\boldsymbol{u}$ 的任意性可得

$$\int_V\delta\boldsymbol{\sigma}^{\mathrm{T}}(\boldsymbol{L}\boldsymbol{u}-\boldsymbol{D}^{-1}\boldsymbol{\sigma})\,\mathrm{d}V=0$$

$$\int_V\delta\boldsymbol{u}^{\mathrm{T}}\boldsymbol{L}^{\mathrm{T}}\boldsymbol{\sigma}\,\mathrm{d}V-\int_V\delta\boldsymbol{u}^{\mathrm{T}}\boldsymbol{f}\,\mathrm{d}V-\int_{S_\sigma}\delta\boldsymbol{u}^{\mathrm{T}}\bar{\boldsymbol{t}}\,\mathrm{d}S=0$$

即得到式(2.107)和式(2.108)。

若将位移边界条件也作为自然边界条件，可将泛函写成如下形式：

$$\begin{aligned}
\Pi_{\mathrm{HR}}=&\int_V\boldsymbol{\sigma}^{\mathrm{T}}\boldsymbol{L}\boldsymbol{u}\,\mathrm{d}V-\frac{1}{2}\int_V\boldsymbol{\sigma}^{\mathrm{T}}\boldsymbol{D}^{-1}\boldsymbol{\sigma}\,\mathrm{d}V-\int_V\boldsymbol{u}^{\mathrm{T}}\boldsymbol{f}\,\mathrm{d}V-\\
&\int_{S_\sigma}\boldsymbol{u}^{\mathrm{T}}\bar{\boldsymbol{t}}\,\mathrm{d}S-\int_{S_u}\boldsymbol{\sigma}^{\mathrm{T}}\boldsymbol{n}(\boldsymbol{u}-\bar{\boldsymbol{u}})\,\mathrm{d}S
\end{aligned} \tag{2.110}$$

该泛函可以在余能泛函基础上，利用 Lagrange 乘子法引入本构方程和位移边界条件得到。此即 **Hellinger-Reissner** 广义变分原理。该原理将位移和应力视为独立变量，基于该变分原理可以构造以位移和应力为独立变量的混合型有限元方程，详见 12.3.1 节。

2.8.2 胡-鹫广义变分原理

Hellinger-Reissner 广义变分原理视几何方程预先满足，将几何方程代入本构方程消去了应变。现在将应变也作为独立变量，写出本构方程(2.104b)和几何方程(2.104c)的等效积分以及虚位移原理(2.108)

$$\left.\begin{aligned}&\int_V \delta\boldsymbol{\varepsilon}^{\mathrm{T}}(\boldsymbol{D}\boldsymbol{\varepsilon}-\boldsymbol{\sigma})\,\mathrm{d}V=0\\&\int_V \delta\boldsymbol{\sigma}^{\mathrm{T}}(\boldsymbol{L}\boldsymbol{u}-\boldsymbol{\varepsilon})\,\mathrm{d}V=0\\&\int_V \delta\,(\boldsymbol{L}\boldsymbol{u})^{\mathrm{T}}\boldsymbol{\sigma}\mathrm{d}V-\int_V \delta\boldsymbol{u}^{\mathrm{T}}\boldsymbol{f}\mathrm{d}V-\int_{S_\sigma}\delta\boldsymbol{u}^{\mathrm{T}}\bar{\boldsymbol{t}}\mathrm{d}S=0\end{aligned}\right\}\tag{2.111}$$

仍然将位移边界条件视为强制边界条件，上式与如下泛函的极值条件是等效的：

$$\Pi_{\mathrm{HW}}=\frac{1}{2}\int_V \boldsymbol{\varepsilon}^{\mathrm{T}}\boldsymbol{D}\boldsymbol{\varepsilon}\mathrm{d}V-\int_V \boldsymbol{\sigma}^{\mathrm{T}}(\boldsymbol{\varepsilon}-\boldsymbol{L}\boldsymbol{u})\,\mathrm{d}V-\int_V \boldsymbol{u}^{\mathrm{T}}\boldsymbol{f}\mathrm{d}V-\int_{S_\sigma}\boldsymbol{u}^{\mathrm{T}}\bar{\boldsymbol{t}}\mathrm{d}S\tag{2.112}$$

该泛函的极值条件为 $\delta\Pi_{\mathrm{HW}}=0$，此时位移边界条件为强制边界条件。利用 $\delta\Pi_{\mathrm{HW}}=0$，很容易得到式(2.111)的三个方程。

若将位移边界条件也作为自然边界条件，可将泛函写成如下形式：

$$\Pi_{\mathrm{HW}}=\frac{1}{2}\int_V \boldsymbol{\varepsilon}^{\mathrm{T}}\boldsymbol{D}\boldsymbol{\varepsilon}\mathrm{d}V-\int_V \boldsymbol{\sigma}^{\mathrm{T}}(\boldsymbol{\varepsilon}-\boldsymbol{L}\boldsymbol{u})\,\mathrm{d}V-\int_V \boldsymbol{u}^{\mathrm{T}}\boldsymbol{f}\mathrm{d}V-$$
$$\int_{S_\sigma}\boldsymbol{u}^{\mathrm{T}}\bar{\boldsymbol{t}}\mathrm{d}S-\int_{S_u}\boldsymbol{\sigma}^{\mathrm{T}}\boldsymbol{n}(\boldsymbol{u}-\bar{\boldsymbol{u}})\,\mathrm{d}S\tag{2.113}$$

该泛函可以在势能泛函基础上，利用 Lagrange 乘子法引入几何方程和位移边界条件得到。此即胡-鹫广义变分原理。该变分原理将位移、应变和应力视为独立变量，基于该变分原理可以构造以位移、应变和应力为独立变量的混合型有限元方程，详见 12.3.2 节。

2.9　小结

求解微分方程近似解的方法有直接求解微分方程组的强式方法和求解与原微分方程等效的积分方程的弱式方法。加权残值法和变分原理是两种弱式方法，是建立有限元平衡方程的非常重要的方法。虚位移原理可视为平衡方程和力边界条件的等效积分弱形式，虚应力原理可视为几何方程和位移边界条件的等效积分弱形式。弹性力学的最小势能原理和最小余能原理为自然变分原理。稳态热传导问题的求解也可以利用变分原理进行。

对于动力学问题，从动力平衡方程和力的边界条件出发，可导出达朗贝尔-拉格朗日原理，进而可导出哈密顿变分原理。达朗贝尔-拉格朗日原理既适用于线弹性问题也适用于非线性问题，而哈密顿原理仅适用于线弹性问题。

在建立变分原理的泛函时，若未知函数还需满足其他约束条件，可以利用 Lagrange 乘子法或罚函数法建立约束变分原理。约束变分原理在建立梁和板壳结构的有限元法、不可压缩材料的混合有限元格式以及接触问题等的有限元方法时具有重要作用。利用 Lagrange 乘子法可以建立稳态热传导问题无附加条件的约束变分原理。

利用 Hellinger-Reissner 广义变分原理，将位移和应力视为独立变量，可以构造以位移和应力为独立变量的混合型有限元方程；利用胡-鹫广义变分原理，将位移、应变和应力视为独立变量，可以构造以位移、应变和应力为独立变量的混合型有限元方程。

习题

2.1　描述问题的微分方程称为强式形式,其等效积分形式为弱形式。相较于强式形式,采用弱形式求解微分方程近似解有何优势?

2.2　什么是强制边界条件和自然边界条件?哪一种边界条件是精确满足的?哪一种是近似满足的?

2.3　采用加权残值法求微分方程近似解时,权函数可以有不同的选择,从而得到不同形式的方法。Galerkin 加权残值法有何特点?

2.4　虚功原理或虚位移原理既适用于线弹性问题也适用于非线弹性问题,为什么?最小势能原理仅适用于线弹性问题,为什么?

2.5　达朗贝尔-拉格朗日原理和哈密顿原理各适用于什么问题?并说明其原因。

2.6　什么是自然变分原理?什么是约束变分原理?什么是广义变分原理?它们之间有什么差别?

2.7　已知二阶常微分方程

$$\frac{d^2u}{dx^2}+u+x=0 \quad (0 \leqslant x \leqslant 1)$$

其边界条件为

$$x=0,\quad u=0;\quad x=1,\quad u=0$$

取近似函数 $\tilde{u}=x(1-x)(a_1+a_2x+a_3x^2)$,利用 Galerkin 加权残值法求其近似解。已知该微分方程的精确解为 $u=\frac{\sin x}{\sin 1}-x$,用计算机软件(MATLAB、Origin、Excel 或其他软件)作出求解域($0 \leqslant x \leqslant 1$)内近似解和精确解 u 随 x 的变化曲线,并给出其最大相对误差值。

2.8　对习题 2.1 中的微分方程,取近似函数 $\tilde{u}=x(1-x)(a_1+a_2x)$,用 Ritz 法确定待定参数 a_1 和 a_2,并将解与例 2.1 中的近似解进行比较。

2.9　弹性力学问题的几何方程和位移边界条件的等效积分为

$$\int_V (\delta\boldsymbol{\sigma})^{\mathrm{T}}(\boldsymbol{\varepsilon}-\boldsymbol{L}\boldsymbol{u})\,dV+\int_{S_u}(\delta\boldsymbol{t})^{\mathrm{T}}(\boldsymbol{u}-\bar{\boldsymbol{u}})\,dS=0$$

试证明其与虚应力原理是等效的,即上式的弱形式为

$$\int_V (\delta\boldsymbol{\sigma})^{\mathrm{T}}\boldsymbol{\varepsilon}\,dV-\int_{S_u}(\delta\boldsymbol{t})^{\mathrm{T}}\bar{\boldsymbol{u}}\,dS=0$$

2.10　利用 Lagrange 乘子法和罚函数法求如下函数的驻值问题:

$$z(x,y)=4x^2+2x+5xy+3y^2$$

其附加条件为

$$x+y=5$$

并讨论采用罚函数法时罚参数的取值对结果的影响。

参考答案 A2

3

第 3 章 有限单元法的基本原理

3.1 引言

本章以弹性力学平面问题为对象，阐述有限单元法的基本原理。求解弹性力学静力问题的位移场、应变场和应力场，即是求弹性力学场方程在给定力和位移边界条件下的解。其精确解是求解域中的连续函数。如前所述，绝大多数弹性力学问题都难以求得其精确解，需采用数值方法求其近似解。

要求解弹性体在外载荷作用下的变形和应力，可以采用第 2 章讨论的变分原理（弹性力学的最小势能原理）或 Galerkin 加权残值法求近似解。按照近似求解方法的思路，首先假设近似解，然后利用最小势能原理或 Galerkin 加权残值法建立以近似解待定参数为未知量的方程组，最后求解方程组确定近似解的待定参数，即得到近似解的具体形式。在全域上构造近似函数会遇到困难，特别是对于具有复杂几何形状且受复杂载荷作用的问题。为了克服这一困难，可将全域划分为很多小区域的集合，在每一个小的区域上假设近似函数，如一次或二次多项式，并利用最小势能原理或 Galerkin 加权残值法建立平衡方程，然后将所有小区域的平衡方程进行叠加获得全域的平衡方程，求解全域的平衡方程获得全域的近似解。这种将全域划分成小区域的集合的过程，称为离散化。在小区域上构造近似函数即所谓的分片近似的思想。

以如图 3.1a 所示的带圆孔单向拉伸板问题为例。按照上述思想，可首先将如图 3.1a 所示的具有无穷多自由度的连续体划分为有限个具有特定形状的小区域，这些小区域可以是三角形或四边形。每一个小的区域称为一个单元。这样，将原结构利用有限个单元的集合来近似，即将结构进行离散化，参见图 3.1b。

首先构造单元内位移的近似函数，常称为位移的插值函数。为此，假设单元内任意一点的位移可用该单元边上特定的点（如角点）的位移表达，这些点称为结点。描述单元中位移变化的近似函数包含结点的位移,结点的位移即是近似函数的待定参数。进一步采用变分原理或加权残值法,可建立起以离散结构的所有结点的位移为基本变量的代数方程组。由于离散结构的单元数和结点数是有限的,则该方程组具有有限个变量。通过求解代数方程组,即可得到所有结点的位移。进而利用单元插值函数,即各单元中任意点的位移与单元结点位移之间的关系,可以计算得到单元中任意一点的位移。再利用几何关系即可确定其应变,进一步利用本构方程可计算得到其应力。这就是有限单元法求解弹性力学问题的基本思想。下面以弹性力学平面问题为例,讲解有限单元法的基本原理。

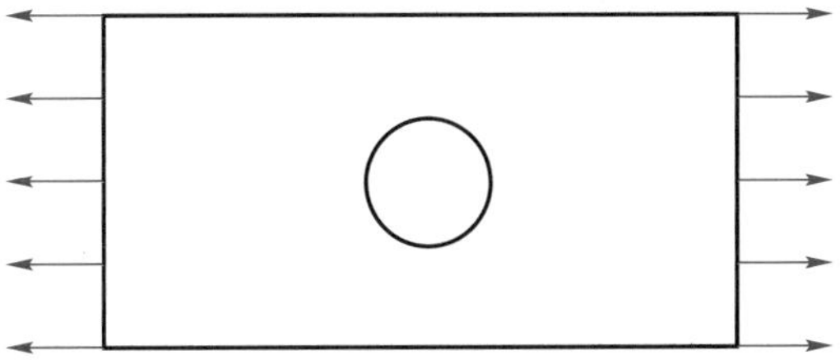

(a) 带圆孔单向拉伸板

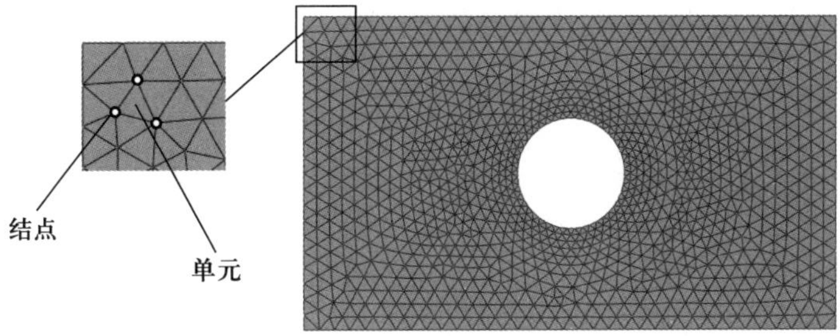

(b) 结构离散化

图 3.1 带圆孔单向拉伸板及其离散化

3.2 平面问题的有限元格式

对于平面问题,常用于离散化结构的单元有三角形单元和四边形单元。下面以三角形 3 结点单元为例,介绍有限单元的基本格式。

3.2.1 单元位移插值

如图 3.2a 所示为利用三角形单元对一矩形弹性平板离散的示意图,每一个单元有 3 个结点。图中对每个单元进行了编号,称为单元编号;对每个结点也进行了编号,称为结点编号。图中所示结构总共划分了 24 个单元,20 个结点。

图 3.2b 所示为离散化结构的任意一个单元,该单元具有 3 个结点,处于三角形的 3 个角点处。为便于进行单元分析,对单元的结点进行局部编号,规定沿逆时针方向编为 1,2,3,称为单元局部结点编号。每一个单元局部结点编号与离散结构的整体结点编号之间存在对应

关系，这种对应关系又称为单元定义。在利用有限单元法分析问题时，需要对离散网格中每一个单元进行定义，确定每一个单元由哪些结点组成。单元局部结点编号的第 1 个结点与整体结点编号之间的对应，可以从该单元结点整体编号的任意一个结点开始，后面的结点按逆时针顺序编号即可。如图 3.2a 所示网格，单元定义可以按如图 3.2c 所示的定义。但是，单元定义不是唯一的，只要按逆时针方向编号即可。例如：单元①的局部结点 1，2，3 可以定义为对应于整体结点 1，2，6 或 2，6，1 或 6，1，2；单元②的局部结点 1，2，3 可以定义对应于整体结点 2，7，6 或 7，6，2 或 6，2，7。其他以此类推。

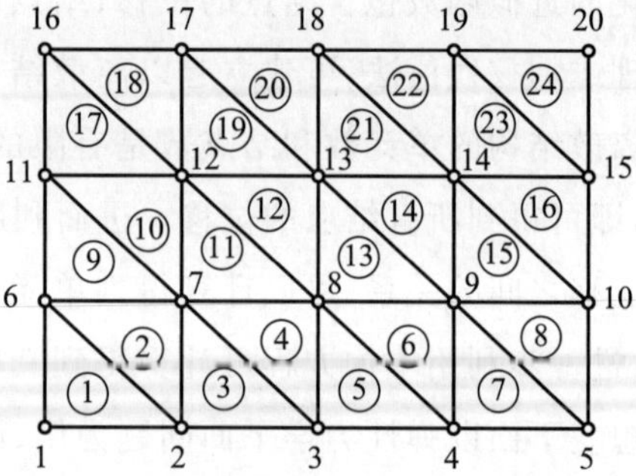

(a) 结构离散

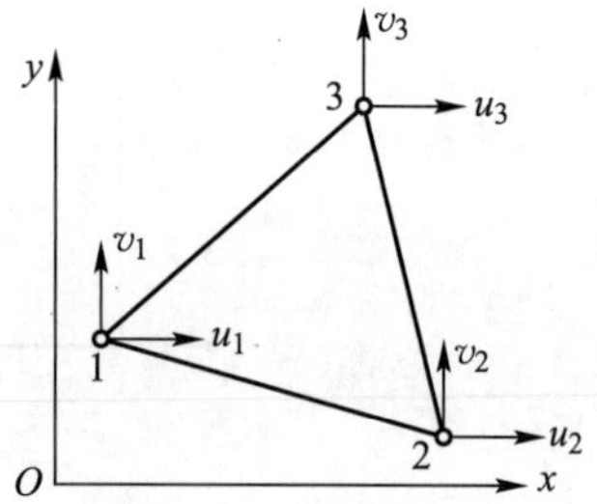

(b) 三角形 3 结点单元

单元	结点定义（与局部结点1, 2, 3的对应关系）
1	1, 2, 6
2	2, 7, 6
⋮	⋮
24	15, 20, 19

(c) 单元定义

图 3.2　用三角形 3 结点单元离散二维结构

将单元所有 3 个结点的位移写成列向量

$$
\begin{aligned}
\boldsymbol{a}^e &= [\boldsymbol{a}_1 \quad \boldsymbol{a}_2 \quad \boldsymbol{a}_3]^{\mathrm{T}} \\
&= [u_1 \quad v_1 \quad u_2 \quad v_2 \quad u_3 \quad v_3]^{\mathrm{T}} \\
&= [a_1 \quad a_2 \quad a_3 \quad a_4 \quad a_5 \quad a_6]^{\mathrm{T}}
\end{aligned} \tag{3.1}
$$

式中 $\boldsymbol{a}^e$ 称为单元结点位移向量；$\boldsymbol{a}_i = [u_i \quad v_i]^{\mathrm{T}}(i=1,2,3)$ 为结点位移向量；u_i 和 $v_i(i=1,2,3)$ 分别为结点 i 沿 x 和 y 方向的位移分量。

假设位移在单元内线性变化，即

$$
\left.\begin{aligned}
u &= \beta_1 + \beta_2 x + \beta_3 y \\
v &= \beta_4 + \beta_5 x + \beta_6 y
\end{aligned}\right\} \tag{3.2}
$$

式中 $\beta_i(i=1,\cdots,6)$ 为待定参数。式(3.2)是描述单元内位移变化的近似函数，称为单元位移插值函数。由于单元中任意一点的位移满足式(3.2)，3 个结点处的位移也应满足，即

$$
\left.\begin{aligned}
u_1 &= \beta_1 + \beta_2 x_1 + \beta_3 y_1 \\
u_2 &= \beta_1 + \beta_2 x_2 + \beta_3 y_2 \\
u_3 &= \beta_1 + \beta_2 x_3 + \beta_3 y_3
\end{aligned}\right\} \tag{3.3a}
$$

$$
\left.\begin{aligned}
v_1 &= \beta_4 + \beta_5 x_1 + \beta_6 y_1 \\
v_2 &= \beta_4 + \beta_5 x_2 + \beta_6 y_2 \\
v_3 &= \beta_4 + \beta_5 x_3 + \beta_6 y_3
\end{aligned}\right\} \tag{3.3b}
$$

式中 $(x_i, y_i)(i=1,2,3)$ 为 3 个结点的坐标。求解该两个方程组，即可确定 6 个待定参数 β_i。线性方程组(3.3a)的系数行列式为

$$D=\begin{vmatrix}1 & x_1 & y_1\\ 1 & x_2 & y_2\\ 1 & x_3 & y_3\end{vmatrix}=2A \tag{3.4}$$

这里 A 为三角形的面积，则

$$\beta_1=\frac{1}{D}\begin{vmatrix}u_1 & x_1 & y_1\\ u_2 & x_2 & y_2\\ u_3 & x_3 & y_3\end{vmatrix}=\frac{1}{2A}(b_1u_1+b_2u_2+b_3u_3) \tag{3.5}$$

其中

$$b_1=\begin{vmatrix}x_2 & y_2\\ x_3 & y_3\end{vmatrix}=x_2y_3-x_3y_2,\quad b_2=-\begin{vmatrix}x_1 & y_1\\ x_3 & y_3\end{vmatrix}=x_3y_1-x_1y_3,\quad b_3=\begin{vmatrix}x_1 & y_1\\ x_2 & y_2\end{vmatrix}=x_1y_2-x_2y_1$$

类似地，得

$$\beta_2=\frac{1}{D}\begin{vmatrix}1 & u_1 & y_1\\ 1 & u_2 & y_2\\ 1 & u_3 & y_3\end{vmatrix}=\frac{1}{2A}(c_1u_1+c_2u_2+c_3u_3) \tag{3.6}$$

其中

$$c_1=-\begin{vmatrix}1 & y_2\\ 1 & y_3\end{vmatrix}=y_2-y_3,\quad c_2=\begin{vmatrix}1 & y_1\\ 1 & y_3\end{vmatrix}=y_3-y_1,\quad c_3=-\begin{vmatrix}1 & y_1\\ 1 & y_2\end{vmatrix}=y_1-y_2$$

$$\beta_3=\frac{1}{D}\begin{vmatrix}1 & x_1 & u_1\\ 1 & x_2 & u_2\\ 1 & x_3 & u_3\end{vmatrix}=\frac{1}{2A}(d_1u_1+d_2u_2+d_3u_3) \tag{3.7}$$

其中

$$d_1=\begin{vmatrix}1 & x_2\\ 1 & x_3\end{vmatrix}=x_3-x_2,\quad d_2=-\begin{vmatrix}1 & x_1\\ 1 & x_3\end{vmatrix}=x_1-x_3,\quad d_3=\begin{vmatrix}1 & x_1\\ 1 & x_2\end{vmatrix}=x_2-x_1$$

同理，求解方程组(3.3b)可得

$$\left.\begin{aligned}\beta_4&=\frac{1}{2A}(b_1v_1+b_2v_2+b_3v_3)\\ \beta_5&=\frac{1}{2A}(c_1v_1+c_2v_2+c_3v_3)\\ \beta_6&=\frac{1}{2A}(d_1v_1+d_2v_2+d_3v_3)\end{aligned}\right\} \tag{3.8}$$

将 $\beta_1\sim\beta_3$ 代入式(3.2)的第一个方程有

$$\begin{aligned}u&=\beta_1+\beta_2x+\beta_3y\\ &=\frac{1}{2A}(b_1u_1+b_2u_2+b_3u_3)+\frac{1}{2A}(c_1u_1+c_2u_2+c_3u_3)x+\frac{1}{2A}(d_1u_1+d_2u_2+d_3u_3)y\end{aligned}$$

$$
\begin{aligned}
&= \frac{1}{2A}(b_1 + c_1 x + d_1 y)u_1 + \frac{1}{2A}(b_2 + c_2 x + d_2 y)u_2 + \frac{1}{2A}(b_3 + c_3 x + d_3 y)u_3 \\
&= N_1(x,y)u_1 + N_2(x,y)u_2 + N_3(x,y)u_3 \\
&= \sum_{i=1}^{3} N_i(x,y)u_i
\end{aligned}
\tag{3.9}
$$

式中

$$
N_i(x,y) = \frac{1}{2A}(b_i + c_i x + d_i y) \quad (i = 1,2,3) \tag{3.10}
$$

称为插值函数或形状函数。注意,上述表达式中 A 是三角形单元的面积,b_i,c_i和 d_i是由单元结点坐标确定的量。同理可得

$$
v = N_1(x,y)v_1 + N_2(x,y)v_2 + N_3(x,y)v_3 = \sum_{i=1}^{3} N_i(x,y)v_i \tag{3.11}
$$

由式(3.9)和式(3.11)可得单元中任意一点的位移与结点位移之间的关系,即位移插值表达式

$$
\left.
\begin{aligned}
u &= N_1 u_1 + N_2 u_2 + N_3 u_3 \\
v &= N_1 v_1 + N_2 v_2 + N_3 v_3
\end{aligned}
\right\} \tag{3.12}
$$

该式可用矩阵表达为

$$
\boldsymbol{u} = \begin{bmatrix} u \\ v \end{bmatrix} = \begin{bmatrix} N_1 & 0 & N_2 & 0 & N_3 & 0 \\ 0 & N_1 & 0 & N_2 & 0 & N_3 \end{bmatrix} \begin{bmatrix} u_1 \\ v_1 \\ u_2 \\ v_2 \\ u_3 \\ v_3 \end{bmatrix}
$$

$$
= [\boldsymbol{I}N_1 \quad \boldsymbol{I}N_2 \quad \boldsymbol{I}N_3] \begin{bmatrix} \boldsymbol{a}_1 \\ \boldsymbol{a}_2 \\ \boldsymbol{a}_3 \end{bmatrix} = [\boldsymbol{N}_1 \quad \boldsymbol{N}_2 \quad \boldsymbol{N}_3]\, \boldsymbol{a}^e = \boldsymbol{N}\boldsymbol{a}^e \tag{3.13}
$$

式中 $\boldsymbol{I}$ 为单位矩阵,$\boldsymbol{N}$ 称为插值函数矩阵。式(3.13)可简写为

$$
\boldsymbol{u} = \boldsymbol{N}\boldsymbol{a}^e \tag{3.14}
$$

3.2.2 位移插值函数的性质

本节讨论位移插值函数的性质。由式(3.12)可知,单元中任意一点(x,y)处的位移可用结点位移插值得到

$$
\left.
\begin{aligned}
u(x,y) &= N_1(x,y)u_1 + N_2(x,y)u_2 + N_3(x,y)u_3 \\
v(x,y) &= N_1(x,y)v_1 + N_2(x,y)v_2 + N_3(x,y)v_3
\end{aligned}
\right\} \tag{3.15}
$$

则结点 $j(j=1,2,3)$ 的 x 方向位移为

$$u(x_j,y_j)=u_j=N_1(x_j,y_j)u_1+N_2(x_j,y_j)u_2+N_3(x_j,y_j)u_3 \tag{3.16}$$

例如,在结点 1 处 x 方向的位移为

$$u(x_1,y_1)=u_1=N_1(x_1,y_1)u_1+N_2(x_1,y_1)u_2+N_3(x_1,y_1)u_3$$

上式要成立,必有

$$N_1(x_1,y_1)=1,\quad N_2(x_1,y_1)=0,\quad N_3(x_1,y_1)=0$$

类似地,由结点 2 和 3 处 x 方向的位移表达式可得

$$N_1(x_2,y_2)=0,\quad N_2(x_2,y_2)=1,\quad N_3(x_2,y_2)=0$$

$$N_1(x_3,y_3)=0,\quad N_2(x_3,y_3)=0,\quad N_3(x_3,y_3)=1$$

由 y 方向的位移插值仍然可以得到上述关系。归纳起来得到插值函数的第一个性质:

$$N_i(x_j,y_j)=\delta_{ij}=\begin{cases}1 & i=j\\ 0 & i\neq j\end{cases} \tag{3.17}$$

即插值函数 N_i 在对应的结点 i 处为 1,在其他结点处为 0。将三角形 3 结点单元的结点坐标 (x_j,y_j) 代入式(3.10)可以验证插值函数满足式(3.17)描述的性质。

三角形 3 结点单元的插值函数为线性函数,其在单元中是线性变化的,图 3.3 所示为该单元中插值函数的线性变化规律。

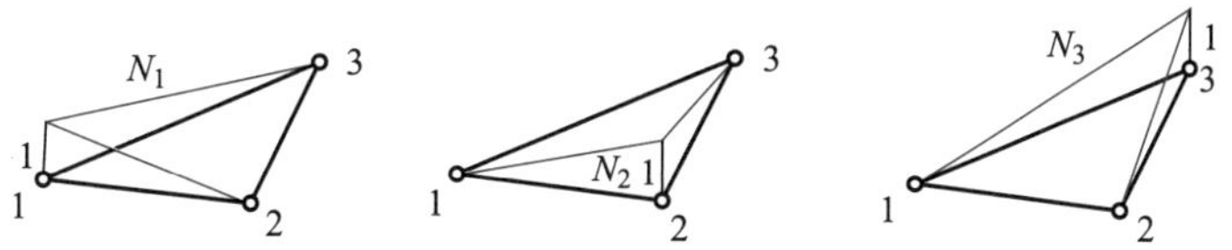

图 3.3 三角形 3 结点单元插值函数在单元中的线性变化

其次,假设物体沿 x 方向有刚体位移 u_0,则单元中任意一点的位移为

$$\begin{aligned}u(x,y)&=u_0\\&=N_1(x,y)u_0+N_2(x,y)u_0+N_3(x,y)u_0\\&=[N_1(x,y)+N_2(x,y)+N_3(x,y)]u_0\\&=\sum_{i=1}^{3}N_i(x,y)u_0\end{aligned} \tag{3.18}$$

由此可知

$$\sum_{i=1}^{3}N_i(x,y)=1 \tag{3.19}$$

即位移插值函数在任意一点之和为 1,这也称为单位分解原理,这是插值函数的第二个性质。利用式(3.10)可以验证其满足式(3.19)。

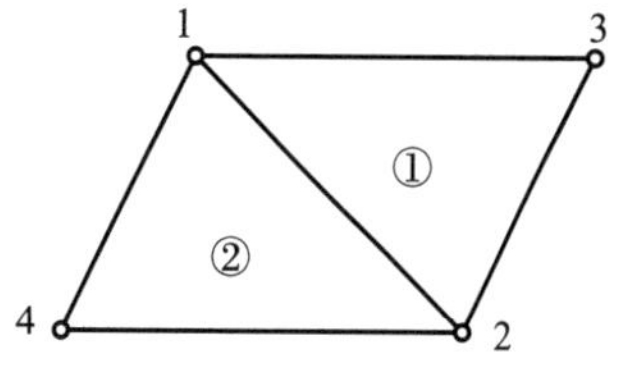

图 3.4 相邻单元位移的连续性

最后,如图 3.4 所示为两个相邻单元①和②,图中 4 个结点的编号为整体编号。单元①的局部结点编号顺序为 1,2,3;单元②的局部结点编号顺序为 1,4,2。根据插值函数

在单元中的线性变化规律(参见图 3.3),在单元①的 1-2 边上 $N_3=0$,则位移在该条边上的变化规律为

$$\left.\begin{aligned}u(x,y)&=N_1u_1+N_2u_2+N_3u_3=N_1u_1+N_2u_2\\v(x,y)&=N_1v_1+N_2v_2+N_3v_3=N_1v_1+N_2v_2\end{aligned}\right\}\tag{3.20}$$

在单元②的 1-2 边上 $N_4=0$,即

$$\left.\begin{aligned}u(x,y)&=N_1u_1+N_4u_4+N_2u_2=N_1u_1+N_2u_2\\v(x,y)&=N_1v_1+N_4v_4+N_2v_2=N_1v_1+N_2v_2\end{aligned}\right\}\tag{3.21}$$

注意式(3.20)和式(3.21)中的插值函数 N_1 和 N_2 分别由单元①和②确定,具体函数可能不同,但是它们在 1-2 边上都在 0~1 之间线性变化。因此,无论利用单元①还是单元②由式(3.20)或式(3.21)插值计算 1-2 边上任意一点的位移,得到的结果都相同,即利用该两个单元计算得到的公共边上任意点的位移值是相同的,表明单元之间的位移是连续的。所以,采用这种位移插值函数,保证了相邻单元在公共边界上位移的连续性。

3.2.3　单元中的应变和应力

对于平面问题,利用几何方程(1.38)可将单元中任意一点的应变用矩阵表达为

$$\begin{bmatrix}\varepsilon_x(x,y)\\\varepsilon_y(x,y)\\\gamma_{xy}(x,y)\end{bmatrix}=\begin{bmatrix}\dfrac{\partial}{\partial x}&0\\0&\dfrac{\partial}{\partial y}\\\dfrac{\partial}{\partial y}&\dfrac{\partial}{\partial x}\end{bmatrix}\begin{bmatrix}u\\v\end{bmatrix}\tag{3.22}$$

将位移插值表达式(3.13)代入上式得

$$\begin{aligned}\begin{bmatrix}\varepsilon_x\\\varepsilon_y\\\gamma_{xy}\end{bmatrix}&=\begin{bmatrix}\dfrac{\partial}{\partial x}&0\\0&\dfrac{\partial}{\partial y}\\\dfrac{\partial}{\partial y}&\dfrac{\partial}{\partial x}\end{bmatrix}\begin{bmatrix}N_1&0&N_2&0&N_3&0\\0&N_1&0&N_2&0&N_3\end{bmatrix}\begin{bmatrix}u_1\\v_1\\u_2\\v_2\\u_3\\v_3\end{bmatrix}\\&=\begin{bmatrix}\dfrac{\partial N_1}{\partial x}&0&\dfrac{\partial N_2}{\partial x}&0&\dfrac{\partial N_3}{\partial x}&0\\0&\dfrac{\partial N_1}{\partial y}&0&\dfrac{\partial N_2}{\partial y}&0&\dfrac{\partial N_3}{\partial y}\\\dfrac{\partial N_1}{\partial y}&\dfrac{\partial N_1}{\partial x}&\dfrac{\partial N_2}{\partial y}&\dfrac{\partial N_2}{\partial x}&\dfrac{\partial N_3}{\partial y}&\dfrac{\partial N_3}{\partial x}\end{bmatrix}\begin{bmatrix}u_1\\v_1\\u_2\\v_2\\u_3\\v_3\end{bmatrix}\end{aligned}\tag{3.23}$$

上式也可表达为

$$\boldsymbol{\varepsilon} = \boldsymbol{L}\boldsymbol{u} = \boldsymbol{L}\boldsymbol{N}\boldsymbol{a}^e = \boldsymbol{B}\boldsymbol{a}^e \tag{3.24}$$

矩阵 $\boldsymbol{B}$ 称为应变矩阵,可以写成子矩阵的形式

$$\boldsymbol{B} = \boldsymbol{L}\boldsymbol{N} = \boldsymbol{L}[\boldsymbol{N}_1 \quad \boldsymbol{N}_2 \quad \boldsymbol{N}_3] = [\boldsymbol{B}_1 \quad \boldsymbol{B}_2 \quad \boldsymbol{B}_3] \tag{3.25}$$

其中

$$\boldsymbol{B}_i = \boldsymbol{L}\boldsymbol{N}_i = \begin{bmatrix} \dfrac{\partial}{\partial x} & 0 \\ 0 & \dfrac{\partial}{\partial y} \\ \dfrac{\partial}{\partial y} & \dfrac{\partial}{\partial x} \end{bmatrix} \begin{bmatrix} N_i & 0 \\ 0 & N_i \end{bmatrix} = \begin{bmatrix} \dfrac{\partial N_i}{\partial x} & 0 \\ 0 & \dfrac{\partial N_i}{\partial y} \\ \dfrac{\partial N_i}{\partial y} & \dfrac{\partial N_i}{\partial x} \end{bmatrix} \quad (i = 1,2,3) \tag{3.26}$$

将插值函数(3.10)代入上式有

$$\boldsymbol{B}_i = \frac{1}{2A}\begin{bmatrix} c_i & 0 \\ 0 & d_i \\ d_i & c_i \end{bmatrix} \quad (i = 1,2,3) \tag{3.27}$$

故

$$\boldsymbol{B} = \frac{1}{2A}\begin{bmatrix} c_1 & 0 & c_2 & 0 & c_3 & 0 \\ 0 & d_1 & 0 & d_2 & 0 & d_3 \\ d_1 & c_1 & d_2 & c_2 & d_3 & c_3 \end{bmatrix} \tag{3.28}$$

可见 $\boldsymbol{B}$ 为常数矩阵。由式(3.24)可知,单元中任意一点的应变为 $\boldsymbol{\varepsilon}(x,y)=\boldsymbol{B}\boldsymbol{a}^e$,因此,利用该单元计算得到的单元中任意一点的应变相同,即三角形 3 结点单元为常应变单元。

进一步由应力-应变关系(1.39)可得单元中任意一点的应力

$$\boldsymbol{\sigma} = \boldsymbol{D}\boldsymbol{\varepsilon} = \boldsymbol{D}\boldsymbol{B}\boldsymbol{a}^e = \boldsymbol{S}\boldsymbol{a}^e \tag{3.29}$$

矩阵 $\boldsymbol{S}$ 称为应力矩阵,也可以写成子矩阵的形式

$$\boldsymbol{S} = \boldsymbol{D}\boldsymbol{B} = \boldsymbol{D}[\boldsymbol{B}_1 \quad \boldsymbol{B}_2 \quad \boldsymbol{B}_3] = [\boldsymbol{S}_1 \quad \boldsymbol{S}_2 \quad \boldsymbol{S}_3] \tag{3.30}$$

其中

$$\boldsymbol{S}_i = \boldsymbol{D}\boldsymbol{B}_i = \frac{E_0}{1-\nu_0^2}\begin{bmatrix} 1 & \nu_0 & 0 \\ \nu_0 & 1 & 0 \\ 0 & 0 & \dfrac{1-\nu_0}{2} \end{bmatrix} \frac{1}{2A}\begin{bmatrix} c_i & 0 \\ 0 & d_i \\ d_i & c_i \end{bmatrix} = \frac{E_0}{2A(1-\nu_0^2)}\begin{bmatrix} c_i & \nu_0 d_i \\ \nu_0 c_i & d_i \\ \dfrac{1-\nu_0}{2}d_i & \dfrac{1-\nu_0}{2}c_i \end{bmatrix} \quad (i = 1,2,3) \tag{3.31}$$

故

$$S=\frac{E_0}{2A(1-\nu_0^2)}\begin{bmatrix} c_1 & \nu_0 d_1 & c_2 & \nu_0 d_2 & c_3 & \nu_0 d_3 \\ \nu_0 c_1 & d_1 & \nu_0 c_2 & d_2 & \nu_0 c_3 & d_3 \\ \frac{1-\nu_0}{2}d_1 & \frac{1-\nu_0}{2}c_1 & \frac{1-\nu_0}{2}d_2 & \frac{1-\nu_0}{2}c_2 & \frac{1-\nu_0}{2}d_3 & \frac{1-\nu_0}{2}c_3 \end{bmatrix} \tag{3.32}$$

可见 $\boldsymbol{S}$ 为常数矩阵。由式(3.29)可知,单元中任意一点的应力为 $\boldsymbol{\sigma}(x,y)=\boldsymbol{S}\boldsymbol{a}^e$,因此,利用该单元计算得到的单元中任意一点的应力相同,即三角形 **3** 结点单元为常应力单元。

至此,式(3.14)、(3.24)和式(3.29)建立起了单元中任意一点的位移、应变和应力与 3 个结点的位移之间的关系。

3.2.4　单元平衡方程

现在利用 2.5.2 节中所述弹性力学最小势能原理建立单元的平衡方程。最小势能原理即在所有几何可能的位移中,真实的位移使系统总的势能取最小值。式(2.49)为弹性系统的势能表达式,最小势能原理的极值条件如式(2.50)。

假设物体的体积力为 $\boldsymbol{f}$,作用于单元边界 S_σ^e 上的已知面力为 $\bar{\boldsymbol{t}}$,则弹性体的总势能[包括内能(应变能)和外力势]为

$$\Pi_{\mathrm{p}}^e=\int_{V^e}\frac{1}{2}\boldsymbol{\varepsilon}^{\mathrm{T}}\boldsymbol{D}\boldsymbol{\varepsilon}\mathrm{d}V-\int_{V^e}\boldsymbol{u}^{\mathrm{T}}\boldsymbol{f}\mathrm{d}V-\int_{S_\sigma^e}\boldsymbol{u}^{\mathrm{T}}\bar{\boldsymbol{t}}\mathrm{d}S-(\boldsymbol{a}^e)^{\mathrm{T}}\boldsymbol{F}^e \tag{3.33}$$

式中 V^e 为单元的体积;$\boldsymbol{F}^e$ 为相邻单元作用于当前单元的等效结点力,式中右端最后一项为该力对应的外力势。将应变关系(3.24)代入单元的应变能表达式

$$\begin{aligned}U_\varepsilon^e&=\int_{V^e}\frac{1}{2}\boldsymbol{\varepsilon}^{\mathrm{T}}\boldsymbol{D}\boldsymbol{\varepsilon}\mathrm{d}V=\frac{1}{2}\int_{A^e}(\boldsymbol{a}^e)^{\mathrm{T}}\boldsymbol{B}^{\mathrm{T}}\boldsymbol{D}\boldsymbol{B}\boldsymbol{a}^e t\mathrm{d}x\mathrm{d}y\\&=\frac{1}{2}(\boldsymbol{a}^e)^{\mathrm{T}}\left(\int_{A^e}\boldsymbol{B}^{\mathrm{T}}\boldsymbol{D}\boldsymbol{B}t\mathrm{d}x\mathrm{d}y\right)\boldsymbol{a}^e=\frac{1}{2}(\boldsymbol{a}^e)^{\mathrm{T}}\boldsymbol{K}^e\boldsymbol{a}^e\end{aligned} \tag{3.34}$$

式中 t 为物体的厚度,A^e 为单元的面积,且

$$\boldsymbol{K}^e=\int_{A^e}\boldsymbol{B}^{\mathrm{T}}\boldsymbol{D}\boldsymbol{B}t\mathrm{d}x\mathrm{d}y \tag{3.35}$$

将位移插值关系(3.14)代入外力势

$$\begin{aligned}E_{\mathrm{p}}^e&=-\int_{V^e}\boldsymbol{u}^{\mathrm{T}}\boldsymbol{f}\mathrm{d}V-\int_{S_\sigma^e}\boldsymbol{u}^{\mathrm{T}}\bar{\boldsymbol{t}}\mathrm{d}S-(\boldsymbol{a}^e)^{\mathrm{T}}\boldsymbol{F}^e\\&=-\int_{A^e}(\boldsymbol{a}^e)^{\mathrm{T}}\boldsymbol{N}^{\mathrm{T}}\boldsymbol{f}t\mathrm{d}x\mathrm{d}y-\int_{l_\sigma^e}(\boldsymbol{a}^e)^{\mathrm{T}}\boldsymbol{N}^{\mathrm{T}}\bar{\boldsymbol{t}}t\mathrm{d}l-(\boldsymbol{a}^e)^{\mathrm{T}}\boldsymbol{F}^e\\&=-(\boldsymbol{a}^e)^{\mathrm{T}}\left(\int_{A^e}\boldsymbol{N}^{\mathrm{T}}\boldsymbol{f}t\mathrm{d}x\mathrm{d}y+\int_{l_\sigma^e}\boldsymbol{N}^{\mathrm{T}}\bar{\boldsymbol{t}}t\mathrm{d}l+\boldsymbol{F}^e\right)\\&=-(\boldsymbol{a}^e)^{\mathrm{T}}(\boldsymbol{P}_{\mathrm{b}}^e+\boldsymbol{P}_{\mathrm{s}}^e+\boldsymbol{F}^e)\\&=-(\boldsymbol{a}^e)^{\mathrm{T}}\boldsymbol{P}^e\end{aligned} \tag{3.36}$$

式中 l_σ^e 为对应于 S_σ^e 的边界，S_σ^e 为 l_σ^e 乘以厚度 t，及

$$\boldsymbol{P}^e = \boldsymbol{P}_b^e + \boldsymbol{P}_s^e + \boldsymbol{F}^e, \quad \boldsymbol{P}_b^e = \int_{A^e} \boldsymbol{N}^{\mathrm{T}} \boldsymbol{f} t \mathrm{d}x \mathrm{d}y, \quad \boldsymbol{P}_s^e = \int_{l_\sigma^e} \boldsymbol{N}^{\mathrm{T}} \bar{\boldsymbol{t}} t \mathrm{d}l \tag{3.37}$$

值得一提的是，对于一个单元，除了体积力和面力外，还受到相邻单元的作用力，但由于相邻单元的作用力和反作用力关系，这些力在对单元进行组集后会相互抵消，故上述公式中也可以忽略 $\boldsymbol{F}^e$ 项。

将式(3.34)和式(3.36)代入式(3.33)中得

$$\Pi_p^e = \frac{1}{2}(\boldsymbol{a}^e)^{\mathrm{T}} \boldsymbol{K}^e \boldsymbol{a}^e - (\boldsymbol{a}^e)^{\mathrm{T}} \boldsymbol{P}^e \tag{3.38}$$

根据最小势能原理有

$$\delta \Pi_p^e = \frac{\partial \Pi_p^e}{\partial \boldsymbol{a}^e} \delta \boldsymbol{a}^e = 0 \tag{3.39}$$

由 $\delta \boldsymbol{a}^e$ 的任意性可得$\dfrac{\partial \Pi_p^e}{\partial \boldsymbol{a}^e} = \boldsymbol{0}$，将式(3.38)代入可得

$$\boldsymbol{K}^e \boldsymbol{a}^e = \boldsymbol{P}^e \tag{3.40}$$

该方程即为单元平衡方程。式中 $\boldsymbol{K}^e$ 称为单元刚度矩阵，其定义见式(3.35)；$\boldsymbol{P}^e$ 为体积力和面力作用在单元上的等效结点力。式(3.37)中的 $\boldsymbol{P}_b^e$ 和 $\boldsymbol{P}_s^e$ 分别为体积力的等效结点力和面力的等效结点力。注意，只有受外力作用的单元才有 $\boldsymbol{P}_s^e$，其他单元的 $\boldsymbol{P}_s^e$ 均为零。

此外，也可以利用 Galerkin 法建立单元平衡方程。假设应力、应变和位移满足了本构方程和几何方程，则问题简化为求解平衡方程在给定位移和力边界条件下的解。视位移边界条件为位移近似函数预先满足的强制边界条件，则可以写出平衡方程和力边界条件的等效积分形式，选择虚位移为权函数，给出 Galerkin 加权积分形式

$$\int_V (\delta \boldsymbol{u})^{\mathrm{T}} (\boldsymbol{L}^{\mathrm{T}} \boldsymbol{\sigma} + \boldsymbol{f}) \mathrm{d}V - \int_{S_\sigma} (\delta \boldsymbol{u})^{\mathrm{T}} (\boldsymbol{n} \boldsymbol{\sigma} - \bar{\boldsymbol{t}}) \mathrm{d}S = 0$$

参见 2.5.1 节，经分部积分可得到该等效积分的弱形式

$$\int_V (\delta \boldsymbol{\varepsilon})^{\mathrm{T}} \boldsymbol{\sigma} \mathrm{d}V - \int_V (\delta \boldsymbol{u})^{\mathrm{T}} \boldsymbol{f} \mathrm{d}V - \int_{S_\sigma} (\delta \boldsymbol{u})^{\mathrm{T}} \bar{\boldsymbol{t}} \mathrm{d}S = 0$$

将本构方程和几何方程代入上式可得以位移为独立变量的方程

$$\int_V (\delta \boldsymbol{L} \boldsymbol{u})^{\mathrm{T}} \boldsymbol{D} \boldsymbol{L} \boldsymbol{u} \mathrm{d}V - \int_V (\delta \boldsymbol{u})^{\mathrm{T}} \boldsymbol{f} \mathrm{d}V - \int_{S_\sigma} (\delta \boldsymbol{u})^{\mathrm{T}} \bar{\boldsymbol{t}} \mathrm{d}S = 0 \tag{3.41}$$

上述过程也可以先将本构方程和几何方程代入平衡方程得到用位移表达的微分方程

$$\boldsymbol{L}^{\mathrm{T}} \boldsymbol{D} \boldsymbol{L} \boldsymbol{u} + \boldsymbol{f} = \boldsymbol{0}$$

和力边界条件

$$\boldsymbol{n} \boldsymbol{D} \boldsymbol{L} \boldsymbol{u} = \bar{\boldsymbol{t}} \quad (\text{在 } S_\sigma \text{ 边界上})$$

视位移边界条件为强制边界条件，写出其 Galerkin 等效积分形式

$$\int_V (\delta \boldsymbol{u})^{\mathrm{T}} (\boldsymbol{L}^{\mathrm{T}} \boldsymbol{D} \boldsymbol{L} \boldsymbol{u} + \boldsymbol{f}) \mathrm{d}V - \int_{S_\sigma} (\delta \boldsymbol{u})^{\mathrm{T}} (\boldsymbol{n} \boldsymbol{D} \boldsymbol{L} \boldsymbol{u} - \bar{\boldsymbol{t}}) \mathrm{d}S = 0$$

类似于前面的推导过程，可以得到与式(3.41)完全相同的结果。

注意，对于原弹性力学场问题，将本构方程和几何方程代入平衡方程可知，该方程中位移的最高阶导数为二阶，若假设近似函数，要求其一阶导数连续，即 C_1 连续。而前述对应的等效积分弱形式中位移的最高阶导数降为一阶，仅要求近似函数连续，即 C_0连续。

现将位移的近似函数，即单元插值表达式(3.14)代入式(3.41)可得

$$\int_V (\delta \boldsymbol{LNa}^e)^{\mathrm{T}} \boldsymbol{DLNa}^e \mathrm{d}V - \int_V (\delta \boldsymbol{Na}^e)^{\mathrm{T}} \boldsymbol{f} \mathrm{d}V - \int_{S_\sigma} (\delta \boldsymbol{Na}^e)^{\mathrm{T}} \bar{\boldsymbol{t}} \mathrm{d}S = 0$$

由式(3.25)，该方程可以写成

$$\int_V (\delta \boldsymbol{Ba}^e)^{\mathrm{T}} \boldsymbol{DBa}^e \mathrm{d}V - \int_V (\delta \boldsymbol{Na}^e)^{\mathrm{T}} \boldsymbol{f} \mathrm{d}V - \int_{S_\sigma} (\delta \boldsymbol{Na}^e)^{\mathrm{T}} \bar{\boldsymbol{t}} \mathrm{d}S = 0$$

因结点位移与积分无关，可得

$$(\delta \boldsymbol{a}^e)^{\mathrm{T}} \left[\left(\int_V \boldsymbol{B}^{\mathrm{T}} \boldsymbol{DB} \mathrm{d}V \right) \boldsymbol{a}^e - \int_V \boldsymbol{N}^{\mathrm{T}} \boldsymbol{f} \mathrm{d}V - \int_{S_\sigma} \boldsymbol{N}^{\mathrm{T}} \bar{\boldsymbol{t}} \mathrm{d}S \right] = 0$$

由结点位移变分 $\delta \boldsymbol{a}^e$ 的任意性，得方程

$$\left(\int_V \boldsymbol{B}^{\mathrm{T}} \boldsymbol{DB} \mathrm{d}V \right) \boldsymbol{a}^e - \int_V \boldsymbol{N}^{\mathrm{T}} \boldsymbol{f} \mathrm{d}V - \int_{S_\sigma} \boldsymbol{N}^{\mathrm{T}} \bar{\boldsymbol{t}} \mathrm{d}S = 0$$

或

$$\boldsymbol{K}^e \boldsymbol{a}^e = \boldsymbol{P}^e$$

该方程与由最小势能原理得到的平衡方程(3.40)完全相同。将刚度矩阵和等效结点载荷积分计算中的体积积分和边界积分分别转换为面积积分和线积分，得到的单元刚度矩阵和结点等效载荷列向量分别与式(3.35)和式(3.37)相同

$$\boldsymbol{K}^e = \int_{A^e} \boldsymbol{B}^{\mathrm{T}} \boldsymbol{DB} t \mathrm{d}x \mathrm{d}y$$

$$\boldsymbol{P}^e = \boldsymbol{P}_{\mathrm{b}}^e + \boldsymbol{P}_{\mathrm{s}}^e, \quad \boldsymbol{P}_{\mathrm{b}}^e = \int_{A^e} \boldsymbol{N}^{\mathrm{T}} \boldsymbol{f} t \mathrm{d}x \mathrm{d}y, \quad \boldsymbol{P}_{\mathrm{s}}^e = \int_{l_\sigma^e} \boldsymbol{N}^{\mathrm{T}} \bar{\boldsymbol{t}} t \mathrm{d}l$$

这里直接忽略了相邻单元的作用力项 $\boldsymbol{F}^e$。

3.2.5 刚度矩阵及其性质

现在根据单元刚度矩阵的计算表达式(3.35)，推导三角形 3 结点单元的刚度矩阵的具体表达式。由式(3.28)可知，该单元的应变矩阵 $\boldsymbol{B}$ 为常数矩阵，材料的弹性矩阵 $\boldsymbol{D}$ 也为常数矩阵，故有

$$\boldsymbol{K}^e = \int_{V^e} \boldsymbol{B}^{\mathrm{T}} \boldsymbol{DB} \mathrm{d}V = \int_{A^e} \boldsymbol{B}^{\mathrm{T}} \boldsymbol{DB} t \mathrm{d}x \mathrm{d}y = \boldsymbol{B}^{\mathrm{T}} \boldsymbol{DB} t \int_{A^e} \mathrm{d}x \mathrm{d}y = \boldsymbol{B}^{\mathrm{T}} \boldsymbol{DB} tA \tag{3.42}$$

由式(3.25)，单元刚度矩阵可表达为

$$\boldsymbol{K}^e = \begin{bmatrix} \boldsymbol{B}_1^{\mathrm{T}} \\ \boldsymbol{B}_2^{\mathrm{T}} \\ \boldsymbol{B}_3^{\mathrm{T}} \end{bmatrix} \boldsymbol{D} [\boldsymbol{B}_1 \quad \boldsymbol{B}_2 \quad \boldsymbol{B}_3] tA = \begin{bmatrix} \boldsymbol{B}_1^{\mathrm{T}} \boldsymbol{DB}_1 & \boldsymbol{B}_1^{\mathrm{T}} \boldsymbol{DB}_2 & \boldsymbol{B}_1^{\mathrm{T}} \boldsymbol{DB}_3 \\ \boldsymbol{B}_2^{\mathrm{T}} \boldsymbol{DB}_1 & \boldsymbol{B}_2^{\mathrm{T}} \boldsymbol{DB}_2 & \boldsymbol{B}_2^{\mathrm{T}} \boldsymbol{DB}_3 \\ \boldsymbol{B}_3^{\mathrm{T}} \boldsymbol{DB}_1 & \boldsymbol{B}_3^{\mathrm{T}} \boldsymbol{DB}_2 & \boldsymbol{B}_3^{\mathrm{T}} \boldsymbol{DB}_3 \end{bmatrix} tA$$

$$
= \begin{bmatrix} \boldsymbol{K}_{11}^e & \boldsymbol{K}_{12}^e & \boldsymbol{K}_{13}^e \\ \boldsymbol{K}_{21}^e & \boldsymbol{K}_{22}^e & \boldsymbol{K}_{23}^e \\ \boldsymbol{K}_{31}^e & \boldsymbol{K}_{32}^e & \boldsymbol{K}_{33}^e \end{bmatrix} \tag{3.43}
$$

其中子矩阵

$$
\begin{aligned}
\boldsymbol{K}_{ij}^e &= \boldsymbol{B}_i^{\mathrm{T}} \boldsymbol{D} \boldsymbol{B}_j tA \\
&= \frac{E_0 t}{4(1-\nu_0^2)A} \begin{bmatrix} c_i c_j + \dfrac{1-\nu_0}{2} d_i d_j & \nu_0 c_i d_j + \dfrac{1-\nu_0}{2} d_i c_j \\ \nu_0 d_i c_j + \dfrac{1-\nu_0}{2} c_i d_j & d_i d_j + \dfrac{1-\nu_0}{2} c_i c_j \end{bmatrix} \quad (i,j=1,2,3)
\end{aligned} \tag{3.44}
$$

下面讨论刚度矩阵的物理意义。展开单元平衡方程(3.40)有

$$
\begin{bmatrix} K_{11}^e & K_{12}^e & \cdots & K_{16}^e \\ K_{21}^e & K_{22}^e & \cdots & K_{26}^e \\ \vdots & \vdots & & \vdots \\ K_{61}^e & K_{62}^e & \cdots & K_{66}^e \end{bmatrix} \begin{bmatrix} a_1 \\ a_2 \\ \vdots \\ a_6 \end{bmatrix} = \begin{bmatrix} P_1^e \\ P_2^e \\ \vdots \\ P_6^e \end{bmatrix} \tag{3.45}
$$

令其中任意一个结点自由度的位移 $a_j=1$,其他所有结点自由度的位移为 0,则由方程(3.45)可得

$$
\begin{bmatrix} K_{1j}^e \\ K_{2j}^e \\ \vdots \\ K_{6j}^e \end{bmatrix} = \begin{bmatrix} P_1^e \\ P_2^e \\ \vdots \\ P_6^e \end{bmatrix} \tag{3.46}
$$

由此可见,K_{ij}^e的物理意义为:当单元的第 j 个结点自由度位移为单位位移,而其他结点自由度的位移为零时,需在单元第 i 个结点自由度方向上施加的力的大小。可见,单元刚度越大,使结点产生单位位移所需施加的结点力也越大,反之,所需施加的结点力越小,因此单元刚度反映了材料的“刚硬”程度。单元刚度矩阵中的元素称为刚度系数。

另外,根据单元的平衡条件可知

$$
\sum P_x^e = 0: \quad P_1^e + P_3^e + P_5^e = 0
$$

$$
\sum P_y^e = 0: \quad P_2^e + P_4^e + P_6^e = 0
$$

结合式(3.46)可得

$$
K_{1j}^e + K_{3j}^e + K_{5j}^e = 0
$$

$$
K_{2j}^e + K_{4j}^e + K_{6j}^e = 0
$$

将上两式相加有

$$
K_{1j}^e + K_{2j}^e + K_{3j}^e + K_{4j}^e + K_{5j}^e + K_{6j}^e = 0
$$

即单元刚度矩阵中每一列元素之和为零,后面将说明单元刚度矩阵为对称阵,因此其每一行

元素之和也为零。这一性质可用于程序设计时检查单元刚度矩阵计算代码的正确性。

最后讨论单元刚度矩阵的性质。由式(3.35)可知

$$\boldsymbol{K}^e = \int_{A^e} \boldsymbol{B}^{\mathrm{T}}\boldsymbol{D}\boldsymbol{B}t\mathrm{d}x\mathrm{d}y$$

对其求转置有

$$(\boldsymbol{K}^e)^{\mathrm{T}} = \left(\int_{A^e} \boldsymbol{B}^{\mathrm{T}}\boldsymbol{D}\boldsymbol{B}t\mathrm{d}x\mathrm{d}y\right)^{\mathrm{T}} = \int_{A^e} (\boldsymbol{B}^{\mathrm{T}}\boldsymbol{D}\boldsymbol{B})^{\mathrm{T}}t\mathrm{d}x\mathrm{d}y = \int_{A^e} \boldsymbol{B}^{\mathrm{T}}\boldsymbol{D}^{\mathrm{T}}\boldsymbol{B}t\mathrm{d}x\mathrm{d}y$$

由于弹性矩阵 $\boldsymbol{D}$ 是对称的，上式可以进一步写成

$$(\boldsymbol{K}^e)^{\mathrm{T}} = \int_{A^e} \boldsymbol{B}^{\mathrm{T}}\boldsymbol{D}\boldsymbol{B}t\mathrm{d}x\mathrm{d}y = \boldsymbol{K}^e$$

由此可知单元刚度矩阵是对称的，具有对称性。由式(3.44)读者自己可以验证$(\boldsymbol{K}_{ij}^e)^{\mathrm{T}} = \boldsymbol{K}_{ij}^e$，即三角形 3 结点单元的单元刚度矩阵是对称的。

利用最小势能原理建立的单元平衡方程，未引入位移边界条件，因而系统是非静定的，可以有任意的刚体位移。此时线性方程组有无穷组解，即线性方程组的系数矩阵是奇异的，因而刚度矩阵具有奇异性。

根据刚度系数的意义，K_{ii}^e是使自由度 i 产生单位位移，其他所有自由度位移为零(固定约束)时，在自由度 i 需要施加的力的大小。此时施加的力的方向应该和位移方向一致，因而 $K_{ii}^e>0$，即单元刚度矩阵的对角元素大于零，主元恒正。

3.2.6 单元等效结点载荷

单元平衡方程(3.40)的右端列向量是作用于单元的体积力和面力在结点自由度方向的等效载荷，称为单元的等效结点载荷。下面推导体积力和作用于单元一条边上的均布载荷的等效结点载荷计算式。

(1) 均质等厚单元的自重等效结点载荷

如图 3.5 所示，假设作用于单元上的自重力作用方向为 y 的负方向，材料的密度为 ρ，则体积力密度向量可表达为

$$\boldsymbol{f} = \begin{bmatrix} 0 \\ -\rho g \end{bmatrix} \tag{3.47}$$

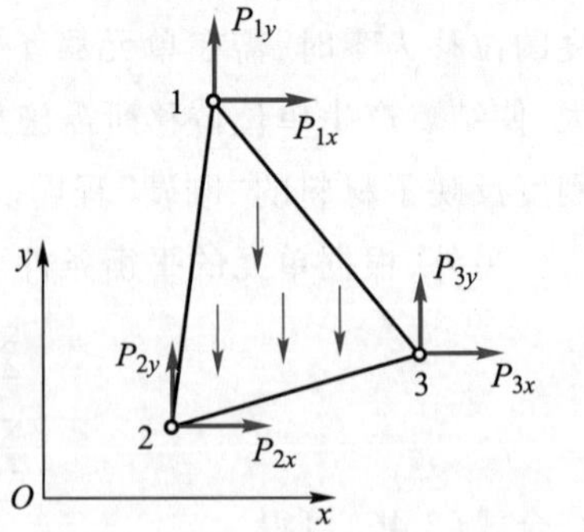

图 3.5　单元的自重等效结点载荷

将其代入式(3.37)的第二式可得单元的等效结点载荷列向量

$$\boldsymbol{P}_{\mathrm{b}}^e = \begin{bmatrix} \boldsymbol{P}_1^e \\ \boldsymbol{P}_2^e \\ \boldsymbol{P}_3^e \end{bmatrix} = \int_{A^e} \begin{bmatrix} \boldsymbol{N}_1^{\mathrm{T}} \\ \boldsymbol{N}_2^{\mathrm{T}} \\ \boldsymbol{N}_3^{\mathrm{T}} \end{bmatrix} \begin{bmatrix} 0 \\ -\rho g \end{bmatrix} t\mathrm{d}x\mathrm{d}y \tag{3.48}$$

其中结点 i 的等效载荷为

$$\boldsymbol{P}_i^e=\begin{bmatrix}P_{ix}^e\\P_{iy}^e\end{bmatrix}=\int_{A^e}\boldsymbol{N}_i^{\mathrm{T}}\begin{bmatrix}0\\-\rho g\end{bmatrix}t\mathrm{d}x\mathrm{d}y=\int_{A^e}\begin{bmatrix}N_i&0\\0&N_i\end{bmatrix}\begin{bmatrix}0\\-\rho g\end{bmatrix}t\mathrm{d}x\mathrm{d}y$$

$$=\begin{bmatrix}0\\-\int_{A^e}N_i\rho gt\mathrm{d}x\mathrm{d}y\end{bmatrix}=\begin{bmatrix}0\\-\dfrac{1}{3}\rho gtA\end{bmatrix}\quad(i=1,2,3)\tag{3.49}$$

则体积力的单元等效结点载荷为

$$\boldsymbol{P}_{\mathrm{b}}^e=-\frac{1}{3}\rho gtA\begin{bmatrix}0&1&0&1&0&1\end{bmatrix}^{\mathrm{T}}\tag{3.50}$$

可见,自重产生的等效结点载荷将重力平均分配到单元的 3 个结点上,且仅作用于重力方向。

(2) 均布侧压 q 的等效结点载荷

如图 3.6 所示单元的边 1-2 上作用有均布载荷 q,将其沿 x 和 y 方向分解有

$$\left.\begin{aligned}q_x&=q\sin\alpha=\frac{q}{l_s}(y_1-y_2)\\q_y&=-q\cos\alpha=\frac{q}{l_s}(x_2-x_1)\end{aligned}\right\}\tag{3.51}$$

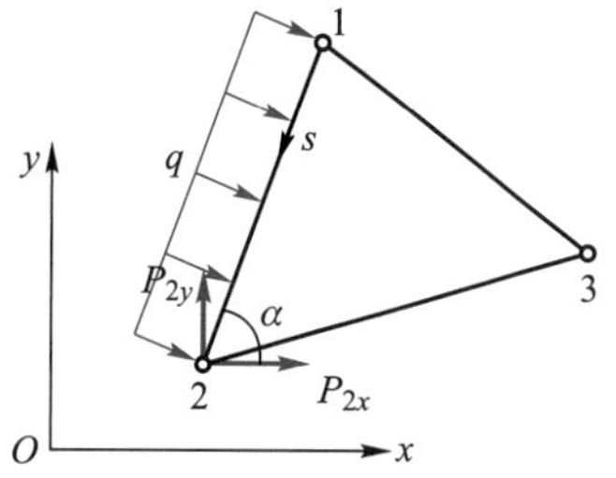

图 3.6 单元边上均匀分布力的等效结点载荷

式中 α 为载荷作用边 1-2 与 x 坐标轴之间的夹角,l_s为该边的长度,$(x_i,y_i)(i=1,2)$为结点坐标。则已知的分布力列向量可表达为

$$\bar{\boldsymbol{t}}=\begin{bmatrix}q_x\\q_y\end{bmatrix}=\frac{q}{l_s}\begin{bmatrix}y_1-y_2\\x_2-x_1\end{bmatrix}\tag{3.52}$$

根据插值函数的性质,N_1 和 N_2 在 1-2 边上线性变化,$N_3=0$。为了方便计算,在该边上建立局部坐标 s,因而插值函数可用局部坐标表达为

$$N_1=1-\frac{s}{l_s},\quad N_2=\frac{s}{l_s},\quad N_3=0\tag{3.53}$$

由式(3.37)第三式可知该均布载荷的等效结点载荷为

$$\boldsymbol{P}_{\mathrm{s}}^e=\begin{bmatrix}\boldsymbol{P}_1^e\\\boldsymbol{P}_2^e\\\boldsymbol{P}_3^e\end{bmatrix}=\int_{l_\sigma^e}\begin{bmatrix}\boldsymbol{N}_1^{\mathrm{T}}\\\boldsymbol{N}_2^{\mathrm{T}}\\\boldsymbol{N}_3^{\mathrm{T}}\end{bmatrix}\bar{\boldsymbol{t}}t\mathrm{d}l\tag{3.54}$$

这里受载边为 l_s。将边界积分用局部坐标 s 表示,则

$$\boldsymbol{P}_1^e=\int_{l_\sigma^e}\begin{bmatrix}N_1&0\\0&N_1\end{bmatrix}\begin{bmatrix}q_x\\q_y\end{bmatrix}t\mathrm{d}l=\begin{bmatrix}\int_{l_s}N_1q_xt\mathrm{d}s\\\int_{l_s}N_1q_yt\mathrm{d}s\end{bmatrix}\tag{3.55}$$

将式(3.53)代入可得

$$
\boldsymbol{P}_1^e=\begin{bmatrix}\int_{l_s}\left(1-\frac{s}{l_s}\right)\frac{q}{l_s}(y_1-y_2)t\mathrm{d}s\\\int_{l_s}\left(1-\frac{s}{l_s}\right)\frac{q}{l_s}(x_2-x_1)t\mathrm{d}s\end{bmatrix}=\begin{bmatrix}\frac{t}{2}q(y_1-y_2)\\\frac{t}{2}q(x_2-x_1)\end{bmatrix} \tag{3.56}
$$

同理可得

$$
\boldsymbol{P}_2^e=\begin{bmatrix}\int_{l_s}N_2q_xt\mathrm{d}s\\\int_{l_s}N_2q_yt\mathrm{d}s\end{bmatrix}=\begin{bmatrix}\frac{t}{2}q(y_1-y_2)\\\frac{t}{2}q(x_2-x_1)\end{bmatrix},\quad \boldsymbol{P}_3^e=\begin{bmatrix}\int_{l_s}N_3q_xt\mathrm{d}s\\\int_{l_s}N_3q_yt\mathrm{d}s\end{bmatrix}=\begin{bmatrix}0\\0\end{bmatrix} \tag{3.57}
$$

则均布力产生的单元等效结点载荷为

$$
\boldsymbol{P}_s^e=\frac{1}{2}qt[(y_1-y_2)\quad(x_2-x_1)\quad(y_1-y_2)\quad(x_2-x_1)\quad0\quad0]^{\mathrm{T}} \tag{3.58}
$$

可见，由于载荷作用在 1−2 边上，其等效载荷是将总载荷平均分配在结点 1 和 2 上，其在结点 3 上的等效载荷为 0。

边界上作用的载荷可能还存在其他形式，如沿边线性变化，这些形式的载荷产生的等效结点载荷可采用类似方法推导。若结构承受有集中力作用，在对结构进行离散时，通常在集中力作用点设置一个结点，这样就无须对集中力进行等效处理，直接施加到对应的结点上即可。

3.2.7 系统有限元平衡方程

在 3.2.4 节中利用最小势能原理推导了单元平衡方程。下面利用最小势能原理推导整体结构的平衡方程。结构的总势能为

$$
\Pi_{\mathrm{p}}=\int_V\frac{1}{2}\boldsymbol{\varepsilon}^{\mathrm{T}}\boldsymbol{D}\boldsymbol{\varepsilon}\mathrm{d}V-\int_V\boldsymbol{u}^{\mathrm{T}}\boldsymbol{f}\mathrm{d}V-\int_{S_\sigma}\boldsymbol{u}^{\mathrm{T}}\bar{\boldsymbol{t}}\mathrm{d}S \tag{3.59}
$$

假设结构划分了 M_e 个单元，总共有 n 个结点。利用式(3.34)和式(3.36)，将所有单元进行叠加

$$
\Pi_{\mathrm{p}}=\sum_{e=1}^{M_e}\Pi_{\mathrm{p}}^e=\sum_{e=1}^{M_e}\left[\frac{1}{2}(\boldsymbol{a}^e)^{\mathrm{T}}\boldsymbol{K}^e\boldsymbol{a}^e\right]-\sum_{e=1}^{M_e}[(\boldsymbol{a}^e)^{\mathrm{T}}(\boldsymbol{P}_{\mathrm{b}}^e+\boldsymbol{P}_{\mathrm{s}}^e+\boldsymbol{F}^e)] \tag{3.60}
$$

对于平面问题，n 个结点总共有 $2n$ 个自由度，离散结构所有结点的位移列向量为

$$
\begin{aligned}\boldsymbol{a}&=[u_1\quad v_1\quad u_2\quad v_2\quad\cdots\quad u_i\quad v_i\quad\cdots\quad u_n\quad v_n]^{\mathrm{T}}\\&=[a_1\quad a_2\quad a_3\quad a_4\quad\cdots\quad a_{2i-1}\quad a_{2i}\quad\cdots\quad a_{2n-1}\quad a_{2n}]^{\mathrm{T}}\\&=[\boldsymbol{a}_1\quad\boldsymbol{a}_2\quad\cdots\quad\boldsymbol{a}_i\quad\cdots\quad\boldsymbol{a}_n]^{\mathrm{T}}\end{aligned} \tag{3.61}
$$

若某单元 3 个结点 1,2,3 对应的总体结点编号为 i,m,j，且总体结点编号 $i<j<m$，则该单元的结点位移可以表达为

$$a^e = Ga \tag{3.62}$$

其中

$$G_{6\times 2n} = \begin{array}{c} \begin{matrix} 1 & 2 & \cdots & 2i-1 & 2i & \cdots & 2j-1 & 2j & \cdots & 2m-1 & 2m & \cdots & 2n \end{matrix} \\ \begin{bmatrix} 0 & 0 & \cdots & 1 & 0 & \cdots & 0 & 0 & \cdots & 0 & 0 & \cdots & 0 \\ 0 & 0 & \cdots & 0 & 1 & \cdots & 0 & 0 & \cdots & 0 & 0 & \cdots & 0 \\ 0 & 0 & \cdots & 0 & 0 & \cdots & 0 & 0 & \cdots & 1 & 0 & \cdots & 0 \\ 0 & 0 & \cdots & 0 & 0 & \cdots & 0 & 0 & \cdots & 0 & 1 & \cdots & 0 \\ 0 & 0 & \cdots & 0 & 0 & \cdots & 1 & 0 & \cdots & 0 & 0 & \cdots & 0 \\ 0 & 0 & \cdots & 0 & 0 & \cdots & 0 & 1 & \cdots & 0 & 0 & \cdots & 0 \end{bmatrix} \end{array}$$

$$= \begin{array}{c} \begin{matrix} 1 & \cdots & i & \cdots & j & \cdots & m & \cdots & n \end{matrix} \\ \begin{bmatrix} \mathbf{0} & \cdots & \boldsymbol{I} & \cdots & \mathbf{0} & \cdots & \mathbf{0} & \cdots & \mathbf{0} \\ \mathbf{0} & \cdots & \mathbf{0} & \cdots & \mathbf{0} & \cdots & \boldsymbol{I} & \cdots & \mathbf{0} \\ \mathbf{0} & \cdots & \mathbf{0} & \cdots & \boldsymbol{I} & \cdots & \mathbf{0} & \cdots & \mathbf{0} \end{bmatrix} \end{array}$$

将式(3.62)代入式(3.60)有

$$\Pi_p = \frac{1}{2}a^T \sum_{e=1}^{M_e} (G^T K^e G) a - a^T \sum_{e=1}^{M_e} [G^T (P_b^e + P_s^e + F^e)] \tag{3.63}$$

令

$$K = \sum_{e=1}^{M_e} (G^T K^e G) \tag{3.64a}$$

$$P = \sum_{e=1}^{M_e} [G^T (P_b^e + P_s^e)] = \sum_{e=1}^{M_e} G^T P^e \tag{3.64b}$$

这里 K 和 P 分别称为结构总体刚度矩阵和结构总体结点载荷列向量。值得注意的是,式(3.63)中的 F^e 为各单元的相邻单元对其的作用力,该项在对所有单元求和后相互抵消,故在式(3.64b)中去除了 F^e。式(3.63)可写成

$$\Pi_p = \frac{1}{2}a^T K a - a^T P \tag{3.65}$$

根据最小势能原理,$\delta\Pi_p = \frac{\partial \Pi_p}{\partial a}\delta a = 0$,可得整体结构的有限元平衡方程

$$Ka = P \tag{3.66}$$

对于平面问题,具有 n 个结点的结构总共有 $2n$ 个自由度,结构总体结点的位移和结点载荷为 $2n\times1$ 的向量,结构总体刚度矩阵为 $2n\times2n$ 阶矩阵。由式(3.64a)可知,要获得结构的总体刚度矩阵,首先将每一个单元刚度矩阵转换成 $2n\times2n$ 的矩阵,然后对所有单元求和即可。假设某单元的 3 个局部结点 1,2,3 对应的总体结点编号为 i,j,m,参见式(3.64a),首先将其单元刚度矩阵按下式转换成 $2n\times2n$ 的矩阵:

$$
\boldsymbol{G}^{\mathrm{T}}\boldsymbol{K}^{e}\boldsymbol{G}=
\begin{array}{c}
1\\ \vdots\\ i\\ \vdots\\ j\\ \vdots\\ m\\ \vdots\\ n
\end{array}
\begin{bmatrix}
\boldsymbol{0} & \boldsymbol{0} & \boldsymbol{0}\\
\vdots & \vdots & \vdots\\
\boldsymbol{I} & \boldsymbol{0} & \boldsymbol{0}\\
\vdots & \vdots & \vdots\\
\boldsymbol{0} & \boldsymbol{I} & \boldsymbol{0}\\
\vdots & \vdots & \vdots\\
\boldsymbol{0} & \boldsymbol{0} & \boldsymbol{I}\\
\vdots & \vdots & \vdots\\
\boldsymbol{0} & \boldsymbol{0} & \boldsymbol{0}
\end{bmatrix}
\begin{bmatrix}
\boldsymbol{K}_{11}^{e} & \boldsymbol{K}_{12}^{e} & \boldsymbol{K}_{13}^{e}\\
\boldsymbol{K}_{21}^{e} & \boldsymbol{K}_{22}^{e} & \boldsymbol{K}_{23}^{e}\\
\boldsymbol{K}_{31}^{e} & \boldsymbol{K}_{32}^{e} & \boldsymbol{K}_{33}^{e}
\end{bmatrix}
\begin{bmatrix}
\boldsymbol{0} & \cdots & \boldsymbol{I} & \cdots & \boldsymbol{0} & \cdots & \boldsymbol{0} & \cdots & \boldsymbol{0}\\
\boldsymbol{0} & \cdots & \boldsymbol{0} & \cdots & \boldsymbol{I} & \cdots & \boldsymbol{0} & \cdots & \boldsymbol{0}\\
\boldsymbol{0} & \cdots & \boldsymbol{0} & \cdots & \boldsymbol{0} & \cdots & \boldsymbol{I} & \cdots & \boldsymbol{0}
\end{bmatrix}
$$

注意上式中的单元刚度矩阵子矩阵的下标表示单元局部结点编号，其对应于整体结点编号 i,j,m，将上式展开可得

$$
\boldsymbol{G}^{\mathrm{T}}\boldsymbol{K}^{e}\boldsymbol{G}=
\begin{array}{c}
\\ 1\\ \vdots\\ i\\ \vdots\\ j\\ \vdots\\ m\\ \vdots\\ n
\end{array}
\begin{array}{c}
\begin{array}{ccccccccc}
1 & \cdots & i & \cdots & j & \cdots & m & \cdots & n
\end{array}\\
\begin{bmatrix}
\boldsymbol{0} & \cdots & \boldsymbol{0} & \cdots & \boldsymbol{0} & \cdots & \boldsymbol{0} & \cdots & \boldsymbol{0}\\
\vdots & & \vdots & & \vdots & & \vdots & & \vdots\\
\boldsymbol{0} & \cdots & \boldsymbol{K}_{11}^{e} & \cdots & \boldsymbol{K}_{12}^{e} & \cdots & \boldsymbol{K}_{13}^{e} & \cdots & \boldsymbol{0}\\
\vdots & & \vdots & & \vdots & & \vdots & & \vdots\\
\boldsymbol{0} & \cdots & \boldsymbol{K}_{21}^{e} & \cdots & \boldsymbol{K}_{22}^{e} & \cdots & \boldsymbol{K}_{23}^{e} & \cdots & \boldsymbol{0}\\
\vdots & & \vdots & & \vdots & & \vdots & & \vdots\\
\boldsymbol{0} & \cdots & \boldsymbol{K}_{31}^{e} & \cdots & \boldsymbol{K}_{32}^{e} & \cdots & \boldsymbol{K}_{33}^{e} & \cdots & \boldsymbol{0}\\
\vdots & & \vdots & & \vdots & & \vdots & & \vdots\\
\boldsymbol{0} & \cdots & \boldsymbol{0} & \cdots & \boldsymbol{0} & \cdots & \boldsymbol{0} & \cdots & \boldsymbol{0}
\end{bmatrix}
\end{array}
$$

$$
=\begin{bmatrix}
\boldsymbol{0} & \cdots & \boldsymbol{0} & \cdots & \boldsymbol{0} & \cdots & \boldsymbol{0} & \cdots & \boldsymbol{0}\\
\vdots & & \vdots & & \vdots & & \vdots & & \vdots\\
\boldsymbol{0} & \cdots & \boldsymbol{K}_{ii} & \cdots & \boldsymbol{K}_{ij} & \cdots & \boldsymbol{K}_{im} & \cdots & \boldsymbol{0}\\
\vdots & & \vdots & & \vdots & & \vdots & & \vdots\\
\boldsymbol{0} & \cdots & \boldsymbol{K}_{ji} & \cdots & \boldsymbol{K}_{jj} & \cdots & \boldsymbol{K}_{jm} & \cdots & \boldsymbol{0}\\
\vdots & & \vdots & & \vdots & & \vdots & & \vdots\\
\boldsymbol{0} & \cdots & \boldsymbol{K}_{mi} & \cdots & \boldsymbol{K}_{mj} & \cdots & \boldsymbol{K}_{mm} & \cdots & \boldsymbol{0}\\
\vdots & & \vdots & & \vdots & & \vdots & & \vdots\\
\boldsymbol{0} & \cdots & \boldsymbol{0} & \cdots & \boldsymbol{0} & \cdots & \boldsymbol{0} & \cdots & \boldsymbol{0}
\end{bmatrix}
$$

式中第二个等号后的矩阵表示该矩阵在整体刚度矩阵中的位置。将所有单元刚度矩阵按上述方法变换后进行叠加，即得到结构的总体刚度矩阵，这一过程称为刚度矩阵的组集。刚度矩阵组集的软件实现过程为：首先定义一个 $2n\times2n$ 的总体刚度矩阵，然后利用每一个单元局部结点编号和整体结点编号之间对应关系，将所有单元的刚度矩阵元素在整体刚度矩阵中

“对号入座”进行叠加即可。

要得到结构总体结点载荷列向量,参见式(3.64b),需首先将单元结点载荷列向量转换为 $2n\times1$ 的列向量,对于前述单元,变换如下:

$$
\boldsymbol{G}^{\mathrm{T}}\boldsymbol{P}^{e}=\begin{matrix}1\\ \vdots\\ i\\ \vdots\\ j\\ \vdots\\ m\\ \vdots\\ n\end{matrix}\begin{bmatrix}\boldsymbol{0} & \boldsymbol{0} & \boldsymbol{0}\\ \vdots & \vdots & \vdots\\ \boldsymbol{I} & \boldsymbol{0} & \boldsymbol{0}\\ \vdots & \vdots & \vdots\\ \boldsymbol{0} & \boldsymbol{I} & \boldsymbol{0}\\ \vdots & \vdots & \vdots\\ \boldsymbol{0} & \boldsymbol{0} & \boldsymbol{I}\\ \vdots & \vdots & \vdots\\ \boldsymbol{0} & \boldsymbol{0} & \boldsymbol{0}\end{bmatrix}\begin{bmatrix}\boldsymbol{P}_{1}^{e}\\ \boldsymbol{P}_{2}^{e}\\ \boldsymbol{P}_{3}^{e}\end{bmatrix}=\begin{matrix}1\\ \vdots\\ i\\ \vdots\\ j\\ \vdots\\ m\\ \vdots\\ n\end{matrix}\begin{bmatrix}\boldsymbol{0}\\ \vdots\\ \boldsymbol{P}_{1}^{e}\\ \vdots\\ \boldsymbol{P}_{2}^{e}\\ \vdots\\ \boldsymbol{P}_{3}^{e}\\ \vdots\\ \boldsymbol{0}\end{bmatrix}=\begin{bmatrix}\boldsymbol{0}\\ \vdots\\ \boldsymbol{P}_{i}\\ \vdots\\ \boldsymbol{P}_{j}\\ \vdots\\ \boldsymbol{P}_{m}\\ \vdots\\ \boldsymbol{0}\end{bmatrix}
$$

式中下标 1,2,3 表示单元局部结点编号,最后一个等式表示该单元的等效结点载荷在总体载荷列向量中的位置。将所有单元等效结点载荷按上述方法变换后进行叠加即得到总体结点载荷列向量。

例如,某单元的局部结点编号 1,2,3 对应的整体结点编号为 3,8,2,该单元的刚度矩阵为

$$
\boldsymbol{K}^{e}=\begin{bmatrix}\boldsymbol{K}_{11}^{e} & \boldsymbol{K}_{12}^{e} & \boldsymbol{K}_{13}^{e}\\ \boldsymbol{K}_{21}^{e} & \boldsymbol{K}_{22}^{e} & \boldsymbol{K}_{23}^{e}\\ \boldsymbol{K}_{31}^{e} & \boldsymbol{K}_{32}^{e} & \boldsymbol{K}_{33}^{e}\end{bmatrix}
$$

式中单元刚度子矩阵 $\boldsymbol{K}_{ij}^{e}$ 的下标对应于单元的局部结点编号。根据单元局部结点编号和整体结点编号之间的对应关系,该单元刚度矩阵中的子矩阵按如下方式叠加到整体刚度矩阵中:

$$
\begin{bmatrix}\boldsymbol{K}_{11} & \boldsymbol{K}_{12} & \boldsymbol{K}_{13} & \cdots & \boldsymbol{K}_{18} & \cdots & \boldsymbol{K}_{1n}\\ \boldsymbol{K}_{21} & \boldsymbol{K}_{22}+\boldsymbol{K}_{33}^{e} & \boldsymbol{K}_{23}+\boldsymbol{K}_{31}^{e} & \cdots & \boldsymbol{K}_{28}+\boldsymbol{K}_{32}^{e} & \cdots & \boldsymbol{K}_{2n}\\ \boldsymbol{K}_{31} & \boldsymbol{K}_{32}+\boldsymbol{K}_{13}^{e} & \boldsymbol{K}_{33}+\boldsymbol{K}_{11}^{e} & \cdots & \boldsymbol{K}_{38}+\boldsymbol{K}_{12}^{e} & \cdots & \boldsymbol{K}_{3n}\\ \vdots & \vdots & \vdots & & \vdots & & \vdots\\ \boldsymbol{K}_{81} & \boldsymbol{K}_{82}+\boldsymbol{K}_{23}^{e} & \boldsymbol{K}_{83}+\boldsymbol{K}_{21}^{e} & \cdots & \boldsymbol{K}_{88}+\boldsymbol{K}_{22}^{e} & \cdots & \boldsymbol{K}_{8n}\\ \vdots & \vdots & \vdots & & \vdots & & \vdots\\ \boldsymbol{K}_{n1} & \boldsymbol{K}_{n2} & \boldsymbol{K}_{n3} & \cdots & \boldsymbol{K}_{n8} & \cdots & \boldsymbol{K}_{nn}\end{bmatrix}
$$

单元等效结点载荷按下式叠加到整体结构等效结点载荷列向量中:

$$\begin{bmatrix} \boldsymbol{P}_1 \\ \boldsymbol{P}_2 + \boldsymbol{P}_3^e \\ \boldsymbol{P}_3 + \boldsymbol{P}_1^e \\ \vdots \\ \boldsymbol{P}_8 + \boldsymbol{P}_2^e \\ \vdots \\ \boldsymbol{P}_n \end{bmatrix}$$

如图 3.7 所示为一简单结构的离散网格结点编号示例,图中给出了两种结点编号方案。该两种离散情况下经组集后得到的刚度矩阵分别如图 3.8a 和图 3.8b 所示。从图中可见,刚度矩阵中的非零元素都集中在对角元附近,即刚度矩阵具有带状性,图中的 D 称为半带宽。比较图 3.8a 和图 3.8b 可见,前者的带宽小于后者。带宽与结点编号的顺序有关,取决于单元中最大结点编号与最小结点编号之差,两者的差值越小带宽越小,带宽以外的零元素越多;编号之差越大,带宽越大,带宽以外的零元素越少。在实际编程中,为了节约计算机内存,仅保存带宽以内的元素,带宽以外的零元素都不保存。如果离散结构的结点很多,整体刚度矩阵中带宽以外的零元素将占绝大多数,即刚度矩阵具有稀疏性,采用这种存储方式可以极大地节约计算机内存。结合单元刚度矩阵的特点以及上述讨论,可知结构刚度矩阵具有以下特点:

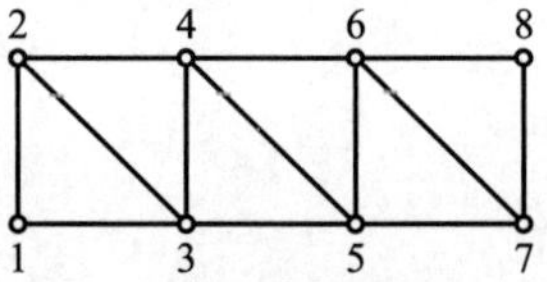

(a) 结点编号方案 1

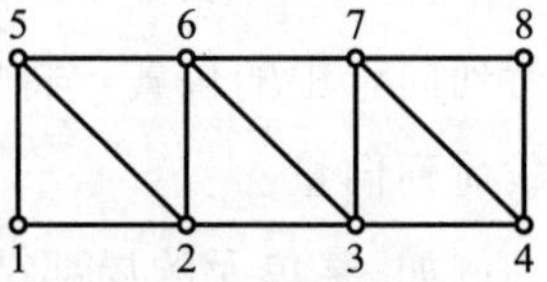

(b) 结点编号方案 2

图 3.7　网格结点编号示例

(1) 对称性:单元刚度矩阵对称,组集后得到的结构刚度矩阵也对称。

(2) 奇异性:结构平衡方程未施加位移边界条件,结构非静定。

(3) 主元恒正:单元刚度矩阵主元恒正,组集后结构刚度矩阵的主元仍然恒正。

(4) 带状性:非零元素集中在对角元附近。

(5) 稀疏性:对角元附近非零元素以外的大多数元素为零。

3.2.8 位移边界条件的引入

前面建立有限元平衡方程时,假设了位移预先已经满足位移边界条件,因此在求解系统方程(3.66)之前,需将位移边界条件引入到方程中。由于在建立有限元方程时,没有引入位移边界条件,得到的系统方程的系数矩阵是奇异的,系统是非静定的,具有无穷多个含刚体位移的解。在引入位移边界条件后,系统静定,消除了刚度矩阵的奇异性,系数(刚度)矩阵正定,方程具有唯一解。下面介绍几种引入位移边界条件的方法。

$\longleftarrow D \longrightarrow$

$$
\begin{bmatrix}
k_{11} & k_{12} & k_{13} & k_{14} & k_{15} & k_{16} & 0 & 0 & 0 & 0 & 0 & 0 & 0 & 0 & 0 & 0 \\
k_{12} & k_{22} & k_{23} & k_{24} & k_{25} & k_{26} & 0 & 0 & 0 & 0 & 0 & 0 & 0 & 0 & 0 & 0 \\
k_{13} & k_{23} & k_{33} & k_{34} & k_{35} & k_{36} & k_{37} & k_{38} & 0 & 0 & 0 & 0 & 0 & 0 & 0 & 0 \\
k_{14} & k_{24} & k_{34} & k_{44} & k_{45} & k_{46} & k_{47} & k_{48} & 0 & 0 & 0 & 0 & 0 & 0 & 0 & 0 \\
k_{15} & k_{25} & k_{35} & k_{45} & k_{55} & k_{56} & k_{57} & k_{58} & k_{59} & k_{510} & 0 & 0 & 0 & 0 & 0 & 0 \\
k_{16} & k_{26} & k_{36} & k_{46} & k_{56} & k_{66} & k_{67} & k_{68} & k_{69} & k_{610} & 0 & 0 & 0 & 0 & 0 & 0 \\
0 & 0 & k_{37} & k_{47} & k_{57} & k_{67} & k_{77} & k_{78} & k_{79} & k_{710} & k_{711} & k_{712} & 0 & 0 & 0 & 0 \\
0 & 0 & k_{38} & k_{48} & k_{58} & k_{68} & k_{78} & k_{88} & k_{89} & k_{810} & k_{811} & k_{812} & 0 & 0 & 0 & 0 \\
0 & 0 & 0 & 0 & k_{59} & k_{69} & k_{79} & k_{89} & k_{99} & k_{910} & k_{911} & k_{912} & k_{913} & k_{914} & 0 & 0 \\
0 & 0 & 0 & 0 & k_{510} & k_{610} & k_{710} & k_{810} & k_{910} & k_{1010} & k_{1011} & k_{1012} & k_{1013} & k_{1014} & 0 & 0 \\
0 & 0 & 0 & 0 & 0 & 0 & k_{711} & k_{811} & k_{911} & k_{1011} & k_{1111} & k_{1112} & k_{1113} & k_{1114} & k_{1115} & k_{1116} \\
0 & 0 & 0 & 0 & 0 & 0 & k_{712} & k_{812} & k_{912} & k_{1012} & k_{1112} & k_{1212} & k_{1213} & k_{1214} & k_{1215} & k_{1216} \\
0 & 0 & 0 & 0 & 0 & 0 & 0 & 0 & k_{913} & k_{1013} & k_{1113} & k_{1213} & k_{1313} & k_{1314} & k_{1315} & k_{1316} \\
0 & 0 & 0 & 0 & 0 & 0 & 0 & 0 & k_{914} & k_{1014} & k_{1114} & k_{1214} & k_{1314} & k_{1414} & k_{1415} & k_{1416} \\
0 & 0 & 0 & 0 & 0 & 0 & 0 & 0 & 0 & 0 & k_{1115} & k_{1215} & k_{1315} & k_{1415} & k_{1515} & k_{1516} \\
0 & 0 & 0 & 0 & 0 & 0 & 0 & 0 & 0 & 0 & k_{1116} & k_{1216} & k_{1316} & k_{1416} & k_{1516} & k_{1616}
\end{bmatrix}
$$

(a) 结点编号方案 1

$\longleftarrow D \longrightarrow$

$$
\begin{bmatrix}
k_{11} & k_{12} & k_{13} & k_{14} & 0 & 0 & 0 & 0 & k_{19} & k_{110} & 0 & 0 & 0 & 0 & 0 & 0 \\
k_{12} & k_{22} & k_{23} & k_{24} & 0 & 0 & 0 & 0 & k_{29} & k_{210} & 0 & 0 & 0 & 0 & 0 & 0 \\
k_{13} & k_{23} & k_{33} & k_{34} & k_{35} & k_{36} & 0 & 0 & k_{39} & k_{310} & k_{311} & k_{312} & 0 & 0 & 0 & 0 \\
k_{14} & k_{24} & k_{34} & k_{44} & k_{45} & k_{46} & 0 & 0 & k_{49} & k_{410} & k_{411} & k_{412} & 0 & 0 & 0 & 0 \\
0 & 0 & k_{35} & k_{45} & k_{55} & k_{56} & k_{57} & k_{58} & 0 & 0 & k_{511} & k_{512} & k_{513} & k_{514} & 0 & 0 \\
0 & 0 & k_{36} & k_{46} & k_{56} & k_{66} & k_{67} & k_{68} & 0 & 0 & k_{611} & k_{612} & k_{613} & k_{614} & 0 & 0 \\
0 & 0 & 0 & 0 & k_{57} & k_{67} & k_{77} & k_{78} & 0 & 0 & 0 & 0 & k_{713} & k_{714} & k_{715} & k_{716} \\
0 & 0 & 0 & 0 & k_{58} & k_{68} & k_{78} & k_{88} & 0 & 0 & 0 & 0 & k_{813} & k_{814} & k_{815} & k_{816} \\
k_{19} & k_{29} & k_{39} & k_{49} & 0 & 0 & 0 & 0 & k_{99} & k_{910} & k_{911} & k_{912} & 0 & 0 & 0 & 0 \\
k_{110} & k_{210} & k_{310} & k_{410} & 0 & 0 & 0 & 0 & k_{910} & k_{1010} & k_{1011} & k_{1012} & 0 & 0 & 0 & 0 \\
0 & 0 & k_{311} & k_{411} & k_{511} & k_{611} & 0 & 0 & k_{911} & k_{1011} & k_{1111} & k_{1112} & k_{1113} & k_{1114} & 0 & 0 \\
0 & 0 & k_{312} & k_{412} & k_{512} & k_{612} & 0 & 0 & k_{912} & k_{1012} & k_{1112} & k_{1212} & k_{1213} & k_{1214} & 0 & 0 \\
0 & 0 & 0 & 0 & k_{513} & k_{613} & k_{713} & k_{813} & 0 & 0 & k_{1113} & k_{1213} & k_{1313} & k_{1314} & k_{1315} & k_{1316} \\
0 & 0 & 0 & 0 & k_{514} & k_{614} & k_{714} & k_{814} & 0 & 0 & k_{1114} & k_{1214} & k_{1314} & k_{1414} & k_{1415} & k_{1416} \\
0 & 0 & 0 & 0 & 0 & 0 & k_{715} & k_{815} & 0 & 0 & 0 & 0 & k_{1315} & k_{1415} & k_{1515} & k_{1516} \\
0 & 0 & 0 & 0 & 0 & 0 & k_{716} & k_{816} & 0 & 0 & 0 & 0 & k_{1316} & k_{1416} & k_{1516} & k_{1616}
\end{bmatrix}
$$

(b) 结点编号方案 2

图 3.8 结构刚度矩阵的带宽示例

(1) 直接法

位移边界和力边界构成了系统总的边界。假设位移边界上结点的位移 $\boldsymbol{a}_b$ 已知,则对应结点上的约束力 $\boldsymbol{P}_b$ 未知;力边界结点的力 $\boldsymbol{P}_a$ 已知,则对应结点上的位移 $\boldsymbol{a}_a$ 未知。注意,既没有给定位移又无外力作用的边界即自由边界,可以视为外力为零的力边界。

将代数方程(3.66)进行换行换列,可以写成如下形式:

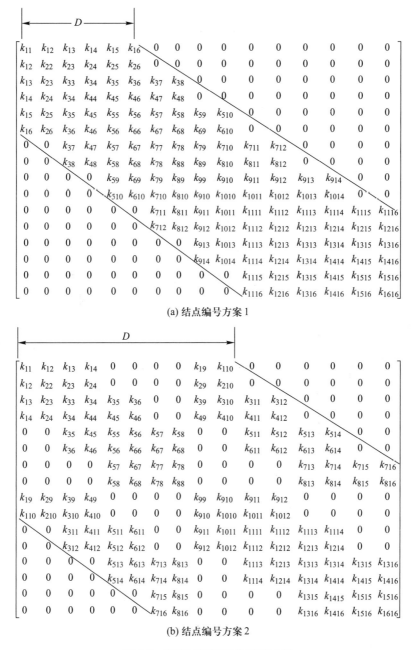

$$\begin{bmatrix} \boldsymbol{K}_{aa} & \boldsymbol{K}_{ab} \\ \boldsymbol{K}_{ba} & \boldsymbol{K}_{bb} \end{bmatrix} \begin{bmatrix} \boldsymbol{a}_a \\ \boldsymbol{a}_b \end{bmatrix} = \begin{bmatrix} \boldsymbol{P}_a \\ \boldsymbol{P}_b \end{bmatrix} \tag{3.67}$$

或

$$\left.\begin{aligned} \boldsymbol{K}_{aa}\boldsymbol{a}_a + \boldsymbol{K}_{ab}\boldsymbol{a}_b = \boldsymbol{P}_a \\ \boldsymbol{K}_{ba}\boldsymbol{a}_a + \boldsymbol{K}_{bb}\boldsymbol{a}_b = \boldsymbol{P}_b \end{aligned}\right\} \tag{3.68}$$

利用该方程组可得结点的未知位移和给定位移的结点的约束力

$$\boldsymbol{a}_a = \boldsymbol{K}_{aa}^{-1}(\boldsymbol{P}_a - \boldsymbol{K}_{ab}\boldsymbol{a}_b) \tag{3.69a}$$

$$\boldsymbol{P}_b = \boldsymbol{K}_{ba}\boldsymbol{a}_a + \boldsymbol{K}_{bb}\boldsymbol{a}_b \tag{3.69b}$$

式(3.69a)可以写成

$$\boldsymbol{K}_{aa}\boldsymbol{a}_a = \boldsymbol{P}^*, \quad \boldsymbol{P}^* = \boldsymbol{P}_a - \boldsymbol{K}_{ab}\boldsymbol{a}_b \tag{3.70}$$

采用这种方法可以精确引入位移边界条件,且适用于给定位移为零和非零的情况。但是由于需要进行换行和换列运算,当分析的结构对象很大,划分网格很多时,计算量会很大,效率低,在有限元程序中几乎不使用这种方法。

(2) 对角元素改 1 法

如果给定 j 结点自由度的位移为零,即位移边界条件 $a_j=0$,则可以采用对角元素改 1 的方法。具体方法是将结构有限元平衡方程改写成如下形式:

$$\begin{array}{c} \\ 1 \\ 2 \\ \vdots \\ j \\ \vdots \\ n \end{array} \begin{array}{c} \begin{array}{ccccc} 1 & 2 & \cdots & j & \cdots & n \end{array} \\ \begin{bmatrix} K_{11} & K_{12} & \cdots & 0 & \cdots & K_{1n} \\ K_{21} & K_{22} & \cdots & 0 & \cdots & K_{2n} \\ \vdots & \vdots & & \vdots & & \vdots \\ 0 & 0 & \cdots & 1 & \cdots & 0 \\ \vdots & \vdots & & \vdots & & \vdots \\ K_{n1} & K_{n2} & \cdots & 0 & \cdots & K_{nn} \end{bmatrix} \end{array} \begin{array}{c} \\ \begin{bmatrix} a_1 \\ a_2 \\ \vdots \\ a_j \\ \vdots \\ a_n \end{bmatrix} \end{array} = \begin{array}{c} \\ \begin{bmatrix} P_1 \\ P_2 \\ \vdots \\ 0 \\ \vdots \\ P_n \end{bmatrix} \end{array} \tag{3.71}$$

式中 n 为离散结构的结点自由度总数。将刚度矩阵的对角元素 K_{jj} 改为 1,而将第 j 行和第 j 列的其他所有元素改为零,同时将载荷列向量中的 P_j 改为零即可。可见,采用该方法,第 j 个方程即为 $a_j=0$,其他方程中都代入了 $a_j=0$ 这一条件。

如果给定了多个自由度的零位移,则刚度矩阵和载荷列向量中每一个对应自由度的元素做相同处理即可。这种方法简单方便,不改变原来方程组的阶数和结点未知量的顺序,但该方法仅适用于给定位移为零的情况,不能处理非零位移边界条件。

(3) 对角元素乘大数法

如果给定 j 结点自由度的位移为零或非零 $a_j=\bar{a}_j$,可采用对角元素乘大数的方法引入该边界条件。该方法将刚度矩阵的对角元素 K_{jj} 乘以一个大数 α,而将对应的右端列向量元素 P_j 改为 $\alpha K_{jj}\bar{a}_j$,如下式:

$$
\begin{array}{c} \\ 1 \\ 2 \\ \vdots \\ j \\ \vdots \\ n \end{array}
\begin{array}{c} \begin{array}{cccccc} 1 & 2 & \cdots & j & \cdots & n \end{array} \\
\begin{bmatrix} K_{11} & K_{12} & \cdots & K_{1j} & \cdots & K_{1n} \\ K_{21} & K_{22} & \cdots & K_{2j} & \cdots & K_{2n} \\ \vdots & \vdots & & \vdots & & \vdots \\ K_{j1} & K_{j2} & \cdots & \alpha K_{jj} & \cdots & K_{jn} \\ \vdots & \vdots & & \vdots & & \vdots \\ K_{n1} & K_{n2} & \cdots & K_{nj} & \cdots & K_{nn} \end{bmatrix} \end{array}
\begin{bmatrix} a_1 \\ a_2 \\ \vdots \\ a_j \\ \vdots \\ a_n \end{bmatrix} = \begin{bmatrix} P_1 \\ P_2 \\ \vdots \\ \alpha K_{jj}\overline{a}_j \\ \vdots \\ P_n \end{bmatrix} \tag{3.72}
$$

可见,第 j 个方程成为

$$K_{j1}a_1 + K_{j2}a_2 + \cdots + \alpha K_{jj}a_j + \cdots + K_{jn}a_n = \alpha K_{jj}\overline{a}_j$$

因为 α 为一大数,该方程可近似为

$$\alpha K_{jj}a_j \approx \alpha K_{jj}\overline{a}_j \rightarrow a_j = \overline{a}_j$$

而其他所有方程没有变化。

如果给定了多个自由度的位移,则刚度矩阵和载荷列向量对应自由度元素做相同处理即可。该方法使用简单,引入位移边界条件时不改变方程组的阶数和结点未知量顺序,编程方便。另外,该方法还具有适用于任意给定位移的优点,在有限元程序中经常使用。

可以使用如下简单的方法来选取 α 的值:

$$\alpha = \max |K_{ij}| \times 10^4 \quad (1 \leqslant i \leqslant n, 1 \leqslant j \leqslant n)$$

*(4) 利用罚函数法引入强制位移边界条件

可以利用 2.7.2 节所述约束变分原理的罚函数法引入强制位移边界条件。结构有限元系统方程 $\boldsymbol{Ka}-\boldsymbol{P}=\boldsymbol{0}$ 可以通过对如下泛函求驻值得到:

$$\Pi = \frac{1}{2}\boldsymbol{a}^{\mathrm{T}}\boldsymbol{Ka} - \boldsymbol{a}^{\mathrm{T}}\boldsymbol{P}$$

假设结点自由度 j 的给定位移为 $a_j=\overline{a}_j$,即 $a_j-\overline{a}_j=0$。视该给定位移为原问题的约束条件,利用罚函数法可以构造一个新的泛函

$$\Pi^* = \Pi + \alpha(a_j - \overline{a}_j)^2 = \frac{1}{2}\boldsymbol{a}^{\mathrm{T}}\boldsymbol{Ka} - \boldsymbol{a}^{\mathrm{T}}\boldsymbol{P} + \alpha(a_j - \overline{a}_j)^2 \tag{3.73}$$

式中 α 为一大数。新的泛函的变分为

$$
\begin{aligned}
\delta \Pi^* &= \delta\boldsymbol{a}^{\mathrm{T}}\boldsymbol{Ka} - \delta\boldsymbol{a}^{\mathrm{T}}\boldsymbol{P} + 2\alpha(a_j - \overline{a}_j)\delta a_j \\
&= \delta\boldsymbol{a}^{\mathrm{T}}\boldsymbol{Ka} + 2\alpha a_j\delta a_j - \delta\boldsymbol{a}^{\mathrm{T}}\boldsymbol{P} - 2\alpha\overline{a}_j\delta a_j \\
&= \delta\boldsymbol{a}^{\mathrm{T}}\left(\boldsymbol{Ka} + \begin{bmatrix} 0 & \cdots & 0 & \cdots & 0 \\ \vdots & & \vdots & & \vdots \\ 0 & \cdots & 2\alpha & \cdots & 0 \\ \vdots & & \vdots & & \vdots \\ 0 & \cdots & 0 & \cdots & 0 \end{bmatrix}\begin{bmatrix} a_1 \\ \vdots \\ a_j \\ \vdots \\ a_n \end{bmatrix}\right) - \delta\boldsymbol{a}^{\mathrm{T}}\left(\boldsymbol{P} + \begin{bmatrix} 0 \\ \vdots \\ 2\alpha\overline{a}_j \\ \vdots \\ 0 \end{bmatrix}\right) \\
&= \delta\boldsymbol{a}^{\mathrm{T}}\overline{\boldsymbol{K}}\boldsymbol{a} - \delta\boldsymbol{a}^{\mathrm{T}}\overline{\boldsymbol{P}}
\end{aligned}
$$

由取驻值条件 $\delta\Pi^{*}=0$ 可得

$$\overline{\boldsymbol{K}}\boldsymbol{a}-\overline{\boldsymbol{P}}=\boldsymbol{0} \tag{3.74}$$

在 $\overline{\boldsymbol{K}}$ 和 $\overline{\boldsymbol{P}}$ 的元素中，有

$$\overline{K}_{jj}=K_{jj}+2\alpha,\quad \overline{P}_j=P_j+2\alpha\overline{a}_j \tag{3.75}$$

其余元素与原来的 $\boldsymbol{K}$ 和 $\boldsymbol{P}$ 中的相同，即

$$\begin{array}{c} \\ 1\\2\\ \vdots\\ j\\ \vdots\\ n\end{array}\begin{array}{c}\begin{array}{cccccc}1&2&\cdots&j&\cdots&n\end{array}\\ \begin{bmatrix}K_{11}&K_{12}&\cdots&K_{1j}&\cdots&K_{1n}\\K_{21}&K_{22}&\cdots&K_{2j}&\cdots&K_{2n}\\\vdots&\vdots&&\vdots&&\vdots\\K_{j1}&K_{j2}&\cdots&K_{jj}+2\alpha&\cdots&K_{jn}\\\vdots&\vdots&&\vdots&&\vdots\\K_{n1}&K_{n2}&\cdots&K_{nj}&\cdots&K_{nn}\end{bmatrix}\end{array}\begin{bmatrix}a_1\\a_2\\\vdots\\a_j\\\vdots\\a_n\end{bmatrix}=\begin{bmatrix}P_1\\P_2\\\vdots\\P_j+2\alpha\overline{a}_j\\\vdots\\P_n\end{bmatrix} \tag{3.76}$$

其中的第 j 个方程成为

$$K_{j1}a_1+\cdots+(K_{jj}+2\alpha)a_j+\cdots+K_{jn}a_n=P_j+2\alpha\overline{a}_j$$

因为 α 为一大数，该方程可近似为

$$(K_{jj}+2\alpha)a_j\approx P_j+2\alpha\overline{a}_j\to a_j\approx\overline{a}_j$$

其余方程不变。可见，由罚函数法引入强制位移边界条件和前述对角元乘大数法是一致的。

3.2.9 位移、应变和应力计算

在结构系统有限元平衡方程 $\boldsymbol{Ka}=\boldsymbol{P}$ 中引入位移边界条件后，即可利用 Gauss 消元法或迭代解法求解系统方程，得到离散系统所有结点的位移 $\boldsymbol{a}$。在得到结点位移后，进一步利用式(3.24)和式(3.29)可以计算单元中任意点 (x,y) 的应变和应力

$$\boldsymbol{\varepsilon}(x,y)=\boldsymbol{B}(x,y)\boldsymbol{a}^{e},\quad \boldsymbol{\sigma}(x,y)=\boldsymbol{S}(x,y)\boldsymbol{a}^{e}$$

如 3.2.3 节所述，三角形 3 结点单元为常应变和常应力单元，即任一单元中的应变和应力均为常数。然而，一般情况下单元中的应变和应力不为常数，和其空间坐标有关。值得注意的是，单元之间的位移是连续的，但应变和应力在单元之间均不连续，而且由于应变和应力与位移存在一阶导数关系，前两者的计算精度比位移低一阶。

3.2.10 广义坐标有限元法

前面以三角形 3 结点单元为例介绍了弹性力学问题有限单元法的基本原理，单元插值函数用整体坐标描述，这种方法称为广义坐标有限元方法。采用广义坐标法可以构造其他单元。如图 3.9 所示为二维三角形和四边形一次单元和二次单元。同样还可以构造三次

(a) 一次单元

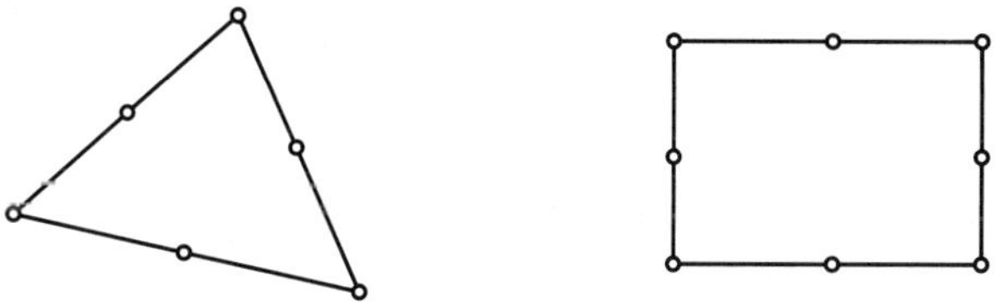

(b) 二次单元

图 3.9 二维问题三角形和四边形单元

单元。

用于描述单元中位移变化模式的插值函数也不一定限于多项式,但是,由于多项式形式简单,且便于微分和积分运算,在有限单元法中几乎都采用多项式插值。一般而言,有限单元的插值函数可采用如下形式:

$$u=\beta_1+\beta_2x+\beta_3y+\beta_4x^2+\beta_5xy+\beta_6y^2+\cdots$$

式中 β_i 为待定参数,由结点坐标和结点位移确定,其个数应等于单元结点自由度数。该式仅给出了一个位移分量的模式,其他位移分量的形式相同。

下面讨论选择单元位移函数的一般原则。首先,位移模式必须能够描述刚体位移,因此,必须包含常数项。其次,当给定的位移产生常数应变时,位移模式应能够描述常应变状态。由于应变由位移的一阶导数确定,位移模式必须包含一次项。所以,任何位移近似函数至少必须包含常数项和一次项

$$u=\beta_1+\beta_2x+\beta_3y$$

此即最简单的位移插值模式。此外,多项式选取应从低阶到高阶,并尽量取完全多项式以提高精度。

利用广义坐标有限元插值的单元分析一般过程如下:

假设位移模式为多项式

$$\boldsymbol{u}=\boldsymbol{\Phi\beta} \tag{3.77}$$

式中 $\boldsymbol{u}$ 为单元中任意一点的位移向量,$\boldsymbol{\Phi}$ 为多项式函数,$\boldsymbol{\beta}$ 为待定参数列向量。将结点坐标 (x_i,y_i) 代入上式得到

$$\boldsymbol{a}^e=\boldsymbol{\Phi}(x_i,y_i)\boldsymbol{\beta}=\boldsymbol{A\beta} \tag{3.78}$$

式中 $\boldsymbol{A}$ 为由结点坐标确定的矩阵。由此可确定参数

$$\boldsymbol{\beta}=\boldsymbol{A}^{-1}\boldsymbol{a}^e$$

将其代入式(3.77)可得

$$\boldsymbol{u} = \boldsymbol{\Phi\beta} = \boldsymbol{\Phi A}^{-1}\boldsymbol{a}^e = \boldsymbol{N}\boldsymbol{a}^e \tag{3.79}$$

式中 $\boldsymbol{N}$ 为位移插值函数矩阵。利用几何关系可得单元中任意点的应变

$$\boldsymbol{\varepsilon} = \boldsymbol{L}\boldsymbol{u} = \boldsymbol{LN}\boldsymbol{a}^e = \boldsymbol{B}\boldsymbol{a}^e$$

进一步利用本构关系可得单元中任意点的应力

$$\boldsymbol{\sigma} = \boldsymbol{D\varepsilon} = \boldsymbol{DB}\boldsymbol{a}^e = \boldsymbol{S}\boldsymbol{a}^e$$

值得一提的是，如 3.2.3 节中所述，对于三角形 3 结点单元，由于位移插值函数是一次的，其应变矩阵 $\boldsymbol{B}$ 和应力矩阵 $\boldsymbol{S}$ 在单元中均为常数。但是，当位移函数不是一次函数时，该两个矩阵均不再是常数矩阵。

利用最小势能原理可以建立单元和整体结构的平衡方程。单元刚度矩阵和结点等效载荷的计算式如下：

$$\boldsymbol{K}^e = \int_{V^e} \boldsymbol{B}^{\mathrm{T}}(x,y)\boldsymbol{DB}(x,y)\,\mathrm{d}V = \int_{A^e} \boldsymbol{B}^{\mathrm{T}}(x,y)\boldsymbol{DB}(x,y)\,t\,\mathrm{d}x\mathrm{d}y \tag{3.80}$$

$$\left.\begin{aligned} \boldsymbol{P}_{\mathrm{b}}^e &= \int_{V^e} \boldsymbol{N}^{\mathrm{T}}(x,y)\boldsymbol{f}\,\mathrm{d}V = \int_{A^e} \boldsymbol{N}^{\mathrm{T}}(x,y)\boldsymbol{f}\,t\,\mathrm{d}x\mathrm{d}y \\ \boldsymbol{P}_{\mathrm{s}}^e &= \int_{S_\sigma^e} \boldsymbol{N}^{\mathrm{T}}(x,y)\bar{\boldsymbol{t}}(x,y)\,\mathrm{d}S = \int_{l_\sigma^e} \boldsymbol{N}^{\mathrm{T}}(x,y)\bar{\boldsymbol{t}}(x,y)\,t\,\mathrm{d}l \end{aligned}\right\} \tag{3.81}$$

由此可见，单元刚度矩阵和等效结点载荷列向量的计算需要积分运算。如果采用广义坐标进行单元插值，每一个单元的积分限都不同，不便于程序实现。

广义坐标有限元方法对于有限元方法的理解非常重要。但是，实际应用中，广泛采用等参单元法。即利用局部自然坐标构造单元位移插值函数，然后通过等参变换将局部坐标系下的单元映射到整体坐标系中以离散实际结构。插值函数的构造和等参单元及其积分计算将在第 4 章和第 5 章详细介绍。

3.3　有限单元法的一般格式

弹性力学问题包括二维平面问题、轴对称问题和三维问题，本节给出这些问题的有限元一般格式。

3.3.1　二维平面问题

二维平面问题包括平面应力和平面应变问题。对于平面问题，可用如图 3.9 所示的三角形单元和四边形单元进行离散分析。不同的单元具有不同的结点数。平面问题的位移分量为 u 和 v，利用单元离散结构时，每个结点 i 具有两个位移分量 u_i 和 v_i，具有 n 个结点的二维单元结点位移列向量为

$$\boldsymbol{a}^e = [u_1 \quad v_1 \quad u_2 \quad v_2 \quad \cdots \quad u_n \quad v_n]^{\mathrm{T}} \tag{3.82}$$

位移插值的一般表达式为

$$u = \sum_{i=1}^{n} N_i u_i, \quad v = \sum_{i=1}^{n} N_i v_i \tag{3.83}$$

其中 N_i 为插值函数，不同的单元其插值函数的具体形式不同。该式可用矩阵表达为

$$\boldsymbol{u} = \boldsymbol{N}\boldsymbol{a}^e \tag{3.84}$$

式中

$$\begin{aligned}\boldsymbol{N} &= \begin{bmatrix} N_1 & 0 & N_2 & 0 & \cdots & N_n & 0 \\ 0 & N_1 & 0 & N_2 & \cdots & 0 & N_n \end{bmatrix} \\ &= [\boldsymbol{N}_1 \quad \boldsymbol{N}_2 \quad \cdots \quad \boldsymbol{N}_n]\end{aligned} \tag{3.85}$$

子矩阵 $\boldsymbol{N}_i = \begin{bmatrix} N_i & 0 \\ 0 & N_i \end{bmatrix}$ $(i=1,2,\cdots,n)$。由式(1.38)，单元中任意一点的应变

$$\boldsymbol{\varepsilon} = \begin{bmatrix} \varepsilon_x \\ \varepsilon_y \\ \gamma_{xy} \end{bmatrix} = \begin{bmatrix} \dfrac{\partial u}{\partial x} \\ \dfrac{\partial v}{\partial y} \\ \dfrac{\partial u}{\partial y} + \dfrac{\partial v}{\partial x} \end{bmatrix} = [\boldsymbol{B}_1 \quad \boldsymbol{B}_2 \quad \cdots \quad \boldsymbol{B}_n]\boldsymbol{a}^e = \boldsymbol{B}\boldsymbol{a}^e \tag{3.86}$$

式中 $\boldsymbol{B}$ 为应变矩阵，其子矩阵为

$$\boldsymbol{B}_i = \begin{bmatrix} \dfrac{\partial N_i}{\partial x} & 0 \\ 0 & \dfrac{\partial N_i}{\partial y} \\ \dfrac{\partial N_i}{\partial y} & \dfrac{\partial N_i}{\partial x} \end{bmatrix} \tag{3.87}$$

由式(1.39)，任意一点的应力

$$\boldsymbol{\sigma} = \begin{bmatrix} \sigma_x \\ \sigma_y \\ \tau_{xy} \end{bmatrix} = \boldsymbol{D}\boldsymbol{\varepsilon} = \boldsymbol{D}\boldsymbol{B}\boldsymbol{a}^e = \boldsymbol{S}\boldsymbol{a}^e \tag{3.88}$$

其中 $\boldsymbol{D}$ 为弹性矩阵。

类似于 3.2.5 节，二维单元的势能表达式为

$$\begin{aligned}\Pi_{\mathrm{p}}^e &= \int_{V^e} \frac{1}{2}\boldsymbol{\varepsilon}^{\mathrm{T}}\boldsymbol{D}\boldsymbol{\varepsilon}\,\mathrm{d}V - \int_{V^e} \boldsymbol{u}^{\mathrm{T}}\boldsymbol{f}\,\mathrm{d}V - \int_{S_\sigma^e} \boldsymbol{u}^{\mathrm{T}}\bar{\boldsymbol{t}}\,\mathrm{d}S \\ &= \int_{A^e} \frac{1}{2}\boldsymbol{\varepsilon}^{\mathrm{T}}\boldsymbol{D}\boldsymbol{\varepsilon}t\,\mathrm{d}A - \int_{A^e} \boldsymbol{u}^{\mathrm{T}}\boldsymbol{f}t\,\mathrm{d}A - \int_{l_\sigma^e} \boldsymbol{u}^{\mathrm{T}}\bar{\boldsymbol{t}}t\,\mathrm{d}l\end{aligned} \tag{3.89}$$

由最小势能原理可导出单元平衡方程 $\boldsymbol{K}^e\boldsymbol{a}^e = \boldsymbol{P}^e$，单元刚度矩阵的表达式为

$$\boldsymbol{K}^e = \int_{V^e} \boldsymbol{B}^{\mathrm{T}}\boldsymbol{D}\boldsymbol{B}\,\mathrm{d}V = \int_{A^e} \boldsymbol{B}^{\mathrm{T}}\boldsymbol{D}\boldsymbol{B}t\,\mathrm{d}A \tag{3.90}$$

式中 A^e 为单元面积，t 为单元的厚度。单元等效结点载荷

$$\boldsymbol{P}^e = \boldsymbol{P}_b^e + \boldsymbol{P}_s^e = \int_{A^e} \boldsymbol{N}^T \boldsymbol{f} t \mathrm{d}A + \int_{l_\sigma^e} \boldsymbol{N}^T \bar{\boldsymbol{t}} t \mathrm{d}l \tag{3.91}$$

3.3.2 轴对称问题

三维空间的几何轴对称结构，如果在轴对称边界条件下承受轴对称载荷，则可以简化为轴对称问题，如图 3.10 所示。对于轴对称问题，所有的变形和应力都与旋转角度无关，因此可看作 rz 平面，即旋转面内的二维问题。

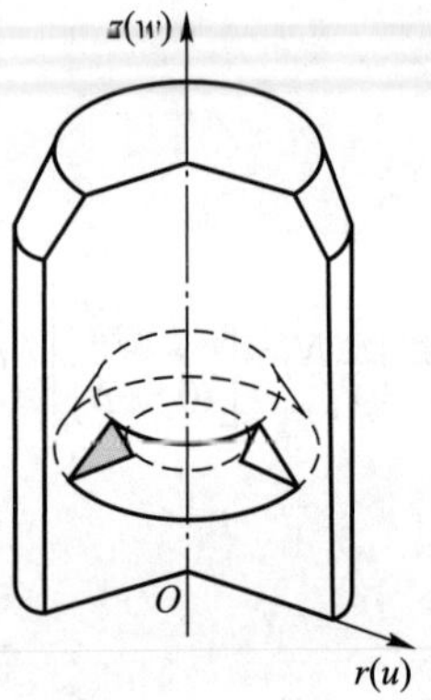

图 3.10　轴对称问题环状单元

利用有限元方法分析轴对称问题时，只需对轴对称面进行离散。用于离散平面问题的三角形和四边形单元都可以用于离散轴对称问题的对称面。后面将看到，计算单元刚度矩阵和等效结点载荷时需要进行环向积分，这种单元也可视为环状单元，参见图 3.10 所示。假设对称面上 r 和 z 方向的位移分量分别为 u 和 w，具有 n 个结点的单元结点位移列向量为

$$\boldsymbol{a}^e = [u_1 \quad w_1 \quad u_2 \quad w_2 \quad \cdots \quad u_n \quad w_n]^T \tag{3.92}$$

类似于平面问题，位移插值模式的一般表达式为

$$u = \sum_{i=1}^{n} N_i u_i, \quad w = \sum_{i=1}^{n} N_i w_i \tag{3.93}$$

该式用矩阵表达为

$$\boldsymbol{u} = \boldsymbol{N}\boldsymbol{a}^e$$

式中

$$\boldsymbol{N} = \begin{bmatrix} N_1 & 0 & N_2 & 0 & \cdots & N_n & 0 \\ 0 & N_1 & 0 & N_2 & \cdots & 0 & N_n \end{bmatrix} = [\boldsymbol{N}_1 \quad \boldsymbol{N}_2 \quad \cdots \quad \boldsymbol{N}_n] \tag{3.94}$$

由式(1.48)，单元中任意点的应变列向量为

$$\boldsymbol{\varepsilon} = \begin{bmatrix} \varepsilon_r \\ \varepsilon_z \\ \gamma_{rz} \\ \varepsilon_\theta \end{bmatrix} = \begin{bmatrix} \dfrac{\partial u}{\partial r} \\ \dfrac{\partial w}{\partial z} \\ \dfrac{\partial u}{\partial z} + \dfrac{\partial w}{\partial r} \\ \dfrac{u}{r} \end{bmatrix} = [\boldsymbol{B}_1 \quad \boldsymbol{B}_2 \quad \cdots \quad \boldsymbol{B}_n]\boldsymbol{a}^e = \boldsymbol{B}\boldsymbol{a}^e \tag{3.95}$$

其中

$$
\boldsymbol{B}_i = \begin{bmatrix} \dfrac{\partial N_i}{\partial r} & 0 \\ 0 & \dfrac{\partial N_i}{\partial z} \\ \dfrac{\partial N_i}{\partial z} & \dfrac{\partial N_i}{\partial r} \\ \dfrac{N_i}{r} & 0 \end{bmatrix} \tag{3.96}
$$

由式(1.49),单元中任意点的应力列向量

$$
\boldsymbol{\sigma} = \begin{bmatrix} \sigma_r \\ \sigma_z \\ \tau_{rz} \\ \sigma_\theta \end{bmatrix} = \boldsymbol{D\varepsilon} = \boldsymbol{DBa}^e = \boldsymbol{Sa}^e \tag{3.97}
$$

单元的势能表达式为

$$
\begin{aligned}
\Pi_{\mathrm{p}}^e &= \int_{V^e} \frac{1}{2}\boldsymbol{\varepsilon}^{\mathrm{T}}\boldsymbol{D\varepsilon}\mathrm{d}V - \int_{V^e}\boldsymbol{u}^{\mathrm{T}}\boldsymbol{f}\mathrm{d}V - \int_{S_\sigma^e}\boldsymbol{u}^{\mathrm{T}}\bar{\boldsymbol{t}}\mathrm{d}S \\
&= \int_0^{2\pi}\int_{A^e}\frac{1}{2}\boldsymbol{\varepsilon}^{\mathrm{T}}\boldsymbol{D\varepsilon}r\mathrm{d}A\mathrm{d}\theta - \int_0^{2\pi}\int_{A^e}\boldsymbol{u}^{\mathrm{T}}\boldsymbol{f}r\mathrm{d}A\mathrm{d}\theta - \int_0^{2\pi}\int_{l_\sigma^e}\boldsymbol{u}^{\mathrm{T}}\bar{\boldsymbol{t}}r\mathrm{d}l\mathrm{d}\theta \\
&= 2\pi\left(\int_{A^e}\frac{1}{2}\boldsymbol{\varepsilon}^{\mathrm{T}}\boldsymbol{D\varepsilon}r\mathrm{d}A - \int_{A^e}\boldsymbol{u}^{\mathrm{T}}\boldsymbol{f}r\mathrm{d}A - \int_{l_\sigma^e}\boldsymbol{u}^{\mathrm{T}}\bar{\boldsymbol{t}}r\mathrm{d}l\right)
\end{aligned} \tag{3.98}
$$

由最小势能原理可得单元平衡方程 $\boldsymbol{K}^e\boldsymbol{a}^e=\boldsymbol{P}^e$。单元刚度矩阵表达式为

$$
\boldsymbol{K}^e = \int_{V^e}\boldsymbol{B}^{\mathrm{T}}\boldsymbol{DB}\mathrm{d}V = \int_0^{2\pi}\int_{A^e}\boldsymbol{B}^{\mathrm{T}}\boldsymbol{DB}r\mathrm{d}A\mathrm{d}\theta = 2\pi\int_{A^e}\boldsymbol{B}^{\mathrm{T}}\boldsymbol{DB}r\mathrm{d}A \tag{3.99}
$$

单元的等效结点载荷为

$$
\boldsymbol{P}^e = \boldsymbol{P}_{\mathrm{b}}^e + \boldsymbol{P}_{\mathrm{s}}^e = 2\pi\int_{A^e}\boldsymbol{N}^{\mathrm{T}}\boldsymbol{f}r\mathrm{d}A + 2\pi\int_{l_\sigma^e}\boldsymbol{N}^{\mathrm{T}}\bar{\boldsymbol{t}}r\mathrm{d}l \tag{3.100}
$$

上式中的第一项 $\boldsymbol{P}_{\mathrm{b}}^e$ 为体积力产生的等效结点载荷,第二项 $\boldsymbol{P}_{\mathrm{s}}^e$ 为面载荷产生的等效结点载荷。如图 3.11a 所示,作用于圆柱上表面的分布载荷关于 z 轴对称,其在对称面上为线载荷。若圆柱表面作用一关于 z 轴对称的线载荷,则在对称面上为一集中载荷,如图 3.11b 所示。通常在集中载荷作用点设置一个结点,结点的集中载荷按下式计算:

$$
\boldsymbol{P}_F = 2\pi\boldsymbol{F} = 2\pi\begin{bmatrix} r_1\boldsymbol{F}_1 \\ r_2\boldsymbol{F}_2 \\ \vdots \\ r_n\boldsymbol{F}_n \end{bmatrix}, \quad \boldsymbol{F}_i = \begin{bmatrix} F_{ir} \\ F_{iz} \end{bmatrix} \tag{3.101}
$$

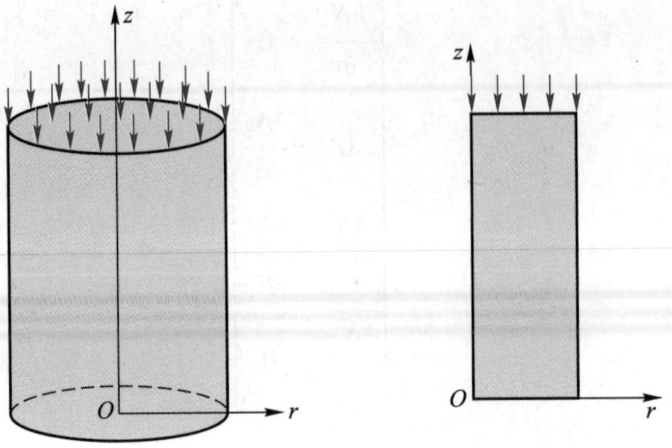

(a) 分布载荷对应于对称面上的线载荷

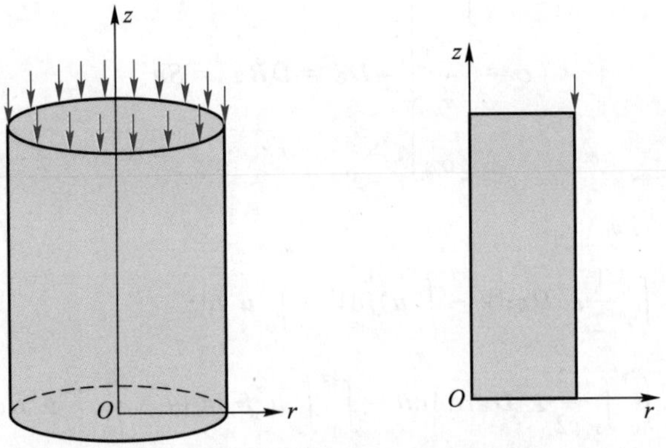

(b) 线载荷对应于对称面上的集中载荷

图 3.11　圆柱对称面上的载荷处理

3.3.3　三维实体问题

对于一般的三维实体问题，可采用四面体和六面体等单元进行离散（参见 4.1 节）。三维实体问题的位移分量为 u, v, w，具有 n 个结点的单元结点位移列向量为

$$\boldsymbol{a}^e = [u_1 \quad v_1 \quad w_1 \quad u_2 \quad v_2 \quad w_2 \quad \cdots \quad u_n \quad v_n \quad w_n]^{\mathrm{T}} \tag{3.102}$$

三个位移分量均需进行插值，位移插值的一般表达式可写为

$$u = \sum_{i=1}^{n} N_i u_i, \quad v = \sum_{i=1}^{n} N_i v_i, \quad w = \sum_{i=1}^{n} N_i w_i \tag{3.103}$$

不同的单元插值函数 N_i 的具体形式不同。插值模式用矩阵表达为

$$\boldsymbol{u} = \boldsymbol{N}\boldsymbol{a}^e$$

式中

$$\begin{aligned}\boldsymbol{N} &= \begin{bmatrix} N_1 & 0 & 0 & N_2 & 0 & 0 & \cdots & N_n & 0 & 0 \\ 0 & N_1 & 0 & 0 & N_2 & 0 & \cdots & 0 & N_n & 0 \\ 0 & 0 & N_1 & 0 & 0 & N_2 & \cdots & 0 & 0 & N_n \end{bmatrix} \\ &= [\boldsymbol{N}_1 \quad \boldsymbol{N}_2 \quad \cdots \quad \boldsymbol{N}_n]\end{aligned} \tag{3.104}$$

子矩阵 $\boldsymbol{N}_i=\begin{bmatrix} N_i & 0 & 0 \\ 0 & N_i & 0 \\ 0 & 0 & N_i \end{bmatrix}(i=1,2,\cdots,n)$。

由式(1.17),单元中任一点的应变列向量为

$$\boldsymbol{\varepsilon}=\begin{bmatrix} \varepsilon_x \\ \varepsilon_y \\ \varepsilon_z \\ \gamma_{xy} \\ \gamma_{yz} \\ \gamma_{zx} \end{bmatrix}=\begin{bmatrix} \dfrac{\partial u}{\partial x} \\ \dfrac{\partial v}{\partial y} \\ \dfrac{\partial w}{\partial z} \\ \dfrac{\partial u}{\partial y}+\dfrac{\partial v}{\partial x} \\ \dfrac{\partial v}{\partial z}+\dfrac{\partial w}{\partial y} \\ \dfrac{\partial u}{\partial z}+\dfrac{\partial w}{\partial x} \end{bmatrix}=[\boldsymbol{B}_1 \quad \boldsymbol{B}_2 \quad \cdots \quad \boldsymbol{B}_n]\boldsymbol{a}^e=\boldsymbol{B}\boldsymbol{a}^e \tag{3.105}$$

式中应变矩阵 $\boldsymbol{B}$ 的子矩阵表达式为

$$\boldsymbol{B}_i=\begin{bmatrix} \dfrac{\partial N_i}{\partial x} & 0 & 0 \\ 0 & \dfrac{\partial N_i}{\partial y} & 0 \\ 0 & 0 & \dfrac{\partial N_i}{\partial z} \\ \dfrac{\partial N_i}{\partial y} & \dfrac{\partial N_i}{\partial x} & 0 \\ 0 & \dfrac{\partial N_i}{\partial z} & \dfrac{\partial N_i}{\partial y} \\ \dfrac{\partial N_i}{\partial z} & 0 & \dfrac{\partial N_i}{\partial x} \end{bmatrix} \tag{3.106}$$

由式(1.25)可得单元中任一点的应力列向量

$$\boldsymbol{\sigma}=\begin{bmatrix} \sigma_x \\ \sigma_y \\ \sigma_z \\ \tau_{xy} \\ \tau_{yz} \\ \tau_{zx} \end{bmatrix}=\boldsymbol{D}\boldsymbol{\varepsilon}=\boldsymbol{D}\boldsymbol{B}\boldsymbol{a}^e=\boldsymbol{S}\boldsymbol{a}^e \tag{3.107}$$

单元势能表达式为

$$\Pi_{\mathrm{p}}^{e}=\int_{V^e}\frac{1}{2}\boldsymbol{\varepsilon}^{\mathrm{T}}\boldsymbol{D}\boldsymbol{\varepsilon}\mathrm{d}V-\int_{V^e}\boldsymbol{u}^{\mathrm{T}}\boldsymbol{f}\mathrm{d}V-\int_{S_{\sigma}^{e}}\boldsymbol{u}^{\mathrm{T}}\bar{\boldsymbol{t}}\mathrm{d}S \tag{3.108}$$

由最小势能原理可得单元平衡方程

$$\boldsymbol{K}^{e}\boldsymbol{a}^{e}=\boldsymbol{P}^{e}$$

单元刚度矩阵

$$\boldsymbol{K}^{e}=\int_{V^e}\boldsymbol{B}^{\mathrm{T}}\boldsymbol{D}\boldsymbol{B}\mathrm{d}V \tag{3.109}$$

单元等效结点载荷

$$\boldsymbol{P}^{e}=\boldsymbol{P}_{\mathrm{b}}^{e}+\boldsymbol{P}_{\mathrm{s}}^{e}=\int_{V^e}\boldsymbol{N}^{\mathrm{T}}\boldsymbol{f}\mathrm{d}V+\int_{S_{\sigma}^{e}}\boldsymbol{N}^{\mathrm{T}}\bar{\boldsymbol{t}}\mathrm{d}S \tag{3.110}$$

3.4　有限元解的收敛性

3.4.1　收敛准则

采用有限单元法时，不管网格划分多细，都不会达到真实系统的无穷多自由度，因而永远得不到能量的最小值。因此，为了使有限单元法的解收敛到正确值，位移插值函数必须满足特定的要求。显然，位移函数应该能够尽可能反映真实位移分布。如果单元结点上施加了刚体位移，所选择的位移函数却存在可能的应变，则不能得到收敛解。于是得到位移插值函数必须满足的以下要求：

准则 1：当结点位移为刚体位移时，插值函数必须不能产生应变。即选取的位移插值函数应满足单元的刚体位移不产生应变的要求，因此其必须包含常数项。

另外，当单元尺寸足够小时，插值函数应能反映常应变。事实上，如果存在常应变条件，要得到好的精度，则希望有限尺寸的单元也能够精确地反映该常应变。

准则 2：如果单元的结点位移与常应变条件匹配，则位移插值函数必须能够得到该常应变，因而必须包含一次项。

该两个准则称为插值函数需满足的完备性要求。另外，位移插值函数还应满足协调性要求：

准则 3：位移插值函数即使不能保证相邻单元间交界面上的应变是连续的，也必须保证相邻单元边界上的应变是有限的。

一般而言，如果出现在泛函中的场函数的最高阶导数是 m 阶，则单元内场函数的试探函数（插值函数）至少是 m 次完全多项式，即函数需满足完备性要求。如果出现在泛函中的场函数的最高阶导数是 m 阶，则试探函数在单元交界面上必须具有 C_{m-1} 连续性，即需满足协调性。这种单元称为 C_{m-1} 连续单元。前述弹性力学问题，其泛函 Π_{p} 中出现的位移最高阶导数为 1 阶,故其位移元为 C_0连续单元。满足上述条件的单元又称为协调单元。

3.4.2 收敛速度与离散误差

位移的精确解总可以在某一点(如结点)的邻域内按 Taylor 级数展开成多项式

$$\boldsymbol{u} = \boldsymbol{u}_i + \left(\frac{\partial \boldsymbol{u}}{\partial x}\right)_i \Delta x + \left(\frac{\partial \boldsymbol{u}}{\partial y}\right)_i \Delta y + \cdots$$

假设单元的特征尺寸为 h。若选择插值函数为 p 次多项式,则 $\Delta x, \Delta y \approx h$(量级),位移插值函数的误差为 $O(h^{p+1})$,其他量(如应变和应力)$\dfrac{\partial^m \boldsymbol{u}}{\partial \boldsymbol{x}^m}$的误差为 $O(h^{p-m+1})$。

以三角形 3 结点单元为例。$p=1$,位移的误差为 $O(h^2)$;应变的误差为 $O(h^{1-1+1}) = O(h)$。若精确解为 $\boldsymbol{u}$,第一次网格划分得到的近似解为 $\boldsymbol{u}_1$,误差为 $O(h^2)$;网格细化一倍后的近似解为 $\boldsymbol{u}_2$,其误差为$\dfrac{1}{4}O(h^2)$,则

$$\frac{\boldsymbol{u}_1 - \boldsymbol{u}}{\boldsymbol{u}_2 - \boldsymbol{u}} = \frac{O(h^2)}{O[(h/2)^2]} = 4, \quad \boldsymbol{u} = \frac{1}{3}(4\boldsymbol{u}_2 - \boldsymbol{u}_1)$$

可见,网格(单元)细化 1 倍,精度提高 4 倍。因此,有限元解的精度随单元网格的细化按指数增加,收敛快。

有限元方法中由于离散导致的误差的估计是一个重要问题。事实上,已经有比基于收敛速度更精确的误差估计方法,如基于网格自动细化的自适应分析方法等。离散误差并不是有限元计算中唯一的误差来源,计算机有效位数的舍入误差也会引起有限元的计算误差,此外,代数方程的数值求解过程也会降低计算精度,该误差可以通过提高计算机的有效位数得以减小。最后,在利用多项式描述的单元边或面近似实际结构的曲边或曲面时,也会带来误差。例如,用线性三角形单元近似圆形边界时会产生 $O(h^2)$ 阶误差。

3.4.3 位移元解的下限性

以位移为基本变量,并基于最小势能原理建立的有限元称之为位移元。由 3.2.7 节系统有限元方程的推导可知,系统总势能的离散形式[式(3.65)]为

$$\Pi_{\mathrm{p}} = \frac{1}{2}\boldsymbol{a}^{\mathrm{T}}\boldsymbol{K}\boldsymbol{a} - \boldsymbol{a}^{\mathrm{T}}\boldsymbol{P}$$

由 $\delta\Pi_{\mathrm{p}}=0$ 得到平衡方程 $\boldsymbol{K}\boldsymbol{a}=\boldsymbol{P}$,将其代入上式可得

$$\Pi_{\mathrm{p}} = \frac{1}{2}\boldsymbol{a}^{\mathrm{T}}\boldsymbol{K}\boldsymbol{a} - \boldsymbol{a}^{\mathrm{T}}\boldsymbol{K}\boldsymbol{a} = -\frac{1}{2}\boldsymbol{a}^{\mathrm{T}}\boldsymbol{K}\boldsymbol{a} = -U_{\varepsilon} \tag{3.111}$$

即在平衡条件下系统的总势能等于负的应变能 U_ε。读者也可以参考 2.5.4 节相关内容。有

限元的解是近似解,其对应的总势能总会大于真实解的总势能,即

$$\Pi_{p}(\boldsymbol{a}) \leqslant \tilde{\Pi}_{p}(\tilde{\boldsymbol{a}})$$

利用式(3.111)上式可写成

$$\tilde{\boldsymbol{a}}^{T}\tilde{\boldsymbol{K}}\tilde{\boldsymbol{a}} \leqslant \boldsymbol{a}^{T}\boldsymbol{K}\boldsymbol{a} \tag{3.112}$$

对于精确解和近似解有

$$\boldsymbol{K}\boldsymbol{a}=\boldsymbol{P}, \quad \tilde{\boldsymbol{K}}\tilde{\boldsymbol{a}}=\boldsymbol{P}$$

将其代入式(3.112)可得

$$\tilde{\boldsymbol{a}}^{T}\boldsymbol{P} \leqslant \boldsymbol{a}^{T}\boldsymbol{P} \tag{3.113}$$

由此式可见,近似解应变能小于精确解应变能的原因是近似解的位移总体上要小于精确解的位移。故由位移元得到的位移解总体上不大于精确解,即解具有下限性质。注意,位移解总体上小于精确解,并不是每一点的位移均小于精确解。再结合有限元方法的收敛性,随着网格的细化,有限元位移解总体上逐渐增大,以渐近形式接近真解。

3.5　线性代数方程组求解方法

在有限元系统方程中引入位移边界条件后,需求解代数方程组获得结点的位移,本节介绍线性代数方程组的数值求解方法。代数方程组可用矩阵表达为

$$\boldsymbol{A}\boldsymbol{x}=\boldsymbol{b} \tag{3.114}$$

式中 $\boldsymbol{A}$ 为 $n\times n$ 阶矩阵,$\boldsymbol{x}$ 和 $\boldsymbol{b}$ 是 $n\times 1$ 的向量,即

$$\boldsymbol{A}=\begin{bmatrix} a_{11} & a_{12} & \cdots & a_{1n} \\ a_{21} & a_{22} & \cdots & a_{2n} \\ \vdots & \vdots & & \vdots \\ a_{n1} & a_{n2} & \cdots & a_{nn} \end{bmatrix}, \quad \boldsymbol{x}=\begin{bmatrix} x_1 \\ x_2 \\ \vdots \\ x_n \end{bmatrix}, \quad \boldsymbol{b}=\begin{bmatrix} b_1 \\ b_2 \\ \vdots \\ b_n \end{bmatrix} \tag{3.115}$$

大型方程组的求解通常采用数值方法,其精度和效率与求解方法有关。代数方程组的求解方法一般有两类:直接求解和迭代求解,两类方法各有优势。

直接解法是通过矩阵运算直接对方程组进行求解。如果 $|\boldsymbol{A}|\neq 0$,该方程组的解可由下式求得

$$\boldsymbol{x}=\boldsymbol{A}^{-1}\boldsymbol{b}$$

然而,要求系数矩阵的逆 $\boldsymbol{A}^{-1}$ 一般计算代价昂贵,效率不高,且计算精度低。实际应用中通常采用 Gauss 消元法。Gauss 消元法是求解线性代数方程组最有效的方法。然而,尽管 Gauss 消元法适用于任何联立方程组,但其在有限元分析中的效率依赖于刚度矩阵的特点:对称性、正定性、带状性和稀疏性等。为节约计算机内存,数据的存储可采用一些特殊的方式,其求解的过程也需做相应的变化。当结构承受不同载荷作用时,平衡方程的左端不变,仅右端列向量发生变化,此时采用基于 Gauss 消元法的三角分解法可以大大提高计算效率。

迭代求解法是通过一定的格式对矩阵进行迭代计算求解线性方程组,如高斯-赛德尔迭代法和共轭梯度法等。

3.5.1 高斯(Gauss)消元法

基本的 Gauss 消元法是一个采取逐步消去未知数求解方程组的方法。下面首先通过一个例子来说明 Gauss 消元法求解代数方程组的过程和算法。求解如下方程组:

$$\begin{bmatrix} 5 & -4 & 1 & 0 \\ -4 & 6 & -4 & 1 \\ 1 & -4 & 6 & -4 \\ 0 & 1 & -4 & 5 \end{bmatrix}\begin{bmatrix} x_1 \\ x_2 \\ x_3 \\ x_4 \end{bmatrix}=\begin{bmatrix} 2 \\ -4 \\ 6 \\ -3 \end{bmatrix}$$

首先采用按列消元的方法将系数矩阵变换成一个上三角阵。假设该方程组各方程的编号依次为①、②、③、④。第 1 次消元将系数矩阵第一列中除第一行元素外的所有元素都变换成零,为此做变换:②$-\frac{-4}{5}\times$①,③$-\frac{1}{5}\times$①,④$-\frac{0}{5}\times$①,变换式中方程①前的系数是用当前方程中被消去的元素(变换成零的元素)除以其对角元素(主元)。则方程组变换成

$$\begin{bmatrix} 5 & -4 & 1 & 0 \\ 0 & \frac{14}{5} & -\frac{16}{5} & 1 \\ 0 & -\frac{16}{5} & \frac{29}{5} & -4 \\ 0 & 1 & -4 & 5 \end{bmatrix}\begin{bmatrix} x_1 \\ x_2 \\ x_3 \\ x_4 \end{bmatrix}=\begin{bmatrix} 2 \\ -\frac{12}{5} \\ \frac{28}{5} \\ -3 \end{bmatrix}$$

第 2 次消元:③$-\frac{-16/5}{14/5}\times$②,④$-\frac{1}{14/5}\times$②,变换式中方程②前的系数是用当前方程中被消去的元素除以其主元,得

$$\begin{bmatrix} 5 & -4 & 1 & 0 \\ 0 & \frac{14}{5} & -\frac{16}{5} & 1 \\ 0 & 0 & \frac{15}{7} & -\frac{20}{7} \\ 0 & 0 & -\frac{20}{7} & \frac{65}{14} \end{bmatrix}\begin{bmatrix} x_1 \\ x_2 \\ x_3 \\ x_4 \end{bmatrix}=\begin{bmatrix} 2 \\ -\frac{12}{5} \\ \frac{20}{7} \\ -\frac{15}{7} \end{bmatrix}$$

第 3 次消元:④$-\frac{-20/7}{15/7}\times$③,得

$$\begin{bmatrix} 5 & -4 & 1 & 0 \\ 0 & \frac{14}{5} & -\frac{16}{5} & 1 \\ 0 & 0 & \frac{15}{7} & -\frac{20}{7} \\ 0 & 0 & 0 & \frac{5}{6} \end{bmatrix} \begin{bmatrix} x_1 \\ x_2 \\ x_3 \\ x_4 \end{bmatrix} = \begin{bmatrix} 2 \\ -\frac{12}{5} \\ \frac{20}{7} \\ \frac{5}{3} \end{bmatrix}$$

现在方程组的系数矩阵变换成了一个上三角矩阵。接下来通过回代的过程很容易得到解。从最后一个方程④可以直接得到

$$x_4 = \frac{5/3}{5/6} = 2$$

再由方程③得到

$$\frac{15}{7}x_3 - \frac{20}{7}x_4 = \frac{20}{7},\quad x_3 = \frac{20/7 - (-20/7)x_4}{15/7} = 4$$

进一步依次由方程②和①得到

$$x_2 = \frac{-15/7 - (-16/5)x_3 - (1)x_4}{14/5} = 3,\quad x_1 = \frac{2 - (-4)x_2 - (1)x_3 - (0)x_4}{5} = 2$$

根据上述消元过程，对于 n 元线性代数方程组需进行 $n-1$ 次消元。第 k 次消元以 $k-1$ 次消元后第 k 行元素作为主元行，以 $a_k^{(k-1)}$ 为主元，对第 i 行元素（$i>k$）的消元公式为

$$\left.\begin{aligned} a_{ij}^{(k)} &= a_{ij}^{(k-1)} - \frac{a_{ik}^{(k-1)}}{a_{kk}^{(k-1)}}a_{kj}^{(k-1)} \\ b_i^{(k)} &= b_i^{(k-1)} - \frac{a_{ik}^{(k-1)}}{a_{kk}^{(k-1)}}b_k^{(k-1)} \end{aligned}\right\}\quad (k = 1,2,\cdots,n-1;i,j = k+1,\cdots,n) \tag{3.116}$$

式中带括号的上标表示消元的次数。在完成消元过程后，从最后一个方程开始回代求方程组的解

$$x_n = \frac{b_n^{(n-1)}}{a_{nn}^{(n-1)}} \tag{3.117a}$$

$$x_i = \frac{b_i^{(n-1)} - \sum_{j=i+1}^{n} a_{ij}^{(n-1)}x_j}{a_{ii}^{(n-1)}}\quad (i = n-1,n-2,\cdots,3,2,1) \tag{3.117b}$$

该过程便于计算机编程实现。

3.5.2 三角分解算法

三角分解算法是基于 Gauss 消元过程的另一表达形式。采用有限单元法求解静力学问题时，如果要计算结构在相同位移约束条件下承受不同载荷作用时的变形，则线性方

程组左端系数矩阵不变,右端列向量因载荷的不同而不同,这时采用基于 Gauss 消元的三角分解法可以大大提高求解效率。仍以上述例子说明三角分解算法的求解过程。将方程

$$\begin{bmatrix} 5 & -4 & 1 & 0 \\ -4 & 6 & -4 & 1 \\ 1 & -4 & 6 & -4 \\ 0 & 1 & -4 & 5 \end{bmatrix}\begin{bmatrix} x_1 \\ x_2 \\ x_3 \\ x_4 \end{bmatrix} = \begin{bmatrix} 2 \\ -4 \\ 6 \\ -3 \end{bmatrix}$$

记为

$$\boldsymbol{Ax} = \boldsymbol{b}$$

第 1 次消元:②$-\frac{-4}{5}\times$①,③$-\frac{1}{5}\times$①,④$-\frac{0}{5}\times$①,这一变换可表达为

$$\boldsymbol{L}_1^{-1}\boldsymbol{Ax} = \boldsymbol{L}_1^{-1}\boldsymbol{b}, \quad \boldsymbol{L}_1^{-1} = \begin{bmatrix} 1 & 0 & 0 & 0 \\ \frac{4}{5} & 1 & 0 & 0 \\ -\frac{1}{5} & 0 & 1 & 0 \\ 0 & 0 & 0 & 1 \end{bmatrix}$$

变换矩阵 $\boldsymbol{L}_1^{-1}$ 中对角元素均为 1,第一列中除主元外,其他元素为相应的变换系数,除此之外的其他所有元素均为零。可得

$$\begin{bmatrix} 5 & -4 & 1 & 0 \\ 0 & \frac{14}{5} & -\frac{16}{5} & 1 \\ 0 & -\frac{16}{5} & \frac{29}{5} & -4 \\ 0 & 1 & -4 & 5 \end{bmatrix}\begin{bmatrix} x_1 \\ x_2 \\ x_3 \\ x_4 \end{bmatrix} = \begin{bmatrix} 2 \\ -\frac{12}{5} \\ \frac{28}{5} \\ -3 \end{bmatrix}$$

第 2 次消元:③$-\frac{-16/5}{14/5}\times$②,④$-\frac{1}{14/5}\times$②,这一变换可表达为

$$\boldsymbol{L}_2^{-1}\boldsymbol{L}_1^{-1}\boldsymbol{Ax} = \boldsymbol{L}_2^{-1}\boldsymbol{L}_1^{-1}\boldsymbol{b}, \quad \boldsymbol{L}_2^{-1} = \begin{bmatrix} 1 & 0 & 0 & 0 \\ 0 & 1 & 0 & 0 \\ 0 & \frac{8}{7} & 1 & 0 \\ 0 & -\frac{5}{14} & 0 & 1 \end{bmatrix}$$

可得

$$
\begin{bmatrix} 5 & -4 & 1 & 0 \\ 0 & \frac{14}{5} & -\frac{16}{5} & 1 \\ 0 & 0 & \frac{15}{7} & -\frac{20}{7} \\ 0 & 0 & -\frac{20}{7} & \frac{65}{14} \end{bmatrix} \begin{bmatrix} x_1 \\ x_2 \\ x_3 \\ x_4 \end{bmatrix} = \begin{bmatrix} 2 \\ -\frac{12}{5} \\ \frac{20}{7} \\ -\frac{15}{7} \end{bmatrix}
$$

第 3 次消元：④$-\dfrac{-20/7}{15/7}\times$③，这一变换可表达为

$$
\boldsymbol{L}_3^{-1}\boldsymbol{L}_2^{-1}\boldsymbol{L}_1^{-1}\boldsymbol{A}\boldsymbol{x} = \boldsymbol{L}_3^{-1}\boldsymbol{L}_2^{-1}\boldsymbol{L}_1^{-1}\boldsymbol{b}, \quad \boldsymbol{L}_3^{-1} = \begin{bmatrix} 1 & 0 & 0 & 0 \\ 0 & 1 & 0 & 0 \\ 0 & 0 & 1 & 0 \\ 0 & 0 & \frac{4}{3} & 1 \end{bmatrix}
$$

可得

$$
\begin{bmatrix} 5 & -4 & 1 & 0 \\ 0 & \frac{14}{5} & -\frac{16}{5} & 1 \\ 0 & 0 & \frac{15}{7} & -\frac{20}{7} \\ 0 & 0 & 0 & \frac{5}{6} \end{bmatrix} \begin{bmatrix} x_1 \\ x_2 \\ x_3 \\ x_4 \end{bmatrix} = \begin{bmatrix} 2 \\ -\frac{12}{5} \\ \frac{20}{7} \\ \frac{5}{3} \end{bmatrix}
$$

因此，Gauss 消元的过程可以看作对系数矩阵和右端列向量的如下变换过程：

$$
\boldsymbol{L}_3^{-1}\boldsymbol{L}_2^{-1}\boldsymbol{L}_1^{-1}\boldsymbol{A} = \boldsymbol{S}, \quad \boldsymbol{L}_3^{-1}\boldsymbol{L}_2^{-1}\boldsymbol{L}_1^{-1}\boldsymbol{b} = \boldsymbol{V}
$$

变换后的方程组成为

$$
\boldsymbol{S}\boldsymbol{x} = \boldsymbol{V}
$$

式中 $\boldsymbol{S}$ 为上三角矩阵。进一步按前述回代过程即可求得方程组的解。

由上述过程可见，对于 n 元方程组，Gauss 消元过程可以表达为如下变换过程：

$$
\boldsymbol{L}_{n-1}^{-1}\boldsymbol{L}_{n-2}^{-1}\cdots\boldsymbol{L}_1^{-1}\boldsymbol{A} = \boldsymbol{S} \tag{3.118a}
$$

$$
\boldsymbol{L}_{n-1}^{-1}\boldsymbol{L}_{n-2}^{-1}\cdots\boldsymbol{L}_1^{-1}\boldsymbol{b} = \boldsymbol{V} \tag{3.118b}
$$

式中

$$
\boldsymbol{L}_k^{-1}=\begin{bmatrix}
1 & 0 & \cdots & 0 & 0 & \cdots & 0 & 0\\
0 & 1 & \cdots & 0 & 0 & \cdots & 0 & 0\\
\vdots & \vdots & & \vdots & \vdots & & \vdots & \vdots\\
0 & 0 & \cdots & 1 & 0 & \cdots & 0 & 0\\
0 & 0 & \cdots & -l_{k+1,k} & 1 & \cdots & 0 & 0\\
0 & 0 & \cdots & -l_{k+2,k} & 0 & \cdots & 0 & 0\\
\vdots & \vdots & & \vdots & \vdots & & \vdots & \vdots\\
0 & 0 & \cdots & -l_{n,k} & 0 & \cdots & 0 & 1
\end{bmatrix}
\tag{3.119}
$$

其中

$$
l_{k+j,k}=\frac{a_{k+j,k}^{(k-1)}}{a_{k,k}^{(k-1)}}
\tag{3.120}
$$

称为 Gauss 因子。式(3.119)中除了对角元素为 1 和 Gauss 因子外，其他所有元素为 0。由式(3.118a)可得

$$
\boldsymbol{A}=\boldsymbol{L}_1\boldsymbol{L}_2\cdots\boldsymbol{L}_{n-1}\boldsymbol{S}=\boldsymbol{L}\boldsymbol{S}
\tag{3.121}
$$

其中

$$
\boldsymbol{L}_k=\begin{bmatrix}
1 & 0 & \cdots & 0 & 0 & \cdots & 0 & 0\\
0 & 1 & \cdots & 0 & 0 & \cdots & 0 & 0\\
\vdots & \vdots & & \vdots & \vdots & & \vdots & \vdots\\
0 & 0 & \cdots & 1 & 0 & \cdots & 0 & 0\\
0 & 0 & \cdots & l_{k+1,k} & 1 & \cdots & 0 & 0\\
0 & 0 & \cdots & l_{k+2,k} & 0 & \cdots & 0 & 0\\
\vdots & \vdots & & \vdots & \vdots & & \vdots & \vdots\\
0 & 0 & \cdots & l_{n,k} & 0 & \cdots & 0 & 1
\end{bmatrix}
\tag{3.122}
$$

可以得到

$$
\boldsymbol{L}=\begin{bmatrix}
1 & 0 & 0 & 0 & \cdots & 0\\
l_{21} & 1 & 0 & 0 & \cdots & 0\\
l_{31} & l_{32} & 1 & 0 & \cdots & 0\\
l_{41} & l_{42} & l_{43} & 1 & \cdots & 0\\
\vdots & \vdots & \vdots & \vdots & & \vdots\\
l_{n1} & l_{n2} & l_{n3} & l_{n4} & \cdots & 1
\end{bmatrix}
\tag{3.123}
$$

$\boldsymbol{L}$ 为下三角阵。前面已经知道 $\boldsymbol{S}$ 为上三角矩阵，所以矩阵 $\boldsymbol{A}$ 可以分解为一个下三角矩阵和一个上三角矩阵的乘积：

$$
\boldsymbol{A}=\boldsymbol{L}\boldsymbol{S}
\tag{3.124}
$$

此分解称为乔列斯基(**Cholesky**)分解，也称为三角分解。

如果矩阵 $\boldsymbol{A}$ 为对称的，令 $\boldsymbol{S}=\boldsymbol{D}\tilde{\boldsymbol{S}}$，$\boldsymbol{D}$ 为对角阵，则

$$\boldsymbol{A} = \boldsymbol{L}\boldsymbol{D}\tilde{\boldsymbol{S}}$$

因为 $\boldsymbol{A}$ 是对称的，上式的转置为

$$\boldsymbol{A}^{\mathrm{T}} = (\boldsymbol{L}\boldsymbol{D}\tilde{\boldsymbol{S}})^{\mathrm{T}} = \tilde{\boldsymbol{S}}^{\mathrm{T}}\boldsymbol{D}\boldsymbol{L}^{\mathrm{T}} = \boldsymbol{A} = \boldsymbol{L}\boldsymbol{D}\tilde{\boldsymbol{S}}$$

可见

$$\tilde{\boldsymbol{S}} = \boldsymbol{L}^{\mathrm{T}}$$

于是得到

$$\boldsymbol{A} = \boldsymbol{L}\boldsymbol{D}\boldsymbol{L}^{\mathrm{T}} \tag{3.125}$$

由式(3.114)和式(3.124)可得

$$\boldsymbol{A}\boldsymbol{x} = \boldsymbol{L}\boldsymbol{S}\boldsymbol{x} = \boldsymbol{b}$$

令

$$\boldsymbol{S}\boldsymbol{x} = \boldsymbol{V} \tag{3.126}$$

则

$$\boldsymbol{L}\boldsymbol{V} = \boldsymbol{b} \tag{3.127}$$

因此，方程的求解过程先按式(3.127)确定列向量 $\boldsymbol{V}$，再由式(3.126)回代即可得到 $\boldsymbol{x}$。由于 $\boldsymbol{L}$ 为下三角矩阵，$\boldsymbol{S}$ 为上三角矩阵，方程的求解过程可写为

$$V_1 = b_1, \quad V_i = b_i - \sum_{j=1}^{i-1} l_{ij} V_j \quad (i = 2,3,\cdots,n)$$

$$x_n = V_n / S_{nn}, \quad x_i = \left(V_i - \sum_{j=i+1}^{n} S_{ij} x_j\right) / S_{ii} \quad (i = n-1, n-2, \cdots, 1)$$

对于方程的系数矩阵 $\boldsymbol{A}$ 不变，仅右端列向量 $\boldsymbol{b}$ 不同的情况，只需进行一次三角分解。在对矩阵 $\boldsymbol{A}$ 进行三角分解后，对于不同列向量 $\boldsymbol{b}$，首先按式(3.127)进行变换得到列向量 $\boldsymbol{V}$，然后利用式(3.126)回代即可求解得到对应的 $\boldsymbol{x}$。可见，三角分解法对于方程系数矩阵不变，仅右端列向量发生变化的情况，可以大大提高计算效率。这在弹性动力学有限元方程时间积分过程中也非常重要。

基于前述过程，三角分解的递推公式如下：

$$S_{11} = a_{11}$$

$$l_{11} = 1$$

$$l_{j1} = a_{j1} / S_{11} \quad (j = 2,3,\cdots,n)$$

$$S_{1j} = a_{1j} \quad (j = 2,3,\cdots,n)$$

$$l_{ji} = \left(a_{ji} - \sum_{k=1}^{i-1} l_{jk} S_{ki}\right) / S_{ii}$$

$$S_{ij} = a_{ij} - \sum_{k=1}^{i-1} l_{ik} S_{ki} \quad (i = 1,2,\cdots,j-1)$$

$$l_{jj} = 1$$

$$S_{jj} = a_{jj} - \sum_{k=1}^{i-1} l_{jk} S_{kj}$$

这里 S_{ij} 是上三角矩阵 $\boldsymbol{S}$ 的元素。该过程便于计算机编程实现。

3.5.3 迭代解法

对于很多问题，采用基于 Gauss 消元的直接求解方法都非常有效。然而，对于大型结构的有限元分析，直接求解方法需要很大的计算机内存保存数据，且大型方程组消元过程的累计误差较大。实际应用中，计算机内存常常限制有限元分析结构的规模，而迭代算法所需计算机内存要小得多。迭代算法的收敛性是关键，加速收敛算法的出现使得迭代求解方法得到了广泛应用。已有很多迭代求解算法，如雅可比（Jacobi）迭代算法、高斯-赛德尔（Gauss-Seidel）迭代法和共轭梯度算法等。

迭代算法的基本思想如下：求解代数方程

$$\boldsymbol{Ax} = \boldsymbol{b}$$

假设

$$\boldsymbol{x} = \overline{\boldsymbol{A}}\boldsymbol{x} + \overline{\boldsymbol{b}} \tag{3.128}$$

构造迭代格式

$$\boldsymbol{x}^{k+1} = \overline{\boldsymbol{A}}\boldsymbol{x}^{k} + \overline{\boldsymbol{b}} \quad (k = 0,1,\cdots) \tag{3.129}$$

选择迭代初始列向量 $\boldsymbol{x}^0 = [x_1^0 \quad x_2^0 \quad \cdots \quad x_n^0]^{\mathrm{T}}$，然后按上式进行迭代计算。当前后两次迭代结果的误差小于误差容限，即认为得到收敛解。可采用下式判断迭代误差

$$\frac{\| \boldsymbol{x}^{k+1} - \boldsymbol{x}^{k} \|_2}{\| \boldsymbol{x}^{k+1} \|_2} < \varepsilon \tag{3.130}$$

其中 ε 为误差容限，其大小取决于对计算精度的要求。

共轭梯度算法是最有效和简单的迭代算法之一，其计算过程如下：

（1）取初值 $\boldsymbol{x}^0$

（2）计算

$$\boldsymbol{g}^0 = \boldsymbol{Ax}^0 - \boldsymbol{b}, \quad \boldsymbol{d}^0 = -\boldsymbol{g}^0 \tag{3.131}$$

（3）$k=0,1,2,\cdots$循环

$$\alpha^k = \frac{(\boldsymbol{g}^k)^{\mathrm{T}}\boldsymbol{g}^k}{(\boldsymbol{d}^k)^{\mathrm{T}}\boldsymbol{A}\boldsymbol{d}^k} \tag{3.132}$$

$$\boldsymbol{x}^{k+1} = \boldsymbol{x}^k + \alpha^k \boldsymbol{d}^k \tag{3.133}$$

判断误差 $\dfrac{\| \boldsymbol{x}^{k+1} - \boldsymbol{x}^{k} \|_2}{\| \boldsymbol{x}^{k+1} \|_2} < \varepsilon$，若满足，结束计算得到方程的解，否则进入后面的计算：

$$\boldsymbol{g}^{k+1} = \boldsymbol{g}^k + \alpha^k \boldsymbol{A}\boldsymbol{d}^k \tag{3.134}$$

$$\beta^k = \frac{(\boldsymbol{g}^{k+1})^{\mathrm{T}}\boldsymbol{g}^{k+1}}{(\boldsymbol{g}^k)^{\mathrm{T}}\boldsymbol{g}^k} \tag{3.135}$$

$$\boldsymbol{d}^{k+1} = -\boldsymbol{g}^{k+1} + \beta^k \boldsymbol{d}^k \tag{3.136}$$

返回（3）进入下一循环。

3.5.4 有限元刚度矩阵在计算机中的存储方法

如前所述,有限元代数方程中的刚度矩阵(系数矩阵)是对称的,为了节省计算机内存,可以只存储矩阵的上三角或下三角矩阵。又由于刚度矩阵具有稀疏性,矩阵中的绝大多数元素为零元素,且系数矩阵具有带状性,非零元素集中在对角线附近,在计算机中可以采用二维或一维存储方式,从而大大节约计算机内存。

参见图 3.8,若系数矩阵为 $n\times n$ 阶,其半带宽为 D,则系数矩阵的上三角阵中所有的非零元素都包含在主对角线以上的等带宽中。可以采用二维等带宽存储方法,将这些元素保存在计算机中。以图 3.12 所示 8×8 的系数矩阵为例。假设其系数矩阵如图 3.12a 中所示,其半带宽为 4,则等带宽中的所有元素可以保存在一个 8×4 的矩阵中,如图 3.12b 所示为这些元素的实际位置。在保存这些系数的二维数组中元素的编号如图 3.12c 所示。若把元素在系数矩阵中的行列编码记为 i,j,而其在二维数组中的新的行列编码记为 i',j',则有如下关系:

$$i' = i,\quad j' = j - i + 1 \tag{3.137}$$

例如,原系数矩阵中的元素 k_{67} 在二维等带宽数组中的位值为 k_{62}。采用二维等带宽存储方式,去除了带宽以外的所有零元素,较之全部上三角矩阵大大节约了内存,对大型结构刚度矩阵这一特点尤其明显。但是,采用等带宽存储方法不能去除带宽以内的零元素,为了更节约内存,可以采用一维变带宽存储方式。

$$
\begin{bmatrix}
k_{11} & k_{12} & 0 & k_{14} & 0 & 0 & 0 & 0 \\
 & k_{22} & k_{23} & 0 & 0 & 0 & 0 & 0 \\
 & & k_{33} & k_{34} & 0 & k_{36} & 0 & 0 \\
 & & & k_{44} & k_{45} & k_{46} & 0 & 0 \\
 & & & & k_{55} & k_{56} & 0 & k_{58} \\
 & & & & & k_{66} & k_{67} & 0 \\
 & & & & & & k_{77} & k_{78} \\
 & & & & & & & k_{88}
\end{bmatrix}
\begin{bmatrix}
k_{11} & k_{12} & 0 & k_{14} \\
k_{22} & k_{23} & 0 & 0 \\
k_{33} & k_{34} & 0 & k_{36} \\
k_{44} & k_{45} & k_{46} & 0 \\
k_{55} & k_{56} & 0 & k_{58} \\
k_{66} & k_{67} & 0 & 0 \\
k_{77} & k_{78} & 0 & 0 \\
k_{88} & 0 & 0 & 0
\end{bmatrix}
\begin{bmatrix}
k_{11} & k_{12} & k_{13} & k_{14} \\
k_{21} & k_{22} & k_{23} & k_{24} \\
k_{31} & k_{32} & k_{33} & k_{34} \\
k_{41} & k_{42} & k_{43} & k_{44} \\
k_{51} & k_{52} & k_{53} & k_{54} \\
k_{61} & k_{62} & k_{63} & k_{64} \\
k_{71} & k_{72} & k_{73} & k_{74} \\
k_{81} & k_{82} & k_{83} & k_{84}
\end{bmatrix}
$$

(a)　(b)　(c)

$$
\begin{bmatrix}
A(1) & A(3) & & A(9) & & & & \\
 & A(2) & A(5) & A(8) & & & & \\
 & & A(4) & A(7) & & A(15) & & \\
 & & & A(6) & A(11) & A(14) & & \\
 & & & & A(10) & A(13) & & A(21) \\
 & & & & & A(12) & A(17) & A(20) \\
 & & & & & & A(16) & A(19) \\
 & & & & & & & A(18)
\end{bmatrix}
\qquad A(21), M(9)
$$

(d)　(e)

图 3.12　系数矩阵二维等带宽和一维变带宽存储示例

一维变带宽存储是把变化的带宽内的元素按一定的顺序存储在一维数组中。按照求解方法,可以分为按行一维变带宽存储和按列一维变带宽存储两种方式。仍然以图 3.12a 所示系数矩阵为例。按列存储变带宽存储是按列依次存储元素,每列元素从主对角元素开始直到该列中最高位置的非零元素,即行号最小的非零元素为止,如图 3.12a 中实线包围的元素。相较于二维等带宽存储方式,一维变带宽少保存了一些零元素,这种方式更节约内存。如图 3.12d 中所示为一维变带宽数组中保存的元素顺序。此外,利用一维变带宽存储元素时,还需要用一个整型数组 $M(n+1)$ 记录主对角元素在一维数组中的位置。对于图 3.12d 中的一维数组,$M(8+1)$ 数组中的元素为

$$M(1,2,4,6,10,12,16,18,22)$$

前 n 个元素记录了主对角元素的位置,最后一个数是该一维数组的长度加 1。

利用该整型数组,可以按下式计算每一列元素的列高 N_i,即保存的每列元素的个数,以及每列元素的起始行号 m_i:

$$N_i = M(i-1) - M(i), \quad m_i = i - N_i + 1 \tag{3.138}$$

进而可以确定原系数矩阵中每一元素在一维变带宽数组中的位置。一维变带宽存储是最节约内存的存储方法,但程序编制较等带宽存储方式复杂。无论采用二维等带宽存储还是一维变带宽存储,都可以确定原系数矩阵中每一个元素的位置和数值,因而通过算法和编程都可以实现 Gauss 消元过程、三角分解算法以及迭代算法等。

3.6 静力问题有限元法求解过程

前面以三角形 3 结点单元为例,介绍了二维平面问题的有限元格式,本节阐述利用有限元方法求解弹性力学问题的基本过程。

(1) 建立力学简化模型。首先应针对具体的弹性力学问题,选择研究对象,建立力学简化模型。

(2) 结构离散化。根据具体问题,选择合适的单元对结构划分网格,进行离散化。

(3) 数据准备。要完成有限元分析,需要准备和输入以下数据:

(a) 材料性质。包括材料的力学性能常数弹性模量和泊松比。若要考虑自重力的作用,还应输入材料的密度。

(b) 结点坐标和编号。输入离散结构的每一个结点的空间坐标,并给每一个结点进行编号。

(c) 单元定义。给出所有单元的编号及其单元定义。单元定义是指每一个单元的局部结点所对应的整体结点编号。局部结点编号的顺序沿逆时针方向。

(d) 力边界条件。边界上给定的力可以是分布力和集中力。作用有分布力时需考虑是何种形式的分布力,作用在哪些单元的哪条边上。若有集中力,在集中力施加点设置一个结点,这样就无须对其进行等效处理。

(e) 位移边界条件。定义给定位移的结点自由度及其位移的大小。固定约束结点的位

移为零。

(4) 计算单元刚度矩阵。对所有单元进行循环,计算其刚度矩阵。

(5) 计算单元等效结点载荷。对所有单元循环,计算单元的等效结点载荷。若单元上无外载荷作用,则无须计算。

(6) 形成结构刚度矩阵。将所有单元刚度矩阵进行组集,得到结构的整体刚度矩阵。程序实现过程是边计算单元刚度矩阵边进行组集的。

(7) 形成结构等效结点载荷列向量。将所有单元的等效结点载荷进行组集,得到结构所有结点的载荷列向量。程序实现过程是边计算单元等效结点载荷边进行组集的。

(8) 引入位移边界条件。在整体结构有限元平衡方程中引入位移边界条件,消除代数方程组系数矩阵的奇异性。

(9) 求解线性方程组。利用 Gauss 消元法或迭代法求解平衡方程,得到所有结点的位移。

(10) 计算单元应变和应力。根据需要计算单元中任意点的应变和应力。

(11) 输出计算结果。可以以图表的方式输出结点的位移、应变、应力。通常利用变形图反映结构的变形;以云图的方式给出应变和应力的分布。此外,还可根据需要,输出特定点的计算结果。

求解线弹性力学问题有限元的计算程序流程如图 3.13 所示。

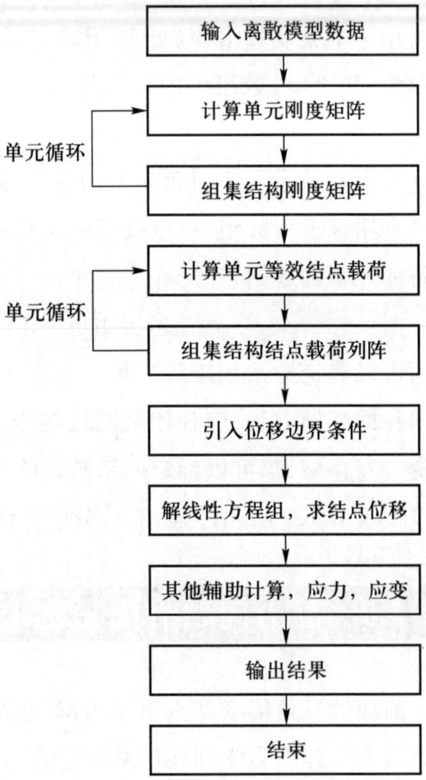

图 3.13　有限元计算流程图

3.7　数值算例:带中心圆孔矩形板拉伸问题

本节以带中心圆孔板的拉伸问题为例,说明有限元结构分析问题的基本过程。如图 3.14 所示为一带中心圆孔的矩形平板,两边受均匀拉伸作用。矩形板的长度为 500 mm,宽度为 400 mm,厚度为 1 mm,圆孔半径为 50 mm。板材的弹性模量为 200 GPa,泊松比为 0.3。两边受 100 N/mm^2 的均匀拉伸载荷作用。用有限元方法计算该矩形板在外载荷

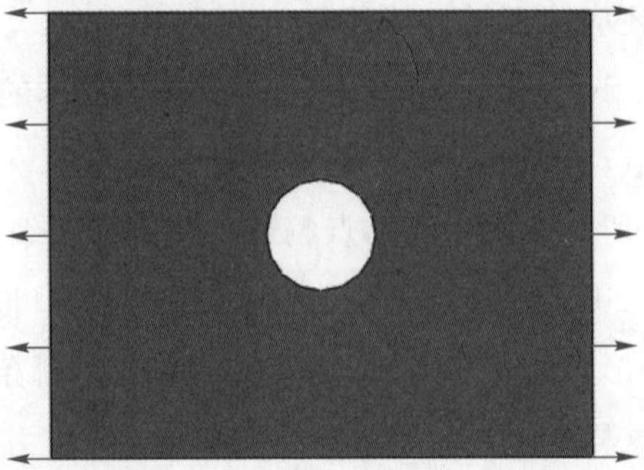

图 3.14　受均匀拉伸作用带中心圆孔的矩形平板

作用下的变形和应力。本算例采用 ABAQUS 软件建模和计算。

下面介绍利用有限元分析该问题的基本过程：

第 1 步：建立力学分析模型。根据弹性力学知识，该问题可以简化为平面应力问题。根据对称性，还可以简化为 1/4 模型，如图 3.15a 所示。该模型的左边和下边为对称边，左边水平方向位移为零，下边竖直方向的位移为零。右边施加均匀拉伸载荷。

第 2 步：建立有限元分析模型。现有的通用有限元结构分析软件，如 ABAQUS，ANSYS 和 NASTRAN 等都有前处理模块，可以方便地建立有限元模型。在建立有限元模型时，首先要统一几何量和物理量的单位。为了统一单位，本算例长度单位用 mm，载荷用 N，则弹性模量和应力用 MPa。因此，建立模型时输入的数据需按相应的单位进行转换，弹性模量应输入 2×10^5 MPa，其他数据则不变。当然，这些量的单位也可以采用单位 m，N 和 Pa。在模型的输入数据中无须输入单位。建立有限元模型的具体过程如下：

（1）建立几何模型。

（2）赋予模型材料参数。输入的材料参数数据包括弹性模量 2×10^5，泊松比 0.3。

（3）施加位移和力的边界条件。根据力学分析模型，本算例模型的左边施加水平方向位移约束，下边施加竖直方向位移约束。在右边施加均匀分布的拉伸载荷，输入数据 100。

（4）划分网格。网格划分确定每一个结点的编号和空间坐标，每一个单元的编号及其定义（每一个单元所包含结点的整体编号）。本算例采用三角形 3 结点单元离散，划分的网格如图 3.15b 所示。

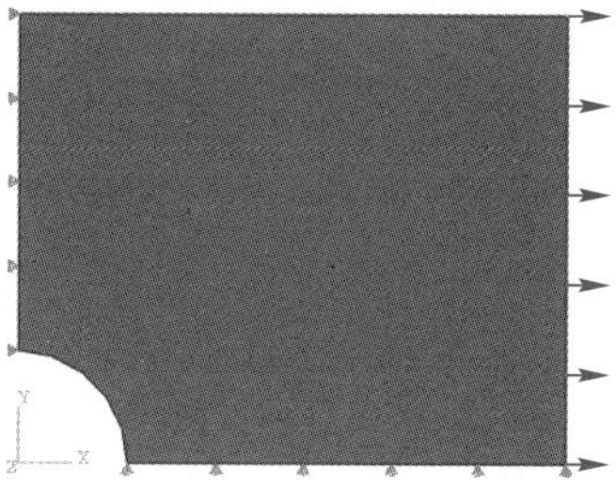

(a) 力学简化模型

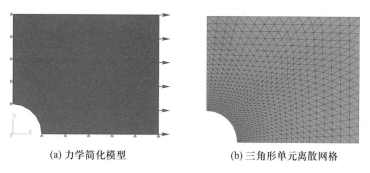

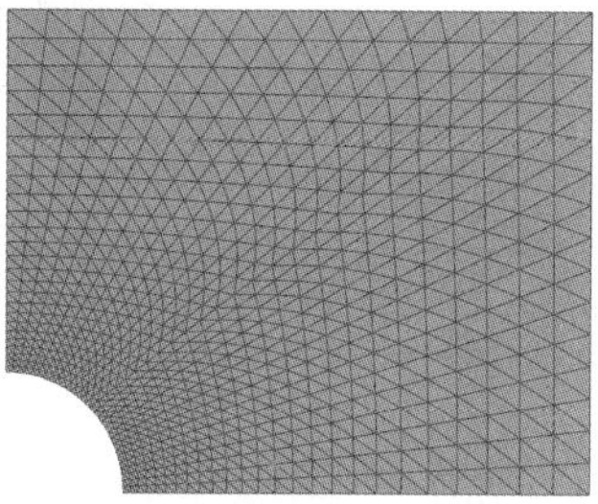

(b) 三角形单元离散网格

图 3.15 受均匀拉伸作用带中心圆孔矩形板的有限元模型

第 3 步：提交作业进行有限元计算。在完成有限元建模以后，即可进行计算，得到结构的位移、应变和应力等。

第 4 步：分析有限元计算结果。有限元的计算结果通常采用可视化方法显示，也可以根据需要获取具体位置的具体数值。本算例的计算结果如图 3.16 所示。图 3.16a 所示为变形及位移分布，图中同时给出了变形前和变形后的结构图。为了直观，变形图的位移进行了放大。其左上角的图标给出了不同颜色对应的位移的大小。该矩形板的最大位移为 0.153 3 mm。图 3.16b 和图 3.16c 分别为最大主应变和 Mises 等效应力的分布。最大主应变为 1.68×10^{-3}；

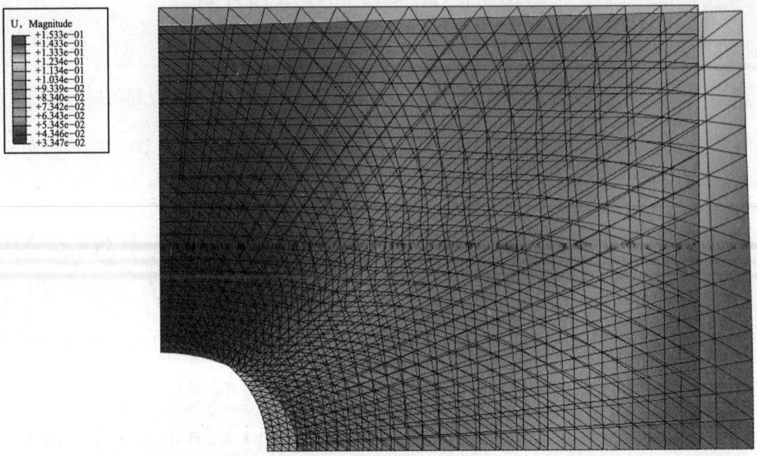

(a) 变形及位移分布

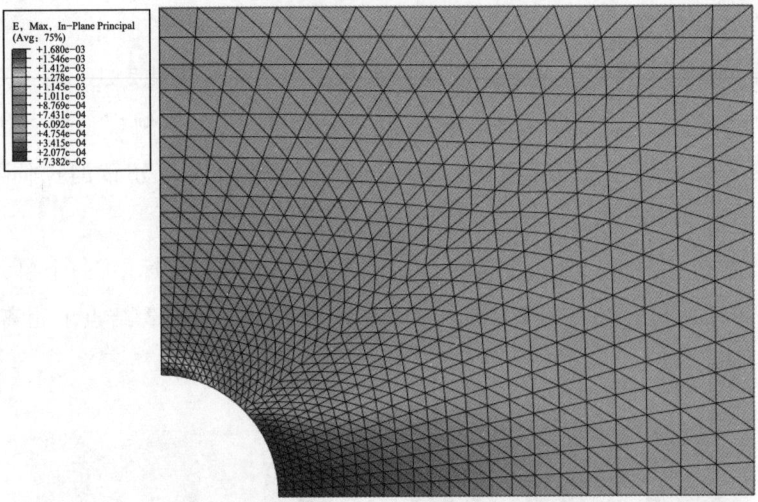

(b) 最大主应变分布

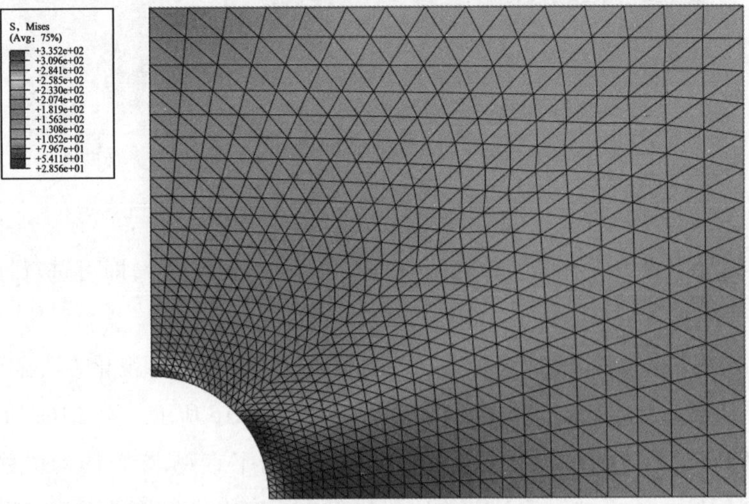

(c) Mises 等效应力分布

图 3.16　受均匀拉伸作用带中心圆孔矩形板的有限元计算结果

最大 Mises 等效应力为 335.2 MPa,最大 Mises 应力出现在圆孔的顶点处,产生了应力集中,和弹性力学理论解的规律一致。若知道材料的容许应力,即可以判断其强度是否满足要求。值得注意的是,图中所有数据均没有给出单位,各个量的单位是在建立有限元模型时协调统一的,所有计算软件均不会给出单位,这一点必须引起重视。

至此,该问题的有限元分析过程完成了。值得一提的是,本算例仅介绍有限元分析的基本过程,关于有限元分析更详细的过程和需要注意的问题,如单元选择、计算精度和网格收敛等将在第 6 章详细介绍。

3.8 小结

有限单元法将具有无穷多自由度的连续体离散成具有特定几何形状的单元的集合体,用离散结构近似原结构。以离散结构结点的位移为基本变量,通过插值函数将单元内任一点的位移用结点位移表达,进一步利用几何关系和本构关系将单元中任意点的应变和应力均用结点位移表达。进而利用弹性力学的最小势能原理或 Galerkin 加权残值法建立以结点位移为基本变量的有限元平衡方程。

有限元离散结构时需建立单元中任意点的位移与单元结点位移之间的关系,即构造位移插值函数。位移函数必须满足:结点上的刚体位移不产生应变,即位移函数必须包括常数项;结点上给定产生常应变的位移时在单元中的应变要为常数,即位移函数必须包括一次项;相邻单元交界处的应变要为有限值,即单元之间的位移必须连续。满足该三个条件的单元称为协调单元。

利用最小势能原理或 Galerkin 加权残值法建立有限元平衡方程时,视位移边界条件为位移近似函数预先满足的边界条件,为强制边界条件;给定力的边界条件在建立有限元平衡方程时自动满足,为自然边界条件。体积力和边界力作为等效载荷作用在单元结点上。求解有限元静力平衡方程时必须先引入位移边界条件消除刚度矩阵的奇异性,即消除刚体位移,方能得到唯一解。采用 Gauss 消元或迭代法数值求解有限元代数方程组,得到结点位移。利用单元的结点位移可以计算单元中任意点的位移、应变和应力。

以位移为基本变量的有限元称为位移元。基于最小势能原理得到的有限元的解具有下限性,即基于位移元得到的结构的整体位移相较于其真实位移偏小。另外,随着网格的细化,有限元的位移解以渐近方式接近于真实解,计算精度随单元网格的细化按指数提高,收敛速度快。

本章介绍的三角形 3 结点单元的位移插值函数用整体坐标描述,这种方法称为广义坐标法。这种单元使用时无须坐标变换,但在构造高阶单元和具有更复杂形状单元时会遇到困难。实际中广泛采用的是利用局部坐标或自然坐标建立单元的位移插值函数,通过映射得到各种单元，如使用最为广泛的等参单元。三角形 3 结点单元的位移插值函数为一次多项式，因此利用该单元计算得到的单元中任意点的应变和应力均相同，该单元称为常应变单元和常应力单元。三角形 3 结点单元的计算精度较低，但这种单元具有适合于离散任意复杂几何构型的优点。也可以通过构造高阶单元提高计算精度，如三角形 6 结点二次单元和三角形 10 结点三次单元。

习题

3.1　有限元方法的基本思想是什么？什么是结构的离散化和分片近似？

3.2　什么是位移插值函数？位移插值函数有哪些性质？什么是插值函数的完备性和协调性？最简单的位移插值函数必须包含哪些项？

3.3　单元刚度矩阵有何性质？为什么单元刚度矩阵具有奇异性？结构刚度矩阵有何性质？结构刚度矩阵的带宽与单元结点编号有何关系？

3.4　在结构有限元平衡方程中引入位移边界条件的方法有哪些？结构有限元平衡方程引入位移边界条件后会消除其奇异性，其力学意义是什么？

3.5　三角形 3 结点单元中位移插值多项式是几次？应变和应力又是几次？该单元有何特点？

3.6　位移有限元计算得到的位移在相邻单元之间是否连续？应变和应力是否连续？位移和应力及应变哪一个的精度高？

3.7　基于最小势能原理建立的位移有限元求得的位移解相对于精确解总体偏大还是偏小？为什么？提高有限元计算精度的途径有哪些？

3.8　三角形 3 结点单元的插值函数[式(3.10)]为

$$N_i(x,y)=\frac{1}{2A}(b_i+c_ix+d_iy)\quad(i=1,2,3)$$

式中 A 为单元面积，b_i,c_i,d_i 具体表达式见 3.2.1 节。(1)证明该插值函数满足性质：$N_i(x_j,y_j)=\delta_{ij}=\begin{cases}1 & i=j\\0 & i\neq j\end{cases}$；(2)证明该插值函数满足性质：$\sum_{i=1}^{3}N_i(x,y)=1$。

3.9　图示三角形 3 结点单元，其坐标的单位为 mm，计算其形状函数矩阵 $\boldsymbol{N}$ 和应变矩阵 $\boldsymbol{B}$。

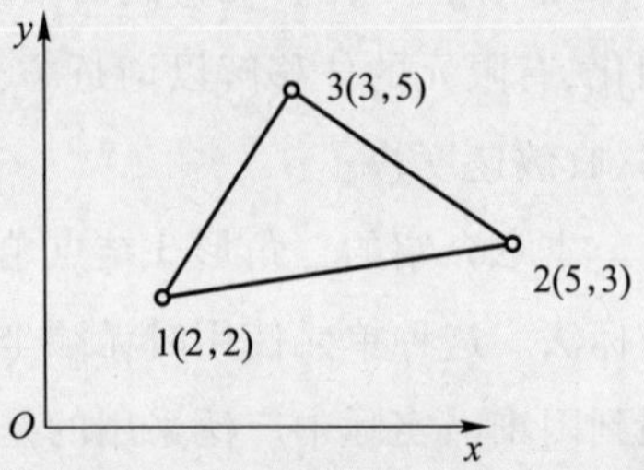

题 3.9 图

3.10　编写计算三角形 3 结点平面应力单元的单元刚度矩阵计算机程序（建议利用 MATLAB 或 Visual Fortran 编程，也可用其他计算机语言）。利用程序计算 3.9 题中单元的刚度矩阵，已知弹性模量 $E=2.10\times10^5$ MPa，泊松比 $\nu=0.3$，厚度 $t=1.0$ mm。

3.11 编写计算均质等厚三角形3结点单元自重等效结点载荷的计算机程序。假设材料的密度为7.8 t/m^3，利用程序计算题3.9单元的自重产生的等效结点载荷。

3.12 图示三角形单元的边1-2上作用有按三角形分布的水平载荷，推导作用在该三角形3单元个结点上的等效载荷。

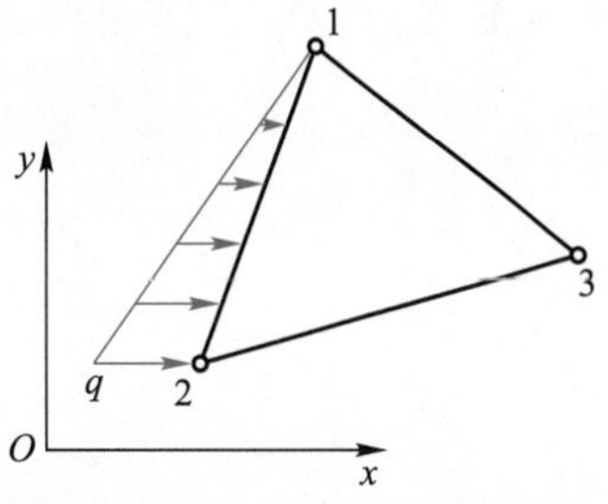

题3.12图

3.13 若已知题3.9中单元3个结点的位移为

$$\boldsymbol{a}^e = [0.20\ 0.25\ 0.32\ 0.29\ 0.27\ -0.15]^{\mathrm{T}} \times 10^{-3}$$

位移的单位为mm，弹性模量$E=2.10\times10^5$ MPa，泊松比$\nu=0.3$。编写程序计算该单元的应变和应力。

3.14 编写利用Gauss消元法求解线性代数方程组的计算机程序(计算机语言不限)，并利用该程序求下列方程组的解。

$$\begin{bmatrix} 5 & -4 & 1 & 0 \\ -4 & 6 & -4 & 1 \\ 1 & -4 & 6 & -4 \\ 0 & 1 & -4 & 5 \end{bmatrix} \begin{bmatrix} x_1 \\ x_2 \\ x_3 \\ x_4 \end{bmatrix} = \begin{bmatrix} 2 \\ -4 \\ 6 \\ -3 \end{bmatrix}$$

3.15 编写将对称正定矩阵进行三角分解的计算机程序，并利用程序对下列矩阵进行三角分解

$$\begin{bmatrix} 5 & -4 & 1 & 0 \\ -4 & 6 & -4 & 1 \\ 1 & -4 & 6 & -4 \\ 0 & 1 & -4 & 5 \end{bmatrix}$$

3.16 编写利用共轭梯度法求解线性代数方程组的计算机程序，并利用该程序求解题3.14中的方程组，将结果与Gauss消元方法的结果进行比较。

3.17 程序设计：利用MATLAB或Visual Fortran编写平面应力和平面应变问题三角形3结点单元有限元计算机程序。要求程序具有如下基本特征：

(1) 输入模块：(a)结点坐标；(b)单元定义；(c)材料性质；(d)施加结点载荷的结点号及其自由度；(e)位移约束的结点及其自由度。

(2) 单元刚度矩阵计算模块。

(3) 结构刚度矩阵和结点载荷列阵组集、给定结点载荷和位移模块。

(4) 求解线性代数方程模块。

(5) 结点位移、单元应力和单元应变输出模块。

(6) 图形处理模块：利用有限元计算结果画结构变形前后图和位移分布云图(提示：画变形图时需设置位移放大倍数；利用MATLAB的contour和surf函数容易画出位移

云图)。

3.18　利用自己设计的程序和商用有限元软件(ABAQUS,NASTRAN,ANSYS 或其他有限元软件)计算 3.7 节中的算例。

参考答案 A3

4

第4章

单元插值函数构造

4.1 引言

第3章以二维平面问题三角形3结点单元为例,介绍了采用有限单元法求解弹性力学问题的过程。单元插值函数是描述单元中位移或其他物理量在单元中变化规律的近似函数。在有限单元法中,对于不同的问题,一旦确定了单元及其插值函数形式,其他过程都是一致的。前面在构造三角形3结点单元的插值函数时,采用的是广义坐标法,这种方法原理简单清晰。然而,当单元的结点数较多时,采用广义坐标法构造插值函数较为复杂,甚至非常困难。因而,在构造各种单元的插值函数时一般较少采用这种方法。本章将学习适用于离散不同结构的单元插值函数的构造方法。

所有实际结构本质上都是三维的,只是有的问题可以进行简化,如简化为平面应力、平面应变或轴对称问题等。此外,还可以根据结构的几何、受力和变形特征,将三维实体简化为杆、梁、索、膜、板、壳等结构。对于具有不同特征的结构可以构造不同的单元。通常将用于离散二维和三维实体结构的单元称为实体单元,用于离散杆、梁、索、膜、板、壳等结构的单元称为结构单元。

实体单元包括平面二维实体单元、轴对称单元、三维实体单元。结构单元包括杆单元、梁单元、索单元、膜单元、板单元、壳单元等。如图4.1~4.5所示分别为利用二维实体单元、轴对称实体单元、三维实体单元,以及一维空间结构单元和二维空间结构单元离散结构的实例。

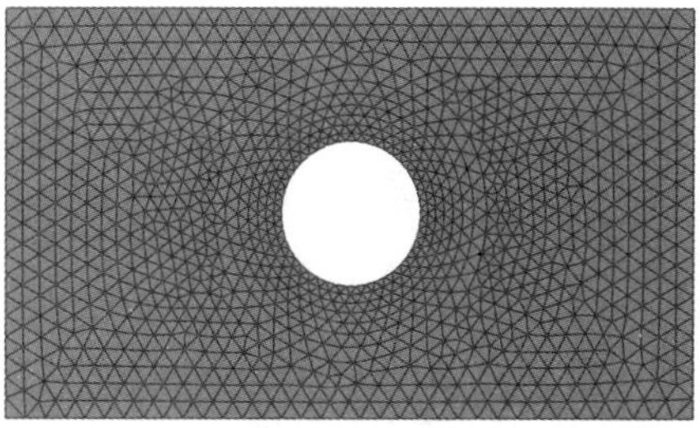

图4.1　三角形单元离散平面二维结构

另一方面,根据单元的几何形状可以分为一维单元、二维单元和三维单元。一维单元包括直线单元和曲线单元,如杆单元、梁单元、索单元等。

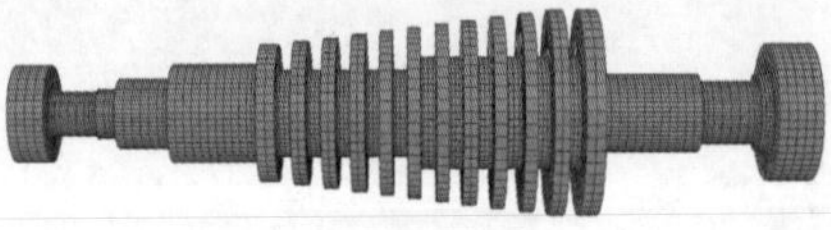

(a) 轴对称实体

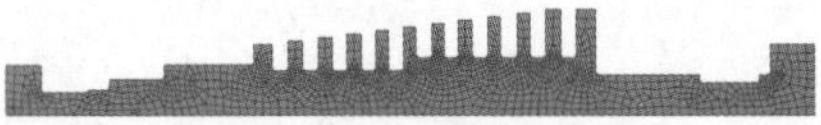

(b) 对称面离散

图 4.2　轴对称实体环状单元离散轴对称结构

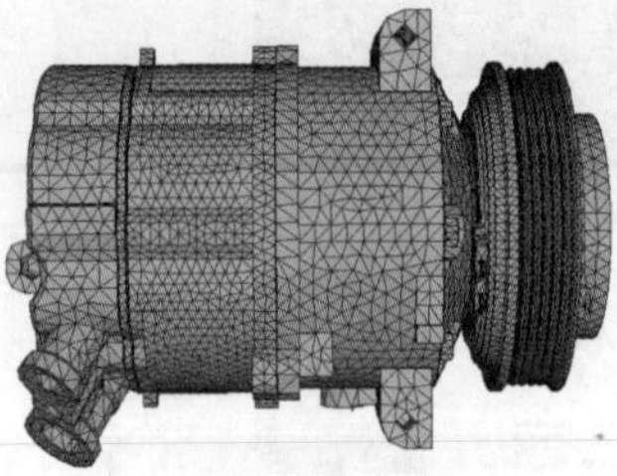

(a) 四面体单元离散

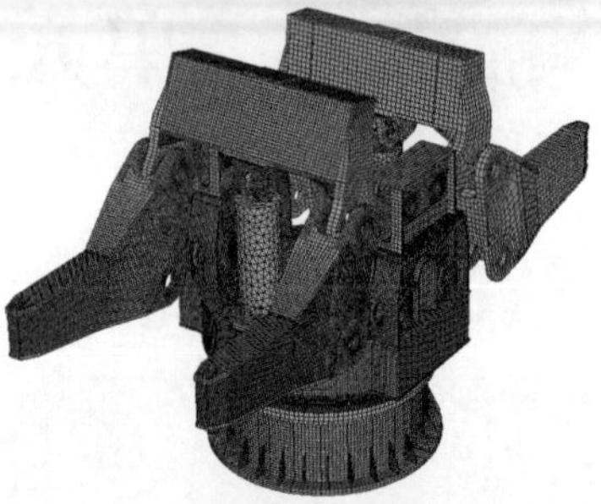

(b) 六面体单元离散

图 4.3　三维实体四面体和六面体单元离散三维结构

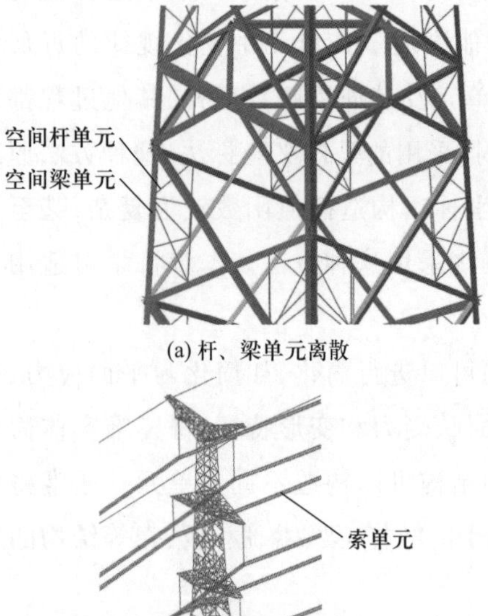

(a) 杆、梁单元离散

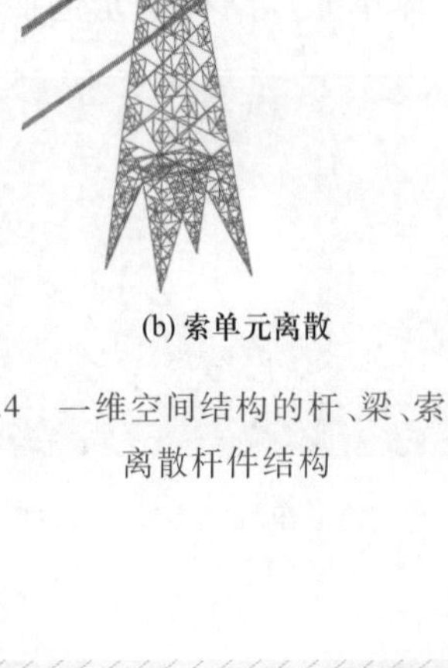

(b) 索单元离散

图 4.4　一维空间结构的杆、梁、索单元离散杆件结构

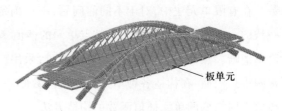

(a) 板单元离散

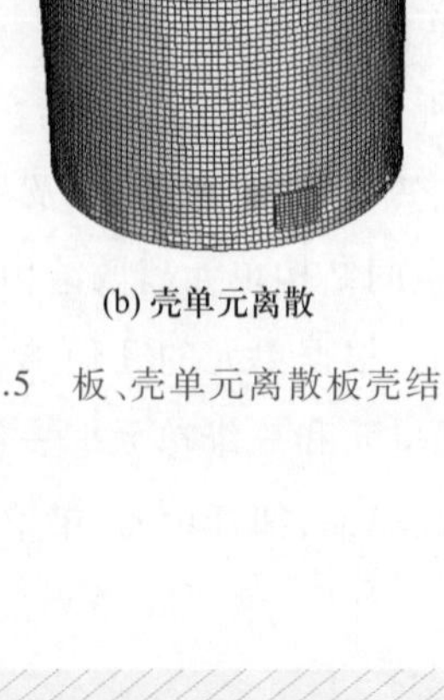

(b) 壳单元离散

图 4.5　板、壳单元离散板壳结构

二维单元包括三角形单元、矩形单元、四边形单元等,如平面应力(应变)单元、轴对称单元、平板单元、膜单元、壳单元等。轴对称单元为环状单元,但由于仅需对其对称面进行离散,也常归于二维单元。常用的三维实体单元包括四面体单元和六面体单元。

根据单元的插值函数阶次还可以将单元分为一次单元、二次单元和三次单元等。一次单元即线性单元,只有角结点;二次单元在角结点间的边界上配置一个边内结点;三次单元在边界上配置二个边内结点,有时还可以在单元内部设置内结点。图 4.6 所示分别为典型的一次单元、二次单元和三次单元示例。

除了上述单元以外,还有其他很多特殊单元,如弹簧单元、阻尼单元、间隙单元、界面单元、刚体单元、集中质量单元以及模拟裂纹的奇异单元等。

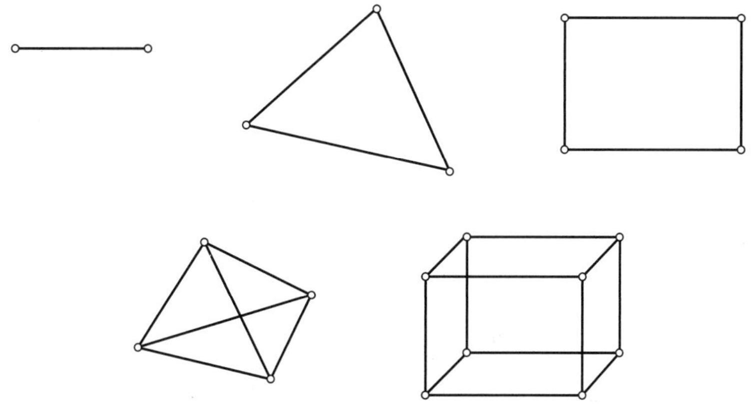

(a) 一次单元

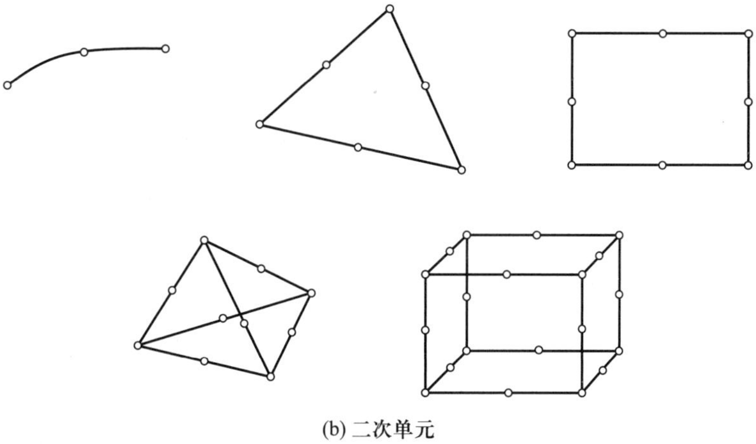

(b) 二次单元

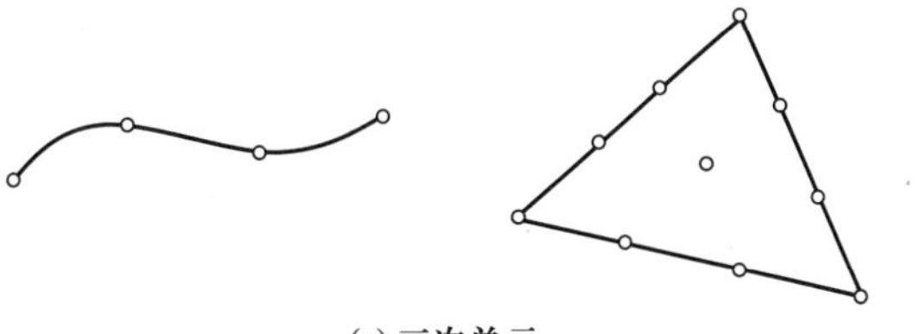

(c) 三次单元

图 4.6 不同阶次的典型单元

4.2　一维单元插值函数

一维问题的几何形状最简单。在工程中存在大量的可简化为空间一维问题的结构，如杆、梁和索等。采用有限单元法分析这类结构时，通常采用空间桁架单元、梁单元和索单元等。本节介绍一维单元插值函数的构造，包括 Lagrange 单元插值函数和 Hermite 单元插值函数。

4.2.1　拉格朗日（Lagrange）一维单元

在构造拉格朗日一维单元插值函数之前，首先介绍插值函数的概念。如图 4.7 所示，已知函数 $f(x)$ 在区间 $[a,b]$ 内一系列点上的值

$$y_i = f(x_i) \quad (i = 1,2,\cdots,n)$$

若用一个较简单的函数 $\varphi(x)$ 近似代替 $f(x)$，使该近似函数在这些点上的函数值与原函数的函数值相等，即

$$\varphi(x_i) = f(x_i) = y_i \quad (i = 1,2,\cdots,n)$$

则可以由近似函数 $\varphi(x)$ 给出区间 $[a,b]$ 内 $f(x)$ 在其他点的近似值。称近似函数 $\varphi(x)$ 为插值函数，若其取多项式，则称为多项式插值函数。称 x_i 为插值点，显然，插值点越多，近似函数 $\varphi(x)$ 与原函数 $f(x)$ 越接近，当插值点为无穷多时，与原函数一致。

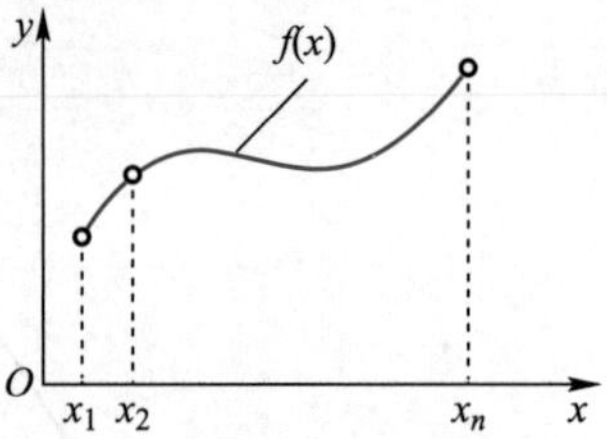

图 4.7　函数的插值

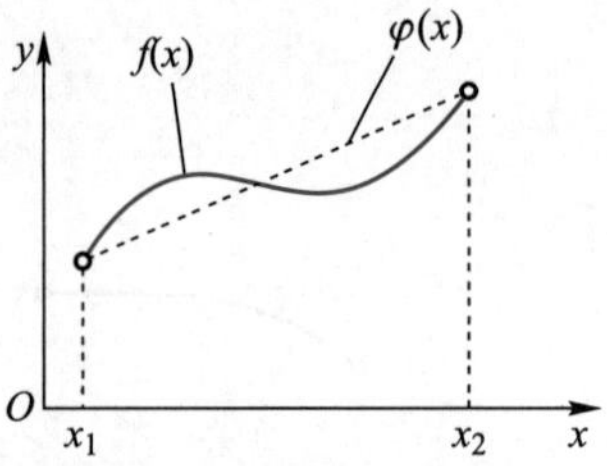

图 4.8　两点插值函数

下面讨论两点插值公式。如图 4.8 所示，若已知函数 $f(x)$ 在 x_1 和 x_2 点的函数值 y_1 和 y_2，则在区间 $[x_1,x_2]$ 内，可用连接该两点的直线方程来近似原函数

$$\begin{aligned} f(x) \approx \varphi(x) &= y_1 + \frac{y_2 - y_1}{x_2 - x_1}(x - x_1) \\ &= \frac{x - x_2}{x_1 - x_2} y_1 + \frac{x - x_1}{x_2 - x_1} y_2 = l_1(x) y_1 + l_2(x) y_2 \end{aligned} \tag{4.1}$$

式中

$$l_1(x) = \frac{x - x_2}{x_1 - x_2}, \quad l_2(x) = \frac{x - x_1}{x_2 - x_1} \tag{4.2}$$

将 x_1 和 x_2 代入上式有

$$l_1(x_1) = \frac{x_1 - x_2}{x_1 - x_2} = 1, \quad l_1(x_2) = \frac{x_2 - x_2}{x_1 - x_2} = 0$$

$$l_2(x_1)=\frac{x_1-x_1}{x_2-x_1}=0,\quad l_2(x_2)=\frac{x_2-x_1}{x_2-x_1}=1$$

将式(4.2)中两个函数相加有

$$l_1(x)+l_2(x)=\frac{x-x_2}{x_1-x_2}+\frac{x-x_1}{x_2-x_1}=\frac{x-x_2-x+x_1}{x_1-x_2}=1$$

可见,$l_1(x)$和$l_2(x)$具有如下性质:

$$l_i(x_j)=\begin{cases}1 & i=j\\ 0 & i\neq j\end{cases},\quad \sum_{i=1}^{2}l_i(x)=1 \tag{4.3}$$

由3.2.2节知,该两函数满足单元位移插值函数的性质,它们在区间$[x_1,x_2]$内的变化规律如图4.9所示。若函数$f(x)$表示位移,x_1和x_2为两个结点的坐标,则可得到两结点单元位移的插值函数

$$N_1(x)=l_1(x),\quad N_2(x)=l_2(x) \tag{4.4}$$

由式(4.1),该两结点单元的位移插值函数可表达为

$$u=N_1(x)u_1+N_2(x)u_2 \tag{4.5}$$

该插值函数为线性函数。

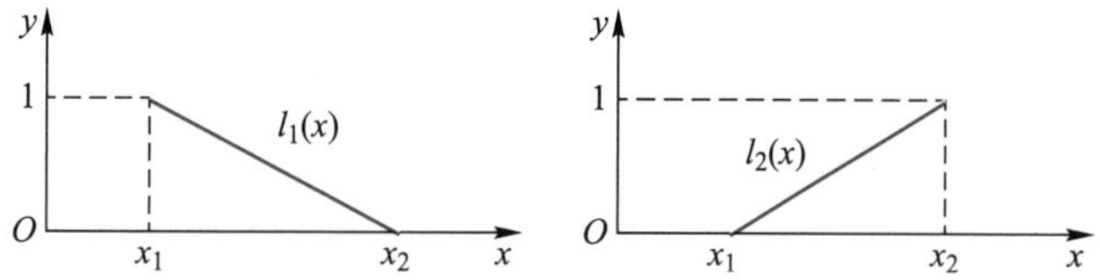

图4.9 两点插值函数在单元中的变化规律

这种插值方法可以推广到有n个结点的情况。设函数$f(x)$在区间$[a,b]$内一系列互不相同的点$(x_1,x_2,\cdots,x_n)$处的值为$(y_1,y_2,\cdots,y_n)$,可构造$(n-1)$次多项式

$$\begin{aligned}l_i^{(n-1)}(x)&=\frac{(x-x_1)(x-x_2)\cdots(x-x_{i-1})(x-x_{i+1})\cdots(x-x_n)}{(x_i-x_1)(x_i-x_2)\cdots(x_i-x_{i-1})(x_i-x_{i+1})\cdots(x_i-x_n)}\\&=\prod_{j=1,j\neq i}^{n}\frac{x-x_j}{x_i-x_j}\end{aligned} \tag{4.6}$$

该多项式称为**Lagrange**插值基函数。将坐标x_i代入式(4.6)有

$$l_i^{(n-1)}(x_i)=\frac{(x_i-x_1)(x_i-x_2)\cdots(x_i-x_{i-1})(x_i-x_{i+1})\cdots(x_i-x_n)}{(x_i-x_1)(x_i-x_2)\cdots(x_i-x_{i-1})(x_i-x_{i+1})\cdots(x_i-x_n)}=1$$

将除x_i以外的点的坐标x_j分别代入式(4.6)可知,其分子总有一项为零,可知

$$l_i(x_j)=\begin{cases}1 & i=j\\ 0 & i\neq j\end{cases}$$

根据前述插值函数的概念,可以进一步构造函数

$$\varphi(x)=\sum_{i=1}^{n}l_i(x)y_i \tag{4.7}$$

由插值基函数(4.6)的性质可知,该函数 $\varphi(x)$ 在插值点$(x_1,x_2,\cdots,x_n)$上的值为$(y_1,y_2,\cdots,y_n)$,因而可用其近似原函数

$$f(x)\approx\varphi(x)=\sum_{i=1}^{n}l_i(x)y_i$$

函数 $\varphi(x)$ 称为 **Lagrange** 插值函数。可以证明,$\sum\limits_{i=1}^{n}l_i(x)=1$。即 Lagrange 插值基函数 $l_i(x)$ 满足位移插值函数 $N_i(x)$ 的性质,可以作为位移插值函数。由此构造的单元即为 **Lagrange** 单元。

下面通过例子来介绍利用 Lagrange 插值函数构造一维 Lagrange 单元的方法。对于 2 结点单元,插值点数 $n=2$,则

$$\varphi(x)=\sum_{i=1}^{2}l_i^{(1)}(x)\varphi_i$$

利用式(4.6)容易得到

$$l_1^{(1)}(x)=\frac{x-x_2}{x_1-x_2},\quad l_2^{(1)}(x)=\frac{x-x_1}{x_2-x_1}$$

再由式(4.7)可得 2 结点一次单元的插值表达式

$$\varphi(x)=\frac{x-x_2}{x_1-x_2}\varphi_1+\frac{x-x_1}{x_2-x_1}\varphi_2 \tag{4.8}$$

该表达式形式上与式(4.1)完全一致。

在第 5 章我们将看到,插值函数采用自然坐标描述,为单元刚度矩阵和等效结点载荷的积分运算带来极大的便利。假设某单元有 n 个结点,如图 4.10a 所示,可以通过坐标变换将其变换到自然坐标系。为此,对其坐标做如下变换:

$$\xi=\frac{2(x-x_1)}{x_n-x_1}-1=\frac{2x-(x_1+x_n)}{x_n-x_1} \tag{4.9}$$

这里 x_1 是左端点的坐标,x_n是右端点的坐标,结点编号可以不是从左到右顺序编号。ξ 为自然坐标,其取值范围为$-1\leqslant\xi\leqslant1$,参见图 4.10b。利用变换式(4.9)有

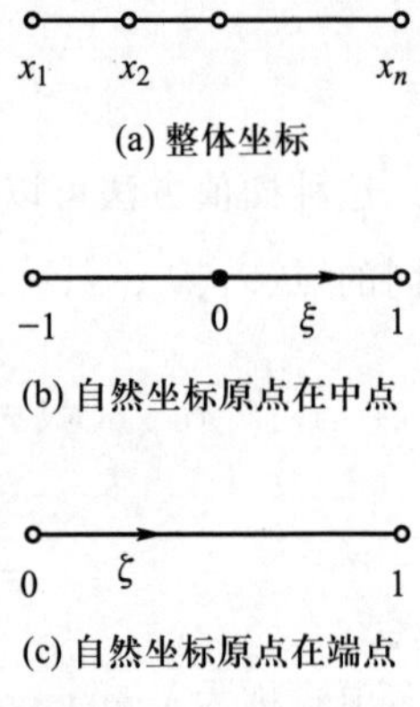

图 4.10　一维 n 结点 Lagrange 单元插值

$$\frac{x-x_j}{x_i-x_j}=\frac{2x-2x_j}{2x_i-2x_j}=\frac{\dfrac{2x-(x_1+x_n)}{x_n-x_1}-\dfrac{2x_j-(x_1+x_n)}{x_n-x_1}}{\dfrac{2x_i-(x_1+x_n)}{x_n-x_1}-\dfrac{2x_j-(x_1+x_n)}{x_n-x_1}}=\frac{\xi-\xi_j}{\xi_i-\xi_j}$$

由式(4.6)知,用整体坐标表达的插值基函数为

$$l_i^{(n-1)}(x)=\prod_{j=1,j\neq i}^{n}\frac{x-x_j}{x_i-x_j}$$

因此,插值基函数可用自然坐标表达为

$$l_i^{(n-1)}(\xi)=\prod_{j=1,j\neq i}^{n}\frac{\xi-\xi_j}{\xi_i-\xi_j},\quad(-1\leqslant\xi\leqslant1)\tag{4.10}$$

注意，采用式(4.9)的坐标变换，自然坐标的原点在单元的中点。也可以将自然坐标原点放在左端点(结点 1)处，这时坐标变换如下：

$$\xi=\frac{x-x_1}{x_n-x_1}\tag{4.11}$$

注意，x_n是右端点的坐标。利用变换式(4.11)有

$$\frac{x-x_j}{x_i-x_j}=\frac{(x-x_1)-(x_j-x_1)}{(x_i-x_1)-(x_j-x_1)}=\frac{\dfrac{x-x_1}{x_n-x_1}-\dfrac{x_j-x_1}{x_n-x_1}}{\dfrac{x_i-x_1}{x_n-x_1}-\dfrac{x_j-x_1}{x_n-x_1}}=\frac{\xi-\xi_j}{\xi_i-\xi_j}$$

因此，此时自然坐标表达的插值基函数仍然具有式(4.10)的形式，只是此时 ξ 的取值范围为 $0\leqslant\xi\leqslant1$，参见图 4.10c。

利用上述方法构造用自然坐标描述的一次单元，该单元有 2 个结点，自然坐标的原点在中点($-1\leqslant\xi\leqslant1$)，如图 4.11a 所示。由式(4.10)可得插值函数

$$l_1^{(1)}(\xi)=\frac{\xi-\xi_2}{\xi_1-\xi_2}=\frac{\xi-1}{-1-1}=\frac{1}{2}(1-\xi)$$

$$l_2^{(1)}(\xi)=\frac{\xi-\xi_1}{\xi_2-\xi_1}=\frac{\xi-(-1)}{1-(-1)}=\frac{1}{2}(1+\xi)$$

故一维 2 结点一次单元的位移插值模式为

$$\varphi(\xi)=N_1\varphi_1+N_2\varphi_2=\frac{1}{2}(1-\xi)\varphi_1+\frac{1}{2}(1+\xi)\varphi_2\tag{4.12}$$

其插值函数 N_1 和 N_2 为一次函数，在单元中的变化如图 4.11b 所示。

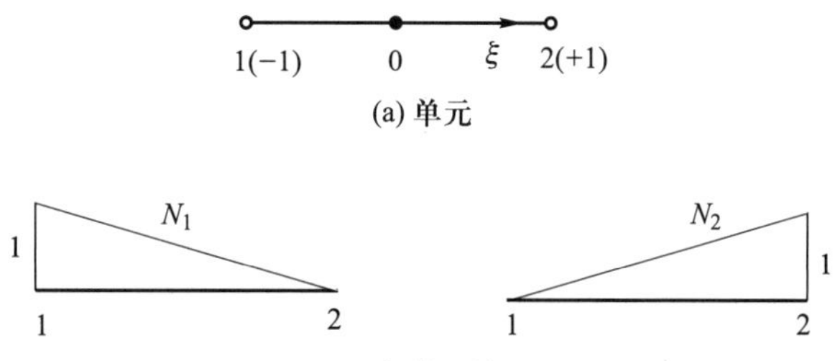

图 4.11　一维 2 结点 Lagrange 单元及其插值函数

对于 2 结点一次单元，采用坐标变换式(4.9)时的变换式为

$$\xi=\frac{2(x-x_1)}{x_2-x_1}-1$$

可以得到

$$x=\frac{1}{2}(\xi+1)(x_2-x_1)+x_1=\frac{1}{2}(1-\xi)x_1+\frac{1}{2}(1+\xi)x_2$$
$$=N_1(\xi)x_1+N_2(\xi)x_2 \tag{4.13}$$

可见,此时坐标变换式与位移插值模式(4.12)相同,此即等参变换。关于等参变换的概念详见 5.2.2 节。

现在构造 3 结点二次单元。如图 4.12a 所示,习惯上将中间结点编号为 3,坐标原点在结点 3 处。由式(4.10)可得插值函数

$$l_1^{(2)}=\frac{(\xi-\xi_2)(\xi-\xi_3)}{(\xi_1-\xi_2)(\xi_1-\xi_3)}=\frac{(\xi-1)(\xi-0)}{(-1-1)(-1-0)}=-\frac{1}{2}\xi(1-\xi)$$

$$l_2^{(2)}=\frac{(\xi-\xi_1)(\xi-\xi_3)}{(\xi_2-\xi_1)(\xi_2-\xi_3)}=\frac{(\xi+1)(\xi-0)}{(1+1)(1-0)}=\frac{1}{2}\xi(1+\xi)$$

$$l_3^{(2)}=\frac{(\xi-\xi_1)(\xi-\xi_2)}{(\xi_3-\xi_1)(\xi_3-\xi_2)}=\frac{(\xi+1)(\xi-1)}{(0+1)(0-1)}=(1+\xi)(1-\xi)$$

故一维 3 结点二次单元的位移插值模式为

$$\varphi(\xi)=-\frac{1}{2}\xi(1-\xi)\varphi_1+\frac{1}{2}\xi(1+\xi)\varphi_2+(1+\xi)(1-\xi)\varphi_3 \tag{4.14}$$

其插值函数

$$N_1=-\frac{1}{2}\xi(1-\xi),\quad N_2=\frac{1}{2}\xi(1+\xi),\quad N_3=(1+\xi)(1-\xi)$$

为二次函数,这些函数在单元中的变化如图 4.12b 所示。

值得一提的是,利用坐标变换式(4.9)或式(4.11)将不同长度的直线单元变换为长度分别为 2($-1\leqslant\xi\leqslant1$)或 1($0\leqslant\xi\leqslant1$)的直线单元。在 5.2.2 节中将讨论等参变换,可以利用二

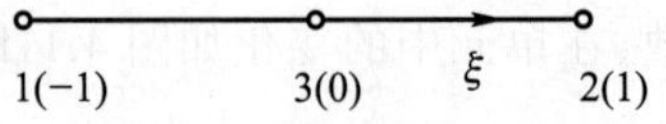

(a) 单元

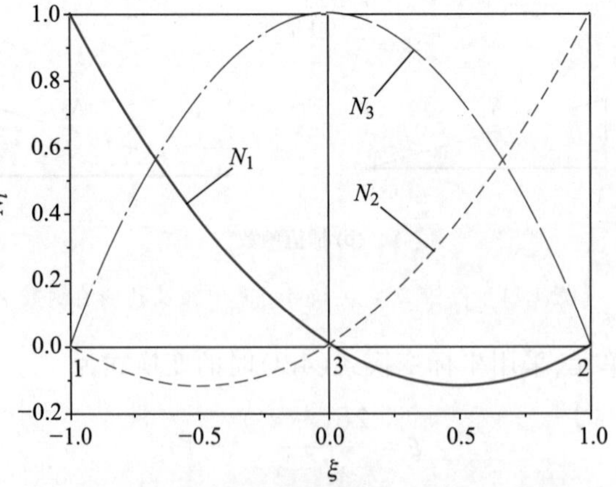

(b) 插值函数

图 4.12　一维 3 结点 Lagrange 单元及其插值函数

次或高阶插值函数进行坐标变换,将自然坐标系下的直线单元映射到空间的曲线单元。

4.2.2 埃尔米特(Hermite)一维单元

由 3.2 节中三角形单元的有限元格式可知,基于位移的有限元可以保证单元之间位移的连续性,但不能保证位移的一阶导数是连续的。然而,对于梁、板、壳的弯曲问题,通常采用挠度和转角描述结构的变形,因此,要求单元之间的挠度和转角均要满足连续性要求。弯曲引起的转角与挠度之间存在一阶导数关系,故需要构造一个在结点处函数及其一阶导数均能满足连续性要求的近似函数。为此,可以采用 Hermite 多项式作为插值函数。对于类似于图 4.11a 所示的一维 2 结点单元,可以采用如下插值形式:

$$\varphi(\xi)=\sum_{i=1}^{2}H_i^{(0)}(\xi)\varphi_i+\sum_{i=1}^{2}H_i^{(1)}(\xi)\left(\frac{\mathrm{d}\varphi}{\mathrm{d}\xi}\right)_i \tag{4.15}$$

其中的多项式具有如下的性质:

$$\left.\begin{aligned}&H_i^{(0)}(\xi_j)=\delta_{ij}, &&\left.\frac{\mathrm{d}H_i^{(0)}(\xi)}{\mathrm{d}\xi}\right|_{\xi_j}=0\\&H_i^{(1)}(\xi_j)=0, &&\left.\frac{\mathrm{d}H_i^{(1)}(\xi)}{\mathrm{d}\xi}\right|_{\xi_j}=\delta_{ij}\end{aligned}\right\} \tag{4.16}$$

可以将式(4.15)写成

$$\varphi(\xi)=\sum_{i=1}^{4}H_iQ_i \tag{4.17a}$$

或

$$\varphi(\xi)=\begin{bmatrix}H_1 & H_2 & H_3 & H_4\end{bmatrix}\begin{bmatrix}Q_1\\Q_2\\Q_3\\Q_4\end{bmatrix} \tag{4.17b}$$

其中

$$H_1=H_1^{(0)}(\xi),\quad H_2=H_1^{(1)}(\xi),\quad H_3=H_2^{(0)}(\xi),\quad H_4=H_2^{(1)}(\xi) \tag{4.18a}$$

$$Q_1=\varphi_1,\quad Q_2=\left(\frac{\mathrm{d}\varphi}{\mathrm{d}\xi}\right)_1,\quad Q_3=\varphi_2,\quad Q_4=\left(\frac{\mathrm{d}\varphi}{\mathrm{d}\xi}\right)_2 \tag{4.18b}$$

假设 H_i 为三次多项式

$$H_i=a_i+b_i\xi+c_i\xi^2+d_i\xi^3\quad(i=1,\cdots,4)$$

若自然坐标 ξ 的原点在中点处($-1\leqslant\xi\leqslant1$),即结点 1 和 2 的坐标分别为 $\xi_1=-1$ 和 $\xi_2=+1$,利用条件(4.16)有

$$H_1(\xi_1)=H_1(-1)=a_1-b_1+c_1-d_1=1$$

$$H_1(\xi_2)=H_1(1)=a_1+b_1+c_1+d_1=0$$

$$\frac{\mathrm{d}H_1}{\mathrm{d}\xi}(\xi_1)=\frac{\mathrm{d}H_1}{\mathrm{d}\xi}(-1)=b_1-2c_1+3d_1=0$$

$$\frac{\mathrm{d}H_1}{\mathrm{d}\xi}(\xi_2)=\frac{\mathrm{d}H_1}{\mathrm{d}\xi}(1)=b_1+2c_1+3d_1=0$$

类似地，可写出其他三组方程，解方程得到所有待定参数 $a_i, b_i, c_i, d_i(i=1,\cdots,4)$，最后可得到插值函数为

$$\left.\begin{aligned}
H_1&=H_1^{(0)}(\xi)=\frac{1}{4}(2-3\xi+\xi^3)=\frac{1}{4}(1-\xi)^2(2+\xi)\\
H_2&=H_1^{(1)}(\xi)=\frac{1}{4}(1-\xi-\xi^2+\xi^3)=\frac{1}{4}(1-\xi)^2(\xi+1)\\
H_3&=H_2^{(0)}(\xi)=\frac{1}{4}(2+3\xi-\xi^3)=\frac{1}{4}(1+\xi)^2(2-\xi)\\
H_4&=H_2^{(1)}(\xi)=\frac{1}{4}(-1-\xi+\xi^2+\xi^3)=\frac{1}{4}(1+\xi)^2(\xi-1)
\end{aligned}\right\}\tag{4.19}$$

这些插值函数在单元中的变化曲线如图 4.13 所示，其中 H_1 在结点 1 处为 1.0，在结点 2 处为 0.0；H_3 在结点 1 处为 0.0，在结点 2 处为 1.0；H_2 的导数在结点 1 处为 1.0，在结点 2 处为 0.0；H_4 的导数在结点 1 处为 0.0，在结点 2 处为 1.0。在结点处这些插值函数及其导数满足连续性要求，称为 **Hermite** 插值函数，其在梁弯曲单元中得到应用。

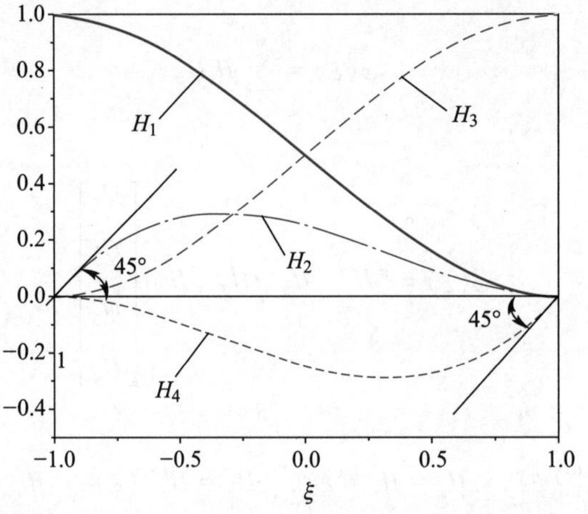

图 4.13　一维 2 结点 Hermite 单元插值函数的变化规律

4.3　二维单元插值函数

用于离散平面二维问题和轴对称问题的单元主要有三角形单元和矩形单元。三角形单元便于离散复杂几何形状，而矩形单元通过坐标映射可以得到任意四边形单元，也可以对较复杂几何形状进行离散。采用 3.2 节介绍的利用整体坐标描述单元位移插值函数的广义坐

标法，不便于单元刚度矩阵和等效结点载荷积分运算的计算机程序实现，因此实际应用中一般采用自然坐标构造单元插值函数。

4.3.1 三角形单元

在 3.2 节中以三角形 3 结点单元为例，采用广义坐标法构造单元的插值函数，并进行了单元分析。由单元分析知道，二维三角形 3 结点单元为常应力、常应变单元，在计算单元刚度矩阵和等效结点载荷时，无须进行积分计算。但是，除了该单元外，其他单元几乎都需要进行积分运算。为此，可以通过定义三角形面积坐标，方便地构造三角形高阶单元插值函数，并通过将在第 5 章介绍的等参变换技术，使得单元刚度矩阵和等效结点载荷的积分运算容易实现。

如图 4.14 所示的三角形，其内部任意一点 P 的坐标为(x,y)，该点与 3 个角点 1,2,3 构成 3 个三角形，它们的面积分别为 A_1,A_2,A_3。注意，A_1 对应的三角形以角点 1 对应的 2-3 边为底边，其他的类推。定义面积坐标

$$L_i = \frac{A_i}{A} \quad (i = 1,2,3) \tag{4.20}$$

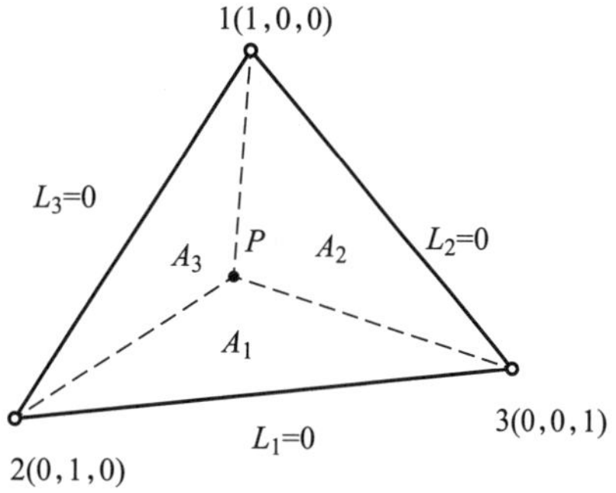

图 4.14　三角形面积坐标

利用面积坐标，P 点的坐标可以表示为(L_1,L_2,L_3)。由面积坐标的定义可知，在角点 1，$L_1=1,L_2=0,L_3=0$；在角点 2，$L_1=0,L_2=1,L_3=0$；在角点 3，$L_1=0,L_2=0,L_3=1$。即面积坐标 L_i 在角点 i 为 1，在其他角点为 0。此外，有

$$\sum_{i=1}^{3} L_i = \sum_{i=1}^{3} \frac{A_i}{A} = \frac{\sum_{i=1}^{3} A_i}{A} = 1 \tag{4.21}$$

由于面积坐标与三角形在空间的位置无关，故面积坐标为自然坐标。值得一提的是，由式(4.21)可知，3 个面积坐标之和为 1，因此独立的面积坐标仅有 2 个。

若三角形 3 个结点的坐标为$(x_i,y_i)(i=1,2,3)$，则该三角形的面积为

$$A = \frac{1}{2}\begin{vmatrix} 1 & x_1 & y_1 \\ 1 & x_2 & y_2 \\ 1 & x_3 & y_3 \end{vmatrix} \tag{4.22}$$

P 点与单元的 3 个结点构成的三角形的面积为

$$A_i = \frac{1}{2}\begin{vmatrix} 1 & x & y \\ 1 & x_j & y_j \\ 1 & x_m & y_m \end{vmatrix} = \frac{1}{2}(b_i + c_i x + d_i y) \tag{4.23}$$

式中 i,j,m 对应于 1,2,3 轮换，由 3.2.1 节可知 b_i,c_i,d_i 的计算式如下：

$$b_1 = x_2 y_3 - x_3 y_2,\quad b_2 = x_3 y_1 - x_1 y_3,\quad b_3 = x_1 y_2 - x_2 y_1 \tag{4.24a}$$

$$c_1 = y_2 - y_3,\quad c_2 = y_3 - y_1,\quad c_3 = y_1 - y_2 \tag{4.24b}$$

$$d_1 = x_3 - x_2,\quad d_2 = x_1 - x_3,\quad d_3 = x_2 - x_1 \tag{4.24c}$$

将式(4.23)代入式(4.20)有

$$L_i = \frac{A_i}{A} = \frac{1}{2A}(b_i + c_i x + d_i y) \quad (i = 1,2,3) \tag{4.25}$$

根据面积坐标的定义和式(4.25)可得

$$\begin{aligned} L_1 x_1 + L_2 x_2 + L_3 x_3 &= \frac{1}{A}(A_1 x_1 + A_2 x_2 + A_3 x_3) \\ &= \frac{1}{2A}[x_1(b_1 + c_1 x + d_1 y) + x_2(b_2 + c_2 x + d_2 y) + x_3(b_3 + c_3 x + d_3 y)] \\ &= \frac{1}{2A}[(x_1 b_1 + x_2 b_2 + x_3 b_3) + (x_1 c_1 + x_2 c_2 + x_3 c_3)x + (x_1 d_1 + x_2 d_2 + x_3 d_3)y] \\ &= \frac{1}{2A}(0 + 2Ax + 0) \\ &= x \end{aligned} \tag{4.26}$$

上式推导过程中利用了 $b_i, c_i, d_i (i=1,2,3)$ 和结点坐标 $(x_i, y_i)(i=1,2,3)$ 之间的关系式(4.24)。同理可得 $L_1 y_1 + L_2 y_2 + L_3 y_3 = y$，即直角坐标和面积坐标之间存在变换关系

$$\left.\begin{aligned} x &= L_1 x_1 + L_2 x_2 + L_3 x_3 \\ y &= L_1 y_1 + L_2 y_2 + L_3 y_3 \end{aligned}\right\} \tag{4.27}$$

对于三角形 3 结点单元，比较式(4.25)和式(3.10)可知 $L_i = N_i (i=1,2,3)$，则式(4.27)可表达为

$$\left.\begin{aligned} x &= N_1 x_1 + N_2 x_2 + N_3 x_3 \\ y &= N_1 y_1 + N_2 y_2 + N_3 y_3 \end{aligned}\right\} \tag{4.28}$$

而该三角形单元的位移插值式可表达为

$$u = N_1 u_1 + N_2 u_2 + N_3 u_3$$

$$v = N_1 v_1 + N_2 v_2 + N_3 v_3$$

因此，单元的位移插值模式与其坐标变换模式一样，这种变换为等参变换，即三角形域内点的坐标和位移可以通过相同的插值函数分别由结点的坐标和结点位移得到。关于等参变换将在第 5 章中详细介绍。

在进行单元刚度矩阵计算时，需要计算插值函数对空间坐标的微分，若插值函数用面积坐标表达，则需确定该函数对空间坐标的微分和其对面积坐标的微分之间的变换关系。利用微分的复合运算法则有

$$\frac{\partial}{\partial x} = \frac{\partial}{\partial L_1}\frac{\partial L_1}{\partial x} + \frac{\partial}{\partial L_2}\frac{\partial L_2}{\partial x} + \frac{\partial}{\partial L_3}\frac{\partial L_3}{\partial x} = \frac{1}{2A}\left(c_1 \frac{\partial}{\partial L_1} + c_2 \frac{\partial}{\partial L_2} + c_3 \frac{\partial}{\partial L_3}\right) \tag{4.29a}$$

$$\frac{\partial}{\partial y}=\frac{\partial}{\partial L_1}\frac{\partial L_1}{\partial y}+\frac{\partial}{\partial L_2}\frac{\partial L_2}{\partial y}+\frac{\partial}{\partial L_3}\frac{\partial L_3}{\partial y}=\frac{1}{2A}\left(d_1\frac{\partial}{\partial L_1}+d_2\frac{\partial}{\partial L_2}+d_3\frac{\partial}{\partial L_3}\right) \tag{4.29b}$$

由此可得

$$\frac{\partial L_i}{\partial x}=\frac{1}{2A}c_i,\quad \frac{\partial L_i}{\partial y}=\frac{1}{2A}d_i\quad (i=1,2,3) \tag{4.30}$$

利用面积坐标，插值函数 N_i 可以按下式构造

$$N_i=\prod_{j=1}^{n}\frac{f_j^{(i)}(L_1,L_2,L_3)}{f_j^{(i)}(L_{1i},L_{2i},L_{3i})} \tag{4.31}$$

式中分子为通过单元中除结点 i 以外所有结点的直线方程的左端项；分母为这些直线方程左端项在结点 i 的取值。注意，这里的直线方程的形式为右端项为零。采用这种方法构造的插值函数能够满足 N_i 在结点 i 的值为 1，在其他结点为 0 的条件。这种构造插值函数的方法称为划线法，采用划线法可以方便地构造不同阶次三角形单元的插值函数。下面通过例子来说明这种方法的具体实施过程。

如图 4.15 所示为一个三角形单元。构造一次单元时，仅有结点 1,2,3，该三角形三条边的方程用面积坐标分别表达为 $L_1=0, L_2=0, L_3=0$。根据划线法可得

$$N_1=\frac{L_1}{L_1(1)}=\frac{L_1}{1}=L_1,\quad N_2=\frac{L_2}{L_2(2)}=\frac{L_2}{1}=L_2,\quad N_3=\frac{L_3}{L_3(3)}=\frac{L_3}{1}=L_3$$

这里 $L_i(i)\ (i=1,2,3)$ 表示 L_i 在结点 i 的值。上式可以统一表达为

$$N_i=L_i\quad (i=1,2,3) \tag{4.32}$$

现在构造三角形 6 结点二次单元的插值函数。三角形二次单元除了 3 个角结点外，在三条边的中点分别增加一个结点，共 6 个结点。如图 4.15 所示，边 6-4 的方程为 $L_1-1/2=0$；边 4-5 的方程为 $L_2-1/2=0$；边 5-6 的方程为 $L_3-1/2=0$。通过除结点 1 以外的结点的直线包括 3-2 和 6-4，它们的方程分别为 $L_1=0$ 和 $L_1-\frac{1}{2}=0$，故利用划线法，有

$$N_1=\frac{L_1-\frac{1}{2}}{L_1(1)-\frac{1}{2}}\cdot\frac{L_1}{L_1(1)}=\frac{L_1-\frac{1}{2}}{1-\frac{1}{2}}\cdot\frac{L_1}{1}=L_1(2L_1-1)$$

同理可得

$$N_2=L_2(2L_2-1),\quad N_3=L_3(2L_3-1)$$

此外，对于中间结点

$$N_4=\frac{L_1}{L_1(4)}\frac{L_2}{L_2(4)}=\frac{L_1}{\frac{1}{2}}\frac{L_2}{\frac{1}{2}}=4L_1L_2$$

同理可得

$$N_5=4L_2L_3,\quad N_6=4L_1L_3$$

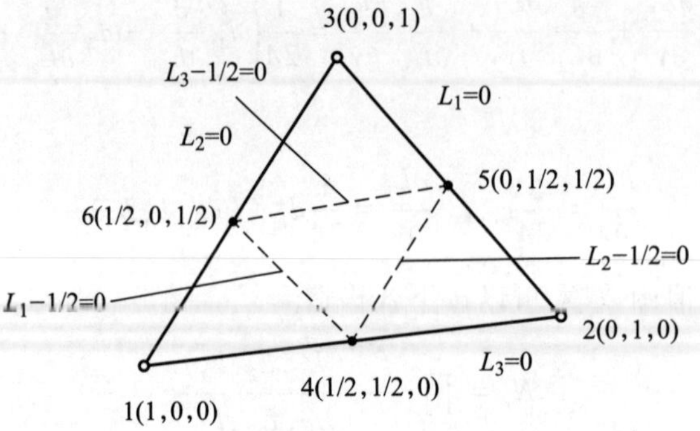

图 4.15　利用划线法构造三角形单元插值函数

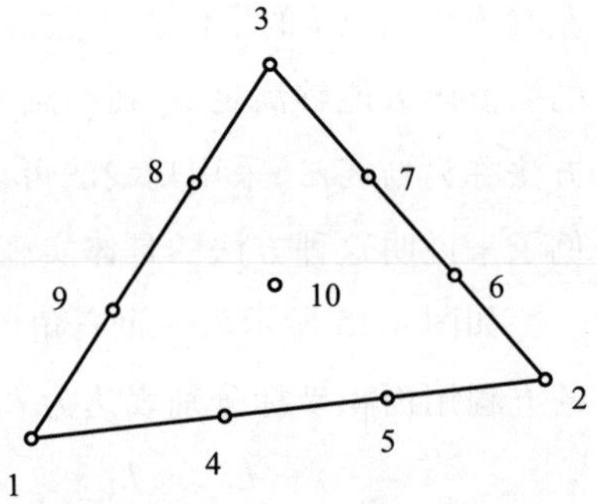

图 4.16　三角形 10 结点三次单元

最后得到三角形 6 结点二次单元的插值函数为

$$\left.\begin{aligned}&N_i = L_i(2L_i - 1) \quad (i = 1,2,3)\\&N_4 = 4L_1L_2, \quad N_5 = 4L_2L_3, \quad N_6 = 4L_3L_1\end{aligned}\right\} \tag{4.33}$$

采用上述方法,还可以方便地构造三次单元的插值函数。对于三角形单元,要得到完全的三次多项式插值,需要 10 个结点,如图 4.16 所示,该单元包含一个内部结点,在单元的形心处。利用划线法可以得到三角形 10 结点三次单元的插值函数

$$\left.\begin{aligned}&N_i = \frac{1}{2}(3L_i - 1)(3L_i - 2)L_i \quad (i = 1,2,3)\\&N_4 = \frac{9}{2}L_1L_2(3L_1 - 1), \quad N_5 = \frac{9}{2}L_1L_2(3L_2 - 1), \quad N_6 = \frac{9}{2}L_2L_3(3L_2 - 1)\\&N_7 = \frac{9}{2}L_2L_3(3L_3 - 1), \quad N_8 = \frac{9}{2}L_1L_3(3L_3 - 1), \quad N_9 = \frac{9}{2}L_1L_3(3L_1 - 1)\\&N_{10} = 27L_1L_2L_3\end{aligned}\right\} \tag{4.34}$$

三角形单元具有可以较方便地离散复杂几何形状的优点。实际应用中一般较多采用一次单元或二次单元,很少采用三次及以上的单元。尽管如此,利用上述方法可以较方便地构造其他更高次单元的插值函数。

4.3.2 拉格朗日(Lagrange)矩形单元

除了三角形单元外,矩形单元也是一种常用的单元。可以利用 Lagrange 插值函数方便地构造矩形单元。如图 4.17 所示的矩形单元,假设 ξ 方向和 η 方向分别有 r 和 p 个结点。沿该两个方向可以分别构造$(r-1)$阶和$(p-1)$阶的 Lagrange 插值基函数

$$l_I^{(r-1)}(\xi) = \prod_{j=1,j\neq I}^{r} \frac{(\xi - \xi_j)}{(\xi_I - \xi_j)}, \quad l_J^{(p-1)}(\eta) = \prod_{j=1,j\neq J}^{p} \frac{(\eta - \eta_j)}{(\eta_J - \eta_j)} \tag{4.35}$$

则可按下式构造二维 Lagrange 单元的插值函数：

$$N_i = N_{IJ} = l_I^{(r-1)}(\xi)\,l_J^{(p-1)}(\eta) \quad (i = 1,2,\cdots,r \times p) \tag{4.36}$$

插值函数在单元中的变化规律参见图 4.17 所示(Zienkiewicz and Taylor,2005)。

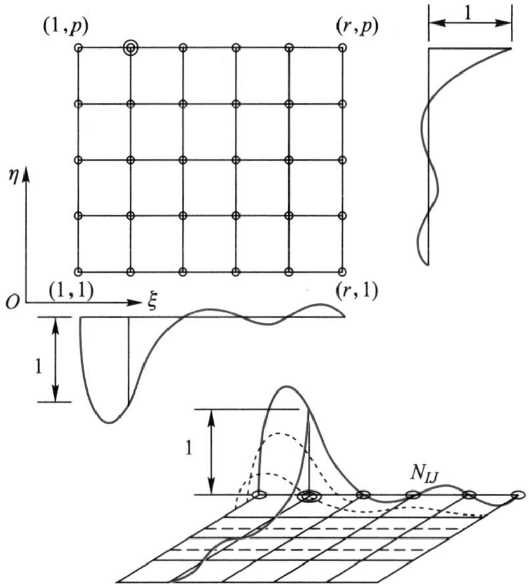

图 4.17　二维 Lagrange 单元

图 4.18 所示为 4 结点一次、9 结点二次和 16 结点三次 Lagrange 单元。由于这类单元随着插值函数阶次的增高内部结点增多,从而会增加单元的自由度,增大计算规模。实际应用中具有内结点的单元使用较少。

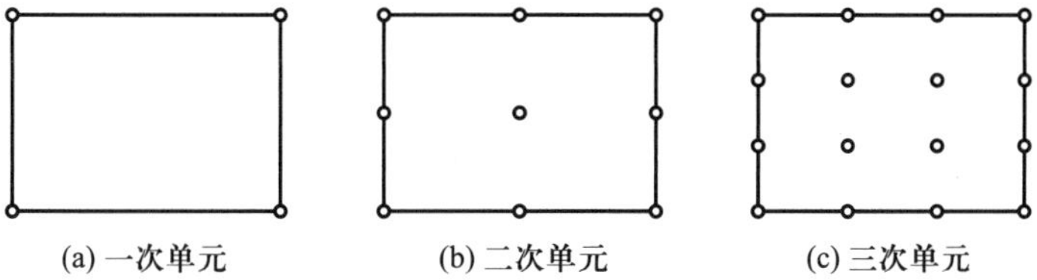

图 4.18　典型的二维 Lagrange 单元

4.3.3 Serendipity 矩形单元

本节介绍一类 Serendipity 矩形单元。这类单元仍然采用自然坐标构造其插值函数,应用中利用坐标变换映射到整体坐标,映射方法将在第 5 章中详细讨论。如图 4.19 所示为矩形 4 结点单元,自然坐标变化范围为:$-1 \leqslant \xi \leqslant 1$, $-1 \leqslant \eta \leqslant 1$。该单元 4 个局部结点 1,2,3,4 按逆时针方向编号,它们的坐标如图 4.19 所示。类似于三角形单元,可采用划线法按下式构造插值函数:

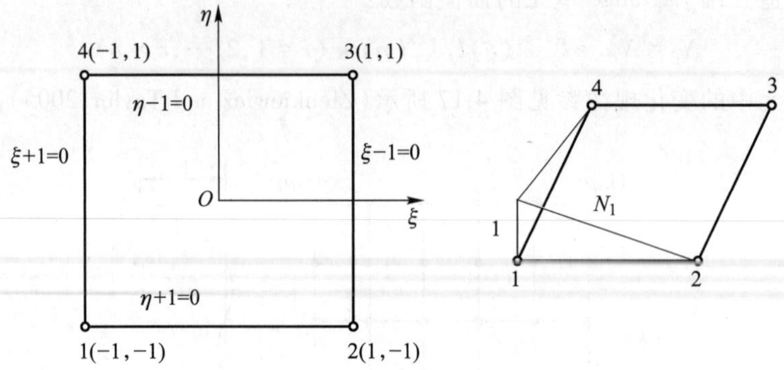

图 4.19　Serendipity 矩形 4 结点单元

$$N_i = \prod_{j=1}^{n} \frac{f_j^{(i)}(\xi,\eta)}{f_j^{(i)}(\xi_i,\eta_i)} \tag{4.37}$$

式中分子为通过除结点 i 以外所有结点的直线方程的左端项；分母为相应直线方程左端项在结点 i 的取值。

现在利用划线法构造 4 结点单元的插值函数。由式(4.37)，构造 N_1 时要利用通过结点 1 以外的 2,3,4 结点的两条直线方程：$\eta-1=0$ 和 $\xi-1=0$，可得

$$N_1 = \frac{\eta-1}{\eta(1)-1}\frac{\xi-1}{\xi(1)-1} = \frac{\eta-1}{-1-1}\frac{\xi-1}{-1-1} = \frac{1}{4}(\eta-1)(\xi-1) = \frac{1}{4}(1-\xi)(1-\eta)$$

同理可得

$$N_2 = \frac{1}{4}(1+\xi)(1-\eta),\quad N_3 = \frac{1}{4}(1+\xi)(1+\eta),\quad N_4 = \frac{1}{4}(1-\xi)(1+\eta)$$

可以写成统一形式

$$N_i = \frac{1}{4}(1+\xi_i\xi)(1+\eta_i\eta) \tag{4.38}$$

式中(ξ_i,η_i)为结点 i 的坐标。虽然该单元的插值函数包含了二次项，但函数沿 ξ(η=const，const 表示常值)和 η(ξ=const)方向均为线性变化的，参见图 4.19 中右图插值函数 N_1 的变化规律，故该单元又称为双一次单元。

值得一提的是，该矩形 4 结点单元可以看作是一个 Lagrange 一次单元，可以用式(4.35)和式(4.36)直接给出其插值函数。读者可以自行完成推导。

在利用有限元分析结构时，因为精度要求不同，可能对不同区域采用不同阶次的单元进行离散，在高阶单元和低阶单元过渡区域会用到变结点单元。如图 4.20a 所示为从 4 结点单元到 8 结点单元过渡的 5 结点变结点单元。5 结点单元可以在 4 结点单元基础上构造。假设仅在 1-2 边的中点增加结点 5，得到 5 结点单元。利用划线法可得

$$N_5 = \frac{\eta-1}{-1-1}\frac{\xi-1}{0-1}\frac{\xi+1}{0+1} = \frac{1}{2}(1-\xi^2)(1-\eta)$$

现在用 $\hat{N}_1$，$\hat{N}_2$ 表示增加结点 5 以前结点 1 和 2 的插值函数，用 N_1 和 N_2 表示修正后的

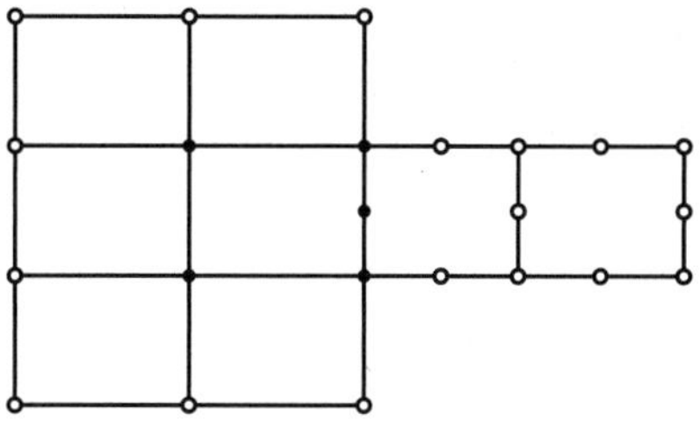

(a)

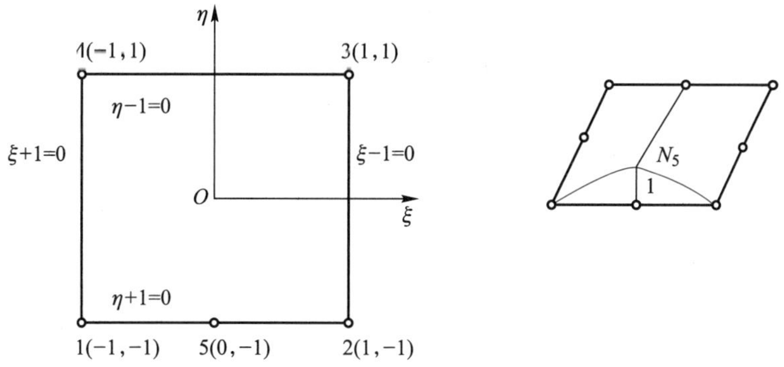

(b)

图 4.20　矩形 5 结点单元

插值函数。在增加结点 5 之前，对应于角结点 1 和 2 的插值函数 $\hat{N}_1$ 和 $\hat{N}_2$ 在结点 5 位置处的值均为 1/2。在边 1-2 上增加了结点 5 后，N_1 和 N_2 在结点 5 处应为零。为此可按下式对它们进行修正：

$$N_1 = \hat{N}_1 - \frac{1}{2}N_5, \quad N_2 = \hat{N}_2 - \frac{1}{2}N_5$$

将 5 个结点的坐标分别代入修正后的结点 1 的插值函数 N_1，其在各结点处的值分别为

$$N_1(1) = \hat{N}_1(1) - \frac{1}{2}N_5(1) = 1 - 0 = 1, \quad N_1(5) = \hat{N}_1(5) - \frac{1}{2}N_5(5) = \frac{1}{2} - \frac{1}{2} = 0$$

$$N_1(2) = \hat{N}_1(2) - \frac{1}{2}N_5(2) = 0 - 0 = 0, \quad N_1(3) = \hat{N}_1(3) - \frac{1}{2}N_5(3) = 0 - 0 = 0$$

$$N_1(4) = \hat{N}_1(4) - \frac{1}{2}N_5(4) = 0 - 0 = 0$$

可见，N_1 具备了在结点 1 处为 1，在其他结点为零的性质。类似可以证明 N_2 具备在结点 2 为 1，在其他结点为零的性质。另外，N_3 和 N_4 无须进行修正。

利用上述方法，还可以构造 6 结点和 7 结点变结点过渡单元，以及 8 结点二次单元。根据图 4.21，也可以直接采用划线法构造矩形 8 结点单元的插值函数，该插值函数为

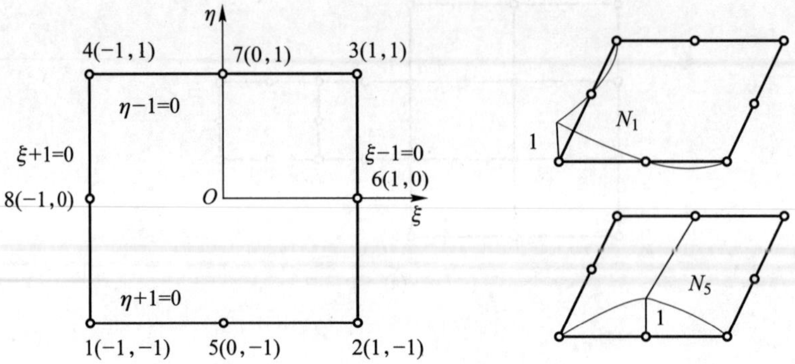

图 4.21　Serendipity 矩形 8 结点单元

$$\left.\begin{aligned}N_i &= \frac{1}{4}(1+\xi_i\xi)(1+\eta_i\eta)(\xi_i\xi+\eta_i\eta-1) \quad (i=1,2,3,4)\\ N_i &= \frac{1}{2}(1-\xi^2)(1+\eta_i\eta) \quad (i=5,7)\\ N_i &= \frac{1}{2}(1+\xi_i\xi)(1-\eta^2) \quad (i=6,8)\end{aligned}\right\} \tag{4.39}$$

式中(ξ_i,η_i)为结点 i 的坐标。插值函数 N_1 和 N_5 的变化规律如图 4.21 中的右图所示。利用前述方法,还可以构造 12 结点三次单元或更高阶单元的插值函数。在实际中大多采用矩形 4 结点单元和 8 结点单元。

4.4　三维单元插值函数

常用于离散三维实体结构的单元主要有四面体单元和六面体单元。四面体单元便于离散具有复杂几何形状的结构,而六面体单元通过坐标映射可以得到任意六面体单元,也可以对较复杂几何形状结构进行离散。除了四面体和六面体单元外,本节还将简单介绍三棱柱单元。

4.4.1　四面体单元

四面体单元是用于离散三维实体结构的一类单元,这类单元在离散具有复杂几何形状的结构时具有优势。类似于平面问题的三角形单元,四面体单元可用体积坐标作为自然坐标构造插值函数。如图 4.22 所示为四面体单元,单元内部任意一点 P 的坐标为(x,y,z),该点与 4 个角点 1,2,3,4 构成 4 个四面体,它们的体积分别为 V_1,V_2,V_3,V_4。V_1 对应的四面体以角点 1 对应的 2-3-4 面为底面,其他的类推。定义体积坐标

$$L_i = \frac{V_i}{V} \quad (i=1,2,3,4) \tag{4.40}$$

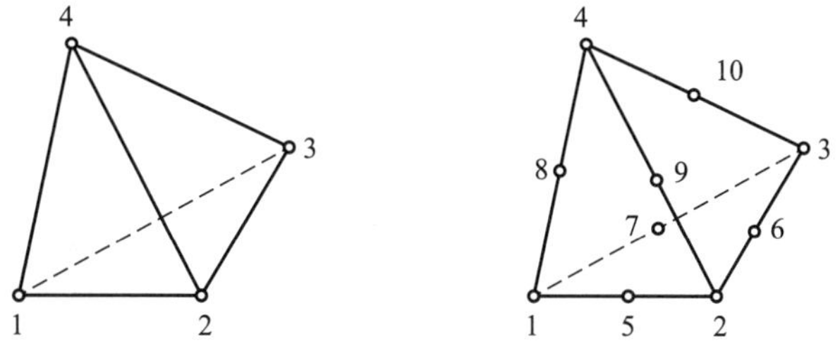

(a) 4 结点一次单元　　(b) 10 结点二次单元

图 4.22　三维四面体单元

利用体积坐标,任意点 P 的坐标可以表示为(L_1, L_2, L_3, L_4)。类似于面积坐标,体积坐标 L_i 在角点 i 为 1,在其他角点为 0,且 $\sum_{i=1}^{4} L_i = 1$。体积坐标与四面体在空间的位置无关,为自然坐标。由于 4 个体积坐标之和为 1,因此独立的坐标仅有 3 个。

类似于用面积坐标构造三角形单元插值函数的方法,采用划线法可以用体积坐标方便地构造四面体单元的插值函数。对于四面体 4 结点一次单元

$$N_i = L_i \quad (i = 1,2,3,4) \tag{4.41}$$

可以证明,四面体 4 结点单元为常应力和常应变单元。

利用划线法可构造得到四面体 10 结点二次单元的插值函数

$$\left.\begin{aligned} &N_i = (2L_i - 1)L_i \quad (i = 1,2,3,4) \\ &N_5 = 4L_1L_2, \quad N_6 = 4L_2L_3, \quad N_7 = 4L_1L_3 \\ &N_8 = 4L_1L_4, \quad N_9 = 4L_2L_4, \quad N_{10} = 4L_3L_4 \end{aligned}\right\} \tag{4.42}$$

利用体积坐标还可以方便地构造更高阶的单元。

4.4.2 拉格朗日(Lagrange)六面体单元

类似于 4.3.2 节所述的 Lagrange 二维单元,可以方便地构造 Lagrange 三维六面体单元。这种单元的形状函数由三个 Lagrange 多项式相乘直接得到。假设沿三个方向分别有 r, p, q 个结点,可以分别构造$(r-1)$阶、$(p-1)$阶、$(q-1)$阶的 Lagrange 插值基函数

$$\left.\begin{aligned} l_I^{(r-1)}(\xi) &= \prod_{j=1, j\neq I}^{r} \frac{(\xi - \xi_j)}{(\xi_I - \xi_j)} \\ l_J^{(p-1)}(\eta) &= \prod_{j=1, j\neq J}^{p} \frac{(\eta - \eta_j)}{(\eta_J - \eta_j)} \\ l_K^{(q-1)}(\zeta) &= \prod_{j=1, j\neq K}^{q} \frac{(\zeta - \zeta_j)}{(\zeta_K - \zeta_j)} \end{aligned}\right\} \tag{4.43}$$

则可构造三维 Lagrange 单元的插值函数

$$N_i = N_{IJK} = l_I^{(r-1)}(\xi)\, l_J^{(p-1)}(\eta)\, l_K^{(q-1)}(\zeta) \quad (i = 1,2,\cdots,r \times p \times q) \tag{4.44}$$

如图 4.23 所示为 8 结点一次、27 结点二次和 64 结点三次 Lagrange 单元。

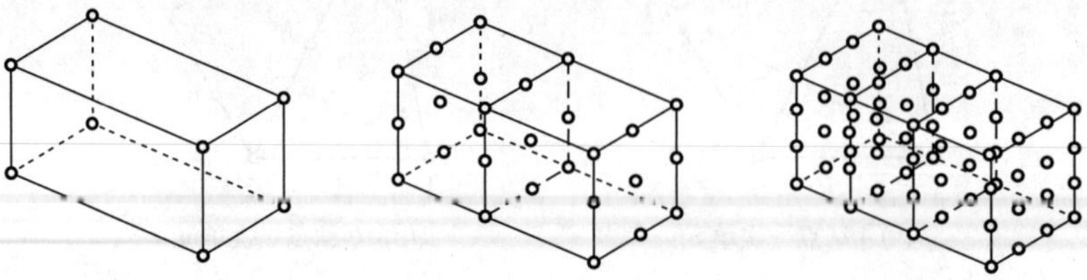

图 4.23　典型的三维 Lagrange 单元

4.4.3 Serendipity 六面体单元

如图 4.24 所示为用于离散三维实体结构常用的六面体单元，包括六面体 8 结点一次单元和 20 结点二次单元。这类单元称为 Serendipity 六面体单元。类似于 4.3.3 节所述的 Serendipity 矩形单元，采用划线法可以方便地构造六面体单元的插值函数。

图 4.24a 所示六面体 8 结点一次单元的插值函数为

$$N_i = \frac{1}{8}(1 + \xi_i\xi)(1 + \eta_i\eta)(1 + \zeta_i\zeta) \quad (i = 1,2,\cdots,8) \tag{4.45}$$

式中(ξ_i, η_i, ζ_i)为结点 i 的坐标：

1(－1, －1, －1)；　2(＋1, －1, －1)；　3(＋1, ＋1, －1)；　4(－1, ＋1, －1)

5(－1, ＋1, －1)；　6(＋1, －1, ＋1)；　7(＋1, ＋1, ＋1)；　8(－1, ＋1, ＋1)

六面体 20 结点二次单元，在每一条边的中点设置一个结点，结点编号顺序见图 4.24b 所示。单元的插值函数为

$$\left.\begin{aligned}
N_i &= \frac{1}{8}(1 + \xi_i\xi)(1 + \eta_i\eta)(1 + \zeta_i\zeta)(\xi_i\xi + \eta_i\eta + \zeta_i\zeta - 2) \quad (i = 1,2,\cdots,8) \\
N_i &= \frac{1}{4}(1 - \xi^2)(1 + \eta_i\eta)(1 + \zeta_i\zeta) \quad (i = 9,11,17,19) \\
N_i &= \frac{1}{4}(1 - \eta^2)(1 + \xi_i\xi)(1 + \zeta_i\zeta) \quad (i = 10,12,18,20) \\
N_i &= \frac{1}{4}(1 - \zeta^2)(1 + \xi_i\xi)(1 + \eta_i\eta) \quad (i = 13,14,15,16)
\end{aligned}\right\} \tag{4.46}$$

式中(ξ_i, η_i, ζ_i)为结点 i 的坐标。结点 1~8 的坐标与 8 结点单元相同，其他结点的坐标为

9(0, －1, －1)；　10(＋1,0, －1)；　11(0, ＋1, －1)；　12(－1,0, －1)

13(－1, －1,0)；　14(＋1, －1,0)；　15(＋1, ＋1,0)；　16(－1, ＋1,0)

17(0, －1, ＋1)；　18(＋1,0, ＋1)；　19(0, ＋1, ＋1)；　20(－1,0, ＋1)

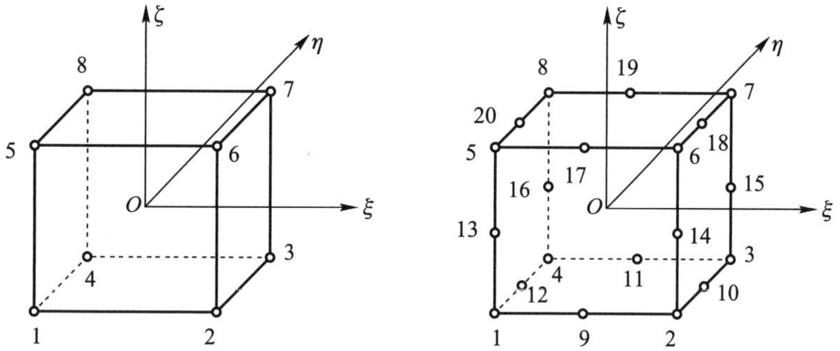

(a) 8 结点一次单元　(b) 20 结点二次单元

图 4.24　三维六面体单元

4.4.4 三棱柱单元

三棱柱单元是实际中较常用的另一类三维单元，如图 4.25 所示。该类单元有 Serendipity 类单元和基于 Lagrange 插值函数的单元。前者插值函数由三角形单元插值函数与 Serendipity 单元插值函数相乘得到，后者插值函数由三角形单元插值函数与 Lagrange 插值函数相乘得到。基于三角形单元和 Serendipity 单元的一次单元插值函数为

$$\left.\begin{aligned}N_i &= \frac{1}{2}L_1(1+\xi_i\xi) \quad (i=1,4)\\N_i &= \frac{1}{2}L_2(1+\xi_i\xi) \quad (i=2,5)\\N_i &= \frac{1}{2}L_3(1+\xi_i\xi) \quad (i=3,6)\end{aligned}\right\} \tag{4.47}$$

式中 L_i 为面积坐标。三角形 3 结点一次单元的形状函数 $N_i=L_i$，而 ξ 垂直于三角形面。

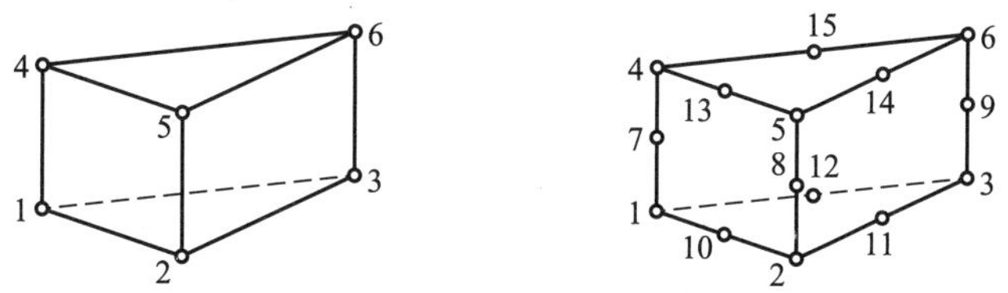

(a) 一次单元　(b) 二次单元

图 4.25　三棱柱 Serendipity 单元

三棱柱二次单元的插值函数为

角结点

$$\left.\begin{aligned}N_i &= \frac{1}{2}L_1(2L_1-1)(1+\xi_i\xi)-\frac{1}{2}L_1(1-\xi^2) \quad (i=1,4)\\N_i &= \frac{1}{2}L_2(2L_2-1)(1+\xi_i\xi)-\frac{1}{2}L_2(1-\xi^2) \quad (i=2,5)\\N_i &= \frac{1}{2}L_3(2L_3-1)(1+\xi_i\xi)-\frac{1}{2}L_3(1-\xi^2) \quad (i=3,6)\end{aligned}\right\} \tag{4.48a}$$

矩形边中点

$$N_7 = L_1(1-\xi^2),\quad N_8 = L_2(1-\xi^2),\quad N_9 = L_3(1-\xi^2) \tag{4.48b}$$

三角形边中点

$$\left.\begin{aligned} N_{10} = 2L_1L_2(1-\xi),\quad N_{11} = 2L_2L_3(1-\xi),\quad N_{12} = 2L_3L_1(1-\xi) \\ N_{13} = 2L_1L_2(1+\xi),\quad N_{14} = 2L_2L_3(1+\xi),\quad N_{15} = 2L_3L_1(1+\xi) \end{aligned}\right\} \tag{4.48c}$$

类似地,可构造出基于三角形单元和 Lagrange 单元的三棱柱三维单元的插值函数。

*4.5　阶谱单元

前面各节介绍的单元称为标准型单元,这些单元得到了广泛的应用。但是,当低阶单元升为高阶单元时,低阶单元的各个插值函数也随之改变,所有的计算都要重新进行,特别不适合 6.4 节将介绍的自适应有限元分析。在自适应有限元分析中,当发现利用低阶单元分析时的精度不满足要求时,可能需要在单元网格划分不变的条件下提高单元的阶次,且希望已经形成的低阶单元的刚度矩阵等特性矩阵保持不变,得以利用,从而提高计算效率。

若利用不依赖于结点的形状函数的插值形式,可以克服从低阶单元升为高阶单元时的上述困难,即采用阶谱插值函数。采用阶谱插值函数时,原有的网格不变,仅在原来的低阶单元的基础上添加高阶函数而已。这种单元称为阶谱单元。

4.5.1　一维阶谱单元

本节讨论一维阶谱单元。由 4.2.1 节可知,2 结点线性单元的插值函数为

$$\hat{N}_1 = \frac{1}{2}(1-\xi),\quad \hat{N}_2 = \frac{1}{2}(1+\xi),\quad (-1 \leqslant \xi \leqslant +1) \tag{4.49}$$

将该 2 结点线性单元升阶为 3 结点二次单元,若采用变结点方法构造二次单元的插值函数

$$\left.\begin{aligned} N_1 &= \hat{N}_1 - \frac{1}{2}N_3 = -\frac{1}{2}\xi(1-\xi) \\ N_2 &= \hat{N}_2 - \frac{1}{2}N_3 = \frac{1}{2}\xi(1+\xi) \\ N_3 &= 1-\xi^2 \end{aligned}\right\} \tag{4.50}$$

则该 3 结点二次单元的标准插值形式[参见式(4.14)]为

$$\varphi(\xi) = N_1\varphi_1 + N_2\varphi_2 + N_3\varphi_3 \tag{4.51}$$

利用阶谱插值函数则要利用原来的 2 结点线性插值函数,可将插值表达式写成

$$\varphi(\xi) = \hat{N}_1\varphi_1 + \hat{N}_2\varphi_2 + N_3\left(\varphi_3 - \frac{\varphi_1+\varphi_2}{2}\right) \tag{4.52}$$

或写成

$$\varphi(\xi) = \sum_{p=1}^{3} H_p a_p \tag{4.53}$$

其中

$$\left.\begin{array}{l} H_1(\xi) = \hat{N}_1, \quad H_2(\xi) = \hat{N}_2, \quad H_3(\xi) = N_3 \\ a_1 = \varphi_1, \quad a_2 = \varphi_2, \quad a_3 = \varphi_3 - \dfrac{\varphi_1 + \varphi_2}{2} \end{array}\right\} \tag{4.54}$$

可见,a_3 不再具有结点函数的物理意义。此外

$$H_1 + H_2 + H_3 \neq 1 \tag{4.55}$$

即 H_1, H_2, H_3 不再具有标准 C_0型单元插值函数所具有的性质,称为阶谱函数。以上述 2 结点线性标准单元为例,可见阶谱单元的构造可以通过添加附加的多项式函数 H_3 以提高插值函数的阶次,该附加多项式在原单元的端点(结点 1 和 2)处为零。

类似地,在二次单元插值式(4.53)上再添加 $H_4 a_4$ 可得到三次单元。H_4 可以是任意形式的三次函数

$$H_4 = \alpha_0 + \alpha_1 \xi + \alpha_2 \xi^2 + \alpha_3 \xi^3 \tag{4.56}$$

该函数在端点 $\xi = \pm 1$ 处为零。满足这一条件的函数有无穷多,但是可以选择一个简单的形式,使其在中点 $\xi = 0$ 处为零,且导数 $\left.\dfrac{\mathrm{d}H_4}{\mathrm{d}\xi}\right|_{\xi=0} = 1$。这样立即可以得到

$$H_4 = \xi(1 - \xi^2) \tag{4.57}$$

注意,结点 3 的位置没有改变,只要求新增的函数 H_4 是在结点 1 和 2 处为零的一个三次函数即可,参数 a_4 也不是结点处的函数值,可以识别其物理意义为

$$a_4 = \left(\frac{\mathrm{d}\varphi}{\mathrm{d}\xi}\right)_{\xi=0} - \frac{1}{2}(\varphi_2 - \varphi_1) \tag{4.58}$$

即单元中点处的斜率 $\left(\dfrac{\mathrm{d}\varphi}{\mathrm{d}\xi}\right)_{\xi=0}$ 和线性单元的斜率 $\dfrac{1}{2}(\varphi_2 - \varphi_1)$ 的差。

还可以类似地进一步定义四次阶谱单元插值函数

$$H_5 = \xi^2(1 - \xi^2) \tag{4.59}$$

此时要确定参数 a_5 的物理意义非常困难,然而确定其物理意义并非必要。

如前所述,阶谱函数的选择并非唯一,可以采用很多形式。一种方便的形式为

$$H_{p+1}(\xi) = \begin{cases} \dfrac{1}{p!}(\xi^p - 1) & (p = 2,4,6,\cdots) \\ \dfrac{1}{p!}(\xi^p - \xi) & (p = 3,5,7,\cdots) \end{cases} \tag{4.60}$$

由此可以得到如下阶谱函数:

$$\left.\begin{array}{l} H_3 = \dfrac{1}{2}(\xi^2 - 1), \quad H_4 = \dfrac{1}{6}(\xi^3 - \xi) \\ H_5 = \dfrac{1}{24}(\xi^4 - 1), \quad H_6 = \dfrac{1}{120}(\xi^5 - \xi) \end{array}\right\} \tag{4.61}$$

当采用这些阶谱函数时,在中点($\xi=0$)处除了$\dfrac{\mathrm{d}^p H_{p+1}}{\mathrm{d}\xi^p}=1$,其二阶以上的导数都为零,还可以识别出参数

$$a_{p+1}=\left.\frac{\mathrm{d}^p \varphi}{\mathrm{d}\xi^p}\right|_{\xi=0},\quad p \geqslant 2 \tag{4.62}$$

这给出了参数的一般物理意义,但也不是必需的。在二维和三维单元中,在单元交界面上阶谱函数参数的简单识别使得 C_0连续性得以自动满足。

最后,采用阶谱单元,在计算单元的刚度矩阵时可以利用已经计算得到的低阶单元的刚度矩阵,无须重复计算,这是采用阶谱单元的另一个优点。如前述 2 结点线性单元的刚度矩阵为

$$\boldsymbol{K}^{(2)}=\begin{bmatrix} K_{11}^{(2)} & K_{12}^{(2)} \\ K_{21}^{(2)} & K_{22}^{(2)} \end{bmatrix} \tag{4.63}$$

将单元升阶为 3 结点二次阶谱单元,其刚度矩阵为

$$\boldsymbol{K}^{(3)}=\begin{bmatrix} K_{11}^{(2)} & K_{12}^{(2)} & K_{13}^{(3)} \\ K_{21}^{(2)} & K_{22}^{(2)} & K_{23}^{(3)} \\ K_{31}^{(3)} & K_{32}^{(3)} & K_{33}^{(3)} \end{bmatrix} \tag{4.64}$$

可见,在形成高阶单元的刚度矩阵时,低阶单元的刚度矩阵元素可以保持不变地被利用,从而可以提高计算效率。

由于阶谱函数的形式并不是唯一的,可以考虑进一步选择优化的函数形式,使刚度矩阵的非对角元素消失,即使高阶和低阶函数之间不耦合

$$K_{ij}=K_{ji}=0\quad(i \neq j;i,j \geqslant 3) \tag{4.65}$$

以一维弹性力学问题轴力单元为例(参见 7.2.1 节),有

$$K_{ij}=K_{ji}=\int_l EA\frac{\mathrm{d}H_i}{\mathrm{d}x}\frac{\mathrm{d}H_j}{\mathrm{d}x}\mathrm{d}x=\frac{2EA}{l}\int_{-1}^{1}\frac{\mathrm{d}H_i}{\mathrm{d}\xi}\frac{\mathrm{d}H_j}{\mathrm{d}\xi}\mathrm{d}\xi \tag{4.66}$$

式中 EA 为截面抗拉刚度。上式表明,为了使式(4.65)得以满足,$\dfrac{\mathrm{d}H_i}{\mathrm{d}\xi}$和$\dfrac{\mathrm{d}H_j}{\mathrm{d}\xi}$应在区间($-1 \leqslant \xi \leqslant +1$)内正交。而 Legendre 多项式

$$P_p(\xi)=\frac{1}{(p-1)!}\frac{1}{2^{p-1}}\frac{\mathrm{d}^p}{\mathrm{d}\xi^p}[(\xi^2-1)^p] \tag{4.67}$$

是满足此条件的一种多项式函数,因此可以通过对它的积分得到需要的阶谱函数

$$H_{p+2}=\int P_p(\xi)\,\mathrm{d}\xi=\frac{1}{(p-1)!2^{p-1}}\frac{\mathrm{d}^{p-1}}{\mathrm{d}\xi^{p-1}}[(\xi^2-1)^p] \tag{4.68}$$

或

$$H_p=\int P_{p-2}(\xi)\,\mathrm{d}\xi=\frac{1}{(p-3)!2^{p-3}}\frac{\mathrm{d}^{p-3}}{\mathrm{d}\xi^{p-3}}[(\xi^2-1)^{p-2}] \tag{4.69}$$

从上式可得

$$H_3 = \xi^2 - 1, \quad H_4 = 2(\xi^3 - \xi) \tag{4.70}$$

将其与式(4.61)比较,H_3 和 H_4 两类函数仅系数不同。

4.5.2 二维和三维阶谱单元

前面在构造标准的二维和三维 Lagrange 单元时,仅简单地将一维 Lagrange 函数相乘即可,构造 Serendipity 单元时也是类似的乘积组合。对于阶谱单元的插值函数构造则更简单。

如图 4.26 所示二维四边形单元,1,2,3,4 为角结点,5,6,7,8 为各边中点位置,和它们相关联的"结点"参数不一定是一个,而是依赖于阶谱单元的阶次。当单元为线性单元时,阶谱函数仅有 $H_1 \sim H_4$,它们和双线性 Lagrange 单元相同

$$H_i = N_i = \frac{1}{4}(1 + \xi_i \xi)(1 + \eta_i \eta) \tag{4.71}$$

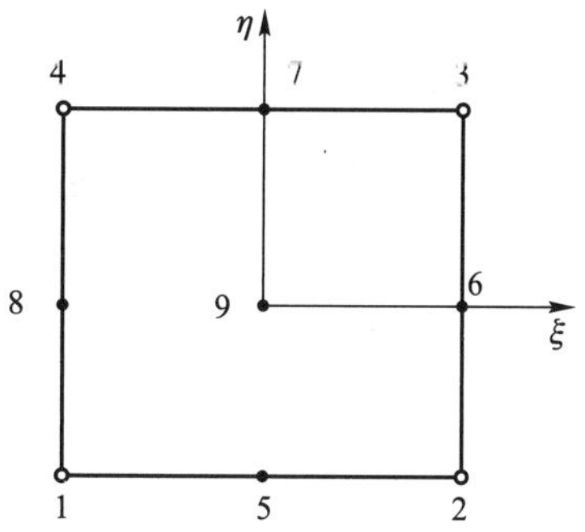

图 4.26 二维四边形阶谱单元

当单元升阶为类似于 Serendipity 二次单元时,阶谱函数的 $H_5 \sim H_8$ 的构造,原则上取使得通过除自身结点以外的其他结点所在的边取值为零的二次函数即可,如采取如下形式:

$$\left.\begin{aligned} H_5 &= \frac{1}{4}(1 - \xi^2)(1 - \eta), \quad H_6 = \frac{1}{4}(1 + \xi)(1 - \eta^2) \\ H_7 &= \frac{1}{4}(1 - \xi^2)(1 + \eta), \quad H_8 = \frac{1}{4}(1 - \xi)(1 - \eta^2) \end{aligned}\right\} \tag{4.72}$$

可知,H_5 在通过除结点 5 以外的其他结点的边 4-7-3、1-8-4 和 2-6-3 上均为零;$H_6 \sim H_8$ 类似。

如果希望构造类似于 Lagrange 二次单元,则再增加 H_9,可取如下形式:

$$H_9 = \frac{1}{4}(1 - \xi^2)(1 - \eta^2) \tag{4.73}$$

从形式上看,$H_5 \sim H_9$ 和 Serendipity 二次单元及 Lagrange 二次单元的 $N_5 \sim N_9$ 相同,但 $H_1 \sim H_4$ 保持了线性单元的形式而不必修改。采用类似的方法可以构造三维阶谱单元。

4.6 小结

实际结构均为三维实体,在特定条件下三维问题可以简化为平面二维问题和轴对称问题,弹性力学中给出了这些问题相应的场方程。另一方面,当结构的某些方向的尺寸远小于其他方向的尺寸时,根据结构的变形和受力特征可以将其简化为杆、梁、板和壳等,从而简化这类结构工程问题的控制方程。针对不同的结构需要构造不同的单元和单元插值函数,包括一维、二维和三维单元及其位移插值函数。

一维单元通常采用 Lagrange 多项式插值函数,称为一维 Lagrange 单元,可以用于受轴力作用或受扭转作用的杆的离散。对于梁结构而言,通常以挠度为基本变量,在相邻单元的结点处除了挠度连续外,其截面的转角也要连续。Euler-Bernoulli 梁的截面转角等于挠度对轴向坐标的一阶导数,因而结点处挠度的一阶导数也要连续,因此需采用 Hermite 插值函数,这种单元称为 Hermite 一维单元。板壳单元也有类似的特征。

离散平面应力、平面应变和轴对称问题时采用二维单元。二维单元包括三角形单元、Lagrange 单元和 Serendipity 单元。三角形单元插值函数可以用面积坐标构造,面积坐标为自然坐标,其与三角形的形状和方位无关。二维 Lagrange 单元的插值函数利用沿两个坐标方向的 Lagrange 插值函数相乘得到。常用的二维 Serendipity 单元包括四边形 4 结点双一次单元和四边形 8 结点双二次单元。

三维实体单元包括四面体单元、Lagrange 单元、Serendipity 单元和三棱柱单元等。四面体单元插值函数用体积坐标构造,体积坐标也为自然坐标,与四面体的形状和方位无关。Lagrange 单元的插值函数利用沿三个坐标方向的 Lagrange 插值函数相乘得到。常用的三维 Serendipity 单元包括六面体 8 结点一次单元和六面体 20 结点二次单元。

在自适应有限元分析中,若利用低阶单元分析时的精度不满足要求时,可能需要在单元网格划分不变的条件下提高单元的阶次,为了利用已经形成的低阶单元的刚度矩阵等特性矩阵,从而提高计算效率,这时可以采用阶谱单元。

本章介绍的所有单元都是用局部坐标或自然坐标表达的,这些单元均需通过坐标变换才能使用,这将在第 5 章讨论。

习题

4.1　什么是实体单元?常用的实体单元有哪些?什么是结构单元?常用的结构单元有哪些?

4.2　什么是变结点单元,实际中有何用?

4.3　如图 4.10c 所示,一维 2 结点单元的自然坐标取值范围为 $0\leqslant\xi\leqslant1$,结点 1 和 2 的自然坐标分别为 $\xi_1=0$ 和 $\xi_2=1$,整体坐标 x 和自然坐标 ξ 的变换式为 $\xi=\dfrac{x-x_1}{x_2-x_1}$。(1) 构造其 Lagrange 插值函数 $N_1(\xi)$ 和 $N_2(\xi)$;(2) 结点位移分别为 u_1 和 u_2,位移插值表达式为 $u=N_1(\xi)u_1+N_2(\xi)u_2$,利用结点 1 和 2 的整体坐标 x_1 和 x_2,可将其坐标变换写成与位移插值相同的形式 $x=N_1'(\xi)x_1+N_2'(\xi)x_2$,证明:$N_1(\xi)=N_1'(\xi)$, $N_2(\xi)=N_2'(\xi)$。

4.4　一维 4 结点单元的自然坐标取值范围为 $0\leqslant\xi\leqslant1$,4 个结点编号从左到右,结点的自然坐标在单元中均匀分布。(1) 构造 Lagrange 单元插值函数;(2) 验证其性质;(3) 画出插值函数 $N_i(i=1,2,3,4)$ 在单元中的变化曲线。

4.5　一维 2 结点单元的自然坐标取值范围为 $0 \leqslant \xi \leqslant 1$，结点 1 和 2 的坐标分别为 $\xi_1 = 0$ 和 $\xi_2 = 1$。Hermite 插值函数 H_i 为如下三次多项式：

$$H_i = a_i + b_i\xi + c_i\xi^2 + d_i\xi^3 \quad (i = 1,2,3,4)$$

利用条件(4.16)确定待定参数 $a_i, b_i, c_i, d_i (i=1,2,3,4)$，导出该 Hermite 插值函数的具体形式。

4.6　如图 4.16 所示的三角形 10 结点三次单元，用划线法构造用面积坐标表达的插值函数，并验证其性质。

4.7　用构造 Lagrange 单元的方法推导如图 4.19 所示矩形 4 结点单元的插值函数，并与划线法得到的插值函数(4.38)进行比较。

4.8　用划线法推导如图 4.21 所示矩形 8 结点单元的插值函数。画出 8 个插值函数在单元中的变化曲面。

4.9　已知四边形 4 结点单元的插值函数为

$$N_i = \frac{1}{4}(1 + \xi_i\xi)(1 + \eta_i\eta)$$

式中 (ξ_i, η_i) 为结点 $i(i=1,2,3,4)$ 的坐标。(1) 用变结点法构造图中所示 9 结点单元的插值函数；(2) 用构造 Lagrange 单元的方法构造该单元的插值函数。试比较两种方法得到的结果。

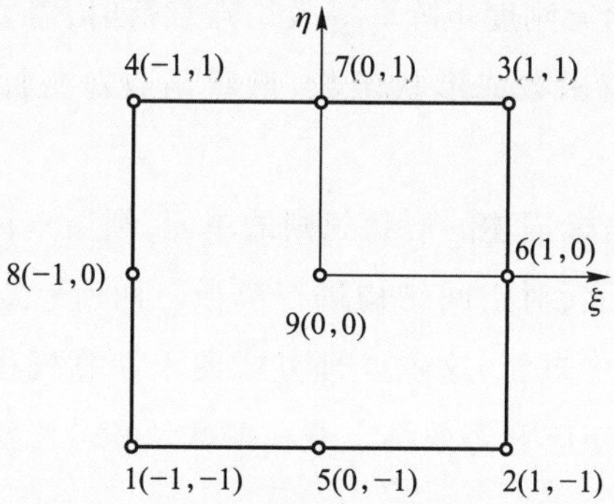

题 4.9 图

参考答案 A4

5 第5章 单元映射和数值积分

5.1 引言

第4章介绍了单元插值函数的构造,这些单元的插值函数采用自然坐标描述,且单元的形状规则,要直接用这些单元离散实际结构会面临困难。一方面,要分析的问题,特别是工程实际问题的结构几何形状一般较复杂,要用形状规则的单元离散复杂几何形体,其精度难以保证。另一方面,在计算单元刚度矩阵和等效结点载荷时,需要对单元在整体坐标系下进行积分计算,这就需要对插值函数或形状函数、形状函数对坐标的导数以及积分进行坐标转换。

为此,可以采用将自然坐标描述的形状规则的单元,利用坐标变换映射到空间坐标系中不同位置和不规则形状的单元,对空间结构进行离散。而所有空间坐标系中的单元积分计算均在自然坐标描述的单元中进行,这种处理方式便于计算机程序实现。本章重点介绍单元的等参变换以及单元刚度矩阵和等效结点载荷的数值积分方法。

5.2 单元映射和等参变换

5.2.1 单元映射

利用坐标变换,可以将自然坐标系下的直线单元映射到整体坐标系下的直线或曲线单元;将矩形单元映射成任意四边形单元或曲边单元;将规则的六面体单元映射成任意六面体单元或曲面体单元。将自然坐标系中的规则单元称为母单元,整体坐标系下的非规则单元称为子单元,或称映射单元。一个母单元可以通过映射变换得到任意多的子单元,子单元可以适应复杂结构的外形。另一方面，可以将所有子单元的刚度矩阵和等效结点载荷的积分运算转换到同一个母单元上。由于母单元采用自然坐标描述，使得积分运算便于计算机编程实现。

一般而言，要将自然坐标系下的母单元映射到空间坐标系下的子单元，可以采用如下坐标变换：

$$x=f_x(\xi,\eta,\zeta),\quad y=f_y(\xi,\eta,\zeta),\quad z=f_z(\xi,\eta,\zeta) \tag{5.1}$$

式中(ξ,η,ζ)为自然坐标系下母单元内任意一点的坐标，而(x,y,z)为整体坐标系下子单元中任意一点的空间坐标。空间坐标系中子单元的形状取决于映射函数$f_x(\xi,\eta,\zeta)$,$f_y(\xi,\eta,\zeta)$,$f_z(\xi,\eta,\zeta)$的具体形式，这些函数可以取第 4 章给出的各种自然坐标描述的插值函数。

如图 5.1 所示为一维单元的坐标变换，自然坐标系下的一维单元可以映射到一维整体坐标系下，也可以映射到二维或三维空间整体坐标系。假设自然坐标系下单元中任意一点的坐标为$\xi(-1\leqslant\xi\leqslant1)$，参见图 5.1a。该单元变换到一维整体坐标系时，如图 5.1b 所示，坐标可按下式进行变换：

$$x=\sum_{i=1}^{m}N_i'(\xi)x_i \tag{5.2a}$$

对于 2 结点 Lagrange 单元，坐标变换式如 4.2.1 节中的式(4.13)所示。对于平面桁架或框架结构，可以将自然坐标系下的一维单元映射到二维整体坐标系（如图 5.1c 所示）下

$$x=\sum_{i=1}^{m}N_i'(\xi)x_i,\quad y=\sum_{i=1}^{m}N_i'(\xi)y_i \tag{5.2b}$$

对于三维空间桁架或框架结构，可以将自然坐标系下的一维单元映射到三维整体坐标系（如图 5.1d 所示）下

$$x=\sum_{i=1}^{m}N_i'(\xi)x_i,\quad y=\sum_{i=1}^{m}N_i'(\xi)y_i,\quad z=\sum_{i=1}^{m}N_i'(\xi)z_i \tag{5.2c}$$

式(5.2a)～(5.2c)中 m 为用于坐标变换的单元结点数，$N_i'(\xi)$为坐标变换函数，也称为形状函数，或形函数，可取 4.2.1 节给出的 Lagrange 多项式插值函数。如果用于坐标变换的结点有 2 个，$m=2$，$N_i'(\xi)$为一次函数，单元映射到整体坐标中仍然为直线单元。如果用于坐标变换的结点有 3 个，$m=3$，$N_i'(\xi)$为二次函数，直线单元映射到二维和三维整体坐标中可以为曲线单元，参见图 5.1c 和图 5.1d。

如图 5.2 所示为二维四边形单元的坐标变换。自然坐标系下母单元中任意点的坐标用(ξ,η)描述，可以用如下坐标变换映射到整体坐标系(x,y)中：

$$x=\sum_{i=1}^{m}N_i'(\xi,\eta)x_i,\quad y=\sum_{i=1}^{m}N_i'(\xi,\eta)y_i \tag{5.3}$$

式中 $N_i'(\xi,\eta)$为坐标变换函数，可取多项式插值函数。由 4.3.3 节可知，自然坐标系下的四边形单元为矩形单元，如果采用插值函数作为坐标变换函数，且用于坐标变换的结点数有 4 个，坐标变换函数 $N_i'(\xi,\eta)$是双一次函数，该矩形单元映射到空间坐标系中得到的子单元为任意四边形直边单元。如果用于坐标变换的结点数有 8 个，坐标变换函数 $N_i'(\xi,\eta)$是双二

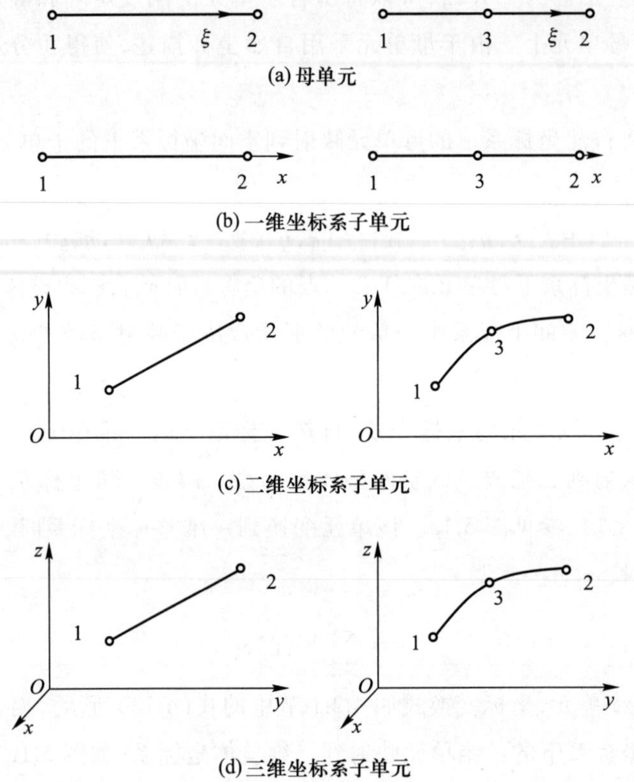

图 5.1　一维单元的坐标变换

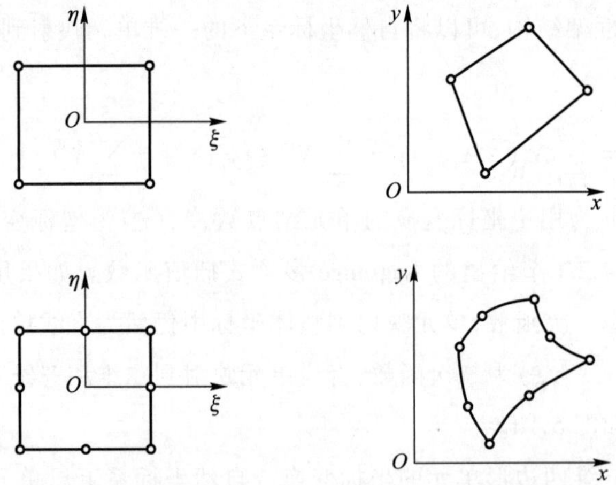

图 5.2　二维四边形单元的坐标变换

次函数，其映射到空间坐标系中得到的子单元为任意四边形曲边单元。

如图 5.3 所示为三维六面体单元的坐标变换。类似地，可用下式将自然坐标系(ξ,η,ζ)中的母单元映射到空间坐标系(x,y,z)中：

$$x=\sum_{i=1}^{m}N_i'(\xi,\eta,\zeta)x_i,\quad y=\sum_{i=1}^{m}N_i'(\xi,\eta,\zeta)y_i,\quad z=\sum_{i=1}^{m}N_i'(\xi,\eta,\zeta)z_i \tag{5.4}$$

式中 $N_i'(\xi,\eta,\zeta)$ 为坐标变换函数，可取多项式插值函数。由 4.4.3 节可知，自然坐标系下的六面体单元为规则单元，若坐标变换函数取插值函数，且用于坐标变换的结点数有 8 个，坐标变换函数 $N_i'(\xi,\eta,\zeta)$ 是一次函数，单元映射到空间坐标系中得到的子单元为任意六面体直面单元。如果用于坐标变换的结点数有 20 个，坐标变换函数 $N_i'(\xi,\eta,\zeta)$ 是二次函数，单元映射到空间坐标系得到任意六面体曲面单元。

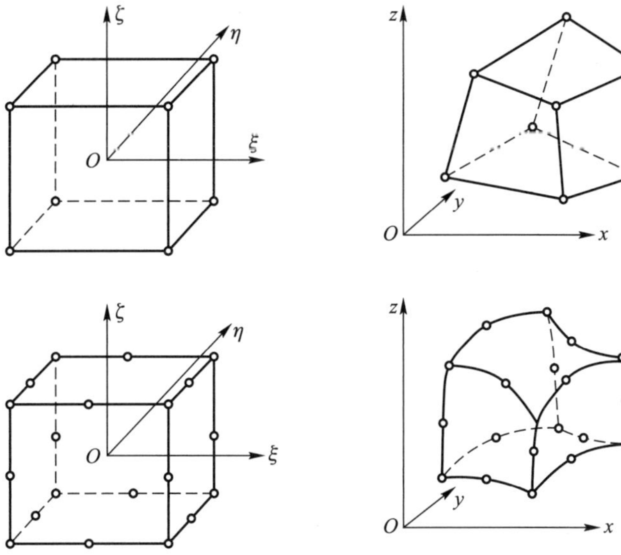

(a)母单元 (b)子单元

图 5.3 三维六面体单元的坐标变换

5.2.2 等参变换

如前所述，自然坐标系下的一维单元、二维单元和三维单元可以分别采用式(5.2)、(5.3)和式(5.4)变换到空间整体坐标系中。对于这三类单元，其位移插值可用自然坐标描述，分别采用如下形式：

$$u=\sum_{i=1}^{n}N_i(\xi)u_i,\quad v=\sum_{i=1}^{n}N_i(\xi)v_i,\quad w=\sum_{i=1}^{n}N_i(\xi)w_i \tag{5.5a}$$

$$u=\sum_{i=1}^{n}N_i(\xi,\eta)u_i,\quad v=\sum_{i=1}^{n}N_i(\xi,\eta)v_i \tag{5.5b}$$

$$u=\sum_{i=1}^{n}N_i(\xi,\eta,\zeta)u_i,\quad v=\sum_{i=1}^{n}N_i(\xi,\eta,\zeta)v_i,\quad w=\sum_{i=1}^{n}N_i(\xi,\eta,\zeta)w_i \tag{5.5c}$$

式中 n 为用于位移插值的单元结点数。

事实上，用于单元位移插值和坐标变换的单元结点数可以相同，也可以不同。当两者采用相同的结点数时，位移插值函数和坐标变换函数相同；当两者采用不同的结点数时，位移插值函数和坐标变换函数则不同。可以有以下几种不同的选择：

(1) 如果 $n=m, N_i=N_i'$，即位移插值和坐标变换采用相同的结点，这种变换称为等参变换，相应的单元称为等参单元。如图 5.4 所示为四边形单元变换的例子，图中○表示用于位移插值的结点，而□表示用于坐标变换的结点。图 5.4a 所示为等参变换，位移插值和坐标变换的结点数均为 8 个。

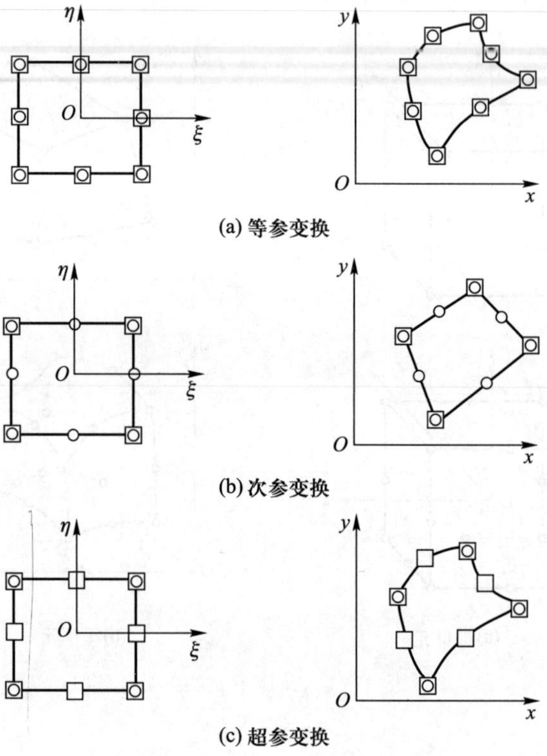

图 5.4　等参变换、次参变换和超参变换

(2) 如果 $n>m$，即用于位移插值的结点数多于坐标变换的结点数，称为次(亚)参变换，对应的单元称为次(亚)参单元。如图 5.4b 所示，用于位移插值的结点采用 8 结点，而坐标变换仅为 4 个角结点。

(3) 如果 $n<m$，即用于位移插值的结点数少于坐标变换的结点数，称为超参变换，对应的单元称为超参单元。如图 5.4c 所示，用于位移插值的结点采用 4 个结点，而坐标变换采用了 8 个结点。

在实际应用中，广泛采用等参单元。

5.2.3 单元积分计算变换

基于第 3 章中介绍的有限元法的基本原理，在采用等参单元对结构进行有限元分析时，需要计算离散结构的每一个单元(子单元)的刚度矩阵和等效结点载荷。由 3.2.4 节知，单元刚度积分计算为

$$\boldsymbol{K}^e = \int_{V^e} \boldsymbol{B}^{\mathrm{T}} \boldsymbol{D} \boldsymbol{B} \mathrm{d}V \tag{5.6}$$

考虑体积力和面力的等效结点载荷计算式为

$$\boldsymbol{P}_{\mathrm{b}}^e = \int_{V^e} \boldsymbol{N}^{\mathrm{T}} \boldsymbol{f} \mathrm{d}V, \quad \boldsymbol{P}_{\mathrm{s}}^e = \int_{S_\sigma^e} \boldsymbol{N}^{\mathrm{T}} \bar{\boldsymbol{t}} \mathrm{d}S \tag{5.7}$$

采用等参变换时,单元的位移插值函数和坐标变换函数均是自然坐标的函数。而子单元刚度矩阵计算式(5.6)中应变矩阵 $\boldsymbol{B}$ 需计算形状函数对空间坐标的导数,而且单元刚度矩阵和等效结点载荷的体积积分和边界积分均在整体坐标系下。为此,可以将 $\boldsymbol{B}$ 矩阵中形状函数对整体坐标的求导变换到对自然坐标的求导,积分也变换到自然坐标系中。这样,所有在整体坐标系下的子单元的计算均变换到同一个母单元中完成,这为计算机程序处理带来了极大的便利。

5.3 二维等参单元

本节讨论二维平面问题的四边形单元和三角形单元的矩阵变换和积分变换,积分变换包括体积积分和边界积分变换。

5.3.1 平面四边形等参单元

参见 3.3.1 节,具有 n 个结点的单元位移插值可以表达为

$$\boldsymbol{u} = \boldsymbol{N}\boldsymbol{a}^e = [\boldsymbol{N}_1 \quad \boldsymbol{N}_2 \quad \cdots \quad \boldsymbol{N}_n]\boldsymbol{a}^e \tag{5.8}$$

由几何关系可得单元应变列向量的表达式

$$\boldsymbol{\varepsilon} = \boldsymbol{B}\boldsymbol{a}^e = [\boldsymbol{B}_1 \quad \boldsymbol{B}_2 \quad \cdots \quad \boldsymbol{B}_n]\boldsymbol{a}^e \tag{5.9}$$

对于平面问题,式(5.8)中的 $\boldsymbol{N}$ 是 ξ,η 的函数,而式(5.9)中应变子矩阵为

$$\boldsymbol{B}_i = \begin{bmatrix} \dfrac{\partial N_i}{\partial x} & 0 \\ 0 & \dfrac{\partial N_i}{\partial y} \\ \dfrac{\partial N_i}{\partial y} & \dfrac{\partial N_i}{\partial x} \end{bmatrix} \tag{5.10}$$

由于位移插值函数或形状函数用自然坐标描述,为了便于积分计算,将式(5.10)中插值函数对整体坐标的导数进行变换。常用的四边形 4 结点单元和 8 结点单元的插值函数分别见式(4.38)和式(4.39)。由求导法则可知

$$\left.\begin{aligned} \frac{\partial N_i}{\partial \xi} &= \frac{\partial N_i}{\partial x}\frac{\partial x}{\partial \xi} + \frac{\partial N_i}{\partial y}\frac{\partial y}{\partial \xi} \\ \frac{\partial N_i}{\partial \eta} &= \frac{\partial N_i}{\partial x}\frac{\partial x}{\partial \eta} + \frac{\partial N_i}{\partial y}\frac{\partial y}{\partial \eta} \end{aligned}\right\} \tag{5.11}$$

上式用矩阵表达为

$$\begin{bmatrix}\dfrac{\partial N_i}{\partial \xi}\\ \dfrac{\partial N_i}{\partial \eta}\end{bmatrix}=\begin{bmatrix}\dfrac{\partial x}{\partial \xi} & \dfrac{\partial y}{\partial \xi}\\ \dfrac{\partial x}{\partial \eta} & \dfrac{\partial y}{\partial \eta}\end{bmatrix}\begin{bmatrix}\dfrac{\partial N_i}{\partial x}\\ \dfrac{\partial N_i}{\partial y}\end{bmatrix}=\boldsymbol{J}\begin{bmatrix}\dfrac{\partial N_i}{\partial x}\\ \dfrac{\partial N_i}{\partial y}\end{bmatrix} \tag{5.12}$$

式中

$$\boldsymbol{J}=\begin{bmatrix}\dfrac{\partial x}{\partial \xi} & \dfrac{\partial y}{\partial \xi}\\ \dfrac{\partial x}{\partial \eta} & \dfrac{\partial y}{\partial \eta}\end{bmatrix} \tag{5.13}$$

称为雅可比(**Jacobi**)矩阵。平面问题的坐标变换如式(5.3),代入上式得

$$\boldsymbol{J}=\begin{bmatrix}\dfrac{\partial x}{\partial \xi} & \dfrac{\partial y}{\partial \xi}\\ \dfrac{\partial x}{\partial \eta} & \dfrac{\partial y}{\partial \eta}\end{bmatrix}=\begin{bmatrix}\sum\limits_{i=1}^{m}\dfrac{\partial N'_i}{\partial \xi}x_i & \sum\limits_{i=1}^{m}\dfrac{\partial N'_i}{\partial \xi}y_i\\ \sum\limits_{i=1}^{m}\dfrac{\partial N'_i}{\partial \eta}x_i & \sum\limits_{i=1}^{m}\dfrac{\partial N'_i}{\partial \eta}y_i\end{bmatrix} \tag{5.14a}$$

对于等参变换,坐标变换和位移插值采用相同的函数,即 $N'_i(\xi,\eta)=N_i(\xi,\eta)$,Jacobi 矩阵成为

$$\boldsymbol{J}=\begin{bmatrix}\dfrac{\partial x}{\partial \xi} & \dfrac{\partial y}{\partial \xi}\\ \dfrac{\partial x}{\partial \eta} & \dfrac{\partial y}{\partial \eta}\end{bmatrix}=\begin{bmatrix}\sum\limits_{i=1}^{n}\dfrac{\partial N_i}{\partial \xi}x_i & \sum\limits_{i=1}^{n}\dfrac{\partial N_i}{\partial \xi}y_i\\ \sum\limits_{i=1}^{n}\dfrac{\partial N_i}{\partial \eta}x_i & \sum\limits_{i=1}^{n}\dfrac{\partial N_i}{\partial \eta}y_i\end{bmatrix} \tag{5.14b}$$

由式(5.12)可得

$$\begin{bmatrix}\dfrac{\partial N_i}{\partial x}\\ \dfrac{\partial N_i}{\partial y}\end{bmatrix}=\boldsymbol{J}^{-1}\begin{bmatrix}\dfrac{\partial N_i}{\partial \xi}\\ \dfrac{\partial N_i}{\partial \eta}\end{bmatrix} \tag{5.15}$$

式中

$$\boldsymbol{J}^{-1}=\frac{1}{|\boldsymbol{J}|}\begin{bmatrix}\dfrac{\partial y}{\partial \eta} & -\dfrac{\partial y}{\partial \xi}\\ -\dfrac{\partial x}{\partial \eta} & \dfrac{\partial x}{\partial \xi}\end{bmatrix}=\frac{1}{\dfrac{\partial x}{\partial \xi}\dfrac{\partial y}{\partial \eta}-\dfrac{\partial x}{\partial \eta}\dfrac{\partial y}{\partial \xi}}\begin{bmatrix}\dfrac{\partial y}{\partial \eta} & -\dfrac{\partial y}{\partial \xi}\\ -\dfrac{\partial x}{\partial \eta} & \dfrac{\partial x}{\partial \xi}\end{bmatrix} \tag{5.16}$$

形状函数用自然坐标描述,其对自然坐标的导数可以给出显式表达式,从而可利用式(5.15)和式(5.16)得到形状函数对整体坐标的导数,进而可以将应变矩阵 $\boldsymbol{B}$ 表达为 ξ 和 η 的函数。

以四边形 4 结点等参单元为例,其形状函数为

$$N_i=\frac{1}{4}(1+\xi_i\xi)(1+\eta_i\eta)\quad(i=1,2,3,4)$$

其中结点的局部坐标为

$$(\xi_1,\eta_1)=(-1,-1),\quad (\xi_2,\eta_2)=(+1,-1)$$

$$(\xi_3,\eta_3)=(+1,+1),\quad (\xi_4,\eta_4)=(-1,+1)$$

可得形状函数对局部坐标的偏导数为

$$\frac{\partial N_i}{\partial \xi}=\frac{1}{4}\xi_i(1+\eta_i\eta),\quad \frac{\partial N_i}{\partial \eta}=\frac{1}{4}\eta_i(1+\xi_i\xi)$$

由上式和式(5.15)可得形状函数对整体坐标的偏导

$$\begin{bmatrix}\dfrac{\partial N_i}{\partial x}\\[2mm] \dfrac{\partial N_i}{\partial y}\end{bmatrix}=\boldsymbol{J}^{-1}\begin{bmatrix}\dfrac{\partial N_i}{\partial \xi}\\[2mm] \dfrac{\partial N_i}{\partial \eta}\end{bmatrix}=\boldsymbol{J}^{-1}\begin{bmatrix}\dfrac{1}{4}\xi_i(1+\eta_i\eta)\\[2mm] \dfrac{1}{4}\eta_i(1+\xi_i\xi)\end{bmatrix}$$

Jacobi 矩阵的表达式为

$$\boldsymbol{J}=\begin{bmatrix}\dfrac{\partial x}{\partial \xi} & \dfrac{\partial y}{\partial \xi}\\[2mm] \dfrac{\partial x}{\partial \eta} & \dfrac{\partial y}{\partial \eta}\end{bmatrix}=\begin{bmatrix}\sum\limits_{i=1}^{4}\dfrac{\partial N_i}{\partial \xi}x_i & \sum\limits_{i=1}^{4}\dfrac{\partial N_i}{\partial \xi}y_i\\[2mm] \sum\limits_{i=1}^{4}\dfrac{\partial N_i}{\partial \eta}x_i & \sum\limits_{i=1}^{4}\dfrac{\partial N_i}{\partial \eta}y_i\end{bmatrix}$$

$$=\begin{bmatrix}\sum\limits_{i=1}^{4}\dfrac{1}{4}(1+\eta_i\eta)\xi_i x_i & \sum\limits_{i=1}^{4}\dfrac{1}{4}(1+\eta_i\eta)\xi_i y_i\\[2mm] \sum\limits_{i=1}^{4}\dfrac{1}{4}(1+\xi_i\xi)\eta_i x_i & \sum\limits_{i=1}^{4}\dfrac{1}{4}(1+\xi_i\xi)\eta_i y_i\end{bmatrix}$$

其逆为

$$\boldsymbol{J}^{-1}=\frac{1}{|\boldsymbol{J}|}\begin{bmatrix}\dfrac{\partial y}{\partial \eta} & -\dfrac{\partial y}{\partial \xi}\\[2mm] -\dfrac{\partial x}{\partial \eta} & \dfrac{\partial x}{\partial \xi}\end{bmatrix}=\frac{1}{|\boldsymbol{J}|}\begin{bmatrix}\sum\limits_{i=1}^{4}\dfrac{1}{4}(1+\xi_i\xi)\eta_i y_i & -\sum\limits_{i=1}^{4}\dfrac{1}{4}(1+\eta_i\eta)\xi_i y_i\\[2mm] -\sum\limits_{i=1}^{4}\dfrac{1}{4}(1+\xi_i\xi)\eta_i x_i & \sum\limits_{i=1}^{4}\dfrac{1}{4}(1+\eta_i\eta)\xi_i x_i\end{bmatrix}$$

其中

$$|\boldsymbol{J}|=\left(\sum_{i=1}^{4}\frac{1}{4}(1+\eta_i\eta)\xi_i x_i\right)\left(\sum_{i=1}^{4}\frac{1}{4}(1+\xi_i\xi)\eta_i y_i\right)-\left(\sum_{i=1}^{4}\frac{1}{4}(1+\xi_i\xi)\eta_i x_i\right)\left(\sum_{i=1}^{4}\frac{1}{4}(1+\eta_i\eta)\xi_i y_i\right)$$

在计算单元刚度矩阵和外力的等效结点载荷时,要计算整体坐标系下子单元的体积积分和边界积分,实际计算时将其转换到自然坐标系下的母单元上进行积分。对于二维平面问题,体积积分为单元的厚度乘以面积积分,边界积分为厚度乘以边界线积分:

$$\boldsymbol{K}^e=\int_{V^e}\boldsymbol{B}^{\mathrm{T}}\boldsymbol{D}\boldsymbol{B}\mathrm{d}V=\int_{A^e}\boldsymbol{B}^{\mathrm{T}}\boldsymbol{D}\boldsymbol{B}t\mathrm{d}A=\int_{A^e}\boldsymbol{B}^{\mathrm{T}}\boldsymbol{D}\boldsymbol{B}t\mathrm{d}x\mathrm{d}y \tag{5.17}$$

$$\boldsymbol{P}^e=\int_{V^e}\boldsymbol{N}^{\mathrm{T}}\boldsymbol{f}\mathrm{d}V+\int_{S_\sigma^e}\boldsymbol{N}^{\mathrm{T}}\bar{\boldsymbol{t}}\mathrm{d}S=\int_{A^e}\boldsymbol{N}^{\mathrm{T}}\boldsymbol{f}t\mathrm{d}A+\int_{l_\sigma^e}\boldsymbol{N}^{\mathrm{T}}\bar{\boldsymbol{t}}t\mathrm{d}l \tag{5.18}$$

式中 l_σ^e 为力作用边界的线积分。

如图 5.5 所示为在自然坐标系下母单元面积微元与其对应的整体坐标系下的面积微元。自然坐标系下面积微元的面积为 $dA = d\xi d\eta$,在整体坐标下构成微元的边的向量为

$$d\boldsymbol{\xi} = \frac{\partial x}{\partial \xi} d\xi \boldsymbol{i} + \frac{\partial y}{\partial \xi} d\xi \boldsymbol{j} \tag{5.19a}$$

$$d\boldsymbol{\eta} = \frac{\partial x}{\partial \eta} d\eta \boldsymbol{i} + \frac{\partial y}{\partial \eta} d\eta \boldsymbol{j} \tag{5.19b}$$

因而在整体坐标系下微元面积为

$$dA = |d\boldsymbol{\xi} \times d\boldsymbol{\eta}| = \left(\frac{\partial x}{\partial \xi}\frac{\partial y}{\partial \eta} - \frac{\partial x}{\partial \eta}\frac{\partial y}{\partial \xi}\right) d\xi d\eta = |\boldsymbol{J}| d\xi d\eta \tag{5.20}$$

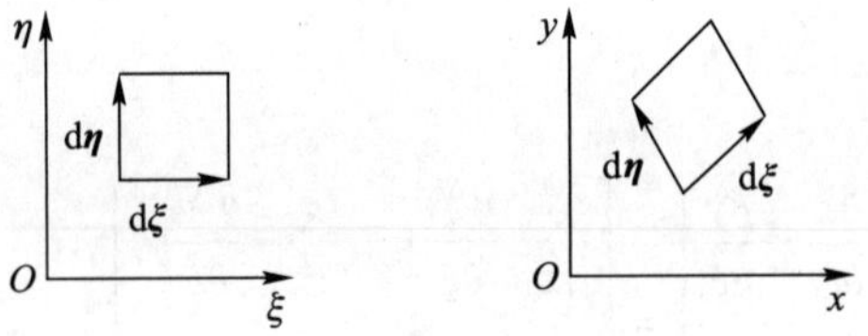

图 5.5　平面二维单元面积微元的变换

为了计算作用于边界上面力的等效结点载荷,需要沿载荷作用边进行线积分。如图 5.6 所示,某四边形子单元的一条边上作用有均匀分布载荷,其等效结点载荷需按式(5.18)右端第二个积分式进行线积分,该积分要变换到母单元上进行。若单元定义时使子单元载荷作用边对应于母单元的 $\xi = +1$ 边,则计算等效结点载荷时的积分变换到母单元 $\xi = +1$ 边上,该边界积分微元在整体坐标系下的向量表达式如式(5.19b),在整体坐标系下的微元线段长度为

$$dl = |d\boldsymbol{\eta}| = \left[\left(\frac{\partial x}{\partial \eta}\right)^2 + \left(\frac{\partial y}{\partial \eta}\right)^2\right]^{1/2} d\eta = L d\eta \quad (\xi = +1)$$

式中 L 为线元的变换系数。若单元载荷作用边对应于母单元的 $\xi = -1$ 边,则积分变换到母单元 $\xi = -1$ 边上,此时在整体坐标系下的微元线段长度和上式相同,因此在 $\xi = \pm 1$ 边上的微元长度可以写成统一形式

$$dl = |d\boldsymbol{\eta}| = \left[\left(\frac{\partial x}{\partial \eta}\right)^2 + \left(\frac{\partial y}{\partial \eta}\right)^2\right]^{1/2} d\eta = L d\eta \quad (\xi = \pm 1) \tag{5.21a}$$

类似地,若单元载荷作用边对应于母单元的 $\eta = \pm 1$ 边,则计算等效结点载荷时的积分变换到母单元 $\eta = \pm 1$ 边上,由微元向量表达式(5.19a),在整体坐标系下的微元线段长度计算式为

$$dl = |d\boldsymbol{\xi}| = \left[\left(\frac{\partial x}{\partial \xi}\right)^2 + \left(\frac{\partial y}{\partial \xi}\right)^2\right]^{1/2} d\xi = L d\xi \quad (\eta = \pm 1) \tag{5.21b}$$

因此,变换系数可以统一写成

$$L = \left[\left(\frac{\partial x}{\partial \eta}\right)^2 + \left(\frac{\partial y}{\partial \eta}\right)^2\right]^{1/2} \quad (\xi = \pm 1) \tag{5.21c}$$

或

$$L = \left[\left(\frac{\partial x}{\partial \xi}\right)^2 + \left(\frac{\partial y}{\partial \xi}\right)^2\right]^{1/2} \quad (\eta = \pm 1) \tag{5.21d}$$

可见,在计算边界力的等效结点载荷时,线积分计算表达式与子单元整体结点编号同母单元结点编号之间的对应关系,即单元的定义有关。

以图 5.6 中所示四边形 4 结点单元为例。边界上由结点 8,12,5,10 构成的单元的边界 12-5 上作用有分布载荷,若该子单元的整体结点编号与母单元局部结点编号的对应关系即单元定义为 8→1,12→2,5→3,10→4,则作用于子单元 12-5 边上载荷对应于母单元 2-3 边上,子单元上沿 12-5 边的线积分对应于母单元上沿 2-3 边的积分,即在母单元 $\xi=+1$ 的边界上进行积分,积分微元长度按式(5.21a)变换。利用坐标变换式可得

$$\frac{\partial x}{\partial \eta} = \sum_{i=1}^{4} \frac{\partial N_i}{\partial \eta} x_i = \sum_{i=1}^{4} \frac{1}{4}\eta_i(1+\xi_i\xi)x_i, \quad \frac{\partial y}{\partial \eta} = \sum_{i=1}^{4} \frac{\partial N_i}{\partial \eta} y_i = \sum_{i=1}^{4} \frac{1}{4}\eta_i(1+\xi_i\xi)y_i$$

代入式(5.21c)即可得到转换系数 L。若单元定义为 12→1,5→2,10→3,8→4,则按式(5.21b)进行积分变换,变换系数按式(5.21d)计算。其他情况类似处理。

在得到形状函数对自然坐标和整体坐标的导数以及面积微元和线微元的变换关系后,整体坐标系下任一子单元的刚度矩阵和等效结点载荷的积分表达式可以转换到自然坐标系中的母单元上计算。由图 4.19 知,自然坐标系下该单元坐标的变化范围为($-1\leqslant\xi\leqslant1,-1\leqslant\eta\leqslant1$),故

$$\boldsymbol{K}^e = \int_{A^e} \boldsymbol{B}^{\mathrm{T}}\boldsymbol{DB}t\,\mathrm{d}x\mathrm{d}y = \int_{-1}^{1}\int_{-1}^{1} \boldsymbol{B}^{\mathrm{T}}(\xi,\eta)\boldsymbol{DB}(\xi,\eta)t\,|\boldsymbol{J}(\xi,\eta)|\,\mathrm{d}\xi\mathrm{d}\eta \tag{5.22}$$

$$\boldsymbol{P}_{\mathrm{b}}^e = \int_{A^e} \boldsymbol{N}^{\mathrm{T}}\boldsymbol{f}t\,\mathrm{d}x\mathrm{d}y = \int_{-1}^{1}\int_{-1}^{1} \boldsymbol{N}^{\mathrm{T}}\boldsymbol{f}t\,|\boldsymbol{J}|\,\mathrm{d}\xi\mathrm{d}\eta \tag{5.23a}$$

$$\boldsymbol{P}_{\mathrm{s}}^e = \int_{l_\sigma^e} \boldsymbol{N}^{\mathrm{T}}\bar{\boldsymbol{t}}t\,\mathrm{d}l = \int_{-1}^{1} \boldsymbol{N}^{\mathrm{T}}\bar{\boldsymbol{t}}tL\,\mathrm{d}\eta \quad (\xi = \pm 1) \tag{5.23b}$$

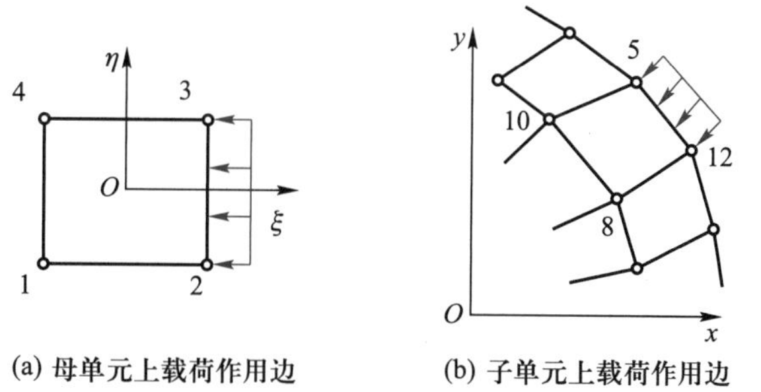

(a) 母单元上载荷作用边 (b) 子单元上载荷作用边

图 5.6 四边形母单元和子单元边界面载荷作用对应关系

5.3.2 平面三角形等参单元

4.3.1 节中对三角形 3 结点单元的分析表明,空间坐标与面积坐标之间存在变换关系

(4.28)。对于三角形 6 结点二次单元或更高次单元，空间坐标变换函数仍然可以采用位移插值函数，通过坐标变换可以得到三角形曲边单元。n 结点单元的坐标变换式为

$$x=\sum_{i=1}^{n} N_i(L_1,L_2,L_3)x_i,\quad y=\sum_{i=1}^{n} N_i(L_1,L_2,L_3)y_i \tag{5.24}$$

其位移插值为

$$u=\sum_{i=1}^{n} N_i(L_1,L_2,L_3)u_i,\quad v=\sum_{i=1}^{n} N_i(L_1,L_2,L_3)v_i$$

该单元也是一种等参单元。三角形单元 3 个面积坐标之和 $L_1+L_2+L_3=1$，即 3 个坐标中仅 2 个是独立的。于是，可以令 $\xi=L_1$，　$\eta=L_2$，则 $1-\xi-\eta=L_3$，这样插值函数可视为 ξ 和 η 的函数 $N_i(\xi,\eta)$ 或 L_1 和 L_2 的函数 $N_i(L_1,L_2)$。类似于 5.3.1 节中的四边形等参单元，存在下列变换关系：

$$\begin{bmatrix}\dfrac{\partial N_i}{\partial \xi}\\[2mm] \dfrac{\partial N_i}{\partial \eta}\end{bmatrix}=\begin{bmatrix}\dfrac{\partial N_i}{\partial L_1}\\[2mm] \dfrac{\partial N_i}{\partial L_2}\end{bmatrix}=\begin{bmatrix}\dfrac{\partial x}{\partial L_1} & \dfrac{\partial y}{\partial L_1}\\[2mm] \dfrac{\partial x}{\partial L_2} & \dfrac{\partial y}{\partial L_2}\end{bmatrix}\begin{bmatrix}\dfrac{\partial N_i}{\partial x}\\[2mm] \dfrac{\partial N_i}{\partial y}\end{bmatrix}=\boldsymbol{J}\begin{bmatrix}\dfrac{\partial N_i}{\partial x}\\[2mm] \dfrac{\partial N_i}{\partial y}\end{bmatrix}$$

则

$$\begin{bmatrix}\dfrac{\partial N_i}{\partial x}\\[2mm] \dfrac{\partial N_i}{\partial y}\end{bmatrix}=\boldsymbol{J}^{-1}\begin{bmatrix}\dfrac{\partial N_i}{\partial L_1}\\[2mm] \dfrac{\partial N_i}{\partial L_2}\end{bmatrix} \tag{5.25}$$

式中

$$\boldsymbol{J}^{-1}=\frac{1}{|\boldsymbol{J}|}\begin{bmatrix}\dfrac{\partial y}{\partial L_2} & -\dfrac{\partial y}{\partial L_1}\\[2mm] -\dfrac{\partial x}{\partial L_2} & \dfrac{\partial x}{\partial L_1}\end{bmatrix}=\frac{1}{\dfrac{\partial x}{\partial L_1}\dfrac{\partial y}{\partial L_2}-\dfrac{\partial x}{\partial L_2}\dfrac{\partial y}{\partial L_1}}\begin{bmatrix}\dfrac{\partial y}{\partial L_2} & -\dfrac{\partial y}{\partial L_1}\\[2mm] -\dfrac{\partial x}{\partial L_2} & \dfrac{\partial x}{\partial L_1}\end{bmatrix} \tag{5.26}$$

如图 5.7 所示，用面积坐标描述的三角形三条边 1-2，2-3 和 3-1 的方程分别为 $L_3=0$，$L_1=0$，$L_2=0$。用面积坐标计算三角形单元的面积分，视 L_1 和 L_2 为独立的坐标，$\mathrm{d}L_1$ 积分范围从 0 到 1；由于边 1-2 的方程为 $L_3=0$，且 $L_1+L_2+L_3=1$，故该边的方程成为 $L_1+L_2=1$，或 $L_2=1-L_1$，因此，$\mathrm{d}L_2$ 的积分范围从 0 到 $1-L_1$。由此，得到用面积坐标计算三角形面积的积分表达式为 $\int_0^1\int_0^{1-L_1}\mathrm{d}L_2\mathrm{d}L_1$。从而，可得单元刚度矩阵的积分

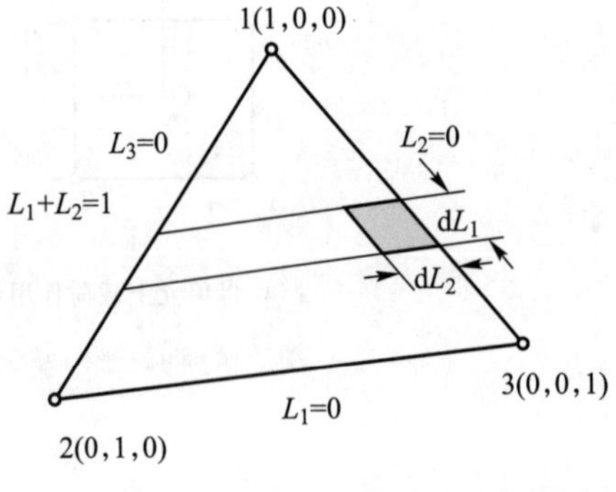

图 5.7　用面积坐标积分计算三角形面积

$$\boldsymbol{K}^e = \int_{A^e} \boldsymbol{B}^{\mathrm{T}} \boldsymbol{D} \boldsymbol{B} t \mathrm{d}x \mathrm{d}y = \int_0^1 \int_0^{1-L_1} \boldsymbol{B}^{\mathrm{T}}(L_1, L_2) \boldsymbol{D} \boldsymbol{B}(L_1, L_2) t \left| \boldsymbol{J}(L_1, L_2) \right| \mathrm{d}L_2 \mathrm{d}L_1 \tag{5.27}$$

体积力产生的单元等效结点载荷为

$$\boldsymbol{P}_{\mathrm{b}}^e = \int_{V^e} \boldsymbol{N}^{\mathrm{T}} \boldsymbol{f} \mathrm{d}V = \int_0^1 \int_0^{1-L_1} \boldsymbol{N}^{\mathrm{T}} \boldsymbol{f} t \left| \boldsymbol{J} \right| \mathrm{d}L_2 \mathrm{d}L_1 \tag{5.28a}$$

假设已知的面载荷 $\bar{\boldsymbol{t}}$ 作用于 $L_1=0$ 的边上，如图 5.7 中的 2–3 边，沿该边 L_2 从 0 变到 1，面力产生的单元等效结点载荷为

$$\boldsymbol{P}_{\mathrm{s}}^e = \int_{S_\sigma^e} \boldsymbol{N}^{\mathrm{T}} \bar{\boldsymbol{t}} \mathrm{d}S = \int_0^1 \boldsymbol{N}^{\mathrm{T}} \bar{\boldsymbol{t}} t L \mathrm{d}L_2 \quad (L_1 = 0) \tag{5.28b}$$

式中线积分变换系数 L 按式(5.21c)计算

$$L = \left[\left(\frac{\partial x}{\partial L_2} \right)^2 + \left(\frac{\partial y}{\partial L_2} \right)^2 \right]^{1/2} \quad (L_1 = 0) \tag{5.29a}$$

若假设面载荷作用于 $L_2=0$ 的边上，如图 5.7 所示的 1–3 边，则面力的等效结点载荷在式(5.28b)中改为沿 L_1 积分，变换系数为

$$L = \left[\left(\frac{\partial x}{\partial L_1} \right)^2 + \left(\frac{\partial y}{\partial L_1} \right)^2 \right]^{1/2} \quad (L_2 = 0) \tag{5.29b}$$

以三角形 3 结点单元为例，其位移插值函数 $N_i = L_i (i=1,2,3)$，代入坐标变换式(5.24)可得

$$x = \sum_{i=1}^{3} N_i x_i = N_1 x_1 + N_2 x_2 + N_3 x_3 = (x_1 - x_3) L_1 + (x_2 - x_3) L_2 + x_3$$

$$y = \sum_{i=1}^{3} N_i y_i = N_1 y_1 + N_2 y_2 + N_3 y_3 = (y_1 - y_3) L_1 + (y_2 - y_3) L_2 + y_3$$

则其 Jacobi 矩阵及其逆矩阵分别为

$$\boldsymbol{J} = \begin{bmatrix} \dfrac{\partial x}{\partial L_1} & \dfrac{\partial y}{\partial L_1} \\ \dfrac{\partial x}{\partial L_2} & \dfrac{\partial y}{\partial L_2} \end{bmatrix} = \begin{bmatrix} x_1 - x_3 & y_1 - y_3 \\ x_2 - x_3 & y_2 - y_3 \end{bmatrix} = \begin{bmatrix} d_2 & -c_2 \\ -d_1 & c_1 \end{bmatrix}$$

和

$$\boldsymbol{J}^{-1} = \frac{1}{\boldsymbol{J}} \begin{bmatrix} \dfrac{\partial y}{\partial L_2} & -\dfrac{\partial y}{\partial L_1} \\ -\dfrac{\partial x}{\partial L_2} & \dfrac{\partial x}{\partial L_1} \end{bmatrix} = \frac{1}{d_2 c_1 - d_1 c_2} \begin{bmatrix} c_1 & c_2 \\ d_1 & d_2 \end{bmatrix}$$

由形状函数 $N_1 = L_1, N_2 = L_2, N_3 = 1 - L_1 - L_2$ 可得

$$\frac{\partial N_1}{\partial L_1} = 1, \quad \frac{\partial N_1}{\partial L_2} = 0; \quad \frac{\partial N_2}{\partial L_1} = 0, \quad \frac{\partial N_2}{\partial L_2} = 1; \quad \frac{\partial N_3}{\partial L_1} = -1, \quad \frac{\partial N_3}{\partial L_2} = -1$$

代入式(5.25)得到形状函数对空间坐标的导数，最后得到与式(3.28)完全相同的单元应变矩阵

$$
\boldsymbol{B}=\begin{bmatrix}\dfrac{\partial N_1}{\partial x} & 0 & \dfrac{\partial N_2}{\partial x} & 0 & \dfrac{\partial N_3}{\partial x} & 0\\ 0 & \dfrac{\partial N_1}{\partial y} & 0 & \dfrac{\partial N_2}{\partial y} & 0 & \dfrac{\partial N_3}{\partial y}\\ \dfrac{\partial N_1}{\partial y} & \dfrac{\partial N_1}{\partial x} & \dfrac{\partial N_2}{\partial y} & \dfrac{\partial N_2}{\partial x} & \dfrac{\partial N_3}{\partial y} & \dfrac{\partial N_3}{\partial x}\end{bmatrix}=\frac{1}{2A}\begin{bmatrix}c_1 & 0 & c_2 & 0 & c_3 & 0\\ 0 & d_1 & 0 & d_2 & 0 & d_3\\ d_1 & c_1 & d_2 & c_2 & d_3 & c_3\end{bmatrix}
$$

式中 A 为单元的面积,参见 3.2.1 节。应变矩阵为常数矩阵。利用式(5.28b)计算面力的等效载荷,边界线积分变换系数 L 按式(5.29a)计算

$$
L=\left[\left(\frac{\partial x}{\partial L_2}\right)^2+\left(\frac{\partial y}{\partial L_2}\right)^2\right]^{1/2}=\sqrt{(x_2-x_3)^2+(y_2-y_3)^2}=\sqrt{d_1^2+c_1^2}\quad (L_1=0)
$$

可见,三角形 3 结点单元是常应变单元。但是,对于 6 结点以上的高次单元,应变矩阵不再是常数矩阵,需要采用数值积分。

5.4 轴对称等参单元

5.4.1 轴对称四边形等参单元

参见 3.3.2 节,采用有限元方法分析轴对称问题时仅需对对称面进行离散,单元位移插值表达式为

$$
\boldsymbol{u}=\begin{bmatrix}u\\ w\end{bmatrix}=\boldsymbol{N}\boldsymbol{a}^e=[\boldsymbol{N}_1\quad \boldsymbol{N}_2\quad \cdots\quad \boldsymbol{N}_n]\,\boldsymbol{a}^e \tag{5.30}
$$

应变列向量为

$$
\boldsymbol{\varepsilon}=\begin{bmatrix}\varepsilon_r\\ \varepsilon_z\\ \gamma_{rz}\\ \varepsilon_\theta\end{bmatrix}=\begin{bmatrix}\dfrac{\partial u}{\partial r}\\ \dfrac{\partial w}{\partial z}\\ \dfrac{\partial u}{\partial z}+\dfrac{\partial w}{\partial r}\\ \dfrac{u}{r}\end{bmatrix}=[\boldsymbol{B}_1\quad \boldsymbol{B}_2\quad \cdots\quad \boldsymbol{B}_n]\,\boldsymbol{a}^e=\boldsymbol{B}\boldsymbol{a}^e \tag{5.31}
$$

其中

$$\boldsymbol{B}_i = \begin{bmatrix} \dfrac{\partial N_i}{\partial r} & 0 \\ 0 & \dfrac{\partial N_i}{\partial z} \\ \dfrac{\partial N_i}{\partial z} & \dfrac{\partial N_i}{\partial r} \\ \dfrac{N_i}{r} & 0 \end{bmatrix} \tag{5.32}$$

对于四边形等参单元,若位移插值函数为 $N_i(\xi,\eta)$,对称面坐标变换为

$$r = \sum_{i=1}^{n} N_i(\xi,\eta) r_i \tag{5.33a}$$

$$z = \sum_{i=1}^{n} N_i(\xi,\eta) z_i \tag{5.33b}$$

类似于平面二维问题,由求导法则可知

$$\left.\begin{aligned} \frac{\partial N_i}{\partial \xi} &= \frac{\partial N_i}{\partial r}\frac{\partial r}{\partial \xi} + \frac{\partial N_i}{\partial z}\frac{\partial z}{\partial \xi} \\ \frac{\partial N_i}{\partial \eta} &= \frac{\partial N_i}{\partial r}\frac{\partial r}{\partial \eta} + \frac{\partial N_i}{\partial z}\frac{\partial z}{\partial \eta} \end{aligned}\right\} \tag{5.34}$$

用矩阵表达为

$$\begin{bmatrix} \dfrac{\partial N_i}{\partial \xi} \\ \dfrac{\partial N_i}{\partial \eta} \end{bmatrix} = \begin{bmatrix} \dfrac{\partial r}{\partial \xi} & \dfrac{\partial z}{\partial \xi} \\ \dfrac{\partial r}{\partial \eta} & \dfrac{\partial z}{\partial \eta} \end{bmatrix} \begin{bmatrix} \dfrac{\partial N_i}{\partial r} \\ \dfrac{\partial N_i}{\partial z} \end{bmatrix} = \boldsymbol{J} \begin{bmatrix} \dfrac{\partial N_i}{\partial r} \\ \dfrac{\partial N_i}{\partial z} \end{bmatrix} \tag{5.35}$$

式中 Jacobi 矩阵

$$\boldsymbol{J} = \begin{bmatrix} \dfrac{\partial r}{\partial \xi} & \dfrac{\partial z}{\partial \xi} \\ \dfrac{\partial r}{\partial \eta} & \dfrac{\partial z}{\partial \eta} \end{bmatrix} \tag{5.36}$$

将式(5.33)代入可得

$$\boldsymbol{J} = \begin{bmatrix} \dfrac{\partial r}{\partial \xi} & \dfrac{\partial z}{\partial \xi} \\ \dfrac{\partial r}{\partial \eta} & \dfrac{\partial z}{\partial \eta} \end{bmatrix} = \begin{bmatrix} \sum\limits_{i=1}^{n} \dfrac{\partial N_i}{\partial \xi} r_i & \sum\limits_{i=1}^{n} \dfrac{\partial N_i}{\partial \xi} z_i \\ \sum\limits_{i=1}^{n} \dfrac{\partial N_i}{\partial \eta} r_i & \sum\limits_{i=1}^{n} \dfrac{\partial N_i}{\partial \eta} z_i \end{bmatrix} \tag{5.37}$$

由式(5.35)

$$\begin{bmatrix} \dfrac{\partial N_i}{\partial r} \\ \dfrac{\partial N_i}{\partial z} \end{bmatrix} = \boldsymbol{J}^{-1} \begin{bmatrix} \dfrac{\partial N_i}{\partial \xi} \\ \dfrac{\partial N_i}{\partial \eta} \end{bmatrix} \tag{5.38}$$

式中

$$J^{-1}=\frac{1}{|J|}\begin{bmatrix}\frac{\partial z}{\partial \eta} & -\frac{\partial z}{\partial \xi}\\ -\frac{\partial r}{\partial \eta} & \frac{\partial r}{\partial \xi}\end{bmatrix}=\frac{1}{\frac{\partial r}{\partial \xi}\frac{\partial z}{\partial \eta}-\frac{\partial r}{\partial \eta}\frac{\partial z}{\partial \xi}}\begin{bmatrix}\frac{\partial z}{\partial \eta} & -\frac{\partial z}{\partial \xi}\\ -\frac{\partial r}{\partial \eta} & \frac{\partial r}{\partial \xi}\end{bmatrix} \tag{5.39}$$

对于确定的单元，形状函数对自然坐标的导数可以给出显式，从而可利用式(5.38)和式(5.39)得到形状函数对整体坐标的导数。此外，由式(5.32)可知，应变矩阵 $\boldsymbol{B}$ 中还包含了 N_i/r，将式(5.33a)直接代入，这样即可得到用自然坐标表达的应变矩阵 $\boldsymbol{B}$。

轴对称单元为环状单元，因此单元刚度矩阵的积分运算如下：

$$\boldsymbol{K}^e=\int_{V^e}\boldsymbol{B}^{\mathrm{T}}\boldsymbol{DB}\mathrm{d}V=\int_{V^e}\boldsymbol{B}^{\mathrm{T}}\boldsymbol{DB}r\mathrm{d}\theta\mathrm{d}r\mathrm{d}z=2\pi\int_{A^e}\boldsymbol{B}^{\mathrm{T}}\boldsymbol{DB}r\mathrm{d}r\mathrm{d}z \tag{5.40}$$

类似于平面问题，参见式(5.20)，面积微元积分有

$$\mathrm{d}A=|\mathrm{d}\boldsymbol{\xi}\times\mathrm{d}\boldsymbol{\eta}|=\left(\frac{\partial r}{\partial \xi}\frac{\partial z}{\partial \eta}-\frac{\partial r}{\partial \eta}\frac{\partial z}{\partial \xi}\right)\mathrm{d}\xi\mathrm{d}\eta=|\boldsymbol{J}|\mathrm{d}\xi\mathrm{d}\eta \tag{5.41}$$

则单元刚度矩阵在母单元中的积分表达式为

$$\boldsymbol{K}^e=2\pi\int_{-1}^{1}\int_{-1}^{1}\boldsymbol{B}^{\mathrm{T}}\boldsymbol{DB}r(\xi,\eta)|\boldsymbol{J}|\mathrm{d}\xi\mathrm{d}\eta \tag{5.42}$$

式中 $r=\sum_{i=1}^{n}N_i(\xi,\eta)r_i$。

作用于对称面上的面力，积分时需环向积分。假设面力作用于单元的 $\xi=\text{const}$ 的边界上，类似于平面问题，该边界积分微元在整体坐标系下的微元线段长度[参见式(5.21)]为

$$\mathrm{d}l=|\mathrm{d}\boldsymbol{\eta}|=\left[\left(\frac{\partial r}{\partial \eta}\right)^2+\left(\frac{\partial z}{\partial \eta}\right)^2\right]^{1/2}\mathrm{d}\eta=L\mathrm{d}\eta\quad(\xi=\pm1) \tag{5.43a}$$

或

$$\mathrm{d}l=|\mathrm{d}\boldsymbol{\xi}|=\left[\left(\frac{\partial r}{\partial \xi}\right)^2+\left(\frac{\partial z}{\partial \xi}\right)^2\right]^{1/2}\mathrm{d}\xi=L\mathrm{d}\xi\quad(\eta=\pm1) \tag{5.43b}$$

根据前述结果，自然坐标表达的体积力和面力的等效结点载荷为

$$\boldsymbol{P}_{\mathrm{b}}^e=\int_{V^e}\boldsymbol{N}^{\mathrm{T}}\boldsymbol{f}\mathrm{d}V=2\pi\int_{A^e}\boldsymbol{N}^{\mathrm{T}}\boldsymbol{f}r\mathrm{d}r\mathrm{d}z=2\pi\int_{-1}^{1}\int_{-1}^{1}\boldsymbol{N}^{\mathrm{T}}\boldsymbol{f}r|\boldsymbol{J}|\mathrm{d}\xi\mathrm{d}\eta \tag{5.44a}$$

$$\boldsymbol{P}_{\mathrm{s}}^e=\int_{S_\sigma^e}\boldsymbol{N}^{\mathrm{T}}\bar{\boldsymbol{t}}\mathrm{d}S=2\pi\int_{l_\sigma^e}\boldsymbol{N}^{\mathrm{T}}\bar{\boldsymbol{t}}r\mathrm{d}l=2\pi\int_{-1}^{1}\boldsymbol{N}^{\mathrm{T}}\bar{\boldsymbol{t}}rL\mathrm{d}\eta\quad(\xi=\pm1) \tag{5.44b}$$

另外，作用于结点上的集中载荷

$$\boldsymbol{P}_F=2\pi\boldsymbol{F}=2\pi\begin{bmatrix}r_1\boldsymbol{F}_1\\ r_2\boldsymbol{F}_2\\ \vdots\\ r_n\boldsymbol{F}_n\end{bmatrix},\quad \boldsymbol{F}_i=\begin{bmatrix}F_{ir}\\ F_{iz}\end{bmatrix} \tag{5.44c}$$

式中 r_i 为单元中结点 i 的整体坐标。注意，对称面上的线载荷对应于结构上关于 z 轴对称的

$$\begin{bmatrix} \dfrac{\partial N_i}{\partial \xi} \\ \dfrac{\partial N_i}{\partial \eta} \\ \dfrac{\partial N_i}{\partial \zeta} \end{bmatrix} = \begin{bmatrix} \dfrac{\partial x}{\partial \xi} & \dfrac{\partial y}{\partial \xi} & \dfrac{\partial z}{\partial \xi} \\ \dfrac{\partial x}{\partial \eta} & \dfrac{\partial y}{\partial \eta} & \dfrac{\partial z}{\partial \eta} \\ \dfrac{\partial x}{\partial \zeta} & \dfrac{\partial y}{\partial \zeta} & \dfrac{\partial z}{\partial \zeta} \end{bmatrix} \begin{bmatrix} \dfrac{\partial N_i}{\partial x} \\ \dfrac{\partial N_i}{\partial y} \\ \dfrac{\partial N_i}{\partial z} \end{bmatrix} = \boldsymbol{J} \begin{bmatrix} \dfrac{\partial N_i}{\partial x} \\ \dfrac{\partial N_i}{\partial y} \\ \dfrac{\partial N_i}{\partial z} \end{bmatrix} \tag{5.52}$$

对于六面体等参单元,坐标变换函数和位移插值函数相同,则 Jacobi 矩阵为

$$\boldsymbol{J} = \begin{bmatrix} \dfrac{\partial x}{\partial \xi} & \dfrac{\partial y}{\partial \xi} & \dfrac{\partial z}{\partial \xi} \\ \dfrac{\partial x}{\partial \eta} & \dfrac{\partial y}{\partial \eta} & \dfrac{\partial z}{\partial \eta} \\ \dfrac{\partial x}{\partial \zeta} & \dfrac{\partial y}{\partial \zeta} & \dfrac{\partial z}{\partial \zeta} \end{bmatrix} = \begin{bmatrix} \sum\limits_{i=1}^{n} \dfrac{\partial N_i}{\partial \xi} x_i & \sum\limits_{i=1}^{n} \dfrac{\partial N_i}{\partial \xi} y_i & \sum\limits_{i=1}^{n} \dfrac{\partial N_i}{\partial \xi} z_i \\ \sum\limits_{i=1}^{n} \dfrac{\partial N_i}{\partial \eta} x_i & \sum\limits_{i=1}^{n} \dfrac{\partial N_i}{\partial \eta} y_i & \sum\limits_{i=1}^{n} \dfrac{\partial N_i}{\partial \eta} z_i \\ \sum\limits_{i=1}^{n} \dfrac{\partial N_i}{\partial \zeta} x_i & \sum\limits_{i=1}^{n} \dfrac{\partial N_i}{\partial \zeta} y_i & \sum\limits_{i=1}^{n} \dfrac{\partial N_i}{\partial \zeta} z_i \end{bmatrix} \tag{5.53}$$

由式(5.52)可得形状函数对整体坐标的导数为

$$\begin{bmatrix} \dfrac{\partial N_i}{\partial x} \\ \dfrac{\partial N_i}{\partial y} \\ \dfrac{\partial N_i}{\partial z} \end{bmatrix} = \boldsymbol{J}^{-1} \begin{bmatrix} \dfrac{\partial N_i}{\partial \xi} \\ \dfrac{\partial N_i}{\partial \eta} \\ \dfrac{\partial N_i}{\partial \zeta} \end{bmatrix} \tag{5.54}$$

由此可以得到用自然坐标表达的应变矩阵计算式。

为了计算单元刚度矩阵和等效结点载荷,需要确定体积积分和面积边界积分的转换。如图 5.8 所示为在自然坐标系下母单元体积微元与其对应的整体坐标系下的体积微元。整体坐标系下体积微元各边的向量为

$$\mathrm{d}\boldsymbol{\xi} = \frac{\partial x}{\partial \xi}\mathrm{d}\xi \boldsymbol{i} + \frac{\partial y}{\partial \xi}\mathrm{d}\xi \boldsymbol{j} + \frac{\partial z}{\partial \xi}\mathrm{d}\xi \boldsymbol{k} \tag{5.55a}$$

$$\mathrm{d}\boldsymbol{\eta} = \frac{\partial x}{\partial \eta}\mathrm{d}\eta \boldsymbol{i} + \frac{\partial y}{\partial \eta}\mathrm{d}\eta \boldsymbol{j} + \frac{\partial z}{\partial \eta}\mathrm{d}\eta \boldsymbol{k} \tag{5.55b}$$

$$\mathrm{d}\boldsymbol{\zeta} = \frac{\partial x}{\partial \zeta}\mathrm{d}\zeta \boldsymbol{i} + \frac{\partial y}{\partial \zeta}\mathrm{d}\zeta \boldsymbol{j} + \frac{\partial z}{\partial \zeta}\mathrm{d}\zeta \boldsymbol{k} \tag{5.55c}$$

则体积微元为

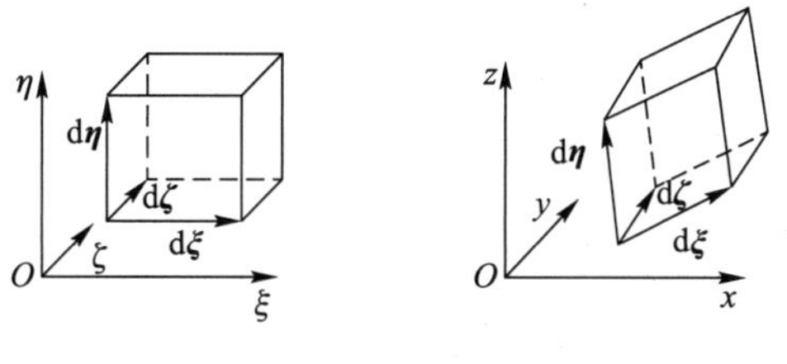

图 5.8 三维单元体积微元的变换

$$\mathrm{d}V = \mathrm{d}\boldsymbol{\xi} \cdot (\mathrm{d}\boldsymbol{\eta} \times \mathrm{d}\boldsymbol{\zeta}) = \begin{vmatrix} \frac{\partial x}{\partial \xi} & \frac{\partial x}{\partial \eta} & \frac{\partial x}{\partial \zeta} \\ \frac{\partial y}{\partial \xi} & \frac{\partial y}{\partial \eta} & \frac{\partial y}{\partial \zeta} \\ \frac{\partial z}{\partial \xi} & \frac{\partial z}{\partial \eta} & \frac{\partial z}{\partial \zeta} \end{vmatrix} \mathrm{d}\xi\mathrm{d}\eta\mathrm{d}\zeta = |\boldsymbol{J}|\mathrm{d}\xi\mathrm{d}\eta\mathrm{d}\zeta \tag{5.56}$$

为了计算作用于边界上面力的等效结点力，需对单元的力作用面进行面积分，参见式(5.7)。类似于 5.3.1 节中平面四边形单元，式(5.7)的面积与单元定义有关。如图 5.9 所示，若子单元上的载荷作用面对应于母单元上 $\xi=1$ 或 $\xi=-1$ 的边界面，则该边界面微元的面积在整体坐标系下为

$$\begin{aligned} \mathrm{d}S &= |\mathrm{d}\boldsymbol{\eta} \times \mathrm{d}\boldsymbol{\zeta}|_{\xi=\pm 1} \\ &= \left[\left(\frac{\partial y}{\partial \eta}\frac{\partial z}{\partial \zeta} - \frac{\partial y}{\partial \zeta}\frac{\partial z}{\partial \eta}\right)^2 + \left(\frac{\partial z}{\partial \eta}\frac{\partial x}{\partial \zeta} - \frac{\partial z}{\partial \zeta}\frac{\partial x}{\partial \eta}\right)^2 + \left(\frac{\partial x}{\partial \eta}\frac{\partial y}{\partial \zeta} - \frac{\partial x}{\partial \zeta}\frac{\partial y}{\partial \eta}\right)^2\right]^{1/2} \mathrm{d}\eta\mathrm{d}\zeta \\ &= L\mathrm{d}\eta\mathrm{d}\zeta \end{aligned} \tag{5.57a}$$

式中 L 为面积分变换系数

$$L = \left[\left(\frac{\partial y}{\partial \eta}\frac{\partial z}{\partial \zeta} - \frac{\partial y}{\partial \zeta}\frac{\partial z}{\partial \eta}\right)^2 + \left(\frac{\partial z}{\partial \eta}\frac{\partial x}{\partial \zeta} - \frac{\partial z}{\partial \zeta}\frac{\partial x}{\partial \eta}\right)^2 + \left(\frac{\partial x}{\partial \eta}\frac{\partial y}{\partial \zeta} - \frac{\partial x}{\partial \zeta}\frac{\partial y}{\partial \eta}\right)^2\right]^{1/2} \quad (\xi = \pm 1)$$

子单元上载荷作用面也可以定义为母单元上的其他面，相应的微元面积可以通过坐标 ξ,η,ζ 轮换得到

$$\mathrm{d}S = |\mathrm{d}\boldsymbol{\zeta} \times \mathrm{d}\boldsymbol{\xi}|_{\eta=\pm 1} \tag{5.57b}$$

$$\mathrm{d}S = |\mathrm{d}\boldsymbol{\xi} \times \mathrm{d}\boldsymbol{\eta}|_{\zeta=\pm 1} \tag{5.57c}$$

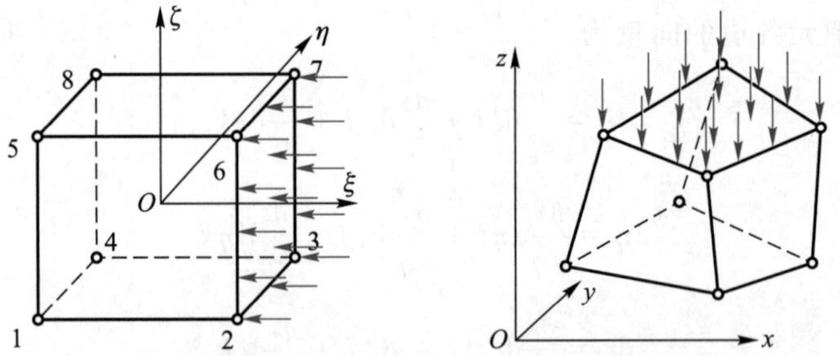

(a) 母单元上载荷作用面　　(b) 子单元上载荷作用面

图 5.9　六面体母单元和子单元上边界面载荷作用对应关系

由 4.4.3 节知，自然坐标系下六面体单元坐标的变化范围为

$$-1 \leqslant \xi \leqslant 1, \quad -1 \leqslant \eta \leqslant 1, \quad -1 \leqslant \zeta \leqslant 1$$

将式(5.56)和式(5.57)代入式(5.6)和式(5.7)中可得三维六面体单元的刚度矩阵和等效结点载荷在母单元上的积分表达式为

$$\boldsymbol{K}^e=\int_{V^e}\boldsymbol{B}^{\mathrm{T}}\boldsymbol{D}\boldsymbol{B}\mathrm{d}V=\int_{V^e}\boldsymbol{B}^{\mathrm{T}}\boldsymbol{D}\boldsymbol{B}\mathrm{d}x\mathrm{d}y\mathrm{d}z=\int_{-1}^{1}\int_{-1}^{1}\int_{-1}^{1}\boldsymbol{B}^{\mathrm{T}}\boldsymbol{D}\boldsymbol{B}\,|J|\,\mathrm{d}\xi\mathrm{d}\eta\mathrm{d}\zeta \tag{5.58}$$

$$\boldsymbol{P}_{\mathrm{b}}^e=\int_{V^e}\boldsymbol{N}^{\mathrm{T}}\boldsymbol{f}\mathrm{d}V=\int_{-1}^{1}\int_{-1}^{1}\int_{-1}^{1}\boldsymbol{N}^{\mathrm{T}}\boldsymbol{f}\,|\boldsymbol{J}|\,\mathrm{d}\xi\mathrm{d}\eta\mathrm{d}\zeta \tag{5.59a}$$

$$\boldsymbol{P}_{\mathrm{s}}^e=\int_{S_\sigma^e}\boldsymbol{N}^{\mathrm{T}}\bar{\boldsymbol{t}}\mathrm{d}S=\int_{-1}^{1}\int_{-1}^{1}\boldsymbol{N}^{\mathrm{T}}\bar{\boldsymbol{t}}L\mathrm{d}\eta\mathrm{d}\zeta\quad(\xi=\pm1) \tag{5.59b}$$

5.5.2 四面体等参单元

利用体积坐标,n 结点四面体单元的坐标变换式为

$$x=\sum_{i=1}^{n}N_i(L_1,L_2,L_3,L_4)x_i$$

$$y=\sum_{i=1}^{n}N_i(L_1,L_2,L_3,L_4)y_i$$

$$z=\sum_{i=1}^{n}N_i(L_1,L_2,L_3,L_4)z_i$$

体积坐标是自然坐标,4 个体积坐标不独立,满足关系 $L_1+L_2+L_3+L_4=1$。类似于三角形单元的处理方法,令:$\xi=L_1,\eta=L_2,\zeta=L_3$,则 $1-\xi-\eta-\zeta=L_4$,由此可以得到

$$\frac{\partial N_i}{\partial\xi}=\frac{\partial N_i}{\partial L_1}\frac{\partial L_1}{\partial\xi}+\frac{\partial N_i}{\partial L_2}\frac{\partial L_2}{\partial\xi}+\frac{\partial N_i}{\partial L_3}\frac{\partial L_3}{\partial\xi}+\frac{\partial N_i}{\partial L_4}\frac{\partial L_4}{\partial\xi}=\frac{\partial N_i}{\partial L_1}-\frac{\partial N_i}{\partial L_4} \tag{5.60a}$$

$$\frac{\partial N_i}{\partial\eta}=\frac{\partial N_i}{\partial L_1}\frac{\partial L_1}{\partial\eta}+\frac{\partial N_i}{\partial L_2}\frac{\partial L_2}{\partial\eta}+\frac{\partial N_i}{\partial L_3}\frac{\partial L_3}{\partial\eta}+\frac{\partial N_i}{\partial L_4}\frac{\partial L_4}{\partial\eta}=\frac{\partial N_i}{\partial L_2}-\frac{\partial N_i}{\partial L_4} \tag{5.60b}$$

$$\frac{\partial N_i}{\partial\zeta}=\frac{\partial N_i}{\partial L_1}\frac{\partial L_1}{\partial\zeta}+\frac{\partial N_i}{\partial L_2}\frac{\partial L_2}{\partial\zeta}+\frac{\partial N_i}{\partial L_3}\frac{\partial L_3}{\partial\zeta}+\frac{\partial N_i}{\partial L_4}\frac{\partial L_4}{\partial\zeta}=\frac{\partial N_i}{\partial L_3}-\frac{\partial N_i}{\partial L_4} \tag{5.60c}$$

进一步利用式(5.53)可计算 Jacobi 矩阵,利用式(5.54)和式(5.50)即可计算应变矩阵 $\boldsymbol{B}$。

用体积坐标表达的单元刚度矩阵的积分为

$$\boldsymbol{K}^e=\int_{V^e}\boldsymbol{B}^{\mathrm{T}}\boldsymbol{D}\boldsymbol{B}\mathrm{d}V=\int_0^1\int_0^{1-L_1}\int_0^{1-L_2-L_1}\boldsymbol{B}^{\mathrm{T}}\boldsymbol{D}\boldsymbol{B}\,|\boldsymbol{J}|\,\mathrm{d}L_3\mathrm{d}L_2\mathrm{d}L_1 \tag{5.61}$$

体积力和面力的等效结点载荷为

$$\boldsymbol{P}_{\mathrm{b}}^e=\int_{V^e}\boldsymbol{N}^{\mathrm{T}}\boldsymbol{f}\mathrm{d}V=\int_0^1\int_0^{1-L_1}\int_0^{1-L_2-L_1}\boldsymbol{N}^{\mathrm{T}}\boldsymbol{f}\,|\boldsymbol{J}|\,\mathrm{d}L_3\mathrm{d}L_2\mathrm{d}L_1 \tag{5.62a}$$

假设载荷作用于 $L_1=0$ 的边界面上,面力的等效结点载荷为

$$\boldsymbol{P}_{\mathrm{s}}^e=\int_{S_\sigma^e}\boldsymbol{N}^{\mathrm{T}}\bar{\boldsymbol{t}}\mathrm{d}S=\int_0^1\int_0^{1-L_3}\boldsymbol{N}^{\mathrm{T}}\bar{\boldsymbol{t}}L\mathrm{d}L_2\mathrm{d}L_3\quad(L_1=0) \tag{5.62b}$$

5.6 等参变换的条件和收敛性

5.6.1 等参变换的条件

以二维四边形等参单元为例，等参变换中，形状函数对整体坐标的导数与其对自然坐标的导数存在关系(5.15)

$$\begin{bmatrix} \dfrac{\partial N_i}{\partial x} \\ \dfrac{\partial N_i}{\partial y} \end{bmatrix} = \boldsymbol{J}^{-1} \begin{bmatrix} \dfrac{\partial N_i}{\partial \xi} \\ \dfrac{\partial N_i}{\partial \eta} \end{bmatrix}$$

即需要按式(5.16)计算 Jacobi 矩阵的逆

$$\boldsymbol{J}^{-1} = \frac{1}{|\boldsymbol{J}|} \begin{bmatrix} \dfrac{\partial y}{\partial \eta} & -\dfrac{\partial y}{\partial \xi} \\ -\dfrac{\partial x}{\partial \eta} & \dfrac{\partial x}{\partial \xi} \end{bmatrix} = \frac{1}{\dfrac{\partial x}{\partial \xi}\dfrac{\partial y}{\partial \eta} - \dfrac{\partial x}{\partial \eta}\dfrac{\partial y}{\partial \xi}} \begin{bmatrix} \dfrac{\partial y}{\partial \eta} & -\dfrac{\partial y}{\partial \xi} \\ -\dfrac{\partial x}{\partial \eta} & \dfrac{\partial x}{\partial \xi} \end{bmatrix}$$

这要求 $|\boldsymbol{J}| \neq 0$。另一方面，整体坐标和自然坐标表达的面积微元之间的转换关系为

$$\mathrm{d}A = |\boldsymbol{J}| \mathrm{d}\xi \mathrm{d}\eta$$

变换要能实现也要求 $|\boldsymbol{J}| \neq 0$。

由式(5.20)，微元面积可由下式计算：

$$\mathrm{d}A = |\mathrm{d}\boldsymbol{\xi} \times \mathrm{d}\boldsymbol{\eta}| = |\mathrm{d}\boldsymbol{\xi}| \cdot |\mathrm{d}\boldsymbol{\eta}| \sin(\mathrm{d}\boldsymbol{\xi}, \mathrm{d}\boldsymbol{\eta}) = |\boldsymbol{J}| \mathrm{d}\xi \mathrm{d}\eta$$

则

$$|\boldsymbol{J}| = \frac{|\mathrm{d}\boldsymbol{\xi}| \cdot |\mathrm{d}\boldsymbol{\eta}| \sin(\mathrm{d}\boldsymbol{\xi}, \mathrm{d}\boldsymbol{\eta})}{\mathrm{d}\xi \mathrm{d}\eta}$$

可见，当 $|\mathrm{d}\boldsymbol{\xi}| = 0$，$|\mathrm{d}\boldsymbol{\eta}| = 0$，$\sin(\mathrm{d}\boldsymbol{\xi}, \mathrm{d}\boldsymbol{\eta}) = 0$ 三个条件中任意一个满足时，$|\boldsymbol{J}| = 0$，此时，等参变换不能实现。四边形任意一条边的边长为零，会导致 $|\mathrm{d}\boldsymbol{\xi}| = 0$，或 $|\mathrm{d}\boldsymbol{\eta}| = 0$，任意两条边之间的夹角大于 180°，会导致 $\sin(\mathrm{d}\boldsymbol{\xi}, \mathrm{d}\boldsymbol{\eta}) = 0$。因此，在利用等参单元时，不能出现这两种情况。实际计算中，当单元的任意一条边较其他边很短，以及任意两条边之间的夹角接近于 180°时，均会带来较大的误差。现有的商用有限元软件的前处理模块，均具有自动检查单元边长和任意相邻边夹角大小的功能，当单元的任意一条边较其他边很短或很长，以及任意两条边之间的夹角接近于 180°时，均会给出警告信息。

对于其他单元，结合等参变换定义和计算式，也可以给出等参变换的条件。

5.6.2 等参单元的收敛性

在 3.4 节中讨论了有限单元法的收敛条件。要得到收敛解,单元的插值函数应满足协调性和完备性。单元协调性要求相邻单元公共边上有完全相同的结点,相邻单元公共边上点的坐标和未知函数均采用相同的插值函数。这一点根据等参变换的原理,只要在整体坐标系中网格划分时,相邻单元公共边上的结点完全相同即可得到满足。另一方面,插值函数要满足完备性要求,即插值函数至少包含描述刚体位移的常数项和描述常应变的一次项。

以二维等参单元为例,坐标变换与位移插值采用相同的函数,坐标变换式为

$$x=\sum_{i=1}^{n}N_i(\xi,\eta)x_i,\quad y=\sum_{i=1}^{n}N_i(\xi,\eta)y_i$$

位移插值模式为

$$u=\sum_{i=1}^{n}N_i(\xi,\eta)u_i,\quad v=\sum_{i=1}^{n}N_i(\xi,\eta)v_i$$

最简单的位移模式为一次形式,即

$$u=b+cx+dy$$

由位移插值表达式有

$$\begin{aligned}u&=\sum_{i=1}^{n}N_i(\xi,\eta)u_i\\&=\sum_{i=1}^{n}N_i(\xi,\eta)(b+cx_i+dy_i)\\&=b\sum_{i=1}^{n}N_i(\xi,\eta)+c\sum_{i=1}^{n}N_i(\xi,\eta)x_i+d\sum_{i=1}^{n}N_i(\xi,\eta)y_i\end{aligned}$$

由插值函数的单位分解性质 $\sum_{i=1}^{n}N_i(\xi,\eta)=1$ 和坐标变换关系 $x=\sum_{i=1}^{n}N_i(\xi,\eta)x_i,y=\sum_{i=1}^{n}N_i(\xi,\eta)y_i$,上式成为

$$u=b+cx+dy$$

可见,采用等参变换,单元能够确保常数项和一次项的存在,满足完备性要求。故等参单元满足收敛性要求。

*5.7 等参单元的退化

第 4 章中讨论了 Lagrange 单元和 Serendipity 单元以及三角形和四面体单元形状函数的构造。如果将 Lagrange 单元或 Serendipity 单元中某些结点合并,但网格中仍然保留和原来单元相同的结点数,将这种把部分结点合并后的单元称为退化形式。可以把四边形等参单元退化成三角形单元,六面体单元退化成楔形体单元。

对于四边形 4 结点单元,只要把两个相邻的结点进行合并,就可以得到一个三角形单元。如图 5.10 所示,将结点 3 和 4 合并在一起便得到一个三角形单元。这时坐标变换成为

$$x = N_1x_1 + N_2x_2 + N_3x_3 + N_4x_4 = N_1x_1 + N_2x_2 + (N_3 + N_4)x_3$$

$$y = N_1y_1 + N_2y_2 + N_3y_3 + N_4y_4 = N_1y_1 + N_2y_2 + (N_3 + N_4)y_3$$

可见,退化单元的插值函数成为

$$N_1 = \frac{1}{4}(1-\xi)(1-\eta),\quad N_2 = \frac{1}{4}(1+\xi)(1-\eta),\quad N_3 = \frac{1}{2}(1+\eta) \tag{5.63}$$

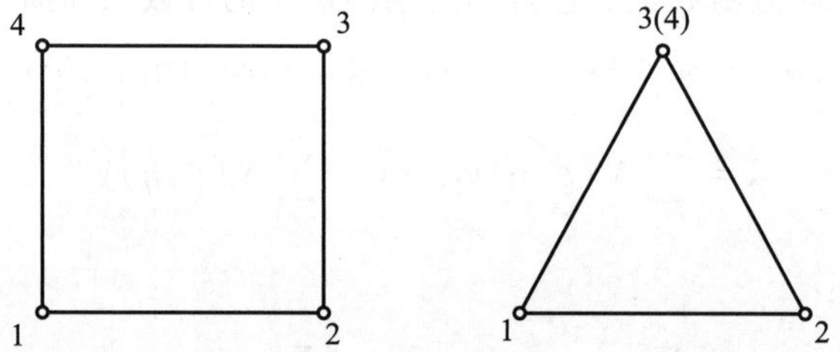

图 5.10　四边形 4 结点单元退化为三角形单元

最后一个形状函数就是将该四边形单元的结点 3 和 4 的标准形状函数相加。利用变换关系(5.12),经推导可得形状函数对整体坐标的导数

$$\frac{\partial N_i}{\partial x} = \frac{1}{2A}c_i,\quad \frac{\partial N_i}{\partial y} = \frac{1}{2A}d_i \tag{5.64}$$

式中 A 为单元面积,c_i 和 d_i 与 3.2.1 节和 4.3.1 节中的三角形 3 结点单元插值函数中的系数相同,其表达式见式(4.24)。将其与式(4.30)比较可见,式(5.64)与用面积坐标 L_1, L_2, L_3 得到的结果一致。所以,可以得到退化单元的形状函数与面积坐标之间的关系

$$\left.\begin{aligned} N_1 &= \frac{1}{4}(1-\xi)(1-\eta) = L_1 \\ N_2 &= \frac{1}{4}(1+\xi)(1-\eta) = L_2 \\ N_3 &= \frac{1}{2}(1+\eta) = L_3 \end{aligned}\right\} \tag{5.65}$$

由式(5.64)可得单元的应变矩阵

$$\boldsymbol{B} = \begin{bmatrix} \frac{\partial N_1}{\partial x} & 0 & \frac{\partial N_2}{\partial x} & 0 & \frac{\partial N_3}{\partial x} & 0 \\ 0 & \frac{\partial N_1}{\partial y} & 0 & \frac{\partial N_2}{\partial y} & 0 & \frac{\partial N_3}{\partial y} \\ \frac{\partial N_1}{\partial y} & \frac{\partial N_1}{\partial x} & \frac{\partial N_2}{\partial y} & \frac{\partial N_2}{\partial x} & \frac{\partial N_3}{\partial y} & \frac{\partial N_3}{\partial x} \end{bmatrix}$$

$$
=\frac{1}{2A}\begin{bmatrix} c_1 & 0 & c_2 & 0 & c_3 & 0 \\ 0 & d_1 & 0 & d_2 & 0 & d_3 \\ d_1 & c_1 & d_2 & c_2 & d_3 & c_3 \end{bmatrix}
$$

为常数矩阵，该式与式(3.28)一致，说明该退化单元为常应变单元。

现在考察该退化单元的 Jacobi 矩阵。四边形 4 结点单元退化成三角形单元后 Jacobi 矩阵成为

$$
\boldsymbol{J}=\begin{bmatrix} \dfrac{\partial N_1}{\partial \xi} & \dfrac{\partial N_2}{\partial \xi} & \dfrac{\partial N_3}{\partial \xi} \\ \dfrac{\partial N_1}{\partial \eta} & \dfrac{\partial N_2}{\partial \eta} & \dfrac{\partial N_3}{\partial \eta} \end{bmatrix}\begin{bmatrix} x_1 & y_1 \\ x_2 & y_2 \\ x_3 & y_3 \end{bmatrix} \tag{5.66}
$$

将式(5.63)代入上式可得

$$
\boldsymbol{J}=\frac{1}{4}\begin{bmatrix} -(1-\eta) & (1-\eta) & 0 \\ -(1-\xi) & -(1+\xi) & 2 \end{bmatrix}\begin{bmatrix} x_1 & y_1 \\ x_2 & y_2 \\ x_3 & y_3 \end{bmatrix}
$$

$$
=\frac{1}{4}\begin{bmatrix} (1-\eta)(x_2-x_1) & (1-\eta)(y_2-y_1) \\ (2x_3-x_1-x_2)-\xi(x_2-x_1) & (2y_3-y_1-y_2)-\xi(y_2-y_1) \end{bmatrix}
$$

则

$$
|\boldsymbol{J}|=\frac{(1-\eta)}{16}\{(x_2-x_1)[(\xi-1)y_1-(1+\xi)y_2+2y_3]-
$$

$$
(y_2-y_1)[(\xi-1)x_1-(1+\xi)x_2+2x_3]\} \tag{5.67}
$$

可见，在 $\eta=1$ 的结点(合并的 3 和 4 结点)处，Jacobi 矩阵的行列式为零，即 Jacobi 矩阵是奇异的，这与 5.6.1 节中的讨论一致。但是，由前面的讨论可知，该单元为常应变单元，即计算应变时这一奇异性消失了。只要不考虑 $\eta=1$ 的结点，就可以利用退化单元计算该三角形 3 结点单元的形状函数的导数和积分。此外，四边形 8 结点单元可以退化为三角形 6 结点单元，如图 5.11 所示。

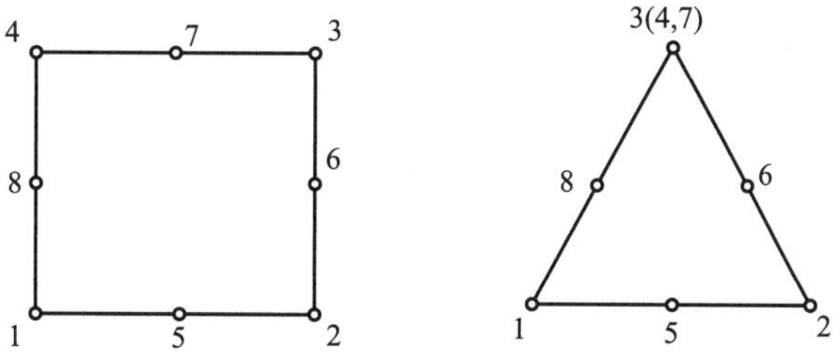

图 5.11　四边形 8 结点单元退化为三角形 6 结点单元

类似地可以得到将六面体 8 结点单元退化成如图 5.12 所示不同形式的单元。可以计算如图中所示各种退化形式对应的形状函数，以及形状函数对整体坐标的导数。所有情况下，

在合并结点处 Jacobi 矩阵是奇异的。此外，对于面退化为边的情况，沿合并的边 Jacobi 矩阵也是奇异的。

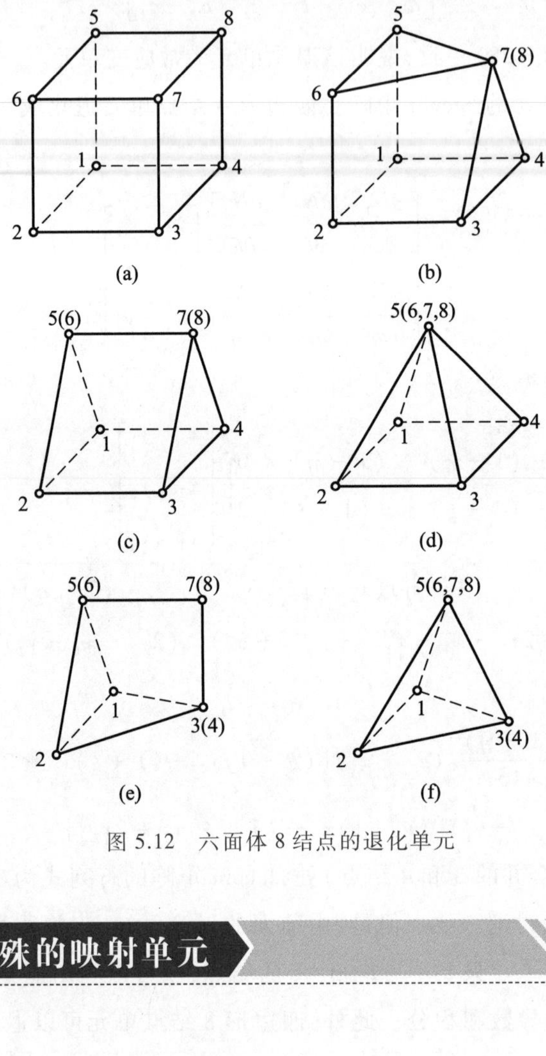

图 5.12　六面体 8 结点的退化单元

*5.8　两种特殊的映射单元

5.8.1　模拟裂尖奇异性的奇异单元

如图 5.13 所示为无限大弹性体中的裂纹，根据线弹性断裂力学理论，该区域的位移和应力可用级数表达为

$$
\begin{aligned}
u_i &= a_i^1 r^{\frac{1}{2}} + a_i^2 r + a_i^3 r^{\frac{3}{2}} + \cdots \\
t_i &= b_i^1 r^{-\frac{1}{2}} + b_i^2 + b_i^3 r^{\frac{1}{2}} + \cdots
\end{aligned}
\tag{5.68}
$$

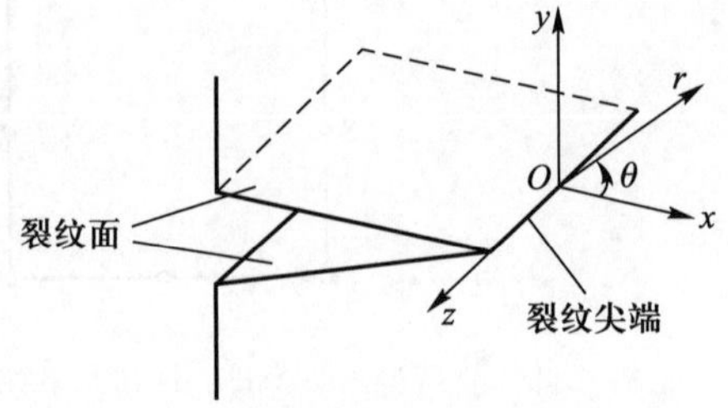

图 5.13　弹性体中的裂纹

式中 $u_i(i=1,2,3)$ 表示位移分量 u,v,w；$t_i(i=1,2,3)$ 表示面力分量 t_x,t_y,t_z。仅保留级数的第一项，在裂尖附件的位移可用极坐标表达为

$$
\left.\begin{aligned}
u &= \frac{1+\nu}{4E}\sqrt{\frac{2r}{\pi}}\left\{K_{\mathrm{I}}\left[(5-8\nu)\cos\frac{\theta}{2}-\cos\frac{3\theta}{2}\right]+K_{\mathrm{II}}\left[(9-8\nu)\sin\frac{\theta}{2}+\sin\frac{3\theta}{2}\right]\right\}\\
v &= \frac{1+\nu}{4E}\sqrt{\frac{2r}{\pi}}\left\{K_{\mathrm{I}}\left[(7-8\nu)\sin\frac{\theta}{2}-\sin\frac{3\theta}{2}\right]-K_{\mathrm{II}}\left[(3-8\nu)\cos\frac{\theta}{2}+\cos\frac{3\theta}{2}\right]\right\}\\
w &= \frac{2(1+\nu)}{E}\sqrt{\frac{2r}{\pi}}K_{\mathrm{III}}\sin\frac{\theta}{2}
\end{aligned}\right\} \tag{5.69}
$$

应力场可表达为

$$
\left.\begin{aligned}
\sigma_{11} &= \frac{1}{\sqrt{2\pi r}}\left[K_{\mathrm{I}}\cos\frac{\theta}{2}\left(1-\sin\frac{\theta}{2}\sin\frac{3\theta}{2}\right)-K_{\mathrm{II}}\sin\frac{\theta}{2}\left(2+\cos\frac{\theta}{2}\cos\frac{3\theta}{2}\right)\right]\\
\sigma_{22} &= \frac{1}{\sqrt{2\pi r}}\left[K_{\mathrm{I}}\cos\frac{\theta}{2}\left(1+\sin\frac{\theta}{2}\sin\frac{3\theta}{2}\right)+K_{\mathrm{II}}\sin\frac{\theta}{2}\cos\frac{\theta}{2}\cos\frac{3\theta}{2}\right]\\
\sigma_{33} &= 2\nu(\sigma_{11}+\sigma_{22})\\
\sigma_{12} &= \frac{1}{\sqrt{2\pi r}}\left[K_{\mathrm{I}}\sin\frac{\theta}{2}\cos\frac{\theta}{2}\cos\frac{3\theta}{2}+K_{\mathrm{II}}\cos\frac{\theta}{2}\left(1-\sin\frac{\theta}{2}\sin\frac{3\theta}{2}\right)\right]\\
\sigma_{23} &= \frac{1}{\sqrt{2\pi r}}K_{\mathrm{III}}\cos\frac{\theta}{2}\\
\sigma_{31} &= -\frac{1}{\sqrt{2\pi r}}K_{\mathrm{III}}\sin\frac{\theta}{2}
\end{aligned}\right\} \tag{5.70}
$$

式中 K_{I},K_{II} 和 K_{III} 为应力强度因子。可见,裂纹尖端的应力具有 $1/\sqrt{r}$ 奇异性,在裂纹尖端的应力为无穷大。

标准的有限单元一般不能描述裂纹尖端应力的奇异性,本节讨论模拟应力奇异性的奇异等参单元。现在考虑四边形 8 结点等参单元,如图 5.14 所示。根据等参变换,整体坐标系中边 1-2 对应于局部坐标系母单元上 $\eta=-1$ 的边,子单元 1-2 边上任一点的坐标变换式为

$$
\begin{aligned}
x &= N_1(\xi)x_1+N_5(\xi)x_5+N_2(\xi)x_2\\
&= -\frac{1}{2}\xi(1-\xi)x_1+(1-\xi^2)x_5+\frac{1}{2}\xi(1+\xi)x_2
\end{aligned} \tag{5.71}
$$

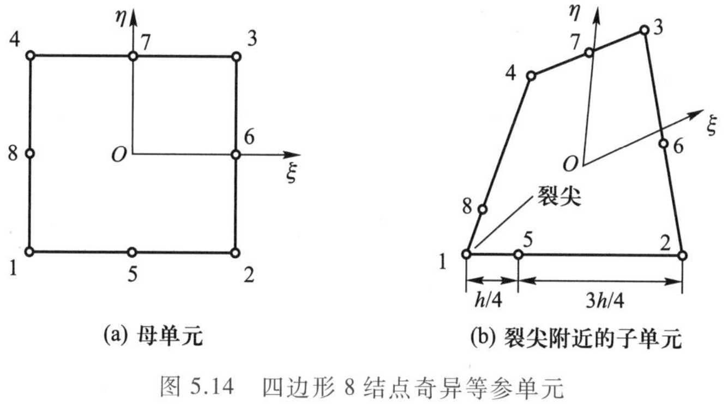

图 5.14 四边形 8 结点奇异等参单元

其中 ξ 是边 1-2 上任一点 P 在母单元中的局部坐标，$x_i(i=1,2,5)$ 为结点 i 的整体坐标，N_i 为对应于结点 i 的插值函数。

整体坐标系下裂尖附近一个单元如图 5.14b 所示，假设裂纹尖端与结点 1 重合。将子单元中局部结点 5 设置于 1-2 边的 1/4 位置处，若边 1-2 的长度为 h，边 1-2 上各结点 x 方向的坐标分别为 $x_1=0$，$x_5=h/4$ 和 $x_2=h$。将其代入式(5.71)中有

$$x=\frac{h}{4}(1-\xi^2)+\frac{h}{2}\xi(1+\xi)=\frac{h}{4}(1+\xi)^2 \tag{5.72}$$

由上式可以解出

$$\xi=2\sqrt{x/h}-1 \tag{5.73}$$

另一方面，在边 1-2 上，因为 η 为常数，其上任一点 P 的位移插值表达式可写成

$$u=\alpha_0+\alpha_1\xi+\alpha_2\xi^2 \tag{5.74}$$

由此得到该点的应变

$$\varepsilon_x=\frac{\partial u}{\partial x}=\frac{\partial u}{\partial \xi}\frac{\mathrm{d}\xi}{\mathrm{d}x}=\frac{\alpha_1+2\alpha_2\xi}{\sqrt{hx}} \tag{5.75}$$

可见，当 $x=0$ 时，应变为无穷大，即应变在 1-2 边上具有 $1/\sqrt{r}$ 奇异特征。根据胡克定律可知，应力在该边上也具有 $1/\sqrt{r}$ 奇异性，因此，该单元能够描述裂纹尖端应力的奇异性。类似地，须将该子单元 1-4 边上的中间结点置于该边的 1/4 位置处。这种单元又称为 **1/4 结点奇异等参单元**。

实际应用中无须修改程序，只须在离散结构时，将裂尖附近单元的中间结点置于 1/4 处即可，非常简单。图 5.15 所示为模拟裂纹尖端附近区域奇异性的 8 结点四边形和 6 结点三角形奇异等参单元离散，l^e 为连接裂尖处结点的单元的边长。对于三维问题做类似处理。

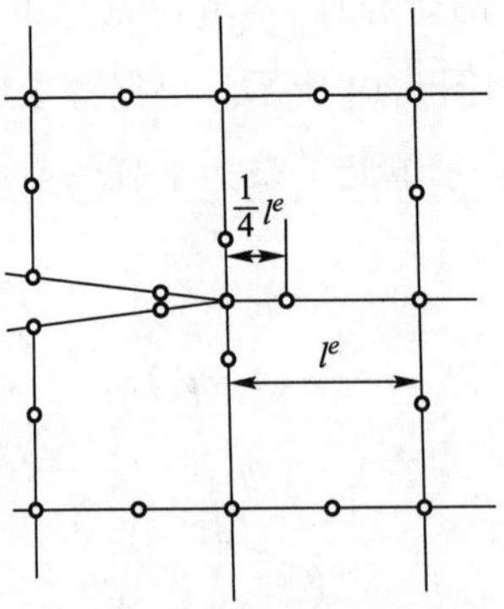

(a) 四边形 8 结点单元

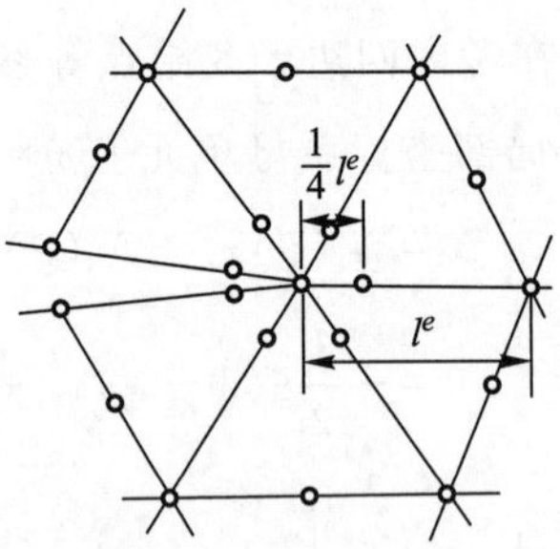

(b) 三角形 6 结点单元

图 5.15　裂尖附近区域的奇异单元离散

5.8.2　模拟无限区域的无限单元

在很多工程和物理问题中存在无限域和半无限域问题。如图 5.16 所示为一个模拟基

础开挖后的变形和应力的半无限域问题,该基础的物理模型在无穷远处的位移为零。用传统有限元模拟该问题时,通常将模型区域选择为足够大,将模型远处边界的结点位移进行约束,如图 5.16a 所示。但是采用这种处理方式时,选择多大的区域才能满足精度要求却难以确定,而且过大的区域会增加计算量。为了克服模拟这种“无限域”的困难,已有不同的处理方案,其中最有效的方法是采用一种无限单元。如图 5.16b 所示,模型外围采用了两个结点在无穷远处的无限单元,这种无限单元与传统单元正常连接。

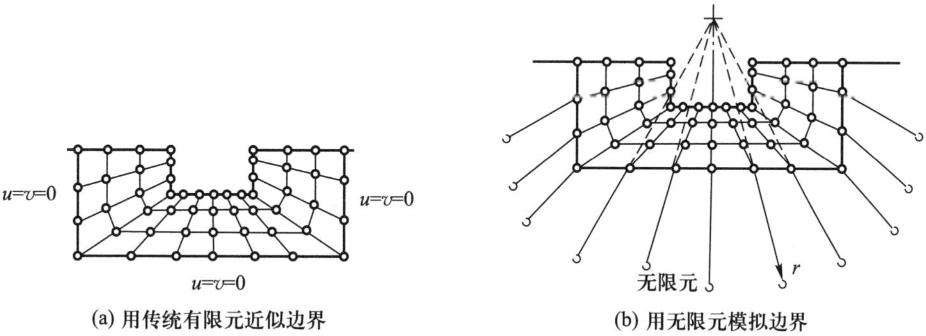

图 5.16　模拟基础开挖后变形和应力的半无限域问题

这种单元的母单元仍然为一正方形单元,通过映射将其中的一些结点映射到无穷远处。图 5.17 所示为将正方形母单元映射为无限单元的示意图。考虑 x 方向 CPQ 直线的一维映射。假设映射关系为

$$x = -\frac{\xi}{1-\xi}x_C + \left(1+\frac{\xi}{1-\xi}\right)x_Q = \overline{N}_C x_C + \overline{N}_Q x_Q \tag{5.76}$$

显然,有

$$\left.\begin{aligned} &\xi = -1, \quad x = \frac{x_C + x_Q}{2} = x_P \\ &\xi = 0, \quad x = x_Q \\ &\xi = 1, \quad x = \infty \end{aligned}\right\} \tag{5.77}$$

图中 x_P 为 Q 和 C 之间的中点。利用上述映射关系的第一个式子将 x_C 用 x_Q 和 x_P 表达,再代入式(5.76)可得直接用 Q 和 P 点的坐标表达的坐标映射关系

$$x = N_Q x_Q + N_P x_P = \left(1+\frac{2\xi}{1-\xi}\right)x_Q - \frac{2\xi}{1-\xi}x_P \tag{5.78}$$

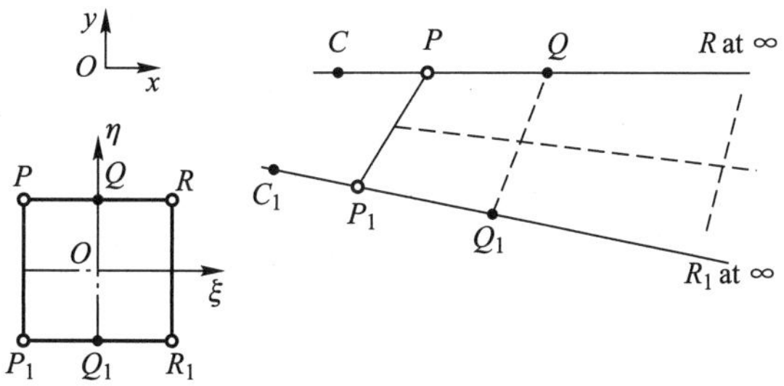

图 5.17　无限元母单元与子单元的映射

式(5.76)和式(5.78)给出相同的变换,其与 x 坐标的原点无关

$$N_Q + N_P = 1 = \overline{N}_Q + \overline{N}_C \tag{5.79}$$

然而,C 点具有重要的意义,后面可以看到,其代表“扰动”中心。假设 r 是从 C 点开始度量,即

$$r = x - x_C \tag{5.80}$$

如果未知函数 u 用多项式近似,即

$$u = a_0 + a_1\xi + a_2\xi^2 + a_3\xi^3 + \cdots \tag{5.81}$$

由式(5.76)可以求解得到

$$\xi = 1 - \frac{x_Q - x_C}{x - x_C} = 1 - \frac{x_Q - x_C}{r} \tag{5.82}$$

将其代入式(5.81),得到用 ξ 表达的线性形状函数,其对应于 $1/r$ 项。

至此,得到了一维映射变换。为了扩展到二维和三维情况,简单地将一维无限映射与其他方向(η 和 ζ)的标准形状函数相乘即可。以二维问题为例,首先,将变换(5.77)和(5.78)的插值推广到(x,y)空间中的任一直线 $C_1P_1Q_1$

$$\left.\begin{aligned} x &= -\frac{\xi}{1-\xi}x_{C_1} + \left(1 + \frac{\xi}{1-\xi}\right)x_{Q_1} \\ y &= -\frac{\xi}{1-\xi}y_{C_1} + \left(1 + \frac{\xi}{1-\xi}\right)y_{Q_1} \end{aligned}\right\} \tag{5.83}$$

其次,在(ξ,η)区域,加上用 η 表达的标准的插值函数即可。图 5.17 所示的线性插值,单元 PP_1R_1R 的坐标变换为

$$x = N_1(\eta)\left[-\frac{\xi}{1-\xi}x_C + \left(1 + \frac{\xi}{1-\xi}\right)x_Q\right] + N_0(\eta)\left[-\frac{\xi}{1-\xi}x_{C_1} + \left(1 + \frac{\xi}{1-\xi}\right)x_{Q_1}\right] \tag{5.84a}$$

$$y = N_1(\eta)\left[-\frac{\xi}{1-\xi}y_C + \left(1 + \frac{\xi}{1-\xi}\right)y_Q\right] + N_0(\eta)\left[-\frac{\xi}{1-\xi}y_{C_1} + \left(1 + \frac{\xi}{1-\xi}\right)y_{Q_1}\right] \tag{5.84b}$$

其中

$$N_1(\eta) = \frac{1}{2}(1+\eta), \quad N_0(\eta) = \frac{1}{2}(1-\eta) \tag{5.85}$$

由此构造的无限单元容易与标准单元进行连接,如图 5.16 所示。这种单元仅其 Jacobi 矩阵不同于标准形式,因而仅需将其在标准计算程序中修改即可。另外,单元的积分仍然在母单元中进行。值得一提的是,坐标的“原点”C 可以固定在射线的任意位置上。

5.9　单元数值积分

前面讨论了二维问题四边形单元和三角形单元、三维问题六面体和四面体单元的刚度矩阵和等效结点载荷的积分表达式,这些积分计算均需采用数值积分方法。

5.9.1 一维数值积分方法

首先讨论一维数值积分方法。为求积分 $\int_a^b f(\xi)\,\mathrm{d}\xi$，构造一个原函数 $f(\xi)$ 的近似函数 $\varphi(\xi)$，使两者在 n 个点 $\xi_i(i=1,2,\cdots,n)$ 处相等即

$$\varphi(\xi_i)=f(\xi_i),\quad (i=1,2,\cdots,n) \tag{5.86}$$

则原函数的积分可用近似函数的积分近似代替，即

$$\int_a^b f(\xi)\,\mathrm{d}\xi \approx \int_a^b \varphi(\xi)\,\mathrm{d}\xi \tag{5.87}$$

ξ_i为积分区间$[a,b]$中特定的点，这些点称为积分点，n 为积分点数。

若采用 Lagrange 多项式近似原函数，则近似函数为

$$\varphi(\xi)=\sum_{i=1}^{n} l_i^{(n-1)}(\xi)f(\xi_i) \tag{5.88}$$

式中 Lagrange 插值基函数为

$$l_i^{(n-1)}(\xi)=\prod_{j=1,j\neq i}^{n}\frac{(\xi-\xi_j)}{(\xi_i-\xi_j)},\quad a\leqslant\xi\leqslant b \tag{5.89}$$

ξ_i 是积分区间上的等分点坐标。近似函数的积分为

$$\begin{aligned}\int_a^b\varphi(\xi)\,\mathrm{d}\xi&=\int_a^b\sum_{i=1}^{n}l_i^{(n-1)}(\xi)f(\xi_i)\,\mathrm{d}\xi\\&=\sum_{i=1}^{n}\left(\int_a^b l_i^{(n-1)}(\xi)\,\mathrm{d}\xi\right)f(\xi_i)=\sum_{i=1}^{n}H_if(\xi_i)\end{aligned} \tag{5.90}$$

式中

$$H_i=\int_a^b l_i^{(n-1)}(\xi)\,\mathrm{d}\xi \tag{5.91}$$

为积分加权系数(或称积分权系数)，其与被积函数无关，只与积分点 ξ_i 的个数和位置有关。则原函数的积分可以表达为

$$\int_a^b f(\xi)\,\mathrm{d}\xi=\int_a^b\varphi(\xi)\,\mathrm{d}\xi+R_{n-1}=\sum_{i=1}^{n}H_if(\xi_i)+R_{n-1} \tag{5.92}$$

式中 R_{n-1}为余项。忽略余项，有

$$\int_a^b f(\xi)\,\mathrm{d}\xi\approx\sum_{i=1}^{n}H_if(\xi_i) \tag{5.93}$$

此数值积分称为 **Newton-Cotes** 积分。由于近似函数 $\varphi(\xi)$ 为 $n-1$ 次多项式，因此该数值积分方法的积分精度为 $n-1$ 阶。可见，原函数的积分转换成了求和计算，便于计算机编程。

进一步作如下变换：

$$\xi'=\frac{1}{b-a}(\xi-a) \tag{5.94}$$

代入式(5.91)可得

$$H_i=(b-a)C_i^{(n-1)},\quad C_i^{(n-1)}=\int_0^1 l_i^{(n-1)}(\xi')\,d\xi'$$

$C_i^{(n-1)}$ 为 $n-1$ 阶 Newton-Cotes 积分常数,其与原积分函数的积分限无关。若 $f(\xi)$ 是 $n-1$ 阶多项式,因 Newton-Cotes 积分精度是 $n-1$ 阶的,则积分结果是精确的。

具有 n 个积分点的 Newton-Cotes 积分的精度为 $n-1$ 阶,为了提高积分精度,构造一个 n 次多项式

$$p(\xi)=(\xi-\xi_1)(\xi-\xi_2)\cdots(\xi-\xi_n)=\prod_{j=1}^{n}(\xi-\xi_j) \tag{5.95}$$

令

$$\int_a^b \xi^i p(\xi)\,d\xi=0\quad(i=0,1,\cdots,n-1) \tag{5.96}$$

式中 ξ^i 为 ξ 的 i 次方。由此可以得到 n 阶方程组,解方程组可得到 n 个解。进一步构造一个 $2n-1$ 次多项式

$$\varphi(\xi)=\sum_{i=1}^{n} l_i^{(n-1)}(\xi)f(\xi_i)+\sum_{i=0}^{n-1}\beta_i\xi^i p(\xi) \tag{5.97}$$

式中,ξ_i 是由式(5.96)确定的解,视其为积分点;β_i 为任意参数。该函数的积分为

$$\int_a^b \varphi(\xi)\,d\xi=\sum_{i=1}^{n}\int_a^b l_i^{(n-1)}(\xi)f(\xi_i)\,d\xi+\sum_{i=0}^{n-1}\beta_i\int_a^b \xi^i p(\xi)\,d\xi \tag{5.98}$$

由式(5.96)可知,上式右端第二项为零,故

$$\int_a^b \varphi(\xi)\,d\xi=\sum_{i=1}^{n}\int_a^b l_i^{(n-1)}(\xi)f(\xi_i)\,d\xi=\sum_{i=1}^{n}H_i f(\xi_i) \tag{5.99}$$

其中

$$H_i=\int_a^b l_i^{(n-1)}(\xi)\,d\xi \tag{5.100}$$

为积分权系数。原函数的积分可表达为

$$\int_a^b f(\xi)\,d\xi=\int_a^b \varphi(\xi)\,d\xi+R_{2n-1}=\sum_{i=1}^{n}H_i f(\xi_i)+R_{2n-1} \tag{5.101}$$

式中 R_{2n-1} 为余项。忽略余项,即

$$\int_a^b f(\xi)\,d\xi\approx\int_a^b \varphi(\xi)\,d\xi=\sum_{i=1}^{n}H_i f(\xi_i) \tag{5.102}$$

此数值积分方法称为 **Gauss** 积分法。由于近似函数 $\varphi(\xi)$ 为 $2n-1$ 次多项式,该数值积分方法的积分精度为 $2n-1$ 阶。

采用等参变换时,一维单元在自然坐标系下的积分限一般为[-1,1],即

$$I_1=\int_{-1}^{1} f(\xi)\,d\xi=\sum_{i=1}^{n}H_i f(\xi_i) \tag{5.103}$$

由式(5.100),积分限为[-1,1]时,积分权系数的计算式为

$$H_i=\int_{-1}^{1} l_i^{(n-1)}(\xi)\,d\xi \tag{5.104}$$

根据积分点数 n 的不同取值,可以首先由式(5.96)确定积分点的坐标,进而由式(5.99)计算

得到 n 个积分权系数。

例 5.1 计算两点 Gauss 积分点的位置及积分权系数。

解:按式(5.95)构造二次多项式 $p(\xi)=(\xi-\xi_1)(\xi-\xi_2)$,利用式(5.96)求积分点的位置

$$\int_{-1}^{1}\xi^i p(\xi)\,\mathrm{d}\xi = 0 \quad (i=0,1)$$

展开

$$i=0:\quad \int_{-1}^{1}(\xi-\xi_1)(\xi-\xi_2)\,\mathrm{d}\xi = \frac{2}{3}+2\xi_1\xi_2 = 0$$

$$i=1:\quad \int_{-1}^{1}\xi(\xi-\xi_1)(\xi-\xi_2)\,\mathrm{d}\xi = -\frac{2}{3}(\xi_1+\xi_2) = 0$$

得方程组

$$\xi_1\xi_2+\frac{1}{3}=0,\quad \xi_1+\xi_2=0$$

解方程得到

$$\xi_1 = -\frac{1}{\sqrt{3}} = -0.577\ 350\ 269\ 189\ 626,\quad \xi_2 = \frac{1}{\sqrt{3}} = 0.577\ 350\ 269\ 189\ 626$$

代入式(5.104)计算积分权系数

$$H_1 = \int_{-1}^{1} l_1^{(1)}(\xi)\,\mathrm{d}\xi = \int_{-1}^{1}\frac{\xi-\xi_2}{\xi_1-\xi_2}\mathrm{d}\xi = 1.0$$

$$H_2 = \int_{-1}^{1} l_2^{(1)}(\xi)\,\mathrm{d}\xi = \int_{-1}^{1}\frac{\xi-\xi_1}{\xi_2-\xi_1}\mathrm{d}\xi = 1.0$$

采用该方法可以求得任意个 Gauss 积分点的位置和相应的积分权系数。表 5.1 中所列为积分区间[-1,1]的常用阶次 Gauss 积分权系数。

表 5.1 Gauss 积分点的坐标及权系数

积分点数	积分点坐标	积分权系数
1	0.000 000 000 000 000	2.000 000 000 000 000
2	0.577 350 269 189 626	1.000 000 000 000 000
	-0.577 350 269 189 626	1.000 000 000 000 000
3	0.774 596 669 241 483	0.555 555 555 555 556
	-0.774 596 669 241 483	0.555 555 555 555 556
	0.000 000 000 000 000	0.888 888 888 888 889
4	0.861 136 311 594 053	0.347 854 845 137 454
	-0.861 136 311 594 053	0.347 854 845 137 454
	0.339 981 043 584 856	0.652 145 154 862 546
	-0.339 981 043 584 856	0.652 145 154 862 546

续表

积分点数	积分点坐标	积分权系数
5	0.906 179 845 938 664	0.236 926 885 056 189
	-0.906 179 845 938 664	0.236 926 885 056 189
	0.538 469 310 105 683	0.478 628 670 499 366
	-0.538 469 310 105 683	0.478 628 670 499 366
	0.000 000 000 000 000	0.568 888 888 888 889
6	0.932 469 514 203 152	0.171 324 492 379 170
	-0.932 469 514 203 152	0.171 324 492 379 170
	0.661 209 386 466 265	0.360 761 573 048 139
	-0.661 209 386 466 265	0.360 761 573 048 139
	0.238 619 186 083 197	0.467 913 934 572 691
	-0.238 619 186 083 197	0.467 913 934 572 691

5.9.2 四边形和六面体单元积分

由 5.3.1 节、5.4.1 节和 5.5.1 节的讨论可知，二维四边形单元、轴对称四边形单元和三维六面体单元的刚度矩阵以及等效结点载荷的积分可以归结为如下积分形式：

$$I_2 = \int_{-1}^{1}\int_{-1}^{1} f(\xi,\eta)\,\mathrm{d}\xi\mathrm{d}\eta \tag{5.105}$$

$$I_3 = \int_{-1}^{1}\int_{-1}^{1}\int_{-1}^{1} f(\xi,\eta,\zeta)\,\mathrm{d}\xi\mathrm{d}\eta\mathrm{d}\zeta \tag{5.106}$$

基于前面讨论的一维函数的 Gauss 数值积分，可以方便地得到二维函数的 Gauss 积分表达式

$$\begin{aligned} I_2 &= \int_{-1}^{1}\int_{-1}^{1} f(\xi,\eta)\,\mathrm{d}\xi\mathrm{d}\eta \\ &= \int_{-1}^{1}\sum_{j=1}^{n_p} H_j f(\xi_j,\eta)\,\mathrm{d}\eta = \sum_{i=1}^{n_p} H_i \sum_{j=1}^{n_q} H_j f(\xi_j,\eta_i) = \sum_{i=1}^{n_p}\sum_{j=1}^{n_q} H_i H_j f(\xi_j,\eta_i) \end{aligned} \tag{5.107}$$

式中 H_i 和 H_j 为积分权系数，(ξ_j,η_i) 为积分点的坐标，n_p 和 n_q 分别为沿两个坐标方向的积分点数。类似地，可得三维函数的 Gauss 积分表达式

$$I_3 = \int_{-1}^{1}\int_{-1}^{1}\int_{-1}^{1} f(\xi,\eta,\zeta)\,\mathrm{d}\xi\mathrm{d}\eta\mathrm{d}\zeta = \sum_{i=1}^{n_p}\sum_{j=1}^{n_q}\sum_{m=1}^{n_r} H_i H_j H_m f(\xi_m,\eta_j,\zeta_i) \tag{5.108}$$

式中 H_i，H_j 和 H_m 为积分权系数，(ξ_m,η_j,ζ_i) 为积分点的坐标，n_p，n_q 和 n_r 分别为沿三个坐标方向的积分点数。

值得一提的是，积分点数的多少取决于积分函数多项式的阶次。因此，如果积分函数沿不同坐标方向的阶次不同，为确保积分是精确的，不同方向所需的积分点数不同；如果积分

函数沿不同坐标方向的阶次相同,则不同方向所需的积分点数相同。由式(5.107)和式(5.108),可以将四边形单元和六面体单元的刚度矩阵和等效结点载荷的积分进行求和计算。

由5.3.1节知道平面问题四边形等参单元的刚度矩阵在自然坐标系下的积分表达式(5.22),其Gauss积分表达式为

$$\begin{aligned}\boldsymbol{K}^{e}&=\int_{-1}^{1}\int_{-1}^{1}\boldsymbol{B}^{\mathrm{T}}(\xi,\eta)\boldsymbol{D}\boldsymbol{B}(\xi,\eta)t\left|\boldsymbol{J}(\xi,\eta)\right|\mathrm{d}\xi\mathrm{d}\eta\\&=\sum_{p=1}^{n_p}\sum_{q=1}^{n_q}H_pH_q\boldsymbol{B}^{\mathrm{T}}(\xi_p,\eta_q)\boldsymbol{D}\boldsymbol{B}(\xi_p,\eta_q)t\left|\boldsymbol{J}(\xi_p,\eta_q)\right|\end{aligned}\tag{5.109}$$

体积力产生的等效结点载荷向量[式(5.23a)],采用Gauss积分的表达式为

$$\boldsymbol{P}_{\mathrm{b}}^{e}=\int_{-1}^{1}\int_{-1}^{1}\boldsymbol{N}^{\mathrm{T}}\boldsymbol{f}t\left|\boldsymbol{J}\right|\mathrm{d}\xi\mathrm{d}\eta=\sum_{p=1}^{n_p}\sum_{q=1}^{n_q}H_pH_q\boldsymbol{N}^{\mathrm{T}}(\xi_p,\eta_q)\boldsymbol{f}t\left|\boldsymbol{J}(\xi_p,\eta_q)\right|\tag{5.110a}$$

作用于边界上的面力产生的等效结点载荷[式(5.23b)]的积分为

$$\boldsymbol{P}_{\mathrm{s}}^{e}=\int_{l_\sigma^e}\boldsymbol{N}^{\mathrm{T}}\bar{\boldsymbol{t}}t\mathrm{d}l=\int_{-1}^{1}\boldsymbol{N}^{\mathrm{T}}\bar{\boldsymbol{t}}tL\mathrm{d}\eta=\sum_{q=1}^{n_q}H_q\boldsymbol{N}^{\mathrm{T}}(C,\eta_q)\bar{\boldsymbol{t}}tL(C,\eta_q)\quad(\xi=C)\tag{5.110b}$$

上式中 C 等于+1或-1。

轴对称四边形单元刚度矩阵[式(5.42)]的Gauss积分为

$$\begin{aligned}\boldsymbol{K}^{e}&=2\pi\int_{-1}^{1}\int_{-1}^{1}\boldsymbol{B}^{\mathrm{T}}\boldsymbol{D}\boldsymbol{B}r(\xi,\eta)\left|\boldsymbol{J}\right|\mathrm{d}\xi\mathrm{d}\eta\\&=2\pi\sum_{p=1}^{n_p}\sum_{q=1}^{n_q}H_pH_q\boldsymbol{B}^{\mathrm{T}}(\xi_p,\eta_q)\boldsymbol{D}\boldsymbol{B}(\xi_p,\eta_q)r(\xi_p,\eta_q)\left|\boldsymbol{J}(\xi_p,\eta_q)\right|\end{aligned}\tag{5.111}$$

体积力产生的单元等效结点载荷[式(5.44a)]的Gauss积分为

$$\begin{aligned}\boldsymbol{P}_{\mathrm{b}}^{e}&=2\pi\int_{-1}^{1}\int_{-1}^{1}\boldsymbol{N}^{\mathrm{T}}\boldsymbol{f}r\left|\boldsymbol{J}\right|\mathrm{d}\xi\mathrm{d}\eta\\&=2\pi\sum_{p=1}^{n_p}\sum_{q=1}^{n_q}H_pH_q\boldsymbol{N}^{\mathrm{T}}(\xi_p,\eta_q)\boldsymbol{f}r(\xi_p,\eta_q)\left|\boldsymbol{J}(\xi_p,\eta_q)\right|\end{aligned}\tag{5.112a}$$

作用于边界上的面力产生的等效结点载荷[式(5.44b)]的Gauss积分为

$$\boldsymbol{P}_{\mathrm{s}}^{e}=2\pi\int_{-1}^{1}\boldsymbol{N}^{\mathrm{T}}\bar{\boldsymbol{t}}rL\mathrm{d}\eta=2\pi\sum_{q=1}^{n_q}H_q\boldsymbol{N}^{\mathrm{T}}(C,\eta_q)\bar{\boldsymbol{t}}r(C,\eta_q)L(C,\eta_q)\quad(\xi=C)\tag{5.112b}$$

上式中 C 等于-1或+1。

六面体等参单元的单元刚度矩阵[式(5.58)]的Gauss积分表达式为

$$\begin{aligned}\boldsymbol{K}^{e}&=\int_{-1}^{1}\int_{-1}^{1}\int_{-1}^{1}\boldsymbol{B}^{\mathrm{T}}\boldsymbol{D}\boldsymbol{B}\left|\boldsymbol{J}\right|\mathrm{d}\xi\mathrm{d}\eta\mathrm{d}\zeta\\&=\sum_{p=1}^{n_p}\sum_{q=1}^{n_q}\sum_{r=1}^{n_r}H_pH_qH_r\boldsymbol{B}^{\mathrm{T}}(\xi_r,\eta_q,\zeta_p)\boldsymbol{D}\boldsymbol{B}(\xi_r,\eta_q,\zeta_p)\left|\boldsymbol{J}(\xi_r,\eta_q,\zeta_p)\right|\end{aligned}\tag{5.113}$$

由体积力产生的等效结点载荷[式(5.59a)]的Gauss积分为

$$\boldsymbol{P}_{\mathrm{b}}^{e}=\int_{-1}^{1}\int_{-1}^{1}\int_{-1}^{1}\boldsymbol{N}^{\mathrm{T}}\boldsymbol{f}\left|\boldsymbol{J}\right|\mathrm{d}\xi\mathrm{d}\eta\mathrm{d}\zeta$$

$$= \sum_{p=1}^{n_p}\sum_{q=1}^{n_q}\sum_{r=1}^{n_r} H_p H_q H_r \boldsymbol{N}^{\mathrm{T}}(\xi_r,\eta_q,\zeta_p)\boldsymbol{f}\left|\boldsymbol{J}(\xi_r,\eta_q,\zeta_p)\right| \tag{5.114a}$$

作用于边界上的面力产生的等效结点载荷[式(5.59b)]的积分为

$$\boldsymbol{P}_{\mathrm{s}}^{e} = \int_{S_\sigma^e} \boldsymbol{N}^{\mathrm{T}}\bar{\boldsymbol{t}}\mathrm{d}S = \int_{-1}^{1}\int_{-1}^{1} \boldsymbol{N}^{\mathrm{T}}\bar{\boldsymbol{t}}L\mathrm{d}\eta\,\mathrm{d}\zeta$$

$$= \sum_{p=1}^{n_p}\sum_{q=1}^{n_q} H_p H_q \boldsymbol{N}^{\mathrm{T}}(C,\eta_q,\zeta_p)\bar{\boldsymbol{t}}L(C,\eta_q,\zeta_p) \quad (\xi = C) \tag{5.114b}$$

上式中 C 等于-1 或+1。

5.9.3 三角形和四面体单元积分

由 5.3.2 节、5.4.2 节和 5.5.2 节的讨论可知,用面积坐标表达的平面问题三角形单元、轴对称三角形单元和体积坐标表达的四面体单元的刚度矩阵及等效结点载荷的积分可以归结于如下积分形式:

$$I_2 = \int_0^1\int_0^{1-L_1} f(L_1,L_2,L_3)\,\mathrm{d}L_2\mathrm{d}L_1 \tag{5.115}$$

$$I_3 = \int_0^1\int_0^{1-L_1}\int_0^{1-L_2-L_1} f(L_1,L_2,L_3,L_4)\,\mathrm{d}L_3\mathrm{d}L_2\mathrm{d}L_1 \tag{5.116}$$

式(5.115)中 $L_3=1-L_1-L_2$,式(5.116)中 $L_4=1-L_1-L_2-L_3$。由于积分限包含了变量,第二个和第三个积分需采用特殊的 Gauss 积分表达式,即 **Hammer** 积分。该两积分可以写成如下求和形式:

$$I_2 = \int_0^1\int_0^{1-L_1} f(L_1,L_2,L_3)\,\mathrm{d}L_2\mathrm{d}L_1 = \sum_{i=1}^{n_q} H_i f(L_{1i},L_{2i},L_{3i}) \tag{5.117}$$

$$I_3 = \int_0^1\int_0^{1-L_1}\int_0^{1-L_2-L_1} f(L_1,L_2,L_3,L_4)\,\mathrm{d}L_3\mathrm{d}L_2\mathrm{d}L_1 = \sum_{i=1}^{n_q} H_i f(L_{1i},L_{2i},L_{3i},L_{4i}) \tag{5.118}$$

上式中的积分点位置、权函数及其误差分别见表 5.2 和表 5.3 所列。

平面问题三角形单元的刚度矩阵[式(5.27)]的 Hammer 积分为

$$\boldsymbol{K}^{e} = \int_0^1\int_0^{1-L_1} \boldsymbol{B}^{\mathrm{T}}(L_1,L_2)\boldsymbol{D}\boldsymbol{B}(L_1,L_2)t\left|\boldsymbol{J}(L_1,L_2)\right|\mathrm{d}L_2\mathrm{d}L_1$$

$$= \sum_{i=1}^{n_q} H_i \boldsymbol{B}^{\mathrm{T}}(L_{1i},L_{2i},L_{3i})\boldsymbol{D}\boldsymbol{B}(L_{1i},L_{2i},L_{3i})t\left|\boldsymbol{J}(L_{1i},L_{2i},L_{3i})\right| \tag{5.119}$$

注意 $L_{3i}=1-L_{1i}-L_{2i}$。体积力的单元等效结点载荷[式(5.28a)]的积分为

$$\boldsymbol{P}_{\mathrm{b}}^{e} = \int_0^1\int_0^{1-L_1} \boldsymbol{N}^{\mathrm{T}}\boldsymbol{f}t\left|\boldsymbol{J}\right|\mathrm{d}L_2\mathrm{d}L_1 = \sum_{i=1}^{n_q} H_i\,\boldsymbol{N}^{\mathrm{T}}(L_{1i},L_{2i},L_{3i})\boldsymbol{f}t\left|\boldsymbol{J}(L_{1i},L_{2i},L_{3i})\right| \tag{5.120a}$$

面力的单元等效结点载荷[式(5.28b)]作用于 $L_1=0$ 的边上,是线积分,因而可用一维 Gauss 积分

$$\boldsymbol{P}_{\mathrm{s}}^{e} = \int_0^1 \boldsymbol{N}^{\mathrm{T}}\bar{\boldsymbol{t}}L\mathrm{d}L_2 = \sum_{i=1}^{n_q} H_i\,\boldsymbol{N}^{\mathrm{T}}(L_{2i})\bar{\boldsymbol{t}}tL(L_{2i}) \tag{5.120b}$$

轴对称三角形单元的刚度矩阵[式(5.48)]的积分为

$$
\begin{aligned}
\boldsymbol{K}^e &= 2\pi\int_0^1\int_0^{1-L_1}\boldsymbol{B}^{\mathrm{T}}(L_1,L_2)\boldsymbol{D}\boldsymbol{B}(L_1,L_2)r(L_1,L_2)\left|\boldsymbol{J}(L_1,L_2)\right|\mathrm{d}L_2\mathrm{d}L_1\\
&= 2\pi\sum_{i=1}^{n_q}H_i\boldsymbol{B}^{\mathrm{T}}(L_{1i},L_{2i},L_{3i})\boldsymbol{D}\boldsymbol{B}(L_{1i},L_{2i},L_{3i})r(L_{1i},L_{2i},L_{3i})\left|\boldsymbol{J}(L_{1i},L_{2i},L_{3i})\right|
\end{aligned}
\tag{5.121}
$$

表 5.2 三角形单元数值积分点坐标和权系数

积分阶次	示意图	误差	积分点	积分点坐标	权系数
1	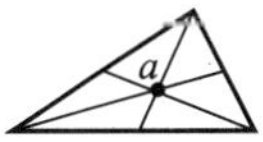	$O(h^2)$	a	$\frac{1}{3},\frac{1}{3},\frac{1}{3}$	$\frac{1}{2}$
2	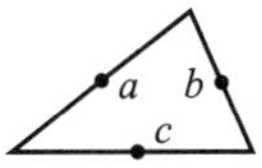	$O(h^3)$	a	$\frac{1}{2},\frac{1}{2},0$	$\frac{1}{6}$
			b	$\frac{1}{2},0,\frac{1}{2}$	$\frac{1}{6}$
			c	$0,\frac{1}{2},\frac{1}{2}$	$\frac{1}{6}$
3	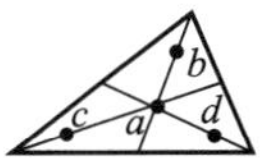	$O(h^4)$	a	$\frac{1}{3},\frac{1}{3},\frac{1}{3}$	$-\frac{27}{96}$
			b	0.6,0.2,0.2	$\frac{25}{96}$
			c	0.2,0.6,0.2	$\frac{25}{96}$
			d	0.2,0.2,0.6	$\frac{25}{96}$

体积力的单元等效结点载荷[式(5.49a)]的积分为

$$
\begin{aligned}
\boldsymbol{P}_{\mathrm{b}}^e &= 2\pi\int_0^1\int_0^{1-L_1}\boldsymbol{N}^{\mathrm{T}}\boldsymbol{f}r\left|\boldsymbol{J}\right|\mathrm{d}L_2\mathrm{d}L_1\\
&= 2\pi\sum_{i=1}^{n_q}H_i\,\boldsymbol{N}^{\mathrm{T}}(L_{1i},L_{2i},L_{3i})\boldsymbol{f}r(L_{1i},L_{2i},L_{3i})\left|\boldsymbol{J}(L_{1i},L_{2i},L_{3i})\right|
\end{aligned}
\tag{5.122a}
$$

面力的单元等效结点载荷[式(5.49b)]作用于 $L_1=0$ 边上,使用 Gauss 积分

$$
\boldsymbol{P}_{\mathrm{s}}^e = 2\pi\int_0^1\boldsymbol{N}^{\mathrm{T}}\bar{\boldsymbol{t}}rL\mathrm{d}L_2 = 2\pi\sum_{i=1}^{n_q}H_i\,\boldsymbol{N}^{\mathrm{T}}(L_{2i})\bar{\boldsymbol{t}}r(L_{2i})L(L_{2i})
\tag{5.122b}
$$

表 5.3 四面体单元数值积分点坐标和权系数

积分阶次	示意图	误差	积分点	积分点坐标	权系数
1	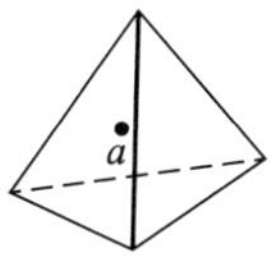	$O(h^2)$	a	$\frac{1}{4},\frac{1}{4},\frac{1}{4},\frac{1}{4}$	$\frac{1}{6}$

续表

积分阶次	示意图	误差	积分点	积分点坐标	权系数
2	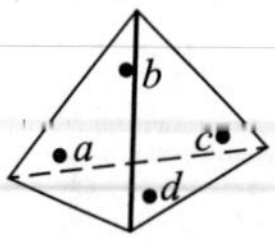	$O(h^3)$	a	α,β,β,β	$\frac{1}{24}$
			b	β,α,β,β	$\frac{1}{24}$
			c	β,β,α,β	$\frac{1}{24}$
			d	β,β,β,α	$\frac{1}{24}$
			$\alpha=0.585\ 410\ 20,\quad \beta=0.138\ 196\ 60$		
3	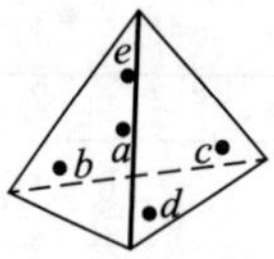	$O(h^4)$	a	$\frac{1}{4},\frac{1}{4},\frac{1}{4},\frac{1}{4}$	$-\frac{4}{30}$
			b	$\frac{1}{2},\frac{1}{6},\frac{1}{6},\frac{1}{6}$	$\frac{9}{120}$
			c	$\frac{1}{6},\frac{1}{2},\frac{1}{6},\frac{1}{6}$	$\frac{9}{120}$
			d	$\frac{1}{6},\frac{1}{6},\frac{1}{2},\frac{1}{6}$	$\frac{9}{120}$
			e	$\frac{1}{6},\frac{1}{6},\frac{1}{6},\frac{1}{2}$	$\frac{9}{120}$

三维四面体单元的刚度矩阵[式(5.61)]的积分为

$$\begin{aligned}\boldsymbol{K}^e &= \int_0^1\int_0^{1-L_1}\int_0^{1-L_2-L_1}\boldsymbol{B}^{\mathrm{T}}\boldsymbol{D}\boldsymbol{B}\,|\boldsymbol{J}|\,\mathrm{d}L_3\,\mathrm{d}L_2\,\mathrm{d}L_1\\ &= \sum_{i=1}^{n_q} H_i\boldsymbol{B}^{\mathrm{T}}(L_{1i},L_{2i},L_{3i},L_{4i})\boldsymbol{D}\boldsymbol{B}(L_{1i},L_{2i},L_{3i},L_{4i})\,t\,|\boldsymbol{J}(L_{1i},L_{2i},L_{3i},L_{4i})|\end{aligned} \tag{5.123}$$

其中 $L_{4i}=1-L_{1i}-L_{2i}-L_{3i}$。体积力的单元等效结点载荷[式(5.62a)]的积分为

$$\begin{aligned}\boldsymbol{P}_{\mathrm{b}}^e &= \int_0^1\int_0^{1-L_1}\int_0^{1-L_2-L_1}\boldsymbol{N}^{\mathrm{T}}\boldsymbol{f}\,|\boldsymbol{J}|\,\mathrm{d}L_3\,\mathrm{d}L_2\,\mathrm{d}L_1\\ &= \sum_{i=1}^{n_q} H_i\,\boldsymbol{N}^{\mathrm{T}}(L_{1i},L_{2i},L_{3i},L_{4i})\boldsymbol{f}\,|\boldsymbol{J}(L_{1i},L_{2i},L_{3i},L_{4i})|\end{aligned} \tag{5.124a}$$

面力的单元等效结点载荷[式(5.62b)]作用于 $L_1=0$ 的面上,积分为三角形单元面积分

$$\boldsymbol{P}_{\mathrm{s}}^e = \int_0^1\int_0^{1-L_3}\boldsymbol{N}^{\mathrm{T}}\bar{\boldsymbol{t}}L\,\mathrm{d}L_2\,\mathrm{d}L_3 = \sum_{i=1}^{n_q} H_i\,\boldsymbol{N}^{\mathrm{T}}(L_{2i},L_{3i},L_{4i})\bar{\boldsymbol{t}}L(L_{2i},L_{3i},L_{4i}) \tag{5.124b}$$

5.10　单元矩阵积分阶次的选择

采用数值积分来代替精确积分会带来额外的误差,因此要尽量减少这一误差。在有限元计算过程中单元的数值积分计算量占有比例很大,因此应在保证收敛的情况下,尽量减少数值积分的计算量。

5.10.1 选择积分阶次的原则

数值积分的精度主要取决于积分方法的精度,以及计算机的截断误差。后者取决于计算机的硬件,在此不做讨论。如前所述,数值积分方法的精度与积分点的位置和个数有关。下面以 Gauss 积分为例,讨论选择积分阶次的原则。

一维等参单元母单元上刚度矩阵的积分表达式为 $\boldsymbol{K}^e=\int_{-1}^{1}\boldsymbol{B}^{\mathrm{T}}\boldsymbol{D}\boldsymbol{B}\,|\boldsymbol{J}|\,\mathrm{d}\xi$,如果插值函数 N 为 p 次多项式,计算应变矩阵 $\boldsymbol{B}$ 的微分算子 $\boldsymbol{L}$ 中的导数为 m 阶,则刚度矩阵被积函数为 $2(p-m)$ 次多项式,这里 $m=1$。假设 Jacobi 矩阵为常数矩阵,即 $|\boldsymbol{J}|=\mathrm{const}$,若选择 Gauss 积分点数 $n=p-m+1$,则积分函数的积分精度为 $2n-1=2(p-m+1)-1=2(p-m)+1$,大于被积函数多项式阶次 $2(p-m)$。所以,如果选择 $n=p-m+1$ 个积分点,利用 Gauss 积分对单元刚度矩阵的积分是精确的,这时积分称为完全积分。

对于二维问题,单元刚度矩阵的积分表达式为 $\boldsymbol{K}^e=\int_{-1}^{1}\int_{-1}^{1}\boldsymbol{B}^{\mathrm{T}}\boldsymbol{D}\boldsymbol{B}\,|\boldsymbol{J}|\,\mathrm{d}\xi\mathrm{d}\eta$。由于此时积分是分别沿 ξ 和 η 两个方向积分,应该分别考查被积函数沿两个积分方向的阶次。以四边形 4 结点单元为例,其插值函数为 $N_i=\frac{1}{4}(1+\xi_i\xi)(1+\eta_i\eta)$,其包含了 $1,\xi,\eta,\xi\eta$ 项,分析可知,单元刚度矩阵被积函数包含 $1,\xi,\eta,\xi^2,\eta^2,\xi\eta$。此被积函数沿 ξ 和 η 两个方向的最高阶次均为 2,所以在该两个积分方向上分别取 2 个 Gauss 积分点,即在两个方向共取 2×2 个积分点即可得精确积分。被积函数在 ξ 和 η 两个方向的最高阶次出现 2 次,是插值函数中的 $\xi\eta$ 二次项导致的。值得注意的是,这里讨论的前提条件是单元的 $|\boldsymbol{J}|=\mathrm{const}$,如果 $|\boldsymbol{J}|\neq\mathrm{const}$,则需要选择更多的积分点,因此,划分网格时尽量采用形状规则的单元有利于提高积分精度。可以证明,矩形和平行四边形单元的 Jacobi 矩阵为常数矩阵,其行列式为常数,即 $|\boldsymbol{J}|=\mathrm{const}$。

对于三维单元,单元刚度矩阵的积分需沿 ξ,η,ζ 三个方向积分。以六面体 8 结点单元为例,$N_i=\frac{1}{8}(1+\xi_i\xi)(1+\eta_i\eta)(1+\zeta_i\zeta)$,其被积函数包含的最高阶次项有 $\xi^2\eta,\xi^2\zeta,\xi\eta^2,\xi\zeta^2,\eta\zeta^2,\eta^2\zeta$,该被积函数中 ξ,η,ζ 的最高阶次均为 2,所以在该三个积分方向上分别取 2 个积分点,即在三个方向总共取 2×2×2 个积分点即可得精确积分。根据前述分析可知,如果单元在不同坐标方向插值函数的阶次不同,要获得精确积分的积分点数也不同。

虽然四边形 4 结点单元的插值函数的最高阶次为二阶,其沿两个坐标方向均按线性变化,即为双一次单元,单元本身的精度达不到二阶。事实上,单元的精度取决于插值多项式函数完整的最高阶次,非完整的高阶项往往不能提高单元的精度,还可能会影响计算精度。若以插值函数中完全多项式的阶次按上述方法确定积分点数,由此得到的积分方案称为减缩积分方案(reduced integration),即 Gauss 积分阶次低于被积函数所有项次精确积分所需阶次的积分方案。如四边形 4 结点单元插值函数在 ξ 和 η 两个方向的完全多项式阶次 $p=1$，Gauss 积分点数 $n=p-m+1=1$，故其减缩积分方案仅取 1 个积分点。

由类似的分析可知，四边形 8 结点单元精确积分点数为 3×3，减缩积分的积分点数为 2×2。三维六面体 8 结点单元精确积分点数为 2×2×2，减缩积分的积分点数为 1；三维六面体 20 结点单元精确积分点数为 3×3×3，减缩积分的积分点数为 2×2×2。

有两点值得注意：一是如果插值函数是完全多项式，则无须采用减缩积分。另一方面，前述讨论是基于 Jacobi 行列式为常数的情况，即二维单元形状为矩形或平行四边形，三维单元为正六面体或平行六面体。否则 Jacobi 行列式不为常数，此时积分阶次原则上应该予以提高，以保证积分精度。实际计算结果表明，如果单元形状不过分扭曲，不增加积分阶次对计算精度的影响不大。因此，实际应用中单元形状尽量规则，对保证计算精度是有利的。

5.10.2　数值积分导致的矩阵奇异性

如 3.2.8 节中所述，对单元刚度矩阵进行组集得到结构刚度矩阵，引入位移边界条件后，消除了结构刚度矩阵的奇异性，即 $|\boldsymbol{K}|\neq 0$，$\boldsymbol{K}$ 是满秩的。但这是基于刚度矩阵的积分是精确的，如果采用数值积分，就有可能因为数值积分的阶次不够导致结构刚度矩阵出现奇异。下面讨论要保证结构刚度矩阵非奇异，选择积分阶次时应注意的条件。

首先给出矩阵的秩的如下性质：

（1）如果 $\boldsymbol{B}$ 矩阵为三个矩阵相乘的结果，$\boldsymbol{B}=\boldsymbol{UAV}$，则 $\boldsymbol{B}$ 矩阵的秩小于等于该三个矩阵中最小的秩，即 $\mathrm{rank}(\boldsymbol{B})\leqslant \min\ \mathrm{rank}(\boldsymbol{U},\boldsymbol{A},\boldsymbol{V})$。

（2）如果 C 矩阵为两个矩阵之和，$\boldsymbol{C}=\boldsymbol{A}+\boldsymbol{B}$，则 $\boldsymbol{C}$ 矩阵的秩小于等于该两个矩阵秩的和，即 $\mathrm{rank}(\boldsymbol{C})\leqslant \mathrm{rank}(\boldsymbol{A})+\mathrm{rank}(\boldsymbol{B})$。

若单元刚度矩阵的积分采用 Gauss 积分，则

$$\boldsymbol{K}^e=\sum_{i=1}^{n_g} H_i\boldsymbol{B}_i^{\mathrm{T}}\boldsymbol{D}\boldsymbol{B}_i\,|\boldsymbol{J}_i| \tag{5.125}$$

式中，n_g 为积分点总数，二维问题 $n_g=n_p\times n_q$，三维问题 $n_g=n_p\times n_q\times n_r$；弹性矩阵 $\boldsymbol{D}$ 的行列数为 $d\times d$，则 $\mathrm{rank}(\boldsymbol{D})=d$（二维问题 $d=3$，三维问题 $d=6$）；应变矩阵 $\boldsymbol{B}_i$ 的行列数为 $d\times n_f$，n_f 为单元结点自由度数，$\mathrm{rank}(\boldsymbol{B}_i)=d$，通常 $d<n_f$。

结构刚度矩阵为所有单元刚度矩阵之和，若结构共划分了 M 个单元，根据矩阵秩的性质，可知 $\mathrm{rank}(\boldsymbol{K})\leqslant M\cdot n_g\cdot d$。矩阵 $\boldsymbol{K}$ 的秩即为结构的独立自由度数 N_f，故结构刚度矩阵 $\boldsymbol{K}$ 非奇异的必要条件为

$$N_f\leqslant M\cdot n_g\cdot d \tag{5.126}$$

该式表明，如果未知场变量（结构所有结点的位移）的数目大于全部积分点能提供的独立关系数，则 $\boldsymbol{K}$ 必然是奇异的。因此，在采用减缩积分方案时，需根据网格划分确保 $N_f\leqslant M\cdot$

$n_g \cdot d$,才能确保结构刚度矩阵 $\boldsymbol{K}$ 为非奇异的,从而得到唯一解。

实际分析中,在采用减缩积分的时候需要检查结构刚度矩阵是否满足非奇异性。图 5.18 所示为二维 4 结点单元和 8 结点单元组成的系统刚度矩阵的收敛性检查例子,两种单元均采用减缩积分。从图中可见,在只有刚体约束的情况下,如只有一个单元,这两种单元都是奇异的;如有两个单元,4 结点单元组成的结构刚度矩阵仍然是奇异的,而 8 结点单元不再是奇异的;当网格增加到 16 个单元时,两种单元组成的结构刚度矩阵都不奇异了。必须指出,此结论是基于式(5.126)得出的,而此式给出的仅是结构刚度矩阵 $\boldsymbol{K}$ 非奇异的必要条件,而非充分条件。然而,如果仅给该结构足够的刚体位移约束,计算结果表明,16 个单元构成的 4 结点单元的刚度矩阵仍然是奇异的,说明对于 4 结点单元,按式(5.126)判断仍然不能保证结构刚度矩阵的非奇异性,这也是此种单元较少被使用的原因之一。

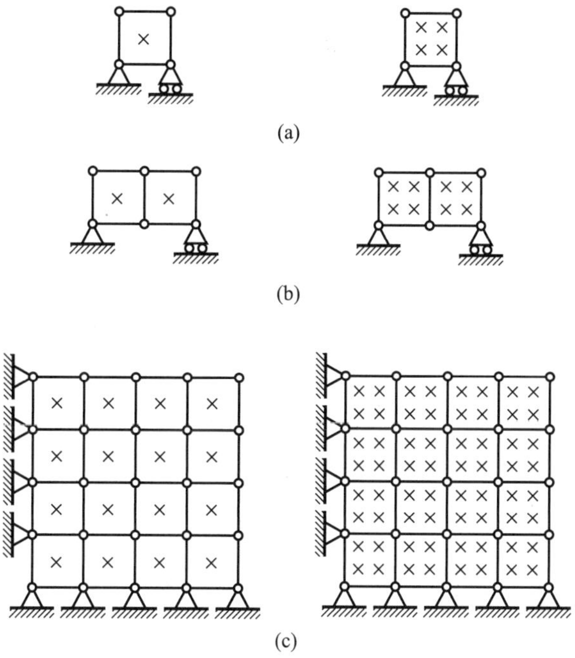

例子	线性单元		二次单元	
	自由度数	独立关系数	自由度数	独立关系数
(a)	$4\times2-3=5$ >	$1\times1\times3=3$	$2\times8-3=13$ >	$1\times4\times3=12$
	奇异		奇异	
(b)	$6\times2-3=9$ >	$2\times1\times3=6$	$13\times2-3=23$ <	$2\times4\times3=24$
	奇异			
(c)	$25\times2-18=32$ <	$16\times1\times3=48$	$65\times2-34=96$ <	$16\times4\times3=192$

图 5.18 二维弹性问题刚度矩阵奇异性检查

5.10.3 剪切自锁和沙漏模式

如前所述,对于规则形状的单元,所用的 Gauss 积分点的数目足以满足对单元刚度矩阵中的多项式精确积分时,称为完全积分。对于六面体和四边形单元而言,规则形状是指单元的边是直线并且边与边相交成直角,任何边上的结点都位于边的中点处。完全积分的线性单元在每个方向上采用两个积分点。六面体 8 结点一次单元的完全积分采用 2×2×2 个积分点,六面体 20 结点二次单元完全积分点数为 3×3×3,减缩积分的积分点数为 2×2×2。二维 4 结点一次单元和 8 结点二次单元的完全积分点数分别为 2×2 和 3×3。

如图 5.19a 所示为受均布压力作用的悬臂梁。梁的几何尺寸为 50 mm×1.0 mm×2.5 mm(长×宽×高);弹性模量 2×10^5 MPa,泊松比 0.3;左端固定,右端自由;上表面受均匀压力载荷 1.0 N/mm^2 作用。分别采用一次单元和二次单元完全积分方案,对计算结果进行分析比较,以说明两种单元的阶数和网格密度对计算结果精度的影响。采用了几种不同单元和网格进行计算,不同的网格划分方案如图 5.19b 所示。该梁自由端竖向位移的理论解为

$$y_{\max} = -\frac{ql^4}{8EI} = -\frac{1\times50^4}{8\times2.0\times10^5\times\dfrac{1\times2.5^3}{12}}\ \text{mm} = -3.0\ \text{mm}$$

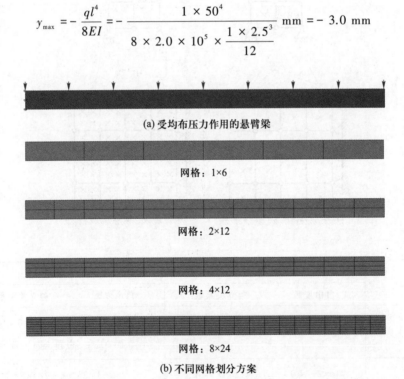

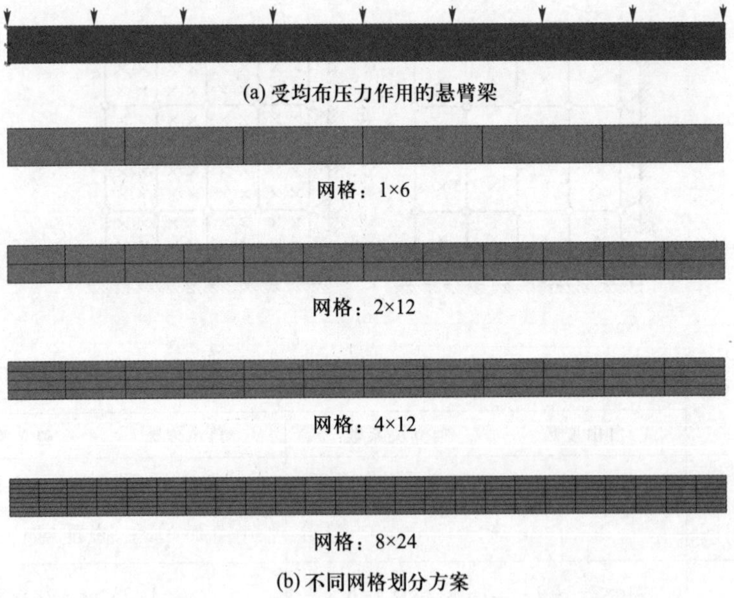

图 5.19　采用不同单元计算悬臂梁问题

表 5.4 给出了不同有限元网格完全积分方案悬臂梁自由端竖向位移与其精确解的比值。从表中结果可见,二维四边形和三维六面体线性单元计算得到的挠度值与精确解相差很大,即使网格很细密(8×24),计算得到的挠度也仅为精确解的 78.8%。值得注意的是,在梁高度方向上的单元数几乎不影响计算结果,三维网格高度方向均仅划分一个单元。自由

端挠度的误差是由于剪切自锁(shear locking)引起的,这是存在于所有完全积分的一次实体单元中的问题。

表 5.4 不同有限元网格完全积分方案悬臂梁自由端竖向位移与其精确解的比值

单元	网格方案(高度方向个数×长度方向个数)			
	1×6	2×12	4×12	8×24
四边形 4 结点	0.188	0.478	0.482	0.788
四边形 8 结点	0.981	0.997	0.998	1.001
六面体 8 结点	0.215	0.503	0.192	0.790
六面体 20 结点	0.967	0.989	0.976	0.996

对剪切自锁现象的解释如下。考虑受纯弯曲作用结构中的一小块材料,如图 5.20 所示,材料发生弯曲变形,变形前平行于水平轴的直线成为常曲率的曲线,而沿高度方向的直线仍然保持为直线,水平线与竖直线之间的夹角保持为 90°。

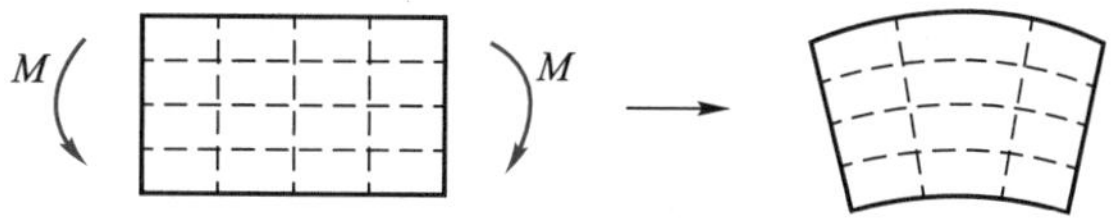

图 5.20 纯弯曲作用下材料的变形

线性单元的边不能发生弯曲,所以,如果应用单一的单元来模拟这一小块材料,其变形后的形状如图 5.21 所示。为清楚起见,图中画出了通过积分点的虚线。显然,单元上部线段的长度增加,说明方向 1 的应力 σ_{11}是拉伸的。类似地,单元下部线段的长度缩短,说明应力 σ_{11}是压缩的。竖直方向虚线的长度没有改变(假设位移很小),因此,所有积分点上的应力 σ_{22}为零。所有这些都与受纯弯曲作用的小块材料应力的预期状态是一致的。但是,在每一个积分点处,竖直线与水平线之间的夹角开始时为 90°,变形后却改变了,说明这些点上的剪切应力 τ_{12}不为零。显然这是不正确的,在纯弯曲状态下这一小块材料中的剪应力应该为零。产生这种伪剪切的原因是因为线性单元的边不能弯曲,它的出现意味着应变能正在产生剪切变形,而不是产生所希望的弯曲变形,因此总的挠度变小,单元过于刚硬。这一现象称为剪切自锁。

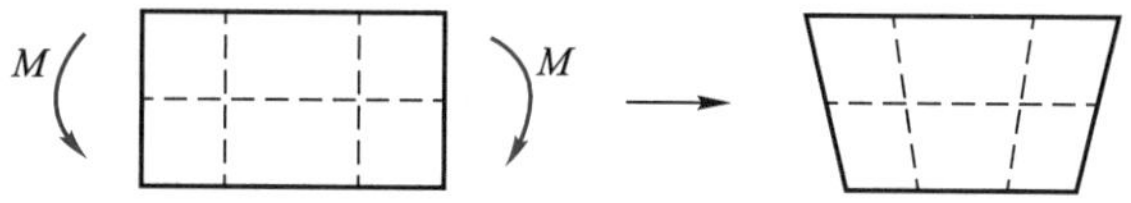

图 5.21 纯弯曲作用下完全积分线性单元的变形

剪切自锁仅影响受弯曲和完全积分的线性单元的行为。在受拉伸或剪切时,这些单元的性能很好。另一方面,由于二次单元的边是可以弯曲的,参见图 5.22,故它没有剪切自锁现象。从表 5.4 中的结果可见,采用二次单元得到的悬臂梁的自由端挠度与理论解非常接近。但是,如果二次单元发生扭曲或弯曲应力有梯度时,将可能出现某种程度的自锁,这两种情况在实际问题中是可能发生的。只有在确信载荷只会在模型中产生很小的弯曲时，才可以采用完全积分的线性单元。如果对载荷产生的变形类型有所怀疑，则应采用不同类型的单元。在复杂应力状态下，完全积分的二次单元也有可能发生自锁，因此，如果在模型中应用这种单元，应仔细检查计算结果。然而，对于模拟局部应力集中的区域，应用这类单元是非常有用的。

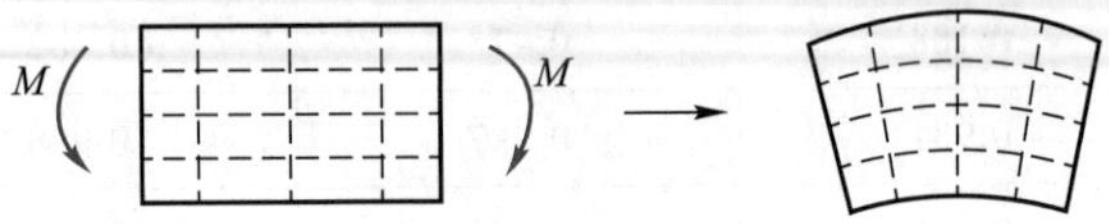

图 5.22　纯弯曲作用下完全积分二次单元的变形

如前所述，对于非完全多项式插值单元，有时采用减缩积分。只有四边形和六面体单元才能采用减缩积分方法，而所有的三角形和四面体实体单元因为其插值函数为完全多项式，采用完全积分。减缩积分单元比完全积分单元在每一个方向少一个积分点。采用减缩积分的线性单元仅在中心点有一个积分点。采用减缩积分方案，可能出现零能模式，即产生非刚体位移对应的应变能为零。对图 5.19 所示悬臂梁同样采用不同单元及网格划分方案，但均采用减缩积分，得到的结果如表 5.5 所示。

表 5.5　不同有限元网格减缩积分方案悬臂梁自由端竖向位移与精确解的比值

单元	网格方案（高度方向个数×长度方向个数）			
	1×6	2×12	4×12	8×24
四边形 4 结点	57.233	1.328	1.064	1.017
四边形 8 结点	0.985	0.999	1.001	1.002
六面体 8 结点	91.933	1.328	1.066	1.016
六面体 20 结点	1.485	0.997	0.999	1.000

从表中结果可见，采用一次减缩积分单元时，所得结果非常大，这是由于线性单元采用减缩积分时存在所谓沙漏（hourglassing）数值问题而过于柔软，导致不准确的结果。为了说明这一问题，仍然考虑用单一减缩积分单元模拟受纯弯曲载荷的一小块材料，如图 5.23 所示。单元中虚线的交点为积分点，单元变形后虚线的长度没有改变，它们之间的夹角也没有改变，这意味着在单元单个积分点上的所有应力分量为零。由于单元变形没有产生应变能，因此这种变形的弯曲模式是一个零能模式。由于单元在此模式下没有刚度，所以单元不能抵抗这种形式的变形。在粗网格中，这种零能模式会通过网格扩展，从而导致无意义的结果。这种变形模式即所谓的沙漏模式。

商用有限元软件如 ABAQUS 在一阶减缩积分单元中引入了一个小量的“沙漏刚度”以限制沙漏模式的扩展。在模型中应用的单元越多，这种刚度对沙漏模式的限制越有效，这说明只要合理地采用细化的网格，线性减缩积分单元可以给出可接受的结果。对于大多数问题，采用线性减缩积分的细化网格所产生的误差可以控制在一个可以接受的范围，参见表

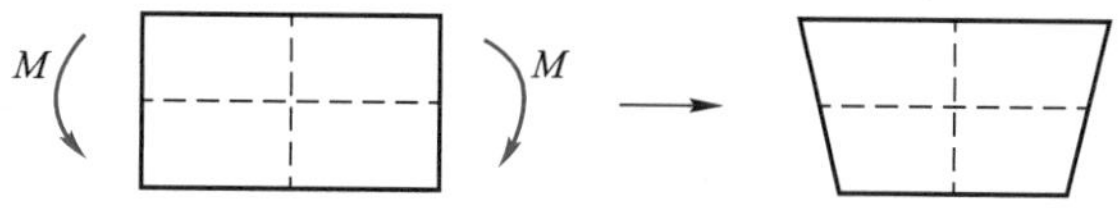
M
M

图 5.23 纯弯曲作用下减缩积分线性单元的变形

5.5 中的结果。建议当采用该类单元模拟承受弯曲载荷的任何结构时,沿高度方向上至少采用 4 个单元。当沿梁的高度方向采用单一线性减缩积分单元时,所有的积分点都位于中性轴,该模型是不能抵抗弯曲载荷的。然而,采用线性减缩积分单元能够很好地承受扭曲变形,因此,在任何扭曲变形很大的模拟中可以采用网格细化的这类单元。

采用减缩积分的二次单元也可能出现沙漏模式。然而,在正常的网格中这种模式几乎不能扩展,并且在网格足够细密时也不会产生问题。这些单元一般是最普遍的应力和位移模拟的最佳选择。

实际应用中当单元变形呈交替出现梯形形状时,一般是出现了沙漏模式。如图 5.24a 所示为一在右边三个点上受集中力拉伸作用平板。图 5.24b 所示为采用四边形 4 结点单元减缩积分方案得到的结果,可见其产生了典型的沙漏模式。当采用四边形 4 结点单元完全积分方案时,避免了沙漏模式的发生,如图 5.24c 所示。

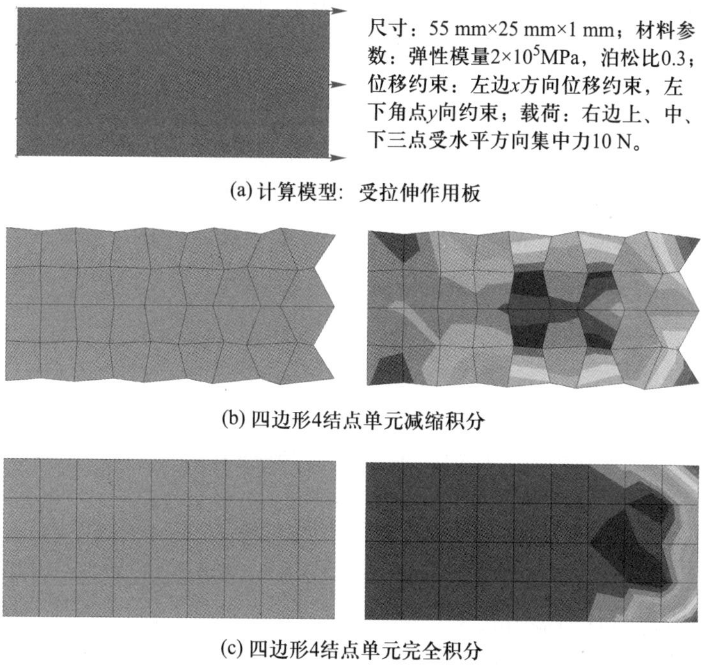
尺寸：55 mm×25 mm×1 mm；材料参数：弹性模量2×10⁵MPa，泊松比0.3；位移约束：左边x方向位移约束，左下角点y向约束；载荷：右边上、中、下三点受水平方向集中力10 N。
(a) 计算模型：受拉伸作用板
(b) 四边形4结点单元减缩积分
(c) 四边形4结点单元完全积分

图 5.24 受拉平板变形及 Mises 应力分布(位移放大 500 倍)

要避免沙漏模式,一般可以采用以下几种方法:

(1) 细化网格。使用线性减缩积分单元时,一定要避免划分过于粗糙的网格,如果会发生弯曲变形,则在高度方向应至少划分 4 个单元。

(2) 设置沙漏控制选项。商用有限元软件如 ABAQUS 对线性减缩积分单元提供了多种沙漏控制选项，通过引入少量的人工“沙漏刚度”来限制沙漏模式的扩展。当网格足够细化时，这种方法非常有效，可以获得足够精确的计算结果。

(3) 选择其他的单元类型。如选择非协调单元、二次单元等。

(4) 避免将载荷或边界条件只定义在一个结点上。将点载荷或点上的边界条件定义在一个包含该点的小区域上，有利于避免沙漏模式的扩展。

沙漏模式是有限元分析中比较常见的数值问题之一，会导致计算结果不可靠，而且这种问题通常不会被轻易发现，所以在进行有限元分析时一定要对结果进行准确分析和判断。

*5.11 非协调单元

前面已经提到，有限元的精度取决于单元插值函数完全多项式的阶次。例如，二维四边形 4 结点单元为双一次单元，其插值函数包含 $1,\xi,\eta,\xi\eta$ 项，其完全多项式阶次为一次，仅需 3 个结点 6 个自由度就足够。又如四边形 8 结点单元的插值函数包含 $1,\xi,\eta,\xi^2,\xi\eta,\eta^2,\xi^2\eta,\xi\eta^2$，其完全多项式阶次为二次，仅需 6 个结点 12 个自由度就足够。因此，从该意义上讲二维四边形等参单元中存在 1/4 的多余结点自由度。另一方面，插值函数中非完全的高阶项通常不仅对改善单元的精度作用不大，而且有时可能起反作用。对于三维单元，上述缺点更加明显。如六面体 8 结点单元的一次完全多项式有 4 项：$1,\xi,\eta,\zeta$；六面体 20 结点单元的二次完全多项式有 10 项：$1,\xi,\eta,\zeta,\xi^2,\eta^2,\zeta^2,\xi\eta,\xi\zeta,\eta\zeta$。而六面体 8 结点和 20 结点单元分别有 8 个和 20 个结点，从构造完全多项式的角度出发，分别仅需 4 个和 10 个结点，所以三维六面体等参单元中有 1/2 的多余结点自由度，它们对计算精度没有贡献。对此，Wilson 提出了二维和三维非协调等参单元，其对改进等参单元的计算精度和提高计算效率具有重要意义。

下面讨论采用二维四边形 4 结点双一次单元分析纯弯曲应力状态时出现的问题。如图 5.25 所示为受纯弯曲作用的矩形单元，其精确解可表达为

$$u=\alpha xy,\quad v=\frac{1}{2}\alpha(a^2-x^2)+\frac{1}{2}\alpha\nu(b^2-y^2) \tag{5.127}$$

利用平面问题的几何关系和本构关系可以得到应力分量

$$\sigma_x=\alpha Ey,\quad \sigma_y=\tau_{xy}=0 \tag{5.128}$$

这表示单元处于纯弯曲时的应力状态。

如果用一个四边形 4 结点单元模拟该弯曲状态，得到的位移将如图 5.25c 所示

$$u=\alpha xy,\quad v=0 \tag{5.129}$$

比较上式与式(5.127)可见，采用四边形 4 结点单元模拟纯弯曲问题时，得到的位移分量 v 与式(5.127)第二式给出的理论解差别明显。进一步由式(5.129)可得应变分量

$$\varepsilon_x=\alpha y,\quad \varepsilon_y=0,\quad \gamma_{xy}=\frac{\partial u}{\partial y}=\alpha x \tag{5.130}$$

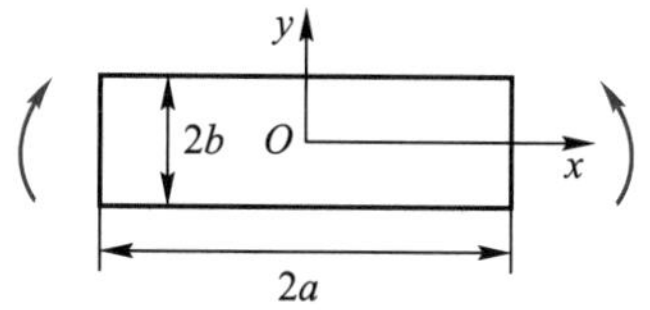

(a) 纯弯曲梁

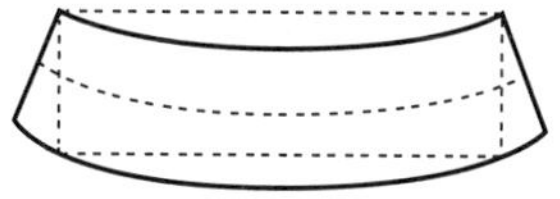
(b) 真实变形模式

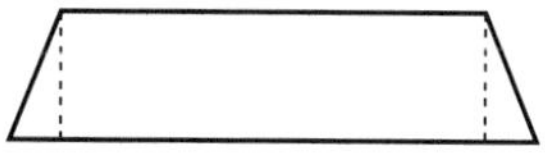
(c) 四边形4结点单元模拟纯弯曲

图 5.25 受纯弯曲的矩形单元

由此得到的应力分量 $\tau_{xy}\neq 0,\sigma_y\neq 0$。显然,该一次单元不能真实反映纯弯曲梁的变形模式。导致这种误差的原因是位移插值函数中缺少完全的二次多项式。

为了提高计算精度,Wilson 提出在单元的位移插值函数中附加内部无结点的位移项,给出如下位移插值函数

$$\left.\begin{aligned} u &= \sum_{i=1}^{4} N_i u_i + \alpha_1(1-\xi^2) + \alpha_2(1-\eta^2) \\ v &= \sum_{i=1}^{4} N_i v_i + \alpha_3(1-\xi^2) + \alpha_4(1-\eta^2) \end{aligned}\right\} \tag{5.131}$$

由于在结点处 $\xi=\pm1,\eta=\pm1$,附加项在所有结点处都为零,即它们对结点位移没有影响,仅对单元内部的位移进行了修正。这种仅在单元内部定义的附加项的待定参数 $\alpha_1\sim\alpha_4$ 为内部自由度。另外,式(5.131)中的 N_i 和原 4 结点等参单元的插值函数相同,即

$$N_i = \frac{1}{4}(1+\xi_i\xi)(1+\eta_i\eta) \quad (i=1,\cdots,4)$$

用矩阵表达,式(5.131)成为

$$\boldsymbol{u} = \boldsymbol{N}\boldsymbol{a}^e + \overline{\boldsymbol{N}}\boldsymbol{\alpha}^e \tag{5.132}$$

其中 $\boldsymbol{N}$ 和 $\boldsymbol{a}^e$ 与原等参单元相同,而

$$\boldsymbol{\alpha}^e = [\alpha_1 \quad \alpha_2 \quad \alpha_3 \quad \alpha_4]^{\mathrm{T}} \tag{5.133}$$

$$\overline{\boldsymbol{N}} = \begin{bmatrix} 1-\xi^2 & 1-\eta^2 & 0 & 0 \\ 0 & 0 & 1-\xi^2 & 1-\eta^2 \end{bmatrix} \tag{5.134}$$

将位移插值式(5.132)代入几何方程可得

$$\boldsymbol{\varepsilon} = \boldsymbol{B}\boldsymbol{a}^e + \overline{\boldsymbol{B}}\boldsymbol{\alpha}^e \tag{5.135}$$

再利用最小势能原理可得单元平衡方程

$$\begin{bmatrix} \boldsymbol{K}_{uu}^e & \boldsymbol{K}_{u\alpha}^e \\ \boldsymbol{K}_{\alpha u}^e & \boldsymbol{K}_{\alpha\alpha}^e \end{bmatrix} \begin{bmatrix} \boldsymbol{a}^e \\ \boldsymbol{\alpha}^e \end{bmatrix} = \begin{bmatrix} \boldsymbol{P}_u^e \\ \boldsymbol{P}_\alpha^e \end{bmatrix} \tag{5.136}$$

其中

$$\left.\begin{aligned}
&\boldsymbol{K}_{uu}^{e}=\int_{V^{e}}\boldsymbol{B}^{\mathrm{T}}\boldsymbol{D}\boldsymbol{B}\mathrm{d}V,\quad \boldsymbol{K}_{u\alpha}^{e}=(\boldsymbol{K}_{\alpha u}^{e})^{\mathrm{T}}=\int_{V^{e}}\boldsymbol{B}^{\mathrm{T}}\boldsymbol{D}\overline{\boldsymbol{B}}\mathrm{d}V\\
&\boldsymbol{K}_{\alpha\alpha}^{e}=\int_{V^{e}}\overline{\boldsymbol{B}}^{\mathrm{T}}\boldsymbol{D}\overline{\boldsymbol{B}}\mathrm{d}V\\
&\boldsymbol{P}_{u}^{e}=\int_{V^{e}}\boldsymbol{N}^{\mathrm{T}}\boldsymbol{f}\mathrm{d}V+\int_{S^{e}}\boldsymbol{N}^{\mathrm{T}}\bar{\boldsymbol{t}}\mathrm{d}S,\quad \boldsymbol{P}_{\alpha}^{e}=\int_{V^{e}}\overline{\boldsymbol{N}}^{\mathrm{T}}\boldsymbol{f}\mathrm{d}V+\int_{S^{e}}\overline{\boldsymbol{N}}^{\mathrm{T}}\bar{\boldsymbol{t}}\mathrm{d}S
\end{aligned}\right\}\tag{5.137}$$

上式中 $\boldsymbol{K}_{uu}^{e}$ 和 $\boldsymbol{P}_{u}^{e}$ 与原 4 结点单元的相同。由式(5.136)的第 2 个方程可得

$$\boldsymbol{\alpha}^{e}=(\boldsymbol{K}_{\alpha\alpha}^{e})^{-1}(\boldsymbol{P}_{\alpha}^{e}-\boldsymbol{K}_{\alpha u}^{e}\boldsymbol{a}^{e})\tag{5.138}$$

将其代入第 1 个方程可得消去内部自由度 $\boldsymbol{\alpha}^{e}$ 的单元平衡方程

$$\boldsymbol{K}^{e}\boldsymbol{a}^{e}=\boldsymbol{P}^{e}\tag{5.139}$$

其中

$$\left.\begin{aligned}
\boldsymbol{K}^{e}&=\boldsymbol{K}_{uu}^{e}-\boldsymbol{K}_{u\alpha}^{e}(\boldsymbol{K}_{\alpha\alpha}^{e})^{-1}\boldsymbol{K}_{\alpha u}^{e}\\
\boldsymbol{P}^{e}&=\boldsymbol{P}_{u}^{e}-\boldsymbol{K}_{u\alpha}^{e}(\boldsymbol{K}_{\alpha\alpha}^{e})^{-1}\boldsymbol{P}_{\alpha}^{e}
\end{aligned}\right\}\tag{5.140}$$

此即包含了附加内部位移项的单元刚度矩阵和载荷列向量。消去内部自由度以及修正单元刚度矩阵和载荷列向量是在单元分析过程中得到的，此过程称为内部自由度的凝聚。

这种单元的位移插值函数中，附加项 $\alpha_1(1-\xi^2)$ 和 $\alpha_3(1-\xi^2)$ 在单元的 $\eta=\pm1$ 边界上呈二次抛物线变化；而 $\alpha_2(1-\eta^2)$ 和 $\alpha_4(1-\eta^2)$ 在单元的 $\xi=\pm1$ 边界上呈二次抛物线变化。$\alpha_1\sim\alpha_4$ 为在单元内部定义的内部自由度，所以这些附加项在单元与单元的交界面上是不能保证协调的，即由于增加了附加位移项而致使单元之间不能保证在交界面上的位移的连续性。这些附加位移项为非协调项，这种单元称为非协调单元。

显然，非协调单元违反了 3.4.1 节所述的单元收敛准则。然而，可以证明，对于 C_0 型问题，如果在单元尺寸不断缩小的情况下，即应变趋于常应变的情况下，位移的连续性能得到恢复，则非协调元的解答仍然趋于正确解。因此，问题转换为检验非协调单元是否能描述常应变，以及在常应变条件下能否自动地保证位移的连续性。为了检验采用非协调元的任意网格划分时能否达到上述连续性的要求，可以进行拼片试验。若能通过拼片试验，则解的收敛性就能够得到保证。

以如图 5.26 所示的悬臂梁为例，说明非协调元对精度的改进。对两种不同载荷和网格

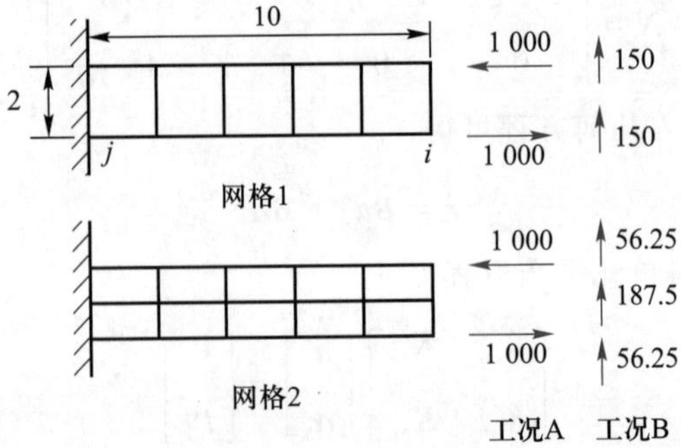

图 5.26　协调元和非协调元计算悬臂梁算例

划分,采用四边形4结点双一次单元和非协调元的计算结果及其与理论解的比较如表5.6所列,可见,采用非协调单元后计算精度得到显著提高。

表5.6 协调元和非协调元计算悬臂梁的结果比较

计算方法		i点位移		j点弯曲应力	
		工况A	工况B	工况A	工况B
理论解		10.00	103.0	300	4 050
协调元	网格1	6.81	70.1	218.2	2 945
	网格2	7.06	72.3	218.8	2 954
非协调元	网格1	10.0	101.5	300.0	4 050
	网格2	10.0	101.3	300.0	4 050

*5.12 拼片试验

插值函数满足完备性要求和连续性要求的单元称为协调单元。除了协调元外,在5.11节还介绍了非协调单元,即单元之间的位移可以不连续。研究结果表明,要得到收敛解,刚体位移和常应变完备性条件任何时候都必须满足。如果同时满足连续性条件(协调性),有限元计算结果是单调收敛的;如果不满足则结果不是单调收敛的。但是,如果单元之间的位移不协调没有破坏整体结构的完备性,计算结果虽然不是单调收敛的,但也可以得到收敛解。

问题在于,如果在单元水平上已满足完备性条件,如何进一步在整体水平上检验完备性条件。显然,刚体位移只要在单元水平上满足了,在整体水平上也必然满足。为在整体水平上检验常应变条件,可以采用拼片试验(patch test)进行检验,即用几个单元组成一个拼片,然后检查常应变条件是否得到满足。

另一方面,对于协调单元,理论上是不需要利用拼片试验进行检验的。但是,当采用减缩积分时,可能因为不精确积分导致单元之间的不协调,需采用拼片试验进行收敛性检验。另外,还可以利用拼片试验检验编写的程序是否正确。

拼片试验可分为三种情况:试验A、试验B、试验C,对应于三种试验的示意图如图5.27所示。具体方法分别阐述如下:

(1) 试验A

对如图5.27a所示单元拼片的所有结点给予已知的精确位移,然后在结点i检验是否满足下列平衡方程:

$$\boldsymbol{K}_{ij}\boldsymbol{a}_j - \boldsymbol{f}_i = \boldsymbol{0} \tag{5.141}$$

(2) 试验B

对如图5.27b所示单元拼片边界的各个结点给予已知的精确位移,由下式计算结点i的位移：

$$\boldsymbol{a}_i = \boldsymbol{K}_{ii}^{-1}(\boldsymbol{f}_i - \boldsymbol{K}_{ij}\boldsymbol{a}_j) \quad (j \neq i) \tag{5.142}$$

然后把计算值与 i 结点的精确位移进行比较验证。

（3）试验 C

对于如图 5.27c 所示的单元拼片，在边界上仅固定为了消除刚体位移而不可缺少的结点自由度，在其他结点上施加按精确解计算的结点载荷，然后求解平衡方程

$$\boldsymbol{Ka} - \boldsymbol{f} = \boldsymbol{0} \tag{5.143}$$

把求解得到的结点位移与精确位移进行比较验证。

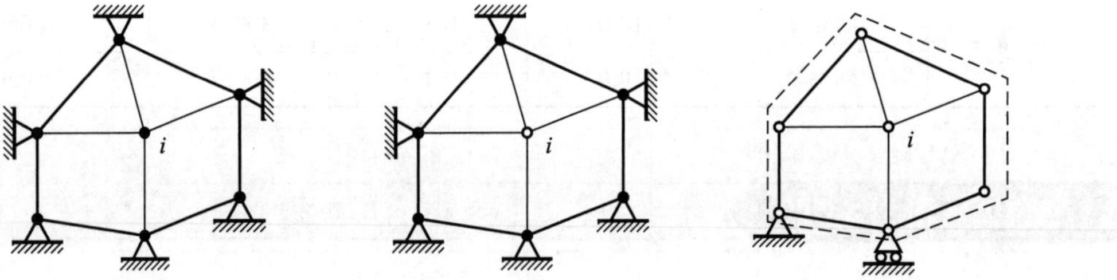

(a) 试验A　(b) 试验B　(c) 试验C

图 5.27　拼片试验

如果上述三个试验都通过了验证，则计算结果一定是收敛的。对于非协调单元，一般都需要通过拼片试验的检验，才能保证这种单元的解是收敛的。如前所述，理论上协调单元不必进行拼片试验的检验。但是在采用减缩积分时，单元积分的精度降低，可能导致奇异性，因而需要通过拼片试验的检验。

如图 5.28 所示为平面应力问题，材料的参数均已量纲一化，其中 $E=1\ 000$，$\nu=0.3$。取位移

$$u = 0.002x, \quad v = -0.000\ 6y$$

相应的应力为

$$\sigma_x = 2, \quad \sigma_y = 0, \quad \tau_{xy} = 0$$

采用前述三种拼片试验方法，对 4 结点协调单元完全积分和减缩积分两种方案进行拼片试验。利用有限元程序分别按 A，B，C 三种试验条件进行计算，检验的结果表明：当采用 2×2 点完全积分时，三种试验均通过检验；当采用 1×1 点减缩积分时，C 试验检验失败，因此对减缩积分的使用要特别小心。

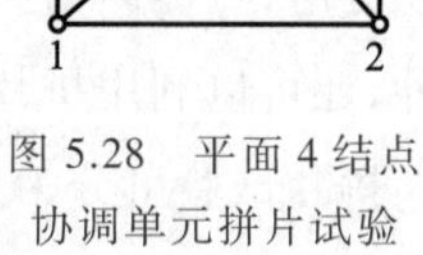

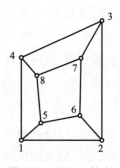

图 5.28　平面 4 结点协调单元拼片试验

可以验证，上一节给出的 Wilson 非协调单元能够通过拼片试验的检验，即单元是收敛的。

5.13 小结

第 4 章构造的各种单元的位移插值函数都以局部坐标或自然坐标描述，而且多数单元为形状规则的单元。如一维单元为直线，二维四边形单元为矩形或正方形，三维六面体单元为正六面体。这些单元在离散形状不规则的结构时会产生大的偏差。因此，可以通过坐标变换，将这些局部坐标下描述的形状规则的单元映射到空间坐标系下的非规则单元。局部坐标下的单元称为母单元，整体坐标系下的单元称为子单元，同一个母单元可以映射出任意多的子单元。子单元中任意点的坐标通过结点坐标插值得到，坐标插值函数或变换函数可以和单元的位移插值函数相同，这种变换称为等参变换，对应的单元叫等参单元。位移插值函数和坐标变换函数又称为形状函数。由于等参单元的形状可以是非规则的，因而便于离散具有复杂几何形状的结构。

另一方面，单元位移插值和坐标变换函数均用局部坐标表达，由同一个母单元映射得到的子单元的形状函数相同。在计算各子单元的应变矩阵、等效结点载荷和单元刚度矩阵积分时，利用微分变换和积分变换关系，将所有子单元的计算都映射到同一个母单元上进行。这为计算机编程带来了极大的便利。

通过单元几何形状的映射变换，可以得到模拟裂纹尖端应力奇异性的奇异单元，以及模拟无限大区域的无限元。模拟裂纹尖端应力奇异性的奇异单元在计算裂纹尖端应力强度因子时具有重要作用。无限元在模拟具有无限大区域的涉及基础结构的问题时可以发挥有效作用。

单元的积分需采用数值积分。一维单元、二维四边形单元、三维六面体单元通常采用 Gauss 数值积分，而二维三角形单元和三维四面体单元则一般采用 Hammer 数值积分。有限单元的精度取决于单元插值函数的最高完整多项式的阶次，因而由插值函数的最高阶次(通常为非完整多项式阶次)确定的精确积分点数，即完全积分方案，有时可能带来不利影响，发生自锁现象。采用基于插值函数最高阶完整多项式阶次确定的积分点数，即减缩积分方案，可以提高有限元的计算精度，但可能导致沙漏现象，在实际计算中必须引起注意。

满足单元之间位移连续的单元称为协调单元。采用协调元在分析一些特定问题时可能产生零能模式，如采用四边形 4 结点单元模拟梁的纯弯曲时不能模拟其弯曲状态。为此，可以对单元插值函数进行修正，这种修正可能破坏单元之间位移的连续性，单元之间位移不连续的单元称为非协调元。采用非协调元，只要其能通过单元的拼片试验，即用几个单元组成一个拼片，然后检查在结点上给定产生常应变的位移时，单元常应变条件是否能得到满足，如果得到满足，即通过了拼片试验，则非协调元仍然可以得到收敛的结果。

习题

5.1　什么是等参变换、次参变换和超参变换？什么是等参单元、次参单元和超参单元？

5.2　一维 n 点 Newton-Cotes 积分的精度是多少？n 点 Gauss 积分的精度是多少？什么是完全积分？什么是减缩积分？

5.3　试分析四边形 8 结点单元完全积分和减缩积分方案所需积分点数。

5.4　简述剪切自锁和沙漏现象。应用中如何避免？

5.5　图示为一维 3 结点二次母单元和对应的一个映射单元。母单元的自然坐标变化范围为 $-1\leqslant\xi\leqslant1$，原点在中点。映射单元三个结点的整体坐标 x 分别为 1.0，3.0，5.0。(1) 写出该单元的 Lagrange 插值函数 $N_i(\xi)$，$(i=1,2,3)$；(2) 写出单元的位移插值式；(3) 若为等参变换，写出单元的坐标变换式；(4) 导出 $\dfrac{\mathrm{d}N_i(\xi)}{\mathrm{d}x}$，$(i=1,2,3)$ 表达式；(5) 给出应变矩阵 $\boldsymbol{B}$ 表达式。

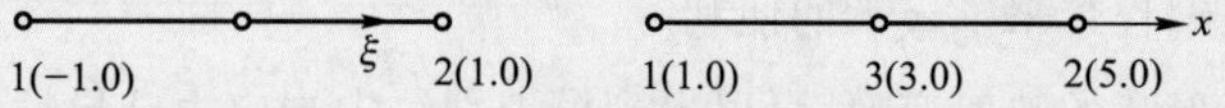

题 5.5 图

5.6　四边形 4 结点双一次等参单元的坐标变换式为 $x=\sum_{i=1}^{4}N_i(\xi,\eta)x_i$，$y=\sum_{i=1}^{4}N_i(\xi,\eta)y_i$。其中 $N_i=\dfrac{1}{4}(1+\xi_i\xi)(1+\eta_i\eta)$，$(\xi_i,\eta_i)$ 为母单元中结点 i 的坐标。在计算作用于边界上的等效结点载荷时需要进行线积分，利用式(5.21a)和式(5.21b)分别计算整体坐标中线积分的微元长度 $\mathrm{d}l$ 与 $\mathrm{d}\eta$ 和 $\mathrm{d}\xi$ 的关系，并比较两者的变换系数 L。

5.7　计算一维 3 点高斯积分的积分点坐标和权系数。

5.8　图示为自然坐标系下的四边形 4 结点母单元和整体坐标系下的子单元。(1) 若为等参单元，写出单元的位移插值和坐标变换表达式；(2) 给出该单元的 Jacobi 矩阵表达式。

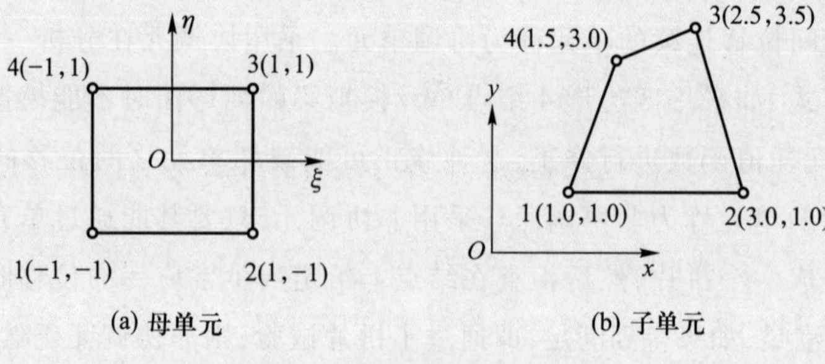

题 5.8 图

5.9 试推导四边形4结点轴对称等参单元的 Jacobi 行列式 $|\boldsymbol{J}|$、应变矩阵 $\boldsymbol{B}$ 和边界积分变换系数 L。

5.10 试推导三角形3结点轴对称等参单元的 Jacobi 行列式 $|\boldsymbol{J}|$、应变矩阵 $\boldsymbol{B}$ 和边界积分变换系数 L。

5.11 如图所示，网格中包含一个四边形8结点单元和一个与之相连的三角形6结点单元。证明由该两个单元分别确定的坐标沿公共边 3—7—11 满足 C_0 连续性要求。

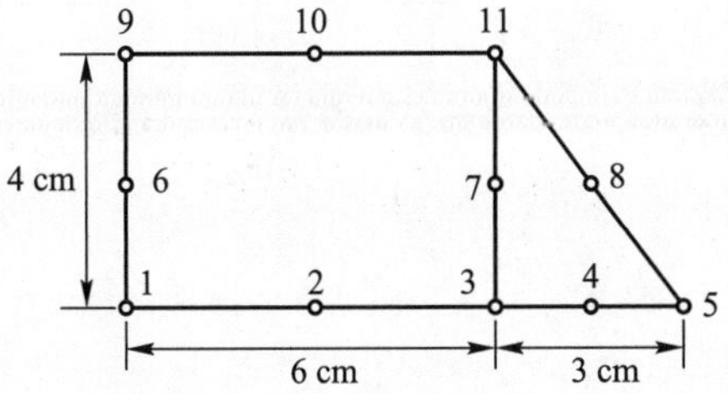

题 5.11 图

5.12 给出图示正方形、矩形和平行四边形4结点单元的 Jacobi 矩阵。根据这些单元 Jacobi 矩阵的特点，可以得到什么结论？

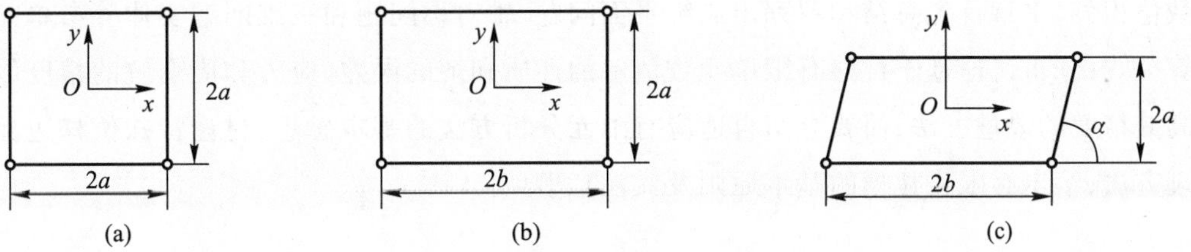

题 5.12 图

5.13 由四边形4结点双一次单元退化后得到的三角形单元如图所示。如果结点1的坐标为 $(x,y)=(10,8)$，边长 $a=20, b=30$。(1) 写出坐标变换表达式 $x(\xi,\eta)$ 和 $y(\xi,\eta)$；(2) 计算该单元的 Jacobi 矩阵 $\boldsymbol{J}(\xi,\eta)$；(3) 计算 Jacobi 行列式 $|\boldsymbol{J}(\xi,\eta)|$；(4) 讨论 Jacobi 矩阵在结点3和4合并点的奇异性。

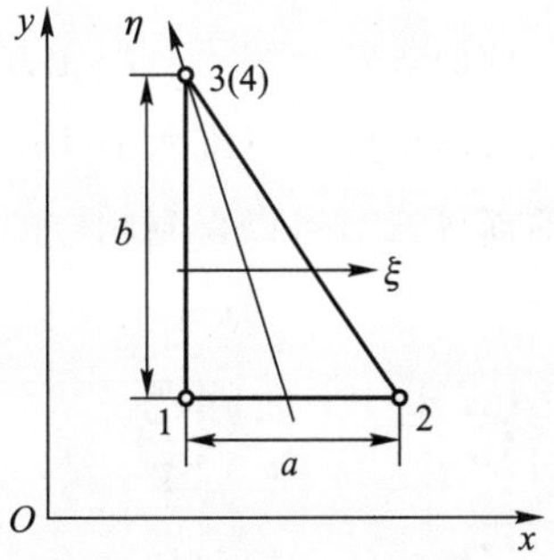

题 5.13 图

5.14 编写计算四边形4结点等参单元刚度矩阵的计算机程序。

参考答案 A5

6

第6章 弹性实体有限元分析

6.1 引言

前面各章介绍了弹性力学问题有限元的基本原理、实体有限元的位移插值、等参变换以及数值积分，本章首先总结和罗列出二维平面问题、轴对称问题和三维问题实体等参单元的计算公式；分析讨论基于位移有限单元数值解的性质和解的误差，应力和应变解的精度以及提高其精度的改进方法；简要介绍自适应有限元分析方法的基本思想；讨论特殊位移边界的处理方法；给出有限元建模的基本原则及其注意事项。

6.2 弹性实体有限单元法

前面各章介绍了有限元方法的基本原理、单元插值函数的构造、数值积分等，本节对二维四边形单元和三维六面体单元的有限元计算公式进行汇总。三角形单元和四面体单元参见前面各章节可以得到相应的计算公式。

6.2.1 平面问题

二维实体问题包括平面应力和平面应变问题。具有 n 个结点的等参单元的位移插值式为

$$\boldsymbol{u} = \boldsymbol{N}\boldsymbol{a}^e \tag{6.1}$$

其中位移向量 $\boldsymbol{u} = [u \quad v]^{\mathrm{T}}$，结点位移向量 $\boldsymbol{a}^e = [u_1 \quad v_1 \quad u_2 \quad v_2 \quad \cdots \quad u_n \quad v_n]^{\mathrm{T}}$。坐标变换为

$$\boldsymbol{x} = \boldsymbol{N}\boldsymbol{x}^e \tag{6.2}$$

其中坐标向量 $\boldsymbol{x} = [x \quad y]^{\mathrm{T}}$，结点坐标向量 $\boldsymbol{x}^e = [x_1 \quad y_1 \quad x_2 \quad y_2 \quad \cdots \quad x_n \quad y_n]^{\mathrm{T}}$。插值函数矩

阵为

$$
\boldsymbol{N}=\begin{bmatrix} N_1 & 0 & N_2 & 0 & \cdots & N_n & 0 \\ 0 & N_1 & 0 & N_2 & \cdots & 0 & N_n \end{bmatrix} \tag{6.3}
$$

应变矩阵为

$$
\boldsymbol{B}=\begin{bmatrix} \dfrac{\partial N_1}{\partial x} & 0 & \dfrac{\partial N_2}{\partial x} & 0 & \cdots & \dfrac{\partial N_n}{\partial x} & 0 \\ 0 & \dfrac{\partial N_1}{\partial y} & 0 & \dfrac{\partial N_2}{\partial y} & \cdots & 0 & \dfrac{\partial N_n}{\partial y} \\ \dfrac{\partial N_1}{\partial y} & \dfrac{\partial N_1}{\partial x} & \dfrac{\partial N_2}{\partial y} & \dfrac{\partial N_2}{\partial x} & \cdots & \dfrac{\partial N_n}{\partial y} & \dfrac{\partial N_n}{\partial x} \end{bmatrix} \tag{6.4}
$$

式中形状函数对空间坐标的导数由下式确定：

$$
\begin{bmatrix} \dfrac{\partial N_i}{\partial x} \\ \dfrac{\partial N_i}{\partial y} \end{bmatrix} = \boldsymbol{J}^{-1}\begin{bmatrix} \dfrac{\partial N_i}{\partial \xi} \\ \dfrac{\partial N_i}{\partial \eta} \end{bmatrix} \tag{6.5}
$$

其中雅可比矩阵的逆

$$
\boldsymbol{J}^{-1}=\frac{1}{|\boldsymbol{J}|}\begin{bmatrix} \dfrac{\partial y}{\partial \eta} & -\dfrac{\partial y}{\partial \xi} \\ -\dfrac{\partial x}{\partial \eta} & \dfrac{\partial x}{\partial \xi} \end{bmatrix} = \frac{1}{|\boldsymbol{J}|}\begin{bmatrix} \sum\limits_{i=1}^{n}\dfrac{\partial N_i}{\partial \eta}y_i & -\sum\limits_{i=1}^{n}\dfrac{\partial N_i}{\partial \xi}y_i \\ -\sum\limits_{i=1}^{n}\dfrac{\partial N_i}{\partial \eta}x_i & \sum\limits_{i=1}^{n}\dfrac{\partial N_i}{\partial \xi}x_i \end{bmatrix} \tag{6.6}
$$

雅可比矩阵的行列式

$$
|\boldsymbol{J}|=\begin{vmatrix} \dfrac{\partial x}{\partial \xi} & \dfrac{\partial y}{\partial \xi} \\ \dfrac{\partial x}{\partial \eta} & \dfrac{\partial y}{\partial \eta} \end{vmatrix} = \begin{vmatrix} \sum\limits_{i=1}^{n}\dfrac{\partial N_i}{\partial \xi}x_i & \sum\limits_{i=1}^{n}\dfrac{\partial N_i}{\partial \xi}y_i \\ \sum\limits_{i=1}^{n}\dfrac{\partial N_i}{\partial \eta}x_i & \sum\limits_{i=1}^{n}\dfrac{\partial N_i}{\partial \eta}y_i \end{vmatrix} \tag{6.7}
$$

单元刚度矩阵积分表达式为

$$
\boldsymbol{K}^e=\int_{-1}^{1}\int_{-1}^{1}\boldsymbol{B}^{\mathrm{T}}\boldsymbol{D}\boldsymbol{B}t\,|\boldsymbol{J}|\,\mathrm{d}\xi\,\mathrm{d}\eta \tag{6.8}
$$

其可用子矩阵表达为

$$
\boldsymbol{K}^e=\begin{bmatrix} \boldsymbol{K}_{11}^e & \boldsymbol{K}_{12}^e & \cdots & \boldsymbol{K}_{1n}^e \\ \boldsymbol{K}_{21}^e & \boldsymbol{K}_{22}^e & \cdots & \boldsymbol{K}_{2n}^e \\ \vdots & \vdots & & \vdots \\ \boldsymbol{K}_{n1}^e & \boldsymbol{K}_{n2}^e & \cdots & \boldsymbol{K}_{nn}^e \end{bmatrix} \tag{6.9}
$$

其中的子矩阵（2×2 阶）的 Gauss 积分为

$$\boldsymbol{K}_{ij}^{e}=\int_{-1}^{1}\int_{-1}^{1}\boldsymbol{B}_{i}^{\mathrm{T}}\boldsymbol{D}\boldsymbol{B}_{j}t\left|\boldsymbol{J}\right|\mathrm{d}\xi\mathrm{d}\eta=\sum_{p=1}^{n_p}\sum_{q=1}^{n_q}H_pH_q\boldsymbol{B}_{i}^{\mathrm{T}}(\xi_p,\eta_q)\boldsymbol{D}\boldsymbol{B}_{j}(\xi_p,\eta_q)t\left|\boldsymbol{J}(\xi_p,\eta_q)\right| \tag{6.10}$$

体积力产生的等效结点载荷向量

$$\boldsymbol{P}_{\mathrm{b}}^{e}=\int_{-1}^{1}\int_{-1}^{1}\boldsymbol{N}^{\mathrm{T}}\boldsymbol{f}t\left|\boldsymbol{J}\right|\mathrm{d}\xi\mathrm{d}\eta \tag{6.11}$$

可写成

$$\boldsymbol{P}_{\mathrm{b}}^{e}=[\boldsymbol{P}_{1}^{e}\quad \boldsymbol{P}_{2}^{e}\quad \cdots\quad \boldsymbol{P}_{n}^{e}]^{\mathrm{T}}=[P_{1x}^{e}\quad P_{1y}^{e}\quad P_{2x}^{e}\quad P_{2y}^{e}\quad \cdots\quad P_{nx}^{e}\quad P_{ny}^{e}]^{\mathrm{T}} \tag{6.12}$$

体积力产生的等效结点载荷的子向量

$$\boldsymbol{P}_{\mathrm{b}i}^{e}=\int_{-1}^{1}\int_{-1}^{1}\boldsymbol{N}_{i}^{\mathrm{T}}\boldsymbol{f}t\left|\boldsymbol{J}\right|\mathrm{d}\xi\mathrm{d}\eta=\sum_{p=1}^{n_p}\sum_{q=1}^{n_q}H_pH_q\boldsymbol{N}_{i}^{\mathrm{T}}(\xi_p,\eta_q)\boldsymbol{f}t\left|\boldsymbol{J}(\xi_p,\eta_q)\right| \tag{6.13}$$

其中

$$\boldsymbol{N}_i(\xi_p,\eta_q)=\begin{bmatrix}N_i(\xi_p,\eta_q) & 0\\ 0 & N_i(\xi_p,\eta_q)\end{bmatrix} \tag{6.14}$$

若体积力作用方向与整体坐标系的 y 轴正方向成 θ 角度，则

$$\begin{bmatrix}P_{\mathrm{b}ix}^{e}\\ P_{\mathrm{b}iy}^{e}\end{bmatrix}=\sum_{p=1}^{n_p}\sum_{q=1}^{n_q}H_pH_qN_i(\xi_p,\eta_q)\rho g\begin{bmatrix}\sin\theta\\ \cos\theta\end{bmatrix}t\left|\boldsymbol{J}(\xi_p,\eta_q)\right|$$

另外，作用于边界上的面力产生的等效结点载荷为

$$\boldsymbol{P}_{\mathrm{s}}^{e}=\int_{l_{\sigma}^{e}}\boldsymbol{N}^{\mathrm{T}}\bar{\boldsymbol{t}}t\mathrm{d}l=\int_{-1}^{1}\boldsymbol{N}^{\mathrm{T}}\bar{\boldsymbol{t}}tL\mathrm{d}\eta=\sum_{q=1}^{n_q}H_q\boldsymbol{N}^{\mathrm{T}}(C,\eta_q)\bar{\boldsymbol{t}}tL(C,\eta_q)\quad(\xi=C=\pm1) \tag{6.15}$$

单元刚度矩阵组集后得到结构有限元平衡方程 $\boldsymbol{Ka}=\boldsymbol{P}$，引入位移边界条件后求解方程可得所有结点的位移。在得到结点位移后，可由下式计算单元中任意一点的应变。应变分量的计算表达式为

$$\begin{bmatrix}\varepsilon_x(x,y)\\ \varepsilon_y(x,y)\\ \gamma_{xy}(x,y)\end{bmatrix}=[\boldsymbol{B}_1\quad \boldsymbol{B}_2\quad \cdots\quad \boldsymbol{B}_n]\begin{bmatrix}\boldsymbol{a}_1^{e}\\ \boldsymbol{a}_2^{e}\\ \vdots\\ \boldsymbol{a}_n^{e}\end{bmatrix} \tag{6.16}$$

由于上式中应变矩阵 $\boldsymbol{B}_i$ 是自然坐标 (ξ,η) 的函数，在计算单元中任意一点的应变时，一般根据母单元中任意一点的自然坐标 (ξ_q,η_q) 按下式计算其对应的空间坐标：

$$x_q=\sum_{i=1}^{n}N_i(\xi_q,\eta_q)x_i,\quad y_q=\sum_{i=1}^{n}N_i(\xi_q,\eta_q)y_i \tag{6.17}$$

由此可按下式计算单元中任意一点处的应变：

$$\begin{bmatrix} \varepsilon_x(x_q,y_q) \\ \varepsilon_y(x_q,y_q) \\ \gamma_{xy}(x_q,y_q) \end{bmatrix} = \begin{bmatrix} \boldsymbol{B}_1(\xi_q,\eta_q) & \boldsymbol{B}_2(\xi_q,\eta_q) & \cdots & \boldsymbol{B}_n(\xi_q,\eta_q) \end{bmatrix} \begin{bmatrix} \boldsymbol{a}_1^e \\ \boldsymbol{a}_2^e \\ \vdots \\ \boldsymbol{a}_n^e \end{bmatrix} \tag{6.18}$$

值得一提的是,一般仅需要计算单元中 Gauss 积分点和结点处的应变值。母单元中 Gauss 积分点和结点的坐标是固定的,它们在整体坐标系下的坐标由式(6.17)确定。进一步可以根据下式计算单元中任意一点的应力:

$$\begin{bmatrix} \sigma_x(x_q,y_q) \\ \sigma_y(x_q,y_q) \\ \tau_{xy}(x_q,y_q) \end{bmatrix} = \boldsymbol{D} \begin{bmatrix} \varepsilon_x(x_q,y_q) \\ \varepsilon_y(x_q,y_q) \\ \gamma_{xy}(x_q,y_q) \end{bmatrix} \tag{6.19}$$

6.2.2 轴对称问题

轴对称问题有限元分析仅需对结构的对称面进行离散,与平面问题不同之处在于积分计算需环向积分。其位移插值、坐标变换以及插值矩阵与平面问题相同,参见式(6.1)~(6.3),分别用 r 和 z 替换 x 和 y 即可,即

$$\boldsymbol{u} = \boldsymbol{N}\boldsymbol{a}^e, \quad \boldsymbol{x} = \boldsymbol{N}\boldsymbol{x}^e$$

其中

$$\boldsymbol{u} = \begin{bmatrix} u & w \end{bmatrix}^{\mathrm{T}}, \quad \boldsymbol{a}^e = \begin{bmatrix} u_1 & w_1 & u_2 & w_2 & \cdots & u_n & w_n \end{bmatrix}^{\mathrm{T}}$$

$$\boldsymbol{x} = \begin{bmatrix} r & z \end{bmatrix}^{\mathrm{T}}, \quad \boldsymbol{x}^e = \begin{bmatrix} r_1 & z_1 & r_2 & z_2 & \cdots & r_n & z_n \end{bmatrix}^{\mathrm{T}}$$

应变矩阵为

$$\boldsymbol{B} = \begin{bmatrix} \dfrac{\partial N_1}{\partial r} & 0 & \dfrac{\partial N_2}{\partial r} & 0 & \cdots & \dfrac{\partial N_n}{\partial r} & 0 \\ 0 & \dfrac{\partial N_1}{\partial z} & 0 & \dfrac{\partial N_2}{\partial z} & \cdots & 0 & \dfrac{\partial N_n}{\partial z} \\ \dfrac{\partial N_1}{\partial z} & \dfrac{\partial N_1}{\partial r} & \dfrac{\partial N_2}{\partial z} & \dfrac{\partial N_2}{\partial r} & \cdots & \dfrac{\partial N_n}{\partial z} & \dfrac{\partial N_n}{\partial r} \\ \dfrac{N_1}{r} & 0 & \dfrac{N_2}{r} & 0 & \cdots & \dfrac{N_n}{r} & 0 \end{bmatrix} \tag{6.20}$$

式中 r 由式(5.33a)表达为自然坐标的函数。与平面问题相同,形状函数对空间坐标的导数可由下式确定:

$$\begin{bmatrix} \dfrac{\partial N_i}{\partial r} \\ \dfrac{\partial N_i}{\partial z} \end{bmatrix} = \boldsymbol{J}^{-1} \begin{bmatrix} \dfrac{\partial N_i}{\partial \xi} \\ \dfrac{\partial N_i}{\partial \eta} \end{bmatrix}$$

式中

$$\boldsymbol{J}^{-1}=\frac{1}{|\boldsymbol{J}|}\begin{bmatrix}\dfrac{\partial z}{\partial\eta} & -\dfrac{\partial z}{\partial\xi}\\ -\dfrac{\partial r}{\partial\eta} & \dfrac{\partial r}{\partial\xi}\end{bmatrix}=\frac{1}{\dfrac{\partial r}{\partial\xi}\dfrac{\partial z}{\partial\eta}-\dfrac{\partial r}{\partial\eta}\dfrac{\partial z}{\partial\xi}}\begin{bmatrix}\dfrac{\partial z}{\partial\eta} & -\dfrac{\partial z}{\partial\xi}\\ -\dfrac{\partial r}{\partial\eta} & \dfrac{\partial r}{\partial\xi}\end{bmatrix}\tag{6.21}$$

其中

$$|\boldsymbol{J}|=\begin{vmatrix}\dfrac{\partial r}{\partial\xi} & \dfrac{\partial z}{\partial\xi}\\ \dfrac{\partial r}{\partial\eta} & \dfrac{\partial z}{\partial\eta}\end{vmatrix}=\begin{vmatrix}\sum\limits_{i=1}^{n}\dfrac{\partial N_i}{\partial\xi}r_i & \sum\limits_{i=1}^{n}\dfrac{\partial N_i}{\partial\xi}z_i\\ \sum\limits_{i=1}^{n}\dfrac{\partial N_i}{\partial\eta}r_i & \sum\limits_{i=1}^{n}\dfrac{\partial N_i}{\partial\eta}z_i\end{vmatrix}\tag{6.22}$$

单元刚度矩阵的积分表达式为

$$\boldsymbol{K}^e=2\pi\int_{-1}^{1}\int_{-1}^{1}\boldsymbol{B}^{\mathrm{T}}\boldsymbol{D}\boldsymbol{B}r(\xi,\eta)\,|\boldsymbol{J}|\,\mathrm{d}\xi\mathrm{d}\eta\tag{6.23}$$

子矩阵 Gauss 积分为

$$\boldsymbol{K}_{ij}^e=2\pi\sum_{p=1}^{n_p}\sum_{q=1}^{n_q}H_pH_q\boldsymbol{B}_i^{\mathrm{T}}(\xi_p,\eta_q)\boldsymbol{D}\boldsymbol{B}_j(\xi_p,\eta_q)r(\xi_p,\eta_q)\,|\boldsymbol{J}(\xi_p,\eta_q)|\tag{6.24}$$

体积力和面力产生的单元等效结点载荷为

$$\boldsymbol{P}_{\mathrm{b}}^e=2\pi\int_{-1}^{1}\int_{-1}^{1}\boldsymbol{N}^{\mathrm{T}}\boldsymbol{f}r\,|\boldsymbol{J}|\,\mathrm{d}\xi\mathrm{d}\eta\tag{6.25a}$$

$$\boldsymbol{P}_{\mathrm{s}}^e=2\pi\int_{-1}^{1}\boldsymbol{N}^{\mathrm{T}}\bar{\boldsymbol{t}}rL\mathrm{d}\eta\quad(\xi=\pm1)\tag{6.25b}$$

等效载荷子向量 Gauss 积分

$$\boldsymbol{P}_{\mathrm{b}i}^e=2\pi\sum_{p=1}^{n_p}\sum_{q=1}^{n_q}H_pH_q\boldsymbol{N}_i^{\mathrm{T}}(\xi_p,\eta_q)\boldsymbol{f}r(\xi_p,\eta_q)\,|\boldsymbol{J}(\xi_p,\eta_q)|\tag{6.26a}$$

$$\boldsymbol{P}_{\mathrm{s}i}^e=2\pi\sum_{q=1}^{n_q}H_q\boldsymbol{N}_i^{\mathrm{T}}(C,\eta_q)\bar{\boldsymbol{t}}L(C,\eta_q)\quad(\xi=C=\pm1)\tag{6.26b}$$

式中$\boldsymbol{N}_i(\xi_p,\eta_q)$见式(6.14)。作用于结点上的集中载荷按下式计算：

$$\boldsymbol{P}_F=2\pi\boldsymbol{F}=2\pi\begin{bmatrix}r_1\boldsymbol{F}_1\\ r_2\boldsymbol{F}_2\\ \vdots\\ r_n\boldsymbol{F}_n\end{bmatrix}\tag{6.27}$$

与平面问题一样，单元刚度矩阵组集后得到结构有限元平衡方程，代入位移边界条件后求解代数方程组可获得所有结点的位移。可按下式计算单元中任意一点的应变：

$$\begin{bmatrix}\varepsilon_r(r_q,z_q)\\ \varepsilon_z(r_q,z_q)\\ \gamma_{rz}(r_q,z_q)\\ \varepsilon_\theta(r_q,z_q)\end{bmatrix}=[\boldsymbol{B}_1(\xi_q,\eta_q)\quad\boldsymbol{B}_2(\xi_q,\eta_q)\quad\cdots\quad\boldsymbol{B}_n(\xi_q,\eta_q)]\begin{bmatrix}\boldsymbol{a}_1^e\\ \boldsymbol{a}_2^e\\ \vdots\\ \boldsymbol{a}_n^e\end{bmatrix}\tag{6.28}$$

点的空间坐标是将其自然坐标代入如下坐标变换式确定：

$$r_q = \sum_{i=1}^{n} N_i(\xi_q,\eta_q) r_i, \quad z_q = \sum_{i=1}^{n} N_i(\xi_q,\eta_q) z_i \tag{6.29}$$

进一步按下式计算单元中任意一点的应力：

$$\begin{bmatrix} \sigma_r(r_q,z_q) \\ \sigma_z(r_q,z_q) \\ \tau_{rz}(r_q,z_q) \\ \sigma_\theta(r_q,z_q) \end{bmatrix} = \boldsymbol{D} \begin{bmatrix} \varepsilon_r(r_q,z_q) \\ \varepsilon_z(r_q,z_q) \\ \gamma_{rz}(r_q,z_q) \\ \varepsilon_\theta(r_q,z_q) \end{bmatrix} \tag{6.30}$$

一般仅需计算 Gauss 积分点和结点的应变和应力值。

6.2.3 三维问题

对于三维问题，n 结点等参单元的位移插值和坐标变换仍可用矩阵表达如式(6.1)和式(6.2)所示

$$\boldsymbol{u} = \boldsymbol{N}\boldsymbol{a}^e, \quad \boldsymbol{x} = \boldsymbol{N}\boldsymbol{x}^e$$

其中

$$\boldsymbol{u} = [u \quad v \quad w]^{\mathrm{T}}, \quad \boldsymbol{a}^e = [u_1 \quad v_1 \quad w_1 \quad u_2 \quad v_2 \quad w_2 \quad \cdots \quad u_n \quad v_n \quad w_n]^{\mathrm{T}}$$

$$\boldsymbol{x} = [x \quad y \quad z]^{\mathrm{T}}, \quad \boldsymbol{x}^e = [x_1 \quad y_1 \quad z_1 \quad x_2 \quad y_2 \quad z_2 \quad \cdots \quad x_n \quad y_n \quad z_n]^{\mathrm{T}}$$

插值函数矩阵为

$$\boldsymbol{N} = \begin{bmatrix} N_1 & 0 & 0 & N_2 & 0 & 0 & \cdots & N_n & 0 & 0 \\ 0 & N_1 & 0 & 0 & N_2 & 0 & \cdots & 0 & N_n & 0 \\ 0 & 0 & N_1 & 0 & 0 & N_2 & \cdots & 0 & 0 & N_n \end{bmatrix} \tag{6.31}$$

应变矩阵为

$$\boldsymbol{B} = \begin{bmatrix} \frac{\partial N_1}{\partial x} & 0 & 0 & \frac{\partial N_2}{\partial x} & 0 & 0 & \cdots & \frac{\partial N_n}{\partial x} & 0 & 0 \\ 0 & \frac{\partial N_1}{\partial y} & 0 & 0 & \frac{\partial N_2}{\partial y} & 0 & \cdots & 0 & \frac{\partial N_n}{\partial y} & 0 \\ 0 & 0 & \frac{\partial N_1}{\partial z} & 0 & 0 & \frac{\partial N_2}{\partial z} & \cdots & 0 & 0 & \frac{\partial N_n}{\partial z} \\ \frac{\partial N_1}{\partial y} & \frac{\partial N_1}{\partial x} & 0 & \frac{\partial N_2}{\partial y} & \frac{\partial N_2}{\partial x} & 0 & \cdots & \frac{\partial N_n}{\partial y} & \frac{\partial N_n}{\partial x} & 0 \\ 0 & \frac{\partial N_1}{\partial z} & \frac{\partial N_1}{\partial y} & 0 & \frac{\partial N_2}{\partial z} & \frac{\partial N_2}{\partial y} & \cdots & 0 & \frac{\partial N_n}{\partial z} & \frac{\partial N_n}{\partial y} \\ \frac{\partial N_1}{\partial z} & 0 & \frac{\partial N_1}{\partial x} & \frac{\partial N_2}{\partial z} & 0 & \frac{\partial N_2}{\partial x} & \cdots & \frac{\partial N_n}{\partial z} & 0 & \frac{\partial N_n}{\partial x} \end{bmatrix} \tag{6.32}$$

形状函数对空间坐标的导数为

$$\begin{bmatrix} \dfrac{\partial N_i}{\partial x} \\ \dfrac{\partial N_i}{\partial y} \\ \dfrac{\partial N_i}{\partial z} \end{bmatrix} = \boldsymbol{J}^{-1} \begin{bmatrix} \dfrac{\partial N_i}{\partial \xi} \\ \dfrac{\partial N_i}{\partial \eta} \\ \dfrac{\partial N_i}{\partial \zeta} \end{bmatrix} \tag{6.33}$$

雅可比矩阵为

$$\boldsymbol{J} = \begin{bmatrix} \dfrac{\partial x}{\partial \xi} & \dfrac{\partial y}{\partial \xi} & \dfrac{\partial z}{\partial \xi} \\ \dfrac{\partial x}{\partial \eta} & \dfrac{\partial y}{\partial \eta} & \dfrac{\partial z}{\partial \eta} \\ \dfrac{\partial x}{\partial \zeta} & \dfrac{\partial y}{\partial \zeta} & \dfrac{\partial z}{\partial \zeta} \end{bmatrix} = \begin{bmatrix} \sum\limits_{i=1}^{n} \dfrac{\partial N_i}{\partial \xi} x_i & \sum\limits_{i=1}^{n} \dfrac{\partial N_i}{\partial \xi} y_i & \sum\limits_{i=1}^{n} \dfrac{\partial N_i}{\partial \xi} z_i \\ \sum\limits_{i=1}^{n} \dfrac{\partial N_i}{\partial \eta} x_i & \sum\limits_{i=1}^{n} \dfrac{\partial N_i}{\partial \eta} y_i & \sum\limits_{i=1}^{n} \dfrac{\partial N_i}{\partial \eta} z_i \\ \sum\limits_{i=1}^{n} \dfrac{\partial N_i}{\partial \zeta} x_i & \sum\limits_{i=1}^{n} \dfrac{\partial N_i}{\partial \zeta} y_i & \sum\limits_{i=1}^{n} \dfrac{\partial N_i}{\partial \zeta} z_i \end{bmatrix} \tag{6.34}$$

单元刚度矩阵的积分表达式为

$$\boldsymbol{K}^e = \int_{-1}^{1}\int_{-1}^{1}\int_{-1}^{1} \boldsymbol{B}^{\mathrm{T}}\boldsymbol{D}\boldsymbol{B} \left| \boldsymbol{J} \right| \mathrm{d}\xi \mathrm{d}\eta \mathrm{d}\zeta \tag{6.35}$$

其子矩阵的 Gauss 积分为

$$\boldsymbol{K}_{ij}^e = \sum_{p=1}^{n_p}\sum_{q=1}^{n_q}\sum_{r=1}^{n_r} H_p H_q H_r \boldsymbol{B}_i^{\mathrm{T}}(\xi_r,\eta_q,\zeta_p)\boldsymbol{D}\boldsymbol{B}_j(\xi_r,\eta_q,\zeta_p) \left| \boldsymbol{J}(\xi_r,\eta_q,\zeta_p) \right| \tag{6.36}$$

体积力和面力产生的等效结点载荷按下式计算：

$$\boldsymbol{P}_{\mathrm{b}}^e = \int_{-1}^{1}\int_{-1}^{1}\int_{-1}^{1} \boldsymbol{N}^{\mathrm{T}}\boldsymbol{f} \left| \boldsymbol{J} \right| \mathrm{d}\xi \mathrm{d}\eta \mathrm{d}\zeta \tag{6.37a}$$

$$\boldsymbol{P}_{\mathrm{s}}^e = \int_{S_\sigma^e} \boldsymbol{N}^{\mathrm{T}}\bar{\boldsymbol{t}}\mathrm{d}S = \int_{-1}^{1}\int_{-1}^{1} \boldsymbol{N}^{\mathrm{T}}\bar{\boldsymbol{t}}L\mathrm{d}\eta\mathrm{d}\zeta \quad (\xi = \pm 1) \tag{6.37b}$$

子向量的积分为

$$\boldsymbol{P}_{\mathrm{b}i}^e = \sum_{p=1}^{n_p}\sum_{q=1}^{n_q}\sum_{r=1}^{n_r} H_p H_q H_r \boldsymbol{N}_i^{\mathrm{T}}(\xi_r,\eta_q,\zeta_p)\boldsymbol{f} \left| \boldsymbol{J}(\xi_r,\eta_q,\zeta_p) \right| \tag{6.38a}$$

$$\boldsymbol{P}_{\mathrm{s}i}^e = \sum_{p=1}^{n_p}\sum_{q=1}^{n_q} H_p H_q \boldsymbol{N}_i^{\mathrm{T}}(C,\eta_q,\zeta_p)\bar{\boldsymbol{t}}L(C,\eta_q,\zeta_p) \quad (\xi = C = \pm 1) \tag{6.38b}$$

其中

$$\boldsymbol{N}_i(\xi_r,\eta_q,\zeta_p) = \begin{bmatrix} N_i(\xi_r,\eta_q,\zeta_p) & 0 & 0 \\ 0 & N_i(\xi_r,\eta_q,\zeta_p) & 0 \\ 0 & 0 & N_i(\xi_r,\eta_q,\zeta_p) \end{bmatrix} \tag{6.39}$$

单元刚度矩阵组集后得到结构有限元平衡方程，代入位移边界条件后求解代数方程组获得所有结点的位移。可由下式计算单元中任意一点的应变：

$$\begin{bmatrix} \varepsilon_x(x_q, y_q, z_q) \\ \varepsilon_y(x_q, y_q, z_q) \\ \varepsilon_z(x_q, y_q, z_q) \\ \gamma_{xy}(x_q, y_q, z_q) \\ \gamma_{yz}(x_q, y_q, z_q) \\ \gamma_{zx}(x_q, y_q, z_q) \end{bmatrix} = \begin{bmatrix} \boldsymbol{B}_1(\xi_q, \eta_q, \zeta_q) & \boldsymbol{B}_2(\xi_q, \eta_q, \zeta_q) & \cdots & \boldsymbol{B}_n(\xi_q, \eta_q, \zeta_q) \end{bmatrix} \begin{bmatrix} \boldsymbol{a}_1^e \\ \boldsymbol{a}_2^e \\ \vdots \\ \boldsymbol{a}_n^e \end{bmatrix} \tag{6.40}$$

其中

$$x_q = \sum_{i=1}^{n} N_i(\xi_q, \eta_q, \zeta_q) x_i, \quad y_q = \sum_{i=1}^{n} N_i(\xi_q, \eta_q, \zeta_q) y_i, \quad z_q = \sum_{i=1}^{n} N_i(\xi_q, \eta_q, \zeta_q) z_i \tag{6.41}$$

进一步按下式可计算单元中任意一点的应力:

$$\begin{bmatrix} \sigma_x(x_q, y_q, z_q) \\ \sigma_y(x_q, y_q, z_q) \\ \sigma_z(x_q, y_q, z_q) \\ \tau_{xy}(x_q, y_q, z_q) \\ \tau_{yz}(x_q, y_q, z_q) \\ \tau_{zx}(x_q, y_q, z_q) \end{bmatrix} = \boldsymbol{D} \begin{bmatrix} \varepsilon_x(x_q, y_q, z_q) \\ \varepsilon_y(x_q, y_q, z_q) \\ \varepsilon_z(x_q, y_q, z_q) \\ \gamma_{xy}(x_q, y_q, z_q) \\ \gamma_{yz}(x_q, y_q, z_q) \\ \gamma_{zx}(x_q, y_q, z_q) \end{bmatrix} \tag{6.42}$$

一般仅需计算 Gauss 积分点和结点的应变和应力。

6.3 有限元解的改进及误差估计

有限元方法是一种求近似解的数值方法,对近似解的误差或精度的理解,以及根据有限元解的性质对计算结果的精度进行改进或修复都具有非常重要的实际意义。

6.3.1 误差定义

通常将误差定义为精确解与近似解的差,也可以用函数表达。位移的误差可以定义为精确解 $\boldsymbol{u}$ 和近似解 $\tilde{\boldsymbol{u}}$ 的差

$$\boldsymbol{e}_u = \boldsymbol{u} - \tilde{\boldsymbol{u}} \tag{6.43}$$

类似地,应变和应力的误差可以定义为

$$\boldsymbol{e}_\varepsilon = \boldsymbol{\varepsilon} - \tilde{\boldsymbol{\varepsilon}} \tag{6.44}$$

$$\boldsymbol{e}_\sigma = \boldsymbol{\sigma} - \tilde{\boldsymbol{\sigma}} \tag{6.45}$$

式中 $\boldsymbol{\varepsilon}$ 和 $\boldsymbol{\sigma}$ 为应变和应力的精确解,$\tilde{\boldsymbol{\varepsilon}}$ 和 $\tilde{\boldsymbol{\sigma}}$ 为应变和应力的近似解。然而采用式(6.43)~(6.45)给出的局部误差可能使用起来并不方便,甚至可能给出错误的结果。例如,在集中载荷施加点和存在应力奇异的点处,其误差会非常大,但是全域计算结果的精度可能并不差。

因此,可以引入采用积分表达的范数来估计误差。

对于弹性力学问题,为进行误差估计,可以定义如下能量范数:

$$\| \boldsymbol{e} \| = \left[\int_V (\boldsymbol{L}\boldsymbol{e}_u)^{\mathrm{T}} \boldsymbol{D} \boldsymbol{L} \boldsymbol{e}_u \mathrm{d}V \right]^{\frac{1}{2}} \tag{6.46}$$

式中 $\boldsymbol{e}_u$ 为式(6.43)定义的误差,算子 $\boldsymbol{L}$ 为几何关系中的微分算子

$$\boldsymbol{\varepsilon} = \boldsymbol{L}\boldsymbol{u}, \quad \tilde{\boldsymbol{\varepsilon}} = \boldsymbol{L}\tilde{\boldsymbol{u}} \tag{6.47}$$

$\boldsymbol{D}$ 为弹性矩阵,给出应力-应变关系

$$\boldsymbol{\sigma} = \boldsymbol{D}\boldsymbol{\varepsilon}, \quad \tilde{\boldsymbol{\sigma}} = \boldsymbol{D}\tilde{\boldsymbol{\varepsilon}} \tag{6.48}$$

利用上述关系,能量范数式(6.46)还可写成

$$\begin{aligned} \| \boldsymbol{e} \| &= \left[\int_V (\boldsymbol{\varepsilon} - \tilde{\boldsymbol{\varepsilon}})^{\mathrm{T}} \boldsymbol{D} (\boldsymbol{\varepsilon} - \tilde{\boldsymbol{\varepsilon}}) \mathrm{d}V \right]^{\frac{1}{2}} \\ &= \left[\int_V (\boldsymbol{\varepsilon} - \tilde{\boldsymbol{\varepsilon}})^{\mathrm{T}} (\boldsymbol{\sigma} - \tilde{\boldsymbol{\sigma}}) \mathrm{d}V \right]^{\frac{1}{2}} \\ &= \left[\int_V (\boldsymbol{\sigma} - \tilde{\boldsymbol{\sigma}})^{\mathrm{T}} \boldsymbol{D}^{-1} (\boldsymbol{\sigma} - \tilde{\boldsymbol{\sigma}}) \mathrm{d}V \right]^{\frac{1}{2}} \end{aligned} \tag{6.49}$$

显然,该表达式与应变能相关。

此外,还可以方便地定义其他形式的标量范数。比如位移误差的 L_2 范数可写成

$$\| \boldsymbol{e}_u \|_{L_2} = \left[\int_V (\boldsymbol{u} - \tilde{\boldsymbol{u}})^{\mathrm{T}} (\boldsymbol{u} - \tilde{\boldsymbol{u}}) \mathrm{d}V \right]^{\frac{1}{2}} \tag{6.50}$$

而应力误差的 L_2 范数可表达成

$$\| \boldsymbol{e}_\sigma \|_{L_2} = \left[\int_V (\boldsymbol{\sigma} - \tilde{\boldsymbol{\sigma}})^{\mathrm{T}} \boldsymbol{C} (\boldsymbol{\sigma} - \tilde{\boldsymbol{\sigma}}) \mathrm{d}V \right]^{\frac{1}{2}} \tag{6.51}$$

式中 $\boldsymbol{C}$ 是柔度矩阵。这些范数使我们可以关注感兴趣的特定的量。此外,还可以计算这些量的误差的均方根(RMS)值。例如,可以将特定区域 V(体积)中位移的均方根误差写成

$$|\Delta \boldsymbol{u}| = \left(\frac{\| \boldsymbol{e}_u \|_{L_2}^2}{V} \right)^{\frac{1}{2}} \tag{6.52}$$

类似地,可将区域 V 中应力的均方根误差写成

$$|\Delta \boldsymbol{\sigma}| = \left(\frac{\| \boldsymbol{e}_\sigma \|_{L_2}^2}{V} \right)^{\frac{1}{2}} \tag{6.53}$$

上述这些范数可以定义在整个区域、任意一个子域或一个独立的单元中。因而可以引入如下计算公式:

$$\| \boldsymbol{e} \| = \left(\sum_{k=1}^{m} \| \boldsymbol{e} \|_k^2 \right)^{\frac{1}{2}} \tag{6.54}$$

式中 k 表示单个的单元 V_k,这些单元的和为 V。

为了描述应力分析问题的特征,还可以定义相对能量范数误差的变化形式

$$\eta = \frac{\| \boldsymbol{e} \|}{\| \boldsymbol{E} \|} \tag{6.55}$$

其中

$$\| \boldsymbol{E} \| = \left(\int_V \boldsymbol{\varepsilon}^{\mathrm{T}} \boldsymbol{D} \boldsymbol{\varepsilon} \mathrm{d}V \right)^{\frac{1}{2}} \tag{6.56}$$

是解的能量范数。注意,其不是误差的能量范数。

6.3.2 有限元计算结果的性质

采用有限单元法求解弹性力学问题,无论是采用加权残值法还是变分原理,得到的解都是近似解。单元内部的平衡和力的边界条件均不能得到精确满足,有限元的解具有近似性。

由前面的章节可知,基于位移的有限单元法得到的位移在单元之间是连续的。由几何关系可知,应变由位移对空间坐标的一阶导数确定,应力和应变由本构关系相关联,因此,采用以位移为基本变量的位移有限元求近似解时,应变和应力的精度比位移的精度低一阶。另一方面,相邻单元之间的应力和应变不连续。

很多时候位移在单元结点上具有最高的精度,而应力的最佳值则在单元的内部点上。事实上,至少对于一维问题,已经发现在一些点上具有超收敛性的量,在这些点上值的误差减小比其他地方快得多,即解的收敛速度快得多。

为了便于后面的理解,先介绍最小二乘的概念。如图6.1所示,假设有一组测量数据(x_i, y_i) $(i=1,2,\cdots,n)$,现寻找一个函数$\varphi(x)$,使得$\sum_{i=1}^{n}[y_i - \phi(x_i)]^2$最小,从而得到离散数据的最佳逼近,这种方法称为最小二乘法。要使得$\sum_{i=1}^{n}[y_i - \phi(x_i)]^2$最小,要求$\sum_{i=1}^{n}[y_i - \phi(x_i)]^2$对近似函数$\phi(x)$中的待定参数的导数为零。例如,若近似函数取

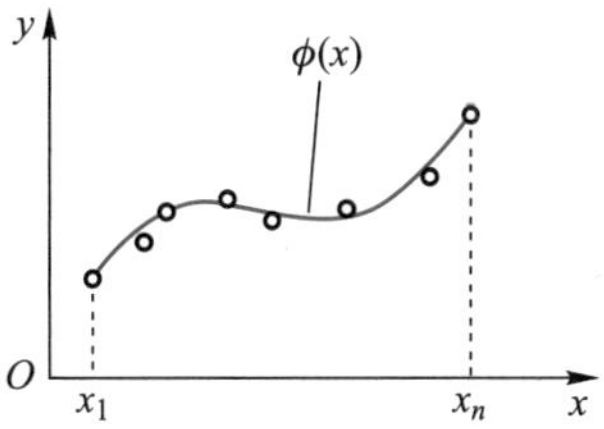

图 6.1 最小二乘法曲线拟合

$$\phi(x) = \sum_{k=1}^{m} N_k(x) a_k \tag{6.57}$$

根据最小二乘逼近,要求

$$\frac{\partial \left(\sum_{i=1}^{n} [y_i - \sum_{k=1}^{m} N_k(x_i) a_k]^2 \right)}{\partial a_k} = 0 \quad (k = 1,2,\cdots,m) \tag{6.58}$$

由此可以求得近似函数中的待定参数a_k,从而得到近似函数$\phi(x)$。最小二乘法还可以用于曲线拟合。

下面讨论有限元方法近似解的性质。假设问题的位移真解为$\boldsymbol{u}$,应变和应力的真解分别为$\boldsymbol{\varepsilon}$和$\boldsymbol{\sigma}$,则有限元求得的近似解可表达为

$$\tilde{\boldsymbol{u}}=\boldsymbol{u}+\delta\boldsymbol{u},\quad \tilde{\boldsymbol{\varepsilon}}=\boldsymbol{\varepsilon}+\delta\boldsymbol{\varepsilon},\quad \tilde{\boldsymbol{\sigma}}=\boldsymbol{\sigma}+\delta\boldsymbol{\sigma} \tag{6.59}$$

式中 $\delta\boldsymbol{u},\delta\boldsymbol{\varepsilon},\delta\boldsymbol{\sigma}$ 分别为位移、应变和应力的误差。近似解对应的势能为

$$\Pi_{\mathrm{p}}(\tilde{\boldsymbol{u}})=\frac{1}{2}\int_V\tilde{\boldsymbol{\varepsilon}}^{\mathrm{T}}\boldsymbol{D}\tilde{\boldsymbol{\varepsilon}}\,\mathrm{d}V-\int_V\tilde{\boldsymbol{u}}^{\mathrm{T}}\boldsymbol{f}\mathrm{d}V-\int_{S_u}\tilde{\boldsymbol{u}}^{\mathrm{T}}\boldsymbol{t}\mathrm{d}S \tag{6.60}$$

将式(6.59)代入上式得

$$\Pi_{\mathrm{p}}(\tilde{\boldsymbol{u}})=\Pi_{\mathrm{p}}(\boldsymbol{u})+\delta\Pi_{\mathrm{p}}(\boldsymbol{u})+\delta^2\Pi_{\mathrm{p}}(\boldsymbol{u}) \tag{6.61}$$

由最小势能原理可知 $\delta\Pi_{\mathrm{p}}(\boldsymbol{u})=0$,故

$$\begin{aligned}\Pi_{\mathrm{p}}(\tilde{\boldsymbol{u}})&=\Pi_{\mathrm{p}}(\boldsymbol{u})+\delta^2\Pi_{\mathrm{p}}(\boldsymbol{u})\\&=\Pi_{\mathrm{p}}(\boldsymbol{u})+\frac{1}{2}\int_V\delta\boldsymbol{\varepsilon}^{\mathrm{T}}\boldsymbol{D}\delta\boldsymbol{\varepsilon}\mathrm{d}V\\&=\Pi_{\mathrm{p}}(\boldsymbol{u})+\frac{1}{2}\int_V(\tilde{\boldsymbol{\varepsilon}}-\boldsymbol{\varepsilon})^{\mathrm{T}}\boldsymbol{D}(\tilde{\boldsymbol{\varepsilon}}-\boldsymbol{\varepsilon})\mathrm{d}V\end{aligned} \tag{6.62}$$

要得到解的最佳近似解,需求 $\Pi_{\mathrm{p}}(\tilde{\boldsymbol{u}})$ 的极值,因 $\Pi_{\mathrm{p}}(\boldsymbol{u})$ 的极值为零,故求 $\Pi_{\mathrm{p}}(\tilde{\boldsymbol{u}})$ 的极小值归结为求 $\delta^2\Pi_{\mathrm{p}}(\boldsymbol{u})$ 的极小值,即求式(6.62)最后一个等式右端第二项的极小值。这一问题可以表达为

$$\begin{aligned}X(\tilde{\boldsymbol{\varepsilon}},\boldsymbol{\varepsilon})&=\delta^2\Pi_{\mathrm{p}}(\tilde{\boldsymbol{\varepsilon}},\boldsymbol{\varepsilon})\\&=\frac{1}{2}\int_V(\tilde{\boldsymbol{\varepsilon}}-\boldsymbol{\varepsilon})^{\mathrm{T}}\boldsymbol{D}(\tilde{\boldsymbol{\varepsilon}}-\boldsymbol{\varepsilon})\mathrm{d}V\\&=\sum_{e=1}^{M^e}\int_{V^e}\frac{1}{2}(\tilde{\boldsymbol{\varepsilon}}-\boldsymbol{\varepsilon})^{\mathrm{T}}\boldsymbol{D}(\tilde{\boldsymbol{\varepsilon}}-\boldsymbol{\varepsilon})\mathrm{d}V\end{aligned} \tag{6.63}$$

式中 M^e 为有限元离散体的单元总数。对于线弹性体,利用应力-应变关系,上式还可以表达为

$$X(\tilde{\boldsymbol{\sigma}},\boldsymbol{\sigma})=\sum_{e=1}^{M^e}\int_{V^e}\frac{1}{2}(\tilde{\boldsymbol{\sigma}}-\boldsymbol{\sigma})^{\mathrm{T}}\boldsymbol{C}(\tilde{\boldsymbol{\sigma}}-\boldsymbol{\sigma})\mathrm{d}V \tag{6.64}$$

因此,求 $\Pi_{\mathrm{p}}(\tilde{\boldsymbol{u}})$ 的极值问题,可以视为 $\tilde{\boldsymbol{\varepsilon}}$ 与 $\boldsymbol{\varepsilon}$ 的差或 $\tilde{\boldsymbol{\sigma}}$ 与 $\boldsymbol{\sigma}$ 的差值满足加权的最小二乘法。根据前述最小二乘的概念,近似解 $\tilde{\boldsymbol{\varepsilon}}$ 和 $\tilde{\boldsymbol{\sigma}}$ 在精确解 $\boldsymbol{\varepsilon}$ 和 $\boldsymbol{\sigma}$ 附近上下震荡,即有限元的应变近似解和应力近似解必然在其真解附近上下震荡,说明单元内存在等于真解的最佳应力和最佳应变点。

对式(6.64)求变分可得

$$\delta X(\tilde{\boldsymbol{\sigma}},\boldsymbol{\sigma})=\sum_{e=1}^{M^e}\int_{V^e}(\tilde{\boldsymbol{\sigma}}-\boldsymbol{\sigma})^{\mathrm{T}}\boldsymbol{C}\delta\tilde{\boldsymbol{\sigma}}\,\mathrm{d}V=0 \tag{6.65}$$

假设位移近似解 $\tilde{\boldsymbol{u}}$ 为 p 次多项式,$\boldsymbol{L}$ 为 m 阶微分,则 $\tilde{\boldsymbol{\varepsilon}}$ 和 $\tilde{\boldsymbol{\sigma}}$ 为 $n=p-m$ 次多项式,则积分表达式(6.65)的积分阶次为 $2n$ 次。此时,若取 $n+1$ 阶 Gauss 积分,其积分精度为 $2(n+1)-1=2n+1$ 次。例如,对于四边形 4 结点单元,其位移插值函数的阶次为 $p=2$,应变 $\tilde{\boldsymbol{\varepsilon}}$ 和应力 $\tilde{\boldsymbol{\sigma}}$ 的阶次为 $n=p-1=1$,此时若采用 $n+1=2$ 点积分,则式(6.65)的积分精度为 $2(1+1)-1=3$,而该被积函数多项式的阶次为 $2n=2$,因而积分是精确的。根据 Gauss 积分,式(6.65)的积

分可写成如下形式

$$\delta X(\tilde{\boldsymbol{\sigma}},\boldsymbol{\sigma}) = \sum_{e=1}^{M^e}\int_{V^e}(\tilde{\boldsymbol{\sigma}} - \boldsymbol{\sigma})^{\mathrm{T}}\boldsymbol{C}\delta\tilde{\boldsymbol{\sigma}}\,\mathrm{d}V$$

$$= \sum_{e=1}^{M^e}\sum_{i=1}^{n+1}H_i(\tilde{\boldsymbol{\sigma}}_i - \boldsymbol{\sigma}_i)^{\mathrm{T}}\boldsymbol{C}\delta\tilde{\boldsymbol{\sigma}}_i|\boldsymbol{J}| = 0 \tag{6.66}$$

式中的下标表示积分点。如果 $|\boldsymbol{J}|=\text{const}$,且 $\delta\tilde{\boldsymbol{\sigma}}$ 各分量独立,则 $\tilde{\boldsymbol{\sigma}}_i-\boldsymbol{\sigma}_i=\mathbf{0}$,即在积分点上的应力就等于精确解,或者说积分点上的应力是精确的。类似的分析可以得到积分点上的应变也是精确的。注意,单元积分点上的应力(应变)是精确的,这一结论的前提条件是 $|\boldsymbol{J}|=\text{const}$,所以对结构进行离散网格划分时单元形状应尽量规则。由此可以得出结论:在等参单元中,Gauss 积分点上的应力(应变)近似解比其他部位具有较高的精度,称为最佳应力(应变)点。一般商用有限元软件中均会给出积分点和结点的应力和应变值,一般情况下,结点上的应力和应变值的精度并不高,这一点必须引起注意。顺便指出,无论选择多少阶次的单元,位移在单元结点处取得最佳的精度。

6.3.3 应力精度的改进

如前所述,采用位移有限元方法得到的应力的精度比位移精度低一阶,而且相邻单元之间的应力不连续。对于共属于不同单元的结点,利用不同单元的位移计算得到的应力值不同。因此,有必要采用改进方法提高有限元应力解的精度。

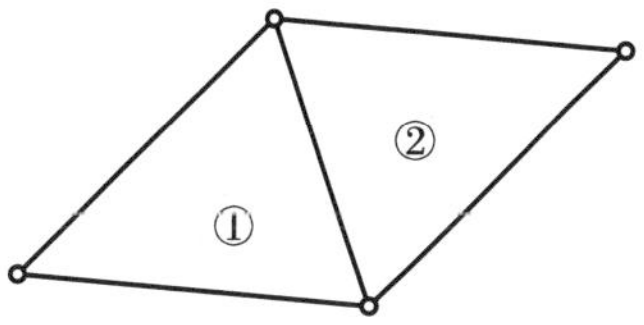

图 6.2 三角形 3 结点单元应力精度的改进

最简单的方法是采用单元平均改进应力精度。如图 6.2 所示为两个相邻的三角形 3 结点单元,可以利用单元平均的方法计算该两相邻单元构成的四边形的形心处的应力

$$\boldsymbol{\sigma} = \frac{1}{2}(\boldsymbol{\sigma}_1 + \boldsymbol{\sigma}_2) \tag{6.67}$$

式中 $\boldsymbol{\sigma}_1$ 和 $\boldsymbol{\sigma}_2$ 分别为两个单元的应力(三角形 3 结点单元为常应力单元)。或采用面积加权平均确定该点的应力

$$\boldsymbol{\sigma} = \frac{\boldsymbol{\sigma}_1 A_1 + \boldsymbol{\sigma}_2 A_2}{A_1 + A_2} \tag{6.68}$$

其中 A_1 和 A_2 分别为两个单元的面积。这种方法常用于三角形 3 结点单元。

另一种方法是结点平均方法。如果某一个结点 i 共属于 m 个单元,则该结点的应力可按下式计算得以改进:

$$\boldsymbol{\sigma}_i = \frac{1}{m}\sum_{l=1}^{m}\boldsymbol{\sigma}_l^e \tag{6.69}$$

其中 $\boldsymbol{\sigma}_l^e$ 是由共享结点 i 的所有单元计算得到的 i 点的应力。以图 6.3 所示一简单结构有限

元模型为例，采用结点平均法对结点 5 的应力进行改进。首先利用下式计算单元①、②、③、④中结点 5 处的应力

$$\boldsymbol{\sigma} = \boldsymbol{BDa}^e$$

注意，$\boldsymbol{a}^e$ 为各单元的结点位移，因此由这几个单元计算得到的结点 5 处的应力值一般来讲是不同的。结点 5 的应力可按式(6.69)由该 4 个单元计算得到的结点 5 的应力进行平均得以改进。

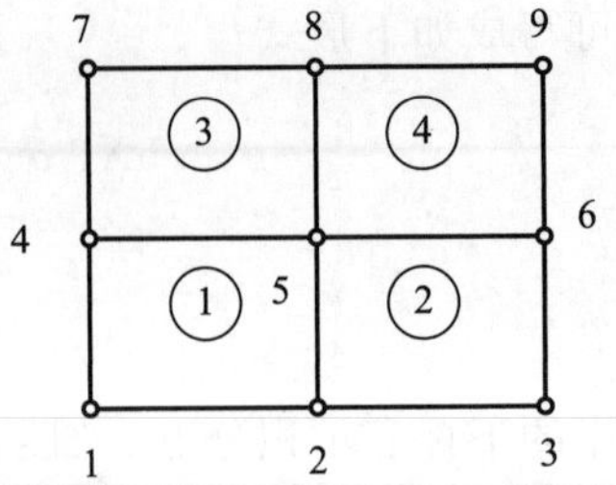

图 6.3　结点平均改进应力精度

前述利用单元平均和结点平均改进应力精度的方法较为简单，但是对精度的改进效果有限。下面介绍通过磨平改进应力精度的方法。首先构造一改进的应力解 σ^*，此改进解在全域上连续。建立泛函

$$A(\boldsymbol{\sigma}^*, \tilde{\boldsymbol{\sigma}}) = \sum_{e=1}^{M^e} \int_{V^e} \frac{1}{2} (\boldsymbol{\sigma}^* - \tilde{\boldsymbol{\sigma}})^{\mathrm{T}} \boldsymbol{C} (\boldsymbol{\sigma}^* - \tilde{\boldsymbol{\sigma}}) \mathrm{d}V \tag{6.70}$$

式中 $\tilde{\boldsymbol{\sigma}}$ 是由有限元得到的应力解，M^e 为单元总数，$\boldsymbol{\sigma}^*$ 为待求的改进后的应力。假设 $\boldsymbol{\sigma}^*$ 在单元中的分布按下式插值：

$$\boldsymbol{\sigma}^* = \sum_{i=1}^{n_e} \tilde{\boldsymbol{N}}_i \boldsymbol{\sigma}_i^* \tag{6.71}$$

其中 $\boldsymbol{\sigma}_i^*$ 为改进后的结点应力值，n_e 为单元的结点数，$\tilde{\boldsymbol{N}}_i$ 为插值函数，该插值函数可以与位移插值函数相同，也可以不同。将式(6.71)代入式(6.70)，泛函 $A(\boldsymbol{\sigma}^*, \tilde{\boldsymbol{\sigma}})$ 取极值的条件是其变分为零，即 $\delta A = 0$，或

$$\frac{\partial A}{\partial \boldsymbol{\sigma}_i^*} = 0 \quad (i = 1, 2, \cdots, n) \tag{6.72}$$

这里 n 为进行应力磨平的所有单元的结点总数。由式(6.72)可得

$$\sum_{e=1}^{M^e} \int_{V^e} (\boldsymbol{\sigma}^* - \tilde{\boldsymbol{\sigma}})^{\mathrm{T}} \boldsymbol{C} \tilde{\boldsymbol{N}}_i \mathrm{d}V = 0 \quad (i = 1, 2, \cdots, n) \tag{6.73}$$

如果结点的应力分量数为 k 个，则上式为 $n \times k$ 阶线性代数方程组。求解此方程组即可得到所有结点的应力改进值，再由式(6.71)可以计算单元中任意点的应力改进值。利用这种方法得到的改进应力在单元之间是连续的，精度得到提高。然而，这种方法的计算量大。

为了减小计算量，可以采用单元应力局部磨平方法。类似于式(6.70)，针对单元构造泛函，并令 $\boldsymbol{C} = \boldsymbol{I}$，得到未加权的最小二乘

$$A_e(\boldsymbol{\sigma}^*, \tilde{\boldsymbol{\sigma}}) = \int_{V^e} \frac{1}{2} (\boldsymbol{\sigma}^* - \tilde{\boldsymbol{\sigma}})^{\mathrm{T}} (\boldsymbol{\sigma}^* - \tilde{\boldsymbol{\sigma}}) \mathrm{d}V \tag{6.74}$$

单元中改进应力仍然采用式(6.71)的插值形式。由泛函的极值条件

$$\frac{\partial A}{\partial \boldsymbol{\sigma}_i^*} = 0 \quad (i = 1, 2, \cdots, n_e)$$

可得

$$\int_{V^e}(\boldsymbol{\sigma}^* - \tilde{\boldsymbol{\sigma}})^{\mathrm{T}}\tilde{\boldsymbol{N}}_i \mathrm{d}V = 0 \quad (i = 1,2,\cdots,n_e) \tag{6.75}$$

求解此 $n_e \times k$ 阶线性代数方程组，可得改进后的结点应力。

对于等参单元，可利用精度较高的 Gauss 积分点的应力值来改进结点应力的近似性质。以如图 6.4 所示的四边形 4 结点单元为例，图中Ⅰ，Ⅱ，Ⅲ，Ⅳ为 Gauss 积分点。对该单元的应力进行磨平，改进后的应力具有如下插值形式：

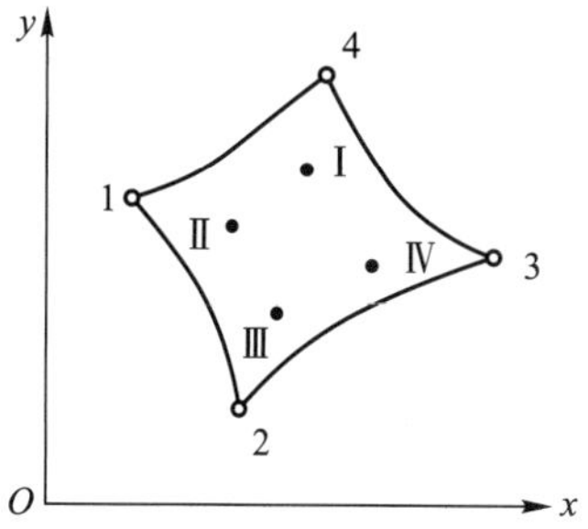

图 6.4　四边形 4 结点单元应力磨平

$$\boldsymbol{\sigma}^* = \sum_{i=1}^{4}\tilde{\boldsymbol{N}}_i \boldsymbol{\upsilon}_i^*$$

其中的插值函数采用和位移插值相同的函数，即

$$\tilde{N}_i = \frac{1}{4}(1 + \xi_i \xi)(1 + \eta_i \eta)$$

根据前述讨论可知，由有限元计算得到的等参单元的 Gauss 积分点的应力精度最高，因而可令 Gauss 积分点处改进后的应力等于有限元的应力解，即在 Gauss 积分点处有 $\boldsymbol{\sigma}^* = \tilde{\boldsymbol{\sigma}}$，利用插值形式可得

$$\begin{bmatrix}\sigma^*_{\mathrm{I}} \\ \sigma^*_{\mathrm{II}} \\ \sigma^*_{\mathrm{III}} \\ \sigma^*_{\mathrm{IV}}\end{bmatrix} = \begin{bmatrix}\tilde{\sigma}_{\mathrm{I}} \\ \tilde{\sigma}_{\mathrm{II}} \\ \tilde{\sigma}_{\mathrm{III}} \\ \tilde{\sigma}_{\mathrm{IV}}\end{bmatrix} = \begin{bmatrix}\tilde{N}_1(\mathrm{I}) & \tilde{N}_2(\mathrm{I}) & \tilde{N}_3(\mathrm{I}) & \tilde{N}_4(\mathrm{I}) \\ \tilde{N}_1(\mathrm{II}) & \tilde{N}_2(\mathrm{II}) & \tilde{N}_3(\mathrm{II}) & \tilde{N}_4(\mathrm{II}) \\ \tilde{N}_1(\mathrm{III}) & \tilde{N}_2(\mathrm{III}) & \tilde{N}_3(\mathrm{III}) & \tilde{N}_4(\mathrm{III}) \\ \tilde{N}_1(\mathrm{IV}) & \tilde{N}_2(\mathrm{IV}) & \tilde{N}_3(\mathrm{IV}) & \tilde{N}_4(\mathrm{IV})\end{bmatrix}\begin{bmatrix}\sigma^*_1 \\ \sigma^*_2 \\ \sigma^*_3 \\ \sigma^*_4\end{bmatrix}$$

式中 $\tilde{N}_i(\mathrm{I})$，$\tilde{N}_i(\mathrm{II})$，$\tilde{N}_i(\mathrm{III})$，$\tilde{N}_i(\mathrm{IV})$ 是插值函数在 Gauss 积分点的函数值。由上式可得

$$\begin{bmatrix}\sigma^*_1 \\ \sigma^*_2 \\ \sigma^*_3 \\ \sigma^*_4\end{bmatrix} = \begin{bmatrix}\tilde{N}_1(\mathrm{I}) & \tilde{N}_2(\mathrm{I}) & \tilde{N}_3(\mathrm{I}) & \tilde{N}_4(\mathrm{I}) \\ \tilde{N}_1(\mathrm{II}) & \tilde{N}_2(\mathrm{II}) & \tilde{N}_3(\mathrm{II}) & \tilde{N}_4(\mathrm{II}) \\ \tilde{N}_1(\mathrm{III}) & \tilde{N}_2(\mathrm{III}) & \tilde{N}_3(\mathrm{III}) & \tilde{N}_4(\mathrm{III}) \\ \tilde{N}_1(\mathrm{IV}) & \tilde{N}_2(\mathrm{IV}) & \tilde{N}_3(\mathrm{IV}) & \tilde{N}_4(\mathrm{IV})\end{bmatrix}^{-1}\begin{bmatrix}\tilde{\sigma}_{\mathrm{I}} \\ \tilde{\sigma}_{\mathrm{II}} \\ \tilde{\sigma}_{\mathrm{III}} \\ \tilde{\sigma}_{\mathrm{IV}}\end{bmatrix}$$

由此可得改进后单元结点处的应力。在得到改进后的结点应力后，即可利用单元插值式计算单元中任意点的改进应力。这种方法比前述对整体结构进行磨平具有计算量小的优点。事实上，也可以选择结构的局部区域进行应力磨平，如仅对应力集中区域的应力进行精度的改进。

前述所有方法均适用于轴对称和三维问题。

6.3.4 误差估计

本节介绍在不知道问题精确解的情况下如何去估计有限元分析结果的误差。如 6.3.2

节所讨论的，有限元的应力在 Gauss 积分点具有最佳的精度，并讨论了对有限元应力解精度的改进或修复方法。可以利用经修复后的应力代替精确解进行误差分析，进行后验（a posteriori）误差估计。修复后的结果要比有限元计算结果的精度高得多，用它来替代式(6.43)～(6.45)中通常不可能得到的精确解，以方便进行误差估计。根据 6.3.1 节，可以写出不同范数形式的误差估计表达式

$$\| \boldsymbol{e}_u \| \sim \| \tilde{\boldsymbol{e}}_u \| = \| \boldsymbol{u}^* - \tilde{\boldsymbol{u}} \| \tag{6.76}$$

$$\| \boldsymbol{e}_u \|_{L_2} \approx \| \tilde{\boldsymbol{e}}_u \|_{L_2} = \| \boldsymbol{u}^* - \tilde{\boldsymbol{u}} \|_{L_2} \tag{6.77}$$

$$\| \boldsymbol{e}_\sigma \|_{L_2} \approx \| \tilde{\boldsymbol{e}}_\sigma \|_{L_2} = \| \boldsymbol{\sigma}^* - \tilde{\boldsymbol{\sigma}} \|_{L_2} \tag{6.78}$$

式中 $\boldsymbol{u}^*$ 和 $\boldsymbol{\sigma}^*$ 为修复后的计算值。例如，弹性问题的能量范数的误差估计具有如下形式：

$$\| \boldsymbol{e} \| \approx \| \tilde{\boldsymbol{e}} \| = \left[\int_V (\boldsymbol{\sigma}^* - \tilde{\boldsymbol{\sigma}})^{\mathrm{T}} \boldsymbol{D}^{-1} (\boldsymbol{\sigma}^* - \tilde{\boldsymbol{\sigma}}) \mathrm{d}V \right]^{\frac{1}{2}} \tag{6.79}$$

类似地，位移和应力的均方根误差估计也可以利用式(6.52)和式(6.53)得到。用修复解替代精确解的误差估计方法称为基于修复解的误差估计（recovery-based estimator）。

误差估计的精度或质量用有效指数来度量，有效指数定义为

$$\theta = \frac{\| \tilde{\boldsymbol{e}} \|}{\| \boldsymbol{e} \|} \tag{6.80}$$

对于所有基于修复的误差估计，其有效指数都可以限制在以下范围：

$$1 - \frac{\| \boldsymbol{e}^* \|}{\| \boldsymbol{e} \|} \leqslant \theta \leqslant 1 + \frac{\| \boldsymbol{e}^* \|}{\| \boldsymbol{e} \|} \tag{6.81}$$

上式中 $\boldsymbol{e}$ 和 $\boldsymbol{e}^*$ 分别为真实的误差和修复解的误差，它们可以是位移、应力和应变误差的范数。式(6.81)的证明非常容易。例如，对于修复后位移误差的范数

$$\boldsymbol{e}_u^* = \| \boldsymbol{u} - \boldsymbol{u}^* \| \tag{6.82}$$

将式(6.76)改写为

$$\| \tilde{\boldsymbol{e}}_u \| = \| \boldsymbol{u}^* - \tilde{\boldsymbol{u}} \| = \| (\boldsymbol{u} - \tilde{\boldsymbol{u}}) - (\boldsymbol{u} - \boldsymbol{u}^*) \| = \| \boldsymbol{e}_u - \boldsymbol{e}_u^* \| \tag{6.83}$$

利用三角不等式可得

$$\| \boldsymbol{e}_u \| - \| \boldsymbol{e}_u^* \| \leqslant \| \tilde{\boldsymbol{e}}_u \| \leqslant \| \boldsymbol{e}_u \| + \| \boldsymbol{e}_u^* \| \tag{6.84}$$

上式两边除以 $\| \boldsymbol{e}_u \|$ 即得到式(6.81)形式的范围。显然，这一结论也适用于其他范数形式的误差估计。因此，任何减小误差的修复方法都将给出一个合理的误差估计。

*6.4　自适应分析方法

本节简单介绍在已经获得有限元结果的情况下减小误差的一般方法。由于该方法每一步都依赖前一步的结果，称之为自适应分析方法。在计算分析前，必须明确单元细化的目标和指定的允许误差量级。例如，要求所有位移和应力结果都应该在一个指定的误差范围内。在一般的工程应用中，最普遍的评判标准是对指定能量范数形式的误差总量进行限制。通

常要求这种误差不超过求解能量范数的一个给定的百分比。这类方法是对已经得到的有限元计算结果进行误差估计，进而通过有限元网格的细化来获得足够的精度。

6.4.1 自适应有限单元细化

自适应有限元网格的细化方法有多种选择，可以大致分为两类：

（1）h-细化，就是始终采用同一种单元离散结构，但是不断改变网格尺寸，使其在某些地方（如应力梯度小的区域）变得更粗，而在另外一些地方（如应力梯度大的区域）变得更细，以提供达到所要求精度的最经济方案。

（2）p-细化，保持有限元网格划分固定不变，只是增加单元阶次。通常是按升阶次序增加。

有时候需要把上述分类再细分为子类，因为 h-细化方法也可以通过不同方法来实施。图 6.5 为 h-细化的三种典型实施方法，分述如下：

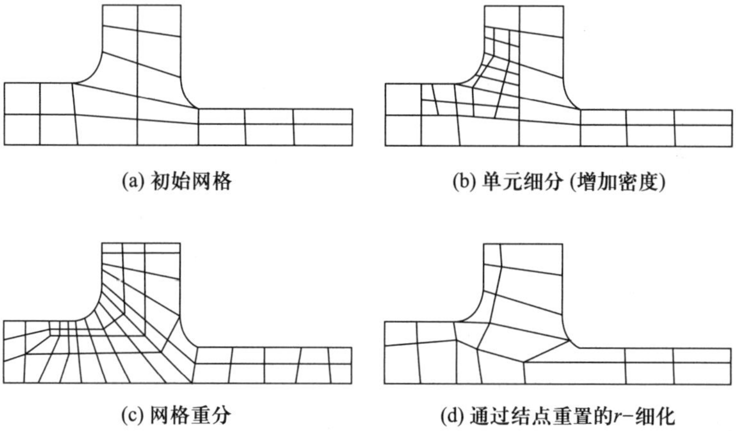

图 6.5 网格 h-细化方法

（a）单元细分。在保持原有单元边界完整的前提下，简单地将那些出现较大误差的单元分为更小的单元。但在带有中间结点的单元和没有带中间结点的单元连接处，由于单元细分会出现许多悬空结点，这会使得该方法的实施有些烦琐。这时需要在悬空结点处施加局部约束，因而也会增加计算量。另外，进行单元合并的操作需要非常复杂的数据处理，这也会降低计算效率。尽管如此，这种单元细分方法还是得到了广泛的应用。

（b）网格重构或重分。这种方法根据已获得的结果，对所有区域的单元尺寸进行新的预测，再进行一次全新的网格划分。该方法计算结果好，适用于分析过程中产生严重畸变的问题。

（c）r-细化。这种方法保持结点总数不变，通过调整它们的位置以获得最佳的近似结果。

与 h-细化相比，p-细化有所不同，可以分为两种类型：（a）多项式阶次在所有区域同步增加；（b）多项式阶次在局部区域逐次升阶增加。这两种方法都无法事先直接预测出多项式的阶次,以满足误差或精度的要求。一般需要多次再计算,因而导致更多的计算成本。但是采用 p-细化时,很多参量的收敛速度会更快,这种方法也值得使用。

有时候可能需要有效地结合 h-细化和 p-细化方法,称为 **hp**-细化。这种方法是采用单元尺寸和单元插值函数阶次同时改变的单元细化方案。

6.4.2　自适应 h-细化方法

前面已经提到一些自适应 h-细化方法,并且指出完全的网格重新划分方法通常是最有效的。这种方法同时容许单元的合并(放大单元)和细分(缩小单元),而且每一步分析总是从前一步网格结点处设定的网格尺寸开始。通过标准的内插法可以确定区域内任意点上需要的单元尺寸。

误差分析方法可以确定误差的全域能量的范数,而且也可以很好地表达局部的误差(单元水平上)。如果这些误差在设定的范围内,则计算分析工作就算完成了。更多的时候,计算结果的误差会超出规定的范围,就需要网格的细化,以提高精度。下面讨论如何进行最优的网格细化。这里,显然有很多可选择的方案,而且很大程度上取决于需要达到的目标。

例如,对于一些简单的情况,可以使能量范数的百分比 η 小于一个指定值 $\bar{\eta}$,即

$$\eta < \bar{\eta} \tag{6.85}$$

很多工程应用中设定 $\bar{\eta}=5\%$。在网格的最优划分中,总是希望在所有单元中能量范数的误差即 $\|\boldsymbol{e}\|_k$ 均相同。如果总的允许误差已经确定,即已经由近似分析的结果给出为

$$\bar{\eta}\|\boldsymbol{u}\| \approx \bar{\eta}(\|\tilde{\boldsymbol{u}}\|^2+\|\boldsymbol{e}\|^2)^{\frac{1}{2}} \tag{6.86}$$

这里利用了关系

$$\|\boldsymbol{e}\|^2=\|\boldsymbol{u}\|^2-\|\tilde{\boldsymbol{u}}\|^2 \tag{6.87}$$

需要使每一个单元的误差满足

$$\|\boldsymbol{e}\|_k < \bar{\eta}\left(\frac{\|\tilde{\boldsymbol{u}}\|^2+\|\boldsymbol{e}\|^2}{m}\right)^{\frac{1}{2}} \equiv \bar{e}_m \tag{6.88}$$

式中 m 是所涉及的单元数。显然,不满足上式要求的单元需要继续细化。如果定义一个比率

$$\frac{\|\boldsymbol{e}\|_k}{\bar{e}_m}=\xi_k \tag{6.89}$$

则对所有

$$\xi_k > 1 \tag{6.90}$$

的单元都要进行细化。当然,若用误差估计值替换式(6.88)和式(6.89)中的真实误差,即在式(6.86)~(6.89)中用 $\|\tilde{\boldsymbol{e}}\|$ 代替 $\|\boldsymbol{e}\|$,则可以近似计算出 ξ_k。

网格细化时可以只对 ξ 大于指定值的单元进行,每次可以将单元的尺寸细分一半,这样逐步地进行,这种方法称为网格加密,如图 6.5b 所示。虽然这种方法能够在较小的总自由度下最终获得令人满意的结果,但因求解的总次数会很多,通常并不经济。更有效的方法是

进行全新的网格划分，满足

$$\xi_k \leqslant 1 \tag{6.91}$$

一种做法是在单元级别上采用逐渐收敛准则，并预测单元尺寸分布。例如，假设

$$\| \boldsymbol{e} \|_k \propto h_k^p \tag{6.92}$$

其中 h_k 是当前的单元尺寸，p 是用于近似的多项式阶次。那么，满足式(6.88)要求的新单元的尺寸不能超过

$$h_{\text{new}} = \xi_k^{-\frac{1}{p}} h_k \tag{6.93}$$

实际应用中可仅仅对局部单元尺寸进行细化。

6.5 特殊边界的处理

6.5.1 利用罚函数法引入多点约束条件

位移边界条件除了在一些自由度上给定位移值外，还可能存在如下形式的多点约束(MPC)边界条件：

$$\beta_1 a_i + \beta_2 a_j = \beta_0 \tag{6.94}$$

式中 β_1,β_2 和 β_0是常数，a_i和 a_j分别为自由度 i 和 j 对应的位移。这种多点约束条件可以利用 2.7.2 节所述约束变分原理的罚函数法引入。采用罚函数法将约束条件(6.94)引入原泛函(势能)得到新的泛函

$$\Pi^* = \frac{1}{2}\boldsymbol{a}^{\mathrm{T}}\boldsymbol{K}\boldsymbol{a} - \boldsymbol{a}^{\mathrm{T}}\boldsymbol{P} + \alpha(\beta_1 a_i + \beta_2 a_j - \beta_0)^2 \tag{6.95}$$

其中 α 是一个大数。参见 3.2.8 节讨论的利用罚函数法引入强制位移边界条件的过程，利用泛函(6.95)的驻值条件 $\delta\Pi^* = 0$，可得对整体刚度矩阵如下元素的修正：

$$\left.\begin{aligned} \overline{K}_{ii} = K_{ii} + 2\alpha\beta_1^2, \quad \overline{K}_{ij} = K_{ij} + 2\alpha\beta_1\beta_2 \\ \overline{K}_{ji} = K_{ji} + 2\alpha\beta_1\beta_2, \quad \overline{K}_{jj} = K_{jj} + 2\alpha\beta_2^2 \end{aligned}\right\} \tag{6.96}$$

以及对载荷列向量如下元素的修正：

$$\overline{P}_i = P_i + 2\alpha\beta_0\beta_1, \quad \overline{P}_j = P_j + 2\alpha\beta_0\beta_2 \tag{6.97}$$

刚度矩阵和载荷列向量的其他元素保持不变。下面讨论几种常见的特殊边界的处理。

6.5.2 倾斜滚动支座

在工程结构分析中常常会遇到倾斜的滚动支座的情况，如图 6.6 所示。如果有限元模型中支撑点处的结点编号为 i，对于二维问题，该结点的位移分量为 a_{2i-1}和 a_{2i}，其位移约束是

沿边界法线方向的位移为零,在如图 6.6 所示的坐标系下该结点两个方向的位移分量满足如下约束条件:

$$a_{2i-1}\sin\theta - a_{2i}\cos\theta = 0 \tag{6.98}$$

式中 θ 为倾斜边界与 x 轴之间的夹角。

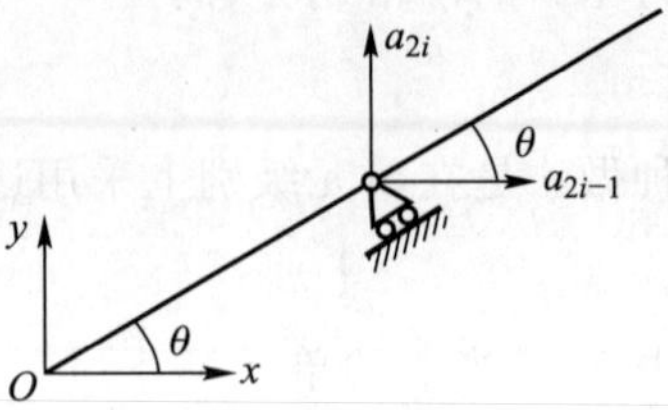

图 6.6　倾斜的滚动支座及其约束条件

这种边界条件可以视为一种多点约束边界,利用罚函数法将其引入泛函表达式

$$\Pi^* = \frac{1}{2}\boldsymbol{a}^{\mathrm{T}}\boldsymbol{K}\boldsymbol{a} - \boldsymbol{a}^{\mathrm{T}}\boldsymbol{P} + \alpha(a_{2i-1}\sin\theta - a_{2i}\cos\theta)^2 \tag{6.99}$$

利用该泛函的驻值条件 $\delta\Pi^*=0$,可得对整体刚度矩阵如下元素的修正:

$$\left.\begin{aligned}\overline{K}_{2i-1,2i-1} &= K_{2i-1,2i-1} + 2\alpha\sin^2\theta, \quad \overline{K}_{2i-1,2i} = K_{2i-1,2i} - 2\alpha\sin\theta\cos\theta \\ \overline{K}_{2i,2i-1} &= K_{2i,2i-1} - 2\alpha\sin\theta\cos\theta, \quad \overline{K}_{2i,2i} = K_{2i,2i} + 2\alpha\cos^2\theta\end{aligned}\right\} \tag{6.100}$$

刚度矩阵的其他元素保持不变,载荷列向量没有变化。

事实上,对比式(6.94)和式(6.98)可知,此时式(6.94)中的 $\beta_0=0$,$\beta_1=\sin\theta$,$\beta_2=-\cos\theta$,将它们带入式(6.96)可以得到和式(6.100)相同的表达式,代入式(6.97)可知对载荷列向量无须修正。

值得一提的是,当在与整体坐标系 xyz 的坐标轴不平行的边界上作用有给定位移或面力时,还可以在边界处建立局部坐标系 $x'y'z'$,使坐标轴与倾斜边平行,这样在局部坐标系中可以方便地给出位移和面力值,然后再按下式将局部坐标系中的给定位移和面力转换到整体坐标系中:

$$\boldsymbol{u}' = \boldsymbol{T}\boldsymbol{u} = \overline{\boldsymbol{u}}', \quad \boldsymbol{t}' = \boldsymbol{T}\boldsymbol{t} = \boldsymbol{T}\boldsymbol{n}\boldsymbol{\sigma} = \bar{\boldsymbol{t}}'$$

上述关系参见 1.2.7 节。

6.5.3 过盈配合

工程结构中会遇到将弹性轴套压装到轴承上的装配,即过盈配合,如图 6.7 所示。在有限元建模时,可在两构件的接触面上定义成对的接触点,一个结点在轴套内表面上,一个结点在轴的外表面上。假设该两个点的径向位移分别为 a_i 和 a_j,则它们需满足如下约束条件:

$$a_j - a_i = \delta \tag{6.101}$$

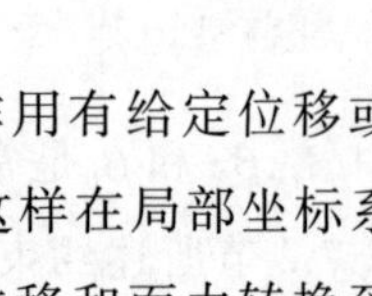

图 6.7　弹性轴与弹性轴套的压装配合

该条件可以利用罚函数法将其引入势能表达式

$$\Pi^* = \frac{1}{2}\boldsymbol{a}^{\mathrm{T}}\boldsymbol{K}\boldsymbol{a} - \boldsymbol{a}^{\mathrm{T}}\boldsymbol{P} + \alpha(a_j - a_i - \delta)^2 \tag{6.102}$$

利用驻值条件 $\delta\Pi^*=0$,可得对整体刚度矩阵如下元素的修正:

$$\left.\begin{aligned}\overline{K}_{ii}=K_{ii}+2\alpha,\quad \overline{K}_{ij}=K_{ij}-2\alpha\\ \overline{K}_{ji}=K_{ji}-2\alpha,\quad \overline{K}_{jj}=K_{jj}+2\alpha\end{aligned}\right\}\tag{6.103}$$

以及对载荷列向量如下元素的修正：

$$\overline{P}_i=P_i-2\alpha\delta,\quad \overline{P}_j=P_j+2\alpha\delta\tag{6.104}$$

刚度矩阵和载荷列向量的其他元素保持不变。对比式(6.94)和式(6.101)可知，此时式(6.94)中的 $\beta_0=\delta,\beta_1=-1,\beta_2=1$，将它们代入式(6.96)和式(6.97)可以得到相同的结果。

6.5.4 弹性支座

如图 6.8 所示为一弹性支座，假设弹簧的刚度系数为 k。有限元模型上与该弹簧连接的结点为 i，弹簧发生变形时的势能为

$$E_p=\frac{1}{2}ka_i^2\tag{6.105}$$

将其代入系统的势能，有

$$\Pi^*=\frac{1}{2}\boldsymbol{a}^{\mathrm{T}}\boldsymbol{K}\boldsymbol{a}-\boldsymbol{a}^{\mathrm{T}}\boldsymbol{P}+\frac{1}{2}ka_i^2\tag{6.106}$$

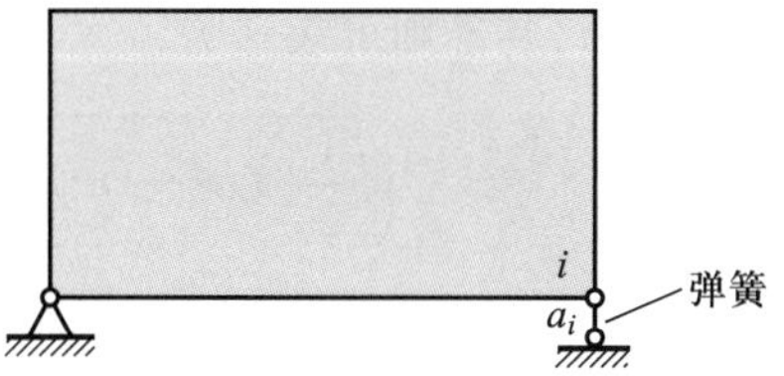

图 6.8 弹性支座

由驻值条件 $\delta\Pi^*=0$ 可以导出

$$\begin{bmatrix}K_{11} & K_{12} & \cdots & K_{1j} & \cdots & K_{1n}\\ K_{21} & K_{22} & \cdots & K_{2j} & \cdots & K_{2n}\\ \vdots & \vdots & & \vdots & & \vdots\\ K_{i1} & K_{i2} & \cdots & K_{ii}+k & \cdots & K_{in}\\ \vdots & \vdots & & \vdots & & \vdots\\ K_{n1} & K_{n2} & \cdots & K_{nj} & \cdots & K_{nn}\end{bmatrix}\begin{bmatrix}a_1\\ a_2\\ \vdots\\ a_i\\ \vdots\\ a_n\end{bmatrix}=\begin{bmatrix}P_1\\ P_2\\ \vdots\\ P_i\\ \vdots\\ P_n\end{bmatrix}\tag{6.107}$$

即只需将弹簧的刚度系数加到刚度矩阵中对应自由度对角元素上即可。

6.6 结构强度分析

有限元分析的最终目的之一是分析结构在载荷作用下的强度。在得到结构的应力计算结果后，可利用常用的四个强度理论进行强度分析。关于该四个强度理论的详细介绍可参考材料力学教材，在此仅做简要介绍。

第一强度理论，又称为最大拉应力理论。该理论认为最大拉应力是引起材料脆性断裂的主要原因，其准则可表达为

$$\sigma_{\max}=\sigma_1\leqslant\sigma_b\tag{6.108}$$

式中 σ_1 为最大主应力，σ_b 为材料的断裂应力。实验证明，这一理论与铸铁、石料、混凝土等

脆性材料的拉断破坏较吻合。

第二强度理论,又称为最大正应变理论。该理论认为最大正应变是引起材料脆性破坏的主要原因,其准则可表达为

$$\sigma_1 - \nu(\sigma_2 + \sigma_3) \leqslant \sigma_b \tag{6.109}$$

这一理论目前应用较少。

第三强度理论,又称最大剪应力理论。该理论认为最大剪应力是引起塑性材料屈服的主要原因,其准则可表达为

$$\sigma_1 - \sigma_3 \leqslant \sigma_s \tag{6.110}$$

式中 σ_s 为材料的屈服应力。上式是材料开始出现屈服的条件,又称为 Tresca 屈服准则,上式左端表达的应力称为 Tresca 等效应力。该准则仅适用于拉伸和压缩屈服极限相同的塑性材料。

第四强度理论,又称为畸变能密度理论。该理论认为畸变能密度是引起塑性材料屈服的主要原因,其准则可表达为

$$\sqrt{\frac{1}{2}[(\sigma_1 - \sigma_2)^2 + (\sigma_2 - \sigma_3)^2 + (\sigma_3 - \sigma_1)^2]} \leqslant \sigma_s \tag{6.111}$$

该准则又称为 Mises 屈服准则,上式左端表达的应力称为 Mises 等效应力。这一理论与实验结果吻合较好,在工程中得到了广泛的应用。

在 ABAQUS 等有限元软件后处理模块中可以输出结点和积分点沿坐标方向的应力分量、主应力和 Mises 等效应力等,便于用户根据需要选择合适的强度理论进行强度分析。在工程应用中,通常会根据具体情况,将准则中的断裂应力或屈服应力除以安全系数作为结构的容许应力。另外,要根据实际结构所用材料采用不同的强度准则。

6.7　有限元建模

6.7.1　有限元分析过程

如图 6.9 所示,采用有限元方法分析结构的过程包括三个阶段:前处理、计算分析、后处理。前处理的任务是建立有限元模型;计算分析是采用有限元理论方法完成具体的计算;后处理则是对计算结果进行必要的处理,通常采用图表的方式输出结果便于理解和分析。现有商用有限元软件除了具有强大的有限元计算分析能力外,还配备了功能完善的人机交互可视化前处理器和后处理器。

有限元前处理的主要功能是建立有限元模型,包括计算对象的几何模型、材料参数、边界条件和网格划分等。有限元模型是进行有限元分析的计算模型,为有限元计算提供必要的原始数据。有限元模型建立在合理的力学模型基础之上,所以针对实际结构建立合理的

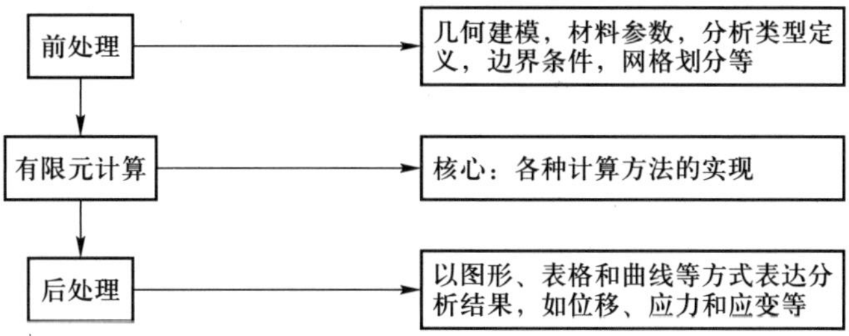

图 6.9　有限元结构分析的一般过程

力学简化模型极为重要。有限元模型是否合理直接影响有限元计算的精度、计算时间（代价）、所需计算机硬件条件（如内存和外存容量）等。

有限元模型是为数值计算提供所有原始数据的计算模型，包括模型控制数据、结点数据、单元数据、材料性能数据和边界条件数据等，分别简述如下。

（1）模型控制数据

有限元模型数据中必须包括必要的控制数据。这些数据主要包括结点总数、单元总数、单元结点数、材料类型总数、载荷总数、结点空间坐标维数、结点自由度数等。对各控制参数分别说明如下。

（a）结点总数：用于离散结构、形成网格的所有结点数目。在确保计算精度的前提下结点数越少，计算规模越小，效率越高。

（b）单元总数：离散结构的所有单元的数目。如果离散一个结构采用了多种单元，还需要定义每种单元的数目。

（c）单元结点数：每一个单元的结点数。如三角形 3 结点单元有 3 个结点，四边形 4 结点单元有 4 个结点。有时在离散一个结构时会同时采用多种单元，这时需要定义单元类型数以及各类型单元的结点数等。

（d）材料类型总数：所分析的结构中包含的不同材料类型数。一个结构可以由多种材料组成。

（e）载荷总数：结构所承受的载荷总数。实际结构可能承受不同类别的载荷，如体积力、集中力、分布载荷等。应该分别给出相应载荷的控制数。

（f）结点空间坐标维数：描述结点空间坐标的个数。如 1 维、2 维和 3 维。

（g）结点自由度数：可能不同于结点的坐标维数。如分析结构的温度场时，结点自由度只有温度，自由度数为 1，而结点的坐标可以是 1 维、2 维或 3 维的。

根据问题的复杂程度，还可能包含其他的控制参数，视具体情况而定。程序的通用性越强，需要考虑的因素越多，控制参数也越多。

（2）材料性能数据

根据分析问题的类型，需要提供必要的材料性能数据。对于弹性力学问题，材料性能数据包括弹性模量、泊松比和密度等。当分析的结构对象包含多种材料时，要给出每一种材料的性能参数。可以利用控制参数中的材料类型总数,通过循环对每一种材料的参数进行定义。

(3) 结点数据

结点数据包括结点编号和结点坐标。

(a) 结点编号:离散结构网格的每一个结点的编号。结点编号的顺序会影响结构总体刚度矩阵的带宽,带宽取决于单元中最大结点编号与最小结点编号之差。可以利用控制参数中的结点总数通过循环实现对结点的编号。

(b) 结点坐标:每一个结点的空间坐标。结点编号和结点坐标往往同时进行定义,即给每一编号的结点输入坐标即可。

(4) 单元数据

单元数据包括单元编号和单元定义。

(a) 单元编号:离散结构网格的每一个单元的编号。可以利用控制参数中的单元总数通过循环实现对单元的编号。

(b) 单元定义:定义每一个单元所包含的按逆时针方向编号的所有结点,其定义了整体结点编号与单元局部结点编号之间的对应关系。单元编号和单元定义往往同时进行,即给每一编号的单元按逆时针方向顺序定义其包含的结点(结点编号)。

(5) 边界条件数据

(a) 位移约束数据:规定模型中哪些结点的哪些自由度上的位移给定,给定位移可以是零位移(固定约束)或非零位移。

(b) 载荷数据:定义模型中结点载荷、单元边(面)载荷和体力载荷等,包括这些载荷的大小、作用位置和方向等。

有限元后处理的主要功能是以便于分析和理解的方式展现各种计算结果,如位移、应力和应变等。现有商用有限元软件的后处理器都具有非常丰富和方便的功能。如可以绘制结构的变形图,位移、等效应力、等效应变和各分量的分布云图,也可以输出相应的数据等。

6.7.2 模型简化处理方法

在对结构进行有限元分析时,首先要建立合理的力学分析简化模型。很多问题存在几何对称性和载荷对称性,在建立有限元模型时应该利用这些对称性使计算模型得以简化。

如图 6.10a 所示为一受均匀拉伸载荷的矩形平板,图中 x,y 为对称轴。根据该平板的几何形状及受力的对称性,建立有限元模型时,可仅选择原结构的 1/4 作为计算模型。在两个对称面上分别约束 y 和 x 方向的位移,如图 6.10b 所示。

另一个例子,如图 6.11a 所示受内压的八角形管道。由于对称性,建立有限元模型时仅需要考虑如图 6.11b 所示的 22.5°的区域即可。该管子受内压作用时仅发生径向变形,故简化模型沿 x 和 n 轴上的点的法向位移约束。在 n 轴上点的位移约束条件的施加可以采用

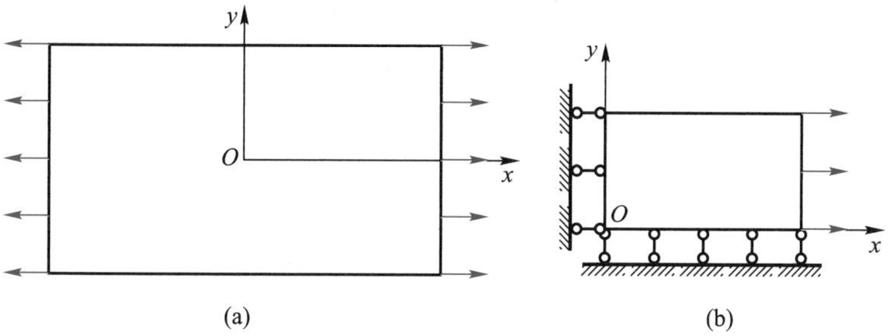

图 6.10 受均匀拉伸载荷的矩形平板及其模型简化

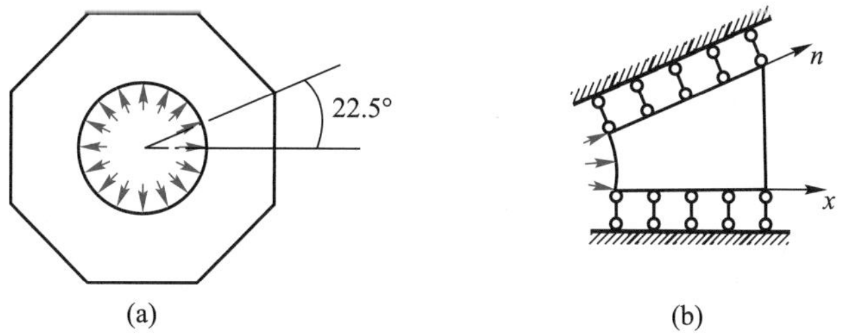

图 6.11 八角形管道及其模型简化

6.5.2 节所述的方法实现。

有限元模型中常常会遇到尖角的情况,如图 6.12a 所示。尖角是一种理想化的简化,实际结构中并不存在。如果有限元模型采用尖角,由于尖角处弹性应力的理论值为无穷大,可以发现随着网格的细化,尖角处的应力会不断增大,直到无穷大。这时,如果要想得到尖角处的准确应力,则需要考虑该处的实际倒角的大小,如图 6.12b 所示,并划分足够小的网格以获得收敛结果。值得一提的是,如图 6.12a 所示的尖角在实际结构中并不存在,也是结构设计中需要避免的。事实上,由于这类应力集中区很容易进入塑性,材料屈服后的应力也不会达到无穷大。

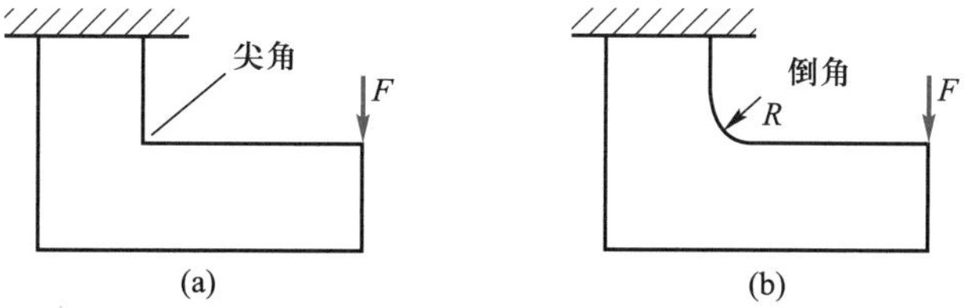

图 6.12 模型中尖角的处理

6.7.3 单元选择及网格的划分

在建立有限元模型过程中,建立结构的几何模型后,需要选择合理的单元类型,并利用选择的单元对结构进行离散化,即划分网格。单元的选择通常要根据结构外形的复杂程度来选择不同形状的单元。如对于形状复杂的二维结构可以选择三角形单元,三维问题可选择四面体单元。对于形状较规则的结构则尽量选择四边形单元或六面体单元。对于四边形和六面体单元,还要注意积分方案的选择,避免发生剪切自锁和沙漏现象,详见 5.10.3 节的讨论。另外,还应根据分析结构的几何、受力和变形特点,以及计算机硬件条件和精度要求等确定单元的阶次。单元网格划分直接影响计算精度和计算规模,因而是有限元建模过程中最为关键的环节。网格划分涉及网格数量、网格疏密、单元阶次和网格质量等。

网格数量又称为绝对网格密度。网格数量的多少主要影响计算精度和规模。一般而言,随着网格数量的增加,计算结果的精度会提高,但同时会增加计算分析的规模和时间(代价)。在满足精度要求的前提下,应该尽量采用较少数量的网格。

网格疏密是指结构不同部位采用不同大小的网格,又称为相对网格密度。实际结构的应力场很少均匀分布,一般或多或少存在不同程度的应力集中。为了反映应力场的局部特性和准确计算最大应力值,应力集中区域应采用较密集的网格。而在其他非应力集中区域,由于应力变化梯度小,为减少网格数量,可采用较稀疏的网格。采用不同密度的网格划分时,应注意疏密网格之间的过渡。过渡的一般原则是避免网格尺寸突然变化,以免出现畸形或质量较差的网格。

单元阶次是指单元插值函数的阶次。很多单元都有低阶和高阶形式,采用高阶单元的目的是为了提高精度。一方面,利用高阶单元的曲线或曲面边界,可以更好地逼近结构的边界曲线或曲面;另一方面,利用高阶插值函数能更好地逼近复杂的函数。由于高阶单元的结点数较多,应权衡精度和计算规模。增加网格数量和提高单元阶次都可以提高计算精度,但在结点总数相同的情况下,增加单元阶次的效果更理想。

网格质量是指网格几何形状的合理性。网格质量的好坏直接影响计算结果的精度,质量太差的网格甚至会导致计算失败。如四边形或六面体单元的边长之比不要过大,应尽量接近于 1;相邻边的夹角不要太大也不要太小,应尽量接近 90°。网格表面不过分扭曲,边结点位于边界等分点附近等是获得较好质量网格的基本要求。规则的四边形单元和六面体单元会得到好的计算结果。

目前,一些商用有限元软件已具备自适应有限元分析能力,如 ABAQUS 软件。尽管自适应有限元方法和软件还有待进一步完善,其必然是未来的一个重要发展方向。

6.8 小结

有限元解的误差来源于结构离散、单元插值函数的阶次、数值积分、计算机截断误差等。以结点位移为基本变量的位移元,由于应变与位移存在一阶导数关系,应力和应变同阶,因此,应变和应力比位移的精度低一阶。另一方面,单元之间的位移是连续的,而应变和应力是不连续的。在进行有限元计算时,随着网格的细化,位移收敛速度远比应变和应力收敛快。

由于相邻单元之间的应力不连续，对于一个结点，由共享该结点的单元计算得到的应力值不同，结点的应力精度不高。单元积分点的应力精度最高，称为最佳应力点。利用积分点的应力对单元的应力进行重新插值，可改进其精度。此外，还可以采用结点平均和分片插值等方法提高有限元的应力计算精度。

一般而言，结构在外力作用下的应力分布不均匀，存在应力集中区。对于应力梯度大的区域通常需要更高的计算精度，如采用高阶单元或采用细化网格方案。可以通过对结构在初始网格划分时不同区域的计算误差进行估计，进而基于误差估计细化误差较大区域的网格，或在该区域采用高阶单元重新离散，或结合使用单元细化和提升单元阶次重新计算，这一过程可以重复进行，直到满足精度要求为止。这种方法称为自适应分析方法。

利用罚函数法引入多点约束条件，可以处理如倾斜边界、过盈配合和弹性支座等特殊边界问题。引入多点约束条件的方法在实际结构的有限元分析中具有非常重要的实际意义。现有商用有限元软件均具备引入多点约束条件的功能。

有限元计算结果的分析必须予以高度重视。首先通过对计算结果的定性分析，判断其合理性，从而判断力学分析模型及有限元计算方案的合理性。通常需要关注结构在外力作用下的刚度，即结构的变形。结构的安全性判断则取决于计算得到的应力和使用的强度理论。针对不同的材料应采用不同的强度理论，采用不合理的强度理论可能导致强度判断的失误。

有限元分析模型简化的合理性，包括结构几何构型的简化、边界条件的处理、载荷的简化、材料模型、单元的选择以及网格的划分等，这些都会对计算结果的合理性和精度产生直接影响。为了确保计算精度，还需进行单元收敛性检查。

习题

6.1 位移有限元解的精度有何性质？位移的精度和应力、应变的精度关系如何？

6.2 单元中哪些点的位移精度最高？哪些点的应力和应变的精度最高？改善应力精度的方法有哪些？

6.3 有限元建模时应该注意哪些问题？提高有限元计算精度的方法有哪些？如何保证有限元分析结果的精度？

6.4 列出平面问题四边形 4 结点等参单元的有限元计算公式，编写四边形 4 结点等参单元有限元程序，并用算例验证其正确性。

6.5 图示为悬臂梁弯曲问题。该梁的高度 $h=1$ m，长度 $L=10$ m，厚度 $t=1$ m。材料的弹性模量为 200 GPa，泊松比取 0.3。梁的左端为固定约束，右端施加有集中载荷 $F=$ 1 000 kN。利用自己编写的有限元程序或商用有限元软件，分别用三角形 3 结点单元、四边形 4 结点单元、四边形 8 结点单元计算该悬臂梁的变形和应力。建议采用不同网格划分方式计算分析，并将计算结果与由基本梁理论得到的结果进行比较。分析采用四边形 4 结点单元时可能出现的剪切自锁和沙漏模式。

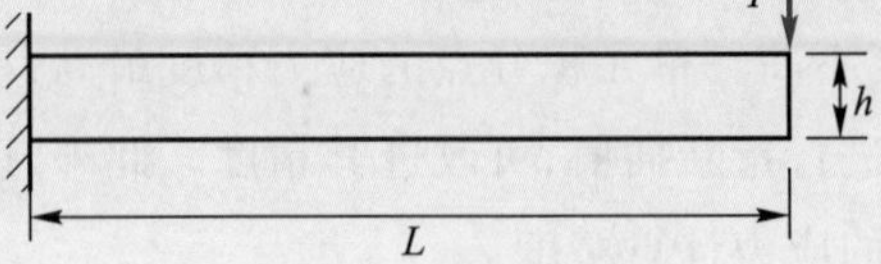

题 6.5 图

6.6　图示为中心处带圆孔的平板处于平面应力状态。圆孔的直径 $D=10$ mm，板宽 $W=50$ mm，长度 $L=80$ mm，板厚度 $t=1$ mm。材料的弹性模量为 200 GPa，泊松比取 0.3。在板的两端施加均布载荷 $q=10\ \mathrm{N/mm^2}$。利用自己编写的有限元程序或商用有限元软件，分别用三角形 3 结点单元和四边形 4 结点单元计算其变形和应力。画出其变形图，并给出水平应力分量沿 AB 的分布。

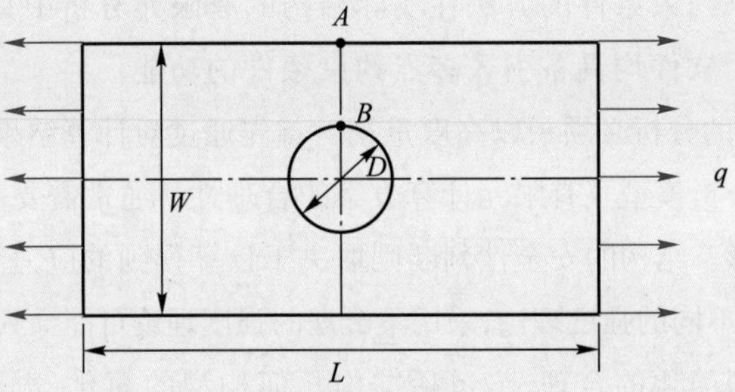

题 6.6 图

6.7　图示为一承受内压圆筒。该圆筒的外径 $R_o=100$ mm，内径 $R_i=50$ mm，长度 $L=200$ mm。材料的弹性模量为 200 GPa，泊松比取 0.3。其受内压 $p=1.0$ MPa。利用自己编写的有限元程序或商用有限元软件，自己选择单元计算该圆筒的变形和应力。画出变形图，并给出径向应力分量沿径向的分布。

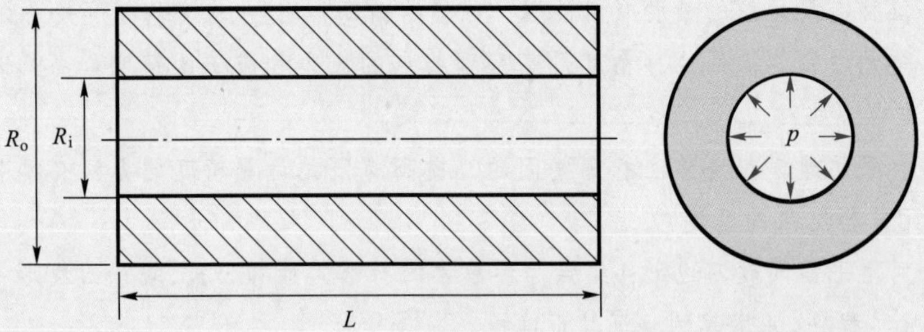

题 6.7 图

6.8　图示为一结构钢悬臂梁，弹性模量 $E=200$ GPa，泊松比 $\nu=0.3$。利用有限元软件，分别用六面体 8 结点单元和 20 结点单元计算其变形和应力。给出 4 个自由端角点处的位移和最大 Mises 应力。考察单元收敛性，并比较两种单元的计算精度。

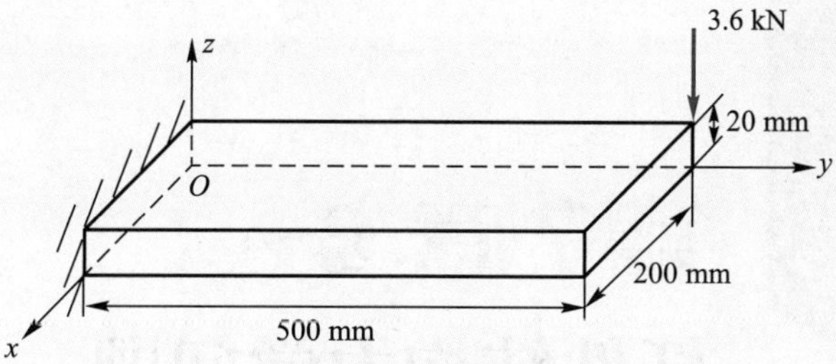

题 6.8 图

参考答案 A6

7

第 7 章

杆件结构力学问题

7.1 引言

前面几章介绍了采用有限单元法离散结构时的实体有限单元，包括二维平面应力单元、平面应变单元、轴对称单元和三维实体单元。这些单元在工程结构和产品设计中得到了非常广泛的应用。然而，很多工程结构构件可以简化为杆、梁、索、膜、板和壳等，根据这些结构构件的变形特征，可对其控制方程进行简化。因而在采用有限单元法进行计算分析时，可根据这些结构的变形特征和控制方程，建立相应的单元，包括轴力单元、扭转单元、索单元、梁单元、板单元、壳单元和膜单元等，这些单元称为结构单元，分别用于离散桁架结构、网索结构、框架结构、板壳结构和薄膜结构等。

在实际工程中广泛采用杆件结构，如图 7.1 所示为工程中使用杆件结构的实例，包括桥梁结构、建筑结构和输电杆塔等。在这些结构中包括杆件仅受轴力作用的桁架结构和杆件同时承受轴力、扭转和弯曲作用的框架结构等。本章首先介绍杆件单元，再介绍桁架和框架结构有限元方法。杆件单元包括轴力单元、扭转单元和弯曲梁单元，这些单元是分析桁架结构和框架结构的基本单元。

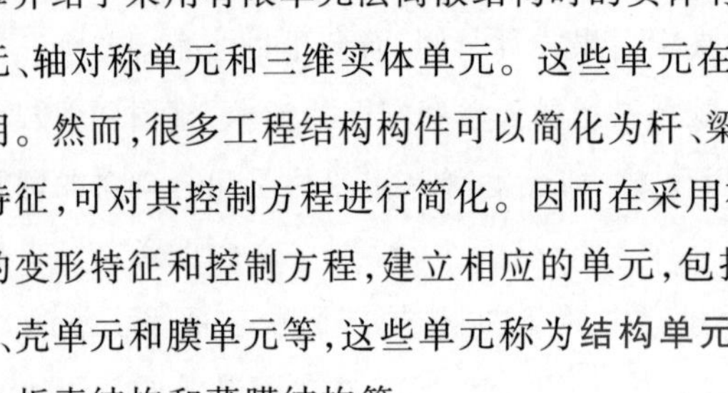

(a) 重庆东水门大桥

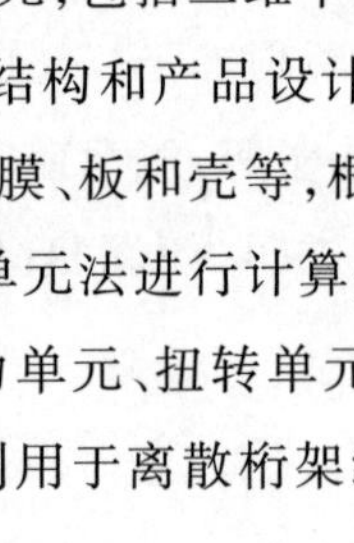

(b) 输电杆塔

(c) 广州塔　　　　(d) 卢浮宫金字塔

图 7.1　工程中的杆件结构

7.2 轴力单元

工程中广泛采用的桁架结构由二力杆组成。二力杆是指仅承受轴向拉伸或压缩的杆件。如图 7.2 所示为仅受轴力作用的等截面直杆,假设一维坐标为 x。在直杆的轴向作用有分布力 $f(x)$ 和集中力 $\overline{P}_k(k=1,2,\cdots)$,该杆件仅发生沿 x 方向的变形,任意一点的位移为 $u(x)$。

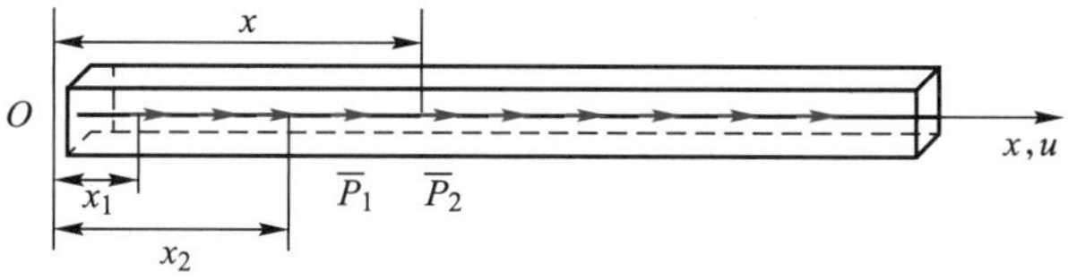

图 7.2　受轴向力作用的等截面直杆

对于仅受轴力作用的杆件,可视为一维问题。杆上任意一点仅有轴向应变 ε_x,由几何关系可得

$$\varepsilon_x = \frac{\mathrm{d}u}{\mathrm{d}x} \tag{7.1}$$

由弹性本构关系胡克定律可得应力

$$\sigma_x = E\varepsilon_x = E\frac{\mathrm{d}u}{\mathrm{d}x} \tag{7.2}$$

式中 E 为材料的弹性模量。由微元体轴向的平衡可得力的平衡方程

$$\frac{\mathrm{d}}{\mathrm{d}x}(A\sigma_x) = f(x) \tag{7.3}$$

式中 A 为杆件的横截面面积。杆件端部的位移边界条件可写为

$$u = \bar{u} \tag{7.4}$$

作用于杆件上的力包括沿轴向的分布力 $f(x)$ 和集中力 $\bar{P}_k(k=1,2,\cdots)$。

杆件的应变能为

$$U_\varepsilon = \int_V \frac{1}{2}\sigma_x\varepsilon_x \mathrm{d}V = \int_0^l \frac{1}{2}E\varepsilon_x\varepsilon_x A\mathrm{d}x = \int_0^l \frac{1}{2}N_x\varepsilon_x \mathrm{d}x$$

式中 l 为杆件的长度，A 为杆的截面面积，$N_x=A\sigma_x$ 为截面上的轴力。其势能（泛函）为应变能和外力势之和

$$\begin{aligned}\Pi_\mathrm{p}(u) &= \int_V \frac{1}{2}\sigma_x\varepsilon_x \mathrm{d}V - \int_0^l f(x)u\mathrm{d}x - \sum_k \bar{P}_k u_k \\ &= \int_0^l \frac{1}{2}E\varepsilon_x\varepsilon_x A\mathrm{d}x - \int_0^l f(x)u\mathrm{d}x - \sum_k \bar{P}_k u_k \\ &= \int_0^l \frac{EA}{2}\left(\frac{\mathrm{d}u}{\mathrm{d}x}\right)^2 \mathrm{d}x - \int_0^l f(x)u\mathrm{d}x - \sum_k \bar{P}_k u_k\end{aligned} \tag{7.5}$$

式中 u_k 是作用有集中力 $\bar{P}_k$ 的点的位移。上式推导中利用了式（7.1）和式（7.2）。

采用有限元方法求解杆件在力作用下的变形，用轴力单元对杆件进行离散。具有 n 个结点的单元位移插值可表达为

$$u = \sum_{i=1}^{n} N_i(\xi)u_i = [N_1 \quad N_2 \quad \cdots \quad N_n]\begin{bmatrix} u_1 \\ u_2 \\ \vdots \\ u_n \end{bmatrix} = \boldsymbol{N}\boldsymbol{a}^e \tag{7.6}$$

参见 4.2.1 节，利用 Lagrange 插值，可构造单元插值函数 N_i。若将整体坐标变换为自然坐标 $\xi(-1\leqslant\xi\leqslant1)$，则可利用自然坐标构造插值函数。

将式（7.6）代入几何关系（7.1）可得单元的轴向应变为

$$\varepsilon_x = \frac{\mathrm{d}u}{\mathrm{d}x} = \left[\frac{\mathrm{d}N_1}{\mathrm{d}x} \quad \frac{\mathrm{d}N_2}{\mathrm{d}x} \quad \cdots \quad \frac{\mathrm{d}N_n}{\mathrm{d}x}\right]\begin{bmatrix} u_1 \\ u_2 \\ \vdots \\ u_n \end{bmatrix} = \boldsymbol{B}_\mathrm{a}\boldsymbol{a}^e \tag{7.7a}$$

式中

$$\boldsymbol{B}_\mathrm{a} = \left[\frac{\mathrm{d}N_1}{\mathrm{d}x} \quad \frac{\mathrm{d}N_2}{\mathrm{d}x} \quad \cdots \quad \frac{\mathrm{d}N_n}{\mathrm{d}x}\right] \tag{7.7b}$$

为应变矩阵。由式（7.5），单元的势能为

$$\Pi_\mathrm{p}^e(u) = \int_0^{l^e} \frac{EA}{2}\left(\frac{\mathrm{d}u}{\mathrm{d}x}\right)^2 \mathrm{d}x - \int_0^{l^e} f(x)u\mathrm{d}x - \sum_k \bar{P}_k u_k \tag{7.8}$$

式中 l^e 为单元的长度。为简化起见，在划分单元时，总在作用有集中力的位置设置结点。将

式(7.6)和式(7.7a)代入式(7.8)有

$$\begin{aligned}\Pi_{\mathrm{p}}^{e} &= \int_{0}^{l^e} \frac{1}{2} EA\,(\boldsymbol{a}^e)^{\mathrm{T}} \boldsymbol{B}_{\mathrm{a}}^{\mathrm{T}} \boldsymbol{B}_{\mathrm{a}} \boldsymbol{a}^e \mathrm{d}x - \int_{0}^{l^e} (\boldsymbol{N}\boldsymbol{a}^e)^{\mathrm{T}} f(x)\,\mathrm{d}x - (\boldsymbol{a}^e)^{\mathrm{T}} \boldsymbol{P}_{\mathrm{c}}^{e} \\ &= (\boldsymbol{a}^e)^{\mathrm{T}} \left(\int_{0}^{l^e} \frac{1}{2} EA \boldsymbol{B}_{\mathrm{a}}^{\mathrm{T}} \boldsymbol{B}_{\mathrm{a}} \mathrm{d}x \right) \boldsymbol{a}^e - (\boldsymbol{a}^e)^{\mathrm{T}} \left(\int_{0}^{l^e} \boldsymbol{N}^{\mathrm{T}} f(x)\,\mathrm{d}x - \boldsymbol{P}_{\mathrm{c}}^{e} \right)\end{aligned} \tag{7.9}$$

上式中 $\boldsymbol{P}_{\mathrm{c}}^{e}$ 是作用在单元结点上的集中力列向量。根据最小势能原理 $\delta\Pi_{\mathrm{p}}^{e}=0$,可得轴力单元的平衡方程

$$\boldsymbol{K}^e \boldsymbol{a}^e = \boldsymbol{P}^e$$

其中单元刚度矩阵为

$$\boldsymbol{K}^e = \int_{0}^{l^e} EA \left(\frac{\mathrm{d}\boldsymbol{N}}{\mathrm{d}x} \right)^{\mathrm{T}} \left(\frac{\mathrm{d}\boldsymbol{N}}{\mathrm{d}x} \right) \mathrm{d}x = \int_{0}^{l^e} EA \boldsymbol{B}_{\mathrm{a}}^{\mathrm{T}} \boldsymbol{B}_{\mathrm{a}} \mathrm{d}x \tag{7.10}$$

单元结点载荷向量为

$$\boldsymbol{P}^e = \boldsymbol{P}_{\mathrm{f}}^{e} + \boldsymbol{P}_{\mathrm{c}}^{e} = \int_{0}^{l^e} \boldsymbol{N}^{\mathrm{T}} f(x)\,\mathrm{d}x + \boldsymbol{P}_{\mathrm{c}}^{e} \tag{7.11}$$

式中 $\boldsymbol{P}_{\mathrm{f}}^{e} = \int_{0}^{l^e} \boldsymbol{N}^{\mathrm{T}} f(x)\,\mathrm{d}x$ 为分布力的等效结点载荷,$\boldsymbol{P}_{\mathrm{c}}^{e}$ 是作用在单元结点上的集中力,若没有集中力,则无 $\boldsymbol{P}_{\mathrm{c}}^{e}$ 项,若在多个单元共享的结点上有集中力,仅计算一次。

对所有单元进行组集,引入位移边界条件后解方程可得到所有结点的位移。在得到结点位移后利用式(7.7)可计算单元中任意一点的应变,进而利用 $\sigma_x = E\varepsilon_x$ 可计算其应力。工程应用中常需给出杆的轴力 N_x。

利用自然坐标与整体坐标之间的变换关系(4.9):

$$\xi = \frac{2(x - x_1)}{x_n - x_1} - 1 = \frac{2x - (x_1 + x_n)}{l^e} \quad (-1 \leqslant \xi \leqslant 1)$$

式中 $x_1, x_2, \cdots, x_n$ 是单元的结点坐标,可得

$$\mathrm{d}x = \frac{l^e}{2} \mathrm{d}\xi \tag{7.12}$$

将其代入式(7.10)和式(7.11)中可得

$$\boldsymbol{K}^e = \int_{-1}^{1} \frac{2EA}{l^e} \left(\frac{\mathrm{d}\boldsymbol{N}}{\mathrm{d}\xi} \right)^{\mathrm{T}} \left(\frac{\mathrm{d}\boldsymbol{N}}{\mathrm{d}\xi} \right) \mathrm{d}\xi \tag{7.13}$$

$$\boldsymbol{P}_{\mathrm{f}}^{e} = \int_{-1}^{1} \boldsymbol{N}^{\mathrm{T}} f(\xi)\, \frac{l^e}{2} \mathrm{d}\xi \tag{7.14}$$

对于 2 结点 Lagrange 单元,其插值函数为(参见 4.2.1 节)

$$N_1 = \frac{1}{2}(1 - \xi), \quad N_2 = \frac{1}{2}(1 + \xi) \tag{7.15}$$

分别代入式(7.13)和式(7.14)得

$$\boldsymbol{K}^e = \int_{-1}^{1} \frac{2EA}{l^e} \begin{bmatrix} -\dfrac{1}{2} \\ \dfrac{1}{2} \end{bmatrix} \begin{bmatrix} -\dfrac{1}{2} & \dfrac{1}{2} \end{bmatrix} \mathrm{d}\xi = \frac{EA}{l^e} \begin{bmatrix} 1 & -1 \\ -1 & 1 \end{bmatrix} \tag{7.16}$$

$$P_f^e = \int_{-1}^{1} \frac{l^e}{2} \begin{bmatrix} \frac{1}{2}(1-\xi) \\ \frac{1}{2}(1+\xi) \end{bmatrix} f(\xi)\,d\xi \tag{7.17}$$

若 $f(x)$ 为常数（如体积力），则

$$P_f^e = \int_{-1}^{1} \frac{l^e}{2} \begin{bmatrix} \frac{1}{2}(1-\xi) \\ \frac{1}{2}(1+\xi) \end{bmatrix} f d\xi = \frac{l^e}{2} f \begin{bmatrix} 1 \\ 1 \end{bmatrix}$$

由式(4.9)可知，2 结点单元的坐标变换式为

$$\xi = \frac{2(x-x_1)}{x_2-x_1} - 1$$

由此可得

$$\begin{aligned} x &= \frac{1}{2}(1+\xi)(x_2-x_1) + x_1 = \frac{1}{2}(1+\xi)x_2 - \frac{1}{2}(1+\xi)x_1 + x_1 \\ &= \frac{1}{2}(1+\xi)x_2 + \frac{1}{2}(1-\xi)x_1 = N_1x_1 + N_2x_2 \end{aligned}$$

由位移插值函数式(7.5)可知，坐标变换和位移插值形式相同，此即等参变换，所以该单元为等参单元。

常用的轴力单元有 2 结点单元和 3 结点单元。3 结点单元常用于模拟索状结构，如斜拉桥和悬索桥的拉索和悬索、输电导线、混凝土中的预应力钢筋、离岸结构中的细长管道等。利用等参变换，3 结点单元可以模拟结构的曲线形状，但当结构为曲线形状时，一般会承受弯曲作用，只有在可以忽略弯曲作用时才能使用轴力单元。对于拉索，只需将轴力单元的材料设置为只能受拉不能受压即可。

7.3　扭转单元

本节讨论仅受扭矩作用的等截面直杆的有限元公式。如图 7.3 所示为一受扭矩作用的轴。不考虑扭转引起的翘曲，杆截面为剪切变形，极半径 r 处的剪应变为

$$\gamma_r = r\frac{d\theta_x}{dx} = r\alpha \tag{7.18}$$

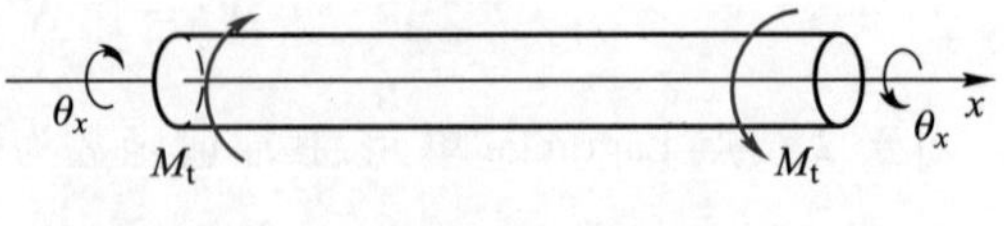

图 7.3　受扭矩作用的轴

式中 θ_x 为绕 x 轴的扭转角，其正方向按右手螺旋方向确定，$\alpha = \frac{d\theta_x}{dx}$ 为扭率。则剪应力为

$$\tau_r = G\gamma_r = Gr\frac{d\theta_x}{dx} \tag{7.19}$$

式中 G 为剪切模量。则杆的截面扭矩为

$$M_{\mathrm{t}} = \int_A r\tau_r \mathrm{d}A = \int_A rGr\frac{\mathrm{d}\theta_x}{\mathrm{d}x}\mathrm{d}A = G\frac{\mathrm{d}\theta_x}{\mathrm{d}x}\int_A r^2\mathrm{d}A = GI_r\frac{\mathrm{d}\theta_x}{\mathrm{d}x} \tag{7.20}$$

式中 I_r 为截面极惯性矩。此方程也称为力和扭转角表达的本构关系。

由微元体的平衡可得平衡方程

$$\frac{\mathrm{d}M_{\mathrm{t}}}{\mathrm{d}x} - m_{\mathrm{t}}(x) = 0 \tag{7.21a}$$

其中 $m_{\mathrm{t}}(x)$为作用于沿杆轴向变化的分布扭矩。将式(7.20)代入上式可得

$$GI_r\frac{\mathrm{d}^2\theta_x}{\mathrm{d}x^2} - m_{\mathrm{t}}(x) = 0 \tag{7.21b}$$

端部的位移边界条件为

$$\theta_x = \bar{\theta}_x \tag{7.22}$$

外力作用包括沿轴向的分布扭矩 $m_{\mathrm{t}}(x)$和集中扭矩 $\overline{M}_{\mathrm{t}k}(k=1,2,\cdots)$。

扭转轴的应变能为

$$\begin{aligned} U_\varepsilon &= \int_V \frac{1}{2}\tau_r\gamma_r\mathrm{d}V = \int_0^l\int_A \frac{1}{2}G\gamma_r\gamma_r\mathrm{d}A\mathrm{d}x = \int_0^l\int_A \frac{1}{2}Gr^2\left(\frac{\mathrm{d}\theta_x}{\mathrm{d}x}\right)^2\mathrm{d}A\mathrm{d}x \\ &= \int_0^l \frac{1}{2}G\left(\frac{\mathrm{d}\theta_x}{\mathrm{d}x}\right)^2\int_A r^2\mathrm{d}A\mathrm{d}x = \int_0^l \frac{1}{2}G\left(\frac{\mathrm{d}\theta_x}{\mathrm{d}x}\right)^2 I_r\mathrm{d}x = \int_0^l \frac{1}{2}G\alpha^2 I_r\mathrm{d}x \end{aligned}$$

式中 I_r 为极惯性矩,推导过程中利用了式(7.19)和式(7.18)。由下式得到:

$$U_\varepsilon = \int_0^l \frac{1}{2}M_t\alpha\mathrm{d}x = \int_0^l \frac{1}{2}GI_r\alpha\alpha\mathrm{d}x = \int_0^l \frac{1}{2}GI_r\left(\frac{\mathrm{d}\theta_x}{\mathrm{d}x}\right)^2\mathrm{d}x$$

其势能为

$$\Pi_{\mathrm{p}}(\theta_x) = \int_0^l \frac{1}{2}GI_r\alpha^2\mathrm{d}x - \int_0^l m_{\mathrm{t}}(x)\theta_x\mathrm{d}x - \sum_k \overline{M}_{\mathrm{t}k}\theta_{xk} \tag{7.23}$$

式中 θ_{xk}是作用有集中扭矩 $\overline{M}_{\mathrm{t}k}$处的扭转角度。

下面建立扭转单元平衡方程。具有 n 个结点的单元扭角插值表达式为

$$\theta_x = \sum_{i=1}^n N_i(\xi)\theta_{xi} = [N_1 \quad N_2 \quad \cdots \quad N_n]\begin{bmatrix}\theta_{x1} \\ \theta_{x2} \\ \vdots \\ \theta_{xn}\end{bmatrix} = \boldsymbol{N}\boldsymbol{a}^e \tag{7.24}$$

式中 ξ 为自然坐标($-1\leqslant\xi\leqslant1$)。类似于轴力单元,同样可以采用 Lagrange 插值,构造单元插值函数。单元的扭率为

$$\alpha=\frac{\mathrm{d}\theta_x}{\mathrm{d}x}=\begin{bmatrix}\frac{\mathrm{d}N_1}{\mathrm{d}x} & \frac{\mathrm{d}N_2}{\mathrm{d}x} & \cdots & \frac{\mathrm{d}N_n}{\mathrm{d}x}\end{bmatrix}\begin{bmatrix}\theta_{x1}\\ \theta_{x2}\\ \vdots\\ \theta_{xn}\end{bmatrix}=\boldsymbol{B}_{\mathrm{t}}\boldsymbol{a}^e \tag{7.25a}$$

其中

$$\boldsymbol{B}_{\mathrm{t}}=\begin{bmatrix}\frac{\mathrm{d}N_1}{\mathrm{d}x} & \frac{\mathrm{d}N_2}{\mathrm{d}x} & \cdots & \frac{\mathrm{d}N_n}{\mathrm{d}x}\end{bmatrix} \tag{7.25b}$$

为广义应变矩阵。单元的势能为

$$\Pi_{\mathrm{p}}^e(\theta_x)=\int_0^{l^e}\frac{1}{2}GI_r\alpha^2\mathrm{d}x-\int_0^{l^e}m_{\mathrm{t}}(x)\theta_x\mathrm{d}x-\sum_k\overline{M}_{\mathrm{t}i}\theta_{xi} \tag{7.26}$$

式中 θ_{xk} 是作用有集中扭矩 $\overline{M}_{\mathrm{t}k}$ 的结点的扭转角度。将式(7.24)和式(7.25)代入式(7.26)，根据最小势能原理，$\delta\Pi_{\mathrm{p}}^e=0$ 可得扭转单元的平衡方程

$$\boldsymbol{K}^e\boldsymbol{a}^e=\boldsymbol{P}^e$$

其中单元刚度矩阵为

$$\boldsymbol{K}^e=\int_0^{l^e}GI_r\left(\frac{\mathrm{d}\boldsymbol{N}}{\mathrm{d}x}\right)^{\mathrm{T}}\left(\frac{\mathrm{d}\boldsymbol{N}}{\mathrm{d}x}\right)\mathrm{d}x=\int_{-1}^{1}\frac{2GI_r}{l^e}\boldsymbol{B}_{\mathrm{t}}^{\mathrm{T}}\boldsymbol{B}_{\mathrm{t}}\mathrm{d}\xi \tag{7.27}$$

单元等效结点载荷为

$$\boldsymbol{P}^e=\boldsymbol{M}_{\mathrm{f}}^e+\boldsymbol{M}_{\mathrm{c}}^e=\int_0^{l^e}\boldsymbol{N}^{\mathrm{T}}m_{\mathrm{t}}(x)\mathrm{d}x+\boldsymbol{M}_{\mathrm{c}}^e=\int_0^{l^e}\boldsymbol{N}^{\mathrm{T}}m_{\mathrm{t}}(\xi)\frac{l^e}{2}\mathrm{d}\xi+\boldsymbol{M}_{\mathrm{c}}^e \tag{7.28}$$

式中 $\boldsymbol{M}_{\mathrm{f}}^e=\int_0^{l^e}\boldsymbol{N}^{\mathrm{T}}m_{\mathrm{t}}(x)\mathrm{d}x$ 为分布扭矩的等效结点载荷，$\boldsymbol{M}_{\mathrm{c}}^e$ 是作用在单元结点上的集中扭矩。上述两个表达式(7.27)和式(7.28)利用了自然坐标与整体坐标之间的变换关系(4.9)。

将单元进行组集并引入边界位移条件后再求解系统方程得到结点的扭转角，再利用式(7.25)可计算单元中任意一点的扭率 α，利用式(7.20)可计算内力扭矩 M_{t}。进一步可由材料力学中给出的如下公式计算截面上的剪应力：

$$\tau_r=\frac{M_{\mathrm{t}}r}{I_r}$$

类似于轴力单元，2 结点一次扭转单元的刚度矩阵为

$$\boldsymbol{K}^e=\frac{GI_r}{l^e}\begin{bmatrix}1 & -1\\ -1 & 1\end{bmatrix} \tag{7.29}$$

值得注意的是，上述扭转方程为自由扭转方程，对于非圆截面杆，扭转后截面不再保持为平面，会发生翘曲。考虑翘曲变形的影响需应用约束扭转理论。

7.4 Euler-Bernoulli 梁单元

7.4.1 Euler-Bernoulli 平面梁基本理论

梁是承受横向载荷的细长结构。如图 7.4a 所示为在 xz 面内受横向载荷和弯矩作用的梁,这种梁又称为平面梁。梁的轴线 x 与各截面的重心重合,对于各向同性均匀材料,梁的轴线与中性轴重合。梁截面的竖向变形很小,可以忽略不计,因此截面上任意一点的竖向位移可以用中性轴上点的挠度 $w(x)$ 描述,中性轴上的轴向位移 u 为零。对于平面变形梁,垂直于 xz 平面的位移 v 为零。当梁的高度远小于长度,其层间剪切变形可以忽略,梁变形前垂直于中性轴的截面变形后仍然垂直于中面,且保持为平面。满足这种假设条件的梁称为 **Euler-Bernoulli 梁**。

Euler-Bernoulli 梁的变形特征如图 7.4b 所示。外载作用下梁弯曲引起的截面转角为 θ,梁变形后轴线的斜率为$\dfrac{\mathrm{d}w}{\mathrm{d}x}$,根据直法线假设有

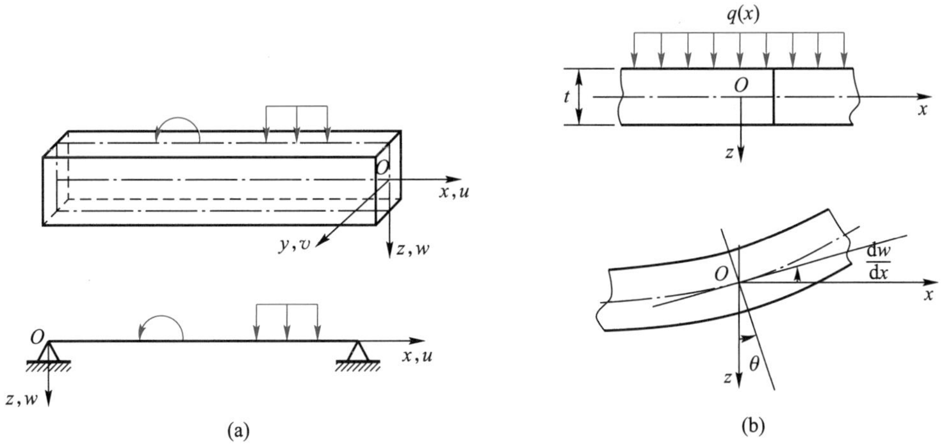

图 7.4 Euler-Bernoulli 梁变形特征

$$\theta=\frac{\mathrm{d}w}{\mathrm{d}x} \tag{7.30}$$

截面上任意一点的轴向位移为

$$u=-z\theta=-z\frac{\mathrm{d}w}{\mathrm{d}x} \tag{7.31}$$

式中 z 为该点截面高度方向的坐标,即其到中面的距离。截面上任意点的轴向应变为

$$\varepsilon_x=\frac{\mathrm{d}u}{\mathrm{d}x}=-z\frac{\mathrm{d}^2w}{\mathrm{d}x^2}=z\kappa \tag{7.32}$$

式中

$$\kappa = -\frac{\mathrm{d}^2 w}{\mathrm{d}x^2} \tag{7.33}$$

为梁变形后轴线的曲率。利用几何关系,其他应变分量

$$\varepsilon_y = \varepsilon_z = \gamma_{xy} = \gamma_{xz} = \gamma_{yz} = 0$$

即 Euler-Bernoulli 梁仅有轴向应变。由此可得任意点的轴向应力为

$$\sigma_x = E\varepsilon_x = -Ez\frac{\mathrm{d}^2 w}{\mathrm{d}x^2} = Ez\kappa \tag{7.34}$$

可见应力在截面上线性分布,如图 7.5a 所示。则截面上的弯矩 M 可由如下积分得到:

$$M = \int_{-\frac{h}{2}}^{\frac{h}{2}} z\sigma_x \mathrm{d}z = \int_{-\frac{h}{2}}^{\frac{h}{2}} -Ez^2\frac{\mathrm{d}^2 w}{\mathrm{d}x^2}\mathrm{d}z = -E\frac{\mathrm{d}^2 w}{\mathrm{d}x^2}\int_{-\frac{h}{2}}^{\frac{h}{2}} z^2\mathrm{d}z = -EI\frac{\mathrm{d}^2 w}{\mathrm{d}x^2} = EI\kappa \tag{7.35}$$

式中 I 为截面惯性矩。参见图 7.5b,截面上的剪力为 Q,由微元体的平衡条件 $\sum M_O = 0$:

$$-M + \left(M + \frac{\partial M}{\partial x}\mathrm{d}x\right) - \left(Q + \frac{\partial Q}{\partial x}\mathrm{d}x\right)\mathrm{d}x - q(x)\,\mathrm{d}x\,\frac{\mathrm{d}x}{2} = 0$$

简化为

$$\frac{\partial M}{\partial x}\mathrm{d}x - Q\mathrm{d}x - \frac{\partial Q}{\partial x}(\mathrm{d}x)^2 - \frac{1}{2}q(x)(\mathrm{d}x)^2 = 0$$

忽略高阶项,得到平衡方程 $Q=\frac{\mathrm{d}M}{\mathrm{d}x}$,代入式(7.35)和式(7.33)可得

$$Q = \frac{\mathrm{d}M}{\mathrm{d}x} = -EI\frac{\mathrm{d}^3 w}{\mathrm{d}x^3} \tag{7.36a}$$

由 $\sum F_z = 0$:

$$-Q + \left(Q + \frac{\partial Q}{\partial x}\mathrm{d}x\right) + q(x)\,\mathrm{d}x = 0$$

可得

$$\frac{\partial Q}{\partial x} + q(x) = \frac{\mathrm{d}Q}{\mathrm{d}x} + q(x) = 0$$

结合式(7.36a),该式可以写成

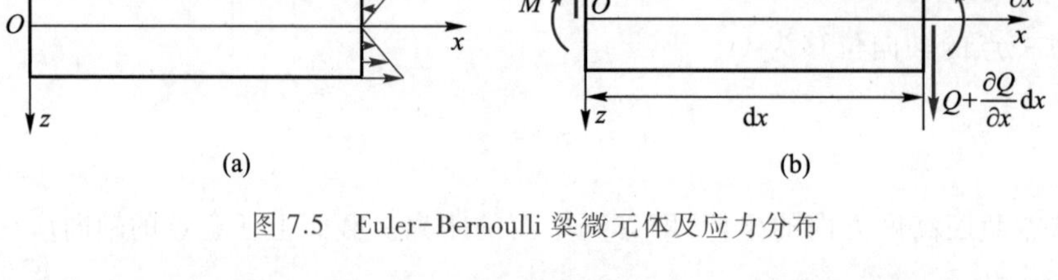

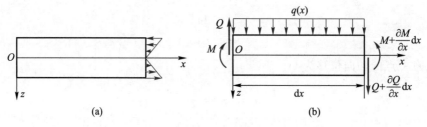

图 7.5　Euler-Bernoulli 梁微元体及应力分布

$$-\frac{\mathrm{d}Q}{\mathrm{d}x}=EI\frac{\mathrm{d}^4 w}{\mathrm{d}x^4}=q(x) \tag{7.36b}$$

梁的端部位移边界条件

$$w=\bar{w},\quad \frac{\mathrm{d}w}{\mathrm{d}x}=\bar{\theta} \tag{7.36c}$$

梁的应变能为

$$U_\varepsilon=\int_V \frac{1}{2}\sigma_x\varepsilon_x \mathrm{d}V=\int_0^l\int_A \frac{1}{2}E\varepsilon_x\varepsilon_x \mathrm{d}A\mathrm{d}x=\int_0^l\int_A \frac{1}{2}Ez^2\left(\frac{\mathrm{d}^2 w}{\mathrm{d}x^2}\right)^2 \mathrm{d}A\mathrm{d}x$$

$$=\int_0^l \frac{1}{2}E\left(\frac{\mathrm{d}^2 w}{\mathrm{d}x^2}\right)^2\int_A z^2\mathrm{d}A\mathrm{d}x=\int_0^l \frac{1}{2}E\left(\frac{\mathrm{d}^2 w}{\mathrm{d}x^2}\right)^2 I\mathrm{d}x$$

式中 l 为梁的长度。注意,由于忽略了剪切变形,剪切应变能为零。利用关系(7.33)和(7.35),应变能也可由下式计算:

$$U_\varepsilon=\int_0^l \frac{1}{2}EI\left(\frac{\mathrm{d}^2 w}{\mathrm{d}x^2}\right)^2 \mathrm{d}x=\int_0^l \frac{1}{2}M\kappa\mathrm{d}x=\int_0^l \frac{1}{2}EI\kappa^2\mathrm{d}x \tag{7.37}$$

梁的势能泛函为

$$\Pi_\mathrm{p}(w)=\int_0^l \frac{1}{2}EI\kappa^2\mathrm{d}x-\int_0^l q(x)w\mathrm{d}x-$$

$$\int_0^l m(x)\frac{\mathrm{d}w}{\mathrm{d}x}\mathrm{d}x-\sum_j \bar{P}_j w_j-\sum_k \bar{M}_k\left(\frac{\mathrm{d}w}{\mathrm{d}x}\right)_k \tag{7.38}$$

式中 $m(x)$ 为作用在梁上的分布力矩,$\bar{P}_j$ 和 $\bar{M}_k$ 分别为集中力和集中力矩。力方向与 z 轴同向的为正,力矩沿逆时针方向为正,与图 7.4 中定义的截面转角方向一致。

7.4.2 2 结点 Euler-Bernoulli 梁单元

本节介绍 2 结点 Euler-Bernoulli 梁单元。梁弯曲问题可用中面的挠度作为基本变量,但是梁发生弯曲变形时其截面的转角也要连续,由式(7.30)可知,挠度的一阶导数要连续,因而要采用 Hermite 插值函数构造单元。2 结点 Euler-Bernoulli 梁单元如图 7.6 所示,参见 4.2.2 节,2 结点 Hermite 单元的插值表达式为

$$w(\xi)=H_1(\xi)w_1+H_2(\xi)\left(\frac{\mathrm{d}w}{\mathrm{d}\xi}\right)_1+H_3(\xi)w_2+H_4(\xi)\left(\frac{\mathrm{d}w}{\mathrm{d}\xi}\right)_2 \tag{7.39}$$

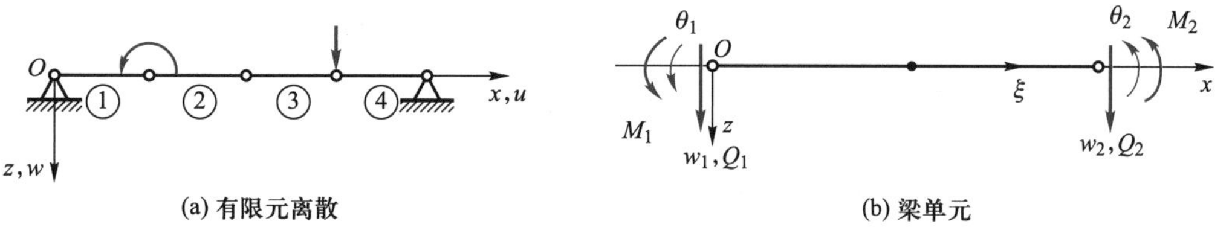

图 7.6 2 结点 Euler-Bernoulli 梁单元

Euler-Bernoulli 梁忽略层间剪切变形，结点的转角为 $\theta_i=\left(\frac{\mathrm{d}w}{\mathrm{d}x}\right)_i$，$(i=1,2)$。参见式(4.9)，2 结点单元的自然坐标$(-1\leqslant\xi\leqslant1)$与整体坐标之间的变换关系为

$$\xi=\frac{2(x-x_1)}{x_2-x_1}-1=\frac{2(x-x_1)}{l^e}-1$$

可知

$$\mathrm{d}x=\frac{l^e}{2}\mathrm{d}\xi \tag{7.40}$$

由求导的链式法则，并利用上式可得

$$\frac{\mathrm{d}w}{\mathrm{d}\xi}=\frac{\mathrm{d}w}{\mathrm{d}x}\frac{\mathrm{d}x}{\mathrm{d}\xi}=\frac{l^e}{2}\frac{\mathrm{d}w}{\mathrm{d}x}=\frac{l^e}{2}\theta$$

则

$$\left(\frac{\mathrm{d}w}{\mathrm{d}\xi}\right)_i=\frac{l^e}{2}\theta_i\quad(i=1,2)$$

将上式代入式(7.39)可得

$$w(\xi)=H_1(\xi)w_1+H_2(\xi)\frac{l^e}{2}\theta_1+H_3(\xi)w_2+H_4(\xi)\frac{l^e}{2}\theta_2=\sum_{i=1}^{4}N_ia_i \tag{7.41}$$

其中 $H_1(\xi)\sim H_4(\xi)$ 见式(4.19)：

$$N_1(\xi)=H_1(\xi)=\frac{1}{4}(1-\xi)^2(2+\xi)=\frac{1}{4}(2-3\xi+\xi^3) \tag{7.42a}$$

$$N_2(\xi)=\frac{l^e}{2}H_2(\xi)=\frac{l^e}{8}(1-\xi)^2(\xi+1)=\frac{l^e}{8}(1-\xi-\xi^2+\xi^3) \tag{7.42b}$$

$$N_3(\xi)=H_3(\xi)=\frac{1}{4}(1+\xi)^2(2-\xi)=\frac{1}{4}(2+3\xi-\xi^3) \tag{7.42c}$$

$$N_4(\xi)=\frac{l^e}{2}H_4(\xi)=\frac{l^e}{8}(1+\xi)^2(\xi-1)=\frac{l^e}{8}(-1-\xi+\xi^2+\xi^3) \tag{7.42d}$$

式(7.41)用矩阵表达为

$$w=\begin{bmatrix}N_1 & N_2 & N_3 & N_4\end{bmatrix}\begin{bmatrix}w_1\\ \theta_1\\ w_2\\ \theta_2\end{bmatrix}=\boldsymbol{N}\boldsymbol{a}^e \tag{7.43}$$

将式(7.43)代入式(7.33)可得

$$\kappa=-\frac{\mathrm{d}^2w}{\mathrm{d}x^2}=-\frac{\mathrm{d}^2\boldsymbol{N}}{\mathrm{d}x^2}\boldsymbol{a}^e=\boldsymbol{B}_{\mathrm{b}}\boldsymbol{a}^e \tag{7.44}$$

式中 $\boldsymbol{B}_{\mathrm{b}}$ 为广义应变矩阵。由式(7.38)可知单元的势能泛函为

$$\Pi_{\mathrm{p}}^e(w)=\int_0^{l^e}\frac{1}{2}EI\kappa^2\mathrm{d}x-\int_0^{l^e}q(x)w\mathrm{d}x-$$

$$\int_0^{l^e} m(x)\frac{\mathrm{d}w}{\mathrm{d}x}\mathrm{d}x - \sum_j \overline{P}_j w_j - \sum_k \overline{M}_k\left(\frac{\mathrm{d}w}{\mathrm{d}x}\right)_k$$

其中 $\overline{P}_j$ 和 $\overline{M}_k$ 是作用在单元结点上的集中力和集中力矩，将式(7.43)和式(7.44)代入上式可得

$$\begin{aligned}\Pi_{\mathrm{p}}^e &= \int_0^{l^e}\frac{1}{2}EI(\boldsymbol{B}_{\mathrm{b}}\boldsymbol{a}^e)^{\mathrm{T}}(\boldsymbol{B}_{\mathrm{b}}\boldsymbol{a}^e)\mathrm{d}x - \int_0^{l^e}(\boldsymbol{N}\boldsymbol{a}^e)^{\mathrm{T}}q(x)\mathrm{d}x - \\ &\quad \int_0^{l^e}\left(\frac{\mathrm{d}\boldsymbol{N}}{\mathrm{d}x}\boldsymbol{a}^e\right)^{\mathrm{T}}m(x)\mathrm{d}x - \sum_j(\boldsymbol{N}(x_j)\boldsymbol{a}^e)^{\mathrm{T}}\overline{P}_j - \sum_k\left(\frac{\mathrm{d}\boldsymbol{N}(x_k)}{\mathrm{d}x}\boldsymbol{a}^e\right)^{\mathrm{T}}\overline{M}_k \\ &= \frac{1}{2}(\boldsymbol{a}^e)^{\mathrm{T}}\boldsymbol{K}^e(\boldsymbol{a}^e) - (\boldsymbol{a}^e)^{\mathrm{T}}\boldsymbol{P}^e\end{aligned} \tag{7.45}$$

由泛函的极值条件 $\delta\Pi_{\mathrm{p}}^e=0$ 可得梁单元的平衡方程

$$\boldsymbol{K}^e\boldsymbol{a}^e = \boldsymbol{P}^e$$

其中

$$\boldsymbol{K}^e = \int_0^{l^e} EI(\boldsymbol{B}_{\mathrm{b}})^{\mathrm{T}}(\boldsymbol{B}_{\mathrm{b}})\mathrm{d}x \tag{7.46}$$

$$\boldsymbol{P}^e = \int_0^{l^e}\boldsymbol{N}^{\mathrm{T}}q(x)\mathrm{d}x + \int_0^{l^e}\left(\frac{\mathrm{d}\boldsymbol{N}}{\mathrm{d}x}\right)^{\mathrm{T}}m(x)\mathrm{d}x + \sum_j\boldsymbol{N}^{\mathrm{T}}(x_j)\overline{P}_j + \sum_k\left(\frac{\mathrm{d}\boldsymbol{N}(x_k)}{\mathrm{d}x}\right)^{\mathrm{T}}\overline{M}_k \tag{7.47}$$

利用式(7.40)可得

$$\frac{\mathrm{d}\boldsymbol{N}}{\mathrm{d}x} = \frac{2}{l^e}\frac{\mathrm{d}\boldsymbol{N}}{\mathrm{d}\xi} \tag{7.48}$$

$$\frac{\mathrm{d}^2\boldsymbol{N}}{\mathrm{d}x^2} = \frac{4}{l^{e2}}\frac{\mathrm{d}^2\boldsymbol{N}}{\mathrm{d}\xi^2} \tag{7.49}$$

将插值函数对自然坐标求导可得

$$\frac{\mathrm{d}\boldsymbol{N}}{\mathrm{d}\xi} = \frac{1}{8}\left[6(\xi^2-1)\quad l^e(3\xi^2-2\xi-1)\quad 6(1-\xi^2)\quad l^e(3\xi^2+2\xi-1)\right]$$

$$\frac{\mathrm{d}^2\boldsymbol{N}}{\mathrm{d}\xi^2} = \frac{1}{4}\left[6\xi\quad l^e(3\xi-1)\quad -6\xi\quad l^e(3\xi+1)\right]$$

代入式(7.44)并利用式(7.49)有

$$\boldsymbol{B}_{\mathrm{b}} = -\frac{\mathrm{d}^2\boldsymbol{N}}{\mathrm{d}x^2} = -\frac{4}{l^{e2}}\frac{\mathrm{d}^2\boldsymbol{N}}{\mathrm{d}\xi^2} = -\frac{1}{l^{e2}}\left[6\xi\quad l^e(3\xi-1)\quad -6\xi\quad l^e(3\xi+1)\right] \tag{7.50}$$

将上式代入式(7.46)，并利用式(7.40)可得单元刚度矩阵

$$\boldsymbol{K}^e = \frac{EI}{l^{e3}}\begin{bmatrix} 12 & 6l^e & -12 & 6l^e \\ 6l^e & 4l^{e2} & -6l^e & 2l^{e2} \\ -12 & -6l^e & 12 & -6l^e \\ 6l^e & 2l^{e2} & -6l^e & 4l^{e2}\end{bmatrix} \tag{7.51}$$

利用式(7.40)，单元等效结点载荷列向量式(7.47)成为

$$\boldsymbol{P}^e=\int_{-1}^{1}\frac{l^e}{2}\boldsymbol{N}^{\mathrm{T}}q(\xi)\,\mathrm{d}\xi+\int_{-1}^{1}\frac{\mathrm{d}\boldsymbol{N}^{\mathrm{T}}}{\mathrm{d}\xi}m(\xi)\,\mathrm{d}\xi+\sum_j\boldsymbol{N}^{\mathrm{T}}(\xi_j)\overline{P}_j+\sum_k\frac{2}{l^e}\frac{\mathrm{d}\boldsymbol{N}^{\mathrm{T}}}{\mathrm{d}\xi}(\xi_k)\overline{M}_k \tag{7.52}$$

若 $q(\xi)=q=\mathrm{const}$ 为均布载荷,上式中第一项为

$$\boldsymbol{P}_q^e=\begin{bmatrix}\dfrac{ql^e}{2} & \dfrac{ql^{e2}}{12} & \dfrac{ql^e}{2} & -\dfrac{ql^{e2}}{12}\end{bmatrix}^{\mathrm{T}}=ql^e\begin{bmatrix}\dfrac{1}{2} & \dfrac{l^e}{12} & \dfrac{1}{2} & -\dfrac{l^e}{12}\end{bmatrix}^{\mathrm{T}} \tag{7.53a}$$

若 $m(\xi)=m=\mathrm{const}$ 为均布力矩,式(7.52)中的第二项为

$$\boldsymbol{P}_m^e=m[-1\quad 0\quad 1\quad 0]^{\mathrm{T}} \tag{7.53b}$$

组集单元得到系统方程,代入位移边界条件求解方程得到结点的挠度和转角。将式(7.43)代入式(7.33)可计算单元中任意一点的曲率

$$\kappa=-\frac{\mathrm{d}^2w}{\mathrm{d}x^2}=-\frac{4}{l^{e2}}\frac{\mathrm{d}^2w}{\mathrm{d}\xi^2}=-\frac{4}{l^{e2}}\frac{\mathrm{d}^2\boldsymbol{N}}{\mathrm{d}\xi^2}\boldsymbol{a}^e \tag{7.54}$$

利用式(7.35)可计算截面上弯矩

$$M=EI\kappa=-\frac{4EI}{l^{e2}}\frac{\mathrm{d}^2\boldsymbol{N}}{\mathrm{d}\xi^2}\boldsymbol{a}^e \tag{7.55}$$

再利用关系(7.36a)可以计算截面上的剪力

$$Q=-EI\frac{\mathrm{d}^3w}{\mathrm{d}x^3}=-\frac{8EI}{l^{e3}}\frac{\mathrm{d}^3w}{\mathrm{d}\xi^3}=-\frac{8EI}{l^{e3}}\frac{\mathrm{d}^3\boldsymbol{N}}{\mathrm{d}\xi^3}\boldsymbol{a}^e \tag{7.56}$$

进一步可由材料力学中给出的如下公式计算截面上的正应力:

$$\sigma_x(\xi)=\frac{Mz}{I}=-\frac{4Ez}{l^{e2}}\frac{\mathrm{d}^2\boldsymbol{N}}{\mathrm{d}\xi^2}\boldsymbol{a}^e=-\frac{Ez}{l^{e2}}[6\xi\quad l^e(3\xi-1)\quad -6\xi\quad l^e(3\xi+1)]\boldsymbol{a}^e \tag{7.57}$$

和剪应力

$$\tau=\frac{Q}{A}=-\frac{8EI}{l^{e3}A}\frac{\mathrm{d}^3\boldsymbol{N}}{\mathrm{d}\xi^3}a^e=-\frac{4EI}{l^{e3}A}[3\quad l^e\quad -3\quad l^e]\boldsymbol{a}^e \tag{7.58}$$

现有的商用有限元软件一般会同时输出结点处截面的弯矩、剪力、最大正应力,梁上表面和下表面的正应力和剪应力等。

7.5　Timoshenko 梁单元

7.5.1　Timoshenko 平面梁基本理论

上一节讨论了不考虑层间剪切变形作用的 Euler-Bernoulli 梁单元。当梁的高度相对于跨度不太小时,层间剪切变形不能忽略,其横向剪切力产生的剪切变形引起的附加挠度不能忽略,因此原垂直于中面的截面变形后不再垂直于中面,但假设该截面仍为平面。这种梁称为 **Timoshenko** 梁。

如图 7.7 所示,Timoshenko 梁变形后截面的转动角度 θ 为

$$\theta = \frac{\mathrm{d}w}{\mathrm{d}x} + \varphi \tag{7.59}$$

这里$\frac{\mathrm{d}w}{\mathrm{d}x}$是梁轴线的斜率,$\varphi$ 为由于剪切变形引起的截面附加转动。注意,与 Euler-Bernoulli 梁不同,此时截面转角 θ 不再等于轴线的斜率$\frac{\mathrm{d}w}{\mathrm{d}x}$。

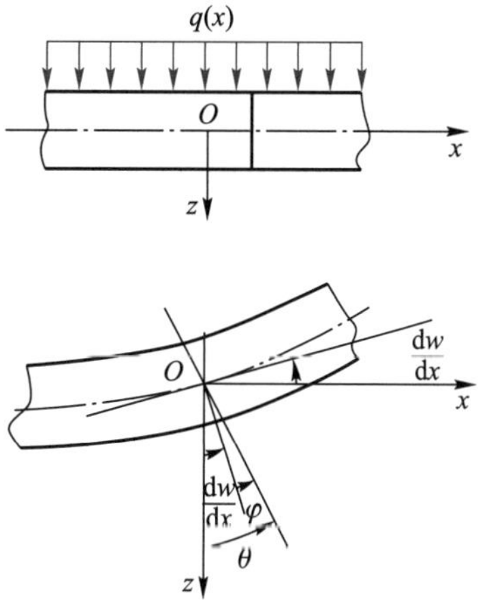

图 7.7 Timoshenko 梁截面的转动关系

截面上任意点的轴向位移为

$$u = -z\theta$$

其轴向应变为

$$\varepsilon_x = \frac{\mathrm{d}u}{\mathrm{d}x} = -z\frac{\mathrm{d}\theta}{\mathrm{d}x} \tag{7.60}$$

剪应变

$$\gamma_{xz} = \frac{\mathrm{d}w}{\mathrm{d}x} + \frac{\mathrm{d}u}{\mathrm{d}z} = \frac{\mathrm{d}w}{\mathrm{d}x} - \theta = -\varphi \tag{7.61}$$

上式利用了关系(7.59),其他应变分量为零。因此,Timoshenko 梁引入了横向剪应变 γ_{xz}的影响,其绝对值就等于转角 φ。从而得到如下关系:

$$\gamma_{xz} = \frac{\mathrm{d}w}{\mathrm{d}x} - \theta \tag{7.62}$$

当忽略剪切变形,$\gamma_{xz}=0$ 时,有$\frac{\mathrm{d}w}{\mathrm{d}x}=\theta$,此即 Euler-Bernoulli 梁截面的转角与挠曲线斜率之间的关系。梁的曲率按几何学定义为

$$\kappa = -\frac{\mathrm{d}\theta}{\mathrm{d}x} \tag{7.63}$$

此时 $\kappa \neq -\frac{\mathrm{d}^2 w}{\mathrm{d}x^2}$。

梁截面上任意点的应力为

$$\sigma_x = E\varepsilon_x = -Ez\frac{\mathrm{d}\theta}{\mathrm{d}x} \tag{7.64a}$$

$$\tau_{xz} = G\gamma_{xz} = G\left(\frac{\mathrm{d}w}{\mathrm{d}x} - \theta\right) \tag{7.64b}$$

Timoshenko 梁截面上的应力分布如图 7.8 所示。如式(7.64a),正应力 σ_x 在截面上线性分布,和 Euler-Bernoulli 梁一致,如图 7.8a 所示。剪应力在截面上实际按抛物线分布,如图 7.8b 所示。但是,按式(7.64b)计算得到的剪应力在截面上是均匀分布的,这与实际分布不一致。为此,可以采用等效的方法计算得到均匀分布的剪应力值。假设剪应力在截面上均匀分布,截面上总的剪力为

$$Q = A_s\tau_{xz} = A_sG\gamma_{xz} = kAG\gamma_{xz} \tag{7.65}$$

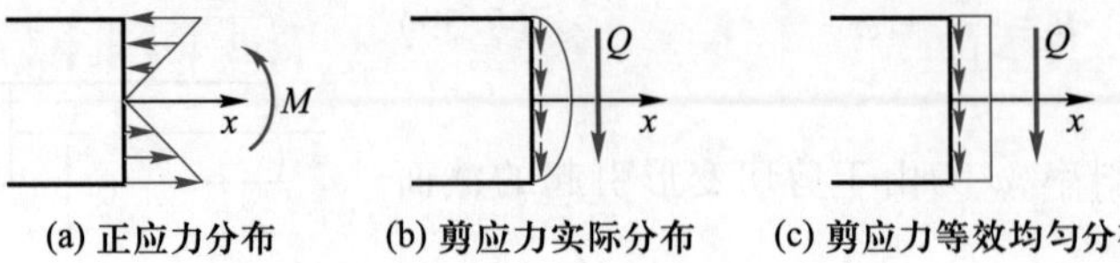

图 7.8　Timoshenko 梁截面上应力分布

由于截面上的实际剪应力并不是均匀分布的，而是按抛物线分布，式中 $A_s = kA$ 为实际截面的等效面积，k 为截面剪切校正因子。下面将讨论 k 的确定方法。截面的等效剪切应变能为

$$\overline{U}_\varepsilon = \int_{A_s} \frac{1}{2}\gamma_{xz}\tau_{xz}\mathrm{d}A = \frac{1}{2}A_s G\gamma_{xz}^2 = \frac{1}{2}kAG\gamma_{xz}^2 \tag{7.66}$$

由式(7.65)有

$$\gamma_{xz} = \frac{Q}{kAG}$$

代入式(7.66)可得

$$\overline{U}_\varepsilon = \frac{1}{2}\frac{Q^2}{kAG} \tag{7.67}$$

按实际剪应力分布的剪切应变能为

$$U_\varepsilon = \int_A \frac{1}{2}\gamma_{xz}\tau_{xz}\mathrm{d}A = \frac{1}{2}\int_A \frac{\tau_{xz}^2}{G}\mathrm{d}A \tag{7.68}$$

令 $\overline{U}_\varepsilon = U_\varepsilon$ 可得

$$k = \frac{Q^2}{2AGU_\varepsilon} = \frac{Q^2}{AG}\left(\int_A \frac{\tau_{xz}^2}{G}\mathrm{d}A\right)^{-1} \tag{7.69}$$

截面的实际剪应力分布可利用弹性力学知识确定。按此方法得到矩形截面的 $k=5/6$；圆截面的 $k=9/10$。在有限元方法中一般采用这种方法。

在考虑剪切变形的影响以后，梁的应变能除了 Euler-Bernoulli 梁的应变能[见式(7.37)]外，还需要加上剪切应变能，即

$$U_\varepsilon = \int_0^l \frac{1}{2}EI\kappa^2\mathrm{d}x + \int_0^l \frac{1}{2}kGA\gamma_{xz}^2\mathrm{d}x \tag{7.70}$$

则梁的势能泛函可表达为

$$\begin{aligned}\Pi_\mathrm{p} = &\int_0^l \frac{1}{2}EI\kappa^2\mathrm{d}x + \int_0^l \frac{1}{2}kGA\gamma_{xz}^2\mathrm{d}x - \\ &\int_0^l qw\mathrm{d}x - \int_0^l m\theta\mathrm{d}x - \sum_j \overline{P}_j w_j - \sum_k \overline{M}_k\theta_k\end{aligned} \tag{7.71a}$$

代入式(7.63)和式(7.62)有

$$\begin{aligned}\Pi_\mathrm{p} = &\int_0^l \frac{1}{2}EI\left(\frac{\mathrm{d}\theta}{\mathrm{d}x}\right)^2\mathrm{d}x + \int_0^l \frac{1}{2}kGA\left(\frac{\mathrm{d}w}{\mathrm{d}x} - \theta\right)^2\mathrm{d}x - \\ &\int_0^l qw\mathrm{d}x - \int_0^l m\theta\mathrm{d}x - \sum_j \overline{P}_j w_j - \sum_k \overline{M}_k\theta_k\end{aligned} \tag{7.71b}$$

上式中前两项积分分别为弯曲应变能和剪切应变能，后三项为外力势。对于等截面梁，上式可表达为

$$\Pi_{\mathrm{p}} = \frac{1}{2}EI\int_0^l \left(\frac{\mathrm{d}\theta}{\mathrm{d}x}\right)^2 \mathrm{d}x + \frac{1}{2}kGA\int_0^l \left(\frac{\mathrm{d}w}{\mathrm{d}x} - \theta\right)^2 \mathrm{d}x - \int_0^l qw\mathrm{d}x - \int_0^l m\theta\mathrm{d}x - \sum_j \overline{P}_j w_j - \sum_k \overline{M}_k \theta_k \tag{7.71c}$$

若忽略上式中载荷贡献项，并除以$\frac{1}{2}EI$，得到如下泛函：

$$\Pi_{\mathrm{p}} = \int_0^l \left(\frac{\mathrm{d}\theta}{\mathrm{d}x}\right)^2 \mathrm{d}x + \frac{kGA}{EI}\int_0^l \left(\frac{\mathrm{d}w}{\mathrm{d}x} - \theta\right)^2 \mathrm{d}x$$

该式反映了弯曲和剪切变形对刚度的相对贡献，当梁的高度很小时，$\frac{kGA}{EI}$会很大，该系数可以理解为一个罚参数，即

$$\Pi_{\mathrm{p}} = \int_0^l \left(\frac{\mathrm{d}\theta}{\mathrm{d}x}\right)^2 \mathrm{d}x + \alpha\int_0^l \left(\frac{\mathrm{d}w}{\mathrm{d}x} - \theta\right)^2 \mathrm{d}x, \quad \alpha = \frac{kGA}{EI}$$

当 h 很小时 α 很大，当 $\alpha\to\infty$ 时，剪切变形 $\gamma_{xz}=\frac{\mathrm{d}w}{\mathrm{d}x}-\theta=0$ 的约束条件得以满足，成为 Euler-Bernoulli 梁。

7.5.2 在 Euler-Bernoulli 梁单元中引入剪应变的梁单元

考虑梁的层间剪切变形影响时，可将梁的挠度分解为弯曲引起的挠度 w^{b} 和剪切变形引起的附加挠度 w^{s} 之和

$$w = w^{\mathrm{b}} + w^{\mathrm{s}} \tag{7.72}$$

这时，$\theta=\frac{\mathrm{d}w^{\mathrm{b}}}{\mathrm{d}x}$，代入式(7.62)可得 $\gamma_{xz}=\frac{\mathrm{d}w^{\mathrm{s}}}{\mathrm{d}x}$。

对于 2 结点单元，w^{b} 为不考虑剪切变形的梁弯曲挠度，可采用 Euler-Bernoulli 梁单元的 Hermite 插值式(7.43)

$$w^{\mathrm{b}} = [N_1 \quad N_2 \quad N_3 \quad N_4]\begin{bmatrix} w_1^{\mathrm{b}} \\ \theta_1 \\ w_2^{\mathrm{b}} \\ \theta_2 \end{bmatrix} = \boldsymbol{N}_{\mathrm{b}}\boldsymbol{a}_{\mathrm{b}}^{e} \tag{7.73}$$

式中

$$\theta_1 = \left(\frac{\mathrm{d}w^{\mathrm{b}}}{\mathrm{d}x}\right)_1, \quad \theta_2 = \left(\frac{\mathrm{d}w^{\mathrm{b}}}{\mathrm{d}x}\right)_2$$

插值函数 N_i 同式(7.42)。剪切变形引起的附加挠度 w^s 采用 2 结点 Lagrange 插值

$$w^s = N_5 w_1^s + N_6 w_2^s = \boldsymbol{N}_s \boldsymbol{a}_s^e \tag{7.74}$$

其中

$$N_5 = \frac{1}{2}(1-\xi),\quad N_6 = \frac{1}{2}(1+\xi)\quad (-1 \leqslant \xi \leqslant 1) \tag{7.75}$$

将插值关系代入势能泛函(7.71b),得到单元的势能

$$\Pi_p^e = \int_0^{l^e} \frac{1}{2} EI\left(\frac{d\theta}{dx}\right)^2 dx + \int_0^{l^e} \frac{1}{2} kGA\left(\frac{dw}{dx} - \theta\right)^2 dx - \int_0^{l^e} qw dx - \int_0^{l^e} m\theta dx - \sum_j \overline{P}_j w_j - \sum_k \overline{M}_k \theta_k$$

将式(7.43)代入式(7.33)可得

$$\kappa = -\frac{d^2 w^b}{dx^2} = -\frac{d^2 \boldsymbol{N}_b}{dx^2} \boldsymbol{a}^e = \boldsymbol{B}_b \boldsymbol{a}^e \tag{7.76a}$$

将式(7.44)代入剪应变表达式(7.61),并注意横向剪切变形不引起轴向位移,即 $u^s=0$,则

$$\gamma_{xz} = \frac{dw^s}{dx} + \frac{du^s}{dz} = \frac{dw^s}{dx} = \begin{bmatrix} \frac{dN_5}{dx} & \frac{dN_6}{dx} \end{bmatrix} \begin{bmatrix} w_1^s \\ w_2^s \end{bmatrix} = \boldsymbol{B}_s \boldsymbol{a}_s^e \tag{7.76b}$$

利用极值条件 $\delta \Pi_p^e = 0$ 可得梁单元的平衡方程

$$\boldsymbol{K}_b^e \boldsymbol{a}_b^e = \boldsymbol{P}_b^e \tag{7.77a}$$

$$\boldsymbol{K}_s^e \boldsymbol{a}_s^e = \boldsymbol{P}_s^e \tag{7.77b}$$

方程(7.77a)与不考虑剪切变形的 Euler-Bernoulli 梁弯曲问题的有限元方程一致,单元刚度矩阵 $\boldsymbol{K}_b^e$ 和单元等效结点载荷 $\boldsymbol{P}_b^e$ 分别与式(7.51)和式(7.52)的表达式一致。式(7.77b)中

$$\boldsymbol{K}_s^e = \frac{kGA}{l^e} \begin{bmatrix} 1 & -1 \\ -1 & 1 \end{bmatrix} \tag{7.78}$$

$$\boldsymbol{P}_s^e = \int_{-1}^{1} \frac{l^e}{2} \boldsymbol{N}_s^T q d\xi + \sum_j \boldsymbol{N}_s^T(\xi_j) \overline{P}_j \tag{7.79}$$

单元平衡方程(7.77)的未知变量包括结点处的 w^b,w^s 和 θ,其可以进一步简化,使未知量仅包括结点处的 w 和 θ。

由弹性关系可得单元中任一截面的剪力为

$$Q = kGA\gamma_{xz} = kGA\frac{dw^s}{dx} = kGA\left(\frac{dN_5}{dx} w_1^s + \frac{dN_6}{dx} w_2^s\right) = \frac{kGA}{l^e}(w_2^s - w_1^s) \tag{7.80}$$

上式利用了关系 $\frac{dw^s}{dx} = \frac{2}{l^e}\frac{dw^s}{d\xi}$ 和式(7.75)。截面的弯矩由式(7.35)计算:

$$\begin{aligned} M &= EI\kappa = -EI\frac{d^2 w^b}{dx^2} \\ &= \frac{EI}{l^{e2}}[6\xi(w_2^b - w_1^b) - l^e(3\xi - 1)\theta_1 - l^e(3\xi + 1)\theta_2] \end{aligned} \tag{7.81}$$

上式利用了关系(7.50)。再由平衡条件、式(7.40)和式(7.81)有

$$Q=\frac{\mathrm{d}M}{\mathrm{d}x}=\frac{2}{l^e}\frac{\mathrm{d}M}{\mathrm{d}\xi}=\frac{12EI}{l^{e3}}\left[\left(w_2^{\mathrm{b}}-w_1^{\mathrm{b}}\right)-\frac{l^e}{2}(\theta_1+\theta_2)\right] \tag{7.82}$$

比较式(7.80)和式(7.82)可得

$$\frac{kGA}{l^e}\left(w_2^{\mathrm{s}}-w_1^{\mathrm{s}}\right)=\frac{12EI}{l^{e3}}\left[\left(w_2^{\mathrm{b}}-w_1^{\mathrm{b}}\right)-\frac{l^e}{2}(\theta_1+\theta_2)\right] \tag{7.83}$$

令

$$\beta=\frac{12EI}{kGAl^{e2}} \tag{7.84}$$

式(7.83)可写成

$$w_2^{\mathrm{s}}-w_1^{\mathrm{s}}=\beta\left[\left(w_2^{\mathrm{b}}-w_1^{\mathrm{b}}\right)-\frac{l^e}{2}(\theta_1+\theta_2)\right]$$

由式(7.72)可知存在几何关系

$$w_2-w_1=w_2^{\mathrm{b}}-w_1^{\mathrm{b}}+w_2^{\mathrm{s}}-w_1^{\mathrm{s}} \tag{7.85}$$

由方程(7.83)和(7.85)可以得到如下关系：

$$w_2^{\mathrm{b}}-w_1^{\mathrm{b}}=\frac{1}{1+\beta}(w_2-w_1)+\frac{\beta l^e}{2(1+\beta)}(\theta_1+\theta_2) \tag{7.86a}$$

$$w_2^{\mathrm{s}}-w_1^{\mathrm{s}}=\frac{\beta}{1+\beta}(w_2-w_1)-\frac{l^e\beta^2}{2(1+\beta)}(\theta_1+\theta_2) \tag{7.86b}$$

由 Euler-Bernoulli 梁单元的平衡方程，参见单元刚度矩阵(7.51)和载荷列向量(7.52)可得

$$\frac{EI}{l^{e3}}\begin{bmatrix}12 & 6l^e & -12 & 6l^e\\ 6l^e & 4l^{e2} & -6l^e & 2l^{e2}\\ -12 & -6l^e & 12 & -6l^e\\ 6l^e & 2l^{e2} & -6l^e & 4l^{e2}\end{bmatrix}\begin{bmatrix}w_1^{\mathrm{b}}\\ \theta_1\\ w_2^{\mathrm{b}}\\ \theta_2\end{bmatrix}=\begin{bmatrix}q_1\\ m_1\\ q_2\\ m_2\end{bmatrix} \tag{7.87}$$

将左边两矩阵相乘可得

$$\frac{EI}{l^{e3}}\begin{bmatrix}12\left(w_1^{\mathrm{b}}-w_2^{\mathrm{b}}\right)+6l^e(\theta_1+\theta_2)\\ 6l^e\left(w_1^{\mathrm{b}}-w_2^{\mathrm{b}}\right)+2l^{e2}(2\theta_1+\theta_2)\\ -12\left(w_1^{\mathrm{b}}-w_2^{\mathrm{b}}\right)-6l^e(\theta_1+\theta_2)\\ 6l^e\left(w_1^{\mathrm{b}}-w_2^{\mathrm{b}}\right)+2l^{e2}(\theta_1+2\theta_2)\end{bmatrix}=\begin{bmatrix}q_1\\ m_1\\ q_2\\ m_2\end{bmatrix}$$

将式(7.86a)代入上式化简可得

$$\frac{EI}{(1+\beta)l^{e3}}\begin{bmatrix}-12(w_2-w_1)+6l^e(\theta_1+\theta_2)\\ -6l^e(w_2-w_1)+(4+\beta)l^{e2}\theta_1+(2-\beta)l^{e2}\theta_2\\ 12(w_2-w_1)-6l^e(\theta_1+\theta_2)\\ -6l^e(w_2-w_1)+(2-\beta)l^{e2}\theta_1+(4+\beta)l^{e2}\theta_2\end{bmatrix}=\begin{bmatrix}q_1\\ m_1\\ q_2\\ m_2\end{bmatrix}$$

该方程可写成

$$\frac{EI}{(1+\beta)l^{e3}}\begin{bmatrix} 12 & 6l^e & -12 & 6l^e \\ 6l^e & (4+\beta)l^{e2} & -6l^e & (2-\beta)l^{e2} \\ -12 & -6l^e & 12 & -6l^e \\ 6l^e & (2-\beta)l^{e2} & -6l^e & (4+\beta)l^{e2} \end{bmatrix}\begin{bmatrix} w_1 \\ \theta_1 \\ w_2 \\ \theta_2 \end{bmatrix}=\begin{bmatrix} q_1 \\ m_1 \\ q_2 \\ m_2 \end{bmatrix} \tag{7.88}$$

即最后得到如下单元平衡方程:

$$\boldsymbol{K}^e\boldsymbol{a}^e=\boldsymbol{P}^e \tag{7.89}$$

其中

$$\boldsymbol{K}^e=\frac{EI}{(1+\beta)l^{e3}}\begin{bmatrix} 12 & 6l^e & -12 & 6l^e \\ 6l^e & (4+\beta)l^{e2} & -6l^e & (2-\beta)l^{e2} \\ -12 & -6l^e & 12 & -6l^e \\ 6l^e & (2-\beta)l^{e2} & -6l^e & (4+\beta)l^{e2} \end{bmatrix} \tag{7.90}$$

$$\boldsymbol{a}^e=[w_1 \quad \theta_1 \quad w_2 \quad \theta_2]^{\mathrm{T}} \tag{7.91}$$

$$\boldsymbol{P}^e=\int_{-1}^{1}\frac{l^e}{2}\overline{\boldsymbol{N}}^{\mathrm{T}}q\mathrm{d}\xi+\int_{-1}^{1}\frac{\mathrm{d}\boldsymbol{N}_{\mathrm{b}}^{\mathrm{T}}}{\mathrm{d}\xi}m(\xi)\mathrm{d}\xi+\sum_j\overline{\boldsymbol{N}}^{\mathrm{T}}(\xi_j)\overline{P}_j-\sum_k\frac{2}{l^e}\frac{\mathrm{d}\boldsymbol{N}_{\mathrm{b}}^{\mathrm{T}}}{\mathrm{d}\xi}(\xi_k)\overline{M}_k \tag{7.92}$$

其中

$$\overline{\boldsymbol{N}}=\left[\frac{1}{2}(N_1+N_5) \quad N_2 \quad \frac{1}{2}(N_3+N_6) \quad N_4\right] \tag{7.93}$$

值得一提的是,剪切变形的影响通过系数 β 反映。当梁的高度很小时,忽略横向剪切变形的影响,可以理解为剪切模量 G 趋于无穷大,由式(7.84)知 β 趋于 0,单元刚度矩阵表达式(7.90)简化为 Euler-Bernoulli 梁单元的式(7.51)。

7.5.3 2 结点 Timoshenko 梁单元

下面讨论对挠度和截面转动各自独立插值的梁单元,这种单元又称为 **Timoshenko** 梁单元。2 结点 Timoshenko 梁单元的挠度和截面转角插值表达式为

$$\begin{aligned} w &= N_1(\xi)w_1+N_2(\xi)w_2 \\ \theta &= N_1(\xi)\theta_1+N_2(\xi)\theta_2 \end{aligned} \tag{7.94}$$

其中插值函数 N_i 采用 Lagrange 插值函数:

$$N_1(\xi)=\frac{1}{2}(1-\xi),\quad N_2(\xi)=\frac{1}{2}(1+\xi)\quad(-1\leqslant\xi\leqslant1)$$

式(7.94)用矩阵表达为

$$\boldsymbol{u}=\begin{bmatrix}w\\\theta\end{bmatrix}=\begin{bmatrix}N_1 & 0 & N_2 & 0\\0 & N_1 & 0 & N_2\end{bmatrix}\begin{bmatrix}w_1\\\theta_1\\w_2\\\theta_2\end{bmatrix}=\boldsymbol{N}\boldsymbol{a}^e \tag{7.95}$$

由式(7.63)可得曲率

$$\begin{aligned}\kappa&=-\frac{\mathrm{d}\theta}{\mathrm{d}x}=-\frac{\mathrm{d}\theta}{\mathrm{d}\xi}\frac{\mathrm{d}\xi}{\mathrm{d}x}=-\frac{\mathrm{d}\xi}{\mathrm{d}x}\left(\frac{\mathrm{d}N_1}{\mathrm{d}\xi}\theta_1+\frac{\mathrm{d}N_2}{\mathrm{d}\xi}\theta_2\right)\\&=\frac{\mathrm{d}\xi}{\mathrm{d}x}\left(\frac{1}{2}\theta_1-\frac{1}{2}\theta_2\right)=\frac{2}{l^e}\left(\frac{1}{2}\theta_1-\frac{1}{2}\theta_2\right)=\frac{1}{l^e}(\theta_1-\theta_2)\end{aligned} \tag{7.96a}$$

由式(7.62)得剪应变

$$\begin{aligned}\gamma_{xz}&=\frac{\mathrm{d}w}{\mathrm{d}x}-\theta=\frac{\mathrm{d}w}{\mathrm{d}\xi}\frac{\mathrm{d}\xi}{\mathrm{d}x}-\theta\\&=\frac{\mathrm{d}\xi}{\mathrm{d}x}\left(\frac{\mathrm{d}N_1}{\mathrm{d}\xi}w_1+\frac{\mathrm{d}N_2}{\mathrm{d}\xi}w_2\right)-(N_1\theta_1+N_2\theta_2)\\&=\frac{1}{l^e}(-w_1+w_2)-(N_1\theta_1+N_2\theta_2)\end{aligned} \tag{7.96b}$$

利用上两式,曲率和剪应变用矩阵表达为

$$\kappa=\boldsymbol{B}_{\mathrm{b}}\boldsymbol{a}^e,\quad \gamma_{xz}=\boldsymbol{B}_{\mathrm{s}}\boldsymbol{a}^e \tag{7.97}$$

其中

$$\begin{aligned}\boldsymbol{B}_{\mathrm{b}}&=\begin{bmatrix}0 & \dfrac{1}{l^e} & 0 & -\dfrac{1}{l^e}\end{bmatrix}\\\boldsymbol{B}_{\mathrm{s}}&=\begin{bmatrix}-\dfrac{1}{l^e} & -\dfrac{1}{2}(1-\xi) & \dfrac{1}{l^e} & -\dfrac{1}{2}(1+\xi)\end{bmatrix}\end{aligned} \tag{7.98}$$

为广义应变矩阵。将式(7.97)代入泛函(7.71a)中得

$$\begin{aligned}\Pi_{\mathrm{p}}^e=&\int_0^{l^e}\frac{1}{2}EI(\boldsymbol{B}_{\mathrm{b}}\boldsymbol{a}^e)^{\mathrm{T}}(\boldsymbol{B}_{\mathrm{b}}\boldsymbol{a}^e)\,\mathrm{d}x+\int_0^{l^e}\frac{1}{2}kGA(\boldsymbol{B}_{\mathrm{s}}\boldsymbol{a}^e)^{\mathrm{T}}(\boldsymbol{B}_{\mathrm{s}}\boldsymbol{a}^e)\,\mathrm{d}x-\\&\int_0^{l^e}(\boldsymbol{N}\boldsymbol{a}^e)^{\mathrm{T}}\begin{bmatrix}q\\m\end{bmatrix}\mathrm{d}x-(\boldsymbol{a}^e)^{\mathrm{T}}\boldsymbol{F}^e\end{aligned} \tag{7.99}$$

式中 q 和 m 分别为作用在单元上的分布横向力和分布力矩,$\boldsymbol{F}^e$ 是已知作用在单元结点处的集中力和集中力矩列向量

$$\boldsymbol{F}^e=[\overline{P}_1\quad \overline{M}_1\quad \overline{P}_2\quad \overline{M}_2]^{\mathrm{T}} \tag{7.100}$$

$$\begin{aligned}\delta\Pi_{\mathrm{p}}^e=&(\delta\boldsymbol{a}^e)^{\mathrm{T}}\left(\int_0^{l^e}EI\boldsymbol{B}_{\mathrm{b}}^{\mathrm{T}}\boldsymbol{B}_{\mathrm{b}}\,\mathrm{d}x\right)\boldsymbol{a}^e+(\delta\boldsymbol{a}^e)^{\mathrm{T}}\left(\int_0^{l^e}kGA\boldsymbol{B}_{\mathrm{s}}^{\mathrm{T}}\boldsymbol{B}_{\mathrm{s}}\,\mathrm{d}x\right)\boldsymbol{a}^e-\\&(\delta\boldsymbol{a}^e)^{\mathrm{T}}\int_0^{l^e}\boldsymbol{N}^{\mathrm{T}}\begin{bmatrix}q\\m\end{bmatrix}\mathrm{d}x-(\delta\boldsymbol{a}^e)^{\mathrm{T}}\boldsymbol{F}^e\end{aligned} \tag{7.101}$$

由 $\delta\Pi_{\mathrm{p}}^e=0$ 可得单元平衡方程

$$\boldsymbol{K}^e\boldsymbol{a}^e = \boldsymbol{P}^e \tag{7.102}$$

其中

$$\begin{gathered}\boldsymbol{K}^e = \boldsymbol{K}_b^e + \boldsymbol{K}_s^e \\ \boldsymbol{K}_b^e = \frac{EIl^e}{2}\int_{-1}^{1}\boldsymbol{B}_b^T\boldsymbol{B}_b\mathrm{d}\xi, \quad \boldsymbol{K}_s^e = \frac{GAl^e}{2}\int_{-1}^{1}\boldsymbol{B}_s^T\boldsymbol{B}_s\mathrm{d}\xi\end{gathered} \tag{7.103}$$

$$\begin{aligned}\boldsymbol{P}^e &= \frac{l^e}{2}\int_{-1}^{1}\boldsymbol{N}^T\begin{bmatrix}q\\m\end{bmatrix}\mathrm{d}\xi + [\overline{P}_1 \quad \overline{M}_1 \quad \overline{P}_2 \quad \overline{M}_2]^T \\ &= \frac{l^e}{2}\left[\int_{-1}^{1}N_1q\mathrm{d}\xi \quad \int_{-1}^{1}N_1m\mathrm{d}\xi \quad \int_{-1}^{1}N_2q\mathrm{d}\xi \quad \int_{-1}^{1}N_2m\mathrm{d}\xi\right]^T + \\ &\quad [\overline{P}_1 \quad \overline{M}_1 \quad \overline{P}_2 \quad \overline{M}_2]^T\end{aligned} \tag{7.104}$$

若 q 和 m 为均匀分布,则

$$\boldsymbol{P}^e = \frac{l^e}{2}[q \quad m \quad q \quad m]^T + [\overline{P}_1 \quad \overline{M}_1 \quad \overline{P}_2 \quad \overline{M}_2]^T$$

将所有单元进行组集后可得系统的平衡方程

$$\boldsymbol{Ka} = \boldsymbol{P}, \quad \boldsymbol{K} = \boldsymbol{K}_b + \boldsymbol{K}_s \tag{7.105}$$

由于挠度和转角独立插值,该单元是 C_0连续单元。

值得注意的是,采用 2 结点 Timoshenko 梁单元可能发生剪切自锁现象。当梁的高度变得很小时,$\gamma_{xz}\approx 0$,即剪应变近似为零,由式(7.76b),代入插值函数

$$\begin{aligned}\gamma_{xz} &= \frac{\mathrm{d}w}{\mathrm{d}x} - \theta = \frac{1}{l^e}(-w_1 + w_2) - (N_1\theta_1 + N_2\theta_2) \\ &= \frac{1}{l^e}(w_2 - w_1) - \frac{1}{2}(\theta_2 + \theta_1) - \frac{1}{2}(\theta_2 - \theta_1)\xi \\ &= 0\end{aligned}$$

上式要满足,其常数项和一次项应分别为零,即

$$\frac{1}{l^e}(w_2 - w_1) = \frac{1}{2}(\theta_2 + \theta_1)$$

$$\frac{1}{2}(\theta_2 - \theta_1) = 0$$

由第二式有

$$\theta_1 = \theta_2$$

即在单元内截面转角为常数,表明梁不能发生弯曲变形,这就是所谓的单元剪切自锁(element shear locking)现象。造成这一现象的原因是 w 和 θ 独立插值,而且插值函数同阶,使得$\frac{\mathrm{d}w}{\mathrm{d}x}$和 θ 不同阶所致。

要解决这一问题,在计算剪应变时,使$\frac{\mathrm{d}w}{\mathrm{d}x}$和 θ 预先保持同阶。具体可以采用减缩积分方

案，即采用比精确积分要求少的积分点数。对于 2 结点单元，其精确积分点数为 2 点，减缩积分的积分点数为 1 点。这样一来，θ 项不能被精确积分，以积分点的值代替单元内的线性变化，从而使它与$\frac{\mathrm{d}w}{\mathrm{d}x}$同阶，因此使$\frac{\mathrm{d}w}{\mathrm{d}x}-\theta=0$ 有可能得到满足，从而消除自锁现象。此外，还可以采用假设剪应变的方法消除自锁现象。

另外，描述常弯曲状态的位移模式需包含

$$w = \frac{1}{2}x^2$$

可见 2 结点单元不能描述纯弯曲状态。采用 3 结点或 4 结点 Timoshenko 梁单元不会发生剪切自锁现象，建议使用。实际应用中，对于剪切变形可以忽略的情况，应尽量采用经典 Euler-Bernoulli 梁单元。

7.6 平面桁架结构

桁架结构由二力杆件组成，杆件的两端都由光滑的铰连接，所有的载荷均作用在铰接点处，因而所有杆件均只承受拉伸或压缩作用。如图 7.9 所示为一平面二维桁架结构。桁架结构中每一根杆都是二力杆，可采用 7.2.1 节中所述的轴力单元进行离散。不同的是，轴力单元是在一维局部坐标系下描述的，桁架结构中每一根杆件的取向不同。用有限元方法分析桁架结构时，需将局部坐标系下的单元变换到整体坐标系下。

7.6.1 结点位移坐标变换

如图 7.10 所示为在局部坐标系和整体坐标系下的桁架（轴力）单元。单元的结点编号为 1 和 2。在局部坐标系下结点位移只有 1 个分量，沿坐标轴方向，假设单元的结点位移列向量为

$$\boldsymbol{a}^{e\prime} = [u'_1 \quad u'_2]^{\mathrm{T}} \tag{7.106}$$

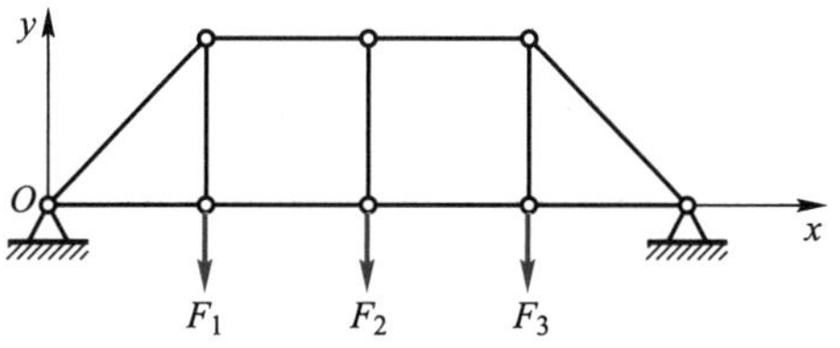

图 7.9 二维桁架结构

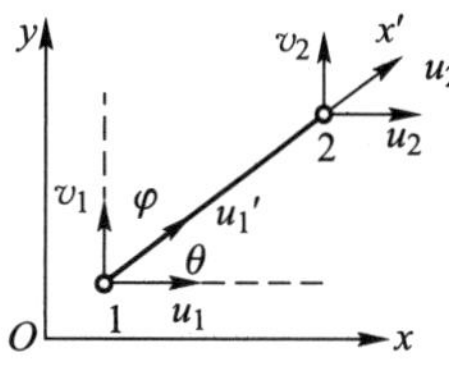

图 7.10 局部坐标系和整体坐标系下的平面桁架单元

在整体坐标系下结点位移有 2 个分量，单元的结点位移列向量为

$$\boldsymbol{a}^{e} = [u_1 \quad v_1 \quad u_2 \quad v_2]^{\mathrm{T}} \tag{7.107}$$

若局部坐标系下的单元与整体坐标系 x 轴的夹角为 θ,与 y 轴的夹角为 φ,则

$$\begin{aligned} u_1' &= u_1\cos\theta + v_1\cos\varphi = u_1 l_{x'x} + v_1 l_{x'y} \\ u_2' &= u_2\cos\theta + v_2\cos\varphi = u_2 l_{x'x} + v_2 l_{x'y} \end{aligned} \tag{7.108}$$

式中 $l_{x'x}$ 和 $l_{x'y}$ 为方向余弦,是局部坐标与整体坐标轴 x 和 y 之间夹角的余弦,按下式计算:

$$\begin{aligned} l_{x'x} &= \frac{x_2 - x_1}{l^e} = \frac{x_2 - x_1}{\sqrt{(x_2 - x_1)^2 + (y_2 - y_1)^2}} \\ l_{x'y} &= \frac{y_2 - y_1}{l^e} = \frac{y_2 - y_1}{\sqrt{(x_2 - x_1)^2 + (y_2 - y_1)^2}} \end{aligned} \tag{7.109}$$

式中(x_1,y_1)和(x_2,y_2)分别为结点1和2的整体坐标, l^e 是单元的长度。式(7.108)可以写成矩阵形式

$$\boldsymbol{a}^{e\prime} = \boldsymbol{T}\boldsymbol{a}^e \tag{7.110}$$

其中变换矩阵

$$\boldsymbol{T} = \begin{bmatrix} l_{x'x} & l_{x'y} & 0 & 0 \\ 0 & 0 & l_{x'x} & l_{x'y} \end{bmatrix} \tag{7.111}$$

7.6.2 单元刚度矩阵坐标变换

由式(7.16)可知局部坐标系下的轴力单元刚度矩阵为

$$\boldsymbol{K}^{e\prime} = \frac{EA}{l^e}\begin{bmatrix} 1 & -1 \\ -1 & 1 \end{bmatrix} \tag{7.112}$$

现在给出整体坐标系下刚度矩阵的表达式。在局部坐标系下单元的应变能为

$$U_\varepsilon^e = \frac{1}{2}(\boldsymbol{a}^{e\prime})^{\mathrm{T}}\boldsymbol{K}^{e\prime}\boldsymbol{a}^{e\prime} \tag{7.113}$$

将变换式(7.110)代入上式得

$$U_\varepsilon^e = \frac{1}{2}(\boldsymbol{a}^e)^{\mathrm{T}}\boldsymbol{T}^{\mathrm{T}}\boldsymbol{K}^{e\prime}\boldsymbol{T}\boldsymbol{a}^e \tag{7.114}$$

而以整体坐标表达的应变能为

$$U_\varepsilon^e = \frac{1}{2}(\boldsymbol{a}^e)^{\mathrm{T}}\boldsymbol{K}^e\boldsymbol{a}^e \tag{7.115}$$

应变能是标量,与坐标系无关,即在任何坐标系下的计算值相等,比较式(7.114)和式(7.115)可得

$$\boldsymbol{K}^e = \boldsymbol{T}^{\mathrm{T}}\boldsymbol{K}^{e\prime}\boldsymbol{T} \tag{7.116}$$

将式(7.111)代入上式得到

$$\boldsymbol{K}^e=\frac{EA}{l^e}\begin{bmatrix} l_{x'x}^2 & l_{x'x}l_{x'y} & -l_{x'x}^2 & -l_{x'x}l_{x'y} \\ l_{x'x}l_{x'y} & l_{x'y}^2 & -l_{x'x}l_{x'y} & -l_{x'y}^2 \\ -l_{x'x}^2 & -l_{x'x}l_{x'y} & l_{x'x}^2 & l_{x'x}l_{x'y} \\ -l_{x'x}l_{x'y} & -l_{x'y}^2 & l_{x'x}l_{x'y} & l_{x'y}^2 \end{bmatrix} \tag{7.117}$$

7.6.3 单元刚度矩阵及结点载荷的组集

将所有单元刚度矩阵转换到整体坐标系下，整体坐标系下的单元平衡方程为

$$\boldsymbol{K}^e\boldsymbol{a}^e=\boldsymbol{P}^e$$

单元等效结点载荷按式(7.11)计算

$$\boldsymbol{P}^e=\boldsymbol{P}_{\mathrm{f}}^e+\boldsymbol{P}_{\mathrm{c}}^e=\int_0^{l^e}\boldsymbol{N}^{\mathrm{T}}f(x)\,\mathrm{d}x+\boldsymbol{P}_{\mathrm{c}}^e$$

若沿杆件轴向有分布载荷，需首先在局部坐标系下按下式计算出其等效结点载荷：

$$\boldsymbol{P}_{\mathrm{f}}^e=\int_0^{l^e}\boldsymbol{N}^{\mathrm{T}}f(x)\,\mathrm{d}x$$

然后分解到整体坐标系的两个方向即可。

对整体坐标系下所有单元进行组集得到的平面桁架结构平衡方程为

$$\boldsymbol{K}\boldsymbol{a}=\boldsymbol{P}$$

对于桁架结构，一般情况下载荷仅作用于结点上，此时仅需将结点载荷沿整体坐标系两个方向分解，然后施加在整体平衡方程右端列向量中对应的自由度方向即可，无须在局部坐标和整体坐标系下进行转换。将所有单元进行组集后引入位移边界条件即可求得各结点的位移。

7.6.4 单元应变和应力计算

桁架单元的应力仅有轴向应力，由胡克定律可知

$$\sigma=E\varepsilon \tag{7.118}$$

其应变可用局部坐标系下的位移计算

$$\varepsilon=\frac{u_2'-u_1'}{l^e}=\frac{1}{l^e}[-1\quad 1]\begin{bmatrix}u_1'\\u_2'\end{bmatrix}=\frac{1}{l^e}[-1\quad 1]\boldsymbol{a}^{e\prime} \tag{7.119}$$

将其代入式(7.118)可得杆中的应力

$$\sigma=\frac{E}{l^e}[-1\quad 1]\boldsymbol{a}^{e\prime} \tag{7.120}$$

再将式(7.110)分别代入式(7.119)和式(7.120)可得应变和应力

$$\varepsilon=\frac{1}{l^e}[-1\quad 1]\boldsymbol{T}\boldsymbol{a}^e=\frac{1}{l^e}[-l_{x'x}\quad -l_{x'y}\quad l_{x'x}\quad l_{x'y}]\boldsymbol{a}^e \tag{7.121}$$

$$\sigma=\frac{E}{l^e}[-1 \quad 1]\boldsymbol{T}\boldsymbol{a}^e=\frac{E}{l^e}[-l_{x'x} \quad -l_{x'y} \quad l_{x'x} \quad l_{x'y}]\boldsymbol{a}^e \tag{7.122}$$

求解结构有限元平衡方程得到各结点的位移后，利用式(7.121)和式(7.122)即可计算各个单元的应变和应力。

杆件仅承受轴向应力，且在截面上是均匀分布的，得到各杆件的应力后即可采用相应的强度准则分析杆件结构的强度。事实上，由于杆件的应力为单向拉压应力，直接与断裂应力或屈服应力进行比较即可判断其强度。在分析杆件的强度时，无须将应力转换到结构的整体坐标系中。

7.6.5 算例：平面桁架结构

如图 7.11 所示为由 4 根杆组成的平面桁架结构，所有单元的弹性模量 $E=29.5\times10^6$ Pa，截面面积 $A=1.0\text{m}^2$，在结点 2 处施加有水平向右的载荷 20 000 N，在结点 3 处施加有垂直向下的载荷 25 000 N。(1)计算每一个单元的刚度矩阵；(2)组装得到结构的刚度矩阵；(3)计算结点位移；(4)计算每个单元的应力；(5)计算支座约束力。

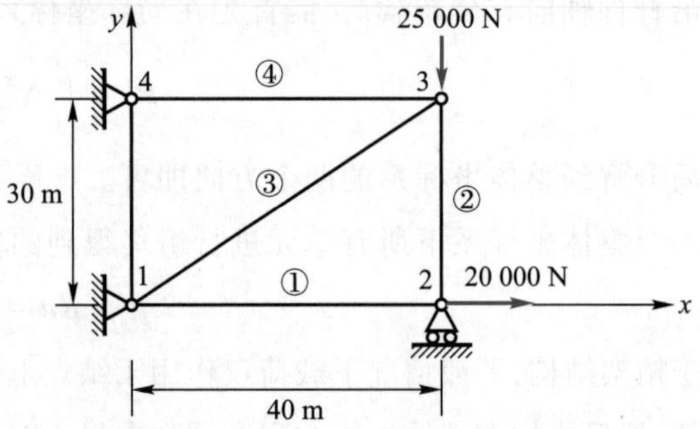

图 7.11　由 4 根杆组成的平面桁架结构

解：(1)首先给出结点和单元信息，然后利用式(7.109)计算各单元的长度和方向余弦并列于表中，最后利用式(7.117)计算得到每一个单元的刚度矩阵，如后面所列。

结 点 坐 标

结点	结点坐标	
	x/m	y/m
1	0	0
2	40	0
3	40	30
4	0	30

单 元 定 义

单元	局部结点 1	局部结点 2
1	1	2
2	3	2
3	1	3
4	4	3

单元长度和方向余弦

单元	l^e/m	方向余弦	
		$l_{x'x}$	$l_{x'y}$
1	40	1.0	0.0
2	30	0.0	-1.0
3	50	0.8	0.6
4	40	1.0	0.0

利用式(7.117)计算得到所有 4 个单元的刚度矩阵分别为

整体自由度

$$\begin{array}{c} \quad\quad\quad\quad\quad\quad\quad 1 \quad\ 2 \quad\ 3 \quad\ 4 \\ \boldsymbol{K}^1 = \dfrac{29.5\times 10^6}{40}\begin{bmatrix} 1 & 0 & -1 & 0 \\ 0 & 0 & 0 & 0 \\ -1 & 0 & 1 & 0 \\ 0 & 0 & 0 & 0 \end{bmatrix}\begin{matrix} 1 \\ 2 \\ 3 \\ 4 \end{matrix} \end{array}$$

$$\begin{array}{c} \quad\quad\quad\quad\quad\quad\quad 5 \quad\ 6 \quad\ 3 \quad\ 4 \\ \boldsymbol{K}^2 = \dfrac{29.5\times 10^6}{30}\begin{bmatrix} 0 & 0 & 0 & 0 \\ 0 & 1 & 0 & -1 \\ 0 & 0 & 0 & 0 \\ 0 & -1 & 0 & 1 \end{bmatrix}\begin{matrix} 5 \\ 6 \\ 3 \\ 4 \end{matrix} \end{array}$$

$$\begin{array}{c} \quad\quad\quad\quad\quad\quad\quad 1 \quad\quad\quad 2 \quad\quad\quad 5 \quad\quad\quad 6 \\ \boldsymbol{K}^3 = \dfrac{29.5\times 10^6}{50}\begin{bmatrix} 0.64 & 0.48 & -0.64 & -0.48 \\ 0.48 & 0.36 & -0.48 & -0.36 \\ -0.64 & -0.48 & 0.64 & 0.48 \\ -0.48 & -0.36 & 0.48 & 0.36 \end{bmatrix}\begin{matrix} 1 \\ 2 \\ 5 \\ 6 \end{matrix} \end{array}$$

$$\begin{array}{c} \quad\quad\quad\quad\quad\quad\quad 7 \quad\ 8 \quad\ 5 \quad\ 6 \\ \boldsymbol{K}^4 = \dfrac{29.5\times 10^6}{40}\begin{bmatrix} 1 & 0 & -1 & 0 \\ 0 & 0 & 0 & 0 \\ -1 & 0 & 1 & 0 \\ 0 & 0 & 0 & 0 \end{bmatrix}\begin{matrix} 7 \\ 8 \\ 5 \\ 6 \end{matrix} \end{array}$$

(2) 将各单元刚度矩阵进行叠加,组集结构得到整体刚度矩阵,注意各单元结点自由度在整体坐标系中的对应关系,参见 3.2.7 节。刚度矩阵为对称阵。

$$
\begin{array}{c}
\begin{matrix} \quad 1 & \quad 2 & \quad 3 & \quad 4 & \quad 5 & \quad 6 & \quad 7 & \quad 8 \end{matrix} \\
\boldsymbol{K}=\dfrac{29.5\times 10^{6}}{600}\begin{bmatrix}
22.68 & 5.76 & -15.0 & 0 & -7.68 & -5.76 & 0 & 0 \\
5.76 & 4.32 & 0 & 0 & -5.76 & -4.32 & 0 & 0 \\
-15.0 & 0 & 15.0 & 0 & 0 & 0 & 0 & 0 \\
0 & 0 & 0 & 20.0 & 0 & -20.0 & 0 & 0 \\
-7.68 & -5.76 & 0 & 0 & 22.68 & 5.76 & -15.0 & 0 \\
-5.76 & -4.32 & 0 & -20.0 & 5.76 & 24.32 & 0 & 0 \\
0 & 0 & 0 & 0 & -15.0 & 0 & 15.0 & 0 \\
0 & 0 & 0 & 0 & 0 & 0 & 0 & 0
\end{bmatrix}
\begin{matrix} 1 \\ 2 \\ 3 \\ 4 \\ 5 \\ 6 \\ 7 \\ 8 \end{matrix}
\end{array}
$$

（3）结构的右端载荷列向量为

$$
\boldsymbol{P}=\begin{bmatrix} F_{\mathrm{R1}} & F_{\mathrm{R2}} & 20\,000 & F_{\mathrm{R4}} & 0 & -25\,000 & F_{\mathrm{R7}} & F_{\mathrm{R8}} \end{bmatrix}^{\mathrm{T}}
$$

则结构的平衡方程为

$$
\frac{29.5\times 10^{6}}{600}\begin{bmatrix}
22.68 & 5.76 & -15 & 0 & -7.68 & -5.76 & 0 & 0 \\
5.76 & 4.32 & 0 & 0 & -5.76 & -4.32 & 0 & 0 \\
-15 & 0 & 15 & 0 & 0 & 0 & 0 & 0 \\
0 & 0 & 0 & 20 & 0 & -20 & 0 & 0 \\
-7.68 & -5.76 & 0 & 0 & 22.68 & 5.76 & -15 & 0 \\
-5.76 & -4.32 & 0 & -20 & 5.76 & 24.32 & 0 & 0 \\
0 & 0 & 0 & 0 & -15 & 0 & 15 & 0 \\
0 & 0 & 0 & 0 & 0 & 0 & 0 & 0
\end{bmatrix}
\begin{bmatrix} a_1 \\ a_2 \\ a_3 \\ a_4 \\ a_5 \\ a_6 \\ a_7 \\ a_8 \end{bmatrix}
=\begin{bmatrix} F_{\mathrm{R1}} \\ F_{\mathrm{R2}} \\ 20\,000 \\ F_{\mathrm{R4}} \\ 0 \\ -25\,000 \\ F_{\mathrm{R7}} \\ F_{\mathrm{R8}} \end{bmatrix}
$$

采用 3.2.8 节介绍的引入位移边界条件的方法，引入对应的自由度 1,2,4,7 和 8 的固定约束条件（零位移），如采用刚度矩阵对角元素改 1 法，可得引入位移边界条件后的平衡方程

$$
\frac{29.5\times 10^{6}}{600}\begin{bmatrix}
1 & 0 & 0 & 0 & 0 & 0 & 0 & 0 \\
0 & 1 & 0 & 0 & 0 & 0 & 0 & 0 \\
0 & 0 & 15.0 & 0 & 0 & 0 & 0 & 0 \\
0 & 0 & 0 & 1 & 0 & 0 & 0 & 0 \\
0 & 0 & 0 & 0 & 22.68 & 5.76 & 0 & 0 \\
0 & 0 & 0 & 0 & 5.76 & 24.32 & 0 & 0 \\
0 & 0 & 0 & 0 & 0 & 0 & 1 & 0 \\
0 & 0 & 0 & 0 & 0 & 0 & 0 & 1
\end{bmatrix}
\begin{bmatrix} a_1 \\ a_2 \\ a_3 \\ a_4 \\ a_5 \\ a_6 \\ a_7 \\ a_8 \end{bmatrix}
=\begin{bmatrix} 0 \\ 0 \\ 20\,000 \\ 0 \\ 0 \\ -25\,000 \\ 0 \\ 0 \end{bmatrix}
$$

该方程可以缩减为

$$\frac{29.5\times10^{6}}{600}\begin{bmatrix}15.0 & 0 & 0\\ 0 & 22.68 & 5.76\\ 0 & 5.73 & 24.32\end{bmatrix}\begin{bmatrix}a_3\\ a_5\\ a_6\end{bmatrix}=\begin{bmatrix}20\ 000\\ 0\\ -25\ 000\end{bmatrix}$$

利用高斯消元法求解该方程组可得到结点位移分量

$$\begin{bmatrix}a_3\\ a_5\\ a_6\end{bmatrix}=\begin{bmatrix}27.12\times10^{-3}\\ 5.65\times10^{-3}\\ -22.25\times10^{-3}\end{bmatrix}$$

最后得到的所有结点的位移列向量为

$$\boldsymbol{a}=[0\quad 0\quad 27.12\quad 0\quad 5.65\quad -22.25\quad 0\quad 0]^{\mathrm{T}}\times10^{-3}$$

注意,位移的单位为 m。有限元软件中一般对引入位移边界条件后的方程直接利用高斯消元求解即可。

(4) 利用式(7.122)可以计算得到单元 1 的应力

$$\sigma^{1}=\frac{29.5\times10^{6}}{40}[-1\quad 0\quad 1\quad 0]\begin{bmatrix}0\\ 0\\ 27.12\times10^{-3}\\ 0\end{bmatrix}=20\ 000.0$$

应力的单位为 Pa。类似地,可以得到其他杆件的应力分别为

$$\sigma^{2}=-21\ 880.0\,\mathrm{Pa},\quad \sigma^{3}=5\ 208.0\ \mathrm{Pa},\quad \sigma^{4}=4\ 167.0\ \mathrm{Pa}$$

(5) 最后利用整体平衡方程可以求得作用于支座的约束力

根据前述的计算结果,可得结构的整体平衡方程为

$$\frac{29.5\times10^{6}}{600}\begin{bmatrix}22.68 & 5.76 & -15.0 & 0 & -7.68 & -5.76 & 0 & 0\\ 5.76 & 4.32 & 0 & 0 & -5.76 & -4.32 & 0 & 0\\ -15.0 & 0 & 15.0 & 0 & 0 & 0 & 0 & 0\\ 0 & 0 & 0 & 20.0 & 0 & -20.0 & 0 & 0\\ -7.68 & -5.76 & 0 & 0 & 22.68 & 5.76 & -15.0 & 0\\ -5.76 & -4.32 & 0 & -20.0 & 5.76 & 24.32 & 0 & 0\\ 0 & 0 & 0 & 0 & -15.0 & 0 & 15.0 & 0\\ 0 & 0 & 0 & 0 & 0 & 0 & 0 & 0\end{bmatrix}\begin{bmatrix}0\\ 0\\ 27.12\\ 0\\ 5.65\\ -22.25\\ 0\\ 0\end{bmatrix}\times10^{-3}=\begin{bmatrix}F_{\mathrm{R1}}\\ F_{\mathrm{R2}}\\ 20\ 000\\ F_{\mathrm{R4}}\\ 0\\ -25\ 000\\ F_{\mathrm{R7}}\\ F_{\mathrm{R8}}\end{bmatrix}$$

由此可得

$$\begin{bmatrix} F_{R1} \\ F_{R2} \\ F_{R4} \\ F_{R7} \\ F_{R8} \end{bmatrix} = \frac{29.5\times10^{6}}{600}\begin{bmatrix} 22.68 & 5.76 & -15.0 & 0 & -7.68 & -5.76 & 0 & 0 \\ 5.76 & 4.32 & 0 & 0 & -5.76 & -4.32 & 0 & 0 \\ 0 & 0 & 0 & 20.0 & 0 & -20.0 & 0 & 0 \\ 0 & 0 & 0 & 0 & -15.0 & 0 & 15.0 & 0 \\ 0 & 0 & 0 & 0 & 0 & 0 & 0 & 0 \end{bmatrix}\begin{bmatrix} 0 \\ 0 \\ 27.12 \\ 0 \\ 5.65 \\ -22.25 \\ 0 \\ 0 \end{bmatrix}\times10^{-3}$$

$$= \begin{bmatrix} -15\,833.0 \\ 3\,126.0 \\ 21\,879.0 \\ -4\,167.0 \\ 0 \end{bmatrix}$$

约束力的单位为 N。

7.7　三维桁架结构

如图 7.12a 所示为一典型的空间三维桁架结构。三维桁架单元可以视为二维桁架单元的推广，其也是轴力单元，局部坐标系和整体坐标系中的轴力单元如图 7.12b 所示。轴力单元的局部坐标沿其轴线方向，在局部坐标系下的单元位移列向量仍然可以表示为

$$\boldsymbol{a}^{e\prime} = [\,u_1' \quad u_2'\,]^{\mathrm{T}} \tag{7.123}$$

而在整体坐标系下，每个结点的位移沿三个坐标方向有三个分量，故整体坐标系下单元的结点位移列向量为

$$\boldsymbol{a}^{e} = [\,u_1 \quad v_1 \quad w_1 \quad u_2 \quad v_2 \quad w_2\,]^{\mathrm{T}} \tag{7.124}$$

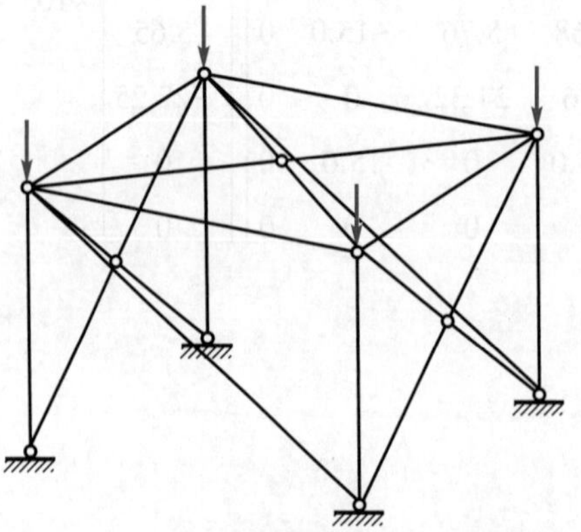

(a) 三维桁架结构

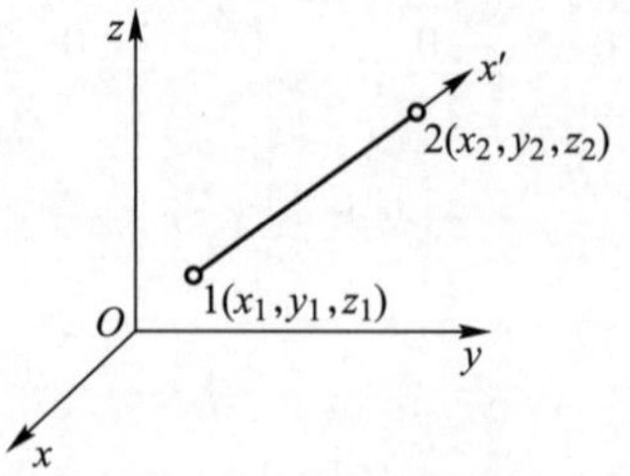

(b) 2结点三维桁架单元

图 7.12　三维桁架结构及桁架单元坐标变换

参见图 7.12b,可得局部坐标系和整体坐标系下单元结点位移的如下变换关系:

$$\boldsymbol{a}^{e\prime} = \boldsymbol{T}\boldsymbol{a}^{e} \tag{7.125}$$

其中变换矩阵为

$$\boldsymbol{T} = \begin{bmatrix} l_{x'x} & l_{x'y} & l_{x'z} & 0 & 0 & 0 \\ 0 & 0 & 0 & l_{x'x} & l_{x'y} & l_{x'z} \end{bmatrix} \tag{7.126}$$

式中 $l_{x'x}$, $l_{x'y}$ 和 $l_{x'z}$ 为方向余弦,即局部坐标与整体坐标轴 x, y 和 z 之间夹角的余弦,它们的计算式为

$$\left.\begin{aligned} & l_{x'x} = \frac{x_2 - x_1}{l^e}, \quad l_{x'y} = \frac{y_2 - y_1}{l^e}, \quad l_{x'z} = \frac{z_2 - z_1}{l^e} \\ & l^e = \sqrt{(x_2 - x_1)^2 + (y_2 - y_1)^2 + (z_2 - z_1)^2} \end{aligned}\right\} \tag{7.127}$$

类似于平面桁架问题,局部坐标系和整体坐标系下的单元刚度矩阵之间存在如下转换关系:

$$\boldsymbol{K}^{e} = \boldsymbol{T}^{\mathrm{T}}\boldsymbol{K}^{e\prime}\boldsymbol{T} \tag{7.128}$$

代入转换矩阵(7.126)可得

$$\boldsymbol{K}^{e} = \frac{EA}{l^e}\begin{bmatrix} l_{x'x}^2 & l_{x'x}l_{x'y} & l_{x'x}l_{x'z} & -l_{x'x}^2 & -l_{x'x}l_{x'y} & -l_{x'x}l_{x'z} \\ l_{x'x}l_{x'y} & l_{x'y}^2 & l_{x'y}l_{x'z} & -l_{x'x}l_{x'y} & -l_{x'y}^2 & -l_{x'y}l_{x'z} \\ l_{x'x}l_{x'z} & l_{x'y}l_{x'z} & l_{x'z}^2 & -l_{x'x}l_{x'z} & -l_{x'y}l_{x'z} & -l_{x'z}^2 \\ -l_{x'x}^2 & -l_{x'x}l_{x'y} & -l_{x'x}l_{x'z} & l_{x'x}^2 & l_{x'x}l_{x'y} & l_{x'x}l_{x'z} \\ -l_{x'x}l_{x'y} & -l_{x'y}^2 & -l_{x'y}l_{x'z} & l_{x'x}l_{x'y} & l_{x'y}^2 & l_{x'y}l_{x'z} \\ -l_{x'x}l_{x'z} & -l_{x'y}l_{x'z} & -l_{x'z}^2 & l_{x'x}l_{x'z} & l_{x'y}l_{x'z} & l_{x'z}^2 \end{bmatrix} \tag{7.129}$$

将所有单元进行组集后引入位移边界条件即可求得各结点的位移,进而可以计算出每一根杆的应变和应力等。三维桁架结构中的杆仍然承受单向应力作用,类似于平面桁架,利用杆件单元结点轴向位移即可计算轴向应变,进而由胡克定律计算其应力。

7.8 平面框架结构

如图 7.13 所示为平面框架结构,组成平面框架结构的框架单元的受力特点为受轴力和弯矩的共同作用,因此可以视为轴力单元和弯曲梁单元的叠加。这里所说的框架单元又习惯称为梁单元,其不同于 7.4 和 7.5 节讨论的纯弯曲梁单元。在此仅讨论轴力单元与 Euler-Bernoulli 弯曲梁单元叠加的情况,不讨论考虑层间剪切影响的 Timoshenko 梁单元,其处理方法类似。

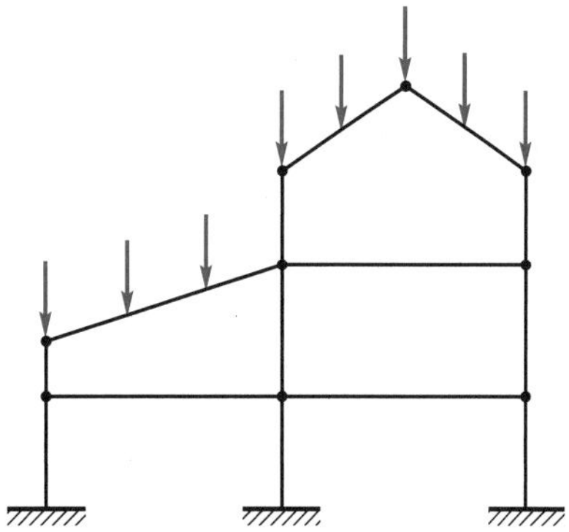

图 7.13 典型的平面框架结构

7.8.1 单元矩阵及其变换

下面首先讨论局部坐标系下平面梁单元的有限元公式。如图 7.14 所示为局部坐标系下的二维梁单元,结点的位移为

$$\boldsymbol{u}'_i = [\, u'_i \quad w'_i \quad \theta'_i \,]^{\mathrm{T}} \quad (i = 1,2,\cdots,n) \tag{7.130}$$

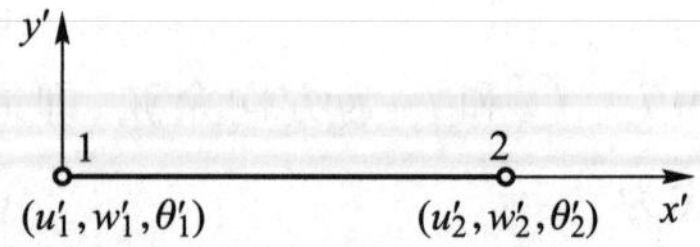

图 7.14　局部坐标系下的二维梁单元

同时考虑轴向变形和弯曲变形,轴向位移 u 采用 Lagrange 插值,与 7.2.1 节所述轴力单元一致,梁弯曲位移插值采用 7.4.2 节所述的 Hermite 插值。写出同时承受轴向力的空间梁单元的势能泛函,并利用泛函取极值的条件,可以得到具有 n 个结点的梁单元的刚度矩阵

$$\boldsymbol{K}'^{e} = \begin{bmatrix} \boldsymbol{K}'^{e}_{11} & \boldsymbol{K}'^{e}_{12} & \cdots & \boldsymbol{K}'^{e}_{1n} \\ \boldsymbol{K}'^{e}_{21} & \boldsymbol{K}'^{e}_{22} & \cdots & \boldsymbol{K}'^{e}_{2n} \\ \vdots & \vdots & & \vdots \\ \boldsymbol{K}'^{e}_{n1} & \boldsymbol{K}'^{e}_{n2} & \cdots & \boldsymbol{K}'^{e}_{nn} \end{bmatrix} \tag{7.131}$$

其中

$$\boldsymbol{K}'^{e}_{ij} = \begin{bmatrix} \boldsymbol{K}'^{(a)}_{ij} & \boldsymbol{0} \\ \boldsymbol{0} & \boldsymbol{K}'^{(b)}_{ij} \end{bmatrix} \quad (i,j = 1,2,\cdots,n) \tag{7.132}$$

这里,$\boldsymbol{K}'^{(a)}_{ij}$ 为轴力单元刚度子矩阵; $\boldsymbol{K}'^{(b)}_{ij}$ 为纯弯曲梁单元刚度子矩阵。单元等效结点载荷为

$$\boldsymbol{P}'^{e} = [\, \boldsymbol{P}'^{e}_{1} \quad \boldsymbol{P}'^{e}_{1} \quad \cdots \quad \boldsymbol{P}'^{e}_{n} \,]^{\mathrm{T}} \tag{7.133}$$

其中

$$\boldsymbol{P}'^{e}_{i} = \begin{bmatrix} \boldsymbol{P}'^{(a)}_{i} \\ \boldsymbol{P}'^{(b)}_{i} \end{bmatrix} \tag{7.134}$$

这里,$\boldsymbol{P}'^{(a)}_{i}$ 为轴力结点载荷子矩阵; $\boldsymbol{P}'^{(b)}_{i}$ 为弯曲结点载荷子矩阵。将式(7.16)和式(7.51)代入式(7.131)可得局部坐标系下 2 结点平面梁单元的刚度矩阵为

$$
\boldsymbol{K}'^e = \begin{bmatrix} \frac{EA}{l^e} & 0 & 0 & -\frac{EA}{l^e} & 0 & 0 \\ 0 & \frac{12EI}{l^{e3}} & \frac{6EI}{l^{e2}} & 0 & -\frac{12EI}{l^{e3}} & \frac{6EI}{l^{e2}} \\ 0 & \frac{6EI}{l^{e2}} & \frac{4EI}{l^e} & 0 & -\frac{6EI}{l^{e2}} & \frac{2EI}{l^e} \\ -\frac{EA}{l^e} & 0 & 0 & \frac{EA}{l^e} & 0 & 0 \\ 0 & -\frac{12EI}{l^{e3}} & \frac{6EI}{l^{e2}} & 0 & \frac{12EI}{l^{e3}} & -\frac{6EI}{l^{e2}} \\ 0 & \frac{6EI}{l^{e2}} & \frac{2EI}{l^e} & 0 & -\frac{6EI}{l^{e2}} & \frac{4EI}{l^e} \end{bmatrix} \tag{7.135}
$$

如图 7.13 所示，在框架结构中，每一根杆件的方位不同，因此需要将局部坐标系下描述的梁单元变换到整体坐标系。如图 7.15 所示为一梁单元在局部坐标系 $x'y'$ 和空间坐标系 xy 下的关系。

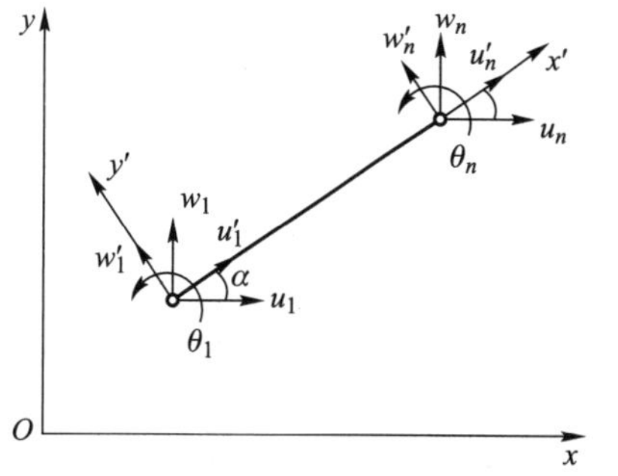

图 7.15　局部坐标和整体坐标下的梁单元

假设在局部坐标系下 n 结点单元的结点位移列向量为

$$
\begin{aligned} \boldsymbol{a}^{e\prime} &= [u'_1 \quad w'_1 \quad \theta'_1 \quad u'_2 \quad w'_2 \quad \theta'_2 \quad \cdots \quad u'_n \quad w'_n \quad \theta'_n]^{\mathrm{T}} \\ &= [\boldsymbol{a}'_1 \quad \boldsymbol{a}'_2 \quad \cdots \quad \boldsymbol{a}'_n]^{\mathrm{T}} \end{aligned} \tag{7.136}
$$

在整体坐标系下的单元结点位移列向量为

$$
\begin{aligned} \boldsymbol{a}^e &= [u_1 \quad w_1 \quad \theta_1 \quad u_2 \quad w_2 \quad \theta_2 \quad \cdots \quad u_n \quad w_n \quad \theta_n]^{\mathrm{T}} \\ &= [\boldsymbol{a}_1 \quad \boldsymbol{a}_2 \quad \cdots \quad \boldsymbol{a}_n]^{\mathrm{T}} \end{aligned} \tag{7.137}
$$

两个坐标系下线位移和转角的转换关系如下：

$$
u'_i = u_i l_{x'x} + w_i l_{x'y}, \quad w'_i = u_i l_{y'x} + w_i l_{y'y}, \quad \theta' = \theta \quad (i = 1, 2, \cdots, n) \tag{7.138}
$$

其中方向余弦

$$
\left.\begin{aligned} l_{x'x} = \cos(x', x) = \cos\alpha, \quad l_{x'y} = \cos(x', y) = \sin\alpha \\ l_{y'x} = \cos(y', x) = -\sin\alpha, \quad l_{y'y} = \cos(y', y) = \cos\alpha \end{aligned}\right\} \tag{7.139}
$$

由此可得如下转换关系：

$$
\boldsymbol{a}^{e\prime} = \begin{bmatrix} \boldsymbol{a}'_1 \\ \boldsymbol{a}'_2 \\ \vdots \\ \boldsymbol{a}'_n \end{bmatrix} = \begin{bmatrix} \boldsymbol{T}_0 & \boldsymbol{0} & \cdots & \boldsymbol{0} \\ \boldsymbol{0} & \boldsymbol{T}_0 & \cdots & \boldsymbol{0} \\ \vdots & \vdots & & \vdots \\ \boldsymbol{0} & \boldsymbol{0} & \cdots & \boldsymbol{T}_0 \end{bmatrix} \begin{bmatrix} \boldsymbol{a}_1 \\ \boldsymbol{a}_2 \\ \vdots \\ \boldsymbol{a}_n \end{bmatrix} = \boldsymbol{T}\boldsymbol{a}^e \tag{7.140}
$$

其中 $\boldsymbol{T}$ 为坐标转换矩阵，对应于结点位移的转换矩阵为

$$\boldsymbol{T}_0 = \begin{bmatrix} l_{x'x} & l_{x'y} & 0 \\ l_{y'x} & l_{y'y} & 0 \\ 0 & 0 & 1 \end{bmatrix} \tag{7.141}$$

可以证明 $\boldsymbol{T}$ 矩阵是正交的,即 $\boldsymbol{T}^{-1}=\boldsymbol{T}^{\mathrm{T}}$,则由式(7.140)可得

$$\boldsymbol{a}^{e} = \boldsymbol{T}^{-1}\boldsymbol{a}^{e\prime} = \boldsymbol{T}^{\mathrm{T}}\boldsymbol{a}^{e\prime} \tag{7.142}$$

在局部坐标系下的单元平衡方程为

$$\boldsymbol{K}^{e\prime}\boldsymbol{a}^{e\prime} = \boldsymbol{P}^{e\prime} \tag{7.143}$$

上式左乘 $\boldsymbol{T}^{\mathrm{T}}$ 可得

$$\boldsymbol{T}^{\mathrm{T}}(\boldsymbol{K}^{e\prime}\boldsymbol{a}^{e\prime}) = \boldsymbol{T}^{\mathrm{T}}\boldsymbol{P}^{e\prime}$$

将式(7.140)代入上式有

$$\boldsymbol{T}^{\mathrm{T}}\boldsymbol{K}^{e\prime}\boldsymbol{T}\boldsymbol{a}^{e} = \boldsymbol{T}^{\mathrm{T}}\boldsymbol{P}^{e\prime} \tag{7.144}$$

整体坐标系下的单元平衡方程为

$$\boldsymbol{K}^{e}\boldsymbol{a}^{e} = \boldsymbol{P}^{e} \tag{7.145}$$

比较式(7.144)和式(7.145)可得

$$\boldsymbol{K}^{e} = \boldsymbol{T}^{\mathrm{T}}\boldsymbol{K}^{e\prime}\boldsymbol{T}, \quad \boldsymbol{a}^{e} = \boldsymbol{T}\boldsymbol{a}^{e\prime}, \quad \boldsymbol{P}^{e} = \boldsymbol{T}^{\mathrm{T}}\boldsymbol{P}^{e\prime} \tag{7.146}$$

框架结构的系统方程由单元方程进行组集得到,具体组集方法参见 3.2.7 节。在引入位移边界条件后,求解系统方程即可得到结点位移。

7.8.2 铰结点的处理

有时框架结构中存在铰结点,如图 7.16 中杆件②在结点 4 处的连接即为铰接。铰接与刚性连接的最大区别是,前者不能传递力矩,只能传递力;后者可以同时传递力矩和力。归纳起来,在结点 4 处,各杆的线位移相同;杆件③、④、⑥的截面转动相同,而杆件②的截面转动不同;杆件②的铰结点不承受弯矩作用。为此,可以采用自由度释放的方法消除杆件②在结点 4 处的转动自由度。假设图 7.16 中的每根杆件划分为一个单元,单元②的铰接端的转动属于内部自由度,可以在单元层次上凝聚掉,具体实现方法如下。

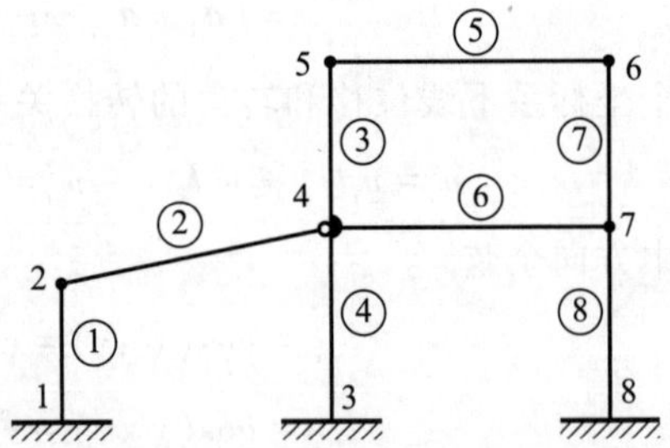

图 7.16　框架结构中铰结点自由度的释放

该单元的平衡方程 $\boldsymbol{K}^{e}\boldsymbol{a}^{e}=\boldsymbol{P}^{e}$ 可以改写成

$$\begin{bmatrix} \boldsymbol{K}_0 & \boldsymbol{K}_{0c} \\ \boldsymbol{K}_{c0} & \boldsymbol{K}_{cc} \end{bmatrix}^{e} \begin{bmatrix} \boldsymbol{a}_0 \\ \boldsymbol{a}_c \end{bmatrix}^{e} = \begin{bmatrix} \boldsymbol{P}_0 \\ \boldsymbol{P}_c \end{bmatrix}^{e} \tag{7.147}$$

方程中的 $\boldsymbol{a}_c$ 为单元内需凝聚掉的自由度,如单元②在结点 4 处的转动自由度。由式(7.147)

的第二个方程可得

$$\boldsymbol{a}_{c} = \boldsymbol{K}_{cc}^{-1}(\boldsymbol{P}_{c} - \boldsymbol{K}_{c0}\boldsymbol{a}_{0})$$

将其代入第一个方程可得

$$\boldsymbol{K}^{*}\boldsymbol{a}_{0} = \boldsymbol{P}_{0}^{*} \tag{7.148}$$

其中

$$\boldsymbol{K}^{*} = \boldsymbol{K}_{0} - \boldsymbol{K}_{0c}\boldsymbol{K}_{cc}^{-1}\boldsymbol{K}_{c0}, \quad \boldsymbol{P}_{0}^{*} = \boldsymbol{P}_{0} - \boldsymbol{K}_{0c}\boldsymbol{K}_{cc}^{-1}\boldsymbol{P}_{c} \tag{7.149}$$

方程(7.148)即为释放自由度后的单元平衡方程。为编程方便,一般情况下 $\boldsymbol{K}^{*}$ 保留原来的阶次,将对应于释放了自由度的相应刚度系数置为零即可。

7.8.3 单元截面应力计算

平面框架结构中每一根杆件可能同时承受轴力、剪力和弯矩的作用,因此在计算单元的截面应力时需要分别计算轴向应力、剪切应力和弯曲应力。这些应力仅需在各根杆件的局部坐标系下进行计算。

在得到整体坐标系下结点的位移后,利用式(7.140)可计算得到单元局部坐标系下结点的位移

$$\boldsymbol{a}^{e\prime} = [u_1' \quad w_1' \quad \theta_1' \quad u_2' \quad w_2' \quad \theta_2' \quad \cdots \quad u_n' \quad w_n' \quad \theta_n']^{\mathrm{T}}$$

对应于轴向变形,将单元的轴向位移 u_i' 代入轴力单元几何关系式(7.6)中的 u_i 可计算轴向应变 $\varepsilon_{x'}$,再由 $\sigma_{x'}=E\varepsilon_{x'}$ 计算轴向应力。

对应于弯曲变形,可利用式(7.55)和式(7.56)分别计算截面上的内力,包括弯矩 M 和剪力 Q,进一步可利用式(7.57)和式(7.58)

$$\sigma_{x'} = \frac{Mr}{I}, \quad \tau_{x'y'} = \frac{Q}{A}$$

计算单元截面上的正应力和剪应力。通常只需截面上的最大正应力(拉应力或压应力)。

截面上的正应力需要将轴向力引起的正应力和弯曲引起的正应力进行叠加,计算出最大正应力。最大正应力通常出现在梁单元截面的上表面或下表面。分析杆件的强度时,参见 6.6 节,应根据采用的不同强度理论计算截面上的最大主应力或 Mises 等效应力等。

值得注意的是,对于实际的框架结构,可能由不同截面形状的杆件构成,且各杆件在空间的方位不同,每一个单元截面上出现最大应力的位置也可能不同,在分析强度时需引起注意。在 ABAQUS 和其他商用有限元软件中,会给出各单元截面上表面和下表面的应力,还可以输出整个框架结构单元截面最大包络应力分布。该包络应力是指各单元截面上的最大应力,不同的单元可能是上表面的应力最大,也可能是下表面的应力最大。

7.9　三维框架结构

如图 7.17a 所示为一典型的空间三维框架结构。三维梁单元除了承受轴力和弯矩外，还承受扭矩的作用，而且弯矩可能同时在两个坐标面内存在。如图 7.17b 所示为三维空间梁的变形和受力特征。对于三维空间框架结构，用于离散结构的梁单元与 7.4 节和 7.5 节介绍的平面梁单元存在区别，该梁单元可以视为轴力单元、扭转单元和弯曲梁单元的叠加。

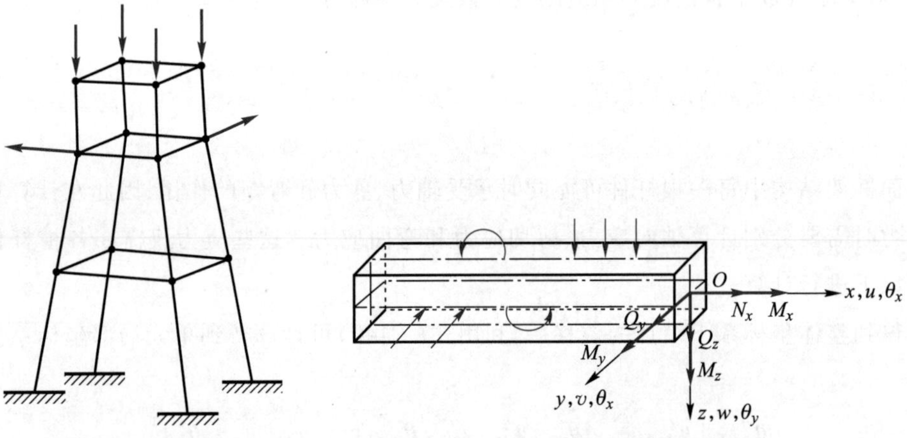

(a) 三维框架结构　　(b) 三维梁变形及受力特征

图 7.17　三维框架结构和空间梁变形及受力特征

7.9.1　单元矩阵及其变换

如前所述，三维空间梁单元可以视为轴力单元、扭转单元和弯曲梁单元的叠加。这里仍然仅讨论 Euler-Bernoulli 弯曲梁单元。图 7.18 所示为一个三维 2 结点空间梁单元的结点位移和结点力。从图中可见，三维空间梁单元的每个结点有 6 个自由度，6 个广义位移和 6 个广义力，它们是

$$\boldsymbol{a}^{e\prime} = [\boldsymbol{a}'_1 \quad \boldsymbol{a}'_2]^{\mathrm{T}}, \quad \boldsymbol{P}^{e\prime} = [\boldsymbol{P}'_1 \quad \boldsymbol{P}'_2]^{\mathrm{T}} \tag{7.150}$$

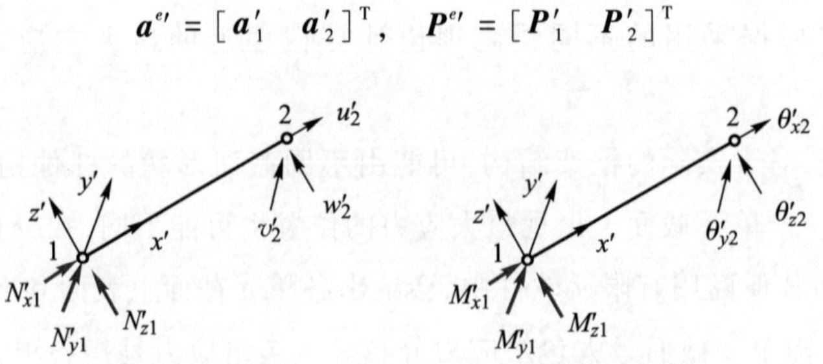

(a) 力和线位移　　(b) 力矩和截面转动

图 7.18　三维 2 结点梁单元

其中

$$\left.\begin{aligned}\boldsymbol{a}_i'&=[\,u_i'\quad v_i'\quad w_i'\quad \theta_{xi}'\quad \theta_{yi}'\quad \theta_{zi}'\,]^{\mathrm{T}}\\ \boldsymbol{P}_i'&=[\,N_{xi}'\quad N_{yi}'\quad N_{zi}'\quad M_{xi}'\quad M_{yi}'\quad M_{zi}'\,]^{\mathrm{T}}\end{aligned}\right\}\quad (i=1,2) \tag{7.151}$$

式中，u_i',v_i',w_i'为结点 i 在局部坐标系中的 3 个方向的线位移；$\theta_{xi}',\theta_{yi}',\theta_{zi}'$为结点 i 处截面绕 3 个坐标轴的转动；θ_{xi}'代表截面的扭转，$\theta_{yi}',\theta_{zi}'$分别代表截面在 $x'z'$和 $x'y'$坐标面内的转动；N_{xi}' 是结点 i 的轴向力，N_{yi}'，N_{zi}'是结点 i 在 $x'y'$及 $x'z'$面内的剪力；M_{xi}' 是结点 i 的扭矩，M_{yi}'，M_{zi}'是结点 i 在 $x'z'$及 $x'y'$面内的弯矩。

梁单元横截面面积为 A，在 $x'z'$面内截面惯性矩为 $I_{y'}$，在 $x'y'$面内的截面惯性矩为 $I_{z'}$，单元的扭转惯性矩为 J。单元长度为 l^e，材料弹性模量和剪切模量分别为 E 和 G，2 结点空间梁单元在单元局部坐标系内的刚度矩阵可以表示如下：

$$\boldsymbol{K}'^{e}=\begin{bmatrix}
\frac{EA}{l^e} & 0 & 0 & 0 & 0 & 0 & -\frac{EA}{l^e} & 0 & 0 & 0 & 0 & 0\\
0 & \frac{12EI_{z'}}{l^{e3}} & 0 & 0 & 0 & \frac{6EI_{z'}}{l^{e2}} & 0 & -\frac{12EI_{z'}}{l^{e3}} & 0 & 0 & 0 & \frac{6EI_{z'}}{l^{e2}}\\
0 & 0 & \frac{12EI_{y'}}{l^{e3}} & 0 & -\frac{6EI_{y'}}{l^{e2}} & 0 & 0 & 0 & -\frac{12EI_{y'}}{l^{e3}} & 0 & -\frac{6EI_{y'}}{l^{e2}} & 0\\
0 & 0 & 0 & \frac{GJ}{l^e} & 0 & 0 & 0 & 0 & 0 & -\frac{GJ}{l^e} & 0 & 0\\
0 & 0 & -\frac{6EI_{y'}}{l^{e2}} & 0 & \frac{4EI_{y'}}{l^e} & 0 & 0 & 0 & \frac{6EI_{y'}}{l^{e2}} & 0 & \frac{2EI_{y'}}{l^e} & 0\\
0 & \frac{6EI_{z'}}{l^{e2}} & 0 & 0 & 0 & \frac{4EI_{z'}}{l^e} & 0 & -\frac{6EI_{z'}}{l^{e2}} & 0 & 0 & 0 & \frac{2EI_{z'}}{l^e}\\
-\frac{EA}{l^e} & 0 & 0 & 0 & 0 & 0 & \frac{EA}{l^e} & 0 & 0 & 0 & 0 & 0\\
0 & -\frac{12EI_{z'}}{l^{e3}} & 0 & 0 & 0 & -\frac{6EI_{z'}}{l^{e2}} & 0 & \frac{12EI_{z'}}{l^{e3}} & 0 & 0 & 0 & -\frac{6EI_{z'}}{l^{e2}}\\
0 & 0 & -\frac{12EI_{y'}}{l^{e3}} & 0 & \frac{6EI_{y'}}{l^{e2}} & 0 & 0 & 0 & \frac{12EI_{y'}}{l^{e3}} & 0 & \frac{6EI_{y'}}{l^{e2}} & 0\\
0 & 0 & 0 & -\frac{GJ}{l^e} & 0 & 0 & 0 & 0 & 0 & \frac{GJ}{l^e} & 0 & 0\\
0 & 0 & -\frac{6EI_{y'}}{l^{e2}} & 0 & \frac{2EI_{y'}}{l^e} & 0 & 0 & 0 & \frac{6EI_{y'}}{l^{e2}} & 0 & \frac{4EI_{y'}}{l^e} & 0\\
0 & \frac{6EI_{z'}}{l^{e2}} & 0 & 0 & 0 & \frac{2EI_{z'}}{l^e} & 0 & -\frac{6EI_{z'}}{l^{e2}} & 0 & 0 & 0 & \frac{4EI_{z'}}{l^e}
\end{bmatrix} \tag{7.152}$$

对于三维框架结构，每一个单元的方位不同，需将其转换到整体坐标系。下面讨论三维梁单元从局部坐标系到整体坐标系的转换。假设局部坐标系为 $x'y'z'$，整体坐标系为 xyz，参见图 7.19。

类似于二维框架结构问题，整体坐标系下的结点位移向量、单元刚度矩阵、结点载荷列

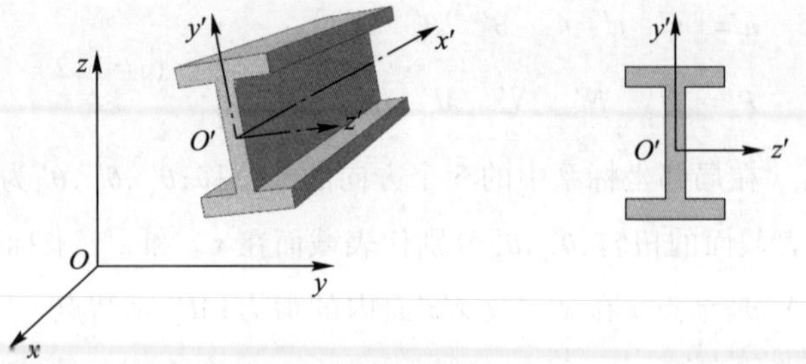

图 7.19　空间梁局部坐标和整体坐标的转换

向量与局部坐标系中的结点位移向量、单元刚度矩阵和结点载荷列向量的转换关系分别如下：

$$\boldsymbol{a}^e = \boldsymbol{T}^{\mathrm{T}}\boldsymbol{a}^{e\prime} = \begin{bmatrix} \boldsymbol{T}_0^{\mathrm{T}} & \boldsymbol{0} & \cdots & \boldsymbol{0} \\ \boldsymbol{0} & \boldsymbol{T}_0^{\mathrm{T}} & \cdots & \boldsymbol{0} \\ \vdots & \vdots & & \vdots \\ \boldsymbol{0} & \boldsymbol{0} & \cdots & \boldsymbol{T}_0^{\mathrm{T}} \end{bmatrix} \begin{bmatrix} \boldsymbol{a}'_1 \\ \boldsymbol{a}'_2 \\ \vdots \\ \boldsymbol{a}'_n \end{bmatrix} \tag{7.153}$$

$$\boldsymbol{K}^e = \boldsymbol{T}^{\mathrm{T}}\boldsymbol{K}^{e\prime}\boldsymbol{T}, \quad \boldsymbol{P}^e = \boldsymbol{T}^{\mathrm{T}}\boldsymbol{P}^{e\prime} \tag{7.154}$$

其中 $\boldsymbol{K}^{e\prime}$和 $\boldsymbol{P}^{e\prime}$分别为局部坐标系下的单元刚度矩阵和单元等效结点载荷。转换矩阵的子矩阵为

$$\boldsymbol{T}_0 = \begin{bmatrix} \boldsymbol{T}_{01} & \boldsymbol{0} \\ \boldsymbol{0} & \boldsymbol{T}_{01} \end{bmatrix}, \quad \boldsymbol{T}_{01} = \begin{bmatrix} l_{x'x} & l_{x'y} & l_{x'z} \\ l_{y'x} & l_{y'y} & l_{y'z} \\ l_{z'x} & l_{z'y} & l_{z'z} \end{bmatrix} \tag{7.155}$$

式中 $l_{x'x}, l_{x'y}, l_{x'z}$是局部坐标 x'对整体坐标 x, y, z 的 3 个方向余弦，即

$$l_{x'x} = \cos(x', x), \quad l_{x'y} = \cos(x', y), \quad l_{x'z} = \cos(x', z) \tag{7.156}$$

其余 $l_{y'x}, l_{y'y}, \cdots, l_{z'z}$分别是局部坐标 y', z'对整体坐标的方向余弦。

7.9.2　单元截面应力计算

与平面框架结构不同，空间框架结构中的杆同时承受轴向力 N_x、两个方向的剪力 N_y和 N_z、扭矩 M_x、两个方向的弯矩 M_y和 M_z的作用。在计算单元的截面应力时需要分别计算这些内力引起的应力。类似于平面框架结构，这些应力仅需在各根杆件的局部坐标系下进行计算。

空间框架结构 n 结点梁单元的结点位移为

$$\boldsymbol{a}_i = [u_i \quad v_i \quad w_i \quad \theta_{xi} \quad \theta_{yi} \quad \theta_{zi}]^{\mathrm{T}} \quad (i = 1, 2, \cdots, n)$$

对于轴向变形引起的应力，利用单元轴向位移分量计算应变，进而计算轴向应力。

由于三维空间梁可能同时承受两个方向的弯曲作用，因此需要分别计算该两个弯矩在截面上引起的正应力

$$\sigma_{x'}^1 = \frac{M_{y'}z'}{I_y}, \quad \sigma_{x'}^2 = \frac{M_{z'}y'}{I_z}$$

这里 z' 和 y' 分别为截面上计算应力点在两个方向的局部坐标。又由于有两个方向的剪力，它们对应的剪应力按下式计算：

$$\tau_{x'y'} = \frac{N_{y'}}{A}, \quad \tau_{x'z'} = \frac{N_{z'}}{A}$$

最后，杆件还承受扭矩的作用，需按下式计算扭矩引起的剪应力：

$$\tau_r = \frac{M_{x'}r}{I_r}$$

单元截面上的正应力和剪应力由上述所有正应力和剪应力分别进行叠加，然后根据采用的强度理论计算截面上的最大主应力或 Mises 等效应力等。三维框架结构空间梁单元截面的最大应力可能出现在任意一个表面，或在上、下、左、右四个角点上，分析强度时需要小心。在 ABAQUS 有限元软件中，会给出各单元截面上不同位置的应力，还可以输出整个框架结构单元截面最大包络应力分布。

7.10　杆件结构弹性稳定性分析

杆件结构设计时常常需要分析结构的稳定性。结构的稳定性分析主要计算结构的失稳临界载荷，又称为屈曲分析。若结构在失稳前为小变形，则对应的稳定性分析为线弹性稳定性（屈曲）分析，若失稳前为大变形，则为非线性稳定性（屈曲）分析。

结构稳定性分析分为两步，第一步分析杆件结构的内力分布，第二步计算结构的失稳临界载荷。本节讨论采用有限元方法计算杆件结构弹性失稳临界载荷的方法。对于结构线弹性稳定性分析，杆件的内力由线弹性方法确定，且在失稳（屈曲）引起的无限小位移过程中，轴向力保持不变。

7.10.1　梁单元的几何刚度矩阵

考虑一同时承受轴向力和弯矩作用的梁单元，如图 7.20a 所示。假设轴向力的大小不受侧向挠度的 w 影响。梁的挠度会在中性层上引起附加应变。如图 7.20b 所示为梁的微元变形，其在变形前的长度为 $\mathrm{d}x$，发生弯曲变形后的长度改变为

$$\overline{\mathrm{d}x} = \sqrt{(\mathrm{d}x)^2 + (\mathrm{d}w)^2} = \sqrt{(\mathrm{d}x)^2 + \left(\frac{\mathrm{d}w}{\mathrm{d}x}\mathrm{d}x\right)^2} = \mathrm{d}x\sqrt{1 + \left(\frac{\mathrm{d}w}{\mathrm{d}x}\right)^2} \tag{7.157}$$

利用二项式定理展开上式有

$$\overline{\mathrm{d}x} = \mathrm{d}x\left[1 + \frac{1}{2}\left(\frac{\mathrm{d}w}{\mathrm{d}x}\right)^2 + \cdots\right]$$

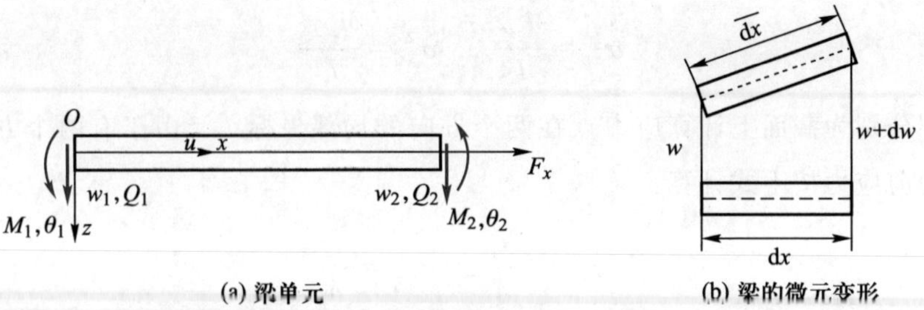

图 7.20　受轴向力和弯矩作用的梁单元

忽略高阶项，得到挠度在中性层上引起的附加应变

$$\varepsilon_x^w = \frac{\overline{dx} - dx}{dx} = \frac{dx\left[1 + \frac{1}{2}\left(\frac{dw}{dx}\right)^2\right] - dx}{dx} = \frac{1}{2}\left(\frac{dw}{dx}\right)^2 \tag{7.158}$$

梁中性层的挠度为 w，中性层处的曲率为$-\frac{d^2w}{dx^2}$，因此梁高度方向上任意一点（坐标为 z）的弯曲应变为

$$\varepsilon_x^b = -z\frac{d^2w}{dx^2} \tag{7.159}$$

由于轴向力的作用，对应于轴向位移 u 的应变为

$$\varepsilon_x^t = \frac{du}{dx} \tag{7.160}$$

则梁单元内任意一点的应变为式(7.158)、(7.159)、(7.160)三项之和

$$\varepsilon_x = \frac{du}{dx} - z\frac{d^2w}{dx^2} + \frac{1}{2}\left(\frac{dw}{dx}\right)^2 \tag{7.161}$$

梁单元的应变能为

$$U_\varepsilon^e = \int_{V^e}\frac{1}{2}\sigma_x\varepsilon_x dV = \int_A\int_{l^e}\frac{1}{2}E\varepsilon_x\varepsilon_x dAdx \tag{7.162}$$

将式(7.161)代入上式可得

$$\begin{aligned} U_\varepsilon^e &= \frac{1}{2}\int_A\int_{l^e}E\left[\frac{du}{dx} - z\frac{d^2w}{dx^2} + \frac{1}{2}\left(\frac{dw}{dx}\right)^2\right]^2 dAdx \\ &= \frac{1}{2}\int_A\int_{l^e}E\left[\left(\frac{du}{dx}\right)^2 + z^2\left(\frac{d^2w}{dx^2}\right)^2 + \frac{1}{4}\left(\frac{dw}{dx}\right)^4 - 2z\frac{du}{dx}\frac{d^2w}{dx^2} - z\frac{d^2w}{dx^2}\left(\frac{dw}{dx}\right)^2 + \frac{du}{dx}\left(\frac{dw}{dx}\right)^2\right]dAdx \end{aligned} \tag{7.163}$$

以截面形心为坐标原点，对梁的截面积分有

$$\int_A dA = A,\quad \int_A zdA = 0,\quad \int_A z^2dA = I$$

代入式(7.163)可得

$$U_\varepsilon^e = \frac{1}{2}\int_{l^e}E\left[A\left(\frac{du}{dx}\right)^2 + I\left(\frac{d^2w}{dx^2}\right)^2 + A\frac{du}{dx}\left(\frac{dw}{dx}\right)^2 + \frac{1}{4}A\left(\frac{dw}{dx}\right)^4\right]dx \tag{7.164}$$

轴力与轴向位移之间存在如下关系：

$$F_x = A\sigma_x = AE\varepsilon_x^{\mathrm{t}} = AE\frac{\mathrm{d}u}{\mathrm{d}x}$$

利用上述关系，并忽略高阶项$\frac{1}{4}A\left(\frac{\mathrm{d}w}{\mathrm{d}x}\right)^4$，式(7.164)可写成

$$U_\varepsilon^e = \frac{1}{2}\int_{l^e}\left[EA\left(\frac{\mathrm{d}u}{\mathrm{d}x}\right)^2 + EI\left(\frac{\mathrm{d}^2 w}{\mathrm{d}x^2}\right)^2 + F_x\left(\frac{\mathrm{d}w}{\mathrm{d}x}\right)^2\right]\mathrm{d}x \tag{7.165}$$

可见，梁的应变能可分为轴向应变能和弯曲应变能

$$U_\varepsilon^e = U_{\varepsilon\mathrm{a}}^e + U_{\varepsilon\mathrm{b}}^e \tag{7.166}$$

其中

$$U_{\varepsilon\mathrm{a}}^e = \frac{1}{2}\int_{l^e} EA\left(\frac{\mathrm{d}u}{\mathrm{d}x}\right)^2\mathrm{d}x \tag{7.167a}$$

$$U_{\varepsilon\mathrm{b}}^e = \frac{1}{2}\int_{l^e}\left[EI\left(\frac{\mathrm{d}^2 w}{\mathrm{d}x^2}\right)^2 + F_x\left(\frac{\mathrm{d}w}{\mathrm{d}x}\right)^2\right]\mathrm{d}x \tag{7.167b}$$

由上式可见，弯曲应变能中包含了由轴向力作用引起的附加应变能。

如 7.8.1 节所述，杆件同时承受轴向力和弯曲载荷作用时，单元的结点位移包括轴向位移、挠度和转角。轴向位移和弯曲位移可以分别插值。以 2 结点单元为例，挠度的插值表达式为

$$w = \begin{bmatrix} N_1 & N_2 & N_3 & N_4 \end{bmatrix}\begin{bmatrix} w_1 \\ \theta_1 \\ w_2 \\ \theta_2 \end{bmatrix} = \boldsymbol{N}\boldsymbol{a}^e$$

求 w 对 x 的一阶和二阶导数得

$$\frac{\mathrm{d}w}{\mathrm{d}x} = \begin{bmatrix} \frac{\mathrm{d}N_1}{\mathrm{d}x} & \frac{\mathrm{d}N_2}{\mathrm{d}x} & \frac{\mathrm{d}N_3}{\mathrm{d}x} & \frac{\mathrm{d}N_4}{\mathrm{d}x} \end{bmatrix}\begin{bmatrix} w_1 \\ \theta_1 \\ w_2 \\ \theta_2 \end{bmatrix} = \boldsymbol{g}\boldsymbol{a}^e \tag{7.168a}$$

$$\frac{\mathrm{d}^2 w}{\mathrm{d}x^2} = \begin{bmatrix} \frac{\mathrm{d}^2 N_1}{\mathrm{d}x^2} & \frac{\mathrm{d}^2 N_2}{\mathrm{d}x^2} & \frac{\mathrm{d}^2 N_3}{\mathrm{d}x^2} & \frac{\mathrm{d}^2 N_4}{\mathrm{d}x^2} \end{bmatrix}\begin{bmatrix} w_1 \\ \theta_1 \\ w_2 \\ \theta_2 \end{bmatrix} = \boldsymbol{b}\boldsymbol{a}^e \tag{7.168b}$$

将式(7.168)两式代入式(7.167b)得到弯曲应变能的如下表达式：

$$U_{\varepsilon\mathrm{b}}^e = \frac{1}{2}\boldsymbol{a}^{e\mathrm{T}}\boldsymbol{K}_\mathrm{b}^e\boldsymbol{a}^e + \frac{1}{2}\boldsymbol{a}^{e\mathrm{T}}\boldsymbol{K}_\mathrm{g}^e\boldsymbol{a}^e \tag{7.169}$$

其中

$$\boldsymbol{K}_{\mathrm{b}}^{e}=\int_{l^{e}}\boldsymbol{b}^{\mathrm{T}}EI\boldsymbol{b}\mathrm{d}x,\quad \boldsymbol{K}_{\mathrm{g}}^{e}=\int_{l^{e}}\boldsymbol{g}^{\mathrm{T}}F_{x}\boldsymbol{g}\mathrm{d}x \tag{7.170}$$

这里 $\boldsymbol{K}_{\mathrm{b}}^{e}$ 为通常的梁单元的弯曲刚度矩阵，$\boldsymbol{K}_{\mathrm{g}}^{e}$ 为由于单元中轴向力 F_x 的作用引起的弯曲刚度的增加。当杆件承受轴向拉力作用时，单元刚度增加，受压缩时刚度减小，且 $\boldsymbol{K}_{\mathrm{g}}^{e}$ 的大小与材料的物理常数无关，与单元的几何尺寸和内力有关，故将其称为几何刚度矩阵。也可以理解为 $\boldsymbol{K}_{\mathrm{g}}^{e}$ 与杆件中的初始内力有关，因而也称之为初应力刚度矩阵。

7.10.2　杆件结构失稳临界载荷

同时承受轴向力和横向（弯曲）载荷作用的杆件，根据弹性力学的叠加原理，可以先求出各杆件的轴向力 $\boldsymbol{F}_0$，再计算在横向载荷和弯矩作用下的弯曲变形。假设已知杆件的轴向力，杆件系统的弯曲应变能为所有 M_e 个单元应变能之和

$$\begin{aligned}U_{\varepsilon}&=\sum_{e=1}^{M_e}U_{\varepsilon}^{e}\\&=\sum_{e=1}^{M_e}\left(\frac{1}{2}\boldsymbol{a}^{e\mathrm{T}}\boldsymbol{K}_{\mathrm{b}}^{e}\boldsymbol{a}^{e}+\frac{1}{2}\boldsymbol{a}^{e\mathrm{T}}\boldsymbol{K}_{\mathrm{g}}^{e}\boldsymbol{a}^{e}\right)\\&=\frac{1}{2}\boldsymbol{a}^{\mathrm{T}}\boldsymbol{K}_{\mathrm{b}}\boldsymbol{a}+\frac{1}{2}\boldsymbol{a}^{\mathrm{T}}\boldsymbol{K}_{\mathrm{g}}\boldsymbol{a}=\frac{1}{2}\boldsymbol{a}^{\mathrm{T}}(\boldsymbol{K}_{\mathrm{b}}+\boldsymbol{K}_{\mathrm{g}})\boldsymbol{a}\end{aligned} \tag{7.171}$$

在横向力 $\boldsymbol{P}$ 的作用下，外力势为 $\boldsymbol{a}^{T}\boldsymbol{P}$，系统的势能为

$$\Pi_{\mathrm{p}}=U_{\varepsilon}+E_{\mathrm{p}}=\frac{1}{2}\boldsymbol{a}^{\mathrm{T}}(\boldsymbol{K}_{\mathrm{b}}+\boldsymbol{K}_{\mathrm{g}})\boldsymbol{a}-\boldsymbol{a}^{\mathrm{T}}\boldsymbol{P} \tag{7.172}$$

由最小势能原理可得

$$(\boldsymbol{K}_{\mathrm{b}}+\boldsymbol{K}_{\mathrm{g}})\boldsymbol{a}=\boldsymbol{P} \tag{7.173}$$

由式(7.170)可知，单元几何刚度矩阵与单元的轴向力成正比，如果轴向载荷按比例增大 λ 倍，即 $\boldsymbol{F}=\lambda\boldsymbol{F}_0$，则几何刚度也增加 λ 倍，则式(7.173)成为

$$(\boldsymbol{K}_{\mathrm{b}}+\lambda\boldsymbol{K}_{\mathrm{g}})\boldsymbol{a}=\boldsymbol{P} \tag{7.174}$$

如果轴力很小，$\boldsymbol{K}_{\mathrm{g}}$ 可以忽略，结点位移与 $\boldsymbol{P}$ 成正比。当 $\boldsymbol{P}=\boldsymbol{0}$ 时，结点位移也为零。当轴向载荷达到临界载荷时，系统发生弹性失稳。此时即使横向载荷 $\boldsymbol{P}=\boldsymbol{0}$，结点位移也不为零，即

$$(\boldsymbol{K}_{\mathrm{b}}+\lambda\boldsymbol{K}_{\mathrm{g}})\boldsymbol{a}=\boldsymbol{0} \tag{7.175}$$

有非零解。该式有非零解的条件为

$$|\boldsymbol{K}_{\mathrm{b}}+\lambda\boldsymbol{K}_{\mathrm{g}}|=0 \tag{7.176}$$

此即特征方程，求解该特征方程得到其最小特征值 λ_{cr}，即可按下式计算得到结构失稳的临界载荷：

$$\boldsymbol{F}=\lambda_{\mathrm{cr}}\boldsymbol{F}_0 \tag{7.177}$$

进一步将特征值 λ_{cr} 代入式(7.175)计算得到对应的特征向量，即系统的失稳模态。失稳模态反映了结构发生失稳时的变形形态。

7.11 算例:受压框架强度及稳定性计算

算例一:如图 7.21 所示为一空间框架结构,每一根杆件均为截面尺寸相同的工字型梁,

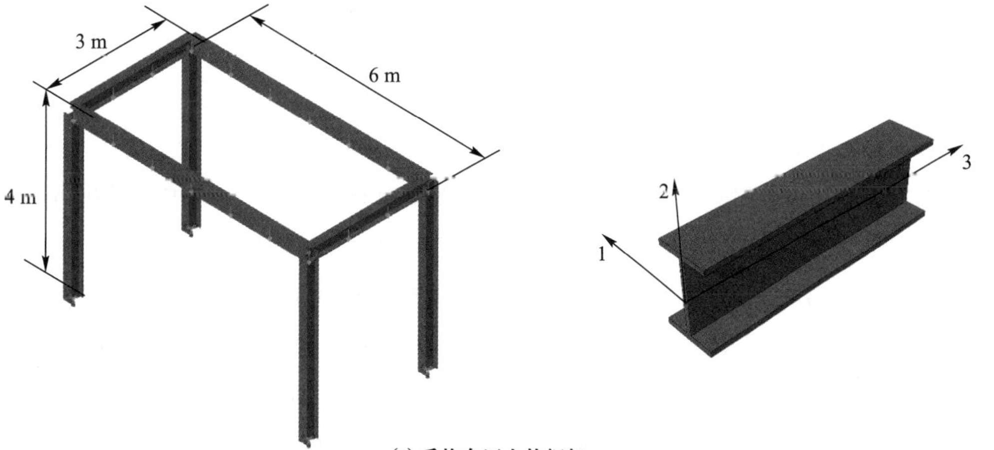

(a) 受均布压力的框架

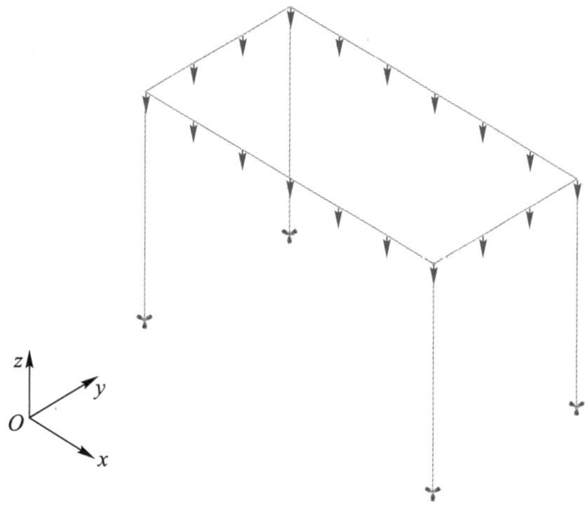

(b) 空间梁有限元模型

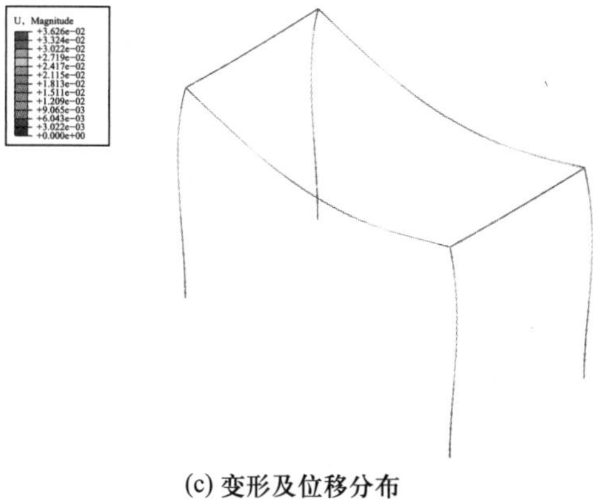

(c) 变形及位移分布

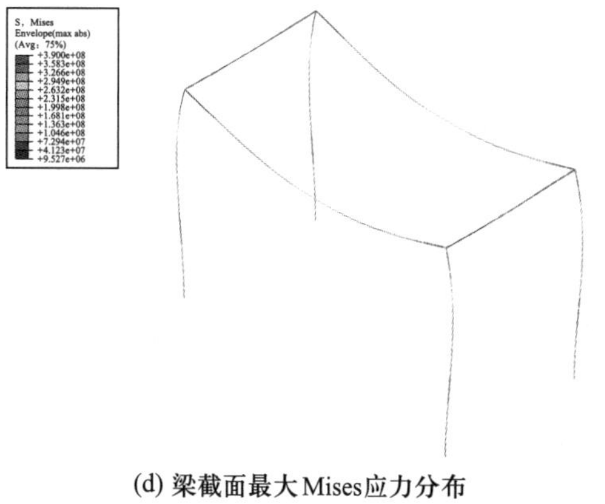

(d) 梁截面最大Mises应力分布

图 7.21 受压框架结构静力分析

梁截面的宽度 $b=0.2$ m，高度 $h=0.3$ m，厚度 $t=0.02$ m。四根立柱的下端均为固定约束，上面四根水平梁承受均布压力载荷作用，均布载荷的大小 $q=1.0\times10^5$ N/m²。梁的材料为 Q420，弹性模量为 200 GPa，泊松比为 0.3，屈服极限为 420 MPa。利用 ABAQUS 软件，采用空间梁单元模拟计算该结构的变形和应力，并分析其强度。

首先建立空间梁结构的有限元模型，如图 7.21b 所示。建立梁结构时，每一根梁用中心线表示，要定义每一根梁的截面几何尺寸，以计算其截面惯性矩。整体坐标系为 $Oxyz$。要给每一根梁赋予局部坐标方向 1,2,3，局部坐标确定了每一根梁截面在空间的方位。为了便于检查截面形状和局部坐标是否正确，现有的有限元软件前处理器均可以用三维形式显示梁的实体几何形状，这对于复杂空间梁结构非常重要。本算例用 2 结点空间梁单元离散结构，单元长度取 0.2 m。

有限元计算得到的结构的变形及位移分布如图 7.21c 所示，结构的最大位移发生在水平长梁的跨中，为 36.26 mm。如 7.9.2 节所述，空间梁截面上的应力的计算是轴向应力、扭转应力和两个方向弯曲应力的组合。由于梁的最大应力通常出现在梁的上表面或下表面，ABAQUS 软件后处理器给出了结点处各截面上上表面和下表面的应力值。为了便于判断其强度，还可以给出梁截面上的最大应力值，该应力值可能出现在梁的上表面或下表面，而且每一根梁出现最大应力的位置可能不同。图 7.21d 为该框架结构梁截面最大 Mises 应力分布，从图中可见，最大应力为 3.9×10^8 Pa，即 390 MPa，出现在四根立柱的上端。该应力小于 Q420 材料的屈服应力 420 MPa，不会发生屈服，其强度足够。

算例二：针对上例中相同的框架结构，在四根立柱的顶端作用向下的集中力，如图 7.22a

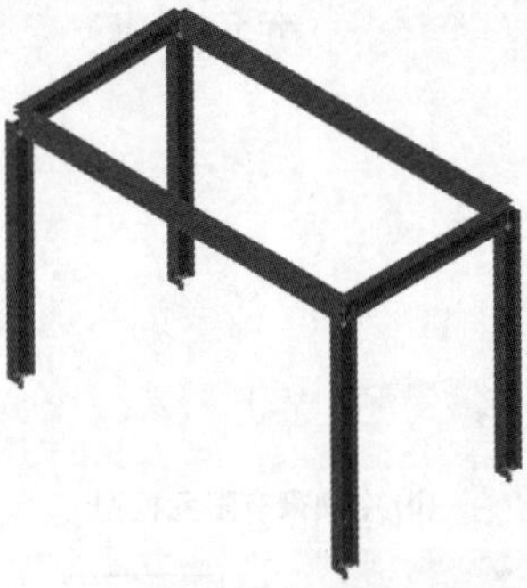

(a) 受集中力作用的框架结构

(b) 第1阶屈曲模态，特征值：3.041×10^6

图 7.22 受压框架结构稳定性分析

所示,计算其失稳载荷。采用空间梁单元,有限元模型建立与前一算例相同。稳定性分析时假设载荷的大小为 $F_0=1.0$ N,计算其特征值和模态。屈曲分析得到的 1 阶屈曲模态如图 7.22b 所示。该屈曲模态对应的特征值为 3.041×10^6,因此对应的屈曲载荷为 $3.041\times10^6\times F_0=3.041\times10^6\times1.0\ \text{N}=3.041\times10^6$ N。即当该 4 个集中力的大小为 3.041×10^6 N 时,结构会失稳,失稳的形态如其模态,如图 7.22b 所示。

7.12 小结

杆件结构广泛应用于工程中,其主要形式为桁架和框架。构成桁架结构的杆件均为二力杆,其只承受轴向载荷作用,仅需用轴力单元离散。平面框架结构的杆件通常同时承受轴力和弯矩的作用,可用轴力单元和弯曲梁单元进行叠加得到。空间框架的杆件则可能同时承受轴力、扭矩和弯矩的作用,因而用轴力单元、扭转单元和弯曲梁单元进行叠加得到。

轴力单元和扭转单元一般采用 Lagrange 插值函数。轴力单元以结点位移为基本变量,扭转单元以绕轴线的扭转角为基本变量。对于桁架结构,由于每一根杆件截面应力分布均匀,杆件的几何刚度仅与截面面积有关,与截面的几何形状无关。在计算得到结点位移后,容易计算杆中的轴向应力和应变。扭转单元的剪应力则与其截面的极半径有关,最大剪应力位于轴的表面。

当梁的高度较小时,可以忽略层间剪切变形的影响,称为 Euler-Bernoulli 梁,对应的单元称为 Euler-Bernoulli 梁单元。层间剪切影响不能忽略的梁称为 Timoshenko 梁,对应的单元称为 Timoshenko 梁单元。采用有限元分析框架结构时,每一根杆件空间方位的定义非常重要,不同的方位其几何刚度不同。梁截面上的最大应力的位置比较复杂,与各杆件的截面形状和方位有关,通常出现在截面的上、下表面的角点处,在进行结果分析时必须注意。

习题

7.1 试述 Euler-Bernoulli 梁和 Timoshenko 梁变形的基本假设,两者有何差别。什么是 Timoshenko 梁单元的剪切自锁现象?

7.2 平面框架结构杆件和三维框架结构杆件的受力和变形特征有何不同?

7.3 若单元的自然坐标取 $\xi(0\leqslant\xi\leqslant1)$,仅考虑作用有横向载荷 $q(x)$。(1)利用习题 4.5 得到的 Hermite 插值函数推导 2 结点 Euler-Bernoulli 梁单元的有限元方程。(2)给出单元刚度矩阵其与式(7.51)是否相同?(3)若单元上作用 $q(\xi)=q=\text{const}$ 的均布载荷,给出等效结点载荷,其与式(7.53)是否相同?

7.4 推导 3 结点 Timoshenko 梁的有限元方程,给出单元刚度矩阵和等效结点载荷表达式。

7.5　图示为 3 根杆构成的平面桁架结构。每一根杆的弹性模量为 200 GPa，截面面积为 300 mm^2，结构的几何尺寸见图中所示，在结点 1 处作用一垂直向下的力，其大小为 20 kN。用有限元方法计算结点 1 的位移以及三根杆的应变和应力。

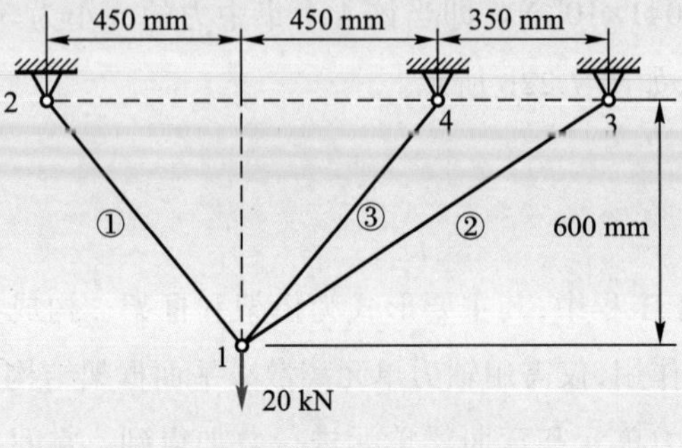

题 7.5 图

7.6　编写计算平面桁架结构的有限元计算机程序（建议利用 MATLAB 或 Visual Fortran 编程，也可用 Python 或其他计算机语言）。利用该程序计算 7.5 题，并与手算结果进行比较。

7.7　图示为一平面桁架结构。每一杆均为圆截面，截面直径为 50 mm，材料的弹性模量为 200 GPa。结构几何尺寸和承受的载荷如图中所示。利用商用有限元软件前处理模块建立有限元模型，计算结构的变形和应力，并利用后处理功能分析结构的变形和应力分布。

7.8　图示为一空间三维桁架结构，其 4 个立面均和题 7.7 图所示的桁架相同。结构的材料参数与题 7.7 相同。载荷如图中所示，结构底部 4 个点均为固定约束。利用商用有限元软件计算如图所示空间桁架结构的变形和应力，并分析结构的变形和应力分布特征。

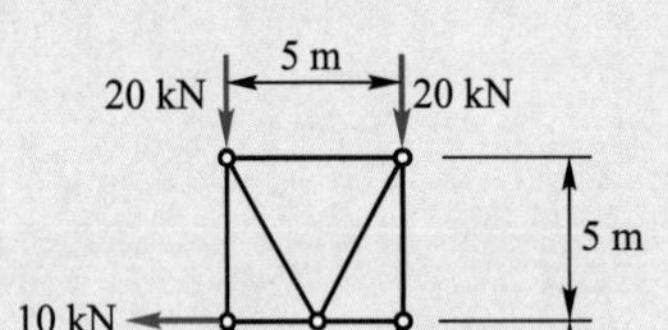

题 7.7 图

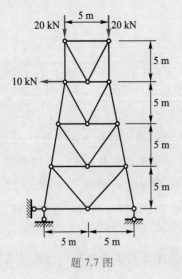

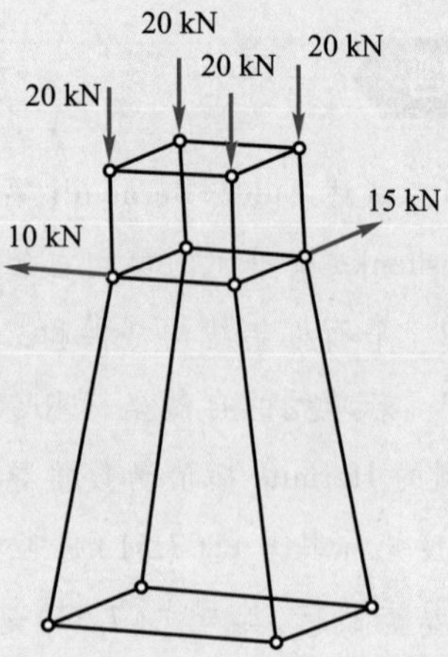

题 7.8 图

7.9　将题 7.7 和题 7.8 中桁架结构各杆之间的铰接全部改为焊接，结构成为框架结构。结构的几何尺寸和载荷不变，利用商用有限元软件重新计算平面框架和三维空间框架结构的变形和应力，并利用后处理功能分析结构的变形和应力特征。注意，因所有杆件均为圆截面，无须给每一根杆赋局部方向，若为非圆截面则需根据每一根杆在空间的方位赋予相应的局部坐标方向。

7.10　将题 7.8 图中桁架结构各杆之间的铰接全部改为焊接，成为框架结构。利用商用有限元软件计算在仅有顶部 4 个载荷作用时的弹性失稳载荷和失稳模态。

参考答案 A7

第8章 板壳结构力学问题

8.1 引言

工程结构中广泛采用板壳结构。如图 8.1 所示，轮船甲板和一些大型现代建筑结构都采用典型的板壳结构。在对这些结构进行设计时，计算其在外力作用下的变形和应力是判断其刚度和强度的依据，因而离不开变形和应力的计算。采用有限元方法对板壳结构进行计算分析已经成为这些结构设计及其优化的必要手段。针对板壳结构的几何和变形特征，可以根据其变形、应力分布、平衡方程等的简化形式，建立板单元和壳单元，从而比采用三维实体单元进行分析降低计算规模，提高计算效率。本章介绍板壳结构有限元的基本理论和方法。

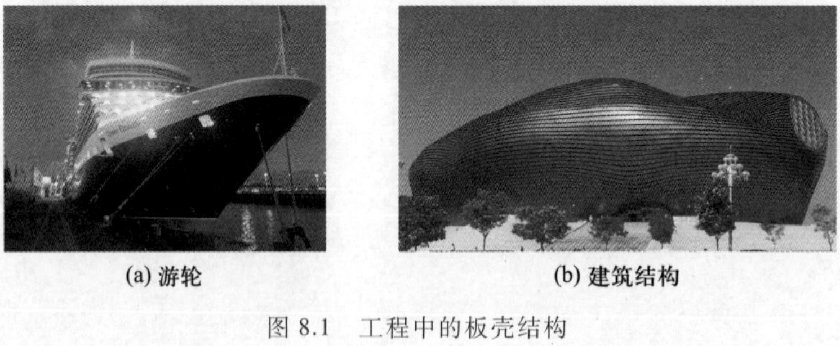

(a) 游轮　　(b) 建筑结构

图 8.1　工程中的板壳结构

平板结构几何上有一个方向的尺度比其他两个方向小很多，通过引入一定的假设，可以使三维问题简化为空间二维问题。对于仅承受横向载荷发生弯曲变形的平板，其变形类似于弯曲梁，平板的中面只有垂直于中面的位移，即挠度，而没有面内位移，所以平板问题又称为平板弯曲问题。当平板承受面内载荷作用时，其中面的位移属于弹性力学平面应力问题，结构的变形沿板厚度方向均匀分布，称此变形为薄膜应力状态。平板弯曲和薄膜状态两者互不耦合，就像直杆结构中拉压、扭转和弯曲变形互不耦合一样。因此，平板弯曲问题仅考虑平板在弯曲载荷下的变形，若同时存在面内载荷，直接将弯曲变形和面内变形进行叠加即可。

壳体结构与平板结构相比，其相同点是它们在厚度方向的尺寸比其他两个方向的尺寸小很多，通过引入一定的假设壳也可以简化为曲线坐标系下的二维问题；它们的不同点是平板的中面是平面，而壳的中面是曲面。正是这种不同，使得壳的变形和应力比平板复杂得多。壳体中面的面内位移和垂直于中面的位移通常同时存在，而且弯曲变形和面内变形是相互耦合的。

壳体结构从几何上还可以分为轴对称壳体和一般的三维空间壳体。前者在空间上有一对称轴，壳体中面由一条和对称轴共面的曲线（称为经线或子午线）绕对称轴旋转 360°形成。和轴对称三维实体类似，问题可以简化到一个包含对称轴和经线的平面内进行研究。由于经线只是一条线，所以轴对称壳体本质上是曲线坐标系内的一维问题。

本章主要介绍用于计算分析平板结构的薄板单元和厚板单元，用于模拟一般壳体结构的平面壳体单元和超参数壳体单元，用于模拟轴对称壳体结构的轴对称壳单元，以及弹性薄板稳定性分析的有限元方法。

8.2 薄板单元

8.2.1 薄板弯曲基本理论

如图 8.2 所示为一平板，在垂直于表面的横向载荷或在板边缘弯曲载荷作用下，板会发生弯曲变形。称距离上下表面等距离的面为中面（$z=0$），中面是描述板基本方程的参考平面。类似于直梁，均匀各向同性平板通过弯曲承受横向载荷。中面与中性面一致，且其上的面内应变为零，板的位移场可以用中面的挠度和法线的转角描述。如果板同时承受横向弯曲载荷和面内载荷作用，则中面的面内应变不为零，其变形为弯曲变形和面内变形的叠加。类似于 Euler-Bernoulli 梁，当板的厚度很小时（厚度与板面内最小尺寸之比小于等于 0.2 时），可以忽略板的横向剪切变形，这种板称为薄板。薄板理论又称为 Kirchhoff 薄板理论。

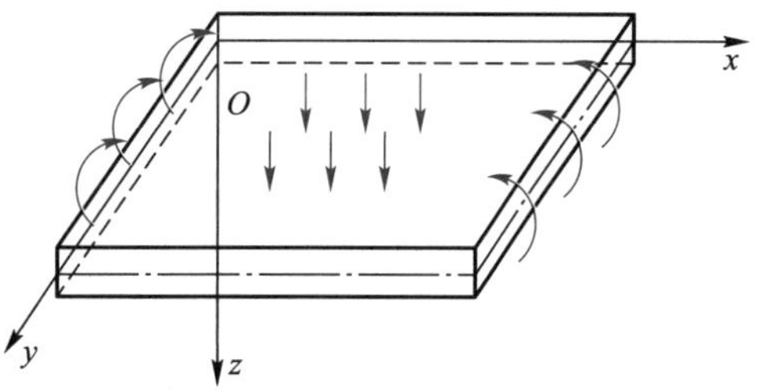

图 8.2　受横向载荷或弯曲载荷作用的平板

Kirchhoff 薄板理论的基本假设如下：(1) 中面（$z=0$）上的点仅有竖向位移；(2) 垂直于中面的法线上的点具有相同的竖向位移，即变形过程中板的厚度不变；(3) 垂直于中面方向的正应力 σ_z 可以忽略，此即平面应力假设；(4) 变形前正交于板中面的直线段，变形后仍为正交于中面的直线段，且保持长度不变，此即 **Kirchhoff** 直法线假设。

根据前述假设(1)，平板弯曲问题忽略其中面的面内变形，即在中面上任意一点的面内位移为零：

$$u(x,y,0)=0,\quad v(x,y,0)=0 \tag{8.1}$$

由假设(2)，在中面上仅有垂直于中面的挠度变形，而且在垂直于中面的厚度方向上任意一点的挠度与中面上对应点的相同，即

$$w(x,y,z)=w(x,y,0)=w(x,y) \tag{8.2}$$

这样，在板中面外的其他点的面内位移为

$$u(x,y,z)=-z\theta_x(x,y),\quad v(x,y,z)=-z\theta_y(x,y) \tag{8.3}$$

式中 θ_x 是 xz 平面内法线绕 y 轴的转角，θ_y 是 yz 平面内法线绕 x 轴的转角。由于坐标原点在中面上，上式中坐标 z 实际上为点离中面的距离。由假设(4)，并参见图 8.3 可知

$$\theta_x=\frac{\partial w}{\partial x},\quad \theta_y=\frac{\partial w}{\partial y} \tag{8.4}$$

即变形后法线的转角等于中面的斜率。因此，薄板中任意一点的位移为

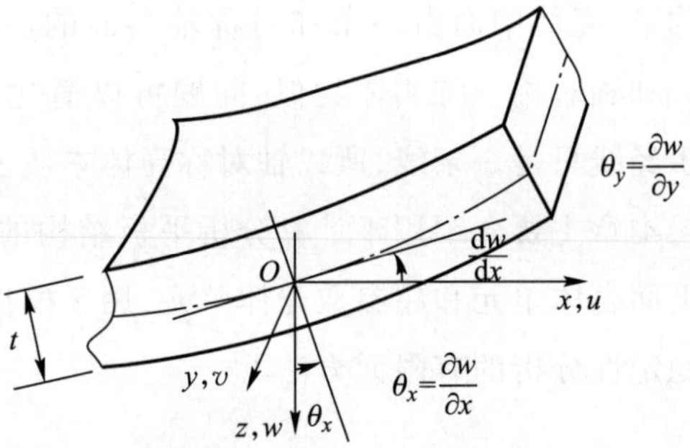

图 8.3　薄板的变形特征

$$\begin{aligned}
u(x,y,z)&=-z\theta_x(x,y)=-z\frac{\partial w(x,y)}{\partial x}\\
v(x,y,z)&=-z\theta_y(x,y)=-z\frac{\partial w(x,y)}{\partial y}\\
w(x,y,z)&=w(x,y)
\end{aligned} \tag{8.5}$$

将位移代入几何关系可得板中任意一点的应变

$$\boldsymbol{\varepsilon}=\begin{bmatrix}\varepsilon_x\\ \varepsilon_y\\ \gamma_{xy}\end{bmatrix}=\begin{bmatrix}\dfrac{\partial u}{\partial x}\\ \dfrac{\partial v}{\partial y}\\ \dfrac{\partial v}{\partial x}+\dfrac{\partial u}{\partial y}\end{bmatrix}=-z\begin{bmatrix}\dfrac{\partial}{\partial x} & 0\\ 0 & \dfrac{\partial}{\partial y}\\ \dfrac{\partial}{\partial y} & \dfrac{\partial}{\partial x}\end{bmatrix}\begin{bmatrix}\theta_x\\ \theta_y\end{bmatrix}=-z\begin{bmatrix}\dfrac{\partial^2 w}{\partial x^2}\\ \dfrac{\partial^2 w}{\partial y^2}\\ 2\dfrac{\partial^2 w}{\partial x\partial y}\end{bmatrix}$$

$$=-z\boldsymbol{L\theta}=-z\boldsymbol{L}\nabla w \tag{8.6}$$

$$\boldsymbol{\gamma}=\begin{bmatrix}\gamma_{xz}\\ \gamma_{yz}\end{bmatrix}=\begin{bmatrix}\dfrac{\partial w}{\partial x}+\dfrac{\partial u}{\partial z}\\ \dfrac{\partial w}{\partial y}+\dfrac{\partial v}{\partial z}\end{bmatrix}=\begin{bmatrix}\dfrac{\partial w}{\partial x}-\dfrac{\partial w}{\partial x}\\ \dfrac{\partial w}{\partial y}-\dfrac{\partial w}{\partial y}\end{bmatrix}=\mathbf{0} \tag{8.7}$$

式中 $\boldsymbol{L}$ 为微分算子矩阵(1.37)，$\nabla=\begin{bmatrix}\dfrac{\partial}{\partial x} & \dfrac{\partial}{\partial y}\end{bmatrix}^{\mathrm{T}}$。式(8.6)为板弯曲时的面内应变，式

(8.7)表明薄板的剪应变为零。可用曲率和扭率表达广义应变

$$\boldsymbol{\kappa}=\begin{bmatrix}\kappa_x\\ \kappa_y\\ \kappa_{xy}\end{bmatrix}=\begin{bmatrix}-\dfrac{\partial\theta_x}{\partial x}\\ -\dfrac{\partial\theta_y}{\partial y}\\ -\left(\dfrac{\partial\theta_x}{\partial y}+\dfrac{\partial\theta_y}{\partial x}\right)\end{bmatrix}=-\begin{bmatrix}\dfrac{\partial}{\partial x} & 0\\ 0 & \dfrac{\partial}{\partial y}\\ \dfrac{\partial}{\partial y} & \dfrac{\partial}{\partial x}\end{bmatrix}\begin{bmatrix}\theta_x\\ \theta_y\end{bmatrix}=\begin{bmatrix}-\dfrac{\partial^2 w}{\partial x^2}\\ -\dfrac{\partial^2 w}{\partial y^2}\\ -2\dfrac{\partial^2 w}{\partial x\partial y}\end{bmatrix}$$

$$=-\boldsymbol{L\theta}=-\boldsymbol{L}\nabla w \tag{8.8}$$

由式(8.6)和式(8.8)可知

$$\boldsymbol{\varepsilon}=z\boldsymbol{\kappa} \tag{8.9}$$

板弯曲的面内应力状态可视为平面应力状态,利用弹性力学知识,并考虑关系(8.6),其面内应力分量可用应变分量和挠度表达为

$$\left.\begin{aligned}\sigma_x&=\frac{E}{1-\nu^2}(\varepsilon_x+\nu\varepsilon_y)=-\frac{Ez}{1-\nu^2}\left(\frac{\partial^2 w}{\partial x^2}+\nu\frac{\partial^2 w}{\partial y^2}\right)\\ \sigma_y&=\frac{E}{1-\nu^2}(\varepsilon_y+\nu\varepsilon_x)=-\frac{Ez}{1-\nu^2}\left(\frac{\partial^2 w}{\partial y^2}+\nu\frac{\partial^2 w}{\partial x^2}\right)\\ \tau_{xy}&=G\gamma_{xy}=-2Gz\frac{\partial^2 w}{\partial x\partial y}\end{aligned}\right\} \tag{8.10}$$

参见如图 8.4 所示的微元体,并利用式(8.10),截面单位宽度上的弯矩和扭矩为

$$\left.\begin{aligned}M_x&=\int_{-\frac{t}{2}}^{\frac{t}{2}}\sigma_x z\mathrm{d}z=-D_0\left(\frac{\partial^2 w}{\partial x^2}+\nu\frac{\partial^2 w}{\partial y^2}\right)\\ M_y&=\int_{-\frac{t}{2}}^{\frac{t}{2}}\sigma_y z\mathrm{d}z=-D_0\left(\frac{\partial^2 w}{\partial y^2}+\nu\frac{\partial^2 w}{\partial x^2}\right)\\ M_{xy}&=\int_{-\frac{t}{2}}^{\frac{t}{2}}\tau_{xy} z\mathrm{d}z=-2D_0(1-\nu)\frac{\partial^2 w}{\partial x\partial y}\end{aligned}\right\} \tag{8.11}$$

其中

$$D_0=\frac{Et^3}{12(1-\nu^2)} \tag{8.12}$$

为板的抗弯刚度。可见板的抗弯刚度与厚度的三次方程成正比。力矩表达式(8.11)即为广义应力-应变关系(本构关系),可用矩阵表达为

$$\boldsymbol{M}=\begin{bmatrix}M_x\\ M_y\\ M_{xy}\end{bmatrix}=-\boldsymbol{DL\theta}=\boldsymbol{D\kappa} \tag{8.13}$$

其中弯曲刚度矩阵

$$\boldsymbol{D} = D_0 \begin{bmatrix} 1 & \nu & 0 \\ \nu & 1 & 0 \\ 0 & 0 & \dfrac{1-\nu}{2} \end{bmatrix} \tag{8.14}$$

图 8.4 所示为薄板微元体及其应力分布。参见图 8.4b，假设平板表面上作用有向下的分布力 $q(x,y)$，由微元体的平衡可推导平衡方程。

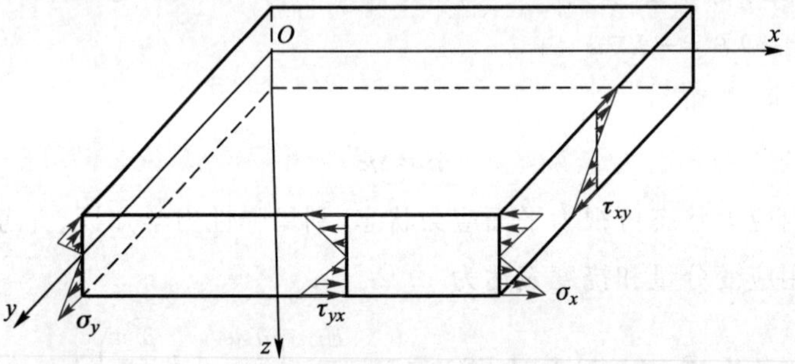

(a)

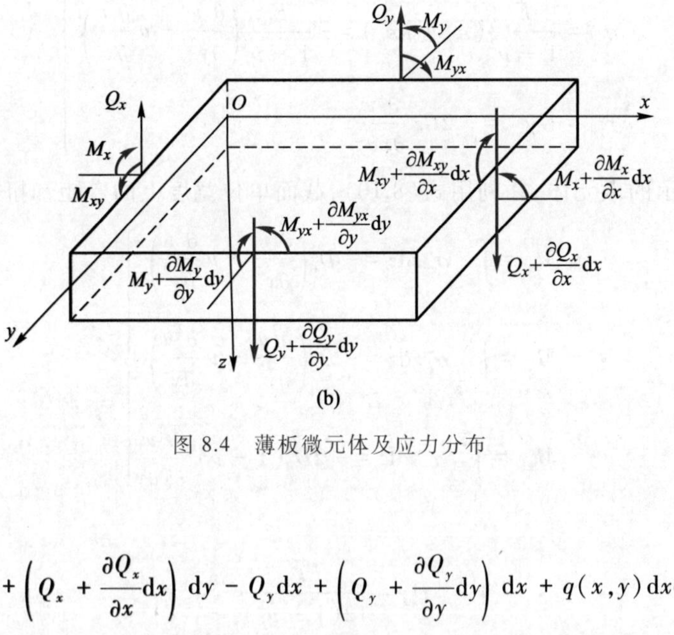

(b)

图 8.4　薄板微元体及应力分布

由 $\sum \boldsymbol{F}_z = 0$：

$$-Q_x\mathrm{d}y + \left(Q_x + \frac{\partial Q_x}{\partial x}\mathrm{d}x\right)\mathrm{d}y - Q_y\mathrm{d}x + \left(Q_y + \frac{\partial Q_y}{\partial y}\mathrm{d}y\right)\mathrm{d}x + q(x,y)\mathrm{d}x\mathrm{d}y = 0$$

简化为

$$\frac{\partial Q_x}{\partial x} + \frac{\partial Q_y}{\partial y} + q(x,y) = 0 \tag{8.15}$$

由 $\sum \boldsymbol{M}_x = 0$：

$$M_{xy}\mathrm{d}y - \left(M_{xy} + \frac{\partial M_{xy}}{\partial x}\mathrm{d}x\right)\mathrm{d}y + M_y\mathrm{d}x - \left(M_y + \frac{\partial M_y}{\partial y}\mathrm{d}y\right)\mathrm{d}x +$$

$$\left(Q_y + \frac{\partial Q_y}{\partial y}\mathrm{d}y\right)\mathrm{d}x\mathrm{d}y - Q_x\mathrm{d}y\frac{1}{2}\mathrm{d}y + \left(Q_x + \frac{\partial Q_x}{\partial x}\mathrm{d}x\right)\mathrm{d}y\frac{1}{2}\mathrm{d}y = 0$$

简化为

$$-\frac{\partial M_{xy}}{\partial x}\mathrm{d}x\mathrm{d}y-\frac{\partial M_y}{\partial y}\mathrm{d}y\mathrm{d}x+Q_y\mathrm{d}x\mathrm{d}y+\frac{\partial Q_y}{\partial y}\mathrm{d}y\mathrm{d}x\mathrm{d}y+\frac{1}{2}\frac{\partial Q_x}{\partial x}\mathrm{d}x\mathrm{d}y\mathrm{d}y=0$$

忽略高阶项,该式简化为

$$\frac{\partial M_{xy}}{\partial x}+\frac{\partial M_y}{\partial y}-Q_y=0 \tag{8.16}$$

由 $\sum M_y=0$:

$$-M_{yx}\mathrm{d}x+\left(M_{yx}+\frac{\partial M_{yx}}{\partial y}\mathrm{d}y\right)\mathrm{d}x-M_x\mathrm{d}y+\left(M_x+\frac{\partial M_x}{\partial x}\mathrm{d}x\right)\mathrm{d}y-$$

$$\left(Q_y+\frac{\partial Q_y}{\partial y}\mathrm{d}y\right)\mathrm{d}x\frac{1}{2}\mathrm{d}x+Q_y\mathrm{d}x\frac{1}{2}\mathrm{d}x-\left(Q_x+\frac{\partial Q_x}{\partial x}\mathrm{d}x\right)\mathrm{d}y\mathrm{d}x=0$$

简化为

$$\frac{\partial M_{yx}}{\partial y}\mathrm{d}y\mathrm{d}x+\frac{\partial M_x}{\partial x}\mathrm{d}x\mathrm{d}y-\frac{1}{2}\frac{\partial Q_y}{\partial y}\mathrm{d}y\mathrm{d}x\mathrm{d}x-Q_x\mathrm{d}y\mathrm{d}x-\frac{\partial Q_x}{\partial x}\mathrm{d}x\mathrm{d}y\mathrm{d}x=0$$

忽略高阶项,该式简化为

$$\frac{\partial M_{yx}}{\partial y}+\frac{\partial M_x}{\partial x}-Q_x=0 \tag{8.17}$$

由剪应力互等可知 $M_{xy}=M_{yx}$,可将平衡方程(8.15)~(8.17)用矩阵表达为

$$\begin{bmatrix}\dfrac{\partial}{\partial x} & \dfrac{\partial}{\partial y}\end{bmatrix}\begin{bmatrix}Q_x\\ Q_y\end{bmatrix}+q(x,y)=\nabla^{\mathrm{T}}\boldsymbol{Q}+q=0 \tag{8.18}$$

$$\begin{bmatrix}\dfrac{\partial}{\partial x} & 0 & \dfrac{\partial}{\partial y}\\ 0 & \dfrac{\partial}{\partial y} & \dfrac{\partial}{\partial x}\end{bmatrix}\begin{bmatrix}M_x\\ M_y\\ M_{xy}\end{bmatrix}-\begin{bmatrix}Q_x\\ Q_y\end{bmatrix}=\boldsymbol{L}^{\mathrm{T}}\boldsymbol{M}-\boldsymbol{Q}=\boldsymbol{0} \tag{8.19}$$

几何方程(8.9)、本构方程(8.13)和平衡方程(8.18)、(8.19)构成了薄板的基本方程。

将微分算子 ∇^{T} 作用于式(8.19),再将式(8.13)和式(8.18)代入,利用 $\boldsymbol{\theta}=\nabla w$ 可得到如下标量方程:

$$(\boldsymbol{L}\nabla)^{\mathrm{T}}\boldsymbol{DL}\,\nabla w-q=0 \tag{8.20}$$

其中

$$\boldsymbol{L}\nabla=\begin{bmatrix}\dfrac{\partial^2}{\partial x^2} & \dfrac{\partial^2}{\partial y^2} & 2\dfrac{\partial^2}{\partial x\partial y}\end{bmatrix}^{\mathrm{T}}$$

在弯曲刚度矩阵 $\boldsymbol{D}$ 为常数矩阵的情况下,方程(8.20)成为

$$D_0\left(\frac{\partial^4 w}{\partial x^4}+2\frac{\partial^4 w}{\partial x^2\partial y^2}+\frac{\partial^4 w}{\partial y^4}\right)-q=0 \tag{8.21}$$

此即著名的弹性薄板弯曲的双调和方程。

参见图 8.5,板弯曲问题的三种边界条件提法如下:

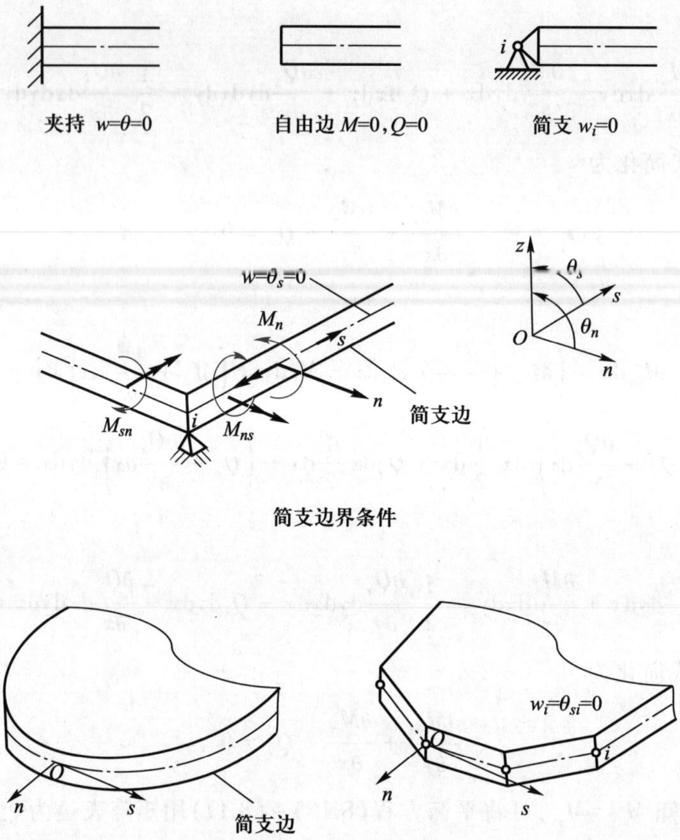

图 8.5　板的边界条件

(a) 位移边界。仅给定位移的边界,给定的挠度和转角为

$$w = \bar{w}, \quad \theta_n = \bar{\theta}_n, \quad \theta_s = \bar{\theta}_s \tag{8.22}$$

这里 n 和 s 分别为板中面边界曲线的法向和切向。固支边界是挠度和转角为零的特殊情况。

(b) 外力边界。仅给定外力的边界,给定分别对应于 θ_n,θ_s 和 w 的广义应力分量 M_n,M_{ns} 和 Q_n 为

$$M_n = \bar{M}_n, \quad M_{ns} = \bar{M}_{ns}, \quad Q_n = \bar{Q}_n \tag{8.23}$$

自由边界是给定的广义应力为零的特殊情况。

(c)"混合"边界条件。可同时给定外力和位移的边界,如典型的简支边界,可以给出如下形式的边界条件:

$$w = 0, \quad M_n = 0, \quad M_{ns} = 0 \tag{8.24a}$$

或

$$w = 0, \quad M_n = 0, \quad \theta_s = 0 \tag{8.24b}$$

弹性薄板的弯曲应变能为

$$U_\varepsilon = \int_V \frac{1}{2}(\sigma_x \varepsilon_x + \sigma_y \varepsilon_y + \tau_{xy}\gamma_{xy})\,\mathrm{d}V = \int_V \frac{1}{2}\boldsymbol{\sigma}^{\mathrm{T}}\boldsymbol{\varepsilon}\,\mathrm{d}V \tag{8.25}$$

板弯曲时为平面应力状态，其应力和应变关系[式(1.39)]为

$$\boldsymbol{\sigma}=\begin{bmatrix}\sigma_x\\ \sigma_y\\ \tau_{xy}\end{bmatrix}=\frac{E}{1-\nu^2}\begin{bmatrix}1 & \nu & 0\\ \nu & 1 & 0\\ 0 & 0 & \dfrac{1-\nu}{2}\end{bmatrix}\begin{bmatrix}\varepsilon_x\\ \varepsilon_y\\ \gamma_{xy}\end{bmatrix}=\boldsymbol{D}'\boldsymbol{\varepsilon}$$

代入前式，并利用关系(8.9)可得

$$\begin{aligned}U_\varepsilon &= \int_V \frac{1}{2}\boldsymbol{\sigma}^{\mathrm{T}}\boldsymbol{\varepsilon}\mathrm{d}V=\int_V \frac{1}{2}\boldsymbol{\varepsilon}^{\mathrm{T}}\boldsymbol{D}'\boldsymbol{\varepsilon}\mathrm{d}V=\int_V \frac{1}{2}z^2\boldsymbol{\kappa}^{\mathrm{T}}\boldsymbol{D}'\boldsymbol{\kappa}\mathrm{d}V\\ &= \int_{-\frac{t}{2}}^{\frac{t}{2}}\int_A \frac{1}{2}z^2\boldsymbol{\kappa}^{\mathrm{T}}\boldsymbol{D}'\boldsymbol{\kappa}\mathrm{d}x\mathrm{d}y\mathrm{d}z=\frac{t^3}{12}\int_A \frac{1}{2}\boldsymbol{\kappa}^{\mathrm{T}}\boldsymbol{D}'\boldsymbol{\kappa}\mathrm{d}x\mathrm{d}y\\ &= \int_A \frac{1}{2}\boldsymbol{\kappa}^{\mathrm{T}}\boldsymbol{D}\boldsymbol{\kappa}\mathrm{d}x\mathrm{d}y\end{aligned}$$

式中 $\boldsymbol{D}$ 为板的抗弯刚度矩阵式(8.14)。进一步利用式(8.13)和 $\boldsymbol{D}$ 的对称性可得

$$U_\varepsilon=\int_A \frac{1}{2}\boldsymbol{\kappa}^{\mathrm{T}}\boldsymbol{D}\boldsymbol{\kappa}\mathrm{d}x\mathrm{d}y=\int_A \frac{1}{2}\boldsymbol{M}^{\mathrm{T}}\boldsymbol{\kappa}\mathrm{d}x\mathrm{d}y \tag{8.26}$$

最后，将弯曲应变能加上外力势得到系统的势能泛函

$$\Pi_{\mathrm{p}}=\int_A\left(\frac{1}{2}\boldsymbol{\kappa}^{\mathrm{T}}\boldsymbol{D}\boldsymbol{\kappa}-qw\right)\mathrm{d}x\mathrm{d}y-\int_{S_n}\theta_n\overline{M}_n\mathrm{d}S-\int_{S_t}\theta_s\overline{M}_{ns}\mathrm{d}S-\int_{S_s}w\overline{Q}_n\mathrm{d}S \tag{8.27}$$

利用势能函数，根据最小势能原理可建立有限元平衡方程。

8.2.2 基于薄板理论的平板单元

类似于 Euler-Bernoulli 梁单元，建立薄板有限元方程时选择 w_i，$\left(\dfrac{\partial w}{\partial x}\right)_i$，$\left(\dfrac{\partial w}{\partial y}\right)_i$ 为结点变量。具有 n 个结点的单元有 $3n$ 个独立变量，其决定了单元中定义挠度 w 的多项式插值函数的项数。通常选择如下形式：

$$w=\beta_1+\beta_2x+\beta_3y+\beta_4x^2+\beta_5xy+\cdots$$

总共包括 $3n$ 项。将结点坐标和挠度代入挠度和转角表达式：

$$w_i=(w)_i,\quad \theta_{xi}=\left(\frac{\partial w}{\partial x}\right)_i,\quad \theta_{yi}=\left(\frac{\partial w}{\partial y}\right)_i\quad (i=1,2,\cdots,n)$$

可得 $3n$ 个方程，可以确定 $3n$ 个参数 β_i。

若单元挠度插值表达式为

$$w=\boldsymbol{N}\boldsymbol{a}^e \tag{8.28}$$

其中

$$\boldsymbol{a}^e=[\boldsymbol{a}_1\quad \boldsymbol{a}_2\quad \cdots\quad \boldsymbol{a}_n]^{\mathrm{T}} \tag{8.29a}$$

$$\boldsymbol{a}_i=[w_i\quad \theta_{xi}\quad \theta_{yi}]^{\mathrm{T}}=\left[w_i\quad \left(\frac{\partial w}{\partial x}\right)_i\quad \left(\frac{\partial w}{\partial y}\right)_i\right]^{\mathrm{T}}\quad (i=1,2,\cdots,n) \tag{8.29b}$$

将挠度插值式(8.28)代入几何关系(8.8)有

$$\boldsymbol{\kappa} = -\boldsymbol{L}\,\nabla w = -\boldsymbol{L}\,\nabla \boldsymbol{N}\boldsymbol{a}^e = \boldsymbol{B}_{\mathrm{b}}\boldsymbol{a}^e \tag{8.30}$$

其中 $\boldsymbol{B}_{\mathrm{b}}$ 为广义应变矩阵。将 $w,\boldsymbol{\kappa},\dfrac{\partial w}{\partial x}$ 和 $\dfrac{\partial w}{\partial y}$ 代入式(8.27)可得单元的势能表达式,利用势能最小原理 $\delta \Pi_{\mathrm{p}}^e=0$ 可得单元平衡方程

$$\boldsymbol{K}^e\boldsymbol{a}^e = \boldsymbol{P}^e$$

其中

$$\boldsymbol{K}^e = \int_{A^e} \boldsymbol{B}_{\mathrm{b}}^{\mathrm{T}}\boldsymbol{D}\boldsymbol{B}_{\mathrm{b}}\,\mathrm{d}x\mathrm{d}y \tag{8.31}$$

$$\boldsymbol{P}^e = \int_{A^e} \boldsymbol{N}^{\mathrm{T}} q\,\mathrm{d}x\mathrm{d}y + \int_S (\boldsymbol{N}_n^{\mathrm{T}}\overline{M}_n + \boldsymbol{N}_s^{\mathrm{T}}\overline{M}_{ns} + \boldsymbol{N}^{\mathrm{T}}\overline{Q}_n)\,\mathrm{d}S \tag{8.32a}$$

这里

$$\boldsymbol{N}_n = \frac{\partial \boldsymbol{N}}{\partial n},\quad \boldsymbol{N}_s = \frac{\partial \boldsymbol{N}}{\partial s} \tag{8.32b}$$

下面介绍基于经典薄板理论的板单元(C_1连续单元)。基于薄板理论的板单元仅需对板的中面进行离散,中面以外其他点的位移由中面挠度计算得到。常用的基于薄板理论的板单元有矩形 4 结点单元和三角形 3 结点单元。

如图 8.6 所示为矩形 4 结点平板单元。该单元的结点在角点处,每个结点包括挠度和分别绕 x、y 轴的转角 3 个广义位移

$$\boldsymbol{a}_i = [\,w_i \quad \theta_{xi} \quad \theta_{yi}\,]^{\mathrm{T}} = \left[\,w_i \quad \left(\frac{\partial w}{\partial x}\right)_i \quad \left(\frac{\partial w}{\partial y}\right)_i\,\right]^{\mathrm{T}} \quad (i=1,2,\cdots,4) \tag{8.33}$$

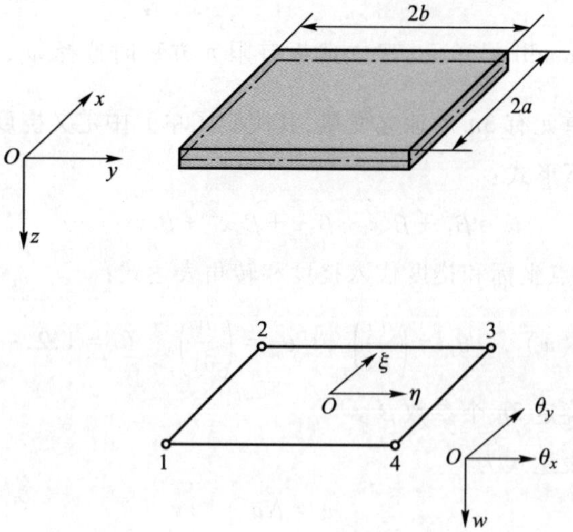

图 8.6　矩形 4 结点平板单元

单元结点位移列向量为

$$\boldsymbol{a}^e = [\,\boldsymbol{a}_1 \quad \boldsymbol{a}_2 \quad \boldsymbol{a}_3 \quad \boldsymbol{a}_4\,]^{\mathrm{T}} \tag{8.34}$$

可以用具有 12 个待定参数的多项式定义挠度近似函数

$$
\begin{aligned}
w &= \beta_1 + \beta_2 x + \beta_3 y + \beta_4 x^2 + \beta_5 xy + \beta_6 y^2 + \beta_7 x^3 + \\
&\quad \beta_8 x^2 y + \beta_9 xy^2 + \beta_{10} y^3 + \beta_{11} x^3 y + \beta_{12} xy^3 \\
&= \boldsymbol{P\beta}
\end{aligned} \tag{8.35}
$$

式中 $\beta_1 \sim \beta_{12}$ 为待定参数，$\boldsymbol{\beta}$ 为待定参数 $\beta_1 \sim \beta_{12}$ 构成的列向量。利用式(8.33)可写出转角 θ_x 和 θ_y 的近似函数

$$
\begin{aligned}
\theta_x &= \frac{\partial w}{\partial x} = \beta_2 + 2\beta_4 x + \beta_5 y + 3\beta_7 x^2 + 2\beta_8 xy + \beta_9 y^2 + 3\beta_{11} x^2 y + \beta_{12} y^3 \\
\theta_y &= \frac{\partial w}{\partial y} = \beta_3 + \beta_5 x + 2\beta_6 y + \beta_8 x^2 + 2\beta_9 xy + 3\beta_{10} y^2 + \beta_{11} x^3 + 3\beta_{12} xy^2
\end{aligned} \tag{8.36}
$$

将 4 个结点的坐标代入式(8.35)和式(8.36)可得 12 个方程，用矩阵表达为

$$
\boldsymbol{a}^e = \boldsymbol{C\beta} \tag{8.37}
$$

式中 $\boldsymbol{C}$ 为由结点坐标构成的矩阵

$$
\boldsymbol{C} = \begin{bmatrix}
1 & x_1 & y_1 & x_1^2 & x_1 y_1 & y_1^2 & x_1^3 & x_1^2 y_1 & x_1 y_1^2 & y_1^3 & x_1^3 y_1 & x_1 y_1^3 \\
0 & 1 & 0 & 2x_1 & y_1 & 0 & 3x_1^2 & 2x_1 y_1 & y_1^2 & 0 & 3x_1^2 y_1 & y_1^3 \\
0 & 0 & 1 & 0 & x_1 & 2y_1 & 0 & x_1^2 & 2x_1 y_1 & 3y_1^2 & x_1^3 & 2x_1 y_1^2 \\
\vdots & \vdots & \vdots & \vdots & \vdots & \vdots & \vdots & \vdots & \vdots & \vdots & \vdots & \vdots \\
0 & 0 & 1 & 0 & x_4 & 2y_4 & 0 & x_4^2 & 2x_4 y_4 & 3y_4^2 & x_4^3 & 2x_4 y_4^2
\end{bmatrix} \tag{8.38}
$$

求解方程组(8.37)可得

$$
\boldsymbol{\beta} = \boldsymbol{C}^{-1} \boldsymbol{a}^e \tag{8.39}
$$

该方程的求解可由计算机程序实现，也可以给出显示形式。

现在可以把单元内挠度的表达式写成有限元插值的标准形式，将式(8.39)代入式(8.35)可得

$$
w = \boldsymbol{P\beta} = \boldsymbol{PC}^{-1} \boldsymbol{a}^e = \boldsymbol{Na}^e \tag{8.40}
$$

其中形状函数矩阵

$$
\boldsymbol{N} = \boldsymbol{PC}^{-1} \tag{8.41a}
$$

$$
\boldsymbol{P} = [1 \quad x \quad y \quad x^2 \quad xy \quad y^2 \quad x^3 \quad x^2 y \quad xy^2 \quad y^3 \quad x^3 y \quad xy^3] \tag{8.41b}
$$

式(8.40)可写成

$$
w = \boldsymbol{Na}^e = [\boldsymbol{N}_1 \quad \boldsymbol{N}_2 \quad \boldsymbol{N}_3 \quad \boldsymbol{N}_4] \boldsymbol{a}^e \tag{8.42}
$$

其中

$$
\boldsymbol{N}_i = [N_i^1 \quad N_i^2 \quad N_i^3] \tag{8.43}
$$

参见图 8.6，利用坐标变换

$$
\xi = (x - x_0)/a, \quad \eta = (y - y_0)/b \tag{8.44}
$$

式中 x_0 和 y_0 为单元中心点的整体坐标，可以得到

$$\left.\begin{aligned}N_i^1 &= \frac{1}{8}(1+\xi_i\xi)(1+\eta_i\eta)(2+\xi_i\xi+\eta_i\eta-\xi^2-\eta^2)\\N_i^2 &= \frac{a}{8}(\xi+\xi_i)(1+\eta_i\eta)(\xi^2-1)\\N_i^3 &= \frac{b}{8}(1+\xi_i\xi)(\eta+\eta_i)(\eta^2-1)\end{aligned}\right\} \tag{8.45}$$

由式(8.8)和式(8.42)可得曲率向量

$$\boldsymbol{\kappa} = \begin{bmatrix} -\dfrac{\partial^2 w}{\partial x^2} \\ -\dfrac{\partial^2 w}{\partial y^2} \\ -2\dfrac{\partial^2 w}{\partial x \partial y} \end{bmatrix} = \boldsymbol{B}_{\mathrm{b}}\boldsymbol{a}^e \tag{8.46}$$

其中

$$\boldsymbol{B}_{\mathrm{b}} = [\boldsymbol{B}_{\mathrm{b}_1} \quad \boldsymbol{B}_{\mathrm{b}_2} \quad \boldsymbol{B}_{\mathrm{b}_3} \quad \boldsymbol{B}_{\mathrm{b}_4}], \quad \boldsymbol{B}_{\mathrm{b}_i} = -\begin{bmatrix} \dfrac{\partial^2 N_i^1}{\partial x^2} & \dfrac{\partial^2 N_i^2}{\partial x^2} & \dfrac{\partial^2 N_i^3}{\partial x^2} \\ \dfrac{\partial^2 N_i^1}{\partial y^2} & \dfrac{\partial^2 N_i^2}{\partial y^2} & \dfrac{\partial^2 N_i^3}{\partial y^2} \\ 2\dfrac{\partial^2 N_i^1}{\partial x \partial y} & 2\dfrac{\partial^2 N_i^2}{\partial x \partial y} & 2\dfrac{\partial^2 N_i^3}{\partial x \partial y} \end{bmatrix} \tag{8.47}$$

为广义应变矩阵。利用坐标变换(8.44)可得导数的变换关系

$$\frac{\partial^2}{\partial x^2} = \frac{1}{a^2}\frac{\partial^2}{\partial \xi^2}, \quad \frac{\partial^2}{\partial y^2} = \frac{1}{b^2}\frac{\partial^2}{\partial \eta^2} \tag{8.48}$$

代入式(8.47)即可得到用自然坐标表达的 $\boldsymbol{B}_{\mathrm{b}}$ 矩阵。代入势能泛函(8.27)，由极值 $\delta \Pi_{\mathrm{p}} = 0$ 可得单元平衡方程

$$\boldsymbol{K}^e \boldsymbol{a}^e = \boldsymbol{P}^e$$

其中单元刚度矩阵为

$$\boldsymbol{K}^e = \int_{A^e} \boldsymbol{B}_{\mathrm{b}}^{\mathrm{T}} \boldsymbol{D} \boldsymbol{B}_{\mathrm{b}} \,\mathrm{d}x\mathrm{d}y \tag{8.49}$$

受分布竖向载荷和分布弯矩作用的等效结点载荷为

$$\boldsymbol{P}^e = [\boldsymbol{P}_1^e \quad \boldsymbol{P}_2^e \quad \boldsymbol{P}_3^e \quad \boldsymbol{P}_4^e], \quad \boldsymbol{P}_i^e = \int_S \begin{bmatrix} N_i^1 & \dfrac{\partial N_i^1}{\partial x} & \dfrac{\partial N_i^1}{\partial y} \\ N_i^2 & \dfrac{\partial N_i^2}{\partial x} & \dfrac{\partial N_i^2}{\partial y} \\ N_i^3 & \dfrac{\partial N_i^3}{\partial x} & \dfrac{\partial N_i^3}{\partial y} \end{bmatrix} \begin{bmatrix} q_z \\ m_x \\ m_y \end{bmatrix} \mathrm{d}x\mathrm{d}y \tag{8.50}$$

式(8.49)和式(8.50)可采用 Gauss 积分计算。

对仅作用有竖向均布载荷 q 的情况，可得到等效结点载荷

$$\boldsymbol{P}^e=[P_{z1}\quad M_{x1}\quad M_{y1}\quad P_{z2}\quad M_{x2}\quad M_{y2}\quad P_{z3}\quad M_{x3}\quad M_{y3}\quad P_{z4}\quad M_{x4}\quad M_{y4}]^{\mathrm{T}}$$
$$=4qab\left[\frac{1}{4}\quad \frac{a}{12}\quad \frac{b}{12}\quad \frac{1}{4}\quad -\frac{a}{12}\quad \frac{b}{12}\quad \frac{1}{4}\quad -\frac{a}{12}\quad -\frac{b}{12}\quad \frac{1}{4}\quad \frac{a}{12}\quad -\frac{b}{12}\right]^{\mathrm{T}} \tag{8.51}$$

下面讨论该单元的收敛性。首先位移插值要满足完备性要求，即插值函数要能描述刚体位移和常应变状态。挠度插值函数(8.35)的常数项和一次项包括

$$\beta_1+\beta_2x+\beta_3y \tag{8.52a}$$

其中 β_1 描述刚体挠度，β_2x 和 β_3y 描述截面的刚体转动。函数中的二次项为

$$\beta_4x^2+\beta_5xy+\beta_6y^2 \tag{8.52b}$$

将其代入曲率和扭率广义应变表达式(8.8)有

$$\kappa_x=-\frac{\partial^2w}{\partial x^2}=-2\beta_4,\quad \kappa_y=-\frac{\partial^2w}{\partial y^2}=-2\beta_6,\quad \kappa_{xy}=-2\frac{\partial^2w}{\partial x\partial y}=-2\beta_5 \tag{8.53}$$

可见它们都为常数，即插值函数可以描述常应变。由此可知，插值模式(8.35)满足完备性要求。

下面考察单元之间的连续性。该单元沿 x 或 y 为常数的边上 w 将按三次式变化，它可以由两端结点的 4 个参数唯一地确定。例如，单元的边界 1-2 上，w 可以由 w_1，$\left(\frac{\partial w}{\partial y}\right)_1$，$w_2$，$\left(\frac{\partial w}{\partial y}\right)_2$ 唯一地确定，所以在相邻单元的交界面上 w 是连续的。另一方面，由式(8.36)可知单元边界上的 w 的法向导数（转角）也是三次式。仍然以单元的边界 1-2 为例，$\frac{\partial w}{\partial x}$为 y 的三次式，而在该边上仅定义了 2 个结点的 2 个参数$\left(\frac{\partial w}{\partial x}\right)_1$，$\left(\frac{\partial w}{\partial x}\right)_2$，因此该边上的三次式的$\frac{\partial w}{\partial x}$不能唯一确定，单元之间挠度的法向导数的连续性要求一般是不能得到满足的，即单元之间的转角不连续，即转角不协调。这种单元为非协调单元。虽然该单元为非协调单元，但其能通过拼片试验，仍然能够收敛于精确解。注意，这种单元不能推广到一般的四边形单元。

另一种常用的单元为三角形平板单元。如图 8.7 所示为三角形 3 结点单元，该单元有 3 结点，9 个结点自由度 w_i，θ_{xi}，θ_{yi}，$(i=1,2,3)$。若用完备三次项，该单元应包含 10 项，用面积坐标可以构造如下挠度插值函数：

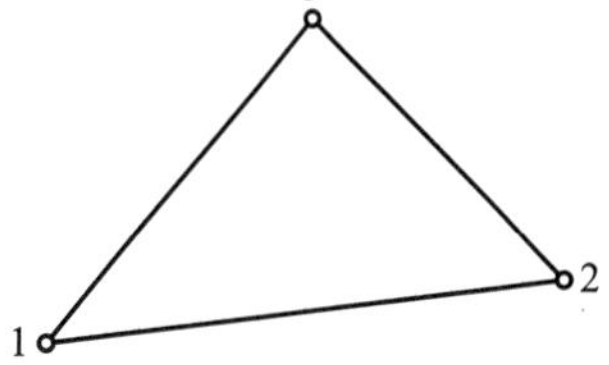

图 8.7 三角形平板单元

$$w=\beta_1L_1+\beta_2L_2+\beta_3L_3+\beta_4(L_2^2L_1+cL_1L_2L_3)+\beta_5(L_2L_1^2+cL_1L_2L_3)+\beta_6(L_2^2L_3+cL_1L_2L_3)+\beta_7(L_2L_3^2+cL_1L_2L_3)+\beta_8(L_1L_3^2+cL_1L_2L_3)+\beta_9(L_1^2L_3+cL_1L_2L_3) \tag{8.54}$$

可以证明，当 $c=1/2$ 时，满足常应变要求。类似于矩形 4 结点单元，挠度 w 是协调的，截面转

角$\frac{\partial w}{\partial x}$,$\frac{\partial w}{\partial y}$不协调,该单元也为非协调单元。另外,可以对插值函数进行修正得到协调平板单元。

上述矩形 4 结点单元和三角形 3 结点单元均为非协调单元。对于大多数工程问题,用非协调单元可以得到精度足够的解,甚至会给出比协调单元更好的结果。除了非协调板单元外,还构造了各种协调单元,本书不再做介绍,读者可以参考相关书籍(Zienkiewicz,Taylor,2005;Onate,2013)。

8.3 厚板单元

8.3.1 厚板弯曲基本理论

类似于 Timoshenko 梁,考虑剪切变形的影响,假设板变形前正交于板中面的直线段,变形后仍为直线,但不再垂直于中面,将具有这些特征的板称为厚板。厚板理论又称为 Reissner-Mindlin 板理论。除了该假设外,厚板理论的其他三个假设与薄板相同。板中任意一点的位移表达为

$$u(x,y,z)=-z\theta_x(x,y),\quad v(x,y,z)=-z\theta_y(x,y),\quad w(x,y,z)=w(x,y) \tag{8.55}$$

式中 θ_x 和 θ_y 仍然为中面法线的转角。对于厚板,$\theta_x\neq\frac{\partial w}{\partial x}$,$\theta_y\neq\frac{\partial w}{\partial y}$,如图 8.8 所示,转角 θ_x 和 θ_y 可表示为

$$\theta_x=\frac{\partial w}{\partial x}+\varphi_x,\quad \theta_y=\frac{\partial w}{\partial y}+\varphi_y \tag{8.56}$$

其中 φ_x 和 φ_y 为由于剪切变形引起的截面附加转动角度。

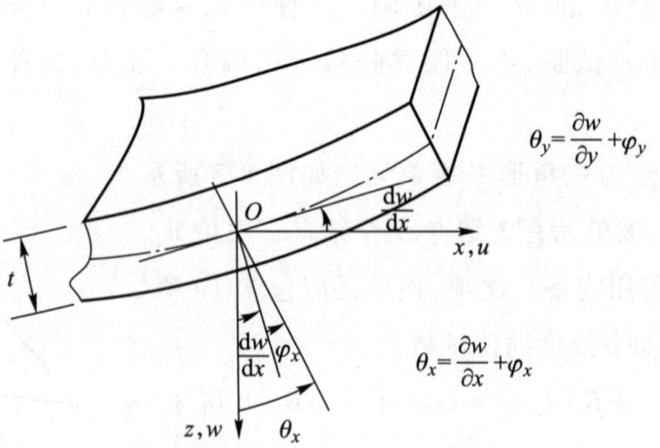

图 8.8　厚板截面的转动关系

利用几何关系可得板中任意一点的应变

$$\boldsymbol{\varepsilon}=\begin{bmatrix}\varepsilon_x\\ \varepsilon_y\\ \gamma_{xy}\end{bmatrix}=\begin{bmatrix}\dfrac{\partial u}{\partial x}\\ \dfrac{\partial v}{\partial y}\\ \dfrac{\partial v}{\partial x}+\dfrac{\partial u}{\partial y}\end{bmatrix}=-z\begin{bmatrix}\dfrac{\partial}{\partial x} & 0\\ 0 & \dfrac{\partial}{\partial y}\\ \dfrac{\partial}{\partial y} & \dfrac{\partial}{\partial x}\end{bmatrix}\begin{bmatrix}\theta_x\\ \theta_y\end{bmatrix}=-z\boldsymbol{L\theta} \tag{8.57}$$

$$\boldsymbol{\gamma}=\begin{bmatrix}\gamma_{xz}\\ \gamma_{yz}\end{bmatrix}=\begin{bmatrix}\dfrac{\partial w}{\partial x}+\dfrac{\partial u}{\partial z}\\ \dfrac{\partial w}{\partial y}+\dfrac{\partial v}{\partial z}\end{bmatrix}=\begin{bmatrix}\dfrac{\partial w}{\partial x}-\theta_x\\ \dfrac{\partial w}{\partial y}-\theta_y\end{bmatrix}=\begin{bmatrix}-\varphi_x\\ -\varphi_y\end{bmatrix}=\begin{bmatrix}\dfrac{\partial w}{\partial x}\\ \dfrac{\partial w}{\partial y}\end{bmatrix}-\begin{bmatrix}\theta_x\\ \theta_y\end{bmatrix}=\nabla w-\boldsymbol{\theta} \tag{8.58}$$

可见,剪切变形引起的截面附加转动角度 $\varphi_x=-\gamma_{xz}$, $\varphi_y=-\gamma_{yz}$。式(8.57)为板弯曲面内应变,式(8.58)为剪应变。曲率和扭率为

$$\boldsymbol{\kappa}=\begin{bmatrix}\kappa_x\\ \kappa_y\\ \kappa_{xy}\end{bmatrix}=\begin{bmatrix}-\dfrac{\partial\theta_x}{\partial x}\\ -\dfrac{\partial\theta_y}{\partial y}\\ -\left(\dfrac{\partial\theta_x}{\partial y}+\dfrac{\partial\theta_y}{\partial x}\right)\end{bmatrix}=-\begin{bmatrix}\dfrac{\partial}{\partial x} & 0\\ 0 & \dfrac{\partial}{\partial y}\\ \dfrac{\partial}{\partial y} & \dfrac{\partial}{\partial x}\end{bmatrix}\begin{bmatrix}\theta_x\\ \theta_y\end{bmatrix}=-\boldsymbol{L\theta} \tag{8.59}$$

如图 8.9 所示,板的截面上除了面内应力分量 $\sigma_x,\sigma_y,\tau_{xy}$外,还有剪应力分量 τ_{xz}和 τ_{yz}。板的面内变形仍为平面应力状态,利用应力-应变关系和式(8.57)可得

$$\left.\begin{aligned}\sigma_x&=\frac{E}{1-\nu^2}(\varepsilon_x+\nu\varepsilon_y)=-\frac{Ez}{1-\nu^2}\left(\frac{\partial\theta_x}{\partial x}+\nu\frac{\partial\theta_y}{\partial y}\right)\\ \sigma_y&=\frac{E}{1-\nu^2}(\varepsilon_y+\nu\varepsilon_x)=-\frac{Ez}{1-\nu^2}\left(\frac{\partial\theta_y}{\partial y}+\nu\frac{\partial\theta_x}{\partial x}\right)\\ \tau_{xy}&=G\gamma_{xy}=-Gz\left(\frac{\partial\theta_x}{\partial y}+\frac{\partial\theta_y}{\partial x}\right)\end{aligned}\right\} \tag{8.60}$$

利用式(8.60),可得截面单位宽度上的弯矩和扭矩

$$\left.\begin{aligned}M_x&=\int_{-\frac{t}{2}}^{\frac{t}{2}}\sigma_x z\mathrm{d}z=-D_0\left(\frac{\partial\theta_x}{\partial x}+\nu\frac{\partial\theta_y}{\partial y}\right)\\ M_y&=\int_{-\frac{t}{2}}^{\frac{t}{2}}\sigma_y z\mathrm{d}z=-D_0\left(\frac{\partial\theta_y}{\partial y}+\nu\frac{\partial\theta_x}{\partial x}\right)\\ M_{xy}&=\int_{-\frac{t}{2}}^{\frac{t}{2}}\tau_{xy} z\mathrm{d}z=-D_0(1-\nu)\left(\frac{\partial\theta_x}{\partial y}+\frac{\partial\theta_y}{\partial x}\right)\end{aligned}\right\} \tag{8.61}$$

剪应力和剪应变之间的关系为

$$\tau_{xz}=G\gamma_{xz},\quad \tau_{yz}=G\gamma_{yz} \tag{8.62a}$$

实际的剪应力 τ_{xz}和 τ_{yz}在板的厚度方向按抛物线分布,如图 8.9 所示。为简化起见,类似于

Timoshenko 梁，可将该两个剪应力简化为沿板厚度方向均匀分布，即

$$\tau_{xz} = kG\gamma_{xz}, \quad \tau_{yz} = kG\gamma_{yz} \tag{8.62b}$$

式中 k 为一个类似于 Timoshenko 梁问题中式(7.65)中的截面剪切校正因子。通过修正的剪切应变能与按实际剪应力和剪应变计算得到的应变能相等，按矩形截面计算可得到 $k=5/6$。则截面单位宽度上的剪力可按下式等效计算：

$$\left.\begin{aligned} Q_x &= \int_{-\frac{t}{2}}^{\frac{t}{2}} \tau_{xz}\mathrm{d}z = kGt\gamma_{xz} = kGt\left(\frac{\partial w}{\partial x} - \theta_x\right) \\ Q_y &= \int_{-\frac{t}{2}}^{\frac{t}{2}} \tau_{yz}\mathrm{d}z = kGt\gamma_{yz} = kGt\left(\frac{\partial w}{\partial y} - \theta_y\right) \end{aligned}\right\} \tag{8.63}$$

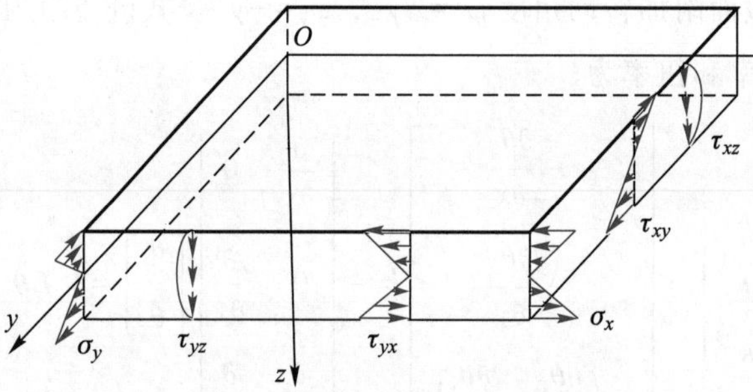

图 8.9　厚板微元体的应力分布

力矩和剪力表达式(8.61)、(8.63)可用矩阵分别表达为

$$\boldsymbol{M} = \begin{bmatrix} M_x \\ M_y \\ M_{xy} \end{bmatrix} = -\boldsymbol{DL\theta} = \boldsymbol{D\kappa} \tag{8.64}$$

和

$$\boldsymbol{Q} = \begin{bmatrix} Q_x \\ Q_y \end{bmatrix} = \boldsymbol{\alpha}(\nabla w - \boldsymbol{\theta}) = \alpha(\nabla w - \boldsymbol{\theta}) \tag{8.65}$$

其中弯曲刚度矩阵见式(8.14)，剪切刚度矩阵

$$\boldsymbol{\alpha} = kGt\begin{bmatrix} 1 & 0 \\ 0 & 1 \end{bmatrix} = kGt\boldsymbol{I} = \alpha\boldsymbol{I} \tag{8.66}$$

式中 $\alpha=kGt$。

厚板的平衡方程与薄板相同。因此，考虑剪切变形影响的板的场方程包括几何方程(8.59)，本构方程(8.64)、(8.65)，平衡方程(8.19)、(8.18)，其边界条件提法与薄板相同，见式(8.22)～(8.24)。从本构方程

$$\boldsymbol{M} + \boldsymbol{DL\theta} = \boldsymbol{0}, \quad \frac{1}{\alpha}\boldsymbol{Q} + \boldsymbol{\theta} - \nabla w = \boldsymbol{0}$$

和平衡方程

$$\boldsymbol{L}^{\mathrm{T}}\boldsymbol{M}-\boldsymbol{Q}=\boldsymbol{0},\quad \nabla^{\mathrm{T}}\boldsymbol{Q}+q=0$$

中消去 $\boldsymbol{M}$ 和 $\boldsymbol{Q}$,可得两个以挠度 w 和转角 $\boldsymbol{\theta}$ 为独立变量的方程

$$\boldsymbol{L}^{\mathrm{T}}\boldsymbol{D}\boldsymbol{L}\boldsymbol{\theta}+\alpha(\nabla w-\boldsymbol{\theta})=\boldsymbol{0} \tag{8.67}$$

$$\nabla^{\mathrm{T}}[\alpha(\nabla w-\boldsymbol{\theta})]+q=0 \tag{8.68}$$

可以由最小势能原理建立有限元平衡方程。板的应变能为

$$\begin{aligned}U_{\varepsilon}&=\int_V\frac{1}{2}(\sigma_x\varepsilon_x+\sigma_y\varepsilon_y+\tau_{xy}\gamma_{xy}+\tau_{xz}\gamma_{xz}+\tau_{yz}\gamma_{yz})\mathrm{d}V\\&=\int_V\frac{1}{2}(\sigma_x\varepsilon_x+\sigma_y\varepsilon_y+\tau_{xy}\gamma_{xy})\mathrm{d}V+\int_V\frac{1}{2}(\tau_{xz}\gamma_{xz}+\tau_{yz}\gamma_{yz})\mathrm{d}V\end{aligned} \tag{8.69}$$

由于考虑了剪切变形的影响,应变能包含了弯曲变形应变能和剪切变形应变能,上式中第一个积分项即为弯曲应变能,第二个积分项为剪切应变能。弯曲应变能与薄板弯曲应变能式(8.26)相同,将几何关系(8.59)代入该式可得

$$\int_V\frac{1}{2}(\sigma_x\varepsilon_x+\sigma_y\varepsilon_y+\tau_{xy}\gamma_{xy})\mathrm{d}V=\int_A\frac{1}{2}\boldsymbol{\kappa}^{\mathrm{T}}\boldsymbol{D}\boldsymbol{\kappa}\mathrm{d}x\mathrm{d}y=\frac{1}{2}\int_A(\boldsymbol{L}\boldsymbol{\theta})^{\mathrm{T}}\boldsymbol{D}\boldsymbol{L}\boldsymbol{\theta}\mathrm{d}x\mathrm{d}y \tag{8.70}$$

剪应力和剪应变之间的关系(8.62b)用矩阵表达为

$$\boldsymbol{\tau}=\begin{bmatrix}\tau_{xz}\\\tau_{yz}\end{bmatrix}=kG\begin{bmatrix}1&0\\0&1\end{bmatrix}\begin{bmatrix}\gamma_{xz}\\\gamma_{yz}\end{bmatrix} \tag{8.71}$$

代入剪切应变能表达式得

$$\begin{aligned}\int_V\frac{1}{2}(\tau_{xz}\gamma_{xz}+\tau_{yz}\gamma_{yz})\mathrm{d}V&=\int_V\frac{1}{2}\boldsymbol{\tau}^{\mathrm{T}}\boldsymbol{\gamma}\mathrm{d}V=\int_{-\frac{t}{2}}^{\frac{t}{2}}\int_A\frac{1}{2}\boldsymbol{\tau}^{\mathrm{T}}\boldsymbol{\gamma}\mathrm{d}x\mathrm{d}y\mathrm{d}z\\&=t\int_A\frac{1}{2}\boldsymbol{\tau}^{\mathrm{T}}\boldsymbol{\gamma}\mathrm{d}x\mathrm{d}y=\int_A\frac{1}{2}\boldsymbol{\gamma}^{\mathrm{T}}tkG\begin{bmatrix}1&0\\0&1\end{bmatrix}\boldsymbol{\gamma}\mathrm{d}x\mathrm{d}y\\&=\int_A\frac{1}{2}\boldsymbol{\gamma}^{\mathrm{T}}\boldsymbol{\alpha}\boldsymbol{\gamma}\mathrm{d}x\mathrm{d}y=\int_A\frac{1}{2}(\nabla w-\boldsymbol{\theta})^{\mathrm{T}}\boldsymbol{\alpha}(\nabla w-\boldsymbol{\theta})\mathrm{d}x\mathrm{d}y\end{aligned} \tag{8.72}$$

上式推导中利用了式(8.66)和式(8.58)。最后将弯曲应变能式(8.70)和剪切应变能式(8.72)加上外力势得到系统的势能泛函

$$\begin{aligned}\Pi_{\mathrm{p}}=&\frac{1}{2}\int_A(\boldsymbol{L}\boldsymbol{\theta})^{\mathrm{T}}\boldsymbol{D}\boldsymbol{L}\boldsymbol{\theta}\mathrm{d}x\mathrm{d}y+\frac{1}{2}\int_A(\nabla w-\boldsymbol{\theta})^{\mathrm{T}}\boldsymbol{\alpha}(\nabla w-\boldsymbol{\theta})\mathrm{d}x\mathrm{d}y-\\&\int_A wq\mathrm{d}x\mathrm{d}y-\int_{S_n}\theta_n\overline{M}_n\mathrm{d}S-\int_{S_t}\theta_s\overline{M}_{ns}\mathrm{d}S-\int_{S_s}w\overline{Q}_n\mathrm{d}S\end{aligned} \tag{8.73a}$$

或

$$\begin{aligned}\Pi_{\mathrm{p}}=&\frac{1}{2}\int_A\boldsymbol{\kappa}^{\mathrm{T}}\boldsymbol{D}\boldsymbol{\kappa}\mathrm{d}x\mathrm{d}y+\frac{1}{2}\int_A\boldsymbol{\gamma}^{\mathrm{T}}\boldsymbol{\alpha}\boldsymbol{\gamma}\mathrm{d}x\mathrm{d}y-\\&\int_A wq\mathrm{d}x\mathrm{d}y-\int_{S_n}\theta_n\overline{M}_n\mathrm{d}S-\int_{S_t}\theta_s\overline{M}_{ns}\mathrm{d}S-\int_{S_s}w\overline{Q}_n\mathrm{d}S\end{aligned} \tag{8.73b}$$

8.3.2 Mindlin 板单元

式(8.73)为考虑剪应变的平板理论的势能泛函,其中挠度和转角均为独立变量,由此构造的有限元格式适用于较厚的平板弯曲问题。该类单元的位移和转动各自独立插值,称为 **Mindlin** 板单元。由于泛函中 w 和 $\boldsymbol{\theta}$ 的最高阶导数为一阶,故该单元为 C_0 连续单元。

方程(8.65)中的 $\alpha = kGt$,当板很薄时,忽略横向剪切变形,可以理解为剪切刚度 $G\to\infty$,即 $\alpha = kGt\to\infty$。因此,α 可以视为一个罚函数,泛函(8.73)中第二项可以理解为利用罚函数法引入薄板的如下约束条件:

$$\nabla w - \boldsymbol{\theta} = \mathbf{0}$$

现在利用标准的过程构造有限元格式。假设单元有 n 个结点,单元中任意点的广义位移插值的矩阵形式可写成

$$[w \quad \theta_x \quad \theta_y]^{\mathrm{T}} = \boldsymbol{N}\boldsymbol{a}^e \tag{8.74}$$

式中

$$\left.\begin{aligned} \boldsymbol{N} &= [N_1\boldsymbol{I} \quad N_2\boldsymbol{I} \quad \cdots \quad N_n\boldsymbol{I}] \\ \boldsymbol{a}^e &= [\boldsymbol{a}_1 \quad \boldsymbol{a}_2 \quad \cdots \quad \boldsymbol{a}_n]^{\mathrm{T}}, \quad \boldsymbol{a}_i = [w_i \quad \theta_{xi} \quad \theta_{yi}]^{\mathrm{T}} \end{aligned}\right\} \tag{8.75}$$

将式(8.74)代入式(8.59)可得曲率向量

$$\boldsymbol{\kappa} = -\boldsymbol{L}\boldsymbol{\theta} = \begin{bmatrix} -\dfrac{\partial\theta_x}{\partial x} \\ -\dfrac{\partial\theta_y}{\partial y} \\ -\left(\dfrac{\partial\theta_x}{\partial y} + \dfrac{\partial\theta_y}{\partial x}\right) \end{bmatrix} = \boldsymbol{B}_{\mathrm{b}}\boldsymbol{a}^e \tag{8.76}$$

其中

$$\boldsymbol{B}_{\mathrm{b}} = [\boldsymbol{B}_{\mathrm{b}_1} \quad \boldsymbol{B}_{\mathrm{b}_2} \quad \cdots \quad \boldsymbol{B}_{\mathrm{b}_n}], \quad \boldsymbol{B}_{\mathrm{b}_i} = \begin{bmatrix} 0 & -\dfrac{\partial N_i}{\partial x} & 0 \\ 0 & 0 & -\dfrac{\partial N_i}{\partial y} \\ 0 & -\dfrac{\partial N_i}{\partial y} & -\dfrac{\partial N_i}{\partial x} \end{bmatrix} \tag{8.77}$$

将式(8.74)代入式(8.58),剪应变向量可写为

$$\boldsymbol{\gamma} = \nabla w - \boldsymbol{\theta} = \begin{bmatrix} \dfrac{\partial w}{\partial x} - \theta_x \\ \dfrac{\partial w}{\partial y} - \theta_y \end{bmatrix} = \boldsymbol{B}_{\mathrm{s}}\boldsymbol{a}^e \tag{8.78}$$

其中

$$\boldsymbol{B}_{\mathrm{s}} = [\boldsymbol{B}_{\mathrm{s}_1} \quad \boldsymbol{B}_{\mathrm{s}_2} \quad \cdots \quad \boldsymbol{B}_{\mathrm{s}_n}], \quad \boldsymbol{B}_{\mathrm{s}_i} = \begin{bmatrix} \dfrac{\partial N_i}{\partial x} & -N_i & 0 \\ \dfrac{\partial N_i}{\partial y} & 0 & -N_i \end{bmatrix} \tag{8.79}$$

将式(8.76)~(8.79)代入泛函(8.73b),并由其极值条件可得单元平衡方程

$$\boldsymbol{K}^e\boldsymbol{a}^e = (\boldsymbol{K}_{\mathrm{b}}^e + \alpha\boldsymbol{K}_{\mathrm{s}}^e)\boldsymbol{a}^e = \boldsymbol{P}^e \tag{8.80}$$

单元刚度矩阵

$$\boldsymbol{K}_{\mathrm{b}}^e = \int_{A^e} \boldsymbol{B}_{\mathrm{b}}^{\mathrm{T}}\boldsymbol{D}\boldsymbol{B}_{\mathrm{b}}\,\mathrm{d}x\mathrm{d}y, \quad \boldsymbol{K}_{\mathrm{s}}^e = \int_{A^e} \boldsymbol{B}_{\mathrm{s}}^{\mathrm{T}}\boldsymbol{D}\boldsymbol{B}_{\mathrm{s}}\,\mathrm{d}x\mathrm{d}y \tag{8.81}$$

结点的等效载荷列向量为

$$\boldsymbol{P}^e = \iint_{A^e} \boldsymbol{N}^{\mathrm{T}} \begin{bmatrix} q \\ 0 \\ 0 \end{bmatrix} \mathrm{d}x\mathrm{d}y + \int_{S_n^e+S_t^e} \boldsymbol{N}^{\mathrm{T}} \begin{bmatrix} 0 \\ \overline{M}_x \\ \overline{M}_y \end{bmatrix} \mathrm{d}S + \int_{S_s^e} \boldsymbol{N}^{\mathrm{T}} \begin{bmatrix} \overline{Q}_n \\ 0 \\ 0 \end{bmatrix} \mathrm{d}S \tag{8.82}$$

Mindlin 板单元的平衡方程为式(8.80)。类似于 Timoshenko 梁单元,当板很薄时,$\alpha = kGt \to \infty$,为避免剪切自锁,$\boldsymbol{K}_{\mathrm{s}}$ 需是奇异的。为此,可以采用减缩积分,但采用减缩积分可能致使 $\boldsymbol{K}$ 奇异,使解答中包含除刚体运动之外的且对应变能无贡献的变形模式,即零能模式。

保证 Mindlin 板单元刚度矩阵 $\boldsymbol{K}$ 非奇异的必要条件为

$$M_{\mathrm{e}} \cdot n_{\mathrm{b}} \cdot d_{\mathrm{b}} + M_{\mathrm{e}} \cdot n_{\mathrm{s}} \cdot d_{\mathrm{s}} \geqslant N \tag{8.83}$$

式中 M_{e} 为单元数;n_{b} 和 n_{s} 为高斯积分点数;d_{b} 和 d_{s} 分别为弯曲应变和剪切应变分量数;N 为系统的独立自由度数。为保证 $\boldsymbol{K}_{\mathrm{s}}$ 的奇异性,需满足如下充分条件:

$$M_{\mathrm{e}} \cdot n_{\mathrm{s}} \cdot d_{\mathrm{s}} < N \tag{8.84}$$

为了满足上述条件,在进行单元积分时,可以对 $\boldsymbol{K}_{\mathrm{b}}$ 和 $\boldsymbol{K}_{\mathrm{s}}$ 分别采用不同阶次的积分方案。另外,还可采用假设剪应变的方法等。在实际应用和通用程序中,普遍采用减缩积分方案。零能位移模式一般出现在板较厚且单元较少,边界约束较少的情况。对于较厚的板,采用精确积分,不会出现零能模式和锁死。Mindlin 平板单元是 C_0 连续单元,由于其格式简单,在工程中得到广泛应用。实际应用中对薄板进行分析时,推荐采用 4 结点和 9 结点 Lagrange 单元。

8.4 平面壳体单元

类似于弹性薄板,薄壳理论假设在变形前正交于壳体中面的直线,变形后仍然为正交于中面的直线,且保持长度不变,即 **Kirchhoff-Love** 假设。由此假设可得 $\gamma_{xz}=0, \gamma_{yz}=0, \varepsilon_z=0$。另外,在壳体截面上的正应力 σ_z 比应力分量 $\sigma_x, \sigma_y, \tau_{xy}$ 小得多,相对而言可以忽略,即 $\sigma_z=0$,这又称为切平面应力假设。

本节介绍用于模拟一般三维空间壳结构的平面壳单元。用平面壳单元离散壳体结构，类似于用折板代替壳体。通常用三角形或矩形平面壳单元的组合体去代替曲面壳体，如图 8.10 所示。其中又以三角形单元应用较广，因为它可以适用于复杂的壳体形状。如果采用曲面壳单元，则可以更好地近似壳体的真实几何形状，在单元尺寸大小相同的情况下，采用曲面壳单元比平面壳单元效果更好。

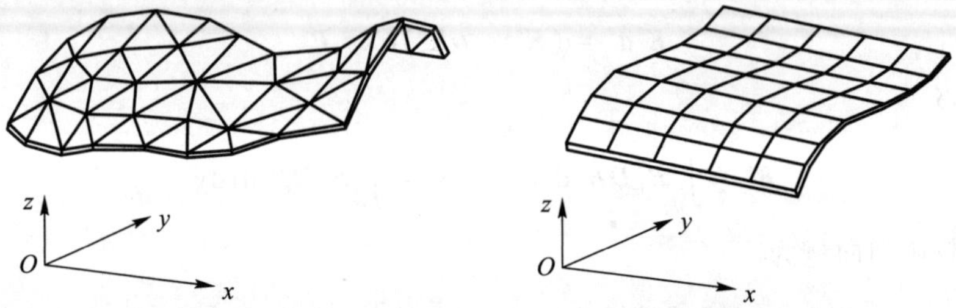

(a) 用三角形单元组成曲壳　(b) 用矩形单元组成曲壳

图 8.10　用三角形和矩形单元组合体代替曲壳

如前所述，壳体与平板存在相同点和不同点。一方面，壳体和平板在厚度方向的尺度均比其他两个方向的尺寸小得多，且均使用 Kirchhoff 假设，这是它们的相同点。另一方面，平板的面内位移 u 和 v(薄膜状态)与弯曲状态不耦合；壳体的位移 u,v,w 同时发生，弯曲状态与薄膜状态是相互耦合的。

和平板单元类似，从单元间的连续性要求上可以分为 C_1 型单元和 C_0 型单元。但是，要构造基于薄壳理论既满足 C_1 连续性，同时又满足完备性的插值函数相当困难。通常 C_0 型壳单元可以看成是位移和转动各自独立插值的 Mindlin 板单元的推广。但是对于一般的三维空间壳体，仍因几何描述的复杂性和涉及具体壳体理论的选择，很难直接构造位移和转动各自独立插值的曲面壳单元。

8.4.1　局部坐标系下的平面壳单元

平面壳单元用于一般的壳体结构。这类单元可以看成平面应力单元和平板弯曲单元的组合，因此其单元刚度矩阵可以由这两种单元的刚度矩阵组合而成。如图 8.11 所示为三角形 3 结点平面薄壳单元，局部坐标 xy 建立在单元平面内。图中 u_i,v_i,w_i 和 $F_{xi},F_{yi},F_{zi}(i=1,2,3)$ 分别为局部坐标系中沿三个坐标方向的结点线位移和结点力；$\theta_{x_i},\theta_{y_i},\theta_{z_i}$ 和 $M_{\theta x_i},M_{\theta y_i}$，

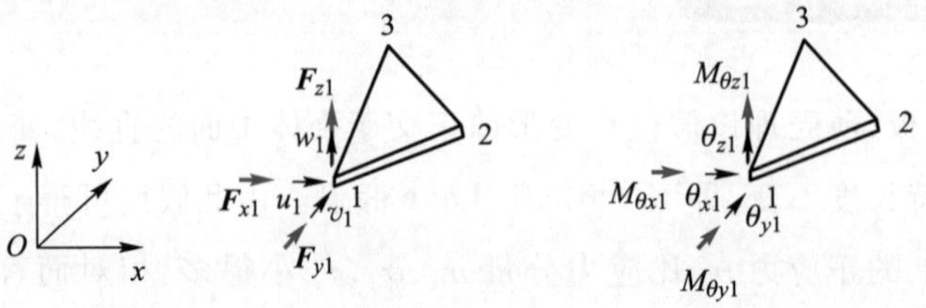

图 8.11　三角形平面薄壳单元的结点位移和结点力

$M_{\theta z_i}(i=1,2,3)$分别为绕三个坐标轴的结点处的转角和力矩。

对于平面应力状态,其位移插值和应变表达式如下:

$$\begin{bmatrix} u \\ v \end{bmatrix} = \sum_{i=1}^{3} \boldsymbol{N}_{m_i} \begin{bmatrix} u_i \\ v_i \end{bmatrix} = \sum_{i=1}^{3} \boldsymbol{N}_{m_i} \boldsymbol{a}_{m_i} \tag{8.85}$$

$$\boldsymbol{\varepsilon} = \sum_{i=1}^{3} \boldsymbol{B}_{m_i} \boldsymbol{a}_{m_i}, \quad \boldsymbol{\varepsilon} = [\varepsilon_x \quad \varepsilon_y \quad \gamma_{xy}]^{\mathrm{T}} \tag{8.86}$$

单元刚度矩阵为

$$\boldsymbol{K}_{m_{ij}} = \int_{A^e} (\boldsymbol{B}_{m_i})^{\mathrm{T}} \boldsymbol{D}_{m} \boldsymbol{B}_{m_j} \mathrm{d}x\mathrm{d}y \tag{8.87}$$

下标 m 表示薄膜状态。另一方面,对于平板弯曲状态,由 8.2.2 节可知

$$\left.\begin{aligned} & w = \sum_{i=1}^{3} \boldsymbol{N}_{b_i} \boldsymbol{a}_{b_i}, \quad \boldsymbol{a}_{b_i} = [w_i \quad \theta_{x_i} \quad \theta_{y_i}]^{\mathrm{T}} \\ & \theta_{x_i} = \left(\frac{\partial w}{\partial x}\right)_i, \quad \theta_{y_i} = \left(\frac{\partial w}{\partial y}\right)_i \end{aligned}\right\} \tag{8.88}$$

下标 b 表示弯曲状态。进而可得

$$\boldsymbol{\kappa} = \sum_{i=1}^{3} \boldsymbol{B}_{b_i} \boldsymbol{a}_{b_i}, \quad \boldsymbol{\kappa} = \left[-\frac{\partial^2 w}{\partial x^2} \quad -\frac{\partial^2 w}{\partial y^2} \quad -2\frac{\partial^2 w}{\partial x \partial y} \right]^{\mathrm{T}} \tag{8.89}$$

$$\boldsymbol{K}_{b_{ij}} = \iint (\boldsymbol{B}_{b_i})^{\mathrm{T}} \boldsymbol{D}_{b} \boldsymbol{B}_{b_j} \mathrm{d}x\mathrm{d}y \tag{8.90}$$

值得一提的是,式(8.87)中的 $\boldsymbol{D}_m$ 和式(8.90)中的 $\boldsymbol{D}_b$ 等于平面应力状态的弹性矩阵乘以板的厚度

$$\boldsymbol{D}_m = \boldsymbol{D}_b = \frac{tE}{1-\nu^2} \begin{bmatrix} 1 & \nu & 0 \\ \nu & 1 & 0 \\ 0 & 0 & \dfrac{1-\nu}{2} \end{bmatrix}$$

组合上述两种状态就可以得到平面壳单元的各个矩阵表达式。注意,在局部坐标系下 $\theta_{zi}=0$,在整体坐标系下 $\theta_{zi} \neq 0$,为便于局部坐标和整体坐标间矩阵的转换,在局部坐标系下,结点位移也包含 θ_{zi},则结点位移列向量表达为

$$\boldsymbol{a}_i = [u_i \quad v_i \quad w_i \quad \theta_{x_i} \quad \theta_{y_i} \quad \theta_{z_i}]^{\mathrm{T}} \tag{8.91}$$

平面壳单元的刚度矩阵可表达为

$$\boldsymbol{K}^e = \begin{bmatrix} K_{m_{11}} & K_{m_{12}} & 0 & 0 & 0 & 0 \\ K_{m_{21}} & K_{m_{22}} & 0 & 0 & 0 & 0 \\ 0 & 0 & K_{b_{11}} & K_{b_{12}} & K_{b_{13}} & 0 \\ 0 & 0 & K_{b_{21}} & K_{b_{22}} & K_{b_{23}} & 0 \\ 0 & 0 & K_{b_{31}} & K_{b_{32}} & K_{b_{33}} & 0 \\ 0 & 0 & 0 & 0 & 0 & 0 \end{bmatrix} \tag{8.92}$$

8.4.2 单元矩阵坐标变换

当用平面壳单元离散壳结构时,每一个单元都要变换到统一的整体坐标系下。下面讨论各矩阵在局部坐标和整体坐标之间的变换。现在将局部坐标系表示为 $x'y'z'$,整体坐标系表示为 xyz。因此,在局部坐标系下结点位移为

$$\boldsymbol{a}_i' = [\,u_i' \quad v_i' \quad w_i' \quad \theta_{x_i}' \quad \theta_{y_i}' \quad \theta_{z_i}'\,]^{\mathrm{T}} \tag{8.93a}$$

在整体坐标系下为

$$\boldsymbol{a}_i = [\,u_i \quad v_i \quad w_i \quad \theta_{x_i} \quad \theta_{y_i} \quad \theta_{z_i}\,]^{\mathrm{T}} \tag{8.93b}$$

参见图 8.12,可得结点位移的变换关系为

$$\boldsymbol{a}_i = \boldsymbol{T}_0\boldsymbol{a}_i', \quad \boldsymbol{a}_i' = \boldsymbol{T}_0^{\mathrm{T}}\boldsymbol{a}_i \tag{8.94}$$

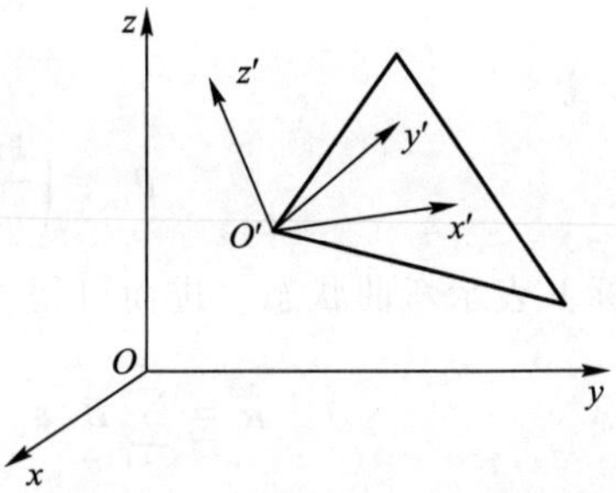

图 8.12　平面壳单元局部坐标系和整体坐标系

其中变换矩阵 $\boldsymbol{T}_0$ 为

$$\boldsymbol{T}_0 = \begin{bmatrix} \boldsymbol{\lambda} & \boldsymbol{0} \\ \boldsymbol{0} & \boldsymbol{\lambda} \end{bmatrix}, \quad \boldsymbol{\lambda} = \begin{bmatrix} l_{xx'} & l_{xy'} & l_{xz'} \\ l_{yx'} & l_{yy'} & l_{yz'} \\ l_{zx'} & l_{zy'} & l_{zz'} \end{bmatrix} \tag{8.95}$$

可得单元结点位移的变换关系

$$\boldsymbol{a}^e = \boldsymbol{T}\boldsymbol{a}^{e\prime}, \quad \boldsymbol{a}^{e\prime} = \boldsymbol{T}^{\mathrm{T}}\boldsymbol{a}^e \tag{8.96}$$

其中

$$\boldsymbol{T} = \begin{bmatrix} \boldsymbol{T}_0 & 0 & 0 \\ 0 & \boldsymbol{T}_0 & 0 \\ 0 & 0 & \boldsymbol{T}_0 \end{bmatrix}$$

单元刚度矩阵变换关系为

$$\left.\begin{aligned} \boldsymbol{K}^e &= \boldsymbol{T}\boldsymbol{K}^{e\prime}\boldsymbol{T}^{\mathrm{T}}, \quad \boldsymbol{K}^{e\prime} = \boldsymbol{T}^{\mathrm{T}}\boldsymbol{K}^e\boldsymbol{T} \\ \boldsymbol{K}_{ij}^e &= \boldsymbol{T}_0\boldsymbol{K}_{ij}^{e\prime}\boldsymbol{T}_0^{\mathrm{T}}, \quad \boldsymbol{K}_{ij}^{e\prime} = \boldsymbol{T}_0^{\mathrm{T}}\boldsymbol{K}_{ij}^e\boldsymbol{T}_0 \end{aligned}\right\} \tag{8.97}$$

单元结点载荷向量的变换为

$$\left.\begin{aligned} \boldsymbol{P}^e &= \boldsymbol{T}\boldsymbol{P}^{e\prime}, \quad \boldsymbol{P}^{e\prime} = \boldsymbol{T}^{\mathrm{T}}\boldsymbol{P}^e \\ \boldsymbol{P}_i^e &= \boldsymbol{T}_0\boldsymbol{P}_i^{e\prime}, \quad \boldsymbol{P}_i^{e\prime} = \boldsymbol{T}_0^{\mathrm{T}}\boldsymbol{P}_i^e \end{aligned}\right\} \tag{8.98}$$

将所有单元变换到整体坐标系后进行组集,得到壳体结构的总体方程,引入位移边界条件,解方程后得到位移向量,进而可以计算单元中的应力和应变等。

8.5 超参数壳体单元

对于一般的三维空间壳体,因几何描述的复杂性和涉及具体壳体理论的选择,很难直接构造位移和转动各自独立插值的曲壳单元。而采用在理论上和它等价,从三维实体元蜕化

而来的超参数壳单元就成为比较自然的替代,因此超参数壳单元是现今工程实际中用作一般壳体结构分析的最常见单元。从三维实体元蜕化而来的超参数壳单元和直接建立于壳体理论的壳单元实质上的区别是,在分析的不同阶段,将壳状三维连续体简化为二维壳体单元。从三维实体蜕化而来的超参数单元采用先离散后引入壳体假设的方案,这可以避免涉及具体的壳体理论的选择和复杂的数学推导。

三维实体单元用于壳体结构时,考虑到壳体在厚度方向的尺寸相对于其他方向的尺寸很小,可以在厚度方向只设置两个结点。在引入壳体理论的基本假设之后,可以蜕化为超参数壳单元。

如图 8.13 所示为一种典型的壳单元,它们由上、下两个曲面及周边以壳体厚度方向的直线为母线形成的曲面围成。壳体单元中任意一点的坐标可由下式确定:

$$\begin{bmatrix} x \\ y \\ z \end{bmatrix} = \sum_{i=1}^{n} N_i(\xi,\eta)\frac{(1+\zeta)}{2}\begin{bmatrix} x_i \\ y_i \\ z_i \end{bmatrix}_{\mathrm{tp}} + \sum_{i=1}^{n} N_i(\xi,\eta)\frac{(1-\zeta)}{2}\begin{bmatrix} x_i \\ y_i \\ z_i \end{bmatrix}_{\mathrm{bt}} \tag{8.99}$$

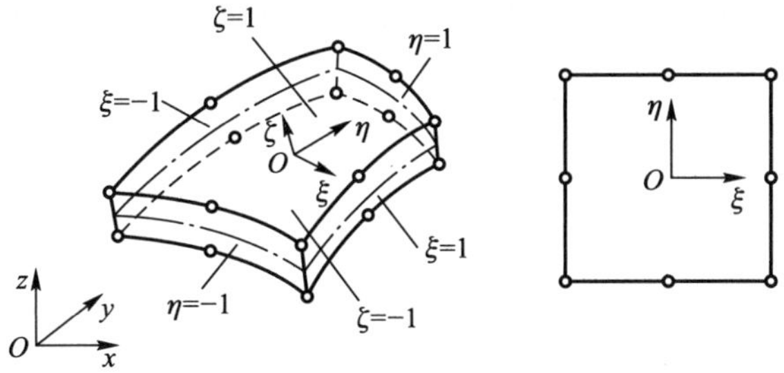

图 8.13 超参数壳单元

上式中下标 tp 表示上表面,bt 表示下表面,n 为单元上表面或下表面的结点数,故单元的结点数为 $2n$。$N_i(\xi,\eta)$ 为二维插值函数。式(8.99)可改写为

$$\begin{bmatrix} x \\ y \\ z \end{bmatrix} = \sum_{i=1}^{n} N_i(\xi,\eta)\begin{bmatrix} x_i \\ y_i \\ z_i \end{bmatrix} + \sum_{i=1}^{n} N_i(\xi,\eta)\frac{\zeta}{2}\boldsymbol{V}_{3i} \tag{8.100}$$

其中

$$\begin{bmatrix} x_i \\ y_i \\ z_i \end{bmatrix} = \frac{1}{2}\left(\begin{bmatrix} x_i \\ y_i \\ z_i \end{bmatrix}_{\mathrm{tp}} + \begin{bmatrix} x_i \\ y_i \\ z_i \end{bmatrix}_{\mathrm{bt}}\right) \tag{8.101}$$

另外

$$\boldsymbol{V}_{3i} = \begin{bmatrix} V_{3ix} \\ V_{3iy} \\ V_{3iz} \end{bmatrix} = \begin{bmatrix} x_i \\ y_i \\ z_i \end{bmatrix}_{\mathrm{tp}} - \begin{bmatrix} x_i \\ y_i \\ z_i \end{bmatrix}_{\mathrm{bt}} = \begin{bmatrix} \Delta x_i \\ \Delta y_i \\ \Delta z_i \end{bmatrix} \tag{8.102}$$

是单元底面结点到顶面结点的向量。如果 $\boldsymbol{V}_{3i}$ 与法线同向,则 i 点处的壳厚度为

$$t_i = |\boldsymbol{V}_{3i}| = \sqrt{\Delta x_i^2 + \Delta y_i^2 + \Delta z_i^2} \tag{8.103}$$

$\boldsymbol{V}_{3i}$ 的单位向量的方向余弦为

$$\boldsymbol{v}_{3i} = [\, l_{3i} \quad m_{3i} \quad n_{3i} \,]^{\mathrm{T}} = \frac{1}{t_i}[\, \Delta x_i \quad \Delta y_i \quad \Delta z_i \,]^{\mathrm{T}} \tag{8.104}$$

另一方面,如图 8.14 所示,单元内任意点的位移插值可以表达为

$$\begin{bmatrix} u \\ v \\ w \end{bmatrix} = \sum_{i=1}^{n} N_i(\xi,\eta) \begin{bmatrix} u_i \\ v_i \\ w_i \end{bmatrix} + \sum_{i=1}^{n} N_i(\xi,\eta)\zeta\frac{t_i}{2}[\, \boldsymbol{v}_{1i} \quad -\boldsymbol{v}_{2i} \,] \begin{bmatrix} \alpha_i \\ \beta_i \end{bmatrix} \tag{8.105}$$

其中

$$\boldsymbol{v}_{1i} = \begin{bmatrix} l_{1i} \\ m_{1i} \\ n_{1i} \end{bmatrix}, \quad \boldsymbol{v}_{2i} = \begin{bmatrix} l_{2i} \\ m_{2i} \\ n_{2i} \end{bmatrix} \tag{8.106}$$

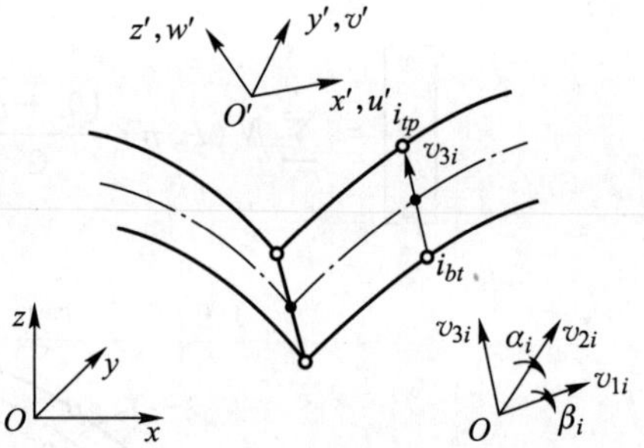

图 8.14　超参数壳单元的局部和整体坐标及位移

式中 l_{1i}, m_{1i}, n_{1i} 和 l_{2i}, m_{2i}, n_{2i} 分别是 $\boldsymbol{v}_{1i}$ 和 $\boldsymbol{v}_{2i}$ 的方向余弦。α_i, β_i 是 $\boldsymbol{v}_{3i}$ 绕 $\boldsymbol{v}_{2i}$ 和 $\boldsymbol{v}_{1i}$ 的旋转角度。

将位移插值表达式(8.105)写成

$$\begin{bmatrix} u \\ v \\ w \end{bmatrix} = [\, \boldsymbol{N}_1 \quad \boldsymbol{N}_2 \quad \cdots \quad \boldsymbol{N}_n \,] \begin{bmatrix} \boldsymbol{a}_1 \\ \boldsymbol{a}_2 \\ \vdots \\ \boldsymbol{a}_n \end{bmatrix} \tag{8.107}$$

其中

$$\boldsymbol{a}_i = [\, u_i \quad v_i \quad w_i \quad \alpha_i \quad \beta_i \,]^{\mathrm{T}} \quad (i = 1, 2, \cdots, n)$$

$$\boldsymbol{N}_i = \begin{bmatrix} N_i & 0 & 0 & N_i\zeta\frac{t_i}{2}l_{1i} & -N_i\zeta\frac{t_i}{2}l_{1i} \\ 0 & N_i & 0 & N_i\zeta\frac{t_i}{2}m_{1i} & -N_i\zeta\frac{t_i}{2}m_{1i} \\ 0 & 0 & N_i & N_i\zeta\frac{t_i}{2}n_{1i} & -N_i\zeta\frac{t_i}{2}n_{1i} \end{bmatrix} \tag{8.108}$$

单位向量可按下式定义:

$$\boldsymbol{v}_{1i} = \frac{\boldsymbol{i} \times \boldsymbol{V}_{3i}}{|\boldsymbol{i} \times \boldsymbol{V}_{3i}|} = \begin{bmatrix} l_{1i} \\ m_{1i} \\ n_{1i} \end{bmatrix} = \frac{1}{\sqrt{\Delta y_i^2 + \Delta z_i^2}} \begin{bmatrix} 0 \\ -\Delta z_i \\ \Delta y_i \end{bmatrix} \tag{8.109a}$$

式中 $\boldsymbol{i}$ 为 x 坐标方向上的单位矢量 $\boldsymbol{i} = [\, 1 \quad 0 \quad 0 \,]^{\mathrm{T}}$。

$$\boldsymbol{v}_{2i}=\frac{\boldsymbol{V}_{3i}\times\boldsymbol{v}_{1i}}{|\boldsymbol{V}_{3i}\times\boldsymbol{v}_{1i}|}=\begin{bmatrix}l_{2i}\\m_{2i}\\n_{2i}\end{bmatrix}=\frac{1}{t_i\sqrt{\Delta y_i^2+\Delta z_i^2}}\begin{bmatrix}\Delta y_i^2+\Delta z_i^2\\-\Delta x_i\Delta y_i\\-\Delta x_i\Delta z_i\end{bmatrix}\tag{8.109b}$$

由于引入壳体理论的变形假设,所讨论的单元的位移参数为 $n\times5=5n$ 个。而定义单元几何形状的参数有 $n\times2\times3=6n$ 个,$6n>5n$,因此该单元为超参单元。

为了引入壳体理论中法线方向应力为零的假设,应在以法线方向为 z'轴的局部坐标系 $x'y'z'$中计算应变和应力。根据壳体理论,局部坐标系下 $\sigma_z'=0$,计算壳体应变能涉及的应变为

$$\boldsymbol{\varepsilon}'=\begin{bmatrix}\varepsilon_{x'}\\\varepsilon_{y'}\\\gamma_{x'y'}\\\gamma_{y'z'}\\\gamma_{z'x'}\end{bmatrix}=\begin{bmatrix}\dfrac{\partial u'}{\partial x'}\\\dfrac{\partial v'}{\partial y'}\\\dfrac{\partial u'}{\partial y'}+\dfrac{\partial v'}{\partial x'}\\\dfrac{\partial v'}{\partial z'}+\dfrac{\partial w'}{\partial y'}\\\dfrac{\partial u'}{\partial z'}+\dfrac{\partial w'}{\partial x'}\end{bmatrix}\tag{8.110}$$

式中 u',v',w'是局部坐标系 x',y',z'下的位移分量,$\varepsilon_{x'},\varepsilon_{y'},\gamma_{x'y'}$为面内应变分量,$\gamma_{y'z'},\gamma_{z'x'}$为横向剪切应变分量。面内应变分量 $\varepsilon_{x'},\varepsilon_{y'},\gamma_{x'y'}$包含了薄膜应变和弯曲应变,对于曲壳该两种应变难以解耦。

局部坐标系和整体坐标系下的应变转换关系[式(1.57)]为

$$\boldsymbol{\varepsilon}'=\boldsymbol{T}_\varepsilon\boldsymbol{\varepsilon}\tag{8.111}$$

式中 $\boldsymbol{\varepsilon}$ 为整体坐标系下的应变列向量

$$\begin{aligned}\boldsymbol{\varepsilon}&=[\varepsilon_x\quad\varepsilon_y\quad\varepsilon_z\quad\gamma_{xy}\quad\gamma_{yz}\quad\gamma_{zx}]^{\mathrm T}\\&=\left[\frac{\partial u}{\partial x}\quad\frac{\partial v}{\partial y}\quad\frac{\partial w}{\partial z}\quad\frac{\partial u}{\partial y}+\frac{\partial v}{\partial x}\quad\frac{\partial v}{\partial z}+\frac{\partial w}{\partial y}\quad\frac{\partial u}{\partial z}+\frac{\partial w}{\partial x}\right]^{\mathrm T}\end{aligned}\tag{8.112}$$

注意,在整体坐标系下 $\varepsilon_z\neq0$。式(8.111)中的转换矩阵 $\boldsymbol{T}_\varepsilon$[式(1.59)]为

$$\boldsymbol{T}_\varepsilon=\begin{bmatrix}l_{x'x}l_{x'x}&l_{x'y}l_{x'y}&l_{x'z}l_{x'z}&l_{x'x}l_{x'y}&l_{x'y}l_{x'z}&l_{x'z}l_{x'x}\\l_{y'x}l_{y'x}&l_{y'y}l_{y'y}&l_{y'z}l_{y'z}&l_{y'x}l_{y'y}&l_{y'y}l_{y'z}&l_{y'z}l_{y'x}\\l_{z'x}l_{z'x}&l_{z'y}l_{z'y}&l_{z'z}l_{z'z}&l_{z'x}l_{z'y}&l_{z'y}l_{z'z}&l_{z'z}l_{z'x}\\2l_{x'x}l_{y'x}&2l_{x'y}l_{y'y}&2l_{x'z}l_{y'z}&(l_{x'x}l_{y'y}+l_{x'y}l_{y'x})&(l_{x'y}l_{y'z}+l_{x'z}l_{y'y})&(l_{x'z}l_{y'x}+l_{x'x}l_{y'z})\\2l_{y'x}l_{z'x}&2l_{y'y}l_{z'y}&2l_{y'z}l_{z'z}&(l_{y'x}l_{z'y}+l_{y'y}l_{z'x})&(l_{y'y}l_{z'z}+l_{y'z}l_{z'y})&(l_{y'z}l_{z'x}+l_{y'x}l_{z'z})\\2l_{z'x}l_{x'x}&2l_{z'y}l_{x'y}&2l_{z'z}l_{x'z}&(l_{z'x}l_{x'y}+l_{z'y}l_{x'x})&(l_{z'y}l_{x'z}+l_{z'z}l_{x'y})&(l_{z'z}l_{x'x}+l_{z'x}l_{x'z})\end{bmatrix}$$

整体坐标系下的应变为位移对整体坐标的导数,其与位移对局部坐标的导数之间存在如下

关系：

$$\begin{bmatrix} \frac{\partial u}{\partial x} & \frac{\partial v}{\partial x} & \frac{\partial w}{\partial x} \\ \frac{\partial u}{\partial y} & \frac{\partial v}{\partial y} & \frac{\partial w}{\partial y} \\ \frac{\partial u}{\partial z} & \frac{\partial v}{\partial z} & \frac{\partial w}{\partial z} \end{bmatrix} = \boldsymbol{J}^{-1} \begin{bmatrix} \frac{\partial u}{\partial \xi} & \frac{\partial v}{\partial \xi} & \frac{\partial w}{\partial \xi} \\ \frac{\partial u}{\partial \eta} & \frac{\partial v}{\partial \eta} & \frac{\partial w}{\partial \eta} \\ \frac{\partial u}{\partial \zeta} & \frac{\partial v}{\partial \zeta} & \frac{\partial w}{\partial \zeta} \end{bmatrix} \tag{8.113}$$

其中 Jacobi 矩阵为

$$\boldsymbol{J} = \begin{bmatrix} \frac{\partial x}{\partial \xi} & \frac{\partial y}{\partial \xi} & \frac{\partial z}{\partial \xi} \\ \frac{\partial x}{\partial \eta} & \frac{\partial y}{\partial \eta} & \frac{\partial z}{\partial \eta} \\ \frac{\partial x}{\partial \zeta} & \frac{\partial y}{\partial \zeta} & \frac{\partial z}{\partial \zeta} \end{bmatrix} \tag{8.114}$$

用局部坐标表达的位移插值为式(8.105)，整体坐标与局部坐标之间的变换为式(8.100)，将该两式代入式(8.113)和式(8.114)可以得到

$$\boldsymbol{\varepsilon} = [\boldsymbol{B}_1 \quad \boldsymbol{B}_2 \quad \cdots \quad \boldsymbol{B}_n]\boldsymbol{a}^e = \boldsymbol{B}\boldsymbol{a}^e \tag{8.115}$$

其中

$$\left.\begin{aligned} &\boldsymbol{B}_i = \begin{bmatrix} N_i^1 & 0 & 0 & (\boldsymbol{G}_i^1)_{11} & (\boldsymbol{G}_i^1)_{12} \\ 0 & N_i^2 & 0 & (\boldsymbol{G}_i^2)_{21} & (\boldsymbol{G}_i^2)_{22} \\ 0 & 0 & N_i^3 & (\boldsymbol{G}_i^3)_{31} & (\boldsymbol{G}_i^3)_{31} \\ N_i^2 & N_i^1 & 0 & [(\boldsymbol{G}_i^2)_{11} + (\boldsymbol{G}_i^1)_{21}] & [(\boldsymbol{G}_i^2)_{12} + (\boldsymbol{G}_i^1)_{22}] \\ N_i^3 & 0 & N_i^1 & [(\boldsymbol{G}_i^3)_{11} + (\boldsymbol{G}_i^1)_{31}] & [(\boldsymbol{G}_i^3)_{12} + (\boldsymbol{G}_i^1)_{32}] \\ 0 & N_i^3 & N_i^2 & [(\boldsymbol{G}_i^3)_{21} + (\boldsymbol{G}_i^2)_{31}] & [(\boldsymbol{G}_i^3)_{22} + (\boldsymbol{G}_i^2)_{32}] \end{bmatrix} \\ &N_i^j = J_{j1}^{-1}\frac{\partial N_i}{\partial \xi} + J_{j2}^{-1}\frac{\partial N_i}{\partial \eta}, \quad \boldsymbol{G}_i^j = -\left(\frac{t_i}{2}J_{j3}^{-1}N_i + \zeta\frac{t_i}{2}N_i^j\right)[\boldsymbol{v}_{1i} \quad \boldsymbol{v}_{2i}] \end{aligned}\right\} \tag{8.116}$$

这里 J_{ij}^{-1} 是 Jacobi 逆矩阵 $\boldsymbol{J}^{-1}$ 的第 i 行 j 列元素，t_i 是结点 i 处的厚度。

现在计算局部应变列向量，将式(8.115)代入式(8.111)有

$$\boldsymbol{\varepsilon}' = \boldsymbol{T}_{\varepsilon}\boldsymbol{\varepsilon} = \boldsymbol{B}'\boldsymbol{a}^e = [\boldsymbol{B}'_1 \quad \boldsymbol{B}'_2 \quad \cdots \quad \boldsymbol{B}'_n]\boldsymbol{a}^e \tag{8.117}$$

其中

$$\boldsymbol{B}'_i = \boldsymbol{T}\boldsymbol{B}_i \tag{8.118}$$

局部坐标系下的应力利用平面应力弹性关系可以表示为

$$\boldsymbol{\sigma}' = [\sigma_{x'} \quad \sigma_{y'} \quad \tau_{x'y'} \quad \tau_{y'z'} \quad \tau_{z'x'}]^{\mathrm{T}} = \boldsymbol{D}\boldsymbol{\varepsilon}' \tag{8.119}$$

注意 $\sigma_{z'} = 0$，其中

$$
\boldsymbol{D}=\frac{E}{1-\nu^2}\begin{bmatrix}1 & \nu & 0 & 0 & 0\\ \nu & 1 & 0 & 0 & 0\\ 0 & 0 & \frac{1-\nu}{2} & 0 & 0\\ 0 & 0 & 0 & \frac{k(1-\nu)}{2} & 0\\ 0 & 0 & 0 & 0 & \frac{k(1-\nu)}{2}\end{bmatrix} \tag{8.120}
$$

这里 $k=5/6$,是考虑剪应力沿厚度方向不均匀分布的影响而引入的修正系数。

三维连续体壳单元的势能为

$$
\Pi_{\mathrm{p}}^{e}=\int_{V^e}\frac{1}{2}\boldsymbol{\varepsilon}'^{\mathrm{T}}\boldsymbol{D}\boldsymbol{\varepsilon}'\mathrm{d}V-\int_{V^e}\boldsymbol{u}^{\mathrm{T}}\boldsymbol{f}\mathrm{d}V-\int_{S_{\sigma}^{e}}\boldsymbol{u}^{\mathrm{T}}\bar{\boldsymbol{t}}\mathrm{d}S \tag{8.121}
$$

式中

$$
\boldsymbol{f}=[f_x\quad f_y\quad f_z]^{\mathrm{T}},\quad \bar{\boldsymbol{t}}=[\bar{t}_x\quad \bar{t}_y\quad \bar{t}_z]^{\mathrm{T}}
$$

分别为体积力和给定的面力。将式(8.107)和式(8.117)代入式(8.121),再利用极值条件 $\delta\Pi_{\mathrm{p}}^{e}=0$ 可得单元平衡方程

$$
\boldsymbol{K}^{e}\boldsymbol{a}^{e}=\boldsymbol{P}^{e}
$$

其中

$$
\boldsymbol{K}^{e}=\int_{V^e}\boldsymbol{B}'^{\mathrm{T}}\boldsymbol{D}\boldsymbol{B}'\mathrm{d}V \tag{8.122a}
$$

$$
\boldsymbol{K}_{ij}^{e}=\int_{V^e}\boldsymbol{B}_i'^{\mathrm{T}}\boldsymbol{D}\boldsymbol{B}_j'\mathrm{d}V=\int_{-1}^{1}\int_{-1}^{1}\int_{-1}^{1}\boldsymbol{B}_i'^{\mathrm{T}}\boldsymbol{D}\boldsymbol{B}_j'|\boldsymbol{J}|\mathrm{d}\xi\mathrm{d}\eta\mathrm{d}\zeta \tag{8.122b}
$$

$$
\boldsymbol{P}^{e}=\boldsymbol{P}_{\mathrm{b}}^{e}+\boldsymbol{P}_{\mathrm{s}}^{e},\quad \boldsymbol{P}_{\mathrm{b}}^{e}=\int_{V^e}\boldsymbol{N}^{\mathrm{T}}\boldsymbol{f}\mathrm{d}V,\quad \boldsymbol{P}_{\mathrm{s}}^{e}=\int_{S_{\sigma}^{e}}\boldsymbol{N}^{\mathrm{T}}\bar{\boldsymbol{t}}\mathrm{d}S \tag{8.123a}
$$

$$
\left.\begin{aligned}
\boldsymbol{P}_{\mathrm{b}i}^{e}&=\int_{V^e}\boldsymbol{N}_i^{\mathrm{T}}\boldsymbol{f}\mathrm{d}V=\int_{-1}^{1}\int_{-1}^{1}\int_{-1}^{1}\boldsymbol{N}_i^{\mathrm{T}}\boldsymbol{f}|\boldsymbol{J}|\mathrm{d}\xi\mathrm{d}\eta\mathrm{d}\zeta\\
\boldsymbol{P}_{\mathrm{S}i}^{e}&=\int_{S_{\sigma}^{e}}\boldsymbol{N}_i^{\mathrm{T}}\bar{\boldsymbol{t}}\mathrm{d}S=\int_{-1}^{1}\int_{-1}^{1}\boldsymbol{N}_i^{\mathrm{T}}\bar{\boldsymbol{t}}L\mathrm{d}\xi\mathrm{d}\eta\quad(\zeta=\pm1)
\end{aligned}\right\} \tag{8.123b}
$$

式中 L 为面积分变换系数,见式(5.57)。单元结点等效载荷列向量为

$$
\boldsymbol{P}^{e}=[\boldsymbol{P}_1^{e}\quad \boldsymbol{P}_2^{e}\quad \cdots\quad \boldsymbol{P}_n^{e}]^{\mathrm{T}} \tag{8.123c}
$$

$$
\boldsymbol{P}_i^{e}=[P_{xi}\quad P_{yi}\quad P_{zi}\quad M_{\alpha i}\quad M_{\beta i}]^{\mathrm{T}} \tag{8.123d}
$$

注意,载荷分量用整体坐标表达,但对应于转角 α_i 和 β_i 的弯矩 $M_{\alpha i}$ 和 $M_{\beta i}$ 用局部坐标表达。刚度矩阵和结点等效载荷的积分可采用 Gauss 积分。

单元刚度矩阵(8.122a)可以分解为薄膜弯曲和横向剪切两部分

$$
\boldsymbol{K}^{e}=\int_{V^e}\boldsymbol{B}'^{\mathrm{T}}\boldsymbol{D}\boldsymbol{B}'\mathrm{d}V=\int_{V^e}(\boldsymbol{B}_{\mathrm{mb}}'^{\mathrm{T}}\boldsymbol{D}_{\mathrm{mb}}\boldsymbol{B}_{\mathrm{mb}}'+\boldsymbol{B}_{\mathrm{s}}'^{\mathrm{T}}\boldsymbol{D}_{\mathrm{s}}\boldsymbol{B}_{\mathrm{s}}')\mathrm{d}V=\boldsymbol{K}_{\mathrm{mb}}^{e}+\boldsymbol{K}_{\mathrm{s}}^{e} \tag{8.124}
$$

其中

$$\boldsymbol{D}_{\mathrm{mb}}=\frac{E}{1-\nu^{2}}\begin{bmatrix}1 & \nu & 0\\ \nu & 1 & 0\\ 0 & 0 & \dfrac{1-\nu}{2}\end{bmatrix},\quad \boldsymbol{D}_{\mathrm{s}}=G\begin{bmatrix}1 & 0\\ 0 & 1\end{bmatrix}\tag{8.125}$$

超参数壳单元在引入一定的几何假设后与位移及转动各自独立插值的壳单元等价。在计算单元刚度矩阵时，同样需保证整体刚度矩阵 $\boldsymbol{K}$ 非奇异，$\boldsymbol{K}_{\mathrm{s}}$ 奇异。可采用 Mindlin 板单元中讨论的各种方法解决“锁死”问题，实用中普遍采用减缩积分方案。

8.6　轴对称壳单元

如前所述，壳体可分为轴对称壳和一般的三维空间壳，相应的壳单元可以分为轴对称壳单元和一般的空间壳单元。从壳单元自身的几何特点上区分，轴对称壳单元可以分为直边的截锥壳单元和曲边壳单元。前者可以看成是从圆锥面上用两个垂直于对称轴的平行圆截取出的一部分，单元构造比较简单。但用这种单元离散壳体结构时，是用一系列直线组成的折线来近似通常为曲线的经线。而曲边单元则是用一些 2 次或 3 次曲线去近似实际的经线，显然提高了几何离散的精度。

8.6.1　轴对称壳基本公式

本节首先介绍弹性轴对称薄壳的基本方程，然后介绍考虑横向剪切变形影响的轴对称厚壳的基本公式。如图 8.15 所示为一典型的轴对称薄壳，中面上任意一点的位置可用经（子午）向弧长 s 和周向角 θ 确定，其位移可由经（子午）向分量 u、周向分量 v 和法向分量 w 确定。基于薄壳理论，壳体中任意一点的应变，根据 Kirchhoff 直法线假设，可用中面的 6 个广义应变分量描述，它们和中面的位移关系为

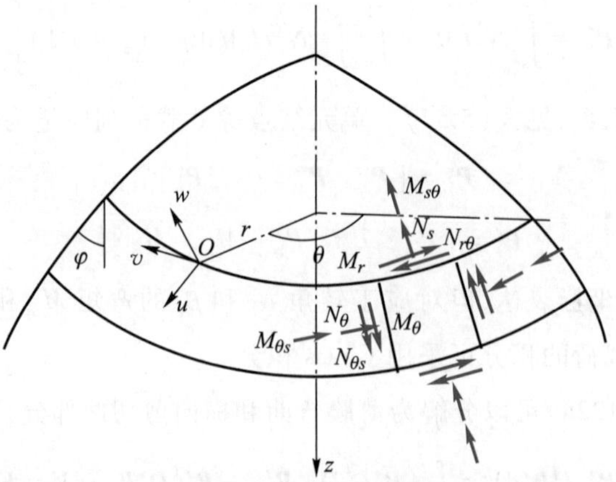

图 8.15　轴对称壳的坐标、位移和内力

$$\boldsymbol{\varepsilon}=\begin{bmatrix}\varepsilon_s\\ \varepsilon_\theta\\ \gamma_{s\theta}\\ \kappa_s\\ \kappa_\theta\\ \kappa_{s\theta}\end{bmatrix}=\begin{bmatrix}\dfrac{\partial u}{\partial s}+\dfrac{w}{R_s}\\ \dfrac{1}{r}\left(\dfrac{\partial v}{\partial\theta}+u\sin\varphi+w\cos\varphi\right)\\ \dfrac{\partial v}{\partial s}+\dfrac{1}{r}\left(\dfrac{\partial u}{\partial\theta}-v\sin\varphi\right)\\ -\dfrac{\partial}{\partial s}\left(\dfrac{\partial w}{\partial s}-\dfrac{u}{R_s}\right)\\ -\dfrac{1}{r^2}\dfrac{\partial^2 w}{\partial\theta^2}+\dfrac{\cos\varphi}{r^2}\dfrac{\partial v}{\partial\theta}-\dfrac{\sin\varphi}{r}\left(\dfrac{\partial w}{\partial s}-\dfrac{u}{R_s}\right)\\ 2\left(-\dfrac{1}{r}\dfrac{\partial^2 w}{\partial s\partial\theta}+\dfrac{\sin\varphi}{r^2}\dfrac{\partial w}{\partial\theta}+\dfrac{\cos\varphi}{r}\dfrac{\partial v}{\partial s}-\dfrac{\sin\varphi\cos\varphi}{r^2}v+\dfrac{1}{rR_s}\dfrac{\partial u}{\partial\theta}\right)\end{bmatrix}\tag{8.126}$$

式中 φ 是弧长 s 的切线和对称轴的夹角，R_s是经向的曲率半径，r 是平行圆的半径（即中面上任一点的径向坐标），$\varepsilon_s,\varepsilon_\theta,\gamma_{s\theta}$表示中面内的伸长和剪切，$\kappa_s,\kappa_\theta,\kappa_{s\theta}$表示中面曲率和扭率的变化。

已知中面的 6 个广义应变分量后，中面以外的应变可以表示为

$$\varepsilon_s^{(z)}=\varepsilon_s+z\kappa_s,\quad \varepsilon_\theta^{(z)}=\varepsilon_\theta+z\kappa_\theta,\quad \gamma_{s\theta}^{(z)}=\gamma_{s\theta}+z\kappa_{s\theta}\tag{8.127}$$

式中 z 为离中面的距离（沿法向方向测量）。与 6 个广义应变分量对应的有 6 个内力分量（广义应力分量）

$$\boldsymbol{\sigma}=[N_s\quad N_\theta\quad N_{s\theta}\quad M_s\quad M_\theta\quad M_{s\theta}]^{\mathrm{T}}\tag{8.128}$$

其中 $N_s,N_\theta,N_{s\theta}$分别是壳体内垂直于 s 或 θ 方向的截面上单位长度的内力；$M_s,M_\theta,M_{s\theta}$是相应截面上单位长度的力矩。根据应力沿壳厚度方向线性变化的假设，壳体内任一点的应力可按下式计算：

$$\sigma_s=\frac{N_s}{t}+\frac{12M_s}{t^3}z,\quad \sigma_\theta=\frac{N_\theta}{t}+\frac{12M_\theta}{t^3}z,\quad \tau_{s\theta}=\frac{N_{s\theta}}{t}+\frac{12M_{s\theta}}{t^3}z\tag{8.129}$$

式中 t 是壳体的厚度。

轴对称壳的广义应力和广义应变之间的弹性关系如下：

$$\begin{bmatrix}N_s\\ N_\theta\\ N_{s\theta}\\ M_s\\ M_\theta\\ M_{s\theta}\end{bmatrix}=\frac{Et}{1-\nu^2}\begin{bmatrix}1&\nu&0&0&0&0\\ \nu&1&0&0&0&0\\ 0&0&\dfrac{1-\nu}{2}&0&0&0\\ 0&0&0&\dfrac{t^2}{12}&\dfrac{t^2\nu}{12}&0\\ 0&0&0&\dfrac{t^2\nu}{12}&\dfrac{t^2}{12}&0\\ 0&0&0&0&0&\dfrac{t^2(1-\nu)}{24}\end{bmatrix}\begin{bmatrix}\varepsilon_s\\ \varepsilon_\theta\\ \gamma_{s\theta}\\ \kappa_s\\ \kappa_\theta\\ \kappa_{s\theta}\end{bmatrix}\tag{8.130}$$

该式可写成

$$\boldsymbol{\sigma} = \boldsymbol{D}\boldsymbol{\varepsilon} \tag{8.131}$$

可将变形分解为薄膜状态和弯曲状态,式(8.131)可以分解为

$$\boldsymbol{\sigma} = \begin{bmatrix} \boldsymbol{\sigma}_{\mathrm{m}} \\ \boldsymbol{\sigma}_{\mathrm{b}} \end{bmatrix}, \quad \boldsymbol{\varepsilon} = \begin{bmatrix} \boldsymbol{\varepsilon}_{\mathrm{m}} \\ \boldsymbol{\varepsilon}_{\mathrm{b}} \end{bmatrix} \quad \boldsymbol{D} = \begin{bmatrix} \boldsymbol{D}_{\mathrm{m}} & \boldsymbol{0} \\ \boldsymbol{0} & \boldsymbol{D}_{\mathrm{b}} \end{bmatrix} \tag{8.132}$$

下标 m 表示薄膜状态,b 表示弯曲状态,其中

$$\boldsymbol{\sigma}_{\mathrm{m}} = [N_s \quad N_\theta \quad N_{s\theta}]^{\mathrm{T}}, \quad \boldsymbol{\sigma}_{\mathrm{b}} = [M_s \quad M_\theta \quad M_{s\theta}]^{\mathrm{T}} \tag{8.133a}$$

$$\boldsymbol{\varepsilon}_{\mathrm{m}} = [\varepsilon_s \quad \varepsilon_\theta \quad \gamma_{s\theta}]^{\mathrm{T}}, \quad \boldsymbol{\varepsilon}_{\mathrm{b}} = [\kappa_s \quad \kappa_\theta \quad \kappa_{s\theta}]^{\mathrm{T}} \tag{8.133b}$$

$$\boldsymbol{D}_{\mathrm{m}} = \frac{Et}{1-\nu^2}\begin{bmatrix} 1 & \nu & 0 \\ \nu & 1 & 0 \\ 0 & 0 & \dfrac{1-\nu}{2} \end{bmatrix}, \quad \boldsymbol{D}_{\mathrm{b}} = \frac{t^2}{12}\boldsymbol{D}_{\mathrm{m}} \tag{8.133c}$$

则广义应力和广义应变的关系可以进一步写成

$$\boldsymbol{\sigma}_{\mathrm{m}} = \boldsymbol{D}_{\mathrm{m}}\boldsymbol{\varepsilon}_{\mathrm{m}}, \quad \boldsymbol{\sigma}_{\mathrm{b}} = \boldsymbol{D}_{\mathrm{b}}\boldsymbol{\varepsilon}_{\mathrm{b}} \tag{8.134}$$

壳体的应变能包括薄膜状态应变能和弯曲应变能,表达式为

$$U_\varepsilon = \frac{1}{2}\int_V \boldsymbol{\varepsilon}^{\mathrm{T}}\boldsymbol{D}\boldsymbol{\varepsilon}\,\mathrm{d}V = \frac{1}{2}\int_V \boldsymbol{\varepsilon}_{\mathrm{m}}{}^{\mathrm{T}}\boldsymbol{D}_{\mathrm{m}}\boldsymbol{\varepsilon}_{\mathrm{m}}\,\mathrm{d}V + \frac{1}{2}\int_V \boldsymbol{\varepsilon}_{\mathrm{b}}{}^{\mathrm{T}}\boldsymbol{D}_{\mathrm{b}}\boldsymbol{\varepsilon}_{\mathrm{b}}\,\mathrm{d}V \tag{8.135}$$

进一步给出系统的势能表达式为

$$\Pi_{\mathrm{p}} = U_\varepsilon + E_{\mathrm{p}} \tag{8.136}$$

如果轴对称壳体承受的载荷以及支承条件都是轴对称的,则壳体的位移和变形也是轴对称的。这时,周向位移 $v=0$,经向和法向位移分量 u,w 仅为 s 的函数,与 θ 无关,进而应变分量 $\gamma_{s\theta}=0,\kappa_{s\theta}=0$,内力分量 $N_{s\theta}=0$,　$M_{s\theta}=0$。此时,式(8.126)退化为

$$\boldsymbol{\varepsilon} = \begin{bmatrix} \varepsilon_s \\ \varepsilon_\theta \\ \kappa_s \\ \kappa_\theta \end{bmatrix} = \begin{bmatrix} \dfrac{\mathrm{d}u}{\mathrm{d}s} + \dfrac{w}{R_s} \\ \dfrac{1}{r}(u\sin\varphi + w\cos\varphi) \\ -\dfrac{\mathrm{d}}{\mathrm{d}s}\left(\dfrac{\mathrm{d}w}{\mathrm{d}s} - \dfrac{u}{R_s}\right) \\ -\dfrac{\sin\varphi}{r}\left(\dfrac{\mathrm{d}w}{\mathrm{d}s} - \dfrac{u}{R_s}\right) \end{bmatrix} \tag{8.137}$$

式(8.130)成为

$$\begin{bmatrix} N_s \\ N_\theta \\ M_s \\ M_\theta \end{bmatrix} = \frac{Et}{1-\nu^2}\begin{bmatrix} 1 & \nu & 0 & 0 \\ \nu & 1 & 0 & 0 \\ 0 & 0 & \dfrac{t^2}{12} & \dfrac{t^2\nu}{12} \\ 0 & 0 & \dfrac{t^2\nu}{12} & \dfrac{t^2}{12} \end{bmatrix}\begin{bmatrix} \varepsilon_s \\ \varepsilon_\theta \\ \kappa_s \\ \kappa_\theta \end{bmatrix} \tag{8.138}$$

对于考虑横向剪切的轴对称壳，在受到轴对称载荷作用的情况下，其中面的广义应变和位移的关系如下：

$$\boldsymbol{\varepsilon}=\begin{bmatrix}\varepsilon_s\\ \varepsilon_\theta\\ \kappa_s\\ \kappa_\theta\\ \gamma\end{bmatrix}=\begin{bmatrix}\dfrac{\mathrm{d}u}{\mathrm{d}s}+\dfrac{w}{R_s}\\ \dfrac{1}{r}(u\sin\varphi+w\cos\varphi)\\ -\dfrac{\mathrm{d}\beta}{\mathrm{d}s}\\ -\dfrac{\sin\varphi}{r}\beta\\ \dfrac{\mathrm{d}w}{\mathrm{d}s}-\dfrac{u}{R_s}-\beta\end{bmatrix}\tag{8.139}$$

其中 ε_s 和 ε_θ 分别是中面的经向应变和环向应变，κ_s 和 κ_θ 分别是中面的经向曲率变化和环向曲率变化，γ 是横向剪切应变。中面内力（广义应力）为

$$\boldsymbol{\sigma}=[N_s\quad N_\theta\quad M_s\quad M_\theta\quad V]^{\mathrm{T}}\tag{8.140}$$

它们依次分别是经向内力、环向内力、经向弯矩、环向弯矩和横向剪力。

广义应力和应变之间的关系为

$$\boldsymbol{\sigma}=\boldsymbol{D}\boldsymbol{\varepsilon}\tag{8.141}$$

其中弹性矩阵 $\boldsymbol{D}$ 可以表达为

$$\boldsymbol{D}=\begin{bmatrix}\boldsymbol{D}_{\mathrm{m}}&\mathbf{0}&\mathbf{0}\\ \mathbf{0}&\boldsymbol{D}_{\mathrm{b}}&\mathbf{0}\\ \mathbf{0}&\mathbf{0}&D_{\mathrm{s}}\end{bmatrix}=\begin{bmatrix}\boldsymbol{D}_{\mathrm{mb}}&\mathbf{0}\\ \mathbf{0}&D_{\mathrm{s}}\end{bmatrix}\tag{8.142}$$

式中

$$\left.\begin{aligned}&\boldsymbol{D}_{\mathrm{m}}=\frac{Et}{1-\nu^2}\begin{bmatrix}1&\nu\\ \nu&1\end{bmatrix},\quad \boldsymbol{D}_{\mathrm{b}}=\frac{t^2}{12}\boldsymbol{D}_{\mathrm{m}}\\ &D_{\mathrm{s}}=k\frac{Et}{2(1+\nu)},\quad k=\frac{5}{6}\end{aligned}\right\}\tag{8.143}$$

考虑横向剪切应变能后，壳体的应变能表达式为

$$U_\varepsilon=\frac{1}{2}\int_V\boldsymbol{\varepsilon}^{\mathrm{T}}\boldsymbol{D}\boldsymbol{\varepsilon}\mathrm{d}V=\frac{1}{2}\int_V\boldsymbol{\varepsilon}_{\mathrm{m}}^{\mathrm{T}}\boldsymbol{D}_{\mathrm{m}}\boldsymbol{\varepsilon}_{\mathrm{m}}\mathrm{d}V+\frac{1}{2}\int_V\boldsymbol{\varepsilon}_{\mathrm{b}}^{\mathrm{T}}\boldsymbol{D}_{\mathrm{b}}\boldsymbol{\varepsilon}_{\mathrm{b}}\mathrm{d}V+\frac{1}{2}\int_V\gamma D_{\mathrm{s}}\gamma\mathrm{d}V\tag{8.144}$$

其中

$$\boldsymbol{\varepsilon}_{\mathrm{m}}=\begin{bmatrix}\varepsilon_s\\ \varepsilon_\theta\end{bmatrix},\quad \boldsymbol{\varepsilon}_{\mathrm{b}}=\begin{bmatrix}\kappa_s\\ \kappa_\theta\end{bmatrix}\tag{8.145}$$

8.6.2 基于薄壳理论的截锥壳单元

如前所述,轴对称壳单元有直边截锥单元和曲边壳单元。本节介绍截锥薄壳单元,该单元的建立基于 8.6.1 节所述轴对称壳基本理论。如图 8.16 所示为轴对称壳 2 结点截锥单元。其结点位移列向量为

$$\boldsymbol{a}_i = [\bar{u}_i \quad \bar{w}_i \quad \beta_i]^{\mathrm{T}} \quad (i = 1,2) \tag{8.146}$$

式中 u_i 和 w_i 分别为整体坐标系中结点的轴向位移和径向位移分量,β 是径向切线的转动角度。单元结点位移列向量为

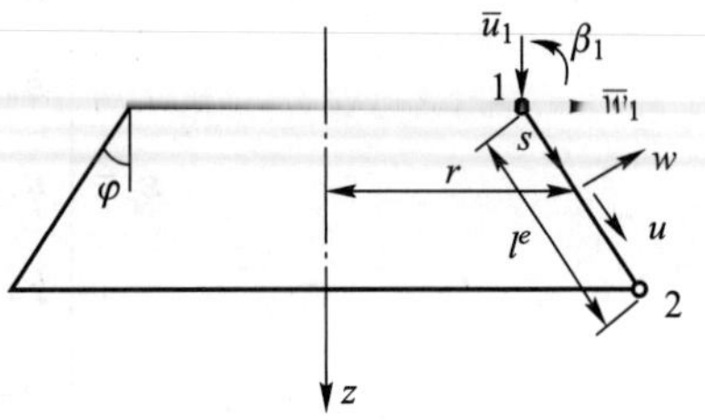

图 8.16　轴对称截锥壳单元

$$\boldsymbol{a}^e = [\boldsymbol{a}_1 \quad \boldsymbol{a}_2]^{\mathrm{T}} = [\bar{u}_1 \quad \bar{w}_1 \quad \beta_1 \quad \bar{u}_2 \quad \bar{w}_2 \quad \beta_2]^{\mathrm{T}} \tag{8.147}$$

另一方面,单元中任意一点在局部坐标系下的径向位移 u 和法向位移 w 可以分别表达为局部坐标 s 的一次和三次函数,即

$$\left.\begin{aligned} u &= \alpha_1 + \alpha_2 s \\ w &= \alpha_3 + \alpha_4 s + \alpha_5 s^2 + \alpha_6 s^3 \end{aligned}\right\} \tag{8.148}$$

其中 $\alpha_1 \sim \alpha_6$ 为待定参数。将结点 1 和 2 处的位移及其导数 $u_i, w_i, \left(\dfrac{\mathrm{d}w}{\mathrm{d}s}\right)_i$ 代入上式,可得如下表达式:

$$\left.\begin{aligned} &\alpha_1 = u_1, && \alpha_4 = \left(\frac{\mathrm{d}w}{\mathrm{d}s}\right)_1 \\ &\alpha_3 = w_1, && \alpha_1 + \alpha_2 l^e = u_2 \\ &\alpha_3 + \alpha_4 l^e + \alpha_5 l^{e2} + \alpha_6 l^{e3} = w_2, && \alpha_4 l^e + 2\alpha_5 l^{e2} + 3\alpha_6 l^{e3} = \left(\frac{\mathrm{d}w}{\mathrm{d}s}\right)_2 \end{aligned}\right\} \tag{8.149}$$

其中 l^e 是截锥单元经线的长度。求解方程组(8.149)可得 $\alpha_1 \sim \alpha_6$,并将其代入式(8.148)可得位移表达式

$$\boldsymbol{u} = \begin{bmatrix} u \\ w \end{bmatrix} = \begin{bmatrix} 1-\xi & 0 & 0 & \xi & 0 & 0 \\ 0 & 1-3\xi^2+2\xi^3 & l^e(\xi-2\xi^2+\xi^3) & 0 & 3\xi^2-2\xi^3 & l^e(-\xi^2+\xi^3) \end{bmatrix} \begin{bmatrix} u_1 \\ w_1 \\ \left(\dfrac{\mathrm{d}w}{\mathrm{d}s}\right)_1 \\ u_2 \\ w_2 \\ \left(\dfrac{\mathrm{d}w}{\mathrm{d}s}\right)_2 \end{bmatrix} \tag{8.150}$$

其中 $\xi = s/l^e$。从几何分析可知,局部坐标系下的结点位移与整体坐标系下的结点位移存在如下变换关系:

$$\begin{bmatrix} u_i \\ w_i \\ \left(\dfrac{\mathrm{d}w}{\mathrm{d}s}\right)_i \end{bmatrix} = \begin{bmatrix} \cos\varphi & \sin\varphi & 0 \\ -\sin\varphi & \cos\varphi & 0 \\ 0 & 0 & 1 \end{bmatrix} \begin{bmatrix} \bar{u}_i \\ \bar{w}_i \\ \beta_i \end{bmatrix} = \boldsymbol{T}\boldsymbol{a}_i \tag{8.151}$$

其中 $\boldsymbol{T}$ 是截锥单元的坐标转换矩阵。将式(8.151)代入式(8.150)可得位移插值表达式

$$\boldsymbol{u} = [\boldsymbol{N}'_1\boldsymbol{T} \quad \boldsymbol{N}'_2\boldsymbol{T}]\boldsymbol{a}^e = \boldsymbol{N}\boldsymbol{a}^e \tag{8.152}$$

其中

$$\left.\begin{aligned} \boldsymbol{N}'_1 &= \begin{bmatrix} 1-\xi & 0 & 0 \\ 0 & 1-3\xi^2+2\xi^3 & l^e(\xi-2\xi^2+\xi^3) \end{bmatrix} \\ \boldsymbol{N}'_2 &= \begin{bmatrix} \xi & 0 & 0 \\ 0 & 3\xi^2-2\xi^3 & l^e(-\xi^2+\xi^3) \end{bmatrix} \end{aligned}\right\} \tag{8.153}$$

将式(8.152)代入式(8.137),并考虑到 2 结点直线单元有 $\dfrac{1}{R_s}=0$,得到广义应变表达式

$$\boldsymbol{\varepsilon} = [\boldsymbol{B}'_1\boldsymbol{T} \quad \boldsymbol{B}'_2\boldsymbol{T}]\boldsymbol{a}^e = \boldsymbol{B}\boldsymbol{a}^e \tag{8.154}$$

其中

$$\boldsymbol{B}'_1 = \begin{bmatrix} -\dfrac{1}{l^e} & 0 & 0 \\ (1-\xi)\dfrac{\sin\varphi}{r} & (1-3\xi^2+2\xi^3)\dfrac{\cos\varphi}{r} & L(\xi-2\xi^2+\xi^3)\dfrac{\cos\varphi}{r} \\ 0 & -(-6+12\xi)\dfrac{1}{l^{e2}} & -(-4+6\xi)\dfrac{1}{l^e} \\ 0 & -(-6\xi+6\xi^2)\dfrac{\sin\varphi}{rl^e} & -(1-4\xi+3\xi^2)\dfrac{\sin\varphi}{r} \end{bmatrix} \tag{8.155a}$$

$$\boldsymbol{B}'_2 = \begin{bmatrix} \dfrac{1}{l^e} & 0 & 0 \\ \xi\dfrac{\sin\varphi}{r} & (3\xi^2-2\xi^3)\dfrac{\cos\varphi}{r} & l^e(-\xi^2+\xi^3)\dfrac{\cos\varphi}{r} \\ 0 & -(6-12\xi)\dfrac{1}{l^{e2}} & -(-2+6\xi)\dfrac{1}{l^e} \\ 0 & -(6\xi-6\xi^2)\dfrac{\sin\varphi}{rl^e} & -(-2\xi+3\xi^2)\dfrac{\sin\varphi}{r} \end{bmatrix} \tag{8.155b}$$

式中

$$r = r_1 + \xi l^e \sin\varphi \tag{8.156}$$

将式(8.152)和式(8.154)代入势能表达式,利用最小势能原理可得单元平衡方程。单元刚度矩阵为

$$\boldsymbol{K}^e = \int_0^1 \boldsymbol{B}^{\mathrm{T}}\boldsymbol{D}\boldsymbol{B} \times 2\pi r l^e \mathrm{d}\xi \tag{8.157}$$

将其写成分块形式

$$\boldsymbol{K}^e = \begin{bmatrix} \boldsymbol{K}_{11}^e & \boldsymbol{K}_{12}^e \\ \boldsymbol{K}_{21}^e & \boldsymbol{K}_{22}^e \end{bmatrix}$$

其中

$$\boldsymbol{K}_{ij}^e = \boldsymbol{T}^{\mathrm{T}}\left(\int_0^1 \boldsymbol{B}_i'^{\mathrm{T}}\boldsymbol{D}\boldsymbol{B}_j' r\mathrm{d}\xi\right)\boldsymbol{T} \times 2\pi l^e \quad (i = 1,2;\quad j = 1,2) \tag{8.158}$$

若单元上作用有侧向分布载荷 $\boldsymbol{p}=[p_u \quad p_w]^{\mathrm{T}}$,它们可以是 s 的函数,则单元等效结点载荷为

$$\boldsymbol{P}_i^e = \begin{bmatrix} P_{\bar{u}_i} \\ P_{\bar{w}_i} \\ P_{\beta_i} \end{bmatrix} = 2\pi l^e \boldsymbol{T}^{\mathrm{T}}\int_0^1 \boldsymbol{N}_i'^{\mathrm{T}}\boldsymbol{p} r\mathrm{d}\xi \quad (i = 1,2) \tag{8.159}$$

其中 $\boldsymbol{P}_i^e$ 的分量分别是沿 z,r 方向的力和沿 β 方向的力矩。上述三个积分表达式中 $r=r_1+l^e\sin\varphi\cdot\xi$,$r_1$ 是结点 1 的径向坐标。

刚度矩阵和单元等效结点载荷的积分可以采用一维高斯数值积分,通常 3~4 点积分可达足够精度。另一方面,采用数值积分方案还可以避免 $\boldsymbol{B}_i'$ 在 $r=0$ 处出现奇异。该单元由于表达式简单,精度较好,应用较广。但采用直线代替曲线,有时会产生较大误差。

8.6.3 位移和转动独立插值的轴对称壳单元

本节介绍考虑剪切变形影响的轴对称壳单元,包括 2 结点截锥壳单元和 3 结点曲边壳单元。首先介绍 2 结点截锥壳单元。不同于上一节的薄壳轴对称单元,在此对截面转角 β 进行独立插值。在整体坐标系下 2 结点截锥单元的插值函数如下:

$$\bar{u} = \sum_{i=1}^{2} N_i \bar{u}_i, \quad \bar{w} = \sum_{i=1}^{2} N_i \bar{w}_i, \quad \beta = \sum_{i=1}^{2} N_i \beta_i \tag{8.160}$$

其中

$$N_1 = 1 - \xi, \quad N_2 = \xi, \quad \xi = s/l^e \tag{8.161}$$

局部坐标系下的位移和整体坐标系下的位移之间存在如下转换关系:

$$\begin{bmatrix} u \\ w \end{bmatrix} = \begin{bmatrix} \cos\varphi & \sin\varphi \\ -\sin\varphi & \cos\varphi \end{bmatrix}\begin{bmatrix} \bar{u} \\ \bar{w} \end{bmatrix} \tag{8.162}$$

将其代入几何关系(8.139)可得

$$\boldsymbol{\varepsilon}=\begin{bmatrix}\varepsilon_s\\ \varepsilon_\theta\\ \kappa_s\\ \kappa_\theta\\ \gamma\end{bmatrix}=\begin{bmatrix}\cos\varphi\dfrac{\mathrm{d}}{\mathrm{d}s} & \sin\varphi\dfrac{\mathrm{d}}{\mathrm{d}s} & 0\\ 0 & \dfrac{1}{r} & 0\\ 0 & 0 & -\dfrac{\mathrm{d}}{\mathrm{d}s}\\ 0 & 0 & -\dfrac{\sin\varphi}{r}\\ -\sin\varphi\dfrac{\mathrm{d}}{\mathrm{d}s} & \cos\varphi\dfrac{\mathrm{d}}{\mathrm{d}s} & -1\end{bmatrix}\begin{bmatrix}\bar{u}\\ \bar{w}\\ \beta\end{bmatrix} \tag{8.163}$$

将式(8.160)代入上式可得总体坐标系下的应变表达式

$$\boldsymbol{\varepsilon}=[\boldsymbol{B}_1\quad \boldsymbol{B}_2]\begin{bmatrix}\boldsymbol{a}_1\\ \boldsymbol{a}_2\end{bmatrix}=\boldsymbol{B}\boldsymbol{a}^e \tag{8.164}$$

其中

$$\boldsymbol{B}_i=\begin{bmatrix}\cos\varphi\dfrac{\mathrm{d}N_i}{\mathrm{d}s} & \sin\varphi\dfrac{\mathrm{d}N_i}{\mathrm{d}s} & 0\\ 0 & \dfrac{N_i}{r} & 0\\ 0 & 0 & -\dfrac{\mathrm{d}N_i}{\mathrm{d}s}\\ 0 & 0 & -\sin\varphi\dfrac{N_i}{r}\\ -\sin\varphi\dfrac{\mathrm{d}N_i}{\mathrm{d}s} & \cos\varphi\dfrac{\mathrm{d}N_i}{\mathrm{d}s} & -N_i\end{bmatrix},\quad \boldsymbol{a}_i=[\bar{u}_i\quad \bar{w}_i\quad \beta_i]^{\mathrm{T}}\quad (i=1,2) \tag{8.165}$$

并有

$$\frac{\mathrm{d}N_1}{\mathrm{d}s}=-\frac{1}{l^e},\qquad \frac{\mathrm{d}N_2}{\mathrm{d}s}=\frac{1}{l^e}$$

进一步给出单元的势能泛函,由极值条件最后可得单元平衡方程。单元刚度矩阵为

$$\boldsymbol{K}^e=\int_0^1\boldsymbol{B}^{\mathrm{T}}\boldsymbol{D}\boldsymbol{B}\times 2\pi r l^e\mathrm{d}\xi \tag{8.166}$$

可将 $\boldsymbol{K}^e$ 写成分块形式

$$\boldsymbol{K}^e=\begin{bmatrix}\boldsymbol{K}_{11}^e & \boldsymbol{K}_{12}^e\\ \boldsymbol{K}_{21}^e & \boldsymbol{K}_{22}^e\end{bmatrix} \tag{8.167}$$

其中

$$\boldsymbol{K}_{ij}^e=\int_0^1\boldsymbol{B}_i^{\mathrm{T}}\boldsymbol{D}\boldsymbol{B}_j\times 2\pi r l^e\mathrm{d}\xi\quad (i,j=1,2) \tag{8.168}$$

还可以将 $\boldsymbol{K}^e$ 写成如下形式：

$$\boldsymbol{K}^e = \boldsymbol{K}^e_{\mathrm{mb}} + \boldsymbol{K}^e_{\mathrm{s}} \tag{8.169}$$

其中

$$\left.\begin{aligned} \boldsymbol{K}^e_{\mathrm{mb}} &= \int_0^1 \boldsymbol{B}^{\mathrm{T}}_{\mathrm{mb}} \boldsymbol{D}_{\mathrm{mb}} \boldsymbol{B}_{\mathrm{mb}} r \mathrm{d}\xi \times 2\pi l^e \\ \boldsymbol{K}^e_{\mathrm{s}} &= D_{\mathrm{s}} \int_0^1 \boldsymbol{B}^{\mathrm{T}}_{\mathrm{s}} \boldsymbol{B}_{\mathrm{s}} r \mathrm{d}\xi \times 2\pi l^e = D_{\mathrm{s}} \widehat{\boldsymbol{K}}^e_{\mathrm{s}} \end{aligned}\right\} \tag{8.170}$$

其中 $\boldsymbol{D}_{\mathrm{mb}}$ 和 D_{s} 见式(8.142)和式(8.143)，分别表示薄膜的弯曲刚度和剪切刚度。

单元的结点载荷列向量可以表达成

$$\boldsymbol{P}^e_i = 2\pi l^e \int_0^1 N_i \boldsymbol{p} r \mathrm{d}\xi \quad (i = 1,2) \tag{8.171}$$

其中

$$\boldsymbol{P}^e_i = \begin{bmatrix} P_{\bar{u}_i} \\ P_{\bar{w}_i} \\ P_{\beta_i} \end{bmatrix}, \quad \boldsymbol{p} = \begin{bmatrix} p_{\bar{u}} \\ p_{\bar{w}} \\ p_{\beta} \end{bmatrix}$$

$p_{\bar{u}}$ 和 $p_{\bar{w}}$ 分别是轴向和径向的分布载荷，p_β 是分布力矩，通常 $p_\beta = 0$。如果作用有法向均布压力 p，则有

$$p_{\bar{u}} = p\sin\varphi, \quad p_{\bar{w}} = -p\cos\varphi, \quad p_\beta = 0 \tag{8.172}$$

类似于 Timoshenko 梁和 Mindlin 板，要求结构的整体刚度矩阵 $\boldsymbol{K}$ 非奇异，对应于剪切的刚度子矩阵 $\boldsymbol{K}_{\mathrm{s}}$ 要奇异。仍可以采用减缩积分、选择积分、假设剪应变法等。

如图 8.17 所示为轴对称 3 结点二次曲边壳单元。该单元的坐标变换式为

$$r = \sum_{i=1}^{3} N_i r_i, \quad z = \sum_{i=1}^{3} N_i z_i \tag{8.173}$$

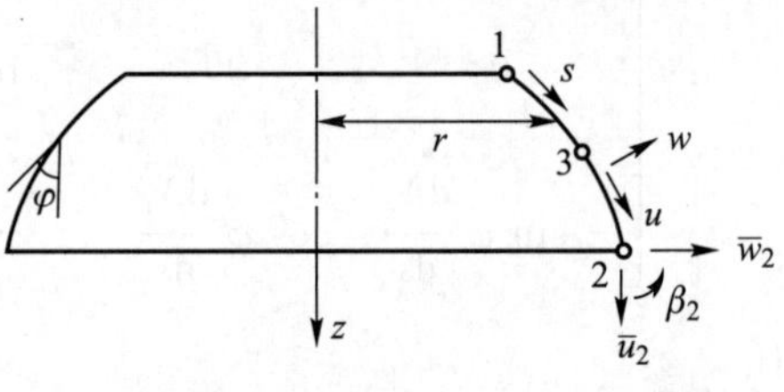

图 8.17　轴对称二次曲边单元

其中 r_i 和 z_i 为结点的坐标，形状函数为

$$N_1 = (1-\xi)(1-2\xi), \quad N_2 = \xi(2\xi - 1), \quad N_3 = 4\xi(1-\xi) \tag{8.174}$$

式中 $\xi(0 \leqslant \xi \leqslant 1)$ 是自然坐标。整体坐标系下单元的位移及转动采用与坐标变换相同的插值表达式

$$u = \sum_{i=1}^{3} N_i u_i, \quad w = \sum_{i=1}^{3} N_i w_i, \quad \beta = \sum_{i=1}^{3} N_i \beta_i \tag{8.175}$$

记

$$J = \frac{\mathrm{d}s}{\mathrm{d}\xi} = \sqrt{\left(\frac{\mathrm{d}r}{\mathrm{d}\xi}\right)^2 + \left(\frac{\mathrm{d}z}{\mathrm{d}\xi}\right)^2} = \sqrt{\left(\sum_i^3 \frac{\mathrm{d}N_i}{\mathrm{d}\xi} r_i\right)^2 + \left(\sum_i^3 \frac{\mathrm{d}N_i}{\mathrm{d}\xi} z_i\right)^2} \tag{8.176}$$

参见图 8.17 可得

$$
\left.\begin{aligned}
\cos\varphi &= \frac{\mathrm{d}z}{\mathrm{d}s} = \frac{1}{J}\frac{\mathrm{d}z}{\mathrm{d}\xi} = \frac{1}{J}\sum_{i}^{3}\frac{\mathrm{d}N_i}{\mathrm{d}\xi}z_i \\
\sin\varphi &= \frac{\mathrm{d}r}{\mathrm{d}s} = \frac{1}{J}\frac{\mathrm{d}r}{\mathrm{d}\xi} = \frac{1}{J}\sum_{i}^{3}\frac{\mathrm{d}N_i}{\mathrm{d}\xi}r_i
\end{aligned}\right\} \tag{8.177}
$$

最后利用标准步骤可得单元平衡方程。单元刚度矩阵和等效结点载荷为

$$
\boldsymbol{K}_{ij}^{e} = 2\pi\int_{0}^{1}\boldsymbol{B}_i^{\mathrm{T}}\boldsymbol{D}\boldsymbol{B}_j rJ\mathrm{d}\xi \quad (i = 1,2,3) \tag{8.178}
$$

$$
\boldsymbol{P}_i^{e} = 2\pi\int_{0}^{1}N_i\boldsymbol{p}rJ\mathrm{d}\xi \quad (i = 1,2,3) \tag{8.179}
$$

有两点值得注意:一方面,为了减小计算规模,该单元结点 3 的位移可以凝聚掉;另一方面,为保证 $\boldsymbol{K}$ 的非奇异性和 $\boldsymbol{K}_s$ 的奇异性,应选择两点高斯积分方案。

8.7 薄板结构弹性稳定性分析

本节介绍弹性薄板结构的稳定性分析有限元方法,仅考虑板的小挠度屈曲问题。与 7.10 节杆件结构弹性稳定性问题类似,分析分为两步。第一步计算结构的内力分布,第二步计算结构的失稳临界载荷。对于结构线弹性稳定性分析,板的内力由线弹性方法确定,且在失稳引起的无限小位移过程中,面内载荷保持不变。

8.7.1 板单元的几何刚度矩阵

考虑一同时承受面内载荷和弯矩载荷作用的薄板。如图 8.18 所示为薄板单元在面内载荷作用下的面内应力分布。类似于 7.10 节梁单元的分析,在薄板中,挠度 w 在中面内引起的附加应变为

$$
\varepsilon_x^{w} = \frac{1}{2}\left(\frac{\partial w}{\partial x}\right)^2, \quad \varepsilon_y^{w} = \frac{1}{2}\left(\frac{\partial w}{\partial y}\right)^2, \quad \gamma_{xy}^{w} = \frac{\partial w}{\partial x}\frac{\partial w}{\partial y} \tag{8.180}
$$

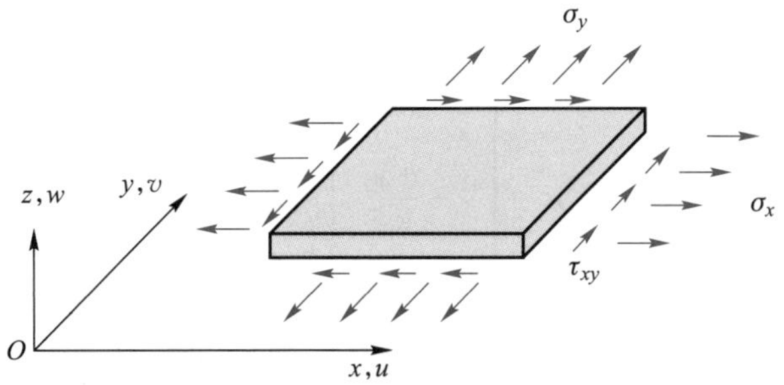

图 8.18 板单元面内应力

板中面的挠度为 w,其厚度方向上任意一点(坐标为 z)的弯曲产生的应变为

$$\varepsilon_x^{\mathrm{b}} = -z\frac{\partial^2 w}{\partial x^2},\quad \varepsilon_y^{\mathrm{b}} = -z\frac{\partial^2 w}{\partial y^2},\quad \gamma_{xy}^{\mathrm{b}} = -2z\frac{\partial^2 w}{\partial x \partial y} \tag{8.181}$$

由于板中面位移 u,v 而产生的应变为

$$\varepsilon_x^{\mathrm{t}} = \frac{\partial u}{\partial x},\quad \varepsilon_y^{\mathrm{t}} = \frac{\partial v}{\partial y},\quad \gamma_{xy}^{\mathrm{t}} = \frac{\partial u}{\partial y} + \frac{\partial v}{\partial x} \tag{8.182}$$

则板内任意一点的应变为式(8.180)、(8.181)、(8.182)三项之和

$$\left.\begin{aligned} \varepsilon_x &= \frac{\partial u}{\partial x} - z\frac{\partial^2 w}{\partial x^2} + \frac{1}{2}\left(\frac{\partial w}{\partial x}\right)^2 \\ \varepsilon_y &= \frac{\partial v}{\partial y} - z\frac{\partial^2 w}{\partial y^2} + \frac{1}{2}\left(\frac{\partial w}{\partial y}\right)^2 \\ \gamma_{xy} &= \frac{\partial u}{\partial y} + \frac{\partial v}{\partial x} - 2z\frac{\partial^2 w}{\partial x \partial y} + \frac{\partial w}{\partial x}\frac{\partial w}{\partial y} \end{aligned}\right\} \tag{8.183}$$

按照 7.10 节类似的推导,可得到弹性薄板的弯曲应变能为

$$\begin{aligned} U_\varepsilon = &\frac{D_0}{2}\int_A \left[\left(\frac{\partial^2 w}{\partial x^2}\right)^2 + \left(\frac{\partial^2 w}{\partial y^2}\right)^2 + 2\nu\frac{\partial^2 w}{\partial x^2}\frac{\partial^2 w}{\partial y^2} + 2(1-\nu)\left(\frac{\partial^2 w}{\partial x \partial y}\right)^2\right]\mathrm{d}A + \\ &\frac{1}{2}\int_A \left[\sigma_x t\left(\frac{\partial w}{\partial x}\right)^2 + \sigma_y t\left(\frac{\partial w}{\partial y}\right)^2 + 2\tau_{xy} t\frac{\partial w}{\partial x}\frac{\partial w}{\partial y}\right]\mathrm{d}A \end{aligned} \tag{8.184}$$

其中 D_0 为板的抗弯刚度[式(8.12)],$\sigma_x t,\sigma_y t,\tau_{xy} t$ 为板中面的内力。式(8.184)右端第二个积分项代表由于板中面上因面内载荷作用产生的初始应力 $\sigma_x,\sigma_y,\tau_{xy}$ 所对应的应变能,可用矩阵表达如下:

$$\frac{1}{2}\int_A \begin{bmatrix} \dfrac{\partial w}{\partial x} \\ \dfrac{\partial w}{\partial y} \end{bmatrix}^{\mathrm{T}} \begin{bmatrix} \sigma_x & \tau_{xy} \\ \tau_{xy} & \sigma_y \end{bmatrix} \begin{bmatrix} \dfrac{\partial w}{\partial x} \\ \dfrac{\partial w}{\partial y} \end{bmatrix} t\mathrm{d}A$$

假设板单元的挠度位移插值为[见式(8.28)]

$$w = \boldsymbol{N}\boldsymbol{a}^e$$

结点位移包括挠度和转角,则

$$\boldsymbol{\kappa} = \begin{bmatrix} -\dfrac{\partial^2 w}{\partial x^2} \\ -\dfrac{\partial^2 w}{\partial y^2} \\ -2\dfrac{\partial^2 w}{\partial x \partial y} \end{bmatrix} = \boldsymbol{B}\boldsymbol{a}^e \tag{8.185}$$

$$\begin{bmatrix} \dfrac{\partial w}{\partial x} \\ \dfrac{\partial w}{\partial y} \end{bmatrix} = \boldsymbol{g}\boldsymbol{a}^e \tag{8.186}$$

其中

$$B=-\begin{bmatrix}\dfrac{\partial^2 \boldsymbol{N}}{\partial x^2}\\ \dfrac{\partial^2 \boldsymbol{N}}{\partial y^2}\\ \dfrac{\partial^2 \boldsymbol{N}}{\partial x\partial y}\end{bmatrix},\quad \boldsymbol{g}=\begin{bmatrix}\dfrac{\partial \boldsymbol{N}}{\partial x}\\ \dfrac{\partial \boldsymbol{N}}{\partial y}\end{bmatrix} \tag{8.187}$$

把式(8.185)和式(8.186)代入式(8.184)得到板弯曲的应变能

$$U_{\varepsilon \mathrm{b}}^{e}=\frac{1}{2}\boldsymbol{a}^{e\mathrm{T}}\boldsymbol{K}_{\mathrm{b}}^{e}\boldsymbol{a}^{e}+\frac{1}{2}\boldsymbol{a}^{e\mathrm{T}}\boldsymbol{K}_{\mathrm{g}}^{e}\boldsymbol{a}^{e} \tag{8.188}$$

其中

$$\boldsymbol{K}_{\mathrm{b}}^{e}=\int_{A^e}\boldsymbol{B}^{\mathrm{T}}\boldsymbol{D}\boldsymbol{B}\mathrm{d}A \tag{8.189}$$

$$\boldsymbol{K}_{\mathrm{g}}^{e}=\int_{A^e}\boldsymbol{g}^{\mathrm{T}}\begin{bmatrix}\sigma_x & \tau_{xy}\\ \tau_{xy} & \sigma_y\end{bmatrix}\boldsymbol{g}t\mathrm{d}A \tag{8.190}$$

板的抗弯刚度矩阵 $\boldsymbol{D}$ 如式(8.14)。这里 $\boldsymbol{K}_{\mathrm{b}}^{e}$ 为通常的薄板弯曲刚度矩阵;$\boldsymbol{K}_{\mathrm{g}}^{e}$ 为由于单元中面内力的作用引起的弯曲刚度的增加,为薄板的几何刚度矩阵。$\boldsymbol{K}_{\mathrm{g}}^{e}$ 的大小与材料的物理常数无关,与单元的几何尺寸和内力有关,式(8.190)不仅适用于各向同性板,也适用于各向异性板。如果事先不知道板平面内的应力 $\sigma_x,\sigma_y,\tau_{xy}$,可以采用相同的网格,由平面问题有限元方法计算出这些应力。

此外,由板弯曲的应变能表达式(8.184),几何刚度矩阵也可以表示如下:

$$\boldsymbol{K}_{\mathrm{g}}^{e}=\sigma_x\boldsymbol{K}_{\sigma x}^{e}+\sigma_y\boldsymbol{K}_{\sigma y}^{e}+\tau_{xy}\boldsymbol{K}_{\tau xy}^{e} \tag{8.191}$$

其中

$$\begin{aligned}&\boldsymbol{K}_{\sigma x}^{e}=t\int_{A^e}\left[\frac{\partial \boldsymbol{N}}{\partial x}\right]^{\mathrm{T}}\left[\frac{\partial \boldsymbol{N}}{\partial x}\right]\mathrm{d}A,\quad \boldsymbol{K}_{\sigma y}^{e}=t\int_{A^e}\left[\frac{\partial \boldsymbol{N}}{\partial y}\right]^{\mathrm{T}}\left[\frac{\partial \boldsymbol{N}}{\partial y}\right]\mathrm{d}A,\\ &\boldsymbol{K}_{\tau xy}^{e}=2t\int_{A^e}\left[\frac{\partial \boldsymbol{N}}{\partial x}\right]^{\mathrm{T}}\left[\frac{\partial \boldsymbol{N}}{\partial y}\right]\mathrm{d}A\end{aligned} \tag{8.192}$$

8.7.2 板结构失稳临界载荷

假设板结构同时承受两组载荷,一组为作用于板中面的面内载荷,或称为纵向载荷 $\boldsymbol{F}_0$,它在板面内引起初始应力 $\boldsymbol{\sigma}=[\sigma_x\quad \sigma_y\quad \tau_{xy}]^{\mathrm{T}}$。另一组为横向载荷 $\boldsymbol{P}$,引起板的弯曲。假定已经预先求出了纵向载荷作用下板的应力 $\boldsymbol{\sigma}$,下面分析在横向载荷作用下板的弯曲。板结构的弯曲应变能为所有 M_e 个单元应变能之和:

$$
\begin{aligned}
U_{\varepsilon} &= \sum_{e=1}^{M_e} U_{\varepsilon}^{e} \\
&= \sum_{e=1}^{M_e} \left(\frac{1}{2} \boldsymbol{a}^{e\mathrm{T}} \boldsymbol{K}_{\mathrm{b}}^{e} \boldsymbol{a}^{e} + \frac{1}{2} \boldsymbol{a}^{e\mathrm{T}} \boldsymbol{K}_{\mathrm{g}}^{e} \boldsymbol{a}^{e} \right) \\
&= \frac{1}{2} \boldsymbol{a}^{\mathrm{T}} \boldsymbol{K}_{\mathrm{b}} \boldsymbol{a} + \frac{1}{2} \boldsymbol{a}^{\mathrm{T}} \boldsymbol{K}_{\mathrm{g}} \boldsymbol{a} \\
&= \frac{1}{2} \boldsymbol{a}^{\mathrm{T}} (\boldsymbol{K}_{\mathrm{b}} + \boldsymbol{K}_{\mathrm{g}}) \boldsymbol{a}
\end{aligned} \tag{8.193}
$$

在横向载荷 $\boldsymbol{P}$ 的作用下，外力势为 $\boldsymbol{a}^{\mathrm{T}}\boldsymbol{P}$，结构的势能为

$$
\Pi_{\mathrm{p}} = U_{\varepsilon} - E_{\mathrm{p}} = \frac{1}{2} \boldsymbol{a}^{\mathrm{T}} (\boldsymbol{K}_{\mathrm{b}} + \boldsymbol{K}_{\mathrm{g}}) \boldsymbol{a} - \boldsymbol{a}^{\mathrm{T}} \boldsymbol{P} \tag{8.194}
$$

由最小势能原理可得

$$
(\boldsymbol{K}_{\mathrm{b}} + \boldsymbol{K}_{\mathrm{g}}) \boldsymbol{a} = \boldsymbol{P} \tag{8.195}
$$

当已知纵向载荷，而且横向载荷不为零时，由上式可以求出结构的位移。这里，几何刚度矩阵反映了纵向载荷对横向刚度的影响。由式(8.190)可知，单元几何刚度矩阵与纵向载荷成正比，如果纵向载荷按比例增大 λ 倍，即 $\boldsymbol{F}=\lambda \boldsymbol{F}_0$，则几何刚度也增加 λ 倍，则式(8.195)成为

$$
(\boldsymbol{K}_{\mathrm{b}} + \lambda \boldsymbol{K}_{\mathrm{g}}) \boldsymbol{a} = \boldsymbol{P} \tag{8.196}
$$

如果纵向载荷很小，$\boldsymbol{K}_{\mathrm{g}}$ 可以忽略，结点位移与 $\boldsymbol{P}$ 成正比。当 $\boldsymbol{P}=\boldsymbol{0}$ 时，结点位移也为零。当纵向载荷达到临界载荷时，系统发生弹性失稳。此时即使横向载荷 $\boldsymbol{P}=\boldsymbol{0}$，结点位移也不为零，即

$$
(\boldsymbol{K}_{\mathrm{b}} + \lambda \boldsymbol{K}_{\mathrm{g}}) \boldsymbol{a} = \boldsymbol{0} \tag{8.197}
$$

有非零解。该式有非零解的条件为

$$
|\boldsymbol{K}_{\mathrm{b}} + \lambda \boldsymbol{K}_{\mathrm{g}}| = 0 \tag{8.198}
$$

此即特征方程，求解该特征方程得到其最小特征值 λ_{cr}，即可按下式计算得到结构失稳的临界载荷：

$$
\boldsymbol{F} = \lambda_{\mathrm{cr}} \boldsymbol{F}_0 \tag{8.199}
$$

进一步将特征值 λ_{cr} 代入式(8.197)计算得到对应的特征向量，即系统的失稳模态。失稳模态反映了结构发生失稳时的变形形态。

8.8　算例：压力罐应力及稳定性计算

如图 8.19a 所示为一压力罐，其底部为固定约束，内压为 1.0 MPa。压力罐的几何尺寸如图 8.19b 所示。罐的材料为 Q420，其弹性模量为 200 GPa，泊松比为 0.3，屈服极限为 420 MPa。利用 ABAQUS 软件，采用空间壳单元计算该压力罐的变形和应力，并计算其屈曲载荷和模态。

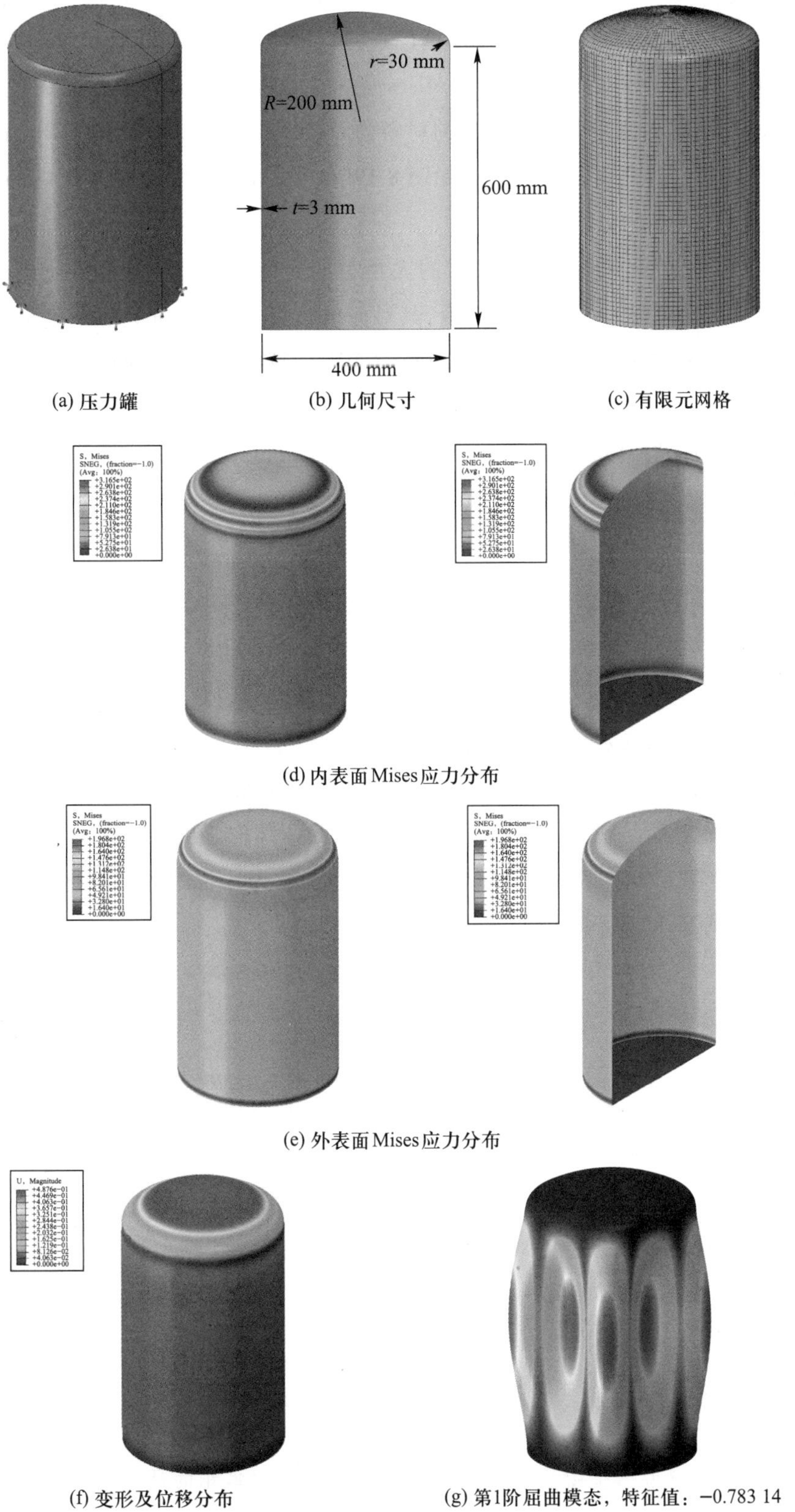

(a) 压力罐　(b) 几何尺寸　(c) 有限元网格

(d) 内表面Mises应力分布

(e) 外表面Mises应力分布

(f) 变形及位移分布　(g) 第1阶屈曲模态，特征值：−0.783 14

图 8.19　压力罐变形、应力及屈曲分析

利用 ABAQUS 建立有限元模型,采用通用壳单元,网格划分如图 8.19c 所示。首先计算该压力罐在内压作用下的变形和应力,计算得到的压力罐内表面和外表面 Mises 应力分布分别如图 8.19d,e 所示。可见,内表面最大 Mises 应力为 316.5 MPa,外表面的最大 Mises 应力为 196.8 MPa,均出现在倒角处。压力罐的材料为 Q420,其屈服极限为 420 MPa,故该压力罐没有发生屈服变形。其变形及位移分布如图 8.19f 所示,可见最大位移为 0.488 mm,发生在顶盖中心点。

对该压力罐进行失稳分析,假设载荷的大小为 $q_0 = 1.0$ MPa,计算其特征值和模态。计算得到的第 1 阶失稳模态如图 8.19g 所示,其对应的特征值为−2.064 2,因此对应的屈曲载荷为$-2.064\ 2 \times q_0 = -2.064\ 2 \times 1.0$ MPa$= -2.064\ 2$ MPa。特征值为负,表明该压力罐仅在负压的情况下才可能发生屈曲,即当该压力罐受到 2.064 2 MPa 负压作用时会发生屈曲,其失稳的形态如其模态,如图 8.19g 所示。

8.9　小结

板壳广泛应用于工程结构。平板分为不考虑横向剪切的薄板和考虑剪切变形的厚板。离散厚板的常用单元为 Mindlin 板单元。壳单元可以看作平板单元和平面应力膜单元的叠加。传统的板壳单元以中面的挠度和中面处截面的转角为基本变量。结构离散时仅须对中面进行离散,无须对厚度方向进行离散。

另一类单元是超参数壳体单元。该单元从三维实体元蜕化而来,这种单元在壳的上下表面同时设置结点,是现今工程实际中用作一般壳体结构分析的最常见单元。

轴对称壳体在工程中使用非常广泛,如球壳和圆柱壳。常用的轴对称壳单元有一次元和二次元,有厚壳和薄壳单元。

习题

8.1　试述薄板和厚板弯曲变形的基本假设,两者有何差别。

8.2　图示为一块带中心圆孔的正方形板,四边固定约束。正方形板的尺寸为 500 mm×500 mm,中心圆孔直径为 100 mm,板厚为 4 mm。板的上表面承受垂直向下的均匀分布载荷,其大小为 15 kN/m²。板材的弹性模量为 200 GPa,泊松比为 0.3。采用商用有限元软件,分别利用通用壳单元、连续体壳单元和三维实体单元计算其应力和变形,给出其最大 Mises 应力大小及其位置,最大位移及其位置,画出其变形图和 Mises 应力分布图。并比较分析采用三种不同单元的计算结果。

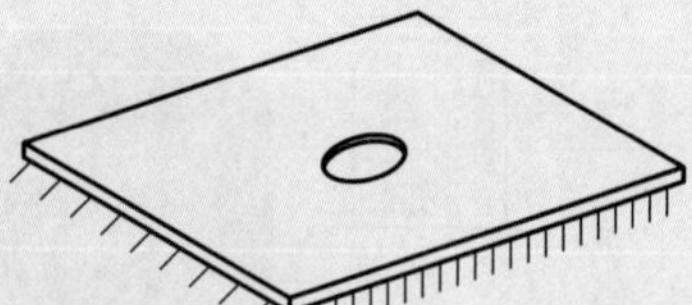

题 8.2 图

8.3　图示简支工字钢梁长度为 6 m，截面面积为 115 cm^2，高度为 352 mm，翼板宽度为 253 mm，厚度为 16 mm，腹板厚度为 9.5 mm，截面惯性矩为 2.65×10^{-4} m。梁的弹性模量为 200 GPa，泊松比为 0.3。梁上表面中心位置受一垂直向下的集中载荷，大小为 110 kN。采用商用有限元软件，利用通用壳单元离散，计算梁的挠度和弯曲应力，并将计算结果与经典梁弯曲理论的结果进行比较。

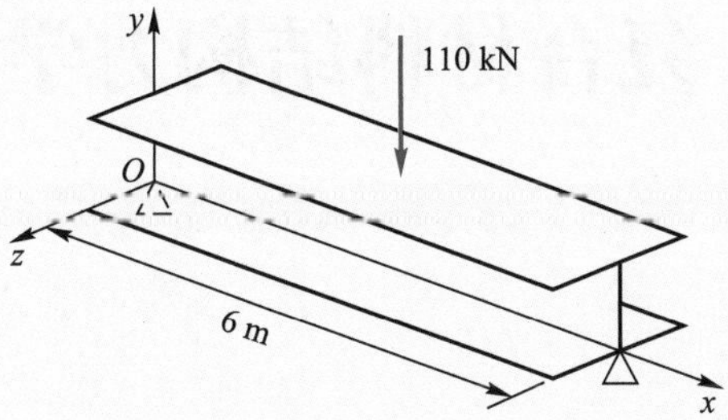

题 8.3 图

8.4　如图所示筒形拱顶，$L=50$ m，$t=0.3$ m，$R=25$ m，$\theta=30°$，材料的弹性模量为 7.0×10^3 MPa，泊松比为 0.269，密度为 2.7 t/m^3。利用商用有限元软件计算该拱顶在自重作用下的变形和应力。分别采用通用壳单元和连续体壳单元（超参数壳单元）离散结构进行计算，并分析比较两种计算结果。

8.5　球对称拱顶几何尺寸如图所示。材料的弹性模量为 200 GPa，泊松比为 0.3，密度为 7.8 t/m^3。顶部外表面作用有 200 Pa 的均布压力。利用商用有限元软件采用壳单元计算分析该结构在自重和外部压力作用下的变形和应力。

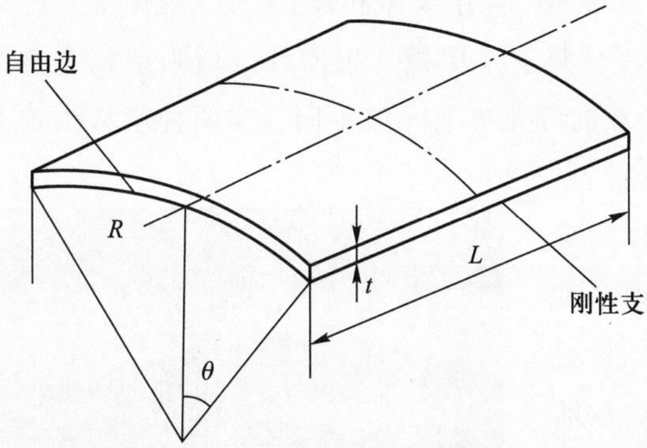

题 8.4 图

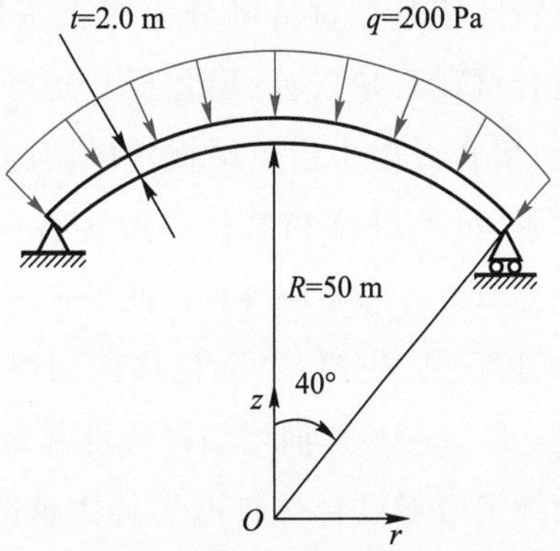

题 8.5 图

8.6　利用商用有限元软件计算题 8.4 所示拱顶的失稳临界载荷和失稳模态。

参考答案 A8

9

第 9 章 复合材料结构力学问题

9.1 引言

复合材料是由两种或两种以上不同性质的材料利用物理和化学方法制成的新材料。复合材料包括颗粒复合材料、层合复合材料和纤维增强复合材料。颗粒复合材料由颗粒增强材料和基体组成;层合复合材料由多种片状材料层组成;纤维增强复合材料由纤维和基体组成。纤维增强复合材料按纤维种类分为玻璃纤维、硼纤维、碳纤维、碳化硅纤维、氧化铝纤维和芳纶纤维等。按纤维形状和几何特征可分为连续纤维、短纤维、纤维布增强复合材料。按基体材料可分为树脂基体、金属基体、陶瓷基体和碳(石墨)基体等。纤维增强复合材料有单层板、层合板和短纤维复合材料。单层板有单向纤维增强层板和交织纤维板;层合板由多层单层板构成,且各单层板的纤维方向一般不同。这两种层板由连续纤维增强,虽然纤维和基体一般为各向同性材料,宏观上却为各向异性材料。此外还有短纤维增强复合材料,其又分纤维随机取向和单向排列两种情况。纤维随机取向增强材料可视为各向同性材料。纤维增强复合材料由于其优越的性能,在航空航天、船舶、建筑、兵器、化工、汽车、电气设备、机械、体育器械、医学等领域已经得到非常广泛的应用。如图 9.1 所示为用复合材料制造的大型风力发电机叶片。

图 9.1　复合材料风力发电机叶片

由于复合材料结构的复杂性,采用传统的复合材料力学方法已不能适应新的要求,有必要采用有限元方法分析复合材料结构的变形和强度。本章主要介绍纤维增强复合材料结构的有限元分析方法。

9.2 复合材料力学基础

9.2.1 各向异性弹性本构关系

纤维增强复合材料一般不是各向同性的，本节简要介绍各向异性、正交各向异性和横观各向同性材料的弹性本构关系。采用 1.2.3 节中给出的应力和应变向量表达形式，对于各向异性线弹性材料，其本构关系的一般形式可表达为

$$\boldsymbol{\sigma}=\begin{bmatrix}\sigma_x\\\sigma_y\\\sigma_z\\\tau_{xy}\\\tau_{yz}\\\tau_{zx}\end{bmatrix}=\begin{bmatrix}D_{11}&D_{12}&D_{13}&D_{14}&D_{15}&D_{16}\\D_{21}&D_{22}&D_{23}&D_{24}&D_{25}&D_{26}\\D_{31}&D_{32}&D_{33}&D_{34}&D_{35}&D_{36}\\D_{41}&D_{42}&D_{43}&D_{44}&D_{45}&D_{46}\\D_{51}&D_{52}&D_{53}&D_{54}&D_{55}&D_{56}\\D_{61}&D_{62}&D_{63}&D_{64}&D_{65}&D_{66}\end{bmatrix}\begin{bmatrix}\varepsilon_x\\\varepsilon_y\\\varepsilon_z\\\gamma_{xy}\\\gamma_{yz}\\\gamma_{zx}\end{bmatrix}=\boldsymbol{D\varepsilon}\tag{9.1}$$

式中 $D_{ij}(i,j=1,2,\cdots,6)$ 为刚度系数。由于应力和应变分量是对称的，有 $D_{ij}=D_{ji}$，因而各向异性材料独立的弹性常数有 21 个。

也可以给出用应力分量表达应变分量的关系式

$$\boldsymbol{\varepsilon}=\begin{bmatrix}\varepsilon_x\\\varepsilon_y\\\varepsilon_z\\\gamma_{xy}\\\gamma_{yz}\\\gamma_{zx}\end{bmatrix}=\begin{bmatrix}C_{11}&C_{12}&C_{13}&C_{14}&C_{15}&C_{16}\\C_{21}&C_{22}&C_{23}&C_{24}&C_{25}&C_{26}\\C_{31}&C_{32}&C_{33}&C_{34}&C_{35}&C_{36}\\C_{41}&C_{42}&C_{43}&C_{44}&C_{45}&C_{46}\\C_{51}&C_{52}&C_{53}&C_{54}&C_{55}&C_{56}\\C_{61}&C_{62}&C_{63}&C_{64}&C_{65}&C_{66}\end{bmatrix}\begin{bmatrix}\sigma_x\\\sigma_y\\\sigma_z\\\tau_{xy}\\\tau_{yz}\\\tau_{zx}\end{bmatrix}=\boldsymbol{C\sigma}\tag{9.2}$$

式中 $C_{ij}(i,j=1,2,\cdots,6)$ 为柔度系数，$\boldsymbol{C}$ 为柔度矩阵，$\boldsymbol{C}=\boldsymbol{D}^{-1}$ 是刚度矩阵的逆矩阵。同样有 $C_{ij}=C_{ji}$，即有 21 个独立的柔度系数。

具有 3 个正交的弹性对称面的材料称为正交各向异性材料，如图 9.2 所示。这种材料具有 9 个独立的弹性常数。垂直于 3 个弹性对称面存在 3 个弹性主轴，分别标示为 1,2,3。如果坐标轴与该 3 个弹性主轴一致，建立坐标系 $Ox'y'z'$，则其应力-应变关系为

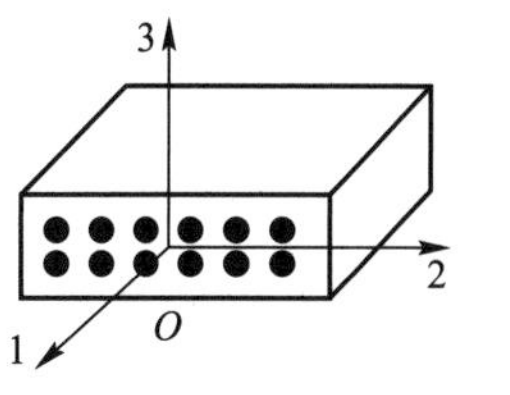

图 9.2 正交各向异性材料

$$
\begin{bmatrix} \sigma_{x'} \\ \sigma_{y'} \\ \sigma_{z'} \\ \tau_{x'y'} \\ \tau_{y'z'} \\ \tau_{z'x'} \end{bmatrix} = \begin{bmatrix} D_{11} & D_{12} & D_{13} & 0 & 0 & 0 \\ D_{12} & D_{22} & D_{23} & 0 & 0 & 0 \\ D_{13} & D_{23} & D_{33} & 0 & 0 & 0 \\ 0 & 0 & 0 & D_{44} & 0 & 0 \\ 0 & 0 & 0 & 0 & D_{55} & 0 \\ 0 & 0 & 0 & 0 & 0 & D_{66} \end{bmatrix} \begin{bmatrix} \varepsilon_{x'} \\ \varepsilon_{y'} \\ \varepsilon_{z'} \\ \gamma_{x'y'} \\ \gamma_{y'z'} \\ \gamma_{z'x'} \end{bmatrix} \tag{9.3}
$$

注意 D_{ij} 是对称的，有 $D_{ij}=D_{ji}$。或用应变-应力关系表达为

$$
\begin{bmatrix} \varepsilon_{x'} \\ \varepsilon_{y'} \\ \varepsilon_{z'} \\ \gamma_{x'y'} \\ \gamma_{y'z'} \\ \gamma_{z'x'} \end{bmatrix} = \begin{bmatrix} C_{11} & C_{12} & C_{13} & 0 & 0 & 0 \\ C_{12} & C_{22} & C_{23} & 0 & 0 & 0 \\ C_{13} & C_{23} & C_{33} & 0 & 0 & 0 \\ 0 & 0 & 0 & C_{44} & 0 & 0 \\ 0 & 0 & 0 & 0 & C_{55} & 0 \\ 0 & 0 & 0 & 0 & 0 & C_{66} \end{bmatrix} \begin{bmatrix} \sigma_{x'} \\ \sigma_{y'} \\ \sigma_{z'} \\ \tau_{x'y'} \\ \tau_{y'z'} \\ \tau_{z'x'} \end{bmatrix} \tag{9.4}
$$

可见，当坐标方向与弹性主轴一致时，应力-应变关系变得很简单。将式(9.3)和式(9.4)展开后可得

$$
\left.\begin{aligned} \sigma_{x'} &= D_{11}\varepsilon_{x'} + D_{12}\varepsilon_{y'} + D_{13}\varepsilon_{z'}, \quad \tau_{x'y'} = D_{44}\gamma_{x'y'} \\ \sigma_{y'} &= D_{12}\varepsilon_{x'} + D_{22}\varepsilon_{y'} + D_{23}\varepsilon_{z'}, \quad \tau_{y'z'} = D_{55}\gamma_{y'z'} \\ \sigma_{z'} &= D_{13}\varepsilon_{x'} + D_{23}\varepsilon_{y'} + D_{33}\varepsilon_{z'}, \quad \tau_{z'x'} = D_{66}\gamma_{z'x'} \end{aligned}\right\} \tag{9.5a}
$$

$$
\left.\begin{aligned} \varepsilon_{x'} &= C_{11}\sigma_{x'} + C_{12}\sigma_{y'} + C_{13}\sigma_{y'}, \quad \gamma_{x'y'} = C_{44}\tau_{x'y'} \\ \varepsilon_{y'} &= C_{12}\sigma_{x'} + C_{22}\sigma_{y'} + C_{23}\sigma_{y'}, \quad \gamma_{y'z'} = C_{55}\tau_{y'z'} \\ \varepsilon_{z'} &= C_{13}\sigma_{x'} + C_{23}\sigma_{y'} + C_{33}\sigma_{y'}, \quad \gamma_{z'x'} = C_{66}\tau_{z'x'} \end{aligned}\right\} \tag{9.5b}
$$

从上两式可以看出正交各向异性材料的一个重要性质，即当坐标方向为材料主方向时，正应力只引起正应变，剪应力只引起剪应变，两者互不耦合，即正应力不引起剪应变，剪应力不会引起正应变。

若经过弹性材料的一轴线，在垂直于该轴线平面内各点的弹性性能在各个方向上相同，称该材料为横观各向同性的，此平面为各向同性面。图 9.3 所示为一典型的横观各向同性材料。横观各向同性材料有 5 个独立的弹性常数。若取 1-2 平面为各向同性面，则应力-应变关系为

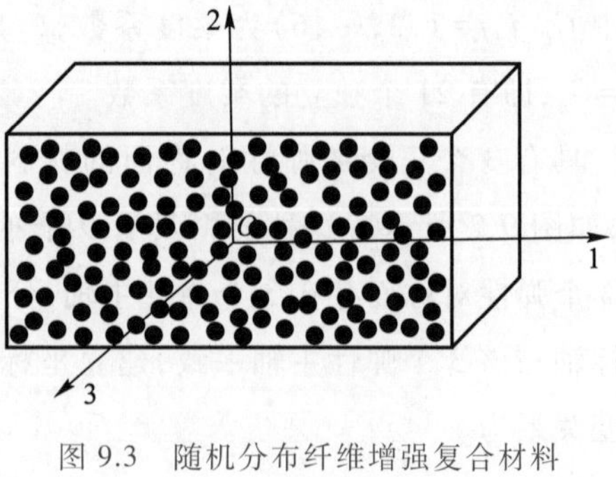

图 9.3　随机分布纤维增强复合材料（横观各向同性材料）

$$\begin{bmatrix}\sigma_{x'}\\\sigma_{y'}\\\sigma_{z'}\\\tau_{x'y'}\\\tau_{y'z'}\\\tau_{z'x'}\end{bmatrix}=\begin{bmatrix}D_{11}&D_{12}&D_{13}&0&0&0\\D_{12}&D_{11}&D_{13}&0&0&0\\D_{13}&D_{13}&D_{33}&0&0&0\\0&0&0&\frac{1}{2}(D_{11}-D_{12})&0&0\\0&0&0&0&D_{55}&0\\0&0&0&0&0&D_{55}\end{bmatrix}\begin{bmatrix}\varepsilon_{x'}\\\varepsilon_{y'}\\\varepsilon_{z'}\\\gamma_{x'y'}\\\gamma_{y'z'}\\\gamma_{z'x'}\end{bmatrix}\tag{9.6}$$

或

$$\begin{bmatrix}\varepsilon_{x'}\\\varepsilon_{y'}\\\varepsilon_{z'}\\\gamma_{x'y'}\\\gamma_{y'z'}\\\gamma_{z'x'}\end{bmatrix}=\begin{bmatrix}C_{11}&C_{12}&C_{13}&0&0&0\\C_{12}&C_{11}&C_{23}&0&0&0\\C_{13}&C_{13}&C_{33}&0&0&0\\0&0&0&2(C_{11}-C_{12})&0&0\\0&0&0&0&C_{55}&0\\0&0&0&0&0&C_{55}\end{bmatrix}\begin{bmatrix}\sigma_{x'}\\\sigma_{y'}\\\sigma_{z'}\\\tau_{x'y'}\\\tau_{y'z'}\\\tau_{z'x'}\end{bmatrix}\tag{9.7}$$

在复合材料中经常遇到正交各向异性材料和横观各向同性材料。

工程中常采用工程弹性常数表示材料的弹性特性，这些常数可用简单拉伸和纯剪切试验测定。对于正交各向异性材料，若三个材料主方向为 1，2，3，则式(9.4)中的柔度矩阵可以表达为

$$\begin{bmatrix}\frac{1}{E_1}&-\frac{\nu_{12}}{E_2}&-\frac{\nu_{13}}{E_3}&0&0&0\\-\frac{\nu_{21}}{E_1}&\frac{1}{E_2}&-\frac{\nu_{23}}{E_3}&0&0&0\\-\frac{\nu_{31}}{E_1}&-\frac{\nu_{32}}{E_2}&\frac{1}{E_3}&0&0&0\\0&0&0&\frac{1}{G_{12}}&0&0\\0&0&0&0&\frac{1}{G_{23}}&0\\0&0&0&0&0&\frac{1}{G_{31}}\end{bmatrix}\tag{9.8}$$

上式中 E_1,E_2,E_3 为三个主方向上的弹性模量；$\nu_{12},\nu_{13},\nu_{21},\nu_{23},\nu_{31},\nu_{32}$ 为泊松比；G_{12},G_{23},G_{31} 为弹性剪切模量。对于正交各向异性材料，只有 9 个独立常数，$C_{ij}=C_{ji}$，故存在如下三个关系：

$$\frac{\nu_{21}}{E_1}=\frac{\nu_{12}}{E_2},\quad\frac{\nu_{31}}{E_1}=\frac{\nu_{13}}{E_3},\quad\frac{\nu_{32}}{E_2}=\frac{\nu_{23}}{E_3}\tag{9.9}$$

由于刚度系数矩阵和柔度系数矩阵之间为互逆的关系,可知刚度系数和柔度系数存在如下关系:

$$D_{11} = (C_{22}C_{33} - C_{23}^2)/C,\quad D_{12} = (C_{13}C_{33} - C_{12}C_{33})/C,\quad D_{22} = (C_{33}C_{23} - C_{13}^2)/C$$

$$D_{23} = (C_{12}C_{13} - C_{23}C_{11})/C,\quad D_{33} = (C_{11}C_{22} - C_{12}^2)/C,\quad D_{13} = (C_{12}C_{23} - C_{13}S_{22})/C$$

$$D_{44} = 1/C_{44},\quad D_{55} = 1/C_{55},\quad D_{66} = 1/C_{66}$$

其中

$$C = \begin{vmatrix} C_{11} & C_{12} & C_{13} \\ C_{12} & C_{22} & C_{23} \\ C_{13} & C_{23} & C_{33} \end{vmatrix}$$

材料主轴坐标系 $Ox'y'z'$下的应力-应变关系(9.6)可表达为

$$\boldsymbol{\sigma}' = \boldsymbol{D}'\boldsymbol{\varepsilon}' \tag{9.10}$$

其中 $\boldsymbol{D}'$为方程(9.6)中的刚度矩阵。如果材料主轴坐标系 $Ox'y'z'$与整体坐标系 $Oxyz$ 不一致,则计算前需将其转换到整体坐标系,参见 1.2.7 节。利用能量关系可知

$$\boldsymbol{\sigma}'^{\mathrm{T}}\boldsymbol{\varepsilon}' = \boldsymbol{\sigma}^{\mathrm{T}}\boldsymbol{\varepsilon} \tag{9.11}$$

整体坐标系下的本构关系为 $\boldsymbol{\sigma}=\boldsymbol{D}\boldsymbol{\varepsilon}$,其中应力和应变向量为

$$\boldsymbol{\sigma} = [\sigma_x \quad \sigma_y \quad \sigma_z \quad \tau_{xy} \quad \tau_{yz} \quad \tau_{zx}]^{\mathrm{T}},\quad \boldsymbol{\varepsilon} = [\varepsilon_x \quad \varepsilon_y \quad \varepsilon_z \quad \gamma_{xy} \quad \gamma_{yz} \quad \gamma_{zx}]^{\mathrm{T}}$$

将其和式(9.10)代入式(9.11)可得

$$\boldsymbol{\varepsilon}'^{\mathrm{T}}\boldsymbol{D}'\boldsymbol{\varepsilon}' = \boldsymbol{\varepsilon}^{\mathrm{T}}\boldsymbol{D}\boldsymbol{\varepsilon} \tag{9.12}$$

再将式(1.57)代入上式有

$$\boldsymbol{\varepsilon}^{\mathrm{T}}\boldsymbol{T}_{\varepsilon}^{\mathrm{T}}\boldsymbol{D}'\boldsymbol{T}_{\varepsilon}\boldsymbol{\varepsilon} = \boldsymbol{\varepsilon}^{\mathrm{T}}\boldsymbol{D}\boldsymbol{\varepsilon}$$

式中 $\boldsymbol{T}_{\varepsilon}$ 的表达式见式(1.59),比较该方程的左边项和右边项,得正交各向异性材料的刚度矩阵从材料主轴坐标系向整体坐标系的转换关系

$$\boldsymbol{D} = \boldsymbol{T}_{\varepsilon}^{\mathrm{T}}\boldsymbol{D}'\boldsymbol{T}_{\varepsilon} \tag{9.13}$$

9.2.2 复合材料宏观力学性能参数的确定

复合材料的力学性能远比单相材料的复杂,其宏观力学性能与增强材料和基体的力学性能有关,与增强材料的含量及其在基体中的分布有关。此外,增强材料如纤维与基体之间的黏结强度也对复合材料的宏观力学性能产生明显的影响。要准确描述复合材料的力学性能需要进行微细观分析。如前所述,纤维增强复合材料一般为正交各向异性或横观各向同性材料,工程中常忽略复合材料的微观细节,采用实验方法测量获得复合材料的宏观力学性能参数。对于一些简单的复合材料也可以采用简化计算方法估计其力学性能参数。

单向纤维增强复合材料为正交各向异性材料,其宏观性能与纤维和基体材料的力学性

能有关,还与纤维和基体材料的含量有关。为了简单起见,可以将单向纤维增强复合材料看作均匀材料,采用混合定律简单近似

$$E_c = V_f E_f + (1 - V_f) E_m \tag{9.14a}$$

$$\rho_c = V_f \rho_f + (1 - V_f) \rho_m \tag{9.14b}$$

$$\sigma_{uc}^t = V_f \sigma_{uf}^t + (1 - V_f) \sigma_{um}^t \tag{9.14c}$$

式中 E,ρ 和 σ_u^t 分别表示弹性模量、密度和拉伸强度,下标 c,f 和 m 分别表示复合材料、纤维和基体材料。V_f是复合材料中纤维的质量分数。而单向纤维增强复合材料的压缩强度近似为基体材料的压缩强度,即 $\sigma_{uc}^c = \sigma_{um}^c$。

随机分布的短纤维和颗粒增强复合材料宏观上可以视为均匀各向同性材料,其宏观等效力学性能参数也可以利用混合定律(9.14)进行计算。由于复合材料宏观力学性能参数受材料的结构和制造过程中的工艺参数的影响明显,通常需要采用实验测量得到。

9.2.3 单层复合材料应力-应变关系

要制造很厚的复合材料实体结构非常困难,工程中复合材料大多以层合梁或层合板的形式使用。单层复合材料又称为单层板,一般不会单独使用,而是作为层合板的基本单元使用。单层复合材料为正交各向异性材料,假设其厚度方向为材料主方向 3,其他两个方向为材料主方向 1 和 2,沿三个方向建立坐标系 $O'x'y'z'$,参见图 9.4。在面内载荷作用下,$\sigma_{z'} = 0$。如果单层板非常薄,剪应力 $\tau_{y'z'}$,$\tau_{z'x'}$可以忽略,$\tau_{y'z'} = \tau_{z'x'} = 0$,即为平面应力状态。正交各向异性材料平面应力状态下的应力-应变关系如下:

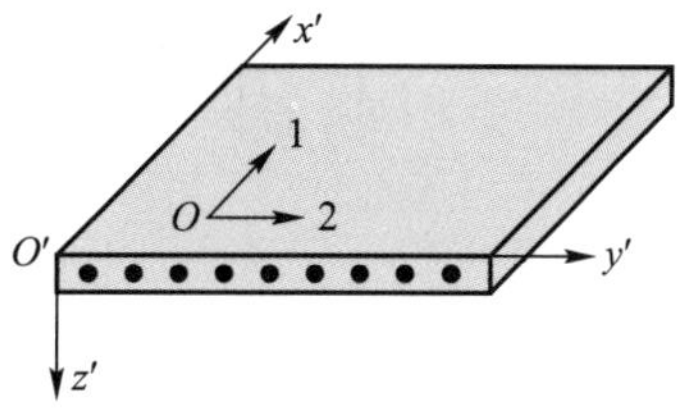

图 9.4 单层板材料主方向及其局部坐标系

$$\begin{bmatrix} \sigma_{x'} \\ \sigma_{y'} \\ \tau_{x'y'} \end{bmatrix} = \begin{bmatrix} K_{11} & K_{12} & 0 \\ K_{12} & K_{22} & 0 \\ 0 & 0 & K_{44} \end{bmatrix} \begin{bmatrix} \varepsilon_{x'} \\ \varepsilon_{y'} \\ \gamma_{x'y'} \end{bmatrix} = \begin{bmatrix} \dfrac{E_1}{1-\nu_{12}\nu_{21}} & \dfrac{\nu_{12}E_1}{1-\nu_{12}\nu_{21}} & 0 \\ \dfrac{\nu_{21}E_2}{1-\nu_{12}\nu_{21}} & \dfrac{E_2}{1-\nu_{12}\nu_{21}} & 0 \\ 0 & 0 & G_{12} \end{bmatrix} \begin{bmatrix} \varepsilon_{x'} \\ \varepsilon_{y'} \\ \gamma_{x'y'} \end{bmatrix} \tag{9.15a}$$

或

$$\boldsymbol{\sigma}' = \boldsymbol{D}'\boldsymbol{\varepsilon}' \tag{9.15b}$$

由于有$\dfrac{\nu_{21}}{E_1} = \dfrac{\nu_{12}}{E_2}$,平面应力问题中正交各向异性单层材料有 4 个独立的弹性常数 E_1,E_2,ν_{12},G_{12}。$\boldsymbol{D}'$称为减缩刚度矩阵。

如果 $\sigma_{z'} = 0$,而剪应力 $\tau_{y'z'}$,$\tau_{z'x'}$不可忽略,由于剪应力与正应力不耦合[参见式(9.5)],应力-应变关系可以写成式(9.15)加上如下关系:

$$\begin{bmatrix}\tau_{x'z'}\\ \tau_{y'z'}\end{bmatrix}=\begin{bmatrix}K_{55} & 0\\ 0 & K_{66}\end{bmatrix}\begin{bmatrix}\gamma_{x'z'}\\ \gamma_{y'z'}\end{bmatrix}=\begin{bmatrix}G_{13} & 0\\ 0 & G_{23}\end{bmatrix}\begin{bmatrix}\gamma_{x'z'}\\ \gamma_{y'z'}\end{bmatrix} \tag{9.16a}$$

或

$$\boldsymbol{\tau}'=\boldsymbol{D}^{*\prime}\boldsymbol{\gamma}' \tag{9.16b}$$

$\boldsymbol{D}^{*\prime}$称为层间刚度矩阵。剪应力 $\tau_{x'z'}$，$\tau_{y'z'}$ 称为层间剪应力，对应的应变为层间剪应变。式(9.16)在考虑层间剪切变形的层合板分析时非常重要。

如图 9.5 所示为材料主方向坐标系 $O'x'y'$ 和整体坐标系 Oxy 之间的关系，材料主方向坐标 x' 与整体坐标 x 之间的夹角为 θ。材料主方向的应力和应变转换到整体坐标系下，转换关系仍然由式(1.56)和式(1.57)表达，即

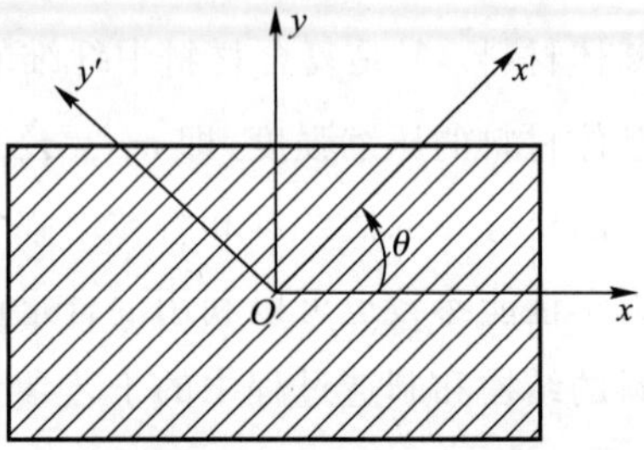

图 9.5　单层板材料主方向坐标系与整体坐标系之间的关系

$$\boldsymbol{\sigma}'=\boldsymbol{T}_{\sigma}\boldsymbol{\sigma},\quad \boldsymbol{\varepsilon}'=\boldsymbol{T}_{\varepsilon}\boldsymbol{\varepsilon}$$

其中的应力转换矩阵 $\boldsymbol{T}_{\sigma}$ 和应变转换矩阵 $\boldsymbol{T}_{\varepsilon}$ 分别为式(1.60)和式(1.61)。给出具体的应力变换式

$$\begin{bmatrix}\sigma_{x'}\\ \sigma_{y'}\\ \tau_{x'y'}\end{bmatrix}=\begin{bmatrix}\cos^2\theta & \sin^2\theta & 2\sin\theta\cos\theta\\ \sin^2\theta & \cos^2\theta & -2\sin\theta\cos\theta\\ -\sin\theta\cos\theta & \sin\theta\cos\theta & \cos^2\theta-\sin^2\theta\end{bmatrix}\begin{bmatrix}\sigma_x\\ \sigma_y\\ \tau_{xy}\end{bmatrix} \tag{9.17a}$$

或

$$\begin{bmatrix}\sigma_x\\ \sigma_y\\ \tau_{xy}\end{bmatrix}=\begin{bmatrix}\cos^2\theta & \sin^2\theta & -2\sin\theta\cos\theta\\ \sin^2\theta & \cos^2\theta & 2\sin\theta\cos\theta\\ \sin\theta\cos\theta & -\sin\theta\cos\theta & \cos^2\theta-\sin^2\theta\end{bmatrix}\begin{bmatrix}\sigma_{x'}\\ \sigma_{y'}\\ \tau_{x'y'}\end{bmatrix} \tag{9.17b}$$

应变的变换式为

$$\begin{bmatrix}\varepsilon_{x'}\\ \varepsilon_{y'}\\ \gamma_{x'y'}\end{bmatrix}=\begin{bmatrix}\cos^2\theta & \sin^2\theta & \sin\theta\cos\theta\\ \sin^2\theta & \cos^2\theta & -\sin\theta\cos\theta\\ -2\sin\theta\cos\theta & 2\sin\theta\cos\theta & \cos^2\theta-\sin^2\theta\end{bmatrix}\begin{bmatrix}\varepsilon_x\\ \varepsilon_y\\ \gamma_{xy}\end{bmatrix} \tag{9.18a}$$

或

$$\begin{bmatrix}\varepsilon_x\\ \varepsilon_y\\ \gamma_{xy}\end{bmatrix}=\begin{bmatrix}\cos^2\theta & \sin^2\theta & -\sin\theta\cos\theta\\ \sin^2\theta & \cos^2\theta & \sin\theta\cos\theta\\ 2\sin\theta\cos\theta & -2\sin\theta\cos\theta & \cos^2\theta-\sin^2\theta\end{bmatrix}\begin{bmatrix}\varepsilon_{x'}\\ \varepsilon_{y'}\\ \gamma_{x'y'}\end{bmatrix} \tag{9.18b}$$

材料主方向坐标系和整体坐标系下的应力-应变关系可分别表达为

$$\boldsymbol{\sigma}'=\boldsymbol{D}'\boldsymbol{\varepsilon}',\quad \boldsymbol{\sigma}=\boldsymbol{D}\boldsymbol{\varepsilon}$$

则由式(9.13)可计算整体坐标系下的刚度矩阵。整体坐标系下的应力-应变关系可表达为

$$\boldsymbol{\sigma}=\begin{bmatrix}\sigma_x\\ \sigma_y\\ \tau_{xy}\end{bmatrix}=\begin{bmatrix}\overline{K}_{11} & \overline{K}_{12} & \overline{K}_{14}\\ \overline{K}_{12} & \overline{K}_{22} & \overline{K}_{24}\\ \overline{K}_{14} & \overline{K}_{24} & \overline{K}_{44}\end{bmatrix}\begin{bmatrix}\varepsilon_x\\ \varepsilon_y\\ \gamma_{xy}\end{bmatrix}=\boldsymbol{D\varepsilon} \tag{9.19}$$

另外,层间剪应力和剪应变的坐标变换为

$$\begin{bmatrix}\tau_{x'z'}\\ \tau_{y'z'}\end{bmatrix}=\begin{bmatrix}\cos\theta & \sin\theta\\ -\sin\theta & \cos\theta\end{bmatrix}\begin{bmatrix}\tau_{xz}\\ \tau_{yz}\end{bmatrix},\quad \begin{bmatrix}\gamma_{x'z'}\\ \gamma_{y'z'}\end{bmatrix}=\begin{bmatrix}\cos\theta & \sin\theta\\ -\sin\theta & \cos\theta\end{bmatrix}\begin{bmatrix}\gamma_{xz}\\ \gamma_{yz}\end{bmatrix} \tag{9.20a}$$

或

$$\begin{bmatrix}\tau_{xz}\\ \tau_{yz}\end{bmatrix}=\begin{bmatrix}\cos\theta & -\sin\theta\\ \sin\theta & \cos\theta\end{bmatrix}\begin{bmatrix}\tau_{x'z'}\\ \tau_{y'z'}\end{bmatrix},\quad \begin{bmatrix}\gamma_{xz}\\ \gamma_{yz}\end{bmatrix}=\begin{bmatrix}\cos\theta & -\sin\theta\\ \sin\theta & \cos\theta\end{bmatrix}\begin{bmatrix}\gamma_{x'z'}\\ \gamma_{y'z'}\end{bmatrix} \tag{9.20b}$$

在整体坐标系下层间剪应力和剪应变之间的关系可写成

$$\boldsymbol{\tau}=\begin{bmatrix}\tau_{xz}\\ \tau_{yz}\end{bmatrix}=\begin{bmatrix}\overline{K}_{55} & \overline{K}_{56}\\ \overline{K}_{56} & \overline{K}_{66}\end{bmatrix}\begin{bmatrix}\gamma_{xz}\\ \gamma_{yz}\end{bmatrix}=\boldsymbol{D}^*\boldsymbol{\gamma} \tag{9.21}$$

类似于面内应力-应变关系的推导,可得

$$\begin{bmatrix}\overline{K}_{55} & \overline{K}_{56}\\ \overline{K}_{56} & \overline{K}_{66}\end{bmatrix}=\begin{bmatrix}\cos\theta & \sin\theta\\ -\sin\theta & \cos\theta\end{bmatrix}^{\mathrm{T}}\begin{bmatrix}K_{55} & 0\\ 0 & K_{66}\end{bmatrix}\begin{bmatrix}\cos\theta & \sin\theta\\ -\sin\theta & \cos\theta\end{bmatrix} \tag{9.22}$$

9.2.4 层合板的表达方式

层合板由单层板粘合而成。每层单层板用其在层合板中的位置和纤维方向标识。第一层为铺设在层合板中的顶层,铺设方向用纤维方向与整体坐标 x 之间的夹角 θ 表示,如图 9.6 所示。例如,[0/-45/90/60/30]表示由 5 层单层板组成的层合板,各单层板的纤维铺设方向自上而下分别与 x 方向呈 0°,-45°,90°,60°,30°。[0/-45/90_2/60/0]则表示第 3 和第 4 层均为 90°方向铺设。90_2 的下标 2 表示具有相同纤维铺设方向 90°的 2 层相邻单层板。[0/-45/60]$_s$表示具有 6 层单层板组成的层合板,关于纤维铺设方向为 60°的单层板对称。该几种层合板的纤维铺设顺序如图 9.7 所示。

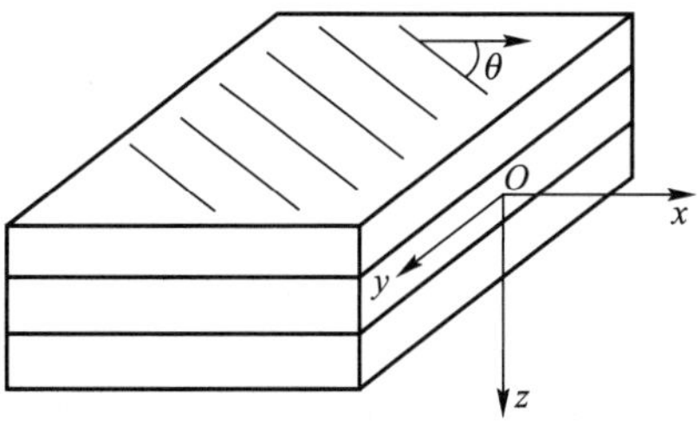

图 9.6 层合板示意图

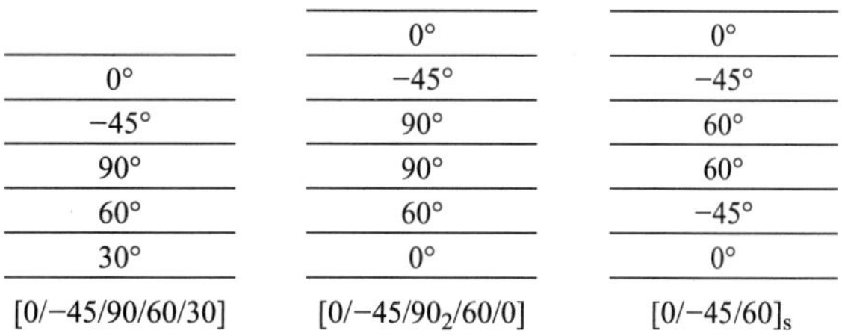

图 9.7 层合板表达方式示例

9.3　复合材料层合梁有限元

复合材料梁是由多层复合材料组合成的典型结构。在利用有限元方法分析复合材料层合梁结构时,必须考虑材料性能沿梁厚度方向的非均匀分布。由于材料的非均匀性使得横向剪切变形的影响更加明显,Timoshenko 梁理论更适合这类问题的分析。

9.3.1　平面层合梁基本理论

如图 9.8 所示为一复合材料层合梁。梁的轴 x 与各截面重心连接,xz 平面为惯性主平面。梁的截面高度方向由多层复合材料构成,因此,梁的轴一般不与中性轴重合,这一点与各向同性均匀梁不同。另外,类似于各向同性均匀平面梁,竖向载荷和弯矩作用在 xz 平面内。

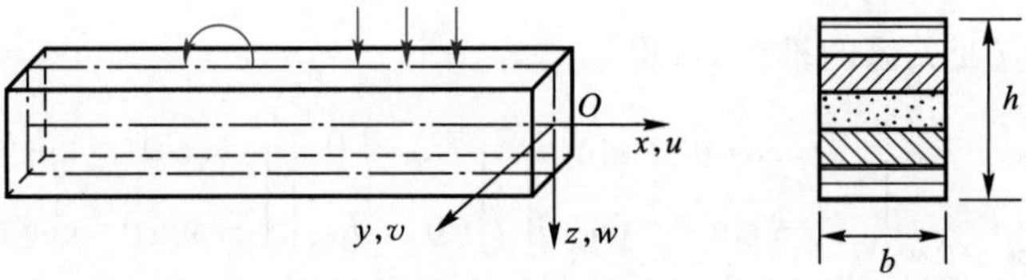

图 9.8　复合材料层合 Timoshenko 梁

仍然利用 7.5.1 节中所述 Timoshenko 梁假设,截面上任一点的轴向和竖向位移表达为

$$u(x,z) = u_0(x) - z\theta(x), \quad w(x,z) = w_0(x) \tag{9.23}$$

这里下标 0 表示梁轴的位移。由于梁截面上材料的非均匀性,梁轴线上的轴向位移 u_0 不再为零,这是复合材料梁与均匀材料梁的重要区别。为了表达形式的统一,这里用 $w_0(x)$ 表示挠度 $w(x)$。则梁的轴向应变和横向剪切应变为

$$\varepsilon_x = \frac{\partial u}{\partial x} = \frac{\partial u_0}{\partial x} - z\frac{\partial \theta}{\partial x} = \varepsilon_0 + z\kappa \tag{9.24a}$$

$$\gamma_{xz} = \frac{\partial w}{\partial x} + \frac{\partial u}{\partial z} = \frac{\partial w_0}{\partial x} - \theta \tag{9.24b}$$

将其写成矩阵形式为

$$\boldsymbol{\varepsilon} = \begin{bmatrix} \varepsilon_x \\ \gamma_{xz} \end{bmatrix} = \begin{bmatrix} 1 & z & 0 \\ 0 & 0 & 1 \end{bmatrix} \begin{bmatrix} \varepsilon_0 \\ \kappa \\ \dfrac{\partial w_0}{\partial x} - \theta \end{bmatrix} = \boldsymbol{S}\tilde{\boldsymbol{\varepsilon}} \tag{9.25}$$

其中 $\boldsymbol{\varepsilon}$ 为应变向量;$\tilde{\boldsymbol{\varepsilon}}$ 为广义应变列向量,其中包含梁轴的伸长变形 ε_0,曲率 $\boldsymbol{\kappa}$ 和横向剪切应变 $\dfrac{\partial w_0}{\partial x}-\theta$;$\boldsymbol{S}$ 是与梁的高度方向的坐标 z 有关的应变转换矩阵。

利用 Euler-Bernoulli 梁理论假设 $\theta=\frac{\partial w_0}{\partial x}$,则横向剪切应变消失。对于复合材料层合梁,由于横向剪切变形明显,更适合采用 Timoshenko 梁理论的假设。假设沿梁的高度方向位移线性变化,可以利用在每一层中的位移呈线性或二次变化加以改进。尽管这种处理可以改进精度,实际应用中的很多复合材料或夹芯梁采用简单的 Timoshenko 梁公式均可以得到足够好的结果。

将式(9.24)代入本构关系可以得到梁的轴向应力和剪应力

$$\sigma_x = E\varepsilon_x = E(\varepsilon_0 + z\kappa) \tag{9.26a}$$

$$\tau_{xz} = G\gamma_{xz} = G\left(\frac{\partial w_0}{\partial x} - \theta\right) \tag{9.26b}$$

式中 $E=E(x,z)$ 和 $G=G(x,z)$ 分别是复合材料梁的轴向弹性模量和剪切模量。该式假设其中的一个材料主方向与梁的轴向一致。式(9.26)可用矩阵表达为

$$\boldsymbol{\sigma} = \begin{bmatrix}\sigma_x\\ \tau_{xz}\end{bmatrix} = \begin{bmatrix}E & 0\\ 0 & G\end{bmatrix}\begin{bmatrix}\varepsilon_x\\ \gamma_{xz}\end{bmatrix} = \boldsymbol{D\varepsilon} = \boldsymbol{DS}\tilde{\boldsymbol{\varepsilon}} \tag{9.27}$$

式中 $\boldsymbol{D}$ 为材料的弹性矩阵。

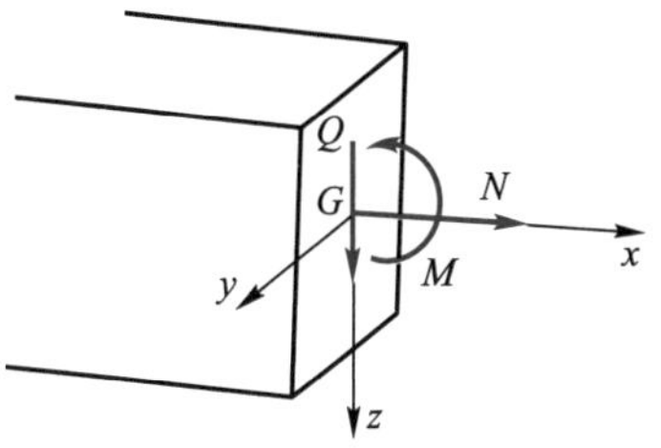

图 9.9 复合材料层合梁截面内力

如图 9.9 所示,梁截面的轴力 N,弯矩 M 和剪力 Q 分别为

$$\begin{aligned} N &= \int_A \sigma_x \mathrm{d}A = \int_A E(\varepsilon_0 + z\kappa)\mathrm{d}A \\ &= \left(\int_A E\mathrm{d}A\right)\varepsilon_0 + \left(\int_A Ez\mathrm{d}A\right)\kappa = D_{\mathrm{a}}\varepsilon_0 + D_{\mathrm{ab}}\kappa \end{aligned} \tag{9.28a}$$

$$\begin{aligned} M &= \int_A z\sigma_x \mathrm{d}A = \int_A zE(\varepsilon_0 + z\kappa)\mathrm{d}A \\ &= \left(\int_A zE\mathrm{d}A\right)\varepsilon_0 + \left(\int_A Ez^2\mathrm{d}A\right)\kappa = D_{\mathrm{ab}}\varepsilon_0 + D_{\mathrm{b}}\kappa \end{aligned} \tag{9.28b}$$

$$Q = \int_A \tau_{xz}\mathrm{d}A = \int_A k_z G\gamma_{xz}\mathrm{d}A = k_z\int_A G\mathrm{d}A\gamma_{xz} = D_{\mathrm{s}}\gamma_{xz} \tag{9.28c}$$

其中 A 为梁的横截面的面积,k_z 是绕 y 轴弯曲的剪切修正系数[参见 7.5.1 节]。用矩阵表达为

$$\tilde{\boldsymbol{\sigma}} = \begin{bmatrix}N\\ M\\ Q\end{bmatrix} = \int_A \begin{bmatrix}\sigma_x\\ z\sigma_x\\ \tau_{xz}\end{bmatrix}\mathrm{d}A = \int_A \boldsymbol{S}^{\mathrm{T}}\boldsymbol{\sigma}\mathrm{d}A \tag{9.28d}$$

这里 $\tilde{\boldsymbol{\sigma}}$ 为广义应力列向量,$\boldsymbol{S}$ 是式(9.25)中所示的转换矩阵,将式(9.27)代入式(9.28d)可得

$$\tilde{\boldsymbol{\sigma}} = \begin{bmatrix}N\\ M\\ Q\end{bmatrix} = \left(\int_A \boldsymbol{S}^{\mathrm{T}}\boldsymbol{DS}\mathrm{d}A\right)\tilde{\boldsymbol{\varepsilon}} = \tilde{\boldsymbol{D}}\tilde{\boldsymbol{\varepsilon}} \tag{9.29}$$

式中 $\tilde{\boldsymbol{D}}$ 为广义本构矩阵，利用关系(9.28a,b,c)可得其具体形式为

$$\tilde{\boldsymbol{D}} = \int_A \boldsymbol{S}^{\mathrm{T}} \boldsymbol{D} \boldsymbol{S} \mathrm{d}A = \begin{bmatrix} D_{\mathrm{a}} & D_{\mathrm{ab}} & 0 \\ D_{\mathrm{ab}} & D_{\mathrm{b}} & 0 \\ 0 & 0 & D_{\mathrm{s}} \end{bmatrix} \tag{9.30a}$$

其中

$$\left.\begin{aligned} D_{\mathrm{a}} &= \int_A E(x,z)\,\mathrm{d}A, \quad D_{\mathrm{ab}} = \int_A E(x,z)\,z\,\mathrm{d}A \\ D_{\mathrm{b}} &= \int_A E(x,z)\,z^2\,\mathrm{d}A, \quad D_{\mathrm{s}} = k_z \int_A G(x,z)\,\mathrm{d}A \end{aligned}\right\} \tag{9.30b}$$

称 D_{a} 为轴向刚度，D_{b} 为弯曲刚度，D_{ab}为轴向-弯曲耦合刚度，D_{s} 为剪切刚度。

对于沿高度方向材料性能任意分布的复合材料梁，式(9.28)的积分可将截面用三角形或四边形单元离散，在单元中用数值积分进行计算。如图 9.10 所示由 n 层复合材料合成的层合梁，假设第 k 层的弹性模量为 E_k，高度为 h_k，宽度为 b_k，则刚度系数式(9.30b)的积分结果为

$$D_{\mathrm{a}} = \sum_{k=1}^{n} (z_{k+1} - z_k) b_k E_k = \sum_{k=1}^{n} h_k b_k E_k \tag{9.31a}$$

$$D_{\mathrm{ab}} = \sum_{k=1}^{n} \frac{1}{2} (z_{k+1}^2 - z_k^2) b_k E_k = \sum_{k=1}^{n} h_k b_k \bar{z}_k E_k \tag{9.31b}$$

$$D_{\mathrm{b}} = \sum_{k=1}^{n} \frac{1}{3} (z_{k+1}^3 - z_k^3) b_k E_k \tag{9.31c}$$

$$D_{\mathrm{s}} = k_z \sum_{k=1}^{n} (z_{k+1} - z_k) b_k G_k = k_z \sum_{k=1}^{n} h_k b_k G_k \tag{9.31d}$$

其中 $\bar{z}_k$ 是第 k 层中面的竖向坐标。如果梁每一层的宽度相同，式(9.31)中的宽度($b_k = b$)可以提到求和号的外面。假设纤维方向沿梁的轴向或垂直于梁的轴向，材料参数 E_k和 G_k对应于每一层复合材料沿材料主轴方向，即纵向(纤维方向)或横向的弹性模量和剪切模量。

式(9.30a)中矩阵 $\tilde{\boldsymbol{D}}$ 的非对角元素 D_{ab}反映了轴向和弯曲的耦合效应。因此，轴向力的作用会产生曲率，而弯矩会导致梁沿轴向的伸长变形。当梁的轴线和中性轴重合时，该耦合项消失。对于各向同性均匀材料，梁轴线与中性轴重合，如果层合梁的材料性能和几何形状关于梁的轴线 x 对称，则 x 轴也与中性轴重合，该两种情况下耦合项均消失。

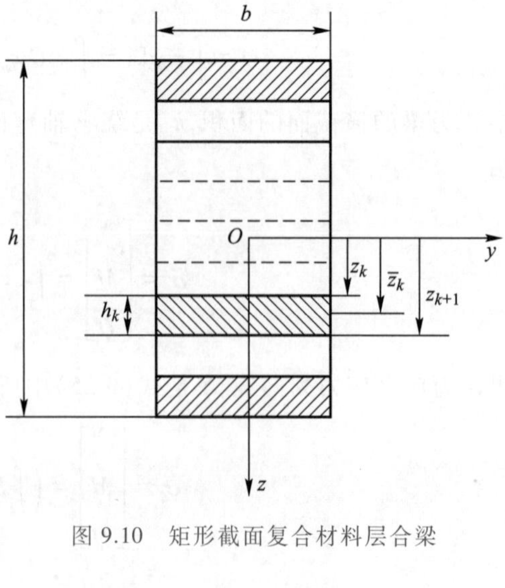

图 9.10　矩形截面复合材料层合梁

对于任意的复合材料层合梁，定义梁轴 x 与中性轴之间的相对坐标 $z'=z-d$，这里 d 为 x 轴与中性轴之间的距离。如图 9.11 所示，如果 x 轴位于定义中性轴的 O 点，则

$$D_{ab}=\int_A Ez'\mathrm{d}A=\int_A E(z-d)\mathrm{d}A=0 \tag{9.32}$$

由式(9.32)和式(9.30b)可得

$$d=\frac{D_{ab}}{D_a} \tag{9.33}$$

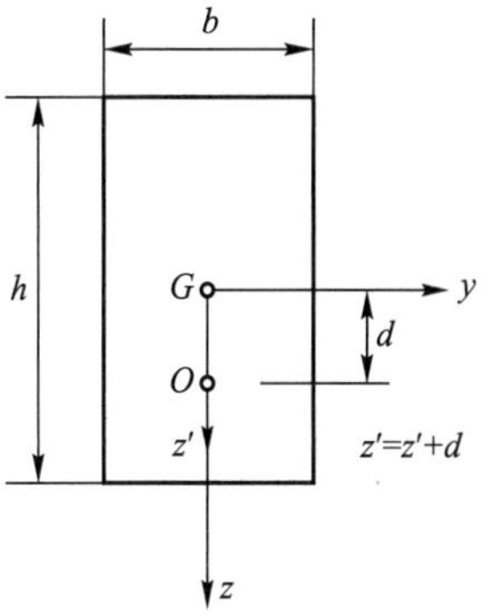

图 9.11　矩形截面层合梁中性轴的位置（G 点为重心）

由此可见，通过简单地将坐标轴 x 的原点 O 置于中性轴，并在所有公式中用 z' 代替 z，可使轴向变形和弯曲变形解耦。由于 D_a 和 D_s 与 z 坐标无关，其表达式并无变化，而 $D_b=\int_A Ez'^2\mathrm{d}A=\int_A Ez^2\mathrm{d}A$，也无变化。但是用 z' 代替 z 后，轴向位移 u 的计算式(9.23)成为 $u=u_0-z'\theta$，轴向应力式(9.27)的结果也随之变化。然而，竖向位移 w_0，转角 θ 和横向剪切应力均与梁轴的位置无关。

梁的应变能包括轴向应变能和横向剪切应变能，将式(9.25)代入应变能表达式有

$$\begin{aligned}U_\varepsilon&=\int_V\frac{1}{2}\boldsymbol{\varepsilon}^{\mathrm{T}}\boldsymbol{D}\boldsymbol{\varepsilon}\mathrm{d}V=\int_V\frac{1}{2}\tilde{\boldsymbol{\varepsilon}}^{\mathrm{T}}\boldsymbol{S}^{\mathrm{T}}\boldsymbol{D}\boldsymbol{S}\tilde{\boldsymbol{\varepsilon}}\mathrm{d}V\\&=\int_l\frac{1}{2}\tilde{\boldsymbol{\varepsilon}}^{\mathrm{T}}\left(\int_A\boldsymbol{S}^{\mathrm{T}}\boldsymbol{D}\boldsymbol{S}\mathrm{d}A\right)\tilde{\boldsymbol{\varepsilon}}\mathrm{d}x=\int_l\frac{1}{2}\tilde{\boldsymbol{\varepsilon}}^{\mathrm{T}}\tilde{\boldsymbol{D}}\tilde{\boldsymbol{\varepsilon}}\mathrm{d}x\end{aligned} \tag{9.34}$$

加上外力势得系统的势能

$$\begin{aligned}\Pi_p=&\int_l\frac{1}{2}\tilde{\boldsymbol{\varepsilon}}^{\mathrm{T}}\tilde{\boldsymbol{D}}\tilde{\boldsymbol{\varepsilon}}\mathrm{d}x-\int_0^l f_x u\mathrm{d}x-\int_0^l f_z w\mathrm{d}x-\int_0^l m\theta\mathrm{d}x-\\&\sum_j\bar{f}_{xj}u_j-\sum_j\bar{f}_{zj}w_j-\sum_k\bar{M}_k\theta_k\end{aligned} \tag{9.35}$$

式中 f_x 和 f_z 分别为作用在梁上沿 x 和 z 轴方向的分布力，m 为分布弯矩；$\bar{f}_{xj}$，$\bar{f}_{zj}$，$\bar{M}_k$ 分别为作用在梁上相应方向上的集中力和力矩。

9.3.2　复合材料层合梁单元

本节首先给出 2 结点复合材料层合 Timoshenko 梁单元的有限元公式，再简要讨论 Euler-Bernoulli 梁单元。如图 9.12 所示为 2 结点复合材料层合 Timoshenko 梁单元。将 u_0，w_0 和 θ 视为结点变量，采用标准的 2 结点 Lagrange 插值函数

$$N_1(\xi)=\frac{1}{2}(1-\xi),\quad N_2(\xi)=\frac{1}{2}(1+\xi)\quad(-1\leqslant\xi\leqslant1)$$

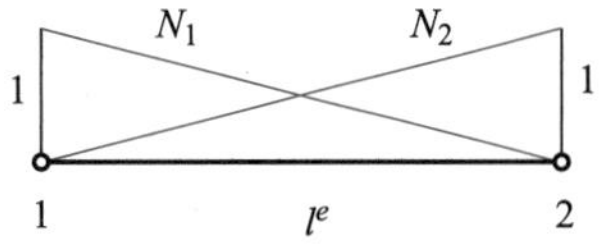

图 9.12　2 结点复合材料层合 Timoshenko 梁单元

位移插值表达式为

$$\boldsymbol{u}=\begin{bmatrix}u_0\\w_0\\\theta\end{bmatrix}=\begin{bmatrix}N_1&0&0&N_2&0&0\\0&N_1&0&0&N_2&0\\0&0&N_1&0&0&N_2\end{bmatrix}\begin{bmatrix}u_{01}\\w_{01}\\\theta_1\\u_{02}\\w_{02}\\\theta_2\end{bmatrix}=\boldsymbol{N}\boldsymbol{a}^e \tag{9.36}$$

将上式代入式(9.25)中的广义应变列向量可得

$$\tilde{\boldsymbol{\varepsilon}}=\begin{bmatrix}\varepsilon_0\\\kappa\\\dfrac{\partial w_0}{\partial x}-\theta\end{bmatrix}=\begin{bmatrix}\dfrac{\partial u_0}{\partial x}\\-\dfrac{\partial\theta}{\partial x}\\\dfrac{\partial w_0}{\partial x}-\theta\end{bmatrix}=\begin{bmatrix}\dfrac{\partial N_1}{\partial x}&0&0&\dfrac{\partial N_2}{\partial x}&0&0\\0&0&-\dfrac{\partial N_1}{\partial x}&0&0&-\dfrac{\partial N_2}{\partial x}\\0&\dfrac{\partial N_1}{\partial x}&-N_1&0&\dfrac{\partial N_2}{\partial x}&-N_2\end{bmatrix}\begin{bmatrix}u_{01}\\w_{01}\\\theta_1\\u_{02}\\w_{02}\\\theta_2\end{bmatrix}$$

$$=[\boldsymbol{B}_1\quad\boldsymbol{B}_2]\begin{bmatrix}\boldsymbol{a}_1^e\\\boldsymbol{a}_2^e\end{bmatrix}=\boldsymbol{B}\boldsymbol{a}^e \tag{9.37}$$

其中

$$\boldsymbol{B}_i=\begin{bmatrix}\boldsymbol{B}_{\mathrm{a}_i}\\\boldsymbol{B}_{\mathrm{b}_i}\\\boldsymbol{B}_{\mathrm{s}_i}\end{bmatrix}=\begin{bmatrix}\dfrac{\partial N_i}{\partial x}&0&0\\0&0&-\dfrac{\partial N_i}{\partial x}\\0&\dfrac{\partial N_i}{\partial x}&-N_i\end{bmatrix} \tag{9.38}$$

这里 $\boldsymbol{B}_{\mathrm{a}_i},\boldsymbol{B}_{\mathrm{b}_i},\boldsymbol{B}_{\mathrm{s}_i}$ 为对应于轴向变形、弯曲变形和横向剪切变形的广义应变矩阵。由系统的势能表达式(9.35)在单元上积分可得单元的势能函数

$$\Pi_{\mathrm{p}}^e=\int_{l^e}\frac{1}{2}\tilde{\boldsymbol{\varepsilon}}^{\mathrm{T}}\tilde{\boldsymbol{D}}\tilde{\boldsymbol{\varepsilon}}\mathrm{d}x-\int_0^{l^e}f_x u\mathrm{d}x-\int_0^{l^e}f_z w\mathrm{d}x-\int_0^{l^e}m\theta\mathrm{d}x-\sum_j\bar{f}_{xj}u_j-\sum_j\bar{f}_{zj}w_j-\sum_k\overline{M}_k\theta_k \tag{9.39}$$

将式(9.36)和式(9.37)代入上式有

$$\Pi_{\mathrm{p}}^e=\int_{l^e}\frac{1}{2}(\boldsymbol{B}\boldsymbol{a}^e)^{\mathrm{T}}\tilde{\boldsymbol{D}}\boldsymbol{B}\boldsymbol{a}^e\mathrm{d}x-\int_0^{l^e}(\boldsymbol{N}\boldsymbol{a}^e)^{\mathrm{T}}[f_x\quad f_z\quad m]^{\mathrm{T}}\mathrm{d}x-(\boldsymbol{a}^e)^{\mathrm{T}}\boldsymbol{F}^e \tag{9.40}$$

式中 $\boldsymbol{F}^e$ 是已知作用在单元结点处的集中力和集中力矩列向量

$$\boldsymbol{F}^e=[\bar{f}_{x1}\quad\bar{f}_{z1}\quad\overline{M}_1\quad\bar{f}_{x2}\quad\bar{f}_{z2}\quad\overline{M}_2]^{\mathrm{T}} \tag{9.41}$$

由 $\delta \Pi_{\mathrm{p}}^{e}=0$ 可得单元平衡方程

$$\boldsymbol{K}^{e}\boldsymbol{a}^{e}=\boldsymbol{P}^{e}$$

其中

$$\boldsymbol{K}^{e}=\frac{l^{e}}{2}\int_{-1}^{1}\boldsymbol{B}^{\mathrm{T}}\tilde{\boldsymbol{D}}\boldsymbol{B}\mathrm{d}\xi \tag{9.42}$$

$$\begin{aligned}\boldsymbol{P}^{e}&=\frac{l^{e}}{2}\int_{-1}^{1}\boldsymbol{N}^{\mathrm{T}}[f_x\quad f_z\quad m]^{\mathrm{T}}\mathrm{d}\xi+[\bar{f}_{x1}\quad \bar{f}_{z1}\quad \bar{M}_1\quad \bar{f}_{x2}\quad \bar{f}_{z2}\quad \bar{M}_2]^{\mathrm{T}}\\&=\frac{l^{e}}{2}\left[\int_{-1}^{1}N_1 f_x\mathrm{d}\xi\quad \int_{-1}^{1}N_1 f_z\mathrm{d}\xi\quad \int_{-1}^{1}N_1 m\mathrm{d}\xi\quad \int_{-1}^{1}N_2 f_x\mathrm{d}\xi\quad \int_{-1}^{1}N_2 f_z\mathrm{d}\xi\quad \int_{-1}^{1}N_2 m\mathrm{d}\xi\right]+\\&\quad[\bar{f}_{x1}\quad \bar{f}_{z1}\quad \bar{M}_1\quad \bar{f}_{x2}\quad \bar{f}_{z2}\quad \bar{M}_2]^{\mathrm{T}}\end{aligned} \tag{9.43}$$

单元刚度矩阵式(9.42)可以写成如下形式：

$$\boldsymbol{K}^{e}=\boldsymbol{K}_{\mathrm{a}}^{e}+\boldsymbol{K}_{\mathrm{b}}^{e}+\boldsymbol{K}_{\mathrm{s}}^{e}+\boldsymbol{K}_{\mathrm{ab}}^{e}+(\boldsymbol{K}_{\mathrm{ab}}^{e})^{\mathrm{T}} \tag{9.44a}$$

其中

$$\boldsymbol{K}_{r_{ij}}^{e}=\frac{l^{e}}{2}\int_{-1}^{1}\boldsymbol{B}_{r_i}^{\mathrm{T}}D_r\boldsymbol{B}_{r_j}\mathrm{d}\xi\quad (r=\mathrm{a},\mathrm{b},\mathrm{s}) \tag{9.44b}$$

$$\boldsymbol{K}_{\mathrm{ab}_{ij}}^{e}=\frac{l^{e}}{2}\int_{-1}^{1}\boldsymbol{B}_{\mathrm{a}_i}^{\mathrm{T}}D_{\mathrm{ab}}\boldsymbol{B}_{\mathrm{b}_j}\mathrm{d}\xi \tag{9.44c}$$

上式中 a,b,s 和 ab 分别表示轴向、弯曲、剪切和轴向-弯曲耦合项对单元刚度矩阵的贡献。

可以发现,横向剪切变形对高度较大的各向同性材料梁和高度较小的复合材料层合梁的影响是相同的,可能引起剪切自锁现象。对于 2 结点复合材料 Timoshenko 梁单元而言,消除剪切自锁现象最简单的办法是在刚度矩阵积分时采用单点 Gauss 数值积分。

复合材料层合 Euler-Bernoulli 梁忽略横向剪应变的影响,有限元公式的推导与 Timoshenko 梁单元非常相似。2 结点复合材料层合 Euler-Bernoulli 梁的位移插值:轴向位移采用 Lagrange 线性插值,挠度采用三次 Hermite 插值函数。此时,广义应变矩阵仅有轴向和弯曲项 $\boldsymbol{B}_{\mathrm{a}}$ 和 $\boldsymbol{B}_{\mathrm{b}}$。其中 $\boldsymbol{B}_{\mathrm{a}_i}$ 与式(9.38)相同,而 $\boldsymbol{B}_{\mathrm{b}}$ 与式(7.50)相同。单元刚度矩阵利用式(9.44a),删除其中的剪切刚度项,令 $\boldsymbol{K}_{\mathrm{s}}^{e}=\boldsymbol{0}$。而其余刚度项 $\boldsymbol{K}_{\mathrm{a}}^{e}$、$\boldsymbol{K}_{\mathrm{b}}^{e}$ 和 $\boldsymbol{K}_{\mathrm{ab}}^{e}$ 如式(9.44b,c)所示。单元的等效结点载荷由式(7.52)导出。

9.4 复合材料层合板有限元

9.4.1 层合板基本理论

类似于复合材料层合梁问题,复合材料层合板的横向剪切变形的影响明显。另外,夹芯材料的横向剪切刚度较低，横向剪应变较大，一般不能忽略横向剪切变形的影响。本节首先讨论考虑层间剪切变形的一阶剪切变形理论，并在此基础上忽略横向剪切变形容易得到经典层合板理论。一阶剪切变形理论具有更高的精度。

不同于 8.2 节和 8.3 节中讨论的均匀材料平板弯曲问题，复合材料层板中面上点的面内位移不再为零，从而使面内变形和弯曲变形具有耦合效应。假设一层合板受面内载荷、剪力、弯矩和扭矩的作用，下面讨论层合板的广义应力-应变关系。层合板理论假设：每一单层板是正交各向异性和均匀的；变形前垂直于中面的直线变形后保持为直线；层板沿厚度方向正应力 $\sigma_z=0$；板中的位移连续且很小，即 $|u|,|v|,|w|\ll t$，t 为板厚；每一单层板是弹性的；各单层板之间无相对错动。

考虑在坐标系 $Oxyz$ 中的层合板，其厚度方向的变形如图 9.13 所示。坐标原点在板的中面上，即 $z=0$。假设中面上沿 x,y,z 方向的位移分别为 u_0,v_0,w_0，其他任意一点的位移分别为 u,v,w。在厚度方向除中面外任意一点 x,y 方向上的位移为

$$u(x,y,z)=u_0(x,y)-z\theta_x(x,y) \tag{9.45a}$$

$$v(x,y,z)=v_0(x,y)-z\theta_y(x,y) \tag{9.45b}$$

$$w(x,y,z)=w_0(x,y) \tag{9.45c}$$

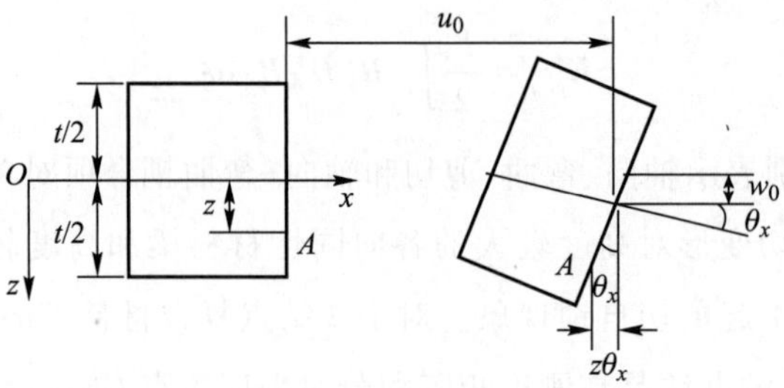

图 9.13　层合板截面变形

假设沿厚度方向的变形可以忽略，即 $\varepsilon_z=0,w=w_0$，则任意一点的应变为

$$\varepsilon_x(x,y,z)=\frac{\partial u}{\partial x}=\frac{\partial u_0}{\partial x}-z\frac{\partial\theta_x}{\partial x}=\varepsilon_{0x}+z\kappa_x \tag{9.46a}$$

$$\varepsilon_y(x,y,z)=\frac{\partial v}{\partial y}=\frac{\partial v_0}{\partial y}-z\frac{\partial\theta_y}{\partial y}=\varepsilon_{0y}+z\kappa_y \tag{9.46b}$$

$$\begin{aligned}\gamma_{xy}(x,y,z)&=\frac{\partial u}{\partial y}+\frac{\partial v}{\partial x}=\frac{\partial u_0}{\partial y}+\frac{\partial v_0}{\partial x}-z\left(\frac{\partial\theta_x}{\partial y}+\frac{\partial\theta_y}{\partial x}\right)\\&=\gamma_{0xy}+z\kappa_{xy}\end{aligned} \tag{9.46c}$$

$$\gamma_{xz}(x,y)=\frac{\partial u}{\partial z}+\frac{\partial w}{\partial x}=-\theta_x+\frac{\partial w_0}{\partial x} \tag{9.46d}$$

$$\gamma_{yz}(x,y)=\frac{\partial v}{\partial z}+\frac{\partial w}{\partial y}=-\theta_y+\frac{\partial w_0}{\partial y} \tag{9.46e}$$

其中中面上点的应变为

$$\tilde{\boldsymbol{\varepsilon}}_{\mathrm{m}}=\begin{bmatrix}\varepsilon_{0x}\\ \varepsilon_{0y}\\ \gamma_{0xy}\end{bmatrix}=\begin{bmatrix}\dfrac{\partial u_0}{\partial x}\\ \dfrac{\partial v_0}{\partial y}\\ \dfrac{\partial u_0}{\partial y}+\dfrac{\partial v_0}{\partial x}\end{bmatrix}\tag{9.47a}$$

横向剪切应变为

$$\tilde{\boldsymbol{\varepsilon}}_{\mathrm{s}}=\begin{bmatrix}\gamma_{xz}\\ \gamma_{yz}\end{bmatrix}=\begin{bmatrix}\dfrac{\partial w_0}{\partial x}-\theta_x\\ \dfrac{\partial w_0}{\partial y}-\theta_y\end{bmatrix}\tag{9.47b}$$

而中面的曲率和扭率为

$$\boldsymbol{\kappa}=\begin{bmatrix}\kappa_x\\ \kappa_y\\ \kappa_{xy}\end{bmatrix}=\begin{bmatrix}-\dfrac{\partial\theta_x}{\partial x}\\ -\dfrac{\partial\theta_y}{\partial y}\\ -\left(\dfrac{\partial\theta_x}{\partial y}+\dfrac{\partial\theta_y}{\partial y}\right)\end{bmatrix}\tag{9.47c}$$

则层合板任一点的应变可表达为

$$\boldsymbol{\varepsilon}=\begin{bmatrix}\varepsilon_x\\ \varepsilon_y\\ \gamma_{xy}\\ \gamma_{xz}\\ \gamma_{yz}\end{bmatrix}=\begin{bmatrix}\varepsilon_{0x}\\ \varepsilon_{0y}\\ \gamma_{0xy}\\ 0\\ 0\end{bmatrix}+\begin{bmatrix}z\kappa_x\\ z\kappa_y\\ z\kappa_{xy}\\ \dfrac{\partial w_0}{\partial x}-\theta_x\\ \dfrac{\partial w_0}{\partial y}-\theta_y\end{bmatrix}=\begin{bmatrix}\tilde{\boldsymbol{\varepsilon}}_{\mathrm{m}}\\ \mathbf{0}\end{bmatrix}+\begin{bmatrix}z\boldsymbol{\kappa}\\ \tilde{\boldsymbol{\varepsilon}}_{\mathrm{s}}\end{bmatrix}=\begin{bmatrix}1 & z & 0\\ 0 & 0 & 1\end{bmatrix}\begin{bmatrix}\tilde{\boldsymbol{\varepsilon}}_{\mathrm{m}}\\ \boldsymbol{\kappa}\\ \tilde{\boldsymbol{\varepsilon}}_{\mathrm{s}}\end{bmatrix}=\boldsymbol{S}\tilde{\boldsymbol{\varepsilon}}\tag{9.48}$$

这里

$$\tilde{\boldsymbol{\varepsilon}}=\begin{bmatrix}\tilde{\boldsymbol{\varepsilon}}_{\mathrm{m}}\\ \boldsymbol{\kappa}\\ \tilde{\boldsymbol{\varepsilon}}_{\mathrm{s}}\end{bmatrix}\tag{9.49}$$

为广义应变。由式(9.19)可知,层合板中第 k 层中任意一点的面内应力为

$$\begin{bmatrix}\sigma_x\\ \sigma_y\\ \tau_{xy}\end{bmatrix}_k=\begin{bmatrix}\overline{K}_{11} & \overline{K}_{12} & \overline{K}_{14}\\ \overline{K}_{12} & \overline{K}_{22} & \overline{K}_{24}\\ \overline{K}_{14} & \overline{K}_{24} & \overline{K}_{44}\end{bmatrix}_k\begin{bmatrix}\varepsilon_x\\ \varepsilon_y\\ \gamma_{xy}\end{bmatrix}$$

将式(9.46)代入上式有

$$\begin{bmatrix}\sigma_x\\ \sigma_y\\ \tau_{xy}\end{bmatrix}_k=\begin{bmatrix}\overline{K}_{11} & \overline{K}_{12} & \overline{K}_{14}\\ \overline{K}_{12} & \overline{K}_{22} & \overline{K}_{24}\\ \overline{K}_{14} & \overline{K}_{24} & \overline{K}_{44}\end{bmatrix}_k\begin{bmatrix}\varepsilon_{0x}\\ \varepsilon_{0y}\\ \gamma_{0xy}\end{bmatrix}+z\begin{bmatrix}\overline{K}_{11} & \overline{K}_{12} & \overline{K}_{14}\\ \overline{K}_{12} & \overline{K}_{22} & \overline{K}_{24}\\ \overline{K}_{14} & \overline{K}_{24} & \overline{K}_{44}\end{bmatrix}_k\begin{bmatrix}\kappa_x\\ \kappa_y\\ \kappa_{xy}\end{bmatrix}\tag{9.50a}$$

由式(9.21)可得横向剪切应力为

$$\begin{bmatrix}\tau_{xz}\\ \tau_{yz}\end{bmatrix}_k=\begin{bmatrix}\overline{K}_{55} & \overline{K}_{56}\\ \overline{K}_{56} & \overline{K}_{66}\end{bmatrix}_k\begin{bmatrix}\gamma_{xz}\\ \gamma_{yz}\end{bmatrix}\tag{9.50b}$$

上式中下标 k 表示第 k 层,每一层的刚度矩阵可能不同。由此可见,应力在每一层的厚度方向是线性变化的,由于各层的刚度矩阵不同,层与层之间的应力存在跳跃。然而,由式(9.46)可知应变在层合板整个厚度方向都是线性变化的,如图 9.14 所示。

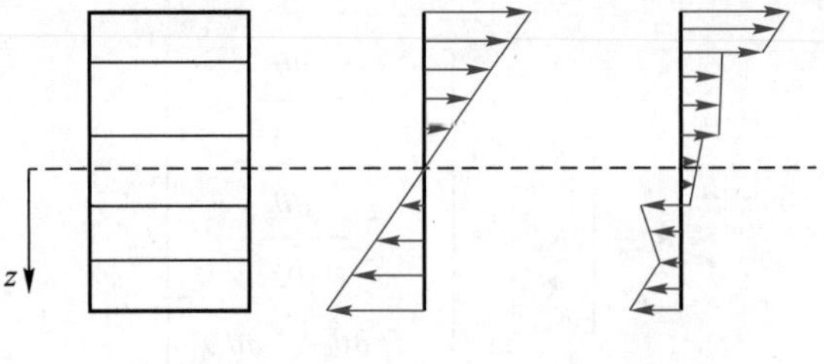

图 9.14　应变和应力沿层合板厚度的变化规律

如图 9.15 所示为由 n 层单层板构成的层合板,作用于层合板横截面上单位宽度的内力为 N_x,N_y,N_{xy},内力矩为 M_x,M_y,M_{xy},剪力为 Q_x,Q_y,它们可由各单层板上的应力沿层合板厚度方向积分求得,则

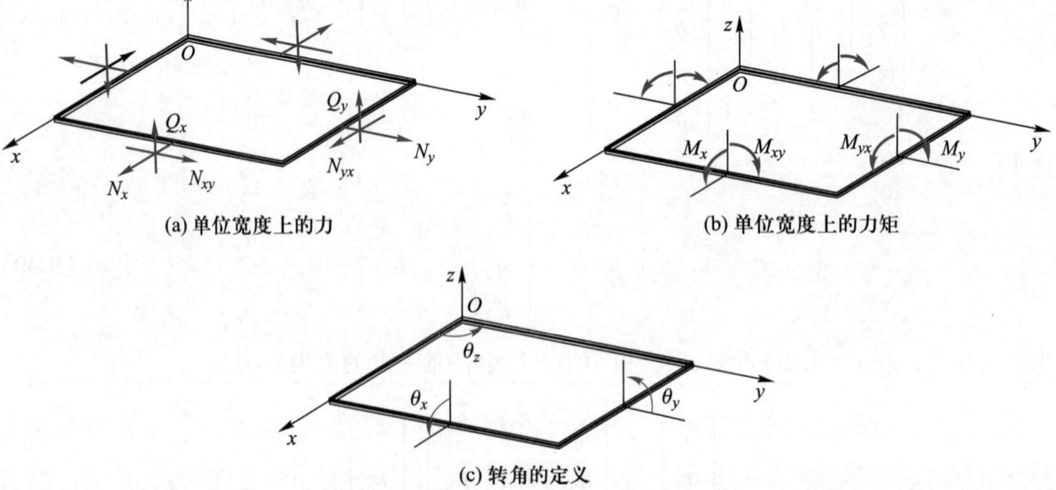

图 9.15　作用于层合板上的合力和合力矩

$$\begin{bmatrix} N_x \\ N_y \\ N_{xy} \end{bmatrix} = \int_{-\frac{t}{2}}^{\frac{t}{2}} \begin{bmatrix} \sigma_x \\ \sigma_y \\ \tau_{xy} \end{bmatrix} \mathrm{d}z, \quad \begin{bmatrix} M_x \\ M_y \\ M_{xy} \end{bmatrix} = \int_{-\frac{t}{2}}^{\frac{t}{2}} \begin{bmatrix} \sigma_x \\ \sigma_y \\ \tau_{xy} \end{bmatrix} z\mathrm{d}z, \quad \begin{bmatrix} Q_y \\ Q_x \end{bmatrix} = \int_{-\frac{t}{2}}^{\frac{t}{2}} \begin{bmatrix} \tau_{xz} \\ \tau_{yz} \end{bmatrix} \mathrm{d}z \tag{9.51}$$

将上述方程写成

$$\tilde{\boldsymbol{\sigma}}_{\mathrm{m}} = \int_{-\frac{t}{2}}^{\frac{t}{2}} \boldsymbol{\sigma}_{\mathrm{p}} \mathrm{d}z, \quad \tilde{\boldsymbol{\sigma}}_{\mathrm{b}} = \int_{-\frac{t}{2}}^{\frac{t}{2}} z\boldsymbol{\sigma}_{\mathrm{p}} \mathrm{d}z, \quad \tilde{\boldsymbol{\sigma}}_{\mathrm{s}} = \int_{-\frac{t}{2}}^{\frac{t}{2}} \boldsymbol{\sigma}_{\mathrm{s}} \mathrm{d}z \tag{9.52}$$

其中

$$\tilde{\boldsymbol{\sigma}}_{\mathrm{m}} = [N_x \quad N_y \quad N_{xy}]^{\mathrm{T}}, \quad \tilde{\boldsymbol{\sigma}}_{\mathrm{b}} = [M_x \quad M_y \quad M_{xy}]^{\mathrm{T}}, \quad \tilde{\boldsymbol{\sigma}}_{\mathrm{s}} = [Q_x \quad Q_y]^{\mathrm{T}} \tag{9.53}$$

$$\boldsymbol{\sigma}_{\mathrm{p}} = \begin{bmatrix} \sigma_x \\ \sigma_y \\ \tau_{xy} \end{bmatrix}, \quad \boldsymbol{\sigma}_{\mathrm{s}} = \begin{bmatrix} \tau_{xz} \\ \tau_{yz} \end{bmatrix} \tag{9.54}$$

则式(9.51)可以进一步写成

$$\tilde{\boldsymbol{\sigma}} = \begin{bmatrix} \tilde{\boldsymbol{\sigma}}_{\mathrm{m}} \\ \tilde{\boldsymbol{\sigma}}_{\mathrm{b}} \\ \tilde{\boldsymbol{\sigma}}_{\mathrm{s}} \end{bmatrix} = \int_{-\frac{t}{2}}^{\frac{t}{2}} \begin{bmatrix} \boldsymbol{\sigma}_{\mathrm{p}} \\ z\boldsymbol{\sigma}_{\mathrm{p}} \\ \boldsymbol{\sigma}_{\mathrm{s}} \end{bmatrix} \mathrm{d}z = \int_{-\frac{t}{2}}^{\frac{t}{2}} \begin{bmatrix} 1 & 0 \\ z & 0 \\ 0 & 1 \end{bmatrix} \begin{bmatrix} \boldsymbol{\sigma}_{\mathrm{p}} \\ \boldsymbol{\sigma}_{\mathrm{s}} \end{bmatrix} \mathrm{d}z = \int_{-\frac{t}{2}}^{\frac{t}{2}} \boldsymbol{S}^{\mathrm{T}} \boldsymbol{\sigma} \mathrm{d}z \tag{9.55}$$

其中 $\boldsymbol{S}$ 为式(9.48)所示的转换矩阵,$\tilde{\boldsymbol{\sigma}}$ 称为广义应力。

由于层合板厚度方向应力分布不连续,需分层积分,参见图 9.16 中各层厚度方向的坐标,式(9.51)可以表达为

$$\begin{bmatrix} N_x \\ N_y \\ N_{xy} \end{bmatrix} = \sum_{k=1}^{n} \int_{z_{k-1}}^{z_k} \begin{bmatrix} \sigma_x \\ \sigma_y \\ \tau_{xy} \end{bmatrix}_k \mathrm{d}z, \quad \begin{bmatrix} M_x \\ M_y \\ M_{xy} \end{bmatrix} = \sum_{k=1}^{n} \int_{z_{k-1}}^{z_k} \begin{bmatrix} \sigma_x \\ \sigma_y \\ \tau_{xy} \end{bmatrix}_k z\mathrm{d}z, \quad \begin{bmatrix} Q_x \\ Q_y \end{bmatrix} = \sum_{k=1}^{n} \int_{z_{k-1}}^{z_k} \begin{bmatrix} \tau_{xz} \\ \tau_{yz} \end{bmatrix}_k \mathrm{d}z \tag{9.56}$$

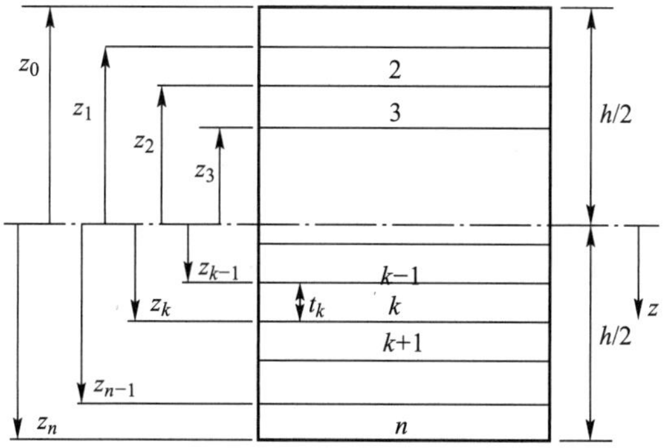

图 9.16 层合板各层 z 坐标

将式(9.50a)代入上式中的内力和内力矩表达式可得

$$\begin{bmatrix} N_x \\ N_y \\ N_{xy} \end{bmatrix} = \sum_{k=1}^{n}\int_{z_{k-1}}^{z_k}\begin{bmatrix} \overline{K}_{11} & \overline{K}_{12} & \overline{K}_{14} \\ \overline{K}_{12} & \overline{K}_{22} & \overline{K}_{24} \\ \overline{K}_{14} & \overline{K}_{24} & \overline{K}_{44} \end{bmatrix}_k \begin{bmatrix} \varepsilon_{0x} \\ \varepsilon_{0y} \\ \gamma_{0xy} \end{bmatrix} \mathrm{d}z + \sum_{k=1}^{n}\int_{z_{k-1}}^{z_k}\begin{bmatrix} \overline{K}_{11} & \overline{K}_{12} & \overline{K}_{14} \\ \overline{K}_{12} & \overline{K}_{22} & \overline{K}_{24} \\ \overline{K}_{14} & \overline{K}_{24} & \overline{K}_{44} \end{bmatrix}_k \begin{bmatrix} \kappa_x \\ \kappa_y \\ \kappa_{xy} \end{bmatrix} z\mathrm{d}z \tag{9.57a}$$

$$\begin{bmatrix} M_x \\ M_y \\ M_{xy} \end{bmatrix} = \sum_{k=1}^{n}\int_{z_{k-1}}^{z_k}\begin{bmatrix} \overline{K}_{11} & \overline{K}_{12} & \overline{K}_{14} \\ \overline{K}_{12} & \overline{K}_{22} & \overline{K}_{24} \\ \overline{K}_{14} & \overline{K}_{24} & \overline{K}_{44} \end{bmatrix}_k \begin{bmatrix} \varepsilon_{0x} \\ \varepsilon_{0y} \\ \gamma_{0xy} \end{bmatrix} z\mathrm{d}z + \sum_{k=1}^{n}\int_{z_{k-1}}^{z_k}\begin{bmatrix} \overline{K}_{11} & \overline{K}_{12} & \overline{K}_{14} \\ \overline{K}_{12} & \overline{K}_{22} & \overline{K}_{24} \\ \overline{K}_{14} & \overline{K}_{24} & \overline{K}_{44} \end{bmatrix}_k \begin{bmatrix} \kappa_x \\ \kappa_y \\ \kappa_{xy} \end{bmatrix} z^2\mathrm{d}z \tag{9.57b}$$

由于每一层的刚度矩阵为常数矩阵，且中面的应变和曲率、扭率与 z 坐标无关，式(9.57)可以写成

$$\begin{bmatrix} N_x \\ N_y \\ N_{xy} \end{bmatrix} = \left(\sum_{k=1}^{n}\begin{bmatrix} \overline{K}_{11} & \overline{K}_{12} & \overline{K}_{14} \\ \overline{K}_{12} & \overline{K}_{22} & \overline{K}_{24} \\ \overline{K}_{14} & \overline{K}_{24} & \overline{K}_{44} \end{bmatrix}_k \int_{z_{k-1}}^{z_k}\mathrm{d}z\right) \begin{bmatrix} \varepsilon_{0x} \\ \varepsilon_{0y} \\ \gamma_{0xy} \end{bmatrix} + \left(\sum_{k=1}^{n}\begin{bmatrix} \overline{K}_{11} & \overline{K}_{12} & \overline{K}_{14} \\ \overline{K}_{12} & \overline{K}_{22} & \overline{K}_{24} \\ \overline{K}_{14} & \overline{K}_{24} & \overline{K}_{44} \end{bmatrix}_k \int_{z_{k-1}}^{z_k} z\mathrm{d}z\right) \begin{bmatrix} \kappa_x \\ \kappa_y \\ \kappa_{xy} \end{bmatrix} \tag{9.58a}$$

$$\begin{bmatrix} M_x \\ M_y \\ M_{xy} \end{bmatrix} = \left(\sum_{k=1}^{n}\begin{bmatrix} \overline{K}_{11} & \overline{K}_{12} & \overline{K}_{14} \\ \overline{K}_{12} & \overline{K}_{22} & \overline{K}_{24} \\ \overline{K}_{14} & \overline{K}_{24} & \overline{K}_{44} \end{bmatrix}_k \int_{z_{k-1}}^{z_k} z\mathrm{d}z\right) \begin{bmatrix} \varepsilon_{0x} \\ \varepsilon_{0y} \\ \gamma_{0xy} \end{bmatrix} + \left(\sum_{k=1}^{n}\begin{bmatrix} \overline{K}_{11} & \overline{K}_{12} & \overline{K}_{14} \\ \overline{K}_{12} & \overline{K}_{22} & \overline{K}_{24} \\ \overline{K}_{14} & \overline{K}_{24} & \overline{K}_{44} \end{bmatrix}_k \int_{z_{k-1}}^{z_k} z^2\mathrm{d}z\right) \begin{bmatrix} \kappa_x \\ \kappa_y \\ \kappa_{xy} \end{bmatrix} \tag{9.58b}$$

其中的积分

$$\int_{z_{k-1}}^{z_k}\mathrm{d}z = z_k - z_{k-1}, \quad \int_{z_{k-1}}^{z_k} z\mathrm{d}z = \frac{1}{2}(z_k^2 - z_{k-1}^2), \quad \int_{z_{k-1}}^{z_k} z^2\mathrm{d}z = \frac{1}{3}(z_k^3 - z_{k-1}^3)$$

代入式(9.58)可得

$$\begin{bmatrix} N_x \\ N_y \\ N_{xy} \end{bmatrix} = \begin{bmatrix} A_{11} & A_{12} & A_{14} \\ A_{12} & A_{22} & A_{24} \\ A_{14} & A_{24} & A_{44} \end{bmatrix}\begin{bmatrix} \varepsilon_{0x} \\ \varepsilon_{0y} \\ \gamma_{0xy} \end{bmatrix} + \begin{bmatrix} B_{11} & B_{12} & B_{14} \\ B_{12} & B_{22} & B_{24} \\ B_{14} & B_{24} & B_{44} \end{bmatrix}\begin{bmatrix} \kappa_x \\ \kappa_y \\ \kappa_{xy} \end{bmatrix} \tag{9.59a}$$

$$\begin{bmatrix} M_x \\ M_y \\ M_{xy} \end{bmatrix} = \begin{bmatrix} B_{11} & B_{12} & B_{14} \\ B_{12} & B_{22} & B_{24} \\ B_{14} & B_{24} & B_{44} \end{bmatrix}\begin{bmatrix} \varepsilon_{0x} \\ \varepsilon_{0y} \\ \gamma_{0xy} \end{bmatrix} + \begin{bmatrix} S_{11} & S_{12} & S_{14} \\ S_{12} & S_{22} & S_{24} \\ S_{14} & S_{24} & S_{44} \end{bmatrix}\begin{bmatrix} \kappa_x \\ \kappa_y \\ \kappa_{xy} \end{bmatrix} \tag{9.59b}$$

其中

$$A_{ij} = \sum_{k=1}^{n}(\overline{K}_{ij})_k(z_k - z_{k-1}) \quad (i = 1,2,4;\quad j = 1,2,4) \tag{9.60a}$$

$$B_{ij} = \frac{1}{2}\sum_{k=1}^{n}(\overline{K}_{ij})_k(z_k^2 - z_{k-1}^2) \quad (i = 1,2,4; \quad j = 1,2,4) \tag{9.60b}$$

$$S_{ij} = \frac{1}{3}\sum_{k=1}^{n}(\overline{K}_{ij})_k(z_k^3 - z_{k-1}^3) \quad (i = 1,2,4; \quad j = 1,2,4) \tag{9.60c}$$

将式(9.50b)代入式(9.51)中的剪力表达式可得

$$\begin{bmatrix} Q_x \\ Q_y \end{bmatrix} = \sum_{k=1}^{n}\int_{z_{k-1}}^{z_k}\begin{bmatrix} \overline{K}_{55} & \overline{K}_{56} \\ \overline{K}_{56} & \overline{K}_{66} \end{bmatrix}_k \begin{bmatrix} \gamma_{xz} \\ \gamma_{yz} \end{bmatrix}\mathrm{d}z \tag{9.61a}$$

或

$$\begin{bmatrix} Q_x \\ Q_y \end{bmatrix} = k_z\begin{bmatrix} H_{55} & H_{56} \\ H_{56} & H_{66} \end{bmatrix}\begin{bmatrix} \gamma_{xz} \\ \gamma_{yz} \end{bmatrix} \tag{9.61b}$$

其中 k_z为横向剪切修正系数,对于各向同性均匀材料板,$k_z = 5/6$。

$$H_{ij} = \frac{5}{4}\sum_{k=1}^{n}(\overline{K}_{ij})_k\left[t_k - \frac{4}{h^2}\left(t_k\bar{z}_k^2 + \frac{t_k^3}{12}\right)\right] \quad (i = 5,6; \quad j = 5,6) \tag{9.62}$$

式中 t_k为第 k 层的厚度,$\bar{z}_k$ 为该层中面坐标。H_{ij}称为层间剪切刚度。

将式(9.59a)、式(9.59b)和式(9.61b)写成

$$\tilde{\boldsymbol{\sigma}}_{\mathrm{m}} = \boldsymbol{D}_{\mathrm{m}}\tilde{\boldsymbol{\varepsilon}}_{\mathrm{m}} + \boldsymbol{D}_{\mathrm{mb}}\boldsymbol{\kappa} \tag{9.63a}$$

$$\tilde{\boldsymbol{\sigma}}_{\mathrm{b}} = \boldsymbol{D}_{\mathrm{mb}}\tilde{\boldsymbol{\varepsilon}}_{\mathrm{m}} + \boldsymbol{D}_{\mathrm{b}}\boldsymbol{\kappa} \tag{9.63b}$$

$$\tilde{\boldsymbol{\sigma}}_{\mathrm{s}} = \boldsymbol{D}_{\mathrm{s}}\tilde{\boldsymbol{\varepsilon}}_{\mathrm{s}} \tag{9.63c}$$

其中

$$\begin{gathered} \boldsymbol{D}_{\mathrm{m}} = \begin{bmatrix} A_{11} & A_{12} & A_{14} \\ A_{12} & A_{22} & A_{24} \\ A_{14} & A_{24} & A_{44} \end{bmatrix}, \quad \boldsymbol{D}_{\mathrm{mb}} = \begin{bmatrix} B_{11} & B_{12} & B_{14} \\ B_{12} & B_{22} & B_{24} \\ B_{14} & B_{24} & B_{44} \end{bmatrix} \\ \boldsymbol{D}_{\mathrm{b}} = \begin{bmatrix} S_{11} & S_{12} & S_{14} \\ S_{12} & S_{22} & S_{24} \\ S_{14} & S_{24} & S_{44} \end{bmatrix}, \quad \boldsymbol{D}_{\mathrm{s}} = \begin{bmatrix} H_{55} & H_{56} \\ H_{56} & H_{66} \end{bmatrix} \end{gathered} \tag{9.64}$$

式(9.63)的三个方程可以合成为如下形式:

$$\tilde{\boldsymbol{\sigma}} = \tilde{\boldsymbol{D}}\tilde{\boldsymbol{\varepsilon}} \tag{9.65}$$

其中 $\tilde{\boldsymbol{\sigma}}$ 和 $\tilde{\boldsymbol{\varepsilon}}$ 分别为广义应力[式(9.55)]和广义应变[式(9.49)],且

$$\tilde{\boldsymbol{D}} = \begin{bmatrix} \boldsymbol{D}_{\mathrm{m}} & \boldsymbol{D}_{\mathrm{mb}} & \boldsymbol{0} \\ \boldsymbol{D}_{\mathrm{mb}} & \boldsymbol{D}_{\mathrm{b}} & \boldsymbol{0} \\ \boldsymbol{0} & \boldsymbol{0} & \boldsymbol{D}_{\mathrm{s}} \end{bmatrix} \tag{9.66}$$

从上式可见,$\boldsymbol{D}_{\mathrm{m}}$只是面内力与中面应变有关的刚度系数,称为面内刚度;$\boldsymbol{D}_{\mathrm{b}}$只是内力矩与曲率和扭率有关的刚度系数,称为弯曲刚度;而 $\boldsymbol{D}_{\mathrm{mb}}$表示弯曲、拉伸之间的耦合关系,称为

耦合刚度,由于$\boldsymbol{D}_{\mathrm{mb}}$的存在,面内力不仅引起中面应变,同时引起弯曲和扭转变形;同样,内力矩不仅引起弯曲和扭转变形,还引起中面应变;$\boldsymbol{D}_{\mathrm{s}}$表示剪切刚度。实际应用中,由于特殊的单层板铺设方向,会得到一些特殊层合板结构,往往使层合板的某些刚度系数为零。详细内容可参考复合材料力学相关文献。

复合材料层合板的应变能为

$$U_{\varepsilon}=\int_V \frac{1}{2}\boldsymbol{\varepsilon}^{\mathrm{T}}\boldsymbol{\sigma}\mathrm{d}V$$

将式(9.48)代入上式,并利用关系(9.55)、(9.65)可得

$$U_{\varepsilon}=\int_V \frac{1}{2}\tilde{\boldsymbol{\varepsilon}}^{\mathrm{T}}\boldsymbol{S}^{\mathrm{T}}\boldsymbol{\sigma}\mathrm{d}V=\int_A \frac{1}{2}\tilde{\boldsymbol{\varepsilon}}^{\mathrm{T}}\left(\int_{-\frac{t}{2}}^{\frac{t}{2}}\boldsymbol{S}^{\mathrm{T}}\boldsymbol{\sigma}\mathrm{d}z\right)\mathrm{d}A=\int_A \frac{1}{2}\tilde{\boldsymbol{\varepsilon}}^{\mathrm{T}}\tilde{\boldsymbol{\sigma}}\mathrm{d}A=\int_A \frac{1}{2}\tilde{\boldsymbol{\varepsilon}}^{\mathrm{T}}\tilde{\boldsymbol{D}}\tilde{\boldsymbol{\varepsilon}}\mathrm{d}A \tag{9.67}$$

系统的势能为

$$\Pi_{\mathrm{p}}=\frac{1}{2}\int_A \tilde{\boldsymbol{\varepsilon}}^{\mathrm{T}}\tilde{\boldsymbol{D}}\tilde{\boldsymbol{\varepsilon}}\mathrm{d}A-\int_A wq\mathrm{d}x\mathrm{d}y-\int_{S_n}\theta_n\overline{M}_n\mathrm{d}S-\int_{S_t}\theta_s\overline{M}_{ns}\mathrm{d}S-\int_{S_s}w\overline{Q}_n\mathrm{d}S \tag{9.68}$$

系统的真解使势能泛函取极小值,$\delta\Pi_{\mathrm{p}}=0$。

利用经典层合板理论假设$\theta_x=\dfrac{\partial w_0}{\partial x}$,$\theta_y=\dfrac{\partial w_0}{\partial y}$,则横向剪切应变消失。对于复合材料层合板,由于横向剪切变形明显,更适合采用一阶剪切变形理论的假设。基于前述一阶剪切变形理论,容易简化得到经典层合板的方程和势能泛函。

9.4.2 复合材料层合板单元

本节讨论基于一阶剪切变形理论的有限元方法。考虑一用 n 结点三角形或四边形单元离散的平板。单元的位移和转角的插值表达式为

$$\boldsymbol{u}=\begin{bmatrix}u_0\\v_0\\w_0\\\theta_x\\\theta_y\end{bmatrix}=\begin{bmatrix}\boldsymbol{N}_1 & \boldsymbol{N}_2 & \cdots & \boldsymbol{N}_n\end{bmatrix}\begin{bmatrix}\boldsymbol{a}_1^e\\\boldsymbol{a}_2^e\\\vdots\\\boldsymbol{a}_n^e\end{bmatrix}=\boldsymbol{N}\boldsymbol{a}^e \tag{9.69}$$

其中

$$\boldsymbol{N}_i=\begin{bmatrix}N_i&0&0&0&0\\0&N_i&0&0&0\\0&0&N_i&0&0\\0&0&0&N_i&0\\0&0&0&0&N_i\end{bmatrix},\quad \boldsymbol{a}_i^e=\begin{bmatrix}u_{0_i} & v_{0_i} & w_{0_i} & \theta_{x_i} & \theta_{y_i}\end{bmatrix}^{\mathrm{T}} \tag{9.70}$$

这里$N_i(\xi,\eta)$为对应于结点 i 的 C_0连续插值函数。将插值表达式(9.69)代入广义应变表达

式(9.49)有

$$\tilde{\boldsymbol{\varepsilon}}=\begin{bmatrix}\tilde{\boldsymbol{\varepsilon}}_{\mathrm{m}}\\ \boldsymbol{\kappa}\\ \tilde{\boldsymbol{\varepsilon}}_{\mathrm{s}}\end{bmatrix}=\begin{bmatrix}\dfrac{\partial u_0}{\partial x}\\ \dfrac{\partial v_0}{\partial y}\\ \dfrac{\partial u_0}{\partial y}+\dfrac{\partial v_0}{\partial x}\\ -\dfrac{\partial \theta_x}{\partial x}\\ -\dfrac{\partial \theta_y}{\partial y}\\ -\left(\dfrac{\partial \theta_x}{\partial y}+\dfrac{\partial \theta_y}{\partial x}\right)\\ \dfrac{\partial w_0}{\partial x}-\theta_x\\ \dfrac{\partial w_0}{\partial y}-\theta_y\end{bmatrix}=\sum_{i=1}^{n}\begin{bmatrix}\dfrac{\partial N_i}{\partial x}u_{0_i}\\ \dfrac{\partial N_i}{\partial y}v_{0_i}\\ \dfrac{\partial N_i}{\partial y}u_{0_i}+\dfrac{\partial N_i}{\partial x}v_{0_i}\\ -\dfrac{\partial N_i}{\partial x}\theta_{x_i}\\ -\dfrac{\partial N_i}{\partial y}\theta_{y_i}\\ -\left(\dfrac{\partial N_i}{\partial y}\theta_{x_i}+\dfrac{\partial N_i}{\partial x}\theta_{y_i}\right)\\ \dfrac{\partial N_i}{\partial x}w_{0_i}-N_i\theta_{x_i}\\ \dfrac{\partial N_i}{\partial y}w_{0_i}-N_i\theta_{y_i}\end{bmatrix}=[\boldsymbol{B}_1\quad \boldsymbol{B}_2\quad \cdots\quad \boldsymbol{B}_n]\begin{bmatrix}\boldsymbol{a}_1^e\\ \boldsymbol{a}_2^e\\ \vdots\\ \boldsymbol{a}_n^e\end{bmatrix}=\boldsymbol{B}\boldsymbol{a}^e \tag{9.71}$$

其中 $\boldsymbol{B}$ 为广义应变矩阵。$\boldsymbol{B}_i$ 可以分解为薄膜、弯曲和横向剪切部分：

$$\left.\begin{aligned}&\boldsymbol{B}_i=\begin{bmatrix}\boldsymbol{B}_{\mathrm{m}_i}\\ \boldsymbol{B}_{\mathrm{b}_i}\\ \boldsymbol{B}_{\mathrm{s}_i}\end{bmatrix},\qquad \boldsymbol{B}_{\mathrm{m}_i}=\begin{bmatrix}\dfrac{\partial N_i}{\partial x} & 0 & 0 & 0 & 0\\ 0 & \dfrac{\partial N_i}{\partial y} & 0 & 0 & 0\\ \dfrac{\partial N_i}{\partial y} & \dfrac{\partial N_i}{\partial x} & 0 & 0 & 0\end{bmatrix}\\ &\boldsymbol{B}_{\mathrm{b}_i}=\begin{bmatrix}0 & 0 & 0 & -\dfrac{\partial N_i}{\partial x} & 0\\ 0 & 0 & 0 & 0 & -\dfrac{\partial N_i}{\partial y}\\ 0 & 0 & 0 & -\dfrac{\partial N_i}{\partial y} & -\dfrac{\partial N_i}{\partial x}\end{bmatrix},\quad \boldsymbol{B}_{\mathrm{s}_i}=\begin{bmatrix}0 & 0 & \dfrac{\partial N_i}{\partial x} & -N_i & 0\\ 0 & 0 & \dfrac{\partial N_i}{\partial y} & 0 & -N_i\end{bmatrix}\end{aligned}\right\} \tag{9.72}$$

由系统的势能表达式(9.68)可得单元的势能泛函

$$\Pi_{\mathrm{p}}^e=\frac{1}{2}\int_{A^e}\tilde{\boldsymbol{\varepsilon}}^{\mathrm{T}}\tilde{\boldsymbol{D}}\tilde{\boldsymbol{\varepsilon}}\,\mathrm{d}A-\int_{A^e}wq\,\mathrm{d}x\mathrm{d}y-\int_{S_n^e}\theta_n\overline{M}_n\,\mathrm{d}S-\int_{S_t^e}\theta_s\overline{M}_{ns}\,\mathrm{d}S-\int_{S_s^e}w\overline{Q}_n\,\mathrm{d}S \tag{9.73}$$

将式(9.71)代入上式，并由 $\delta\Pi_{\mathrm{p}}^e=0$ 可得单元平衡方程

$$\boldsymbol{K}^e\boldsymbol{a}^e=\boldsymbol{P}^e$$

单元刚度矩阵为

$$\boldsymbol{K}^e = \int_{A^e} \boldsymbol{B}^{\mathrm{T}} \tilde{\boldsymbol{D}} \boldsymbol{B} \mathrm{d}A \tag{9.74a}$$

其中

$$\boldsymbol{K}_{ij}^e = \int_{A^e} \boldsymbol{B}_i^{\mathrm{T}} \tilde{\boldsymbol{D}} \boldsymbol{B}_j \mathrm{d}A \tag{9.74b}$$

$$\begin{aligned} \boldsymbol{K}_{a_{ij}}^e &= \int_{A^e} \boldsymbol{B}_{a_i}^{\mathrm{T}} \boldsymbol{D}_a \boldsymbol{B}_{a_j} \mathrm{d}A \quad (a = \mathrm{m},\mathrm{b},\mathrm{s}) \\ \boldsymbol{K}_{\mathrm{mb}_{ij}}^e &= \int_{A^e} (\boldsymbol{B}_{\mathrm{m}_i}^{\mathrm{T}} \boldsymbol{D}_{\mathrm{mb}} \boldsymbol{B}_{\mathrm{b}_j} + \boldsymbol{B}_{\mathrm{b}_i}^{\mathrm{T}} \boldsymbol{D}_{\mathrm{mb}} \boldsymbol{B}_{\mathrm{m}_j}) \mathrm{d}A \end{aligned} \tag{9.74c}$$

所有积分都可利用 Gauss 二次数值积分计算。显然，当耦合刚度 $\boldsymbol{D}_{\mathrm{mb}} = \boldsymbol{0}$ 时，$\boldsymbol{K}_{\mathrm{mb}_{ij}}^e = \boldsymbol{0}$。

结点的等效载荷列向量为

$$\boldsymbol{P}^e = \iint_{A^e} \boldsymbol{N}^{\mathrm{T}} \begin{bmatrix} q \\ 0 \\ 0 \end{bmatrix} \mathrm{d}x\mathrm{d}y + \int_{S_n^e + S_t^e} \boldsymbol{N}^{\mathrm{T}} \begin{bmatrix} 0 \\ \overline{M}_x \\ \overline{M}_y \end{bmatrix} \mathrm{d}S + \int_{S_s^e} \boldsymbol{N}^{\mathrm{T}} \begin{bmatrix} \overline{Q}_n \\ 0 \\ 0 \end{bmatrix} \mathrm{d}S \tag{9.75}$$

类似于各向同性厚板，基于一阶剪切变形理论的板单元仍然可能发生剪切自锁现象。剪切自锁可以利用前述章节中提及的方法得以克服。也可以利用无剪切自锁的三角形或四边形单元进行分析，读者可以参考其他书籍。

9.5 复合材料有限元分析方法

9.5.1 不同尺度有限元分析

绝大多数的复合材料结构都是板和壳的集成结构。复合材料的有限元模拟有别于传统材料。首先，单层板的本构关系是正交各向异性的；其次，本构方程依赖于壳理论的假设；最后，在模型中材料的对称性与结构的几何对称性和载荷对称性同样重要。根据不同的计算分析目的，复合层板的变形和应力计算可以在不同的结构层次上进行，参见图 9.17。

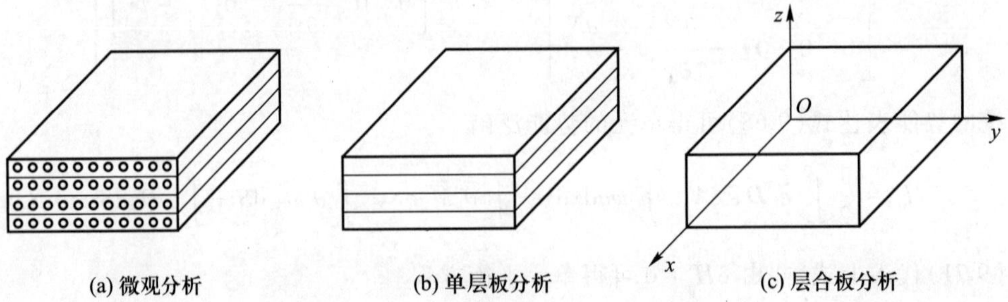

图 9.17　复合材料变形和应力分析模型

当需要对复合材料的细节进行分析时,应在材料组分层次,即考虑纤维和基体材料的细节,进行应力和应变的计算,参见图 9.17a。此时,有限元模型必须要描述材料的微观结构,包括纤维的几何形状和空间分布以及各组分材料的性质,纤维和基体均为各向同性材料。这种分析往往是利用微观模拟以获得纤维和基体组合后的一般性能。此外,对于编织复合材料、很厚的层合板,或在研究如自由边界效应等局部现象时,需要将复合材料视为三维实体进行有限元分析。这些情况下通常采用实体单元进行离散计算分析。

大多数层合结构都可以简化为板和壳结构进行分析。若需要计算层合板中每一单层板的应力和应变,就必须考虑层合板中各单层板的铺设顺序,以及各个单层板的弹性性质、厚度以及纤维铺设方向,这常称为细观分析方法,参见图 9.17b。单层板为正交各向异性材料,其弹性常数可以利用微观力学方法计算或通过实验测量得到。在进行复合材料结构分析时,常利用实验得到单层板或层合板的力学性能。但是并非所有情况下单层板的力学性能都要采用实验方法测量。比如在设计阶段,组分或纤维的体积比的改变会导致材料性能的变化,若采用实验代价高且效率低。因此可以采用微观力学公式,编写程序计算单层板的弹性性能。当然,微观力学计算公式不能准确预测其强度,所以也不能完全排除实验方法。

最后,复合材料也可以简化为一种均匀的等效材料,参见图 9.17c。这时,结构行为可以通过考虑材料的正交各向异性性质进行分析。如果层合板整体被简化为均匀的等效壳结构,这种宏观分析方法不能获得层合板结构中的应力分布。然而,将层合板简化为这种非常简单的结构,足以获得层合板的位移、屈曲载荷、屈曲模态、固有频率和固有模态等。此时仅需要层合板的刚度即可。在一些特殊情况下,还可以采用更简单的模型。例如,当层合板为单向结构或对称结构时,其可以简化为单层板或正交各向异性材料。

当面内变形与弯曲变形无耦合时,如对称层合板,求解弯曲问题控制方程有三个变量 w_0,θ_x,θ_y,求解面内变形有两个变量 u_0,v_0。当面内变形和弯曲变形存在耦合时,该五个变量需同时求解。有限元软件均按此处理,无论是否存在耦合。

总的来讲,层合板的材料性质可以采用两种方式给以定义:给定层合板的本构矩阵 $\boldsymbol{D}_{\mathrm{m}}$,$\boldsymbol{D}_{\mathrm{mb}}$,$\boldsymbol{D}_{\mathrm{b}}$ 和 $\boldsymbol{D}_{\mathrm{s}}$,或者给定每一层单层板的纤维铺设方向及其性质。当用本构矩阵 $\boldsymbol{D}_{\mathrm{m}}$,$\boldsymbol{D}_{\mathrm{mb}}$,$\boldsymbol{D}_{\mathrm{b}}$ 和 $\boldsymbol{D}_{\mathrm{s}}$ 定义层合板时,壳单元不能区分各个单层板,其仅能将广义力和力矩与广义应变和曲率相关联。另一方面,分层壳单元(layered shell element)则能够利用各个单层板的纤维铺设方向和材料性能计算层合板的材料性能。

9.5.2 层合板壳结构分析单元

与平板不同,壳结构除了承受弯曲和剪切作用外,还会受到薄膜面内载荷作用。对应于各向同性材料的各种壳单元,都可以推导得到相应的层合壳单元。用于分析复合材料壳结构的单元包括传统壳单元(convensional shell element)、连续体壳单元(continuum shell element)和三维实体单元(3D solid element)。各种壳单元和实体单元的有限元方程的推导过程与前述各章节所述各向同性材料的有限单元的推导过程一致,只需要考虑材料的各向异性即可。

传统壳单元采用在三维空间中的二维平面或曲面描述单元,仅对壳的中面进行离散。这类壳单元包括薄壳单元和厚壳单元。薄壳单元不考虑层间剪切变形,基于 Kirchhoff 假设的经典层合板理论。当层合板较厚,或者当某一层或几层单层板的横向剪切模量 G_{23} 较小时,使用薄壳单元会低估其剪切变形,得不到准确的结果。厚壳单元则考虑了层间剪切变形,基于一阶剪切变形理论。

连续体壳单元描述了壳结构厚度方向的几何特征,就像三维实体单元一样离散三维壳结构。但是,连续体壳单元利用特殊的单元插值函数,施加了一阶剪切变形约束,因而不同于一般的三维实体单元。该类单元仅具有线位移自由度,没有转动自由度,因此可以在壳的厚度方向划分多层连续体壳单元,且可以与实体单元相连接。该类壳单元的内部可以分层,在厚度方向用一个单元即可描述层合板或子层合板。也可以在壳的厚度方向划分多个壳单元以更好地描述壳在厚度方向的剪切变形。这时,每一层单元描述了一层子层合板。如果在厚度方向仅使用一层单元,其结果与基于一阶剪切变形理论的传统厚壳单元一致。但是,连续体壳单元在壳的厚度方向可以堆砌,这是它们的优点。在壳的厚度方向划分多层单元,其法向的实际位移得以满足任何精度要求。当厚度方向的单元趋于无穷多时,可以得到板问题的精确弹性解。但是,这类壳单元优于三维实体单元,单元各边的尺寸没有比例要求,其厚度方向的尺寸可以远远小于其他方向的尺度,这是因为这类单元考虑了法线方向的不可压缩性,即厚度方向的应变为零。

另外,还有既能模拟薄壳又能模拟厚壳的一类壳单元,有时也称为通用壳单元。这类单元包括传统的厚壳单元和连续体壳单元。事实上,这类厚壳单元可以退化成薄壳单元,参见第 8 章。

最后,三维实体单元也可以用于分析复合材料结构。这类单元不采用任何壳理论假设,本质上不是壳单元,用这类单元模拟壳结构需要划分很细的网格,因而通常代价昂贵。

9.5.3　单向层合板分析

本节讨论单向层合板,或由纤维铺设方向相同的单层板粘合成的单向层合板的有限元分析方法。如果单向层合板仅受面内载荷作用,可以视为平面应力问题,任何平面应力实体单元都可以用于该类问题的分析,仅需采用正交各向异性材料的刚度矩阵进行计算。如果坐标方向与材料主方向不一致,还需输入材料主方向与整体坐标系之间的夹角,按式(9.13)计算刚度矩阵的变换。

若单向层合板同时承受弯曲作用,可以采用标准的壳单元进行模拟。尽管标准壳单元不是多层壳,仍然可以得到正确的位移、应变和应力。与第 8 章中所述方法一样,采用非实体壳单元时,壳的几何形状是实际层合板壳的中面,其位移为厚度中点的位移。在进行有限元分析时,只需要将材料视为正交各向异性,以计算刚度矩阵。

9.5.4 层合板有限元分析

如 9.5.1 中所述,如果只关心层合板结构的挠度以及模态分析和屈曲分析,而不需要对结构的应力细节分析,则采用层合板的宏观分析即可满足要求。这时,没有必要在有限元建模时定义每一层的铺设顺序、厚度和材料性质,仅需要给出层合板宏观等效材料性质,即给出式(9.64)中定义的 $\boldsymbol{D}_{\mathrm{m}}$,$\boldsymbol{D}_{\mathrm{mb}}$,$\boldsymbol{D}_{\mathrm{b}}$和 $\boldsymbol{D}_{\mathrm{s}}$矩阵即可。这种方式仅需输入描述层合板综合的材料性能参数,输入参数少,非常方便。无论层合板由多少层单层板组成,都只需要输入四个材料参数矩阵。

采用这种宏观分析方法,可以计算层合板的刚度,但不知道每一层的纤维铺设方向。所以,可以计算层合板的变形响应,包括屈曲和振动响应,甚至可以算出沿壳厚度方向的应变分布,但是由于不知道层合板厚度方向上各单层板的材料性质,因而不能计算各层的应力分量。

正因为如此,为了得到层合板结构的应力,必须输入每一层的纤维铺设方向、厚度以及材料参数。计算软件自动计算层合板的宏观材料矩阵 $\boldsymbol{D}_{\mathrm{m}}$,$\boldsymbol{D}_{\mathrm{mb}}$,$\boldsymbol{D}_{\mathrm{b}}$和 $\boldsymbol{D}_{\mathrm{s}}$。在有限元计算得到结点的位移后,即可由式(9.47)和式(9.48)计算得到中面的应变和曲率,进而由式(9.71)和式(9.49)计算得到任意一点的应变,代入式(9.50a,b)计算得到任意一层单层板的应力。

夹芯结构是一种特殊的层合板结构。对于夹芯壳结构,其夹芯层比上下面板要软很多,因此,无论壳的厚薄,其横向剪切变形都很大,不能忽略。传统壳单元可能没有剪切柔度,应使用连续体壳单元。最精确的情况是在厚度方向采用三层连续体壳单元,一层模拟夹芯层,另外两层分别模拟上下面板。

夹芯板的面板几乎承受所有的弯曲和垂直于平面的法向载荷,而夹芯层用于承受几乎所有的横向剪切。对于夹芯板通常采用如下假设:(1)式(9.62)中的 H_{ij}仅依赖于夹芯层;(2)上下面板的横向剪切模量 G_{23}和 G_{13}假设为零;(3)上下面板中的横向剪应变和剪应力为零;(4)夹芯层中的横向剪应变和剪应力沿厚度方向为常数。

在用有限元分析夹芯板结构时有四种方案可以采纳。第一种方案是利用传统壳单元。将夹芯板模拟为二维平面,对其中面进行离散,在传统壳单元中定义层合板结构和材料参数。第二种方案利用连续体壳单元。视夹芯板为三维结构,在连续体壳单元中定义层合板结构和材料参数。第三种方案在厚度方向利用三层连续体壳单元。将夹芯板划分为夹芯层和上下两层面板,每一层采用连续体壳单元离散。第四种方案同时采用传统壳单元和连续体壳单元。将夹芯层视为三维实体,上下面板为蒙皮,夹芯层用连续体壳单元离散,上下面板用传统壳单元离散。此时必须注意正确设置模拟上下面板壳单元的偏移量。

9.6　算例:层合板拉伸和弯曲问题

算例一:带中心圆孔复合材料层合板拉伸问题。板长度为 200 mm,宽度为 120 mm,中心圆孔直径为 40 mm。层合板的铺层顺序为$[0°/\pm45°/90°]_s$,板的长度方向为 0°方向,单层板的厚度为 0.125 mm,层合板总厚度为 1.0 mm。单层复合材料的弹性常数见表 9.1。板沿长度方向承受 10 N/mm 的均布拉力。由于该复合层板纤维铺设方向有 ±45°,故不能简化为 1/4 模型,计算模型如图 9.18a 所示。边界条件设置左边水平方向位移为零,右边中点竖直方向位移为零。

表 9.1　单层复合材料弹性常数

E_1/GPa	E_2,E_3/GPa	ν_{12},ν_{13}	ν_{23}	G_{12},G_{13}/GPa	G_{23}/GPa
114	8.61	0.3	0.45	4.16	3.0

采用四边形 4 结点壳单元,减缩积分方案计算其变形和应力。建立有限元模型时,需要定义每一层板的铺层方向和材料性能常数,该层合板总共由 8 层单层板组成,层板纤维铺层方向上下对称,单层板自上而下编号。有限元模型中定义的铺层方向如图 9.18b 所示。计算得到的层合板的变形及位移分布如图 9.18c 所示。由于层合板各层的纤维铺设方向不同,各层的应力分布不同,且各层板上下表面的应力也不同,图 9.18d 给出了 1～4 层各单层板纤维方向应力分量的分布。根据对称性,5～8 层各单层板的应力与 1～4 对应层的相同。可见,各层板纤维方向的应力分量明显不同。另外,从第 2 层和第 3 层的应力分布可见,其没有 1/4 对称性,因此该模型不能简化为 1/4 模型。值得注意的是,纤维增强复合材料的强度准则与各向同性材料完全不同,可根据所采用的强度准则输出不同的应力和应变分量。

算例二:层合板弯曲问题。该层合板无中心圆孔,其他几何尺寸、铺层顺序、单层板厚度以及材料常数均与前一个算例相同。板左边为固定约束,上表面受到 0.01 N/mm^{2}的均布压力作用,如图 9.19a 所示。采用壳单元计算其变形和应力。

采用四边形 4 结点壳单元,减缩积分方案计算其变形和应力。计算得到的层合板的弯曲变形及位移分布如图 9.19b 所示。1～8 层各单层板上表面纤维方向上应力分量的分布如图 9.19c 所示。可见,各层板的应力明显不同。此外,仍可以根据需要输出各单层板的其他应力和应变分量。

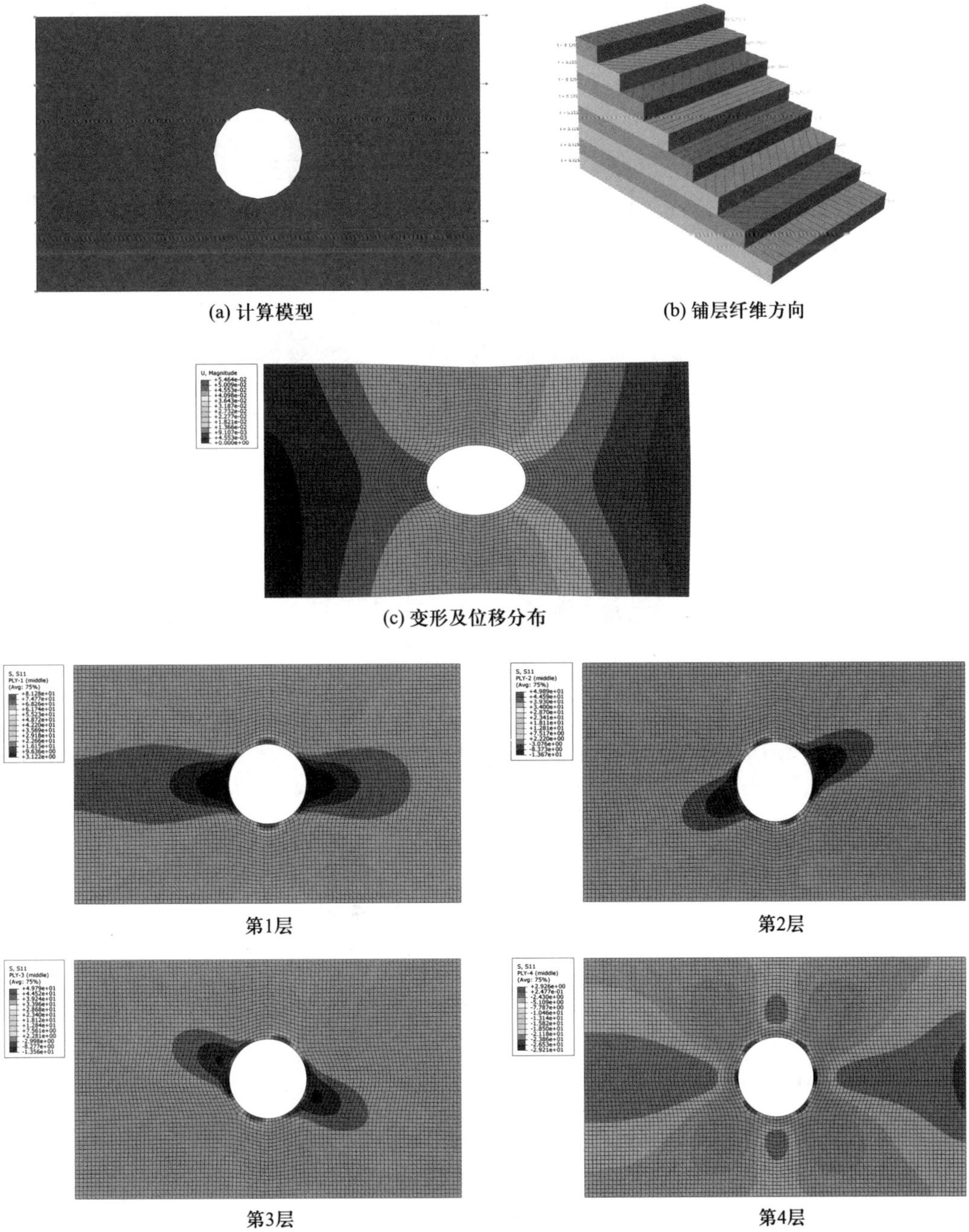

(a) 计算模型

(b) 铺层纤维方向

(c) 变形及位移分布

(d) 各单层板纤维方向应力分量分布

图 9.18 受拉中心圆孔复合材料层合板

(a) 有限元模型

(b) 弯曲变形及位移分布

第1层

第2层

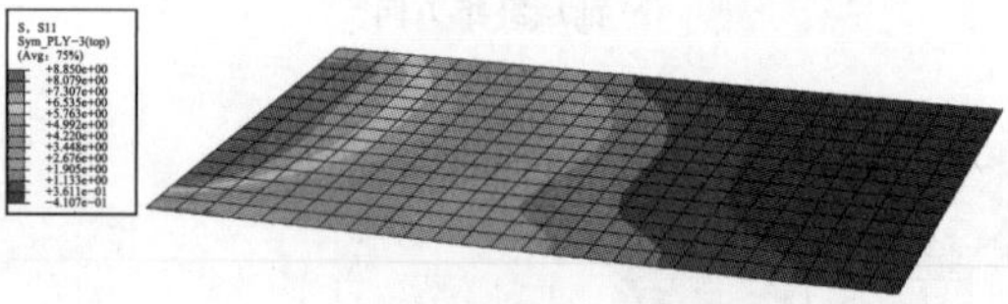

第3层

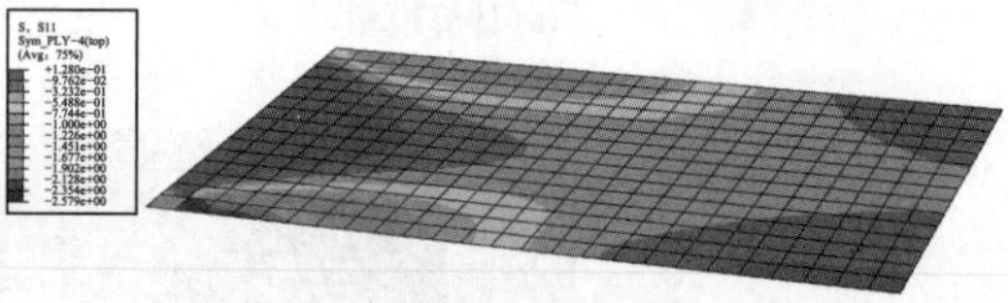

第4层

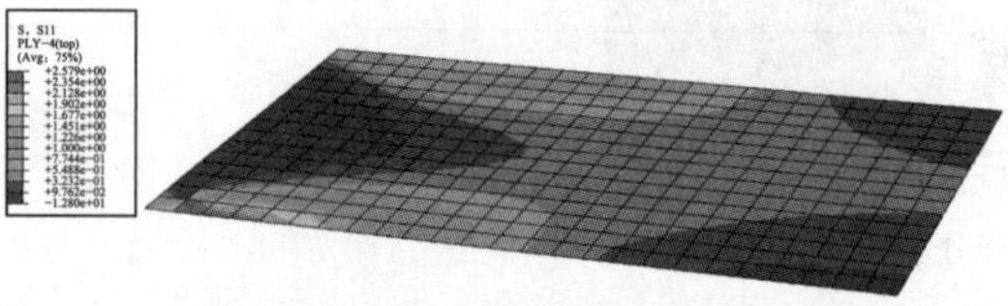

第5层

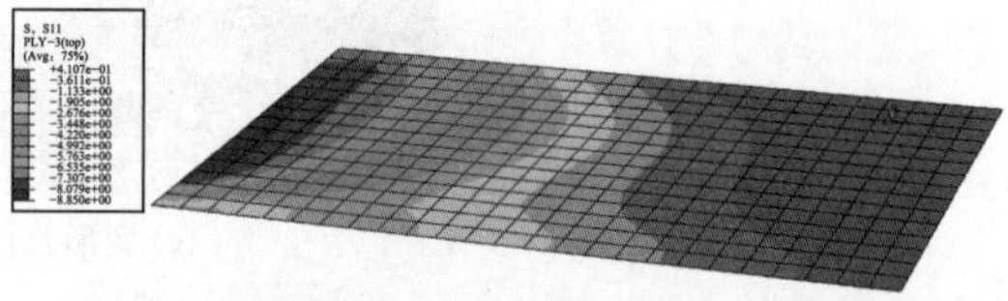

第6层

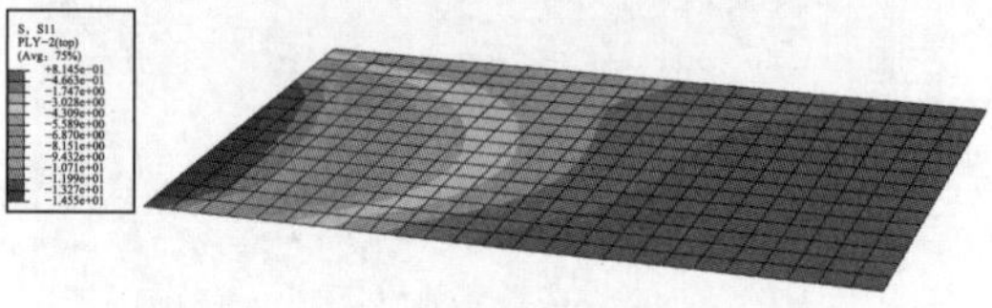

第7层

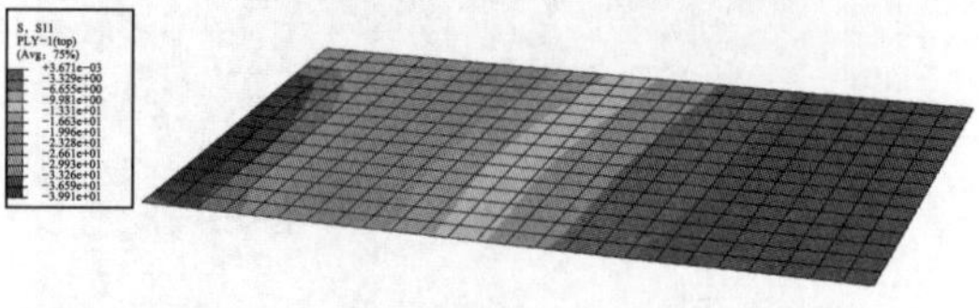

第8层

(c) 各单层板上表面纤维方向应力分量分布

图 9.19　受压复合材料层合板

9.7　小结

纤维增强复合材料在工程中得到越来越广泛的应用,作为结构构件大多采用单层或层合结构,主要有层合梁或层合板结构。纤维增强复合材料为正交各向异性材料。不同于各向同性均匀材料梁和板结构,复合材料层合梁和层合板中面的面内位移不能忽略,且一般均需要考虑层间横向剪切变形的影响。

由于复合材料层合梁厚度方向的材料的不均匀性,横向剪切变形明显,一般不能忽略层间剪切变形的影响,故通常应采用考虑层间剪切变形影响的 Timoshenko 梁理论和单元。

单层板受面内载荷作用时为平面应力状态。层合板理论有经典层合板理论和一阶剪切变形理论，前者忽略层间剪切变形的影响，后者则考虑了层间剪切的影响。由于一般情况下层合板各层的纤维铺设方向不同，材料性能不同，不能忽略层间剪切变形的影响，故需采用一阶剪切变形理论及单元。

用于分析复合材料壳结构的单元包括传统壳单元、连续体壳单元和三维实体单元。各种壳单元和实体单元的有限元方程的推导过程与前述各章节所述各向同性材料的有限单元的推导过程一致，只需要考虑材料的各向异性即可。采用有限元方法分析层合板结构时，不管采用哪种单元，均需定义每一层板的纤维方向和相应的弹性常数等。

习题

9.1 复合层板与各向同性板弯曲变形的特征有何区别？

9.2 经典层合板理论与考虑层间剪切应变的一阶剪切变形理论有何差别？

9.3 复合层板各单层的应力不连续，为什么？

9.4 图示为受拉带圆孔层合板。板长为 400 mm，宽度为 200 mm，中心圆孔直径为 50 mm。层合板的铺层顺序为[0°/15°/30°/45°/60°/75°/90°]，板的长度方向为 0°方向，单层板的厚度为 1.0 mm，层合板总厚度为 7.0 mm。板沿长度方向承受 20 N/mm 的拉力。单层复合材料的弹性常数见下表。利用商用有限元软件计算该复合材料层合板的变形和应力。分别采用如下 4 种方案进行计算：(1) 壳模型，壳单元；(2) 实体模型，连续体壳单元（厚度方向划分一层单元）；(3) 实体模型，实体单元，厚度方向划分一层单元；(4) 实体模型，实体单元，厚度方向划分多层单元。试分析比较各种方案的计算结果。

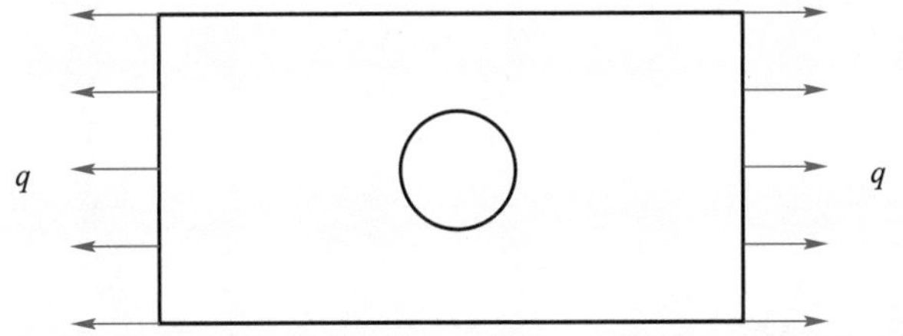

题 9.4 图

E_1/GPa	E_2,E_3/GPa	ν_{12},ν_{13}	ν_{23}	G_{12},G_{13}/GPa	G_{23}/GPa
114	8.61	0.3	0.45	4.16	3.0

9.5 图示为复合层板筒形拱顶，$L=5$ m，$t=0.03$ m，$R=2.5$ m，$\theta=30°$。层合板的铺层顺序为$[0°/30°/\pm45°/60°/90°]_s$，拱的长度($L$)方向为 0°方向，单层板的厚度为 1 mm，复合材料的弹性常数与题 9.4 相同。拱顶承受垂直作用于表面的均布载荷 $q=100$ N/m^2。

利用商用有限元软件计算该拱顶的变形和应力。分别采用通用壳单元和连续体壳单元(超参数壳单元)离散结构进行计算,并分析比较两种方案的计算结果。

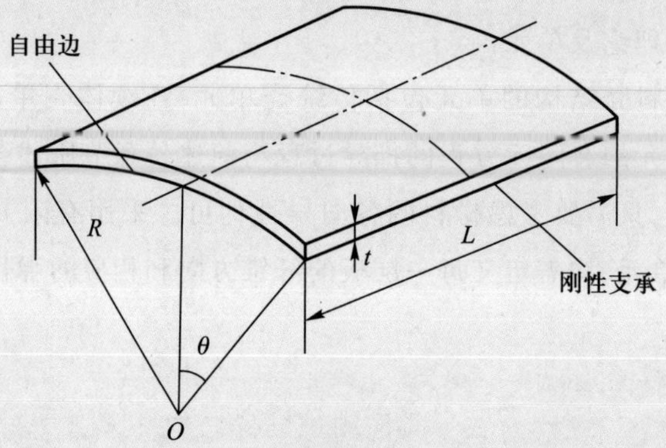

题 9.5 图

参考答案 A9

10 第10章 热传导和热应力问题

10.1 引言

工程中很多结构存在传热问题。受约束的结构温度场发生变化时会产生热应力。热应力过大会引起结构的破坏,传热分析是热应力分析的基础。传热的基本模式包括热传导、对流、辐射、相变传热、复合模式与综合传热等。若温度场与时间无关,即温度场是稳态的,这类传热称为稳态热传导。反之,若温度场是随时间变化的,即温度场是瞬态的,这类传热称为瞬态热传导。

热传导和热力耦合有限元方法已经成为工程设计中的重要手段。如图 10.1 所示为异型坯连铸机结晶器传热及铸坯凝固过程有限元数值模拟实例。结晶器水孔的设计对结晶器传热和铸坯的凝固及热变形具有很大的影响。图 10.1a 是一种典型的水孔设计,图 10.1b 是采用二维有限元模拟得到的结晶器某截面的温度场分布,图 10.1c 所示是在结晶器出口处铸坯的凝固及其变形。铸坯的凝固钢液与结晶器之间的传热非常关键,铸坯凝固变形主要为热变形,涉及传热和变形分析。从图 10.1c 可见,凝固铸坯的变形使其与结晶器内壁之间产生间隙,即气隙。气隙的大小会影响铸坯与结晶器之间的传热,即传热会影响铸坯的变形,铸坯变形又影响传热,这一问题为典型的热力耦合问题。由于问题的复杂性,采用有限元分析方法成为这类问题极其重要的研究手段。

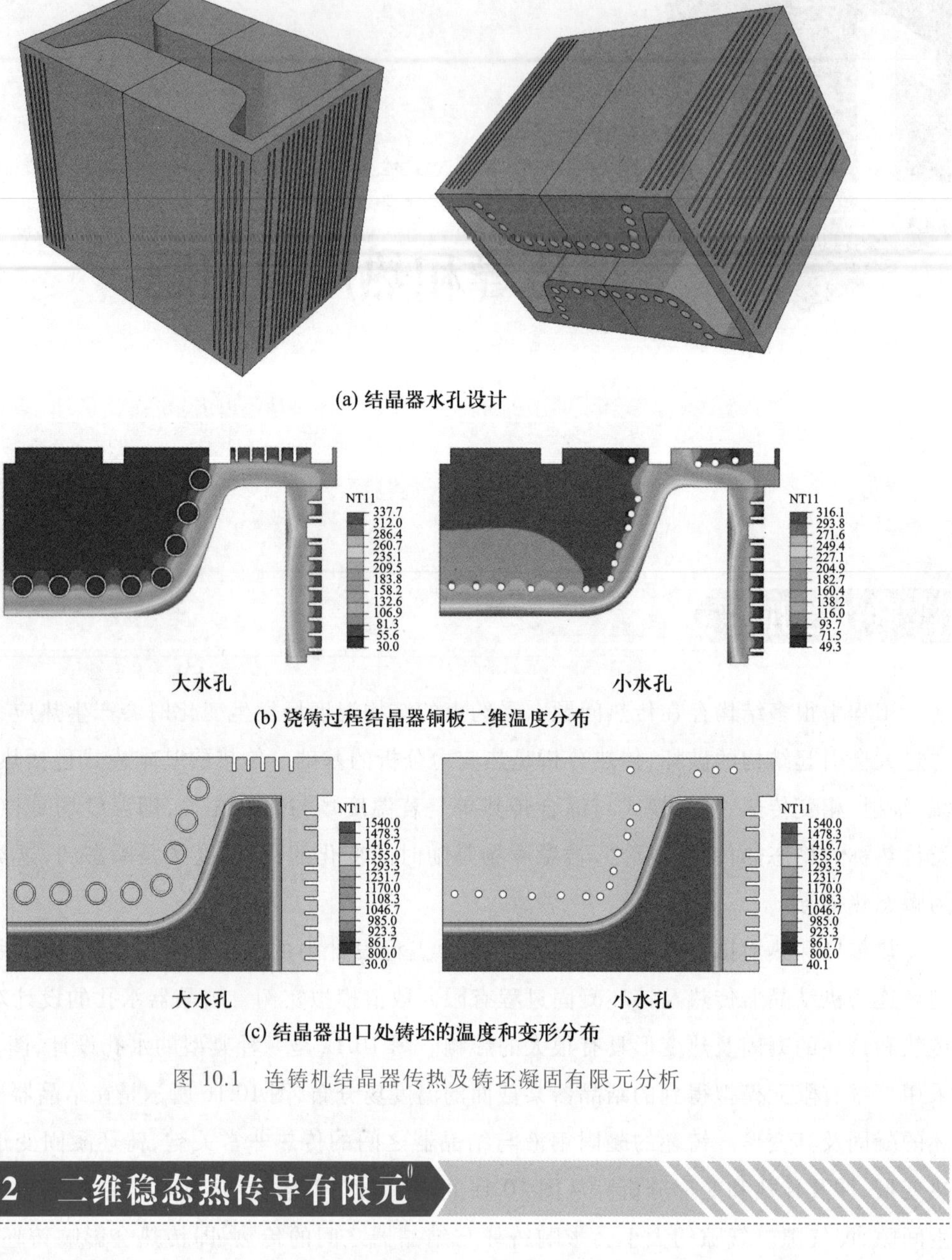

(a) 结晶器水孔设计

(b) 浇铸过程结晶器铜板二维温度分布

(c) 结晶器出口处铸坯的温度和变形分布

图 10.1　连铸机结晶器传热及铸坯凝固有限元分析

10.2　二维稳态热传导有限元①

10.2.1　有限元格式

本节讨论各向同性二维热传导问题的有限元格式。由 1.3 节可知用温度表达的各向同性二维热传导场方程如下：

热传导方程

$$k\left(\frac{\partial^2 T}{\partial x^2}+\frac{\partial^2 T}{\partial y^2}\right)+Q=0 \quad （在 V 域中） \tag{10.1}$$

边界条件

$$T=\overline{T} \quad (\text{在 } S_T \text{ 边界上}) \tag{10.2a}$$

$$k\left(\frac{\partial T}{\partial x}n_x+\frac{\partial T}{\partial y}n_y\right)=\overline{q}_n \quad (\text{在 } S_q \text{ 边界上}) \tag{10.2b}$$

$$k\left(\frac{\partial T}{\partial x}n_x+\frac{\partial T}{\partial y}n_y\right)=h(T_a-T) \quad (\text{在 } S_c \text{ 边界上}) \tag{10.2c}$$

本节采用 Galerkin 加权残值法建立二维稳态热传导问题的有限元格式。视给定温度的边界条件(10.2a)为强制边界条件,热流和换热边界条件(10.2b,c)为自然边界条件。可写出该问题的加权残值表达式为

$$\int_V w_1\left[k\left(\frac{\partial^2 T}{\partial x^2}+\frac{\partial^2 T}{\partial y^2}\right)+Q\right]\mathrm{d}V+\int_{S_q} w_2\left[k\left(\frac{\partial T}{\partial x}n_x+\frac{\partial T}{\partial y}n_y\right)-\overline{q}_n\right]\mathrm{d}S+$$

$$\int_{S_c} w_3\left[k\left(\frac{\partial T}{\partial x}n_x+\frac{\partial T}{\partial y}n_y\right)-h(T_a-T)\right]\mathrm{d}S=0 \tag{10.3}$$

利用分部积分可得该积分方程的“弱”形式

$$-\int_V\left[\frac{\partial w_1}{\partial x}\left(k\frac{\partial T}{\partial x}\right)+\frac{\partial w_1}{\partial y}\left(k\frac{\partial T}{\partial y}\right)-w_1Q\right]\mathrm{d}V+\oint_S w_1\left[k\left(\frac{\partial T}{\partial x}n_x+\frac{\partial T}{\partial y}n_y\right)\right]\mathrm{d}S+$$

$$\int_{S_q} w_2\left[k\left(\frac{\partial T}{\partial x}n_x+\frac{\partial T}{\partial y}n_y\right)-\overline{q}_n\right]\mathrm{d}S+\int_{S_c} w_3\left[k\left(\frac{\partial T}{\partial x}n_x+\frac{\partial T}{\partial y}n_y\right)-h(T_a-T)\right]\mathrm{d}S=0$$

利用 Galerkin 方法,选择 $w_1=\delta T, w_2=-\delta T, w_3=-\delta T$,可得

$$-\int_V\left[\frac{\partial \delta T}{\partial x}\left(k\frac{\partial T}{\partial x}\right)+\frac{\partial \delta T}{\partial y}\left(k\frac{\partial T}{\partial y}\right)-\delta TQ\right]\mathrm{d}V+\int_{S_T}\delta Tk\left(\frac{\partial T}{\partial x}n_x+\frac{\partial T}{\partial y}n_y\right)\mathrm{d}S+$$

$$\int_{S_q}\delta T\overline{q}_n\mathrm{d}S+\int_{S_c}\delta Th(T_a-T)\mathrm{d}S=0$$

在给定温度边界 S_T 上 $\delta T=0$,上式成为

$$-\int_V\left[\frac{\partial \delta T}{\partial x}\left(k\frac{\partial T}{\partial x}\right)+\frac{\partial \delta T}{\partial y}\left(k\frac{\partial T}{\partial y}\right)-\delta TQ\right]\mathrm{d}V+\int_{S_q}\delta T\overline{q}_n\mathrm{d}S+$$

$$\int_{S_c}\delta Th(T_a-T)\mathrm{d}S=0 \tag{10.4}$$

假设单元结点数为 n,单元的插值形式为

$$T=\sum_{i=1}^{n}N_i(x,y)T_i=\boldsymbol{N}\boldsymbol{T}^e \tag{10.5}$$

其中

$$\boldsymbol{N}=[N_1 \quad N_2 \quad \cdots \quad N_n] \tag{10.6}$$

为插值函数矩阵,$\boldsymbol{T}^e$ 为单元结点温度列向量。由于温度是标量,有

$$\boldsymbol{T}^e=[T_1 \quad T_2 \quad \cdots \quad T_n]^{\mathrm{T}}$$

由式(10.5)可得

$$\delta T=\boldsymbol{N}\delta\boldsymbol{T}^e \tag{10.7}$$

将式(10.5)和式(10.7)代入方程(10.4)有

$$(\delta \boldsymbol{T}^{e})^{\mathrm{T}}\int_{V^{e}} k\left[\left(\frac{\partial \boldsymbol{N}}{\partial x}\right)^{\mathrm{T}} \frac{\partial \boldsymbol{N}}{\partial x}+\left(\frac{\partial \boldsymbol{N}}{\partial y}\right)^{\mathrm{T}} \frac{\partial \boldsymbol{N}}{\partial y}\right] \boldsymbol{T}^{e} \mathrm{d} V-(\delta \boldsymbol{T}^{e})^{\mathrm{T}}\int_{V^{e}} \boldsymbol{N}^{\mathrm{T}} Q \mathrm{d} V-$$

$$(\delta \boldsymbol{T}^{e})^{\mathrm{T}}\int_{S_{q}^{e}} \boldsymbol{N}^{\mathrm{T}} \bar{q}_{n} \mathrm{d} S-(\delta \boldsymbol{T}^{e})^{\mathrm{T}}\int_{S_{c}^{e}} \boldsymbol{N}^{\mathrm{T}} h T_{\mathrm{a}} \mathrm{d} S+(\delta \boldsymbol{T}^{e})^{\mathrm{T}}\int_{S_{c}^{e}} \boldsymbol{N}^{\mathrm{T}} \boldsymbol{N} h \boldsymbol{T}^{e} \mathrm{d} S=0 \tag{10.8}$$

由$(\delta \boldsymbol{T}^{e})^{\mathrm{T}}$的任意性得到

$$\int_{V^{e}} k\left[\left(\frac{\partial \boldsymbol{N}}{\partial x}\right)^{\mathrm{T}} \frac{\partial \boldsymbol{N}}{\partial x}+\left(\frac{\partial \boldsymbol{N}}{\partial y}\right)^{\mathrm{T}} \frac{\partial \boldsymbol{N}}{\partial y}\right] \boldsymbol{T}^{e} \mathrm{d} V-\int_{V^{e}} \boldsymbol{N}^{\mathrm{T}} Q \mathrm{d} V-$$

$$\int_{S_{q}^{e}} \boldsymbol{N}^{\mathrm{T}} \bar{q}_{n} \mathrm{d} S-\int_{S_{c}^{e}} \boldsymbol{N}^{\mathrm{T}} h T_{\mathrm{a}} \mathrm{d} S+\int_{S_{c}^{e}} \boldsymbol{N}^{\mathrm{T}} \boldsymbol{N} h \boldsymbol{T}^{e} \mathrm{d} S=\mathbf{0} \tag{10.9}$$

该式进一步简写成

$$\boldsymbol{K}^{e} \boldsymbol{T}^{e}=\boldsymbol{P}^{e} \tag{10.10}$$

此即稳态热传导单元方程。其中

$$\boldsymbol{K}^{e}=\int_{V^{e}} k\left[\left(\frac{\partial \boldsymbol{N}}{\partial x}\right)^{\mathrm{T}} \frac{\partial \boldsymbol{N}}{\partial x}+\left(\frac{\partial \boldsymbol{N}}{\partial y}\right)^{\mathrm{T}} \frac{\partial \boldsymbol{N}}{\partial y}\right] \mathrm{d} V+\int_{S_{c}^{e}} h \boldsymbol{N}^{\mathrm{T}} \boldsymbol{N} \mathrm{d} S \tag{10.11}$$

$$\boldsymbol{P}_{Q}^{e}=\int_{V^{e}} \boldsymbol{N}^{\mathrm{T}} Q \mathrm{d} V, \quad \boldsymbol{P}_{h}^{e}=\int_{S_{c}^{e}} \boldsymbol{N}^{\mathrm{T}} h T_{\mathrm{a}} \mathrm{d} S, \quad \boldsymbol{P}_{q}^{e}=\int_{S_{q}^{e}} \boldsymbol{N}^{\mathrm{T}} \bar{q}_{n} \mathrm{d} S \tag{10.12a}$$

$$\boldsymbol{P}^{e}=\boldsymbol{P}_{Q}^{e}+\boldsymbol{P}_{h}^{e}+\boldsymbol{P}_{q}^{e} \tag{10.12b}$$

这里 $\boldsymbol{K}^{e}$ 为单元热传导矩阵。对于 n 结点单元,有

$$\boldsymbol{K}^{e}=\begin{bmatrix} K_{11}^{e} & K_{12}^{e} & \cdots & K_{1n}^{e} \\ K_{21}^{e} & K_{22}^{e} & \cdots & K_{2n}^{e} \\ \vdots & \vdots & & \vdots \\ K_{n1}^{e} & K_{n2}^{e} & \cdots & K_{nn}^{e} \end{bmatrix} \tag{10.13}$$

其中

$$K_{ij}^{e}=\int_{V^{e}} k\left(\frac{\partial N_{i}}{\partial x} \frac{\partial N_{j}}{\partial x}+\frac{\partial N_{i}}{\partial y} \frac{\partial N_{j}}{\partial y}\right) \mathrm{d} V+\int_{S_{c}^{e}} h N_{i} N_{j} \mathrm{d} S \quad (i, j=1,2, \cdots, n) \tag{10.14}$$

$\boldsymbol{P}^{e}$ 为单元等效结点热载荷,其矩阵形式为

$$\left.\begin{aligned} \boldsymbol{P}_{Q}^{e} &=\left[\begin{array}{llll} P_{Q1}^{e} & P_{Q2}^{e} & \cdots & P_{Qn}^{e} \end{array}\right]^{\mathrm{T}} \\ \boldsymbol{P}_{h}^{e} &=\left[\begin{array}{llll} P_{h1}^{e} & P_{h2}^{e} & \cdots & P_{hn}^{e} \end{array}\right]^{\mathrm{T}} \\ \boldsymbol{P}_{q}^{e} &=\left[\begin{array}{llll} P_{q1}^{e} & P_{q2}^{e} & \cdots & P_{qn}^{e} \end{array}\right]^{\mathrm{T}} \end{aligned}\right\} \tag{10.15}$$

式中

$$P_{Qi}^{e}=\int_{V^{e}} N_{i} Q \mathrm{d} V, \quad P_{hi}^{e}=\int_{S_{c}^{e}} N_{i} h T_{\mathrm{a}} \mathrm{d} S, \quad P_{qi}^{e}=\int_{S_{q}^{e}} N_{i} \bar{q}_{n} \mathrm{d} S \quad (i=1,2, \cdots, n) \tag{10.16}$$

类似于弹性力学问题,将所有单元进行组集后得到系统的稳态热传导有限元方程

$$\boldsymbol{K T}=\boldsymbol{P} \tag{10.17}$$

引入至少一个给定点的温度,消除方程奇异性,进一步利用高斯消元法或迭代法求解方程,

即可得到所有结点的温度。再利用式(10.5)可以计算单元中任意一点的温度。

热传导问题有限元方程也可以利用 2.5.5 节中建立的变分原理导出。对于二维问题,泛函(2.67)简化为

$$\boldsymbol{\Pi}_T = \int_V \left\{ \frac{1}{2} k \left[\left(\frac{\partial T}{\partial x} \right)^2 + \left(\frac{\partial T}{\partial y} \right)^2 \right] - TQ \right\} \mathrm{d}V - \int_{S_q} T \bar{q}_n \mathrm{d}S - \frac{1}{2} \int_{S_c} h (T - T_a)^2 \mathrm{d}S \tag{10.18}$$

将单元插值式(10.5)代入上式可以非常方便地导出有限元方程,得到的方程与前面采用 Galerkin 法得到的方程完全一致。

10.2.2 四边形等参单元

类似于弹性力学二维平面问题,二维热传导问题也可采用四边形等参单元。等参单元插值函数用自然坐标 ξ 和 η 表达为 $N_i(\xi,\eta)$,有

$$T = \sum_{i=1}^{n} N_i(\xi,\eta) T_i \tag{10.19}$$

坐标变换为

$$x = \sum_{i=1}^{n} N_i(\xi,\eta) x_i, \quad y = \sum_{i=1}^{n} N_i(\xi,\eta) y_i \tag{10.20}$$

计算单元热传导矩阵时需计算插值函数对整体坐标的导数,参见 5.3.1 节,可利用式(5.14)、(5.15)计算

$$\begin{bmatrix} \dfrac{\partial N_i}{\partial x} \\ \dfrac{\partial N_i}{\partial y} \end{bmatrix} = \boldsymbol{J}^{-1} \begin{bmatrix} \dfrac{\partial N_i}{\partial \xi} \\ \dfrac{\partial N_i}{\partial \eta} \end{bmatrix} \tag{10.21}$$

式中

$$\boldsymbol{J} = \begin{bmatrix} \dfrac{\partial x}{\partial \xi} & \dfrac{\partial y}{\partial \xi} \\ \dfrac{\partial x}{\partial \eta} & \dfrac{\partial y}{\partial \eta} \end{bmatrix} = \begin{bmatrix} \sum\limits_{i=1}^{n} \dfrac{\partial N_i}{\partial \xi} x_i & \sum\limits_{i=1}^{n} \dfrac{\partial N_i}{\partial \xi} y_i \\ \sum\limits_{i=1}^{n} \dfrac{\partial N_i}{\partial \eta} x_i & \sum\limits_{i=1}^{n} \dfrac{\partial N_i}{\partial \eta} y_i \end{bmatrix} \tag{10.22a}$$

$$\boldsymbol{J}^{-1} = \frac{1}{|\boldsymbol{J}|} \begin{bmatrix} \dfrac{\partial y}{\partial \eta} & -\dfrac{\partial y}{\partial \xi} \\ -\dfrac{\partial x}{\partial \eta} & \dfrac{\partial x}{\partial \xi} \end{bmatrix} = \frac{1}{\dfrac{\partial x}{\partial \xi}\dfrac{\partial y}{\partial \eta} - \dfrac{\partial x}{\partial \eta}\dfrac{\partial y}{\partial \xi}} \begin{bmatrix} \dfrac{\partial y}{\partial \eta} & -\dfrac{\partial y}{\partial \xi} \\ -\dfrac{\partial x}{\partial \eta} & \dfrac{\partial x}{\partial \xi} \end{bmatrix} \tag{10.22b}$$

微元面积分利用式(5.20):

$$\mathrm{d}A = |\mathrm{d}\boldsymbol{\xi} \times \mathrm{d}\boldsymbol{\eta}| = \left(\frac{\partial x}{\partial \xi}\frac{\partial y}{\partial \eta} - \frac{\partial x}{\partial \eta}\frac{\partial y}{\partial \xi} \right) \mathrm{d}\xi \mathrm{d}\eta = |\boldsymbol{J}| \mathrm{d}\xi \mathrm{d}\eta \tag{10.23}$$

边界积分用式(5.21):

$$\mathrm{d}l = |\mathrm{d}\boldsymbol{\eta}| = \left[\left(\frac{\partial x}{\partial \eta}\right)^2 + \left(\frac{\partial y}{\partial \eta}\right)^2\right]^{1/2}\mathrm{d}\boldsymbol{\eta} = L\mathrm{d}\boldsymbol{\eta} \quad (\xi = \pm 1) \tag{10.24}$$

将这些变换关系代入式(10.14)中可得

$$\begin{aligned} K_{ij}^e &= \int_{V^e} k\left(\frac{\partial N_i}{\partial x}\frac{\partial N_j}{\partial x} + \frac{\partial N_i}{\partial y}\frac{\partial N_j}{\partial y}\right)\mathrm{d}V + \int_{S_c^e} hN_iN_j\mathrm{d}S \\ &= \int_{-1}^{1}\int_{-1}^{1} k\left(\frac{\partial N_i}{\partial x}\frac{\partial N_j}{\partial x} + \frac{\partial N_i}{\partial y}\frac{\partial N_j}{\partial y}\right)|\boldsymbol{J}|t\mathrm{d}\xi\mathrm{d}\boldsymbol{\eta} + \int_{-1}^{1} hN_iN_jtL\mathrm{d}\boldsymbol{\eta} \quad (\xi = \pm 1) \\ &\qquad (i,j = 1,2,\cdots,n) \end{aligned} \tag{10.25}$$

上式中$\frac{\partial N_i}{\partial x}$和$\frac{\partial N_j}{\partial x}$可由式(10.21)计算得到，$t$ 是单元的厚度。因为是二维问题，边界面积分简化为边界线积分乘以厚度。式(10.16)给出的等效结点热载荷向量转换为自然坐标的表达式

$$\left.\begin{aligned} \boldsymbol{P}_Q^e &= \int_{V^e}\boldsymbol{N}^{\mathrm{T}}Q\mathrm{d}V = \int_{-1}^{1}\int_{-1}^{1}\boldsymbol{N}^{\mathrm{T}}Qt|\boldsymbol{J}|\mathrm{d}\xi\mathrm{d}\boldsymbol{\eta} \\ \boldsymbol{P}_h^e &= \int_{S_c^e}\boldsymbol{N}^{\mathrm{T}}hT_{\mathrm{a}}\mathrm{d}S = \int_{-1}^{1}\boldsymbol{N}^{\mathrm{T}}hT_{\mathrm{a}}tL\mathrm{d}\boldsymbol{\eta} \quad (\xi = \pm 1) \\ \boldsymbol{P}_q^e &= \int_{S_q^e}\boldsymbol{N}^{\mathrm{T}}\bar{q}_n\mathrm{d}S = \int_{-1}^{1}\boldsymbol{N}^{\mathrm{T}}\bar{q}_ntL\mathrm{d}\boldsymbol{\eta} \quad (\xi = \pm 1) \end{aligned}\right\} \tag{10.26}$$

进一步利用 Gauss 积分即可对式(10.25)和式(10.26)进行数值积分。

以四边形 4 结点单元为例，自然坐标系下母单元如图 10.2 所示，单元的结点温度列向量为

$$\boldsymbol{T}^e = [T_1 \quad T_2 \quad T_3 \quad T_4]^{\mathrm{T}} \tag{10.27}$$

式中 $T_i(i=1,2,3,4)$ 为结点的温度。由式(10.5)，单元中任意一点的温度插值表达式为

$$T = \sum_{i=1}^{4} N_i(\xi,\boldsymbol{\eta})T_i \tag{10.28}$$

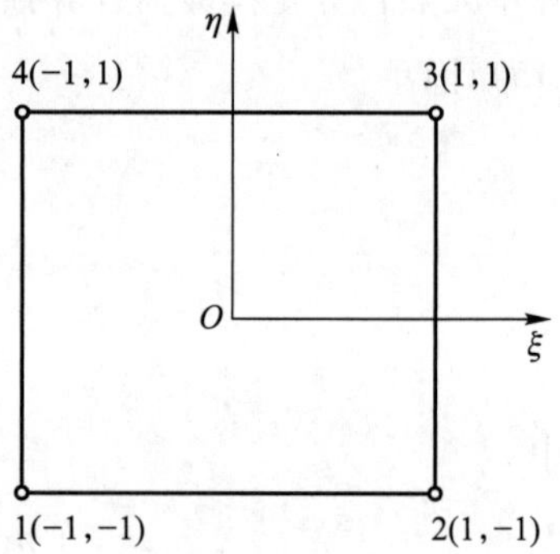

图 10.2　四边形 4 结点等参单元

坐标变换为

$$x = \sum_{i=1}^{4} N_i(\xi,\boldsymbol{\eta})x_i, \quad y = \sum_{i=1}^{4} N_i(\xi,\boldsymbol{\eta})y_i \tag{10.29}$$

其中插值函数为

$$N_i = \frac{1}{4}(1+\xi_i\xi)(1+\eta_i\eta) \quad (i = 1,2,3,4) \tag{10.30}$$

参见 5.3.1 节，为计算插值函数对空间坐标的导数和面积分变换，需计算 Jacobi 矩阵

$$\boldsymbol{J} = \begin{bmatrix} \dfrac{\partial x}{\partial \xi} & \dfrac{\partial y}{\partial \xi} \\ \dfrac{\partial x}{\partial \eta} & \dfrac{\partial y}{\partial \eta} \end{bmatrix} = \begin{bmatrix} \sum\limits_{i=1}^{4}\dfrac{1}{4}(1+\eta_i\eta)\xi_ix_i & \sum\limits_{i=1}^{4}\dfrac{1}{4}(1+\eta_i\eta)\xi_iy_i \\ \sum\limits_{i=1}^{4}\dfrac{1}{4}(1+\xi_i\xi)\eta_ix_i & \sum\limits_{i=1}^{4}\dfrac{1}{4}(1+\xi_i\xi)\eta_iy_i \end{bmatrix} \tag{10.31}$$

其逆为

$$\boldsymbol{J}^{-1}=\frac{1}{|\boldsymbol{J}|}\begin{bmatrix}\dfrac{\partial y}{\partial \eta} & -\dfrac{\partial y}{\partial \xi}\\ -\dfrac{\partial x}{\partial \eta} & \dfrac{\partial x}{\partial \xi}\end{bmatrix}=\frac{1}{|\boldsymbol{J}|}\begin{bmatrix}\sum_{i=1}^{4}\dfrac{1}{4}(1+\xi_i\xi)\eta_i y_i & -\sum_{i=1}^{4}\dfrac{1}{4}(1+\eta_i\eta)\xi_i y_i\\ -\sum_{i=1}^{4}\dfrac{1}{4}(1+\xi_i\xi)\eta_i x_i & \sum_{i=1}^{4}\dfrac{1}{4}(1+\eta_i\eta)\xi_i x_i\end{bmatrix} \tag{10.32a}$$

其中

$$|\boldsymbol{J}|=\left(\sum_{i=1}^{4}\frac{1}{4}(1+\eta_i\eta)\xi_i x_i\right)\left(\sum_{i=1}^{4}\frac{1}{4}(1+\xi_i\xi)\eta_i y_i\right)-\left(\sum_{i=1}^{4}\frac{1}{4}(1+\xi_i\xi)\eta_i x_i\right)\left(\sum_{i=1}^{4}\frac{1}{4}(1+\eta_i\eta)\xi_i y_i\right) \tag{10.32b}$$

边界积分变换系数为

$$\begin{aligned}L&=\left[\left(\frac{\partial x}{\partial \eta}\right)^2+\left(\frac{\partial y}{\partial \eta}\right)^2\right]^{1/2}\\&=\left\{\left[\sum_{i=1}^{4}\frac{1}{4}\eta_i(1+\xi_i\xi)x_i\right]^2+\left[\sum_{i=1}^{4}\frac{1}{4}\eta_i(1+\xi_i\xi)y_i\right]^2\right\}^{1/2}\quad(\xi=\pm 1)\end{aligned} \tag{10.33}$$

10.2.3 三角形等参单元

同样可以采用三角形单元进行温度场分析。采用面积坐标 L_i 可以方便地建立 3 结点线性单元和 6 结点等高次单元，插值函数的构造参见 4.3.1 节。三角形 n 结点单元的温度插值表达式为

$$T=\sum_{i=1}^{n}N_i(L_1,L_2,L_3)T_i \tag{10.34}$$

坐标变换为

$$x=\sum_{i=1}^{n}N_i(L_1,L_2,L_3)x_i,\quad y=\sum_{i=1}^{n}N_i(L_1,L_2,L_3)y_i \tag{10.35}$$

参见 5.3.2 节，令 $\xi=L_1,\eta=L_2,L_3=1-\xi-\eta$，则 $N_1=\xi,N_2=\eta,N_3=1-\xi-\eta$。可按式(5.25)和式(5.26)计算形状函数对空间坐标的导数

$$\begin{bmatrix}\dfrac{\partial N_i}{\partial x}\\ \dfrac{\partial N_i}{\partial y}\end{bmatrix}=\boldsymbol{J}^{-1}\begin{bmatrix}\dfrac{\partial N_i}{\partial L_1}\\ \dfrac{\partial N_i}{\partial L_2}\end{bmatrix} \tag{10.36}$$

式中

$$\boldsymbol{J}^{-1}=\frac{1}{|\boldsymbol{J}|}\begin{bmatrix}\dfrac{\partial y}{\partial L_2} & -\dfrac{\partial y}{\partial L_1}\\ -\dfrac{\partial x}{\partial L_2} & \dfrac{\partial x}{\partial L_1}\end{bmatrix}=\frac{1}{\dfrac{\partial x}{\partial L_1}\dfrac{\partial y}{\partial L_2}-\dfrac{\partial x}{\partial L_2}\dfrac{\partial y}{\partial L_1}}\begin{bmatrix}\dfrac{\partial y}{\partial L_2} & -\dfrac{\partial y}{\partial L_1}\\ -\dfrac{\partial x}{\partial L_2} & \dfrac{\partial x}{\partial L_1}\end{bmatrix} \tag{10.37}$$

二维问题的边界积分为线积分，假设热流或热交换条件施加在 $L_1=0$ 的边上，则边界积分的变换系数为

$$L=\left[\left(\frac{\partial x}{\partial L_2}\right)^2+\left(\frac{\partial y}{\partial L_2}\right)^2\right]^{1/2}\quad (L_1=0) \tag{10.38}$$

将这些变换关系代入式(10.14)中可得

$$\begin{aligned}K_{ij}^e&=\int_{V^e}k\left(\frac{\partial N_i}{\partial x}\frac{\partial N_j}{\partial x}+\frac{\partial N_i}{\partial y}\frac{\partial N_j}{\partial y}\right)\mathrm{d}V+\int_{S_c^e}hN_iN_j\mathrm{d}S\\&=\int_0^1\int_0^{1-L_1}k\left(\frac{\partial N_i}{\partial x}\frac{\partial N_j}{\partial x}+\frac{\partial N_i}{\partial y}\frac{\partial N_j}{\partial y}\right)|\boldsymbol{J}|t\mathrm{d}L_2\mathrm{d}L_1+\int_0^1hN_iN_jtL\mathrm{d}L_2\quad (L_1=0)\\&\qquad (i,j=1,2,\cdots,n)\end{aligned} \tag{10.39}$$

上式中 $\frac{\partial N_i}{\partial x}$ 和 $\frac{\partial N_j}{\partial x}$ 可由式(10.36)变换为自然坐标的函数。式(10.16)给出的等效结点热载荷向量转换为自然坐标的表达式

$$\left.\begin{aligned}\boldsymbol{P}_Q^e&=\int_{V^e}\boldsymbol{N}^{\mathrm{T}}Q\mathrm{d}V=\int_0^1\int_0^{1-L_1}\boldsymbol{N}^{\mathrm{T}}Qt|\boldsymbol{J}|\mathrm{d}L_2\mathrm{d}L_1\\\boldsymbol{P}_h^e&=\int_{S_c^e}\boldsymbol{N}^{\mathrm{T}}hT_{\mathrm{a}}\mathrm{d}S=\int_0^1\boldsymbol{N}^{\mathrm{T}}hT_{\mathrm{a}}tL\mathrm{d}L_2\quad (L_1=0)\\\boldsymbol{P}_q^e&=\int_{S_q^e}\boldsymbol{N}^{\mathrm{T}}\overline{q}_n\mathrm{d}S=\int_0^1\boldsymbol{N}^{\mathrm{T}}\overline{q}_ntL\mathrm{d}L_2\quad (L_1=0)\end{aligned}\right\} \tag{10.40}$$

式(10.39)和式(10.40)中的面积分可采用 Hammer 积分，线积分则采用 Gauss 积分。

以三角形 3 结点单元为例，如图 10.3 所示。单元形状函数 $N_1=L_1, N_2=L_2, N_3=1-L_1-L_2$，参见 5.3.2 节可知

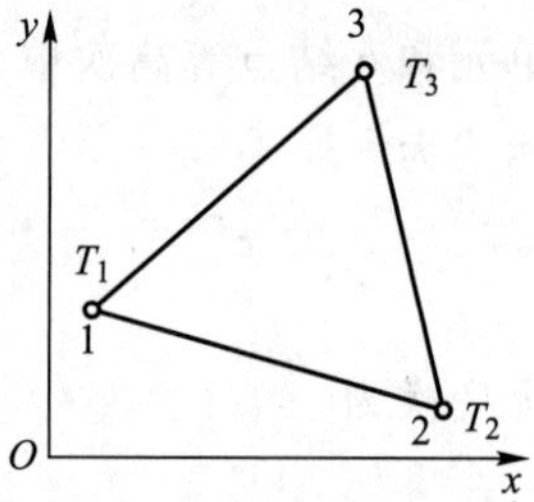

图 10.3　三角形 3 结点单元

$$\boldsymbol{J}=\begin{bmatrix}\frac{\partial x}{\partial L_1}&\frac{\partial y}{\partial L_1}\\\frac{\partial x}{\partial L_2}&\frac{\partial y}{\partial L_2}\end{bmatrix}=\begin{bmatrix}x_1-x_3&y_1-y_3\\x_2-x_3&y_2-y_3\end{bmatrix}=\begin{bmatrix}d_2&-c_2\\-d_1&c_1\end{bmatrix} \tag{10.41a}$$

$$\boldsymbol{J}^{-1}=\frac{1}{|\boldsymbol{J}|}\begin{bmatrix}\frac{\partial y}{\partial L_2}&-\frac{\partial y}{\partial L_1}\\-\frac{\partial x}{\partial L_2}&\frac{\partial x}{\partial L_1}\end{bmatrix}=\frac{1}{d_2c_1-d_1c_2}\begin{bmatrix}c_1&c_2\\d_1&d_2\end{bmatrix} \tag{10.41b}$$

边界线积分变换系数为

$$\begin{aligned}L&=\left[\left(\frac{\partial x}{\partial L_2}\right)^2+\left(\frac{\partial y}{\partial L_2}\right)^2\right]^{1/2}\\&=\sqrt{(x_2-x_3)^2+(y_2-y_3)^2}=\sqrt{d_1^2+c_1^2}\quad (L_1=0)\end{aligned} \tag{10.42}$$

*10.2.4　模拟裂尖热流的奇异等参元

如图 10.4 所示,在无限域内含有一绝热裂纹,裂纹长度为 $2a$,裂纹倾斜角为 γ,导热系数为 k,无穷远处承受均匀稳态热流 q。在裂纹尖端附近局部直角坐标系 Oxy 下,裂纹尖端附近的温度场和热流场可以近似表示为

$$T=-\frac{q\cos\gamma}{k}\sqrt{2ar}\sin\frac{\theta}{2} \tag{10.43a}$$

$$q_x=-\frac{q\sqrt{a}\cos\gamma}{\sqrt{2r}}\sin\frac{\theta}{2} \tag{10.43b}$$

$$q_y=\frac{q\sqrt{a}\cos\gamma}{\sqrt{2r}}\cos\frac{\theta}{2} \tag{10.43c}$$

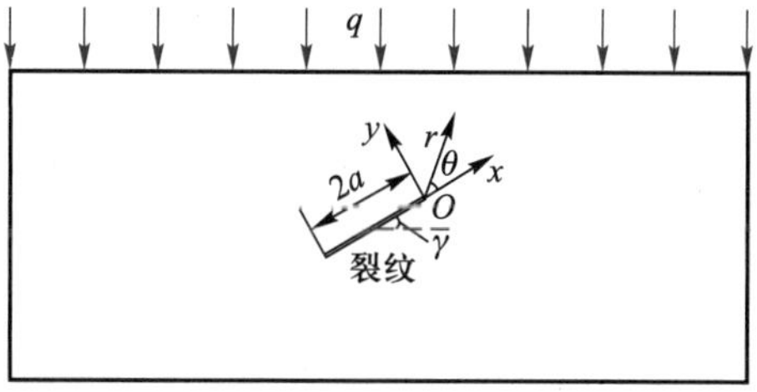

图 10.4　受稳态热流作用含斜裂纹无限大板

上式中 r 和 θ 为裂尖局部坐标系下的极坐标,且 $-\pi<\theta<\pi$;q_x 和 q_y 分别表示局部坐标系下沿 x 和 y 方向的热流分量。从热流表达式中可以看出,当 r 趋近于无穷小时,热流分量趋近于无穷大,即热流在裂尖处具有奇异性。裂纹尖端附近的净热流量为

$$q=\sqrt{q_x^2+q_y^2} \tag{10.44}$$

为了描述热流奇异性的强弱,定义如下的热流强度因子:

$$K_{\mathrm{T}}=\lim_{r\to 0}\sqrt{2r}\,q=q\sqrt{a}\cos\gamma \tag{10.45}$$

从热流强度因子的定义式中可以看出,热流强度因子与热流载荷 q 成正比,与裂纹半长的二分之一次方成正比。利用热流强度因子,参见图 10.4,在裂纹尖端附近局部直角坐标系 Oxy 下,裂尖附近的温度场和热流场可以表示为

$$T=-\frac{K_{\mathrm{T}}}{k}\sqrt{2r}\sin\frac{\theta}{2} \tag{10.46a}$$

$$q_x=-\frac{K_{\mathrm{T}}}{\sqrt{2r}}\sin\frac{\theta}{2} \tag{10.46b}$$

$$q_y=\frac{K_{\mathrm{T}}}{\sqrt{2r}}\cos\frac{\theta}{2} \tag{10.46c}$$

由式(10.43)可知,裂纹尖端附近的热流表现出 $1/\sqrt{r}$ 奇异性。可以采用 5.8.1 节所述模拟裂纹尖端应力奇异性的奇异等参元。考虑四边形 8 结点等参元,如图 10.5 所示。根据等参变换,整体坐标系中边 1-2 上任一点的坐标变换式为

$$\begin{aligned}x&=N_1(\xi)x_1+N_5(\xi)x_5+N_2(\xi)x_2\\&=-\frac{1}{2}\xi(1-\xi)x_1+(1-\xi^2)x_5+\frac{1}{2}\xi(1+\xi)x_2\end{aligned} \tag{10.47}$$

其中,ξ 是边 1-2 上任一点 P 在母单元中的局部坐标,$x_i(i=1,2,5)$ 为结点 i 的整体坐标,N_i

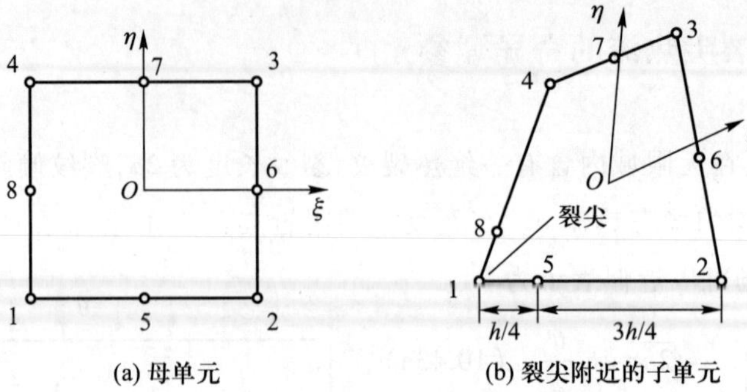

图 10.5　四边形 8 结点奇异等参元

为对应于结点 i 的插值函数。

整体坐标系下裂尖附近一个单元如图 10.5b 所示，假设裂纹尖端与结点 1 重合。将局部结点 5 设置于 1-2 边的 1/4 位置处，若边 1-2 的长度为 h，边 1-2 上各结点 x 方向的坐标分别为 $x_1=0, x_5=h/4$ 和 $x_2=h$。将其代入式(10.47)中有

$$x=\frac{h}{4}(1-\xi^2)+\frac{h}{2}\xi(1+\xi)=\frac{h}{4}(1+\xi)^2 \tag{10.48}$$

可以解出

$$\xi=2\sqrt{x/h}-1 \tag{10.49}$$

另一方面，在边 1-2 上，任一点 P 的温度的插值表达式可写成

$$T=\alpha_0+\alpha_1\xi+\alpha_2\xi^2 \tag{10.50}$$

因此，该点的温度梯度可以表示为

$$\frac{\partial T}{\partial x}=\frac{\partial T}{\partial \xi}\frac{\mathrm{d}\xi}{\mathrm{d}x}=\frac{\alpha_1+2\alpha_2\xi}{\sqrt{hx}} \tag{10.51}$$

即温度梯度 $\partial T/\partial x$ 具有 $1/\sqrt{r}$ 奇异特征。根据傅里叶定律有

$$q_x=-\lambda\frac{\partial T}{\partial x} \tag{10.52}$$

因此，该单元能够描述裂纹尖端热流的奇异性。类似地，须将单元边 1-4 上的中间结点置于该边的 1/4 位置处，这种单元称为 **1/4 结点奇异等参元**。

10.3　二维瞬态热传导有限元

10.3.1　有限元格式

参见 1.3 节，各向同性二维瞬态热传导问题的场方程为

$$\rho c_p\frac{\partial T}{\partial t}-k\left(\frac{\partial^2 T}{\partial x^2}+\frac{\partial^2 T}{\partial y^2}\right)-Q=0 \quad (\text{在 } V \text{ 域中}) \tag{10.53}$$

边界条件为

$$T=\overline{T}(t)\quad(\text{在 }S_T\text{ 边界上})\tag{10.54a}$$

$$k\left(\frac{\partial T}{\partial x}n_x+\frac{\partial T}{\partial y}n_y\right)=\overline{q}_n(t)\quad(\text{在 }S_q\text{ 边界上})\tag{10.54b}$$

$$k\left(\frac{\partial T}{\partial x}n_x+\frac{\partial T}{\partial y}n_y\right)=h(T_a-T)\quad(\text{在 }S_c\text{ 边界上})\tag{10.54c}$$

初始条件为

$$T=T_0\quad(t=0)\tag{10.55}$$

类似于稳态热传导问题,可以采用 Galerkin 法建立瞬态热传导问题的有限元格式。仍然视给定温度边界条件(10.54a)为强制边界条件,给定热流密度边界条件(10.54b)和换热边界条件(10.54c)为自然边界条件。写出该问题的加权残值表达式为

$$\int_V w_1\left[\rho c_p\frac{\partial T}{\partial t}-k\left(\frac{\partial^2 T}{\partial x^2}+\frac{\partial^2 T}{\partial y^2}\right)-Q\right]\mathrm{d}V+\int_{S_q}w_2\left[k\left(\frac{\partial T}{\partial x}n_x+\frac{\partial T}{\partial y}n_y\right)-\overline{q}_n\right]\mathrm{d}S+$$
$$\int_{S_c}w_3\left[k\left(\frac{\partial T}{\partial x}n_x+\frac{\partial T}{\partial y}n_y\right)-h(T_a-T)\right]\mathrm{d}S=0\tag{10.56}$$

利用分部积分可得该积分方程的弱形式

$$\int_V\left[w_1\rho c_p\frac{\partial T}{\partial t}+\frac{\partial w_1}{\partial x}\left(k\frac{\partial T}{\partial x}\right)+\frac{\partial w_1}{\partial y}\left(k\frac{\partial T}{\partial y}\right)-w_1Q\right]\mathrm{d}V-\oint_S w_1\left[k\left(\frac{\partial T}{\partial x}n_x+\frac{\partial T}{\partial y}n_y\right)\right]\mathrm{d}S+$$
$$\int_{S_q}w_2\left[k\left(\frac{\partial T}{\partial x}n_x+\frac{\partial T}{\partial y}n_y\right)-\overline{q}_n\right]\mathrm{d}S+\int_{S_c}w_3\left[k\left(\frac{\partial T}{\partial x}n_x+\frac{\partial T}{\partial y}n_y\right)-h(T_a-T)\right]\mathrm{d}S=0\tag{10.57}$$

和稳态问题类似,利用 Galerkin 方法,选择 $w_1=\delta T, w_2=w_3=w_1=\delta T$。利用分部积分,并在 S_T 边界上取 $\delta T=0$,可得

$$\int_V\delta T\rho c_p\frac{\partial T}{\partial t}\mathrm{d}V+\int_V\left[k\left(\frac{\partial\delta T}{\partial x}\frac{\partial T}{\partial x}+\frac{\partial\delta T}{\partial y}\frac{\partial T}{\partial y}\right)-\delta TQ\right]\mathrm{d}V-$$
$$\int_{S_q}\delta T\overline{q}_n\mathrm{d}S-\int_{S_c}\delta Th(T_a-T)\mathrm{d}S=0\tag{10.58}$$

对于瞬态问题,温度场是随时间变化的,可以对结构在任意时刻采用相同的空间离散,即在任意时刻离散结构的网格相同,单元内温度的空间插值函数相同。不同于稳态问题的是,此时各点的温度均随时间而变化。具有 n 个结点的单元插值形式可以写成

$$T(t)=\sum_{i=1}^{n}N_i(x,y)T_i(t)=\boldsymbol{N}\boldsymbol{T}^e\tag{10.59}$$

上式表明插值函数不随时间变化,可取与稳态问题相同的函数,即采用式(10.6)的形式。将式(10.59)代入式(10.58)可得

$$(\delta\boldsymbol{T}^e)^{\mathrm{T}}\int_{V^e}\rho c_p\boldsymbol{N}^{\mathrm{T}}\boldsymbol{N}\frac{\partial\boldsymbol{T}^e}{\partial t}\mathrm{d}V+(\delta\boldsymbol{T}^e)^{\mathrm{T}}\int_{V^e}k\left[\left(\frac{\partial\boldsymbol{N}}{\partial x}\right)^{\mathrm{T}}\frac{\partial\boldsymbol{N}}{\partial x}+\left(\frac{\partial\boldsymbol{N}}{\partial y}\right)^{\mathrm{T}}\frac{\partial\boldsymbol{N}}{\partial y}\right]\boldsymbol{T}^e\mathrm{d}V-$$
$$(\delta\boldsymbol{T}^e)^{\mathrm{T}}\int_{V^e}\boldsymbol{N}^{\mathrm{T}}Q\mathrm{d}V-(\delta\boldsymbol{T}^e)^{\mathrm{T}}\int_{S_q^e}\boldsymbol{N}^{\mathrm{T}}\overline{q}_n\mathrm{d}S-(\delta\boldsymbol{T}^e)^{\mathrm{T}}\int_{S_c^e}\boldsymbol{N}^{\mathrm{T}}hT_a\mathrm{d}S+$$
$$(\delta\boldsymbol{T}^e)^{\mathrm{T}}\int_{S_c^e}\boldsymbol{N}^{\mathrm{T}}\boldsymbol{N}h\boldsymbol{T}^e\mathrm{d}S=0\tag{10.60}$$

由 $\delta \boldsymbol{T}^e$ 的任意性可得

$$\int_{V^e}\rho c_p \boldsymbol{N}^{\mathrm{T}}\boldsymbol{N}\dot{\boldsymbol{T}}^e \mathrm{d}V + \int_{V^e} k\left[\left(\frac{\partial \boldsymbol{N}}{\partial x}\right)^{\mathrm{T}}\frac{\partial \boldsymbol{N}}{\partial x} + \left(\frac{\partial \boldsymbol{N}}{\partial y}\right)^{\mathrm{T}}\frac{\partial \boldsymbol{N}}{\partial y}\right]\boldsymbol{T}^e \mathrm{d}V -$$

$$\int_{V^e}\boldsymbol{N}^{\mathrm{T}}Q\mathrm{d}V - \int_{S_q^e}\boldsymbol{N}^{\mathrm{T}}\overline{q}_n \mathrm{d}S - \int_{S_c^e}\boldsymbol{N}^{\mathrm{T}}hT_{\mathrm{a}}\mathrm{d}S + \int_{S_c^e}\boldsymbol{N}^{\mathrm{T}}\boldsymbol{N}h\boldsymbol{T}^e \mathrm{d}S = \boldsymbol{0} \tag{10.61}$$

简写成

$$\boldsymbol{C}^e\dot{\boldsymbol{T}}^e + \boldsymbol{K}^e\boldsymbol{T}^e = \boldsymbol{P}^e \tag{10.62}$$

此即瞬态热传导单元方程。其中

$$\boldsymbol{C}^e = \int_{V^e}\rho c_p \boldsymbol{N}^{\mathrm{T}}\boldsymbol{N}\mathrm{d}V \tag{10.63a}$$

为 $n\times n$ 阶矩阵，其元素

$$C_{ij}^e = \int_{V^e}\rho c_p N_i N_j \mathrm{d}V \tag{10.63b}$$

另外

$$\boldsymbol{K}^e = \int_{V^e} k\left[\left(\frac{\partial \boldsymbol{N}}{\partial x}\right)^{\mathrm{T}}\frac{\partial \boldsymbol{N}}{\partial x} + \left(\frac{\partial \boldsymbol{N}}{\partial y}\right)^{\mathrm{T}}\frac{\partial \boldsymbol{N}}{\partial y}\right]\mathrm{d}V + \int_{S_c^e} h\boldsymbol{N}^{\mathrm{T}}\boldsymbol{N}\mathrm{d}S \tag{10.64}$$

$$\boldsymbol{P}^e = \boldsymbol{P}_Q^e + \boldsymbol{P}_h^e + \boldsymbol{P}_q^e = \int_{V^e}\boldsymbol{N}^{\mathrm{T}}Q\mathrm{d}V + \int_{S_c^e}\boldsymbol{N}^{\mathrm{T}}hT_{\mathrm{a}}\mathrm{d}S + \int_{S_q^e}\boldsymbol{N}^{\mathrm{T}}\overline{q}_n \mathrm{d}S \tag{10.65}$$

注意，此时等效结点热载荷 $\boldsymbol{P}^e$ 是随时间变化的。

对所有单元进行组集得系统的瞬态热传导有限元方程

$$\boldsymbol{C}\dot{\boldsymbol{T}} + \boldsymbol{K}\boldsymbol{T} = \boldsymbol{P} \tag{10.66}$$

此方程组为一阶常微分方程组，需进行时间积分求解。对于线性问题，除了时间积分，也可以使用模态叠加法。

10.3.2　瞬态方程的模态叠加解法

类似于线性弹性动力学方程，热传导瞬态方程的求解可以采用模态叠加法。为此，首先要求解特征值问题。瞬态热传导有限元方程(10.66)的齐次式为

$$\boldsymbol{C}\dot{\boldsymbol{T}} + \boldsymbol{K}\boldsymbol{T} = \boldsymbol{0} \tag{10.67}$$

假设其解的形式为 $\boldsymbol{T}=\hat{\boldsymbol{T}}\mathrm{e}^{-\omega t}$，代入齐次方程(10.67)可得

$$(-\omega\boldsymbol{C} + \boldsymbol{K})\hat{\boldsymbol{T}} = \boldsymbol{0} \tag{10.68}$$

该方程要有非零解，其系数矩阵的行列式必须是奇异的，即

$$|-\omega\boldsymbol{C} + \boldsymbol{K}| = 0 \tag{10.69}$$

此即特征方程。求解 n 阶特征方程可得 n 个特征值。若 $\boldsymbol{C}$ 和 $\boldsymbol{K}$ 正定，则特征值为正实数，且

$$0 < \omega_1 < \omega_2 < \cdots < \omega_n$$

将每一个特征值 ω_i 代入方程(10.68)可得一组特征向量 $\hat{\boldsymbol{T}}_i$，该特征向量也称为模态。

特征向量具有正交性,即满足下列关系:

$$\left.\begin{array}{ll}\hat{\boldsymbol{T}}_i^{\mathrm{T}}\boldsymbol{K}\hat{\boldsymbol{T}}_j=0, & i\neq j\\ \hat{\boldsymbol{T}}_i^{\mathrm{T}}\boldsymbol{K}\hat{\boldsymbol{T}}_j=K_i, & i=j\end{array}\right\},\quad \left.\begin{array}{ll}\hat{\boldsymbol{T}}_i^{\mathrm{T}}\boldsymbol{C}\hat{\boldsymbol{T}}_j=0, & i\neq j\\ \hat{\boldsymbol{T}}_i^{\mathrm{T}}\boldsymbol{C}\hat{\boldsymbol{T}}_j=C_i, & i=j\end{array}\right\} \tag{10.70}$$

在得到特征值和特征向量后,可得齐次方程的解

$$\boldsymbol{T}(t)=\sum_{i=1}^{n}A_i\hat{\boldsymbol{T}}_i\mathrm{e}^{-\omega_i t} \tag{10.71}$$

下面介绍采用模态叠加法求解热传导瞬态响应的方法。瞬态方程(10.66)的解可表示为特征向量的线性组合

$$\boldsymbol{T}(t)=\sum_{i=1}^{n}\hat{\boldsymbol{T}}_i\boldsymbol{y}_i(t)=\begin{bmatrix}\hat{\boldsymbol{T}}_1 & \hat{\boldsymbol{T}}_2 & \cdots & \hat{\boldsymbol{T}}_n\end{bmatrix}\begin{bmatrix}y_1(t)\\ y_2(t)\\ \vdots\\ y_n(t)\end{bmatrix} \tag{10.72}$$

将其代入方程(10.66)可得

$$\boldsymbol{C}\begin{bmatrix}\hat{\boldsymbol{T}}_1 & \hat{\boldsymbol{T}}_2 & \cdots & \hat{\boldsymbol{T}}_n\end{bmatrix}\begin{bmatrix}\dot{y}_1\\ \dot{y}_2\\ \vdots\\ \dot{y}_n\end{bmatrix}+\boldsymbol{K}\begin{bmatrix}\hat{\boldsymbol{T}}_1 & \hat{\boldsymbol{T}}_2 & \cdots & \hat{\boldsymbol{T}}_n\end{bmatrix}\begin{bmatrix}y_1\\ y_2\\ \vdots\\ y_n\end{bmatrix}=\boldsymbol{P} \tag{10.73}$$

方程两边同时乘以特征向量矩阵的转置,有

$$\begin{bmatrix}\hat{\boldsymbol{T}}_1^{\mathrm{T}}\\ \hat{\boldsymbol{T}}_2^{\mathrm{T}}\\ \vdots\\ \hat{\boldsymbol{T}}_n^{\mathrm{T}}\end{bmatrix}\boldsymbol{C}\begin{bmatrix}\hat{\boldsymbol{T}}_1 & \hat{\boldsymbol{T}}_2 & \cdots & \hat{\boldsymbol{T}}_n\end{bmatrix}\begin{bmatrix}\dot{y}_1\\ \dot{y}_2\\ \vdots\\ \dot{y}_n\end{bmatrix}+\begin{bmatrix}\hat{\boldsymbol{T}}_1^{\mathrm{T}}\\ \hat{\boldsymbol{T}}_2^{\mathrm{T}}\\ \vdots\\ \hat{\boldsymbol{T}}_n^{\mathrm{T}}\end{bmatrix}\boldsymbol{K}\begin{bmatrix}\hat{\boldsymbol{T}}_1 & \hat{\boldsymbol{T}}_2 & \cdots & \hat{\boldsymbol{T}}_n\end{bmatrix}\begin{bmatrix}y_1\\ y_2\\ \vdots\\ y_n\end{bmatrix}=\begin{bmatrix}\hat{\boldsymbol{T}}_1^{\mathrm{T}}\\ \hat{\boldsymbol{T}}_2^{\mathrm{T}}\\ \vdots\\ \hat{\boldsymbol{T}}_n^{\mathrm{T}}\end{bmatrix}\boldsymbol{P} \tag{10.74}$$

由特征向量的正交性[式(10.70)],可得

$$\begin{bmatrix}C_1 & 0 & \cdots & 0\\ 0 & C_2 & \cdots & 0\\ \vdots & \vdots & & \vdots\\ 0 & 0 & \cdots & C_n\end{bmatrix}\begin{bmatrix}\dot{y}_1\\ \dot{y}_2\\ \vdots\\ \dot{y}_n\end{bmatrix}+\begin{bmatrix}K_1 & 0 & \cdots & 0\\ 0 & K_2 & \cdots & 0\\ \vdots & \vdots & & \vdots\\ 0 & 0 & \cdots & K_n\end{bmatrix}\begin{bmatrix}y_1\\ y_2\\ \vdots\\ y_n\end{bmatrix}=\begin{bmatrix}P_1\\ P_2\\ \vdots\\ P_n\end{bmatrix} \tag{10.75}$$

式中

$$P_i=\hat{\boldsymbol{T}}_i^{\mathrm{T}}\boldsymbol{P}$$

由此得到 n 个解耦的单自由度常微分方程

$$C_i\dot{y}_i+K_iy_i=P_i \tag{10.76}$$

单自由度方程(10.76)可以用解析方法或 10.3.3 节中将介绍的两点积分方法求解。在得到每一个自由度对应的 $y_i(t)$ 后,代入式(10.72)即可得到各个结点的温度时程响应。

10.3.3 瞬态方程的直接积分解法

方程(10.66)为一阶常微分方程,其求解除了上一节给出的模态叠加法外,还可采用直接积分。一阶常微分方程的直接积分法采用近似方法对方程进行时间积分。微分方程(10.66)的解是时间的函数,类似于空间离散,可对连续的时间函数进行离散,求近似解。

如图 10.6 所示为一随时间变化的函数 $T(t)$。将时间区间离散成 $k+1$ 个时刻,每两个相邻时刻之间的时间段长度为 Δt,称为时间增量或时间步长。参见图 10.7,在任意一个时间段 $[t_k \sim t_{k+1}]$ $(t_{k+1}=t_k+\Delta t)$ 内,对函数进行线性插值

$$T(t_k+\tau)=T(t_k+\xi\Delta t)=N_kT_k+N_{k+1}T_{k+1} \tag{10.77}$$

式中 $\tau=0\sim\Delta t, \xi=\dfrac{\tau}{\Delta t}, (\xi=0\sim1)$,插值函数为"局部"时间 τ 的函数

$$N_k=1-\frac{\tau}{\Delta t},\quad N_{k+1}=\frac{\tau}{\Delta t} \tag{10.78a}$$

或

$$N_k=1-\xi,\quad N_{k+1}=\xi\quad(\xi=0\sim1) \tag{10.78b}$$

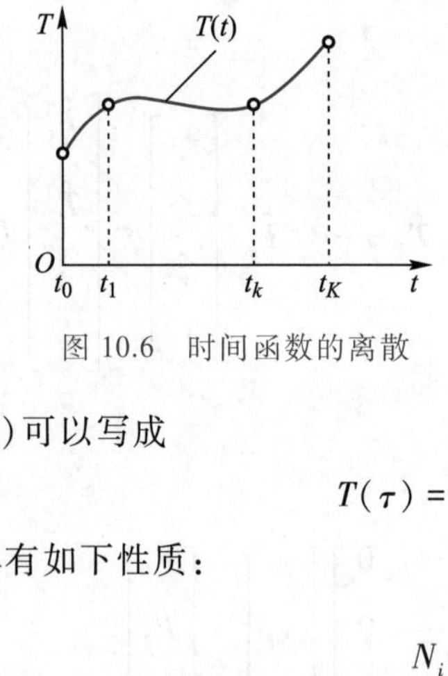

图 10.6　时间函数的离散

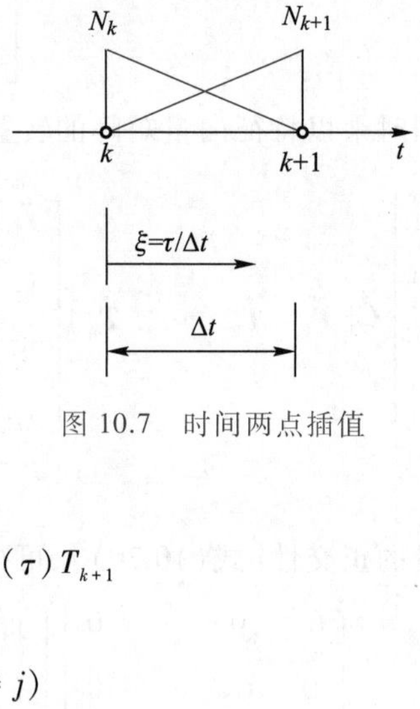

图 10.7　时间两点插值

式(10.77)可以写成

$$T(\tau)=N_k(\tau)T_k+N_{k+1}(\tau)T_{k+1} \tag{10.79}$$

该函数具有如下性质:

$$N_i(\tau_j)=\begin{cases}0 & (i\neq j)\\ 1 & (i=j)\end{cases}$$

对于有限元离散系统,时间段$[t_k\sim t_{k+1}]$内所有结点的温度均可采用式(10.79)的插值形式,即

$$\boldsymbol{T}(\tau)=N_k(\tau)\boldsymbol{T}_k+N_{k+1}(\tau)\boldsymbol{T}_{k+1} \tag{10.80}$$

对时间 τ 求导数有

$$\dot{\boldsymbol{T}}(\tau)=\dot{N}_k(\tau)\boldsymbol{T}_k+\dot{N}_{k+1}(\tau)\boldsymbol{T}_{k+1} \tag{10.81}$$

由式(10.78a)可得

$$\dot{N}_k=-\frac{1}{\Delta t},\quad \dot{N}_{k+1}=\frac{1}{\Delta t} \tag{10.82}$$

在时间段$[t_k \sim t_{k+1}]$写出微分方程的加权余量形式

$$\int_0^1 w[\boldsymbol{C}\dot{\boldsymbol{T}}(\tau) + \boldsymbol{K}\boldsymbol{T}(\tau) - \boldsymbol{P}(\tau)]\mathrm{d}\xi = \boldsymbol{0} \tag{10.83}$$

将式(10.80)和式(10.81)代入上式有

$$\int_0^1 w[\boldsymbol{C}(\dot{N}_k\boldsymbol{T}_k + \dot{N}_{k+1}\boldsymbol{T}_{k+1}) + \boldsymbol{K}(N_k\boldsymbol{T}_k + N_{k+1}\boldsymbol{T}_{k+1}) - \boldsymbol{P}]\mathrm{d}\xi = \boldsymbol{0} \tag{10.84}$$

将式(10.82)代入上式可得

$$\int_0^1 w\boldsymbol{C}\left(-\frac{1}{\Delta t}\boldsymbol{T}_k + \frac{1}{\Delta t}\boldsymbol{T}_{k+1}\right)\mathrm{d}\xi + \int_0^1 w\boldsymbol{K}[(1-\xi)\boldsymbol{T}_k + \xi\boldsymbol{T}_{k+1}]\mathrm{d}\xi - \int_0^1 w\boldsymbol{P}\mathrm{d}\xi = \boldsymbol{0} \tag{10.85}$$

上式可进一步写成

$$\left(-\frac{\boldsymbol{C}}{\Delta t}\int_0^1 w\mathrm{d}\xi + \boldsymbol{K}\int_0^1 w(1-\xi)\mathrm{d}\xi\right)\boldsymbol{T}_k + \left(\frac{\boldsymbol{C}}{\Delta t}\int_0^1 w\mathrm{d}\xi + \boldsymbol{K}\int_0^1 w\xi\mathrm{d}\xi\right)\boldsymbol{T}_{k+1} - \int_0^1 w\boldsymbol{P}\mathrm{d}\xi = \boldsymbol{0} \tag{10.86}$$

该方程两边同时除以$\int_0^1 w\mathrm{d}\xi$得

$$\left(\frac{\boldsymbol{C}}{\Delta t} + \boldsymbol{K}\frac{\int_0^1 w\xi\mathrm{d}\xi}{\int_0^1 w\mathrm{d}\xi}\right)\boldsymbol{T}_{k+1} + \left(-\frac{\boldsymbol{C}}{\Delta t} + \boldsymbol{K}\frac{\int_0^1 w(1-\xi)\mathrm{d}\xi}{\int_0^1 w\mathrm{d}\xi}\right)\boldsymbol{T}_k = \frac{\int_0^1 w\boldsymbol{P}\mathrm{d}\xi}{\int_0^1 w\mathrm{d}\xi} \tag{10.87}$$

令

$$\theta = \frac{\int_0^1 w\xi\mathrm{d}\xi}{\int_0^1 w\mathrm{d}\xi} \tag{10.88}$$

将式(10.87)写成

$$\left(\frac{1}{\Delta t}\boldsymbol{C} + \theta\boldsymbol{K}\right)\boldsymbol{T}_{k+1} + \left[-\frac{1}{\Delta t}\boldsymbol{C} + (1-\theta)\boldsymbol{K}\right]\boldsymbol{T}_k = \overline{\boldsymbol{P}} \tag{10.89}$$

式中

$$\overline{\boldsymbol{P}} = \frac{\int_0^1 w\boldsymbol{P}\mathrm{d}\xi}{\int_0^1 w\mathrm{d}\xi}$$

如果假设在时间增量步中 $\boldsymbol{P}$ 是线性变化的，采用与温度相同的插值形式式(10.80)$\boldsymbol{P}=N_k\boldsymbol{P}_k+N_{k+1}\boldsymbol{P}_{k+1}=(1-\xi)\boldsymbol{P}_k+\xi\boldsymbol{P}_{k+1}$，代入上式可得：

$$\overline{\boldsymbol{P}} = \theta\boldsymbol{P}_{k+1} + (1-\theta)\boldsymbol{P}_k \tag{10.90}$$

由式(10.89)可见，如果已知 $\boldsymbol{T}_k$ 和 $\overline{\boldsymbol{P}}$，则利用该式可以计算 $\boldsymbol{T}_{k+1}$，该公式称为两点循环公式。方程(10.89)可以进一步简写为

$$\overline{\boldsymbol{K}}\boldsymbol{T}_{k+1} = \overline{\boldsymbol{Q}}_{k+1} \tag{10.91}$$

式中

$$\overline{\boldsymbol{K}} = \theta\boldsymbol{K} + \frac{1}{\Delta t}\boldsymbol{C} \tag{10.92a}$$

$$\overline{\boldsymbol{Q}}_{k+1} = \left[\frac{1}{\Delta t}\boldsymbol{C} - (1-\theta)\boldsymbol{K}\right]\boldsymbol{T}_k + (1-\theta)\boldsymbol{P}_k + \theta\boldsymbol{P}_{k+1} \tag{10.92b}$$

由问题的初始条件，$t_0=0$ 时刻的温度 $T_0=T(0)$，且温度载荷 $\boldsymbol{P}$ 随时间的变化规律已知，即可以确定 t_0 和 $t_1(t_1=t_0+\Delta t)$ 时刻的值 $\boldsymbol{P}_0$ 和 $\boldsymbol{P}_1$，故利用式(10.92b)可计算得到 $\overline{\boldsymbol{Q}}_1$，代入方程(10.91)，求解该代数方程即可得到 $\boldsymbol{T}_1$。循环重复上述过程即可求得 $\boldsymbol{T}_1,\boldsymbol{T}_2,\cdots,\boldsymbol{T}_K$。

下面讨论积分参数 θ 的选择。由式(10.88)可知，积分参数 θ 依赖于权函数 w，权函数的取值不同，积分参数也不同，参见图 10.8。不同的积分参数对应于不同的差分格式：

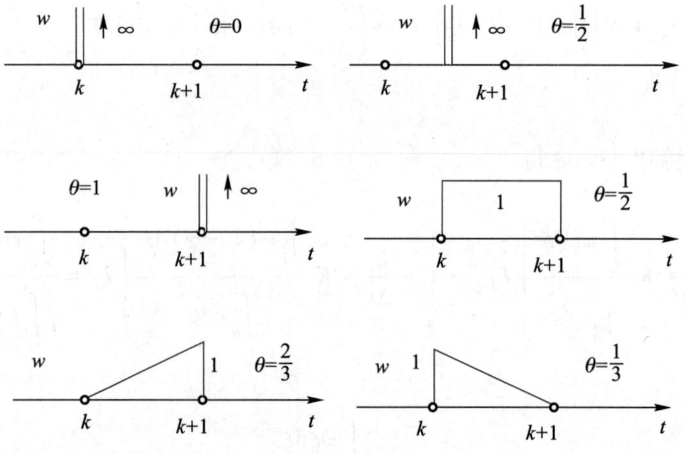

图 10.8　权函数和积分参数的取值

$\theta=0$　向前差分(Euler 差分公式)

$\theta=\dfrac{1}{2}$　中心差分(Crank-Nicholson 差分公式)

$\theta=1$　向后差分

值得注意的是，θ 的取值直接影响到解的精度和稳定性。从式(10.91)可知，要求解该方程，需要求系数矩阵 $\overline{\boldsymbol{K}}$ 的逆，这种需要求系数矩阵逆的方法为隐式的，称为隐式方法。然而，当 $\theta=0$ 时，由式(10.92a)可知，如果 $\boldsymbol{C}$ 为对角阵，方程(10.91)的求解无须求系数矩阵的逆，其求解称为显式方法。

根据上述过程，热传导瞬态问题有限元分析步骤如下：

(1) 初始计算

(a) 离散化结构，由式(10.63a)和式(10.64)计算单元矩阵 $\boldsymbol{C}^e$ 和 $\boldsymbol{K}^e$，组集得到系统的系数矩阵 $\boldsymbol{C}$ 和 $\boldsymbol{K}$

(b) 给定温度初始条件 $\boldsymbol{T}_0$

(c) 选择积分参数 θ 和时间步长 Δt

(d) 形成有效系数矩阵 $\overline{\boldsymbol{K}}=\dfrac{\boldsymbol{C}}{\Delta t}+\theta\boldsymbol{K}$

(e) 三角分解 $\overline{\boldsymbol{K}}=\boldsymbol{L}^{\mathrm{T}}\boldsymbol{D}\boldsymbol{L}$

(2) 对每一时间步循环

(a) 形成热载荷向量 $\boldsymbol{P}_{k+1}$

(b) 形成有效向量 $\overline{\boldsymbol{Q}}_{k+1}=\left[\dfrac{\boldsymbol{C}}{\Delta t}-(1-\theta)\boldsymbol{K}\right]\boldsymbol{T}_k+(1-\theta)\boldsymbol{P}_k+\theta\boldsymbol{P}_{k+1}$

(c) 回代求解 $\boldsymbol{L}^{\mathrm{T}}\boldsymbol{D}\boldsymbol{L}\boldsymbol{T}_{k+1}=\overline{\boldsymbol{Q}}_{k+1}$得到 $\boldsymbol{T}_{k+1}$

(d) 进入下一个时间步循环,直至得到最后一个时刻的解 $\boldsymbol{T}_K$。

10.3.4 瞬态方程解的稳定性和精度

本节讨论瞬态热传导方程解的稳定性和精度。首先介绍稳定性的概念。当采用直接积分方法时,如果时间步长 Δt 取任意值时得到的解的误差都不会无限增大,即不发散,则称解是无条件稳定的。反之,如果时间步长 Δt 需要满足一定的条件解才不发散,则称解为条件稳定的。

下面讨论 10.3.3 节介绍的两点循环公式的解的稳定性条件。为简化起见,仅讨论单自由度微分方程(10.76)的齐次式

$$C_i\dot{y}_i+K_iy_i=0 \tag{10.93}$$

的解。该方程的解析解可表达为

$$y_i=A_i\mathrm{e}^{-\omega_i t} \tag{10.94a}$$

$$\omega_i=\frac{K_i}{C_i} \tag{10.94b}$$

利用两点循环公式(10.89)求解该方程,可得如下公式:

$$\left(\frac{C_i}{\Delta t}+\theta K_i\right)(y_i)_{k+1}+\left[-\frac{C_i}{\Delta t}+(1-\theta)K_i\right](y_i)_k=0 \tag{10.95}$$

定义 t_{k+1}时刻和 t_k 时刻解之比

$$R=\frac{(y_i)_{k+1}}{(y_i)_k} \tag{10.96}$$

方程(10.95)两边同时除以$(y_i)_k$,并利用式(10.96)可得

$$R\left(\frac{C_i}{\Delta t}+\theta K_i\right)+\left[-\frac{C_i}{\Delta t}+(1-\theta)K_i\right]=0 \tag{10.97}$$

则

$$R=\frac{\dfrac{C_i}{\Delta t}-(1-\theta)K_i}{\dfrac{C_i}{\Delta t}+\theta K_i}=\frac{1-\omega_i(1-\theta)\Delta t}{1+\omega_i\theta\Delta t} \tag{10.98}$$

上式利用了关系(10.94b)。要得到稳定的解,则:

(1) $|R|<1$,否则,解会随时间越来越大,结果发散。

(2) $R>0$,否则,无论 Δt 取多大,解都会正负交替振荡,这显然不符合热传导的物理过程。

因为 ω_i 为正实数,且 $0\leqslant\theta\leqslant1$,由式(10.98)可知,$R$ 的最大值为正,且小于 1,再由上述条件(1),可得下列不等式:

$$R=\frac{1-\omega_i(1-\theta)\Delta t}{1+\omega_i\theta\Delta t}>-1 \tag{10.99}$$

可得

$$\omega_i\Delta t(1-2\theta)<2 \tag{10.100}$$

当 $\theta\geqslant\frac{1}{2}$时,无论 Δt 取多大,不等式(10.100)都满足,因而解是无条件稳定的。

当 $0<\theta<\frac{1}{2}$时,要求

$$\Delta t<\frac{2}{(1-2\theta)\omega_i}=\frac{1}{\left(\frac{1}{2}-\theta\right)\omega_i} \tag{10.101}$$

此即得到稳定解的条件,即:当 $0<\theta<\frac{1}{2}$时,两点循环公式的解是条件稳定的。

再由上述条件(2)可得

$$\Delta t<\frac{1}{(1-\theta)\omega_i} \tag{10.102}$$

这是解不发生振荡的条件。比较式(10.101)和式(10.102),由于 $\omega_i>0$,而且 $(1-\theta)\omega_i>\left(\frac{1}{2}-\theta\right)\omega_i$,故式(10.102)是获得稳定且不发生振荡解的条件。

由前面的讨论可知,时间步长 Δt 的选择要保证解的稳定性。此外,Δt 的大小还直接影响其计算精度和计算量。显然,时间步长越小,精度越高,但计算量越大;时间步长越大,计算量越小,精度也越低。因此,在求解瞬态热传导方程时,时间步长 Δt 的选择需同时考虑解的稳定性、时间积分精度要求和计算量。

10.4　热应力有限元分析方法

结构受热会膨胀变形,当膨胀变形受到约束或膨胀变形不均匀时,会产生热应力。由稳态温度场产生的热应力为稳态热应力,由瞬态温度场产生的热应力为瞬态热应力。

10.4.1　热弹性有限元方法

如图 10.9 所示,对于一维问题,温度变化引起的应变为

$$\varepsilon_0=\alpha(T-T_0)=\alpha\Delta T \tag{10.103}$$

式中 α 为热膨胀系数，T_0为无热应力参考温度，该应变可视为初始应变。在约束和外力作用下的总应变为

$$\varepsilon = \frac{\sigma}{E} + \varepsilon_0 \tag{10.104}$$

由此可得

$$\sigma = E(\varepsilon - \varepsilon_0) \tag{10.105}$$

单位体积的应变能，即应变能密度为图中阴影部分的面积

$$u_\varepsilon = \frac{1}{2}\sigma(\varepsilon - \varepsilon_0) \tag{10.106}$$

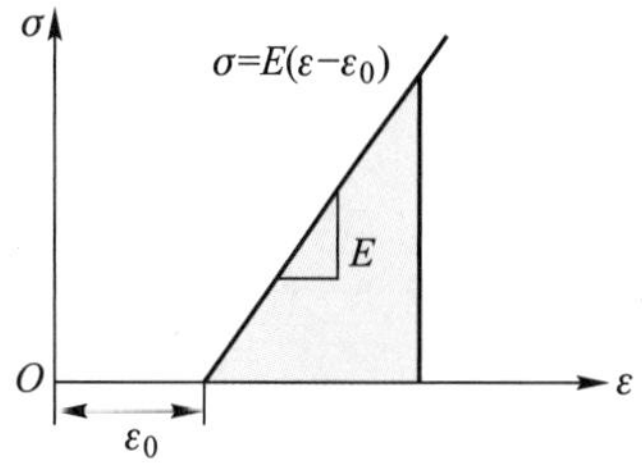

图 10.9 具有初始应变的应力-应变关系

扩展到三维热弹性问题，结构中任意一点由温度变化引起的应变为

$$\boldsymbol{\varepsilon}_0 = \alpha(T - T_0)[1 \quad 1 \quad 1 \quad 0 \quad 0 \quad 0]^{\mathrm{T}} \tag{10.107}$$

此时，热弹性体的应力和应变关系为

$$\boldsymbol{\sigma} = \boldsymbol{D}(\boldsymbol{\varepsilon} - \boldsymbol{\varepsilon}_0) \tag{10.108}$$

参考式(10.106)并利用式(10.108)，应变能密度可表达为

$$u_\varepsilon = \frac{1}{2}(\boldsymbol{\varepsilon} - \boldsymbol{\varepsilon}_0)^{\mathrm{T}}\boldsymbol{\sigma} = \frac{1}{2}(\boldsymbol{\varepsilon} - \boldsymbol{\varepsilon}_0)^{\mathrm{T}}\boldsymbol{D}(\boldsymbol{\varepsilon} - \boldsymbol{\varepsilon}_0) \tag{10.109}$$

则系统的总应变能为

$$\begin{aligned} U_\varepsilon &= \int_V u_\varepsilon \mathrm{d}V = \frac{1}{2}\int_V (\boldsymbol{\varepsilon} - \boldsymbol{\varepsilon}_0)^{\mathrm{T}}\boldsymbol{D}(\boldsymbol{\varepsilon} - \boldsymbol{\varepsilon}_0)\mathrm{d}V \\ &= \frac{1}{2}\int_V (\boldsymbol{\varepsilon}^{\mathrm{T}}\boldsymbol{D}\boldsymbol{\varepsilon} - \boldsymbol{\varepsilon}^{\mathrm{T}}\boldsymbol{D}\boldsymbol{\varepsilon}_0 - \boldsymbol{\varepsilon}_0^{\mathrm{T}}\boldsymbol{D}\boldsymbol{\varepsilon} + \boldsymbol{\varepsilon}_0^{\mathrm{T}}\boldsymbol{D}\boldsymbol{\varepsilon}_0)\mathrm{d}V \\ &= \int_V \left(\frac{1}{2}\boldsymbol{\varepsilon}^{\mathrm{T}}\boldsymbol{D}\boldsymbol{\varepsilon} - \boldsymbol{\varepsilon}^{\mathrm{T}}\boldsymbol{D}\boldsymbol{\varepsilon}_0 + \frac{1}{2}\boldsymbol{\varepsilon}_0^{\mathrm{T}}\boldsymbol{D}\boldsymbol{\varepsilon}_0\right)\mathrm{d}V \\ &= \int_V \left(\frac{1}{2}\boldsymbol{\varepsilon}^{\mathrm{T}}\boldsymbol{D}\boldsymbol{\varepsilon} - \boldsymbol{\varepsilon}^{\mathrm{T}}\boldsymbol{D}\boldsymbol{\varepsilon}_0\right)\mathrm{d}V + \int_V \frac{1}{2}\boldsymbol{\varepsilon}_0^{\mathrm{T}}\boldsymbol{D}\boldsymbol{\varepsilon}_0\mathrm{d}V \end{aligned} \tag{10.110}$$

上式中最后一项为常数，在采用最小势能原理时该项的变分为零，因而该项可以删除，即应变能可以表达为

$$U_\varepsilon = \int_V \left(\frac{1}{2}\boldsymbol{\varepsilon}^{\mathrm{T}}\boldsymbol{D}\boldsymbol{\varepsilon} - \boldsymbol{\varepsilon}^{\mathrm{T}}\boldsymbol{D}\boldsymbol{\varepsilon}_0\right)\mathrm{d}V \tag{10.111}$$

因此，系统的势能为

$$\Pi_{\mathrm{p}} = \int_V \left(\frac{1}{2}\boldsymbol{\varepsilon}^{\mathrm{T}}\boldsymbol{D}\boldsymbol{\varepsilon} - \boldsymbol{\varepsilon}^{\mathrm{T}}\boldsymbol{D}\boldsymbol{\varepsilon}_0\right)\mathrm{d}V - \int_V \boldsymbol{u}^{\mathrm{T}}\boldsymbol{f}\mathrm{d}V - \int_{S_\sigma} \boldsymbol{u}^{\mathrm{T}}\bar{\boldsymbol{t}}\mathrm{d}S \tag{10.112}$$

采用有限单元法，对结构进行离散。引入单元位移插值，利用最小势能原理可得单元平衡方程

$$\boldsymbol{K}^e\boldsymbol{a}^e = \boldsymbol{P}^e \tag{10.113}$$

式中

$$\boldsymbol{K}^e = \int_{V^e} \boldsymbol{B}^{\mathrm{T}}\boldsymbol{D}\boldsymbol{B}\mathrm{d}V \tag{10.114}$$

$$\boldsymbol{P}^e = \boldsymbol{P}_{\mathrm{b}}^e + \boldsymbol{P}_{\mathrm{s}}^e + \boldsymbol{P}_{\varepsilon_0}^e \tag{10.115}$$

$$\boldsymbol{P}_{\mathrm{b}}^e = \int_{V^e} \boldsymbol{N}^{\mathrm{T}} \boldsymbol{f} \mathrm{d}V \tag{10.116a}$$

$$\boldsymbol{P}_{\mathrm{s}}^e = \int_{S_\sigma^e} \boldsymbol{N}^{\mathrm{T}} \bar{\boldsymbol{t}} \mathrm{d}S \tag{10.116b}$$

$$\boldsymbol{P}_{\varepsilon_0}^e = \int_{V^e} \boldsymbol{B}^{\mathrm{T}} \boldsymbol{D} \boldsymbol{\varepsilon}_0 \mathrm{d}V \tag{10.116c}$$

式(10.116c)为热膨胀应变产生的单元等效结点载荷,其中的 $\boldsymbol{\varepsilon}_0$ 由式(10.107)确定。温度 T 可由前述热传导问题的有限元方法计算得到。若位移场有限元分析采用与热传导有限元分析相同的网格,则热传导分析得到所有结点的温度后,空间中任意一点的温度可由单元结点的温度插值计算得到。在对式(10.116c)进行积分时,式(10.107)中单元任意一点的温度 T 由计算温度场的单元结点温度进行插值即可。

将单元平衡方程进行组集后可得到结构的有限元平衡方程

$$\boldsymbol{Ka} = \boldsymbol{P} \tag{10.117}$$

对于稳态热传导热应力问题,引入位移边界条件后求解线性代数方程即可得到位移场。对于瞬态热传导热应力问题,温度场随时间变化,即式(10.116c)给出的单元等效结点载荷是随时间变化的,因此方程(10.117)得到的位移解也是随时间变化的。

10.4.2　一维问题热应力

由前述分析可知,对于热应力问题的有限元分析,只需在单元结点载荷中引入热载荷(10.116c)即可。参见 7.2.1 节中的 2 结点一维 Lagrange 杆单元,在局部坐标系下的插值函数[式(7.15)]为

$$N_1 = \frac{1}{2}(1 - \xi), \quad N_2 = \frac{1}{2}(1 + \xi) \quad (-1 \leqslant \xi \leqslant 1)$$

整体坐标与局部坐标微分之间的关系如式(7.12),即

$$\mathrm{d}x = \frac{l^e}{2}\mathrm{d}\xi$$

由式(10.116c),单元结点上的等效热载荷为

$$\boldsymbol{P}_{\varepsilon_0}^e = \int_{V^e} \boldsymbol{B}^{\mathrm{T}} \boldsymbol{D} \boldsymbol{\varepsilon}_0 \mathrm{d}V = \int_0^{l^e} \boldsymbol{B}^{\mathrm{T}} E \varepsilon_0 A \mathrm{d}x \tag{10.118}$$

式中 A 为杆的横截面面积,对于一维问题弹性矩阵 $\boldsymbol{D}$ 就是弹性模量 E。将插值函数(7.15)和微分变换关系(7.12)代入上式得

$$\boldsymbol{P}_{\varepsilon_0}^e = \frac{l^e A E \varepsilon_0}{2} \int_{-1}^{1} \frac{2}{l^e} \begin{bmatrix} -\dfrac{1}{2} \\ \dfrac{1}{2} \end{bmatrix} \mathrm{d}\xi = AE\alpha\Delta T \begin{bmatrix} -1 \\ 1 \end{bmatrix} \tag{10.119}$$

对单元进行组集,引入边界条件,求解系统方程得到所有结点的位移。进一步利用式(10.108)并代入几何关系可计算单元的应力

$$\boldsymbol{\sigma} = \boldsymbol{D}(\boldsymbol{\varepsilon} - \boldsymbol{\varepsilon}_0) = E(\boldsymbol{B}\boldsymbol{a}^e - \alpha\Delta T) \tag{10.120}$$

这里

$$\boldsymbol{B} = \begin{bmatrix} \dfrac{\partial N_1}{\partial x} & \dfrac{\partial N_2}{\partial x} \end{bmatrix} = \frac{2}{l^e}\begin{bmatrix} \dfrac{\partial N_1}{\partial \xi} & \dfrac{\partial N_2}{\partial \xi} \end{bmatrix} = \frac{2}{l^e}\begin{bmatrix} -\dfrac{1}{2} & \dfrac{1}{2} \end{bmatrix} = \frac{1}{l^e}[-1 \quad 1]$$

代入式(10.120)得

$$\boldsymbol{\sigma} = E\left(\frac{1}{l^e}[-1 \quad 1]\boldsymbol{a}^e - \alpha\Delta T\right) \tag{10.121}$$

对于桁架结构,仅需将单元等效热载荷转换到整体坐标系下即可,具体方法参见7.6节。

10.4.3 平面问题和轴对称问题热应力

若已知平面问题温度变化的分布为 $\Delta T(x,y)$,由温度变化引起的应变可视为初应变。对于平面应力问题,该初应变可表示为

$$\boldsymbol{\varepsilon}_0 = [\varepsilon_{x0} \quad \varepsilon_{y0} \quad 0]^{\mathrm{T}} = \alpha\Delta T[1 \quad 1 \quad 0]^{\mathrm{T}} \tag{10.122}$$

对于平面应变问题

$$\boldsymbol{\varepsilon}_0 = (1+\nu)\alpha\Delta T[1 \quad 1 \quad 0]^{\mathrm{T}} \tag{10.123}$$

类似于10.4.1节的推导,可得单元的等效结点温度载荷[式(10.116c)]

$$\boldsymbol{P}_{\varepsilon_0}^e = \int_{V^e} \boldsymbol{B}^{\mathrm{T}}\boldsymbol{D}\boldsymbol{\varepsilon}_0 \mathrm{d}V$$

对于三角形3结点单元

$$\boldsymbol{P}_{\varepsilon_0}^e = tA\boldsymbol{B}^{\mathrm{T}}\boldsymbol{D}\boldsymbol{\varepsilon}_0 \tag{10.124}$$

上式中的 $\boldsymbol{B}$ 矩阵[式(3.28)]为常数矩阵,$\boldsymbol{D}$ 为弹性矩阵[式(1.39)]。对于四边形等参单元

$$\boldsymbol{P}_{\varepsilon_0}^e = \int_{-1}^{1}\int_{-1}^{1} \boldsymbol{B}^{\mathrm{T}}\boldsymbol{D}\boldsymbol{\varepsilon}_0 |\boldsymbol{J}| \mathrm{d}\xi\mathrm{d}\eta \tag{10.125}$$

对于轴对称问题,温度变化引起的初始应变为

$$\boldsymbol{\varepsilon}_0 = [\varepsilon_{r0} \quad \varepsilon_{z0} \quad \varepsilon_{\theta0} \quad \gamma_{rz0}]^{\mathrm{T}} = \alpha\Delta T[1 \quad 1 \quad 1 \quad 0]^{\mathrm{T}} \tag{10.126}$$

代入式(10.116c)可得

$$\boldsymbol{P}_{\varepsilon_0}^e = \int_{V^e} \boldsymbol{B}^{\mathrm{T}}\boldsymbol{D}\boldsymbol{\varepsilon}_0 \mathrm{d}V = 2\pi\int_{A^e} \boldsymbol{B}^{\mathrm{T}}\boldsymbol{D}\boldsymbol{\varepsilon}_0 r\mathrm{d}A \tag{10.127}$$

对于不同的单元,对上式进行积分计算即可。

10.5 热力耦合有限元方法

上一节介绍的热弹性问题，实际上是非耦合问题，即认为温度场会产生热变形和热应力，但认为热变形对热传导没有影响，或者影响很小，可以忽略不计。热力非耦合问题先采用有限元方法计算温度场，再计算应力场。这类问题也称为顺序耦合问题。

另一类问题为热力耦合问题。这类问题的温度场产生热变形和热应力，同时热变形反过来会影响传热(边界条件)，影响温度场分布，温度场和变形场是耦合的。目前，模拟热力耦合问题时，一般采用温度场计算和变形计算反复迭代直至收敛来实现。例如，分析某结构的热力耦合变形问题时，在某一步迭代过程中，先计算结构的温度场，再计算在温度场下结构的热变形，由于热变形引起结构传热边界条件的变化，修改传热边界条件再分析温度场，再计算热变形，这样反复迭代，直到前后两次计算得到的温度场和热变形的差满足误差要求，即达到收敛为止。如图 10.1 所述结晶器中铸坯凝固过程的有限元数值模拟是一典型的热力耦合问题。在进行热力耦合问题有限元分析时，应注意温度单元和应力单元的匹配。在实际应用时，为方便准备数据，温度场和应力场分析可采用相同的网格。对于变形分析的 C_0型单元，位移场的插值函数应比温度场的插值函数高一个阶次。

另一种分析热力耦合问题的方法是给出系统的热力耦合方程，直接建立耦合方程的有限元近似格式。如将式(10.107)代入泛函(10.112)中，同时将位移和温度作为独立变量进行离散，并考虑传热边界条件，建立混合型有限元方程。但是，对于大多数热力耦合问题，会涉及传热边界条件的耦合，甚至更复杂的耦合机理，往往难以给出简单的表达式，直接建立耦合方程的有限元格式会存在一定的困难，需视具体问题处理。

10.6 算例：热传导及热应力问题

如图 10.10a 所示，一带中心圆孔的矩形板，圆孔直径为 20 m，矩形长度为 60 m，宽度为 40 m，厚度为 1 m。材料的弹性模量为 2.0×10^8 Pa，泊松比为 0.3，热导率 44.8 W/(m · K)，线膨胀系数为 1.99×10^{-5}/℃。板的上表面温度为 60℃，下表面温度为 30℃，板的左边和右边以及中心圆孔边界均为绝热边界。且板的左边和右边为固定约束。首先用有限元方法计算稳态温度场，假设板的初始温度为 25℃，进一步计算其热应力。

采用四边形 4 结点单元进行离散，计算得到的温度场和热流场分布分别如图 10.10b，c 所示，可见上表面的温度为 60℃，下表面的温度为 30℃，温度自上表面到下表面逐渐降低。在计算得到温度场后，设置板的初始温度为 25℃，计算板的热应力，得到的 Mises 应力分布如图 10.10d 所示，可见最大 Mises 应力为 555 MPa，出现在圆孔的顶部。

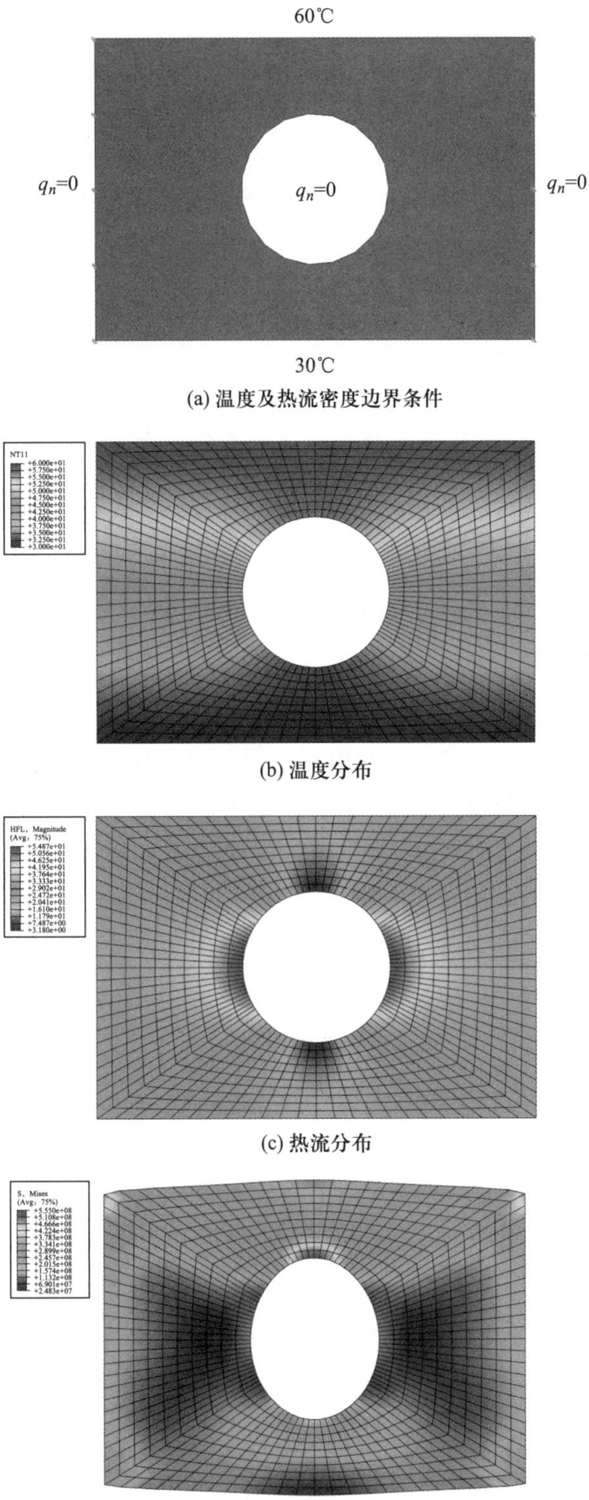

(a) 温度及热流密度边界条件

(b) 温度分布

(c) 热流分布

(d) 热变形及Mises应力分布

图 10.10　中心圆孔矩形板温度场及热应力分析

10.7　小结

结构的温度场是热应力分析的基础。热传导问题有限元分析首先对结构进行离散化,将单元内任意点的温度利用结点温度进行插值得到。利用 Galerkin 加权残值法或变分原理建立有限元平衡方程。对于稳态问题将给定温度边界视为强制边界条件,将热流边界和对流边界视为自然边界条件。在稳态热传导有限元方程中引入温度边界条件,消除系数矩阵的奇异性,采用数值方程求解代数方程得到结点温度,进而可以计算单元中任意点的温度和热流。

对于瞬态热传导问题,忽略结构变形的影响,对结构初始构型进行离散化,利用 Galerkin 加权残值法建立瞬态热传导有限元方程。该方程为一阶常微分方程,可以采用模态叠加和时间直接积分方法求解。采用两点直接积分公式时,若选择积分常数 $\theta \geqslant \frac{1}{2}$,积分算法是无条件稳定的,即时间步长的大小仅影响积分精度,不会导致结果发散。若选择 $0<\theta<\frac{1}{2}$,算法是条件稳定的,要得到不发散的结果,时间步长必须小于临界值。

温度的变化会引起线应变,通常将温度变化引起的应变视为初应变。基于有初应变的弹性体应力-应变关系,建立热应力有限元平衡方程,即可计算变形和应力。热应力分析分为非耦合问题和耦合问题。非耦合问题先进行热传导分析得到温度场,再计算变形和应力。热力耦合问题则需要考虑温度引起的结构应力和变形,同时还要考虑结构变形引起的传热边界条件和温度场的变化。

习题

10.1　什么是稳态热传导?什么是瞬态热传导?

10.2　什么是空间离散?什么是时间离散?

10.3　什么是瞬态方程解的稳定性?什么是无条件稳定和条件稳定?两点时间积分公式在什么情况下是无条件稳定的?什么情况下是条件稳定的?

10.4　用数值方法求解热传导瞬态方程时时间增量步长的选择需要考虑哪些因素?

10.5　用模态叠加法求解瞬态方程的前提条件是什么?

10.6　什么是热力耦合问题?什么是非耦合问题?

10.7　推导四边形 4 结点轴对称等参单元稳态热传导有限元公式,给出热传导矩阵和等效结点热载荷的数值积分表达式。

10.8　推导用面积坐标描述的三角形 3 结点轴对称单元的稳态热传导有限元公式,给出热传导矩阵和等效结点热载荷的数值积分表达式。

10.9　编写四边形 4 结点等参单元二维平面问题瞬态热传导有限元程序,并用算例验证其正确性。

10.10　试用变分原理推导二维稳态热传导问题的有限元平衡方程。

10.11　图示为一长柱体的横截面,柱体的中心有一贯穿正方形孔。截面左边界的温度均匀分布,为 350℃,右边界的均匀分布温度为 60℃。上下表面和圆孔表面均为绝热边界,即热流密度 $q_n=0$。柱体的热导率 κ 为 1.0 W/(m·K)。该问题可简化为二维问题,利用商用有限元软件计算其温度场。

10.12　图示为一横截面面积为 1 m×1 m 的物体。材料的热导率 κ 为 15 W/(m·K)。上表面温度保持在 250℃,下表面温度保持在 50℃,另外两个面与外界存在热交换,其环境温度 T_a 为 25℃,传热系数 k 为 60 W/(m²·K)。利用商用有限元软件计算其温度场。

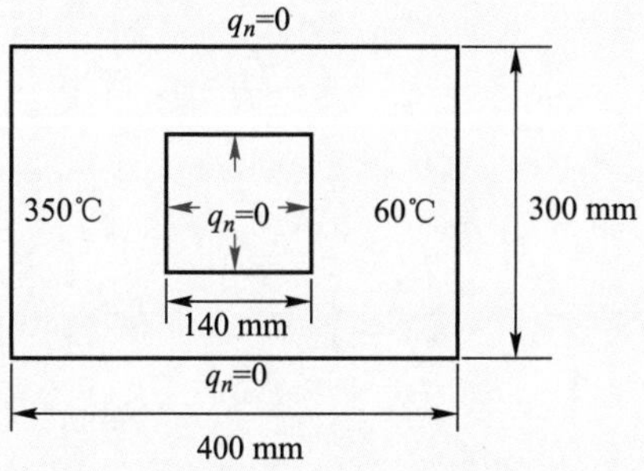

题 10.11 图

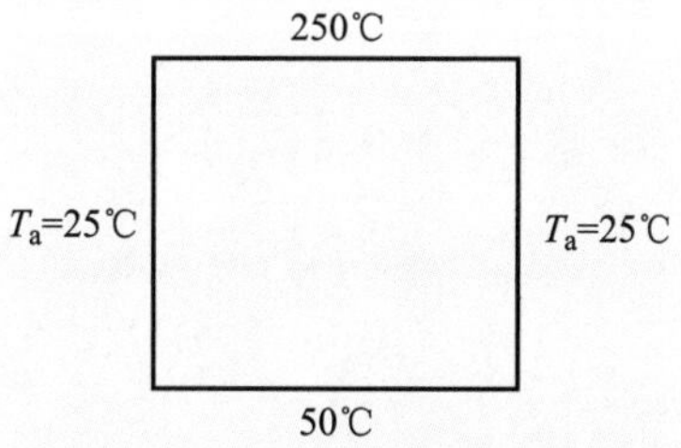

题 10.12 图

10.13　图 a 所示为一矩形物体横截面,宽度为 5 m,高度为 1 m。材料的热导率 κ 为 10 W/(m·K),密度为 10.0 kg/m³,比热容 c 为 0.2 J/(kg·K)。矩形左右两边及上表面为绝热条件 $q(t)=0$,模型整体初始温度为 $T(t)=0$,底边承受如图 b 所示的瞬态热流载荷

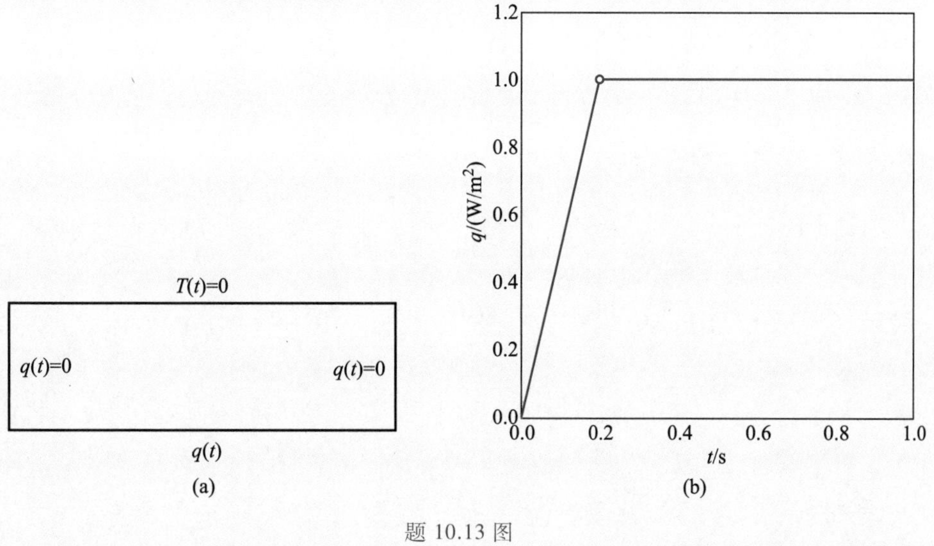

题 10.13 图

$q(t)$作用。利用商用有限元软件计算其温度场和热流场随时间的变化过程。

10.14　题 10.11 所示结构,假设其上下表面固定。材料的弹性模量 E 为 75 GPa,泊松比 ν 为 0.3,线膨胀系数为 $14.4\times10^{-6}\ K^{-1}$。在计算得到其温度场后,进一步计算其热应力分布。

参考答案 A10

第11章 动力学问题

11.1 引言

动力学问题求解结构在动力载荷作用下的响应，主要包括结构动力学问题和冲击动力学问题。结构动力学问题求解结构在随时间变化的外载荷作用下的变形和应力随时间的变化规律，研究运动构件运动的平稳性以及结构的安全性等。冲击动力学问题则研究在爆炸或瞬间冲击载荷作用下结构的响应，一般涉及波传播问题。

结构动力学问题和冲击动力学问题的动力学方程是一样的，但结构响应的时间不同。前者外载荷作用随时间的变化相对较慢，后者载荷作用瞬间剧烈变化，且作用时间短暂，有非常明显的波传播现象。两种问题结构的响应本质上是一样的，只是响应的时间范围不一样。在对动力学方程进行时间积分时，该两类问题适用于采用不同的方法。

结构的固有频率和模态为判断结构在动态载荷作用下是否会发生共振提供基本数据，同时也是采用模态叠加法求结构振动响应的基础。结构模态分析实际上是求解结构动力学方程的特征值问题，也是动力学问题的主要内容之一。

11.2 有限元动力方程

11.2.1 弹性动力学基本方程

弹性动力学问题的场方程包括平衡方程、几何方程、本构方程，边界条件和初始条件。与弹性静力学问题不同，位移、应变、应力等场变量除了与空间位置有关外，还是时间的函数。

1.2 节给出了弹性动力学问题的场方程。弹性动力运动方程

$$\boldsymbol{L}^{\mathrm{T}}\boldsymbol{\sigma}+\boldsymbol{f}=\rho\ddot{\boldsymbol{u}}+\mu\dot{\boldsymbol{u}} \tag{11.1}$$

几何方程

$$\boldsymbol{\varepsilon}=\boldsymbol{L}\boldsymbol{u} \tag{11.2}$$

本构关系

$$\boldsymbol{\sigma}=\boldsymbol{D}\boldsymbol{\varepsilon} \tag{11.3}$$

位移和力的边界条件

$$\boldsymbol{u}=\overline{\boldsymbol{u}} \tag{11.4a}$$

$$\boldsymbol{n}\boldsymbol{\sigma}=\overline{\boldsymbol{t}} \tag{11.4b}$$

初始位移和初始速度条件

$$\boldsymbol{u}(0)=\overline{\boldsymbol{u}}(0) \tag{11.5a}$$

$$\dot{\boldsymbol{u}}(0)=\overline{\dot{\boldsymbol{u}}}(0) \tag{11.5b}$$

11.2.2 利用 Galerkin 法推导有限元方程

动力学问题的结构中任意一点的位移、速度和加速度都是时间的函数。可以对结构在任意时刻采用相同的空间离散，即在任意时刻离散结构的网格相同，单元内位移的空间插值函数相同。在时刻 t，若采用具有 n 个结点的单元对结构进行空间离散，可构造如下位移插值函数：

$$\left.\begin{aligned} u(x,y,z,t)&=\sum_{i=1}^{n}N_i(x,y,z)u_i(t)\\ v(x,y,z,t)&=\sum_{i=1}^{n}N_i(x,y,z)v_i(t)\\ w(x,y,z,t)&=\sum_{i=1}^{n}N_i(x,y,z)w_i(t)\end{aligned}\right\} \tag{11.6}$$

式中的插值函数 $N_i(x,y,z)$ 不随时间变化，即任意时刻单元的位移插值函数不变。式(11.6)可以用矩阵形式表达为

$$\boldsymbol{u}(\boldsymbol{x},t)=\boldsymbol{N}(\boldsymbol{x})\boldsymbol{a}^e(t) \tag{11.7a}$$

与静力问题不同的是，此时任一点位移 $\boldsymbol{u}$ 和结点位移 $\boldsymbol{a}^e$ 是时间的函数。这种离散方式又称为空间-时间问题的半离散(semi-discretization)。由此可得

$$\dot{\boldsymbol{u}}=\boldsymbol{N}(\boldsymbol{x})\dot{\boldsymbol{a}}^e(t) \tag{11.7b}$$

$$\ddot{\boldsymbol{u}}=\boldsymbol{N}(\boldsymbol{x})\ddot{\boldsymbol{a}}^e(t) \tag{11.7c}$$

下面利用 Galerkin 法推导有限元平衡方程。平衡方程和力的边界条件的等效积分形式的 Galerkin 提法可写成

$$\int_V(\delta\boldsymbol{u})^{\mathrm{T}}(\boldsymbol{L}^{\mathrm{T}}\boldsymbol{\sigma}+\boldsymbol{f}-\rho\ddot{\boldsymbol{u}}-\mu\dot{\boldsymbol{u}})\,\mathrm{d}V-\int_{S_\sigma}(\delta\boldsymbol{u})^{\mathrm{T}}(\boldsymbol{n}\boldsymbol{\sigma}-\overline{\boldsymbol{t}})\,\mathrm{d}S=0 \tag{11.8a}$$

类似于 3.2.4 节采用 Galerkin 法建立静力问题单元平衡方程的过程,上式可以写成

$$\int_{V^e}(\delta \boldsymbol{u})^{\mathrm{T}}\rho\ddot{\boldsymbol{u}}\mathrm{d}V+\int_{V^e}(\delta \boldsymbol{u})^{\mathrm{T}}\mu\dot{\boldsymbol{u}}\mathrm{d}V+\int_{V^e}(\delta \boldsymbol{\varepsilon})^{\mathrm{T}}\boldsymbol{\sigma}\mathrm{d}V-$$

$$\int_{V^e}(\delta \boldsymbol{u})^{\mathrm{T}}\boldsymbol{f}\mathrm{d}V-\int_{S_\sigma^e}(\delta \boldsymbol{u})^{\mathrm{T}}\bar{\boldsymbol{t}}\mathrm{d}S=0 \tag{11.8b}$$

利用位移插值式(11.7a)有

$$(\delta \boldsymbol{u})^{\mathrm{T}}=(\boldsymbol{N}\delta \boldsymbol{a}^e)^{\mathrm{T}}=(\delta \boldsymbol{a}^e)^{\mathrm{T}}\boldsymbol{N}^{\mathrm{T}}$$

结合几何关系和本构关系可得

$$(\delta \boldsymbol{\varepsilon})^{\mathrm{T}}\boldsymbol{\sigma}=(\delta \boldsymbol{L}\boldsymbol{u})^{\mathrm{T}}\boldsymbol{D}\boldsymbol{L}\boldsymbol{u}=(\delta \boldsymbol{a}^e)^{\mathrm{T}}\boldsymbol{B}^{\mathrm{T}}\boldsymbol{D}\boldsymbol{B}\boldsymbol{a}^e$$

将上两式和式(11.7b)及式(11.7c)代入方程(11.8b)有

$$(\delta \boldsymbol{a}^e)^{\mathrm{T}}\left(\int_{V^e}\boldsymbol{N}^{\mathrm{T}}\rho\boldsymbol{N}\mathrm{d}V\right)\ddot{\boldsymbol{a}}^e+(\delta \boldsymbol{a}^e)^{\mathrm{T}}\left(\int_{V^e}\boldsymbol{N}^{\mathrm{T}}\mu\boldsymbol{N}\mathrm{d}V\right)\dot{\boldsymbol{a}}^e+$$

$$(\delta \boldsymbol{a}^e)^{\mathrm{T}}\left(\int_{V^e}\boldsymbol{B}^{\mathrm{T}}\boldsymbol{D}\boldsymbol{B}\mathrm{d}V\right)\boldsymbol{a}^e-(\delta \boldsymbol{a}^e)^{\mathrm{T}}\left(\int_{V^e}\boldsymbol{N}^{\mathrm{T}}\boldsymbol{f}\mathrm{d}V+\int_{S_\sigma^e}\boldsymbol{N}^{\mathrm{T}}\bar{\boldsymbol{t}}\mathrm{d}S\right)=0$$

由 $\delta \boldsymbol{a}^e$ 的任意性可得

$$\left(\int_{V^e}\boldsymbol{N}^{\mathrm{T}}\rho\boldsymbol{N}\mathrm{d}V\right)\ddot{\boldsymbol{a}}^e+\left(\int_{V^e}\boldsymbol{N}^{\mathrm{T}}\mu\boldsymbol{N}\mathrm{d}V\right)\dot{\boldsymbol{a}}^e+\left(\int_{V^e}\boldsymbol{B}^{\mathrm{T}}\boldsymbol{D}\boldsymbol{B}\mathrm{d}V\right)\boldsymbol{a}^e-\left(\int_{V^e}\boldsymbol{N}^{\mathrm{T}}\boldsymbol{f}\mathrm{d}V+\int_{S_\sigma^e}\boldsymbol{N}^{\mathrm{T}}\bar{\boldsymbol{t}}\mathrm{d}S\right)=\boldsymbol{0}$$

此即单元的动力学有限元平衡方程,可以写成如下形式:

$$\boldsymbol{M}^e\ddot{\boldsymbol{a}}^e(t)+\boldsymbol{C}^e\dot{\boldsymbol{a}}^e(t)+\boldsymbol{K}^e\boldsymbol{a}^e(t)=\boldsymbol{F}^e(t) \tag{11.9}$$

式中

$$\boldsymbol{M}^e=\int_{V^e}\rho\boldsymbol{N}^{\mathrm{T}}\boldsymbol{N}\mathrm{d}V \tag{11.10a}$$

$$\boldsymbol{K}^e=\int_{V^e}\boldsymbol{B}^{\mathrm{T}}\boldsymbol{D}\boldsymbol{B}\mathrm{d}V \tag{11.10b}$$

$$\boldsymbol{C}^e=\int_{V^e}\mu\boldsymbol{N}^{\mathrm{T}}\boldsymbol{N}\mathrm{d}V \tag{11.10c}$$

$$\boldsymbol{F}^e=\int_{V^e}\boldsymbol{N}^{\mathrm{T}}\boldsymbol{f}\mathrm{d}V+\int_{S_\sigma^e}\boldsymbol{N}^{\mathrm{T}}\bar{\boldsymbol{t}}\mathrm{d}S \tag{11.10d}$$

$\boldsymbol{M}^e$ 为单元质量矩阵、$\boldsymbol{K}^e$ 为单元刚度矩阵、$\boldsymbol{C}^e$ 为单元阻尼矩阵、$\boldsymbol{F}^e$ 为单元结点等效载荷。将所有单元平衡方程进行组集可得系统动力学有限元平衡方程

$$\boldsymbol{M}\ddot{\boldsymbol{a}}(t)+\boldsymbol{C}\dot{\boldsymbol{a}}(t)+\boldsymbol{K}\boldsymbol{a}(t)=\boldsymbol{F}(t) \tag{11.11}$$

单元矩阵的组集方法与 3.2.7 节所述单元刚度矩阵组集方法类似。通常情况下方程(11.11)中所有的系数矩阵都是对称的。如果式中质量矩阵 $\boldsymbol{M}$ 为零或可以忽略,该方程成为一阶常微分方程,如描述蠕变和松弛问题的拟静态方程。

若忽略阻尼的影响,方程(11.11)简化为

$$\boldsymbol{M}\ddot{\boldsymbol{a}}(t)+\boldsymbol{K}\boldsymbol{a}(t)=\boldsymbol{F}(t) \tag{11.12}$$

此即无阻尼动力学有限元方程。若无外载荷作用,则有

$$\boldsymbol{M}\ddot{\boldsymbol{a}}(t)+\boldsymbol{K}\boldsymbol{a}(t)=\boldsymbol{0} \tag{11.13}$$

此即自由振动有限元方程，也称为动力特性方程。

*11.2.3 利用哈密顿原理推导有限元方程

弹性动力学问题的有限元方程也可以利用哈密顿原理导出。将插值式(11.7)代入系统的势能表达式(2.49)，参见 3.2.4 节式(3.33)～(3.38)的推导过程，有

$$\Pi_{\mathrm{p}}^{e}=\int_{V^e}\frac{1}{2}\boldsymbol{\varepsilon}^{\mathrm{T}}\boldsymbol{D}\boldsymbol{\varepsilon}\,\mathrm{d}V-\int_{V^e}\boldsymbol{u}^{\mathrm{T}}\boldsymbol{f}\,\mathrm{d}V-\int_{S_\sigma^e}\boldsymbol{u}^{\mathrm{T}}\bar{\boldsymbol{t}}\,\mathrm{d}S=\frac{1}{2}(\boldsymbol{a}^e)^{\mathrm{T}}\boldsymbol{K}^e\boldsymbol{a}^e-(\boldsymbol{a}^e)^{\mathrm{T}}\boldsymbol{F}^e \tag{11.14a}$$

$$\delta\Pi_{\mathrm{p}}^{e}=(\delta\boldsymbol{a}^e)^{\mathrm{T}}\boldsymbol{K}^e\boldsymbol{a}^e-(\delta\boldsymbol{a}^e)^{\mathrm{T}}\boldsymbol{F}^e \tag{11.14b}$$

其中单元刚度矩阵 $\boldsymbol{K}^e$ 和等效结点载荷列向量 $\boldsymbol{F}^e$ 分别见式(11.10b)和式(11.10d)。

将式(11.7b)代入系统的动能表达式(2.77)有

$$E_{\mathrm{k}}^{e}=\frac{1}{2}\int_{V^e}\rho\delta\dot{\boldsymbol{u}}^{\mathrm{T}}\dot{\boldsymbol{u}}\,\mathrm{d}V=\frac{1}{2}(\dot{\boldsymbol{a}}^e)^{\mathrm{T}}\left(\int_{V^e}\rho\boldsymbol{N}^{\mathrm{T}}\boldsymbol{N}\,\mathrm{d}V\right)\dot{\boldsymbol{a}}^e=\frac{1}{2}(\dot{\boldsymbol{a}}^e)^{\mathrm{T}}\boldsymbol{M}^e\dot{\boldsymbol{a}}^e \tag{11.15a}$$

动能的变分为

$$\delta E_{\mathrm{k}}^{e}=(\delta\dot{\boldsymbol{a}}^e)^{\mathrm{T}}\boldsymbol{M}^e\dot{\boldsymbol{a}}^e \tag{11.15b}$$

其中单元质量矩阵 $\boldsymbol{M}^e$ 为式(11.10a)。将插值表达式(11.7a,b)代入黏滞力的虚功式(2.79b)有

$$\delta W_{\mu}^{e}=-\int_{V^e}(\delta\boldsymbol{u})^{\mathrm{T}}\mu\dot{\boldsymbol{u}}\,\mathrm{d}V\mathrm{d}t=-(\delta\boldsymbol{a}^e)^{\mathrm{T}}\left(\int_{V^e}\mu\boldsymbol{N}^{\mathrm{T}}\boldsymbol{N}\,\mathrm{d}V\right)\dot{\boldsymbol{a}}^e=-(\delta\boldsymbol{a}^e)^{\mathrm{T}}\boldsymbol{C}^e\dot{\boldsymbol{a}}^e \tag{11.16}$$

其中单元阻尼矩阵 $\boldsymbol{C}^e$ 为式(11.10c)。由式(2.81)知 $\delta W=-\delta\Pi_{\mathrm{p}}$，将式(11.14)～(11.15)代入哈密顿原理(2.78)有

$$\int_{t_1}^{t_2}(\delta E_{\mathrm{k}}^{e}+\delta W^e+\delta W_{\mu}^{e})\,\mathrm{d}t=0$$

可得

$$\int_{t_1}^{t_2}[(\delta\dot{\boldsymbol{a}}^e)^{\mathrm{T}}\boldsymbol{M}^e\dot{\boldsymbol{a}}^e-(\delta\boldsymbol{a}^e)^{\mathrm{T}}\boldsymbol{K}^e\boldsymbol{a}^e+(\delta\boldsymbol{a}^e)^{\mathrm{T}}\boldsymbol{F}^e-(\delta\boldsymbol{a}^e)^{\mathrm{T}}\boldsymbol{C}^e\dot{\boldsymbol{a}}^e]\,\mathrm{d}t=0 \tag{11.17}$$

对上式第一项进行分部积分后可得

$$(\delta\boldsymbol{a}^e)\boldsymbol{M}^e\dot{\boldsymbol{a}}^e\Big|_{t_1}^{t_2}-\int_{t_1}^{t_2}(\delta\boldsymbol{a}^e)^{\mathrm{T}}(\boldsymbol{M}^e\ddot{\boldsymbol{a}}^e+\boldsymbol{K}^e\boldsymbol{a}^e+\boldsymbol{C}^e\dot{\boldsymbol{a}}^e-\boldsymbol{F}^e)\,\mathrm{d}t=0$$

在 t_1 和 t_2 时刻的结点位移值 $\boldsymbol{a}^e$ 给定，则在该两个时刻的虚位移应为零，即 $\delta\boldsymbol{a}^e\Big|_{t=t_1}=\boldsymbol{0}$，$\delta\boldsymbol{a}^e\Big|_{t=t_2}=\boldsymbol{0}$，代入上式得

$$\int_{t_1}^{t_2}(\delta\boldsymbol{a}^e)^{\mathrm{T}}(\boldsymbol{M}^e\ddot{\boldsymbol{a}}^e+\boldsymbol{K}^e\boldsymbol{a}^e+\boldsymbol{C}^e\dot{\boldsymbol{a}}^e-\boldsymbol{F}^e)\,\mathrm{d}t=0 \tag{11.18}$$

由 $\delta\boldsymbol{a}^e$ 的任意性可得

$$\boldsymbol{M}^e\ddot{\boldsymbol{a}}^e+\boldsymbol{K}^e\boldsymbol{a}^e+\boldsymbol{C}^e\dot{\boldsymbol{a}}^e=\boldsymbol{F}^e \tag{11.19}$$

该方程与利用 Galerkin 方法得到的有限元动力方程(11.9)完全相同。其中的单元质量矩阵、刚度矩阵和阻尼矩阵与式(11.10)中的也相同。

11.3 质量矩阵和阻尼矩阵

11.3.1 一致质量矩阵

由式(11.10a)定义的单元质量矩阵

$$\boldsymbol{M}^e=\int_{V^e}\rho\boldsymbol{N}^{\mathrm{T}}\boldsymbol{N}\mathrm{d}V$$

称为一致质量矩阵或协调质量矩阵。由此可以计算出各种单元的质量矩阵,下面给出部分实体单元和结构单元的质量矩阵。

(1) 平面问题

下面给出四边形等参单元和三角形单元的单元质量矩阵。参见5.3.1节,等参单元位移插值和坐标变换为

$$\boldsymbol{u}=\boldsymbol{N}\boldsymbol{a}^e,\quad \boldsymbol{x}=\boldsymbol{N}\boldsymbol{x}^e$$

利用等参单元面积积分变换关系(5.20),平面问题四边形等参单元质量矩阵(11.10a)的积分表达式为

$$\boldsymbol{M}^e=\int_{V^e}\rho\boldsymbol{N}^{\mathrm{T}}\boldsymbol{N}\mathrm{d}V=\int_{-1}^{1}\int_{-1}^{1}\rho\boldsymbol{N}^{\mathrm{T}}\boldsymbol{N}t^e\left|\boldsymbol{J}\right|\mathrm{d}\xi\mathrm{d}\eta \tag{11.20}$$

其中 t^e 为单元的厚度,Jacobi 行列式为

$$\left|\boldsymbol{J}\right|=\begin{vmatrix}\dfrac{\partial x}{\partial\xi} & \dfrac{\partial y}{\partial\xi}\\[2ex] \dfrac{\partial x}{\partial\eta} & \dfrac{\partial y}{\partial\eta}\end{vmatrix}$$

具有 n 个结点的单元质量矩阵可写成子矩阵的形式:

$$\boldsymbol{M}^e=\begin{bmatrix}\boldsymbol{M}_{11}^e & \boldsymbol{M}_{12}^e & \cdots & \boldsymbol{M}_{1n}^e\\ \boldsymbol{M}_{21}^e & \boldsymbol{M}_{22}^e & \cdots & \boldsymbol{M}_{2n}^e\\ \vdots & \vdots & & \vdots\\ \boldsymbol{M}_{n1}^e & \boldsymbol{M}_{n2}^e & \cdots & \boldsymbol{M}_{nn}^e\end{bmatrix} \tag{11.21}$$

其中的子矩阵 $\boldsymbol{M}_{ij}^e$ 是 2×2 阶的。采用 Gauss 积分,子矩阵的数值积分为

$$\begin{aligned}\boldsymbol{M}_{ij}^e&=\int_{-1}^{1}\int_{-1}^{1}\rho\boldsymbol{N}_i^{\mathrm{T}}\boldsymbol{N}_jt^e\left|\boldsymbol{J}\right|\mathrm{d}\xi\mathrm{d}\eta\\&=\sum_{p=1}^{n_q}\sum_{q=1}^{n_q}\rho H_pH_q\boldsymbol{N}_i^{\mathrm{T}}(\xi_p,\eta_q)\boldsymbol{N}_j(\xi_p,\eta_q)t^e\left|\boldsymbol{J}(\xi_p,\eta_q)\right|\end{aligned} \tag{11.22}$$

三角形单元可用面积坐标作为自然坐标,参见5.3.2节,插值函数用面积坐标表达,则单元质量矩阵的积分为

$$M^e = \rho t^e \int_{A^e} N^{\mathrm{T}} N \mathrm{d}x\mathrm{d}y = \rho t^e \int_0^1 \int_0^{1-L_1} N^{\mathrm{T}}(L_1, L_2) N(L_1, L_2) \mid J \mid \mathrm{d}L_2 \mathrm{d}L_1 \tag{11.23a}$$

其中 Jacobi 行列式为

$$|J| = \begin{vmatrix} \dfrac{\partial r}{\partial \xi} & \dfrac{\partial z}{\partial \xi} \\ \dfrac{\partial r}{\partial \eta} & \dfrac{\partial z}{\partial \eta} \end{vmatrix} \quad (\xi = L_1, \eta = L_2)$$

子矩阵的积分表达式为

$$M_{ij}^e = \rho t^e \int_0^1 \int_0^{1-L_1} N_i^{\mathrm{T}}(L_1, L_2) N_j(L_1, L_2) \mid J \mid \mathrm{d}L_2 \mathrm{d}L_1 \tag{11.23b}$$

面积坐标积分可采用 Hammer 积分。

以三角形 3 结点单元为例，其插值函数矩阵为

$$N = [N_1 \quad N_2 \quad N_3] = \begin{bmatrix} N_1 & 0 & N_2 & 0 & N_3 & 0 \\ 0 & N_1 & 0 & N_2 & 0 & N_3 \end{bmatrix}$$

该单元的插值函数可用空间坐标表示［见式(3.10)］：

$$N_i = \frac{1}{2A}(b_i + c_i x + d_i y) \quad (i = 1, 2, 3) \tag{11.24}$$

代入式(11.10a)可得单元质量矩阵，其子矩阵为

$$M_{ij}^e = \rho t^e I \iint N_i N_j \mathrm{d}x\mathrm{d}y$$

代入插值函数容易得到

$$\iint N_i N_j \mathrm{d}x\mathrm{d}y = \begin{cases} \dfrac{1}{6}A & (i = j) \\ \dfrac{1}{12}A & (i \neq j) \end{cases}$$

进而得到平面三角形 3 结点单元的一致质量矩阵

$$M^e = \frac{\rho t^e A}{12} \begin{bmatrix} 2 & 0 & 1 & 0 & 1 & 0 \\ 0 & 2 & 0 & 1 & 0 & 1 \\ 1 & 0 & 2 & 0 & 1 & 0 \\ 0 & 1 & 0 & 2 & 0 & 1 \\ 1 & 0 & 1 & 0 & 2 & 0 \\ 0 & 1 & 0 & 1 & 0 & 2 \end{bmatrix} \tag{11.25}$$

(2) 轴对称问题

轴对称问题四边形单元的质量矩阵积分表达式为

$$M^e = 2\pi\rho \int_{-1}^1 \int_{-1}^1 N^{\mathrm{T}} N r(\xi, \eta) \mid J \mid \mathrm{d}\xi \mathrm{d}\eta \tag{11.26a}$$

子矩阵的 Gauss 积分为

$$\boldsymbol{M}_{ij}^{e}=2\pi\rho\int_{-1}^{1}\int_{-1}^{1}\boldsymbol{N}_{i}^{\mathrm{T}}\boldsymbol{N}_{j}r(\xi,\eta)\,|\boldsymbol{J}|\,\mathrm{d}\xi\mathrm{d}\eta$$

$$=2\pi\rho\sum_{p=1}^{n_q}\sum_{q=1}^{n_q}H_pH_q\boldsymbol{N}_i^{\mathrm{T}}(\xi_p,\eta_q)\boldsymbol{N}_j(\xi_p,\eta_q)r(\xi_p,\eta_q)\,|\boldsymbol{J}(\xi_p,\eta_q)| \tag{11.26b}$$

用面积坐标表达的轴对称三角形单元的单元质量矩阵为

$$\boldsymbol{M}^{e}=2\pi\rho\int_{A^e}\boldsymbol{N}^{\mathrm{T}}(L_1,L_2)\boldsymbol{N}(L_1,L_2)r(L_1,L_2)\,\mathrm{d}r\mathrm{d}z \tag{11.27a}$$

子矩阵为

$$\boldsymbol{M}_{ij}^{e}=2\pi\rho\int_{0}^{1}\int_{0}^{1-L_1}\boldsymbol{N}_{i}^{\mathrm{T}}(L_1,L_2)\boldsymbol{N}_{j}(L_1,L_2)r(L_1,L_2)\,|\boldsymbol{J}|\,\mathrm{d}L_2\mathrm{d}L_1 \tag{11.27b}$$

以轴对称三角形 3 结点单元为例,其插值函数和平面问题相同,质量矩阵的积分表达式为

$$\boldsymbol{M}^{e}=\int_{V^e}\rho\boldsymbol{N}^{\mathrm{T}}\boldsymbol{N}\mathrm{d}V=2\pi\rho\int_{V^e}\boldsymbol{N}^{\mathrm{T}}\boldsymbol{N}r\mathrm{d}r\mathrm{d}z \tag{11.28}$$

其中坐标变换式为

$$r=N_1r_1+N_2r_2+N_3r_3 \tag{11.29}$$

将式(11.24)中的 x,y 改为 r,z,并和式(11.29)一起代入式(11.28)积分可得

$$\boldsymbol{M}^{e}=\frac{\pi\rho A}{10}\begin{bmatrix}
\frac{4}{3}r_1+2\bar{r} & 0 & 2\bar{r}-\frac{1}{3}r_3 & 0 & 2\bar{r}-\frac{1}{3}r_2 & 0\\
0 & \frac{4}{3}r_1+2\bar{r} & 0 & 2\bar{r}-\frac{1}{3}r_3 & 0 & 2\bar{r}-\frac{1}{3}r_2\\
2\bar{r}-\frac{1}{3}r_3 & 0 & \frac{4}{3}r_2+2\bar{r} & 0 & 2\bar{r}-\frac{1}{3}r_1 & 0\\
0 & 2\bar{r}-\frac{1}{3}r_3 & 0 & \frac{4}{3}r_3+2\bar{r} & 0 & 2\bar{r}-\frac{1}{3}r_1\\
2\bar{r}-\frac{1}{3}r_2 & 0 & 2\bar{r}-\frac{1}{3}r_1 & 0 & \frac{4}{3}r_3+2\bar{r} & 0\\
0 & 2\bar{r}-\frac{1}{3}r_2 & 0 & 2\bar{r}-\frac{1}{3}r_1 & 0 & \frac{4}{3}r_3+2\bar{r}
\end{bmatrix} \tag{11.30}$$

其中

$$\bar{r}=\frac{1}{3}(r_1+r_2+r_3) \tag{11.31}$$

(3) 三维单元

下面给出六面体等参单元和四面体单元的单元质量矩阵。参见 5.5.1 节,等参单元位移插值和坐标变换为

$$\boldsymbol{u}=\boldsymbol{N}\boldsymbol{a}^{e},\quad \boldsymbol{x}=\boldsymbol{N}\boldsymbol{x}^{e}$$

利用等参单元体积积分变换关系(5.56),六面体等参单元质量矩阵(11.10a)的积分表达式为

$$\boldsymbol{M}^{e}=\int_{V^e}\rho\boldsymbol{N}^{\mathrm{T}}\boldsymbol{N}\mathrm{d}V=\rho\int_{-1}^{1}\int_{-1}^{1}\int_{-1}^{1}\boldsymbol{N}^{\mathrm{T}}\boldsymbol{N}\,|\boldsymbol{J}|\,\mathrm{d}\xi\mathrm{d}\eta\mathrm{d}\zeta \tag{11.32}$$

Jacobi 行列式为

$$|\boldsymbol{J}|=\begin{vmatrix}\dfrac{\partial x}{\partial \xi} & \dfrac{\partial y}{\partial \xi} & \dfrac{\partial z}{\partial \xi}\\ \dfrac{\partial x}{\partial \eta} & \dfrac{\partial y}{\partial \eta} & \dfrac{\partial z}{\partial \eta}\\ \dfrac{\partial x}{\partial \zeta} & \dfrac{\partial y}{\partial \zeta} & \dfrac{\partial z}{\partial \zeta}\end{vmatrix} \tag{11.33}$$

具有 n 个结点的单元质量矩阵可写成子矩阵的形式(11.21),此时 $\boldsymbol{M}_{ij}^{e}$ 是 3×3 的子矩阵。采用 Gauss 积分,子矩阵的数值积分为

$$\begin{aligned}\boldsymbol{M}_{ij}^{e}&=\rho\int_{-1}^{1}\int_{-1}^{1}\int_{-1}^{1}\boldsymbol{N}_{i}^{\mathrm{T}}\boldsymbol{N}_{j}\,|\boldsymbol{J}|\,\mathrm{d}\xi\mathrm{d}\eta\mathrm{d}\zeta\\&=\sum_{p=1}^{n_p}\sum_{q=1}^{n_q}\sum_{r=1}^{n_r}H_pH_qH_r\boldsymbol{N}_i^{\mathrm{T}}(\xi_r,\eta_q,\zeta_p)\boldsymbol{N}_j(\xi_r,\eta_q,\zeta_p)\,|\boldsymbol{J}(\xi_r,\eta_q,\zeta_p)|\end{aligned} \tag{11.34}$$

四面体单元可用体积坐标作为自然坐标,参见 5.4.2 节,插值函数用体积坐标表达,则单元质量矩阵的积分为

$$\boldsymbol{M}^{e}=\rho\int_{V^e}\boldsymbol{N}^{\mathrm{T}}\boldsymbol{N}\mathrm{d}V \tag{11.35a}$$

子矩阵的积分表达式为

$$\boldsymbol{M}_{ij}^{e}=\rho\int_{0}^{1}\int_{0}^{1-L_1}\int_{0}^{1-L_2-L_1}\boldsymbol{N}_i^{\mathrm{T}}(L_1,L_2,L_3)\boldsymbol{N}_j(L_1,L_2,L_3)\,|\boldsymbol{J}(L_1,L_2,L_3)|\,\mathrm{d}L_3\mathrm{d}L_2\mathrm{d}L_1 \tag{11.35b}$$

体积坐标积分可采用 Hammer 积分。

以四面体 4 结点单元为例,单元的一致质量矩阵为

$$\boldsymbol{M}^{e}=\frac{\rho V}{20}\begin{bmatrix}2&0&0&1&0&0&1&0&0&1&0&0\\0&2&0&0&1&0&0&1&0&0&1&0\\0&0&2&0&0&1&0&0&1&0&0&1\\1&0&0&2&0&0&1&0&0&1&0&0\\0&1&0&0&2&0&0&1&0&0&1&0\\0&0&1&0&0&2&0&0&1&0&0&1\\1&0&0&1&0&0&2&0&0&1&0&0\\0&1&0&0&1&0&0&2&0&0&1&0\\0&0&1&0&0&1&0&0&2&0&0&1\\1&0&0&1&0&0&1&0&0&2&0&0\\0&1&0&0&1&0&0&1&0&0&2&0\\0&0&1&0&0&1&0&0&1&0&0&2\end{bmatrix} \tag{11.36}$$

(4) 一维轴力单元

对于一维 2 结点 Lagrange 单元,其结点位移列向量和插值函数矩阵为

$$\boldsymbol{a}^{e}=[u_1\quad u_2]^{\mathrm{T}}$$

$$N = [N_1 \quad N_2]$$

其中插值函数为

$$N_1 = \frac{1}{2}(1 - \xi), \quad N_2 = \frac{1}{2}(1 + \xi) \quad (-1 \leqslant \xi \leqslant 1)$$

该单元的质量矩阵(11.10a)为

$$M^e = \int_{V^e} \rho N^T N \mathrm{d}V = \rho \int_{l^e} N^T N A \mathrm{d}x = \frac{\rho A l^e}{2} \int_{-1}^{1} N^T N \mathrm{d}\xi \tag{11.37a}$$

式中 l^e 为单元的长度,将插值函数代入得到一维单元的质量矩阵

$$M^e = \frac{\rho A l^e}{6} \begin{bmatrix} 2 & 1 \\ 1 & 2 \end{bmatrix} \tag{11.37b}$$

上式利用了积分变换式(7.12),即 $\mathrm{d}x = \frac{l^e}{2}\mathrm{d}\xi$。

(5) 平面桁架单元

2 结点平面桁架单元的结点位移列向量和插值函数矩阵为

$$a^e = [u_1 \quad v_2 \quad u_2 \quad v_2]^T$$

$$N = \begin{bmatrix} N_1 & 0 & N_2 & 0 \\ 0 & N_1 & 0 & N_2 \end{bmatrix}$$

其中

$$N_1 = \frac{1}{2}(1 - \xi), \quad N_2 = \frac{1}{2}(1 + \xi) \quad (-1 \leqslant \xi \leqslant 1)$$

代入式(11.10a)可得单元质量矩阵

$$M^e = \frac{\rho A l^e}{6} \begin{bmatrix} 2 & 0 & 1 & 0 \\ 0 & 2 & 0 & 1 \\ 1 & 0 & 2 & 0 \\ 0 & 1 & 0 & 2 \end{bmatrix} \tag{11.38}$$

(6) 梁单元

参见 7.4.2 节中的 2 结点 Euler-Bernoulli 梁单元,采用 Hermite 插值函数 $\boldsymbol{H}$,其单元质量矩阵为

$$M^e = \int_{V^e} \rho H^T H \mathrm{d}V = \int_{-1}^{1} H^T H \rho A \frac{l^e}{2} \mathrm{d}\xi$$

$$= \frac{\rho A l^e}{420} \begin{bmatrix} 156 & 22l^e & 54 & -13l^e \\ 22l^e & 4l^{e2} & 13l^e & -3l^{e2} \\ 54 & 13l^e & 156 & -22l^e \\ -13l^e & -3l^{e2} & -22l^e & 4l^{e2} \end{bmatrix} \tag{11.39}$$

(7) 平面框架单元

参见 7.8.1 节,平面框架单元可以视为轴力单元和梁单元的组合,在局部坐标系下单元

结点的位移为

$$\boldsymbol{a}'_i = [\,u'_i \quad w'_i \quad \theta'_i\,]^{\mathrm{T}} \quad (i=1,2)$$

可得到局部坐标系下的单元质量矩阵

$$\boldsymbol{M}^{e\prime} = \begin{bmatrix} 2a & 0 & 0 & a & 0 & 0 \\ 0 & 156b & 22l^{e2}b & 0 & 54b & -13l^e b \\ 0 & 22l^{e2}b & 4l^{e2}b & 0 & 13l^e b & -3l^{e2}b \\ a & 0 & 0 & 2a & 0 & 0 \\ 0 & 54b & 13l^e b & 0 & 156b & -22l^e b \\ 0 & -13l^e b & -3l^{e2}b & 0 & -22l^e b & 4l^{e2}b \end{bmatrix} \tag{11.40}$$

其中

$$a = \frac{\rho A l^e}{6}, \quad b = \frac{\rho A l^e}{420}$$

参见 7.8.1 节,类似于单元刚度矩阵,局部坐标系下的质量矩阵需转换到整体坐标系。由式(11.15a)可知,在局部坐标系下单元的动能可表达为

$$E_{\mathrm{k}}^e = \frac{1}{2}(\dot{\boldsymbol{a}}^{e\prime})^{\mathrm{T}}\boldsymbol{M}^{e\prime}\dot{\boldsymbol{a}}^{e\prime} \tag{11.41}$$

由式(7.110)知,局部坐标系和整体坐标系下的单元结点位移存在关系 $\boldsymbol{a}^{e\prime}=\boldsymbol{T}\boldsymbol{a}^e$,则 $\dot{\boldsymbol{a}}^{e\prime}=\boldsymbol{T}\dot{\boldsymbol{a}}^e$,其中的转换矩阵为式(7.140)和式(7.141)。将 $\dot{\boldsymbol{a}}^{e\prime}=\boldsymbol{T}\dot{\boldsymbol{a}}^e$ 代入式(11.41)有

$$E_{\mathrm{k}}^e = \frac{1}{2}(\dot{\boldsymbol{a}}^e)^{\mathrm{T}}\boldsymbol{T}^{\mathrm{T}}\boldsymbol{M}^{e\prime}\boldsymbol{T}\dot{\boldsymbol{a}}^e \tag{11.42}$$

而整体坐标表达的动能为

$$E_{\mathrm{k}}^e = \frac{1}{2}(\dot{\boldsymbol{a}}^e)^{\mathrm{T}}\boldsymbol{M}^e\dot{\boldsymbol{a}}^e \tag{11.43}$$

比较式(11.42)和式(11.43)可得整体坐标系和局部坐标系下单元质量矩阵的转换关系

$$\boldsymbol{M}^e = \boldsymbol{T}^{\mathrm{T}}\boldsymbol{M}^{e\prime}\boldsymbol{T} \tag{11.44}$$

11.3.2 集中质量矩阵

由上面的推导可见,一致质量矩阵一般为满阵。为了提高动力学方程的求解效率,通常将其进行对角化处理,将质量集中施加在单元的结点自由度上,这种简化质量矩阵称为集中质量矩阵。将一致质量矩阵转化为集中质量矩阵的优点将在后面讲解动力学方程积分计算时进行讨论。

将一致质量矩阵转换为集中质量矩阵有不同的方法。对于实体单元,可令各行的主元素(质量矩阵的对角元素)等于各行所有元素之和,并令所有非主元素为零,即

$$(\boldsymbol{M}_l^e)_{ij} = \begin{cases} \sum_{k=1}^{n} (\boldsymbol{M}^e)_{ik} = \sum_{k=1}^{n} \int_{V^e} \rho \boldsymbol{N}_i^{\mathrm{T}} \boldsymbol{N}_k \mathrm{d}V & (j = i) \\ 0 & (j \neq i) \end{cases} \tag{11.45}$$

式中 n 是单元的结点数。

另外,也可令质量矩阵各行主元素等于该行主元素乘以缩放因子 a,a 的大小根据质量守恒原则确定,即

$$(\boldsymbol{M}_l^e)_{ij} = \begin{cases} a(\boldsymbol{M}^e)_{ii} = a\int_{V^e} \rho \boldsymbol{N}_i^{\mathrm{T}} \boldsymbol{N}_i \mathrm{d}V & (j = i) \\ 0 & (j \neq i) \end{cases} \tag{11.46a}$$

或

$$\sum_{i=1}^{n} (\boldsymbol{M}_l^e)_{ij} = a(\boldsymbol{M}^e)_{ii} = W\boldsymbol{I}_d = \rho V_e \boldsymbol{I}_d \tag{11.46b}$$

式中 d 为空间维数。

例如,前述三角形 3 结点单元的一致质量矩阵可转化成为如下集中质量矩阵:

$$\boldsymbol{M}^e = \frac{\rho t^e A}{3} \begin{bmatrix} 1 & 0 & 0 & 0 & 0 & 0 \\ 0 & 1 & 0 & 0 & 0 & 0 \\ 0 & 0 & 1 & 0 & 0 & 0 \\ 0 & 0 & 0 & 1 & 0 & 0 \\ 0 & 0 & 0 & 0 & 1 & 0 \\ 0 & 0 & 0 & 0 & 0 & 1 \end{bmatrix} \tag{11.47}$$

此外,对于杆、梁、板、壳等结构单元,通常忽略对应于转动自由度的元素。对于与线位移自由度相关的元素则采用和实体单元相同的处理方法。如对于平面桁架单元,由一致质量矩阵(11.38)可得其集中质量矩阵为

$$\boldsymbol{M}^e = \frac{\rho A l^e}{2} \begin{bmatrix} 1 & 0 & 0 & 0 \\ 0 & 1 & 0 & 0 \\ 0 & 0 & 1 & 0 \\ 0 & 0 & 0 & 1 \end{bmatrix} \tag{11.48}$$

梁单元的一致质量矩阵(11.39)转化为集中质量矩阵

$$\boldsymbol{M}^e = \frac{\rho A l^e}{2} \begin{bmatrix} 1 & 0 & 0 & 0 \\ 0 & 0 & 0 & 0 \\ 0 & 0 & 1 & 0 \\ 0 & 0 & 0 & 0 \end{bmatrix} \tag{11.49}$$

实际计算中一致质量矩阵和集中质量矩阵均有使用,一般情况下采用两种质量矩阵的计算结果相差不大。但是,采用集中质量矩阵可以简化计算,特别是对于求解动力学方程的显式积分方案,在同时对阻尼矩阵对角化处理后可以极大地提高时间积分的效率。

11.3.3 阻尼矩阵

由式(11.10c)可知单元的阻尼矩阵为

$$C^e = \int_{V^e} \mu N^T N \mathrm{d}V \tag{11.50}$$

也称为协调阻尼矩阵。通常假设阻尼正比于质点的运动速度,或正比于应变率。例如由于材料内摩擦引起的结构阻尼通常可以简化为这种情况,这时阻尼力可以表示成 $\mu \dot{\boldsymbol{u}} = \mu \boldsymbol{D} \dot{\boldsymbol{\varepsilon}}$,将其代入式(11.8),经推导可以得到

$$C^e = \mu \int_{V^e} B^T D B \mathrm{d}V \tag{11.51}$$

此为比例阻尼或振型阻尼。

在实际分析中,要准确地确定阻尼矩阵非常困难。实际工程中经常将结构的阻尼矩阵简化为质量矩阵和刚度矩阵的线性组合

$$C = \alpha M + \beta K \tag{11.52}$$

此即 Rayleigh 阻尼。式中 α 和 β 是由结构的阻尼比和固有频率确定的,具体方法可以参考振动力学相关书籍。

11.4 系统特征值问题

11.4.1 无阻尼自由振动实特征值

如果系统无阻尼且没有外力作用,动力学方程(11.11)简化为无阻尼自由振动方程

$$M\ddot{a}(t) + Ka(t) = 0 \tag{11.53}$$

结构的自由振动响应可写成如下形式:

$$a = \varphi \sin \omega(t - t_0) \tag{11.54}$$

将式(11.54)代入无阻尼自由振动方程(11.53)得到

$$K\varphi - \omega^2 M\varphi = 0 \tag{11.55}$$

即

$$(K - \omega^2 M)\varphi = 0 \tag{11.56}$$

此即广义线性特征值问题。该方程 φ 有非零解的条件为

$$|K - \omega^2 M| = 0 \tag{11.57}$$

若 K 和 M 为 $n \times n$ 的对称正定矩阵,求解该方程可得 n 个正的实特征值

$$0 \leqslant \omega_1 \leqslant \omega_2 \leqslant \cdots \leqslant \omega_n$$

即 n 个固有频率。当给结构施加足够的位移约束,使结构为静定结构,消除刚体位移,则刚

度矩阵 $\boldsymbol{K}$ 是正定的，此时结构的特征值为正实数。

对应于 $\omega_i(i=1,2,\cdots,n)$，可由方程(11.56)求得 n 个向量 $\boldsymbol{\varphi}_i$，称为系统的正交模态或特征向量，对于结构振动问题又称为振型。若规定

$$\boldsymbol{\varphi}_i^{\mathrm{T}}\boldsymbol{M}\boldsymbol{\varphi}_i=1\quad(i=1,2,\cdots,n)\tag{11.58}$$

对应的振型称为正则振型。

下面讨论特征解的性质。将特征对$(\omega_i,\boldsymbol{\varphi}_i)$和$(\omega_j,\boldsymbol{\varphi}_j)$代入特征方程(11.55)有

$$\boldsymbol{K}\boldsymbol{\varphi}_i=\omega_i^2\boldsymbol{M}\boldsymbol{\varphi}_i,\quad \boldsymbol{K}\boldsymbol{\varphi}_j=\omega_j^2\boldsymbol{M}\boldsymbol{\varphi}_j\tag{11.59}$$

将该两个方程分别左乘 $\boldsymbol{\varphi}_j^{\mathrm{T}}$ 和 $\boldsymbol{\varphi}_i^{\mathrm{T}}$ 可得

$$\boldsymbol{\varphi}_j^{\mathrm{T}}\boldsymbol{K}\boldsymbol{\varphi}_i=\omega_i^2\boldsymbol{\varphi}_j^{\mathrm{T}}\boldsymbol{M}\boldsymbol{\varphi}_i,\quad \boldsymbol{\varphi}_i^{\mathrm{T}}\boldsymbol{K}\boldsymbol{\varphi}_j=\omega_j^2\boldsymbol{\varphi}_i^{\mathrm{T}}\boldsymbol{M}\boldsymbol{\varphi}_j\tag{11.60}$$

对式(11.60)后一个方程两边同时求转置

$$(\boldsymbol{\varphi}_i^{\mathrm{T}}\boldsymbol{K}\boldsymbol{\varphi}_j)^{\mathrm{T}}=(\omega_j^2\boldsymbol{\varphi}_i^{\mathrm{T}}\boldsymbol{M}\boldsymbol{\varphi}_j)^{\mathrm{T}}\tag{11.61}$$

由于 $\boldsymbol{M}$ 和 $\boldsymbol{K}$ 对称，可得

$$\boldsymbol{\varphi}_j^{\mathrm{T}}\boldsymbol{K}\boldsymbol{\varphi}_i=\omega_j^2\boldsymbol{\varphi}_j^{\mathrm{T}}\boldsymbol{M}\boldsymbol{\varphi}_i\tag{11.62}$$

比较式(11.62)和式(11.60)第一个式子，可得

$$\omega_i^2\boldsymbol{\varphi}_j^{\mathrm{T}}\boldsymbol{M}\boldsymbol{\varphi}_i=\omega_j^2\boldsymbol{\varphi}_j^{\mathrm{T}}\boldsymbol{M}\boldsymbol{\varphi}_i\tag{11.63}$$

该式可以表达为

$$(\omega_i^2-\omega_j^2)\boldsymbol{\varphi}_j^{\mathrm{T}}\boldsymbol{M}\boldsymbol{\varphi}_i=0\tag{11.64}$$

结合式(11.58)可知

$$\boldsymbol{\varphi}_j^{\mathrm{T}}\boldsymbol{M}\boldsymbol{\varphi}_i=\begin{cases}1 & (i=j)\\ 0 & (i\neq j)\end{cases}\tag{11.65}$$

即固有振型对于矩阵 $\boldsymbol{M}$ 是正交的。结合式(11.62)和式(11.65)可得

$$\boldsymbol{\varphi}_j^{\mathrm{T}}\boldsymbol{K}\boldsymbol{\varphi}_i=\begin{cases}\omega_i^2 & (i=j)\\ 0 & (i\neq j)\end{cases}\tag{11.66}$$

定义固有振型矩阵

$$\boldsymbol{\Phi}=[\boldsymbol{\varphi}_1\quad\boldsymbol{\varphi}_2\quad\cdots\quad\boldsymbol{\varphi}_n]\tag{11.67}$$

固有频率矩阵

$$\boldsymbol{\Omega}=\begin{bmatrix}\omega_1^2 & 0 & \cdots & 0\\ 0 & \omega_2^2 & \cdots & 0\\ \vdots & \vdots & & \vdots\\ 0 & 0 & \cdots & \omega_n^2\end{bmatrix}\tag{11.68}$$

由于固有振型对于矩阵 $\boldsymbol{M}$ 和 $\boldsymbol{K}$ 是正交的，可以得到如下关系：

$$\boldsymbol{\Phi}^{\mathrm{T}}\boldsymbol{M}\boldsymbol{\Phi}=\boldsymbol{I},\quad \boldsymbol{\Phi}^{\mathrm{T}}\boldsymbol{K}\boldsymbol{\Phi}=\boldsymbol{\Omega}\tag{11.69}$$

后面讨论振型叠加法求解动力学方程时将利用这些关系。

11.4.2 特征值和特征向量的算法

特征值和特征向量的求解主要有三类方法：特征多项式技术、向量迭代法、矩阵变换法。已有很多非常有效的特征值问题的算法和程序代码，读者可以参考专门介绍特征值求解方法的著作。

特征多项式技术是将式(11.57)展开成多项式进行求解。这种方法直接，但是计算量大，不适合于求解大型结构的特征值问题。下面利用一个算例说明这种方法的求解过程。

例 11.1　已知质量矩阵 $\boldsymbol{M}$ 和刚度矩阵 $\boldsymbol{K}$ 分别为

$$\boldsymbol{M}=\begin{bmatrix}1 & 0\\ 0 & 1\end{bmatrix},\quad \boldsymbol{K}=\begin{bmatrix}4 & 2\\ 2 & 4\end{bmatrix}$$

求其特征值(固有频率)与特征向量(模态)。

解：对应的特征值问题为

$$(\boldsymbol{K}-\lambda\boldsymbol{M})\boldsymbol{x}=\boldsymbol{0}$$

其中 $\lambda=\omega^2$。将矩阵 $\boldsymbol{M}$ 和 $\boldsymbol{K}$ 代入该特征方程

$$\left(\begin{bmatrix}4 & 2\\ 2 & 4\end{bmatrix}-\lambda\begin{bmatrix}1 & 0\\ 0 & 1\end{bmatrix}\right)\boldsymbol{x}=\begin{bmatrix}4-\lambda & 2\\ 2 & 4-\lambda\end{bmatrix}\boldsymbol{x}=\boldsymbol{0}$$

该特征值问题具有非零解的条件为

$$\begin{vmatrix}4-\lambda & 2\\ 2 & 4-\lambda\end{vmatrix}=(4-\lambda)^2-4=\lambda^2-7\lambda+8=0$$

求解此二次方程得到两个特征值 $\lambda=2,6$。

将该两个特征值分别代入特征方程可得到其对应的特征向量 $\boldsymbol{x}_1$ 和 $\boldsymbol{x}_2$。

当 $\lambda=2$：

$$\begin{bmatrix}4-\lambda & 2\\ 2 & 4-\lambda\end{bmatrix}\boldsymbol{x}_1=\begin{bmatrix}4-2 & 2\\ 2 & 4-2\end{bmatrix}\begin{bmatrix}x_1\\ x_2\end{bmatrix}=\begin{bmatrix}2 & 2\\ 2 & 2\end{bmatrix}\begin{bmatrix}x_1\\ x_2\end{bmatrix}=\begin{bmatrix}0\\ 0\end{bmatrix}$$

因为系数矩阵的行列式为零，仅能得到一个独立的方程

$$x_1+x_2=0,\quad 或\quad x_1=-x_2$$

利用式(11.58)，即 $\boldsymbol{x}_1^{\mathrm{T}}\boldsymbol{M}\boldsymbol{x}_1=1$，可以得到一阶正则振型

$$\begin{bmatrix}x_1 & x_2\end{bmatrix}\begin{bmatrix}1 & 0\\ 0 & 1\end{bmatrix}\begin{bmatrix}x_1\\ x_2\end{bmatrix}=1$$

得 $x_1^2+x_2^2=1$，代入 $x_1=-x_2$，最后得到：$x_1=1/\sqrt{2}$，$x_2=-1/\sqrt{2}$ 和 $x_1=-1/\sqrt{2}$，$x_2=1/\sqrt{2}$，即

$$\boldsymbol{x}_1=\begin{bmatrix}x_1\\ x_2\end{bmatrix}=\begin{bmatrix}\frac{1}{\sqrt{2}} & -\frac{1}{\sqrt{2}}\end{bmatrix}^{\mathrm{T}}\ 和\ \boldsymbol{x}_1=\begin{bmatrix}-\frac{1}{\sqrt{2}} & \frac{1}{\sqrt{2}}\end{bmatrix}^{\mathrm{T}}$$

类似地,当 $\lambda=6$:

按前述方法可得到二阶正则振型

$$\boldsymbol{x}_2=\begin{bmatrix}\frac{1}{\sqrt{2}} & \frac{1}{\sqrt{2}}\end{bmatrix}^{\mathrm{T}} \text{和} \boldsymbol{x}_2=\begin{bmatrix}-\frac{1}{\sqrt{2}} & -\frac{1}{\sqrt{2}}\end{bmatrix}^{\mathrm{T}}$$

然而,实际中很少将方程(11.57)中的行列式进行展开,写成多项式后进行求解。如前所述,已有很多非常有效的特征值问题的算法。在这些算法中,都以如下的标准特征值问题为出发点:

$$\boldsymbol{H}\boldsymbol{x}=\lambda\boldsymbol{x} \tag{11.70}$$

其中 $\boldsymbol{H}$ 是对称矩阵,因此有实特征值。方程(11.56)可以写成

$$\boldsymbol{M}^{-1}\boldsymbol{K}\boldsymbol{\varphi}=\omega^2\boldsymbol{\varphi} \tag{11.71}$$

通常情况下 $\boldsymbol{M}^{-1}\boldsymbol{K}$ 不具备对称性。现在对质量矩阵进行三角分解,可将其写成三角分解形式

$$\boldsymbol{M}=\boldsymbol{L}\boldsymbol{L}^{\mathrm{T}} \tag{11.72}$$

这里 $\boldsymbol{L}$ 是下三角矩阵。矩阵 $\boldsymbol{M}$ 的逆可写成

$$\boldsymbol{M}^{-1}=\boldsymbol{L}^{-\mathrm{T}}\boldsymbol{L}^{-1} \tag{11.73}$$

代入方程(11.71)可得

$$\boldsymbol{K}\boldsymbol{\varphi}=\omega^2\boldsymbol{L}\boldsymbol{L}^{\mathrm{T}}\boldsymbol{\varphi} \tag{11.74}$$

令

$$\boldsymbol{L}^{\mathrm{T}}\boldsymbol{\varphi}=\boldsymbol{x} \tag{11.75}$$

并在方程(11.74)两边同时乘以 $\boldsymbol{L}^{-1}$,可得

$$\boldsymbol{L}^{-1}\boldsymbol{K}\boldsymbol{\varphi}=\omega^2\boldsymbol{L}^{-1}\boldsymbol{L}\boldsymbol{L}^{\mathrm{T}}\boldsymbol{\varphi}=\omega^2\boldsymbol{L}^{\mathrm{T}}\boldsymbol{\varphi}=\omega^2\boldsymbol{x}$$

又 $\boldsymbol{L}^{-1}\boldsymbol{K}\boldsymbol{\varphi}=\boldsymbol{L}^{-1}\boldsymbol{K}\boldsymbol{L}^{-\mathrm{T}}\boldsymbol{L}^{\mathrm{T}}\boldsymbol{\varphi}=\boldsymbol{L}^{-1}\boldsymbol{K}\boldsymbol{L}^{-\mathrm{T}}\boldsymbol{x}$,由上述两个方程等号右边项相等,方程(11.74)可以写成如下形式:

$$\boldsymbol{H}\boldsymbol{x}=\omega^2\boldsymbol{x} \tag{11.76}$$

其中

$$\boldsymbol{H}=\boldsymbol{L}^{-1}\boldsymbol{K}\boldsymbol{L}^{-\mathrm{T}} \tag{11.77}$$

由此,特征方程(11.56)转换成了标准特征值问题(11.70),现在 $\boldsymbol{H}$ 为对称矩阵。

在确定了 ω^2 后,就可以得到 $\boldsymbol{x}$ 的形态,再利用式(11.75)即可得到振型 $\boldsymbol{\varphi}$。若质量矩阵为对角阵,质量矩阵的求逆就变得非常简单,则推导标准特征值问题的过程也变得简单了,这是将一致质量矩阵转换成集中(对角)质量矩阵的第一个优点。

在有限元分析中,具有无穷自由度的真实系统通过离散后成为具有 n 个有限自由度的系统。通常情况下,离散后系统的自由度仍然很大,特征值的计算工作十分庞大,具有相当大的难度。另一方面,在研究系统的响应时,往往只需要少数的低阶固有频率和特征向量。在有限元分析方法中,发展了一些适应于上述特点的效率较高的算法。目前应用较广泛的有矩阵反迭代法、子空间迭代法、里茨向量直接迭代法和 Lanczos 向量直接迭代法等。其中子空间迭代法是公认的高效算法,已运用于许多商用有限元软件系统中。

11.4.3 刚度矩阵奇异时的特征值和特征向量

在静态问题中,当给结构施加足够的位移约束使刚度矩阵 $\boldsymbol{K}$ 非奇异,静态方程组有唯一解。当结构上没有施加足够的约束条件,如火箭在太空中飞行的情况,刚度矩阵 $\boldsymbol{K}$ 为奇异的,结构具有刚体模态,其对应的固有频率为零。

为了保证能够使用逆变换的方法求解特征方程,可以进行人工处理。将方程(11.56)修改成如下形式:

$$[(\boldsymbol{K}+\alpha\boldsymbol{M})-(\omega^2+\alpha)\boldsymbol{M}]\boldsymbol{\varphi}=\boldsymbol{0} \tag{11.78}$$

其中 α 是和 ω^2 同阶的任意常数。此时,新的矩阵($\boldsymbol{K}+\alpha\boldsymbol{M}$)不再是奇异的,可以求逆,从而可以用标准的特征值求解方法来计算($\omega^2+\alpha$)。可以证明,方程(11.78)得到的特征向量与原问题(11.56)的特征向量相同,且其特征值有一个平移量 α。

实际应用中,例如直升机机座、航天器柔性结构以及置于软基上的结构等,会面临确定空间自由悬挂结构的振动模态问题,这些结构既有刚体模态也有变形模态。刚体模态分别对应于沿三个空间坐标轴的平移和绕该三个坐标轴的转动,即有六个刚体模态,后边的模态才对应于结构的变形模态。一个刚体模态对应于一个零特征值,这时前六阶模态对应于六个零特征值。这种情况可以采用式(11.78)求解其特征值和特征向量。

11.4.4 算例:简支梁特征值计算

本节给出利用有限元方法计算得到的一简支梁的特征值。该简支梁的长度为 $l=40$ m,矩形横截面考虑两种情况:宽度 $a=1$ m,高度 $b=2$ m 和宽度 $a=1$ m,高度 $b=1$ m。材料的弹性模量 $E=3\times10^4$ Pa,泊松比为 $\nu=0$,密度 $\rho=0.1$ kg/m^3。由振动力学知识可知,简支 Euler-Bernoulli 梁的固有频率理论解为

$$\omega_i=\left(\frac{i\pi}{l}\right)^2\sqrt{\frac{EI}{m}},\quad f_i=\frac{\omega_i}{2\pi}=\frac{\pi}{2}\left(\frac{i}{l}\right)^2\sqrt{\frac{EI}{m}}$$

其中 i 是固有频率的阶次,m 为梁单位长度的质量。

分别采用四边形 8 结点单元和 2 结点梁单元计算其固有频率和模态。二维模型梁的左端中点为固定约束,右端中点仅 y 方向固定,如图 11.1a 所示。平面梁模型采用 4×52 个四边形 8 结点单元离散;梁单元采用 52 个 2 结点空间梁单元离散。表 11.1 所列为两种有限元模型计算得到的前三阶固有频率及其与 Euler 理论解的比较。从表中可见,对于 $a=1$ m 和 $b=2$ m 的梁,前三阶频率的最大相对误差为 3.1%;对于 $a=1$ m 和 $b=1$ m 的梁,最大误差为 0.79%。前者跨度和高度之比 $l/b=20$,后者 $l/b=40$,前者较大的误差应该是理论解没有考虑横向剪切应变对梁的固有频率的影响所致。另外,图 11.1b 给出了由 8 结点单元计算得到的该简支梁的前三阶模态。

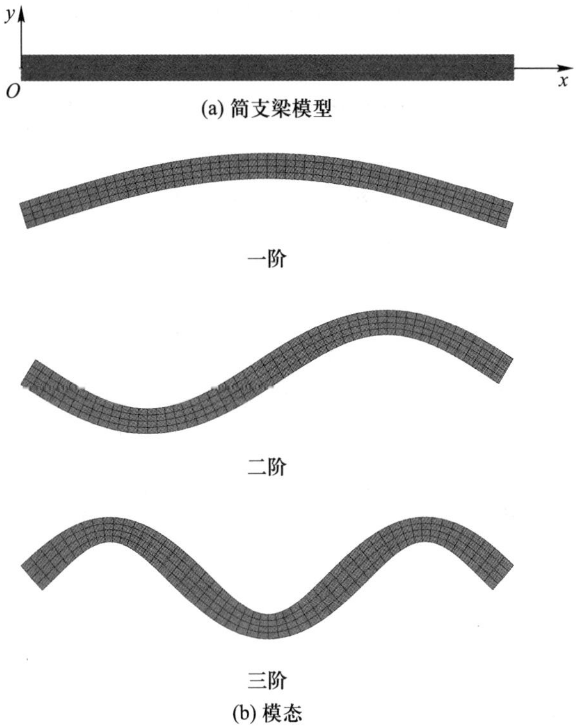

图 11.1　简支梁模型及用 8 结点单元计算得到的前三阶模态

表 11.1　简支梁固有频率有限元计算结果及理论解

求解方法	f_1/Hz		f_2/Hz		f_3/Hz	
	$a=1$ m $b=2$ m	$a=1$ m $b=1$ m	$a=1$ m $b=2$ m	$a=1$ m $b=1$ m	$a=1$ m $b=2$ m	$a=1$ m $b=1$ m
8 结点单元	0.309 3	0.155 1	1.224 1	0.618 7	2.707 3	1.385 9
2 结点梁单元	0.309 4	0.155 1	1.225 1	0.618 9	2.712 2	1.386 4
Euler-Bernoulli 梁理论	0.310 5	0.155 3	1.241 8	0.620 9	2.794 1	1.397 1

11.5　动力学方程振型叠加解法

对于线弹性问题，当实际分析的时间历程较长，同时只需要少数较低阶振型的结果时，采用振型叠加法十分有利。振型叠加法的计算分两步：求解系统的固有频率和振型（模态）；求解系统的动力响应。

在得到系统的固有频率和模态后，可利用振型叠加求系统的响应。首先作位移基向量的变换

$$\boldsymbol{a}(t)=\boldsymbol{\Phi}\boldsymbol{x}(t)=\sum_{i=1}^{n}\boldsymbol{\varphi}_i x_i,\quad \boldsymbol{x}(t)=[x_1\quad x_2\quad \cdots\quad x_n]^{\mathrm{T}} \tag{11.79}$$

代入有限元动力平衡方程(11.11)可得

$$M\Phi\ddot{x} + C\Phi\dot{x} + K\Phi x = F \tag{11.80}$$

方程两边左乘 Φ^T 有

$$\Phi^T M\Phi\ddot{x} + \Phi^T C\Phi\dot{x} + \Phi^T K\Phi x = \Phi^T F = R \tag{11.81}$$

利用关系式(11.69),上式可写成

$$\ddot{x} + \Phi^T C\Phi\dot{x} + \Omega x = R \tag{11.82}$$

如果 C 为振型阻尼,由 Φ 的正交性可得

$$\varphi_i^T C\varphi_j = \begin{cases} 2\omega_i\xi_i & (i = j) \\ 0 & (i \neq j) \end{cases} \tag{11.83}$$

式中 ξ_i 为阻尼比。则

$$\Phi^T C\Phi = \begin{bmatrix} 2\omega_1\xi_1 & 0 & \cdots & 0 \\ 0 & 2\omega_2\xi_2 & \cdots & 0 \\ \vdots & \vdots & & \vdots \\ 0 & 0 & \cdots & 2\omega_n\xi_n \end{bmatrix} \tag{11.84}$$

代入式(11.82)可得 n 个相互不耦合的二阶常微分方程

$$\ddot{x}_i(t) + 2\omega_i\xi_i\dot{x}_i(t) + \omega_i^2 x_i(t) = r_i(t) \quad (i = 1,2,\cdots,n) \tag{11.85}$$

此方程与单自由度系统的振动方程一致。该方程的求解可采用 Duhamel(杜阿梅尔)积分,或采用将在下一节讨论的数值积分方法求解。在得到 $x_i(t)(i=1,2,\cdots,n)$后,代入式(11.79)即可得到系统的响应。值得注意的几点:第一,在利用振型叠加法求解系统的动力响应时,通常高阶频率成分对系统的实际响应影响很小,只需求较低阶频率;第二,有限元方法求得的系统高阶频率的精度较差;第三,非线性系统必须采用直接积分法,因为 $K=K(t)$,系统的特征解也随时间变化,不能利用振型叠加法。

11.6　动力方程时间积分方法

利用有限元方法求解结构动力响应时,可对动力平衡方程(11.11)进行时间积分。该方程的时间直接积分方法有多种,包括中心差分法、Houbolt 法、Newmark 法、Wilson-θ 法、广义 α 法等,在此仅介绍两种较常用的方法,即中心差分显式积分方法和 Newmark 隐式积分方法。

时间积分方法将连续的时间进行离散,求解各离散时刻 $0,t_1,t_2,\cdots,t_n$时刻的响应。前后两个时刻的时间差 Δt 称为时间步长或时间增量。

11.6.1　中心差分法

中心差分法假设时刻 t 的速度 $\dot{a}_t$ 为 $t+\Delta t$ 和 $t-\Delta t$ 两个时刻位移增量的斜率,如图 11.2 所示可得 t 时刻速度的近似值

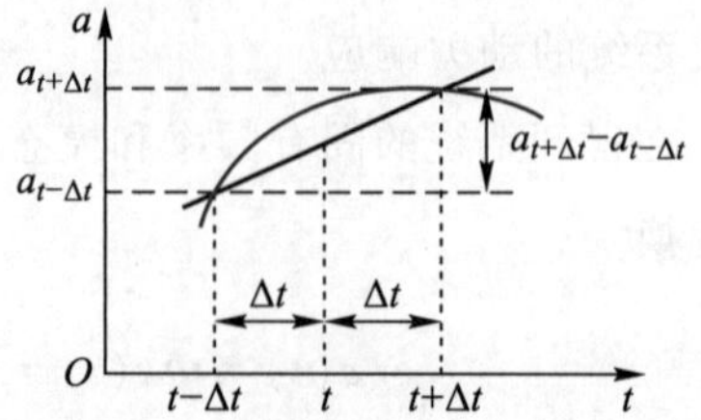

图 11.2　中心差分法 t 时刻速度近似

$$\dot{\boldsymbol{a}}_t=\frac{1}{2\Delta t}(\boldsymbol{a}_{t+\Delta t}-\boldsymbol{a}_{t-\Delta t}) \tag{11.86}$$

式中 $\boldsymbol{a}_{t+\Delta t}$和 $\boldsymbol{a}_{t-\Delta t}$分别为 $t+\Delta t$ 和 $t-\Delta t$ 时刻的位移。利用 Taylor 展开式

$$\boldsymbol{a}_{t+\Delta t}=\boldsymbol{a}_t+\dot{\boldsymbol{a}}_t\Delta t+\frac{1}{2}\ddot{\boldsymbol{a}}_t\Delta t^2+\frac{1}{6}\dddot{\boldsymbol{a}}_t\Delta t^3+O(\Delta t^4) \tag{11.87}$$

略去三阶以上的高阶小量,保留方程右边前三项,有

$$\ddot{\boldsymbol{a}}_t=\frac{1}{\Delta t^2}(2\boldsymbol{a}_{t+\Delta t}-2\boldsymbol{a}_t-2\Delta t\dot{\boldsymbol{a}}_t)$$

将式(11.86)代入上式可得 t 时刻的加速度

$$\ddot{\boldsymbol{a}}_t=\frac{1}{\Delta t^2}(\boldsymbol{a}_{t-\Delta t}-2\boldsymbol{a}_t+\boldsymbol{a}_{t+\Delta t}) \tag{11.88}$$

式(11.86)和式(11.88)即为 t 时刻速度和加速度的近似表达式。位移的 Taylor 展开式(11.87)是前差分公式,也可以将位移展开成后差分公式

$$\boldsymbol{a}_{t-\Delta t}=\boldsymbol{a}_t-\dot{\boldsymbol{a}}_t\Delta t+\frac{1}{2}\ddot{\boldsymbol{a}}_t\Delta t^2-\frac{1}{6}\dddot{\boldsymbol{a}}_t\Delta t^3+O(\Delta t^4) \tag{11.89}$$

式(11.87)和式(11.89)分别相减和相加可得

$$\boldsymbol{a}_{t+\Delta t}-\boldsymbol{a}_{t-\Delta t}=2\dot{\boldsymbol{a}}_t\Delta t+O(\Delta t^3)$$

$$\boldsymbol{a}_{t+\Delta t}+\boldsymbol{a}_{t-\Delta t}=2\boldsymbol{a}_t+\Delta t^2\ddot{\boldsymbol{a}}_t+O(\Delta t^4)$$

忽略高阶小量,得到与式(11.86)和式(11.88)完全相同的表达式。

现将 t 时刻的运动方程表达为

$$\boldsymbol{M}\ddot{\boldsymbol{a}}_t+\boldsymbol{C}\dot{\boldsymbol{a}}_t+\boldsymbol{K}\boldsymbol{a}_t=\boldsymbol{F}_t \tag{11.90}$$

将式(11.86)和式(11.88)代入式(11.90)有

$$\boldsymbol{M}\frac{1}{\Delta t^2}(\boldsymbol{a}_{t-\Delta t}-2\boldsymbol{a}_t+\boldsymbol{a}_{t+\Delta t})+\boldsymbol{C}\frac{1}{2\Delta t}(\boldsymbol{a}_{t+\Delta t}-\boldsymbol{a}_{t-\Delta t})+\boldsymbol{K}\boldsymbol{a}_t=\boldsymbol{F}_t$$

可得如下形式:

$$\left(\frac{1}{\Delta t^2}\boldsymbol{M}+\frac{1}{2\Delta t}\boldsymbol{C}\right)\boldsymbol{a}_{t+\Delta t}=\boldsymbol{F}_t-\left(\boldsymbol{K}-\frac{2}{\Delta t^2}\boldsymbol{M}\right)\boldsymbol{a}_t-\left(\frac{1}{\Delta t^2}\boldsymbol{M}-\frac{1}{2\Delta t}\boldsymbol{C}\right)\boldsymbol{a}_{t-\Delta t} \tag{11.91}$$

由上式可知,若已知 $t-\Delta t$ 和 t 时刻的位移 $\boldsymbol{a}_{t-\Delta t}$,$\boldsymbol{a}_t$,求解方程(11.91)即可得到 $t+\Delta t$ 时刻的位移 $\boldsymbol{a}_{t+\Delta t}$,进一步分别利用式(11.86)和式(11.88)可确定 t 时刻的速度和加速度。

初始条件一般给出初始时刻($t=0$)的位移 $\boldsymbol{a}_0$ 和速度 $\dot{\boldsymbol{a}}_0$,要计算时刻 $t=\Delta t$ 时刻的位移 $\boldsymbol{a}_{\Delta t}$,需首先确定 $t=-\Delta t$ 时刻的位移 $\boldsymbol{a}_{-\Delta t}$,此即中心差分法的起步方法。

根据式(11.86)和式(11.88)可得

$$\ddot{\boldsymbol{a}}_0=\frac{1}{\Delta t^2}(\boldsymbol{a}_{-\Delta t}-2\boldsymbol{a}_0+\boldsymbol{a}_{\Delta t}),\quad \dot{\boldsymbol{a}}_0=\frac{1}{2\Delta t}(-\boldsymbol{a}_{-\Delta t}+\boldsymbol{a}_{\Delta t}) \tag{11.92}$$

视上式中的 $\boldsymbol{a}_{-\Delta t}$和 $\boldsymbol{a}_{\Delta t}$为未知量,解方程组可得到

$$\boldsymbol{a}_{-\Delta t}=\boldsymbol{a}_0-\Delta t\dot{\boldsymbol{a}}_0+\frac{\Delta t^2}{2}\ddot{\boldsymbol{a}}_0 \tag{11.93}$$

由 $t=0$ 时刻的动力平衡方程

$$\boldsymbol{M}\ddot{\boldsymbol{a}}_0 + \boldsymbol{C}\dot{\boldsymbol{a}}_0 + \boldsymbol{K}\boldsymbol{a}_0 = \boldsymbol{F}_0 \tag{11.94}$$

可得

$$\ddot{\boldsymbol{a}}_0 = \boldsymbol{M}^{-1}(\boldsymbol{F}_0 - \boldsymbol{C}\dot{\boldsymbol{a}}_0 - \boldsymbol{K}\boldsymbol{a}_0) \tag{11.95}$$

将式(11.95)代入式(11.93)即可确定 $\boldsymbol{a}_{-\Delta t}$。

中心差分法的算法步骤归纳如下:

(1) 初始计算

(a) 形成刚度矩阵 $\boldsymbol{K}$、质量矩阵 $\boldsymbol{M}$ 和阻尼矩阵 $\boldsymbol{C}$

(b) 给定位移和速度初始值 $\boldsymbol{a}_0, \dot{\boldsymbol{a}}_0$,由式(11.95)确定初始加速度 $\ddot{\boldsymbol{a}}_0$

(c) 选择时间步长 Δt,计算积分常数

$$\Delta t < \Delta t_{\mathrm{cr}}, \quad c_0 = \frac{1}{\Delta t^2}, \quad c_1 = \frac{1}{2\Delta t}, \quad c_2 = 2c_0, \quad c_3 = \frac{1}{c_2}$$

式中 Δt_{cr} 是时间积分临界步长,其取值详见后面式(11.106)。

(d) 利用式(11.93)计算 $\boldsymbol{a}_{-\Delta t} = \boldsymbol{a}_0 - \Delta t\dot{\boldsymbol{a}}_0 + c_3\ddot{\boldsymbol{a}}_0$

(e) 形成有效质量矩阵 $\hat{\boldsymbol{M}} = c_0\boldsymbol{M} + c_1\boldsymbol{C}$

(f) 三角分解 $\hat{\boldsymbol{M}} = \boldsymbol{L}\boldsymbol{D}\boldsymbol{L}^{\mathrm{T}}$

(2) 对时间步进行循环

(a) 计算 t 时刻的有效载荷 $\hat{\boldsymbol{F}}_t = \boldsymbol{F}_t - (\boldsymbol{K} - c_2\boldsymbol{M})\boldsymbol{a}_t - (c_0\boldsymbol{M} - c_1\boldsymbol{C})\boldsymbol{a}_{t-\Delta t}$

(b) 求时刻 $t+\Delta t$ 的位移 $\boldsymbol{L}\boldsymbol{D}\boldsymbol{L}^{\mathrm{T}}\boldsymbol{a}_{t+\Delta t} = \hat{\boldsymbol{F}}_t$

(c) 计算 t 时刻的加速度和速度

$$\ddot{\boldsymbol{a}}_t = c_0(\boldsymbol{a}_{t-\Delta t} - 2\boldsymbol{a}_{\Delta t} + \boldsymbol{a}_{t+\Delta t})$$

$$\dot{\boldsymbol{a}}_t = c_1(-\boldsymbol{a}_{t-\Delta t} + \boldsymbol{a}_{t+\Delta t})$$

进入下一个时间步循环,直到最后一时刻为止。

下面讨论中心差分法解的稳定性。为简单起见,以一维问题为例,动力方程为

$$\ddot{x}_i(t) + 2\omega_i\xi_i\dot{x}_i(t) + \omega_i^2 x_i(t) = r_i(t) \tag{11.96}$$

式中 ξ_i 为阻尼比,由于正阻尼有利于解的收敛,讨论时可以将其忽略。不考虑阻尼的自由振动方程为

$$\ddot{x}_i(t) + \omega_i^2 x_i(t) = 0 \tag{11.97}$$

利用中心差分法对该式进行时间积分,得循环计算公式

$$(x_i)_{t+\Delta t} = -(\Delta t^2\omega_i^2 - 2)(x_i)_t - (x_i)_{t-\Delta t} \tag{11.98}$$

假设解的形式为

$$(x_i)_{t+\Delta t} = R \cdot (x_i)_t, \quad (x_i)_t = R \cdot (x_i)_{t-\Delta t} \tag{11.99}$$

式中 R 为后一时刻位移与前一时刻位移的比。将式(11.99)代入循环计算公式(11.98),得特征方程

$$R^2+(p_i-2)R+1=0,\quad p_i=\Delta t^2\omega_i^2 \tag{11.100}$$

该二次方程的解为

$$R_{1,2}=\frac{2-p_i\pm\sqrt{(p_i-2)^2-4}}{2} \tag{11.101}$$

下面根据 R 的值讨论位移解的稳定性。首先,真正解在小阻尼情况下应具有振荡特性,因此 λ 必须是复数,即 $(p_i-2)^2-4<0$,可得 $p_i<4$,即

$$\Delta t<\frac{2}{\omega_i}=\frac{T_i}{\pi} \tag{11.102}$$

其次,真正解不应无限制地增长,即要求 $|R|\leqslant 1$。

由式(11.102)可知,临界时间步长取决于系统的最小固有周期

$$\Delta t\leqslant\Delta t_{\mathrm{cr}}=\frac{T_i}{\pi} \tag{11.103}$$

即采用中心差分法对动力方程进行时间积分时,时间步长 Δt 必须小于等于临界步长 Δt_{cr} 才能保证解不发散,即中心差分法是条件稳定的。

最后讨论中心差分法的特点。首先,若质量矩阵和阻尼矩阵均为对角阵,则由方程(11.91)可得

$$a_{t+\Delta t}^{(i)}=\hat{F}_t^{(i)}/(c_0M_{ii}+c_1C_{ii}) \tag{11.104}$$

若忽略阻尼,则

$$a_{t+\Delta t}^{(i)}=\hat{F}_t^{(i)}/(c_0M_{ii}) \tag{11.105}$$

可见,采用集中质量矩阵,且阻尼矩阵为对角阵时,方程(11.91)的求解无须求系数矩阵的逆,因而中心差分法是显式算法,其求解方程的效率很高,这在非线性分析中更有意义。

其次,中心差分法是条件稳定的。式(11.103)给出了单自由度问题中心差分法的稳定性条件,对于多自由度系统其稳定性条件为

$$\Delta t\leqslant\Delta t_{\mathrm{cr}}=\frac{2}{\omega_n}=\frac{T_n}{\pi} \tag{11.106}$$

式中 ω_n 是系统的最高阶固有频率,T_n是系统的最小固有振动周期。

可以证明,系统最小固有振动周期总是大于或等于最小尺寸单元的最小固有振动周期。网格中最小尺寸的单元将决定中心差分时间步长的选择。单元尺寸越小,要求的时间步长也越小。在有限元分析中,确定离散系统最小固有振动周期的方法有两种。

方法一:划分网格后,找出尺寸最小的单元,形成单元的特征方程

$$|\boldsymbol{K}^e-\omega^2\boldsymbol{M}^e|=0$$

求解其最大特征值 ω_n,从而得到 $T_n=2\pi/\omega_n$。

方法二:划分网格后,找出最小单元的最小边长 L,可以由下式近似估计系统最小固有振动周期:

$$T_n = \frac{\pi L}{c} \tag{11.107}$$

上式中 c 是声波传播速度 $c=\sqrt{\frac{E}{\rho}}$，将其代入式(11.107)和式(11.106)可得

$$\Delta t_{\mathrm{cr}} = L\sqrt{\frac{\rho}{E}} \tag{11.108}$$

中心差分法的时间步长通常很小，故该方法适用于由冲击、爆炸类型载荷引起的波传播问题的求解。另外，对于涉及多体接触和大变形等复杂非线性问题，采用显式算法往往具有更好的收敛性。特别对一些成型类的拟静态问题，采用显式算法是常用的手段。由于显式算法是条件稳定的，其时间步长通常非常小，取决于临界步长 Δt_{cr}。由式(11.108)可见，该临界步长与最小单元的尺寸成正比，因此网格划分应尽量均匀。其次，临界步长还与密度的二分之一次方成正比，对于拟静态问题，加载速度很慢，此时可以通过增大材料的密度提高临界步长，从而提高计算效率。这时只要能保证由于增大材料密度而引起的动能足够小（一般可设定为外力功的 5%）即可。例如，将材料的密度增大 10 倍，则临界时间步长就增大 $\sqrt{10}$ 倍，从而大大提高计算效率。这种处理方法称为质量缩放（mass scaling），现有通用有限元软件如 ABAQUS 都具有这种功能。

11.6.2　Newmark 方法

如果在 Taylor 级数展开式(11.87)中仅保留一次项，$t+\Delta t$ 时刻的位移和速度均可由前一时刻 t 的位移和速度表示为

$$\boldsymbol{a}_{t+\Delta t} = \boldsymbol{a}_t + \dot{\boldsymbol{a}}_t \Delta t \tag{11.109a}$$

$$\dot{\boldsymbol{a}}_{t+\Delta t} = \dot{\boldsymbol{a}}_t + \ddot{\boldsymbol{a}}_t \Delta t \tag{11.109b}$$

时刻 t 的动力学方程[式(11.90)]为

$$\boldsymbol{M}\ddot{\boldsymbol{a}}_t + \boldsymbol{C}\dot{\boldsymbol{a}}_t + \boldsymbol{K}\boldsymbol{a}_t = \boldsymbol{F}_t$$

由给定的初始位移和速度 $\boldsymbol{a}_0$ 和 $\dot{\boldsymbol{a}}_0$，即可确定 0 时刻的加速度 $\ddot{\boldsymbol{a}}_0$，从而可以利用式(11.109)计算下一时刻的位移和速度，重复循环上述过程即可得到各时间离散点的位移、速度和加速度，这种方法称为欧拉法。该方法由前一步的值即可计算下一步的值，为一步法。欧拉法在位移表达式中仅保留了 Δt 的一次项，位移的截断误差为 $O(\Delta t^2)$，是一阶精度格式。

在式(11.109a)中用前后时刻速度的平均值 $\frac{1}{2}(\dot{\boldsymbol{a}}_t+\dot{\boldsymbol{a}}_{t+\Delta t})$ 代替 t 时刻的速度 $\dot{\boldsymbol{a}}_t$，类似地在式(11.109b)中用 $\frac{1}{2}(\ddot{\boldsymbol{a}}_t+\ddot{\boldsymbol{a}}_{t+\Delta t})$ 代替 $\ddot{\boldsymbol{a}}_t$ 得到改进的欧拉法，即

$$\boldsymbol{a}_{t+\Delta t} = \boldsymbol{a}_t + \frac{1}{2}(\dot{\boldsymbol{a}}_t + \dot{\boldsymbol{a}}_{t+\Delta t})\Delta t \tag{11.110a}$$

$$\dot{\boldsymbol{a}}_{t+\Delta t}=\dot{\boldsymbol{a}}_t+\frac{1}{2}(\ddot{\boldsymbol{a}}_t+\ddot{\boldsymbol{a}}_{t+\Delta t})\Delta t \tag{11.110b}$$

将式(11.110b)代入式(11.110a)有

$$\boldsymbol{a}_{t+\Delta t}=\boldsymbol{a}_t+\dot{\boldsymbol{a}}_t\Delta t+\frac{1}{4}(\ddot{\boldsymbol{a}}_t+\ddot{\boldsymbol{a}}_{t+\Delta t})\Delta t^2 \tag{11.111}$$

式(11.110a)和式(11.111)可以理解为速度和位移表达式中加速度近似地取平均加速度$\frac{1}{2}(\ddot{\boldsymbol{a}}_t+\ddot{\boldsymbol{a}}_{t+\Delta t})$,因此该方法又称为平均加速度法。在积分过程中采用不同的加速度近似格式可以得到不同的直接积分方法。

Newmark 引入如下的速度和位移关系:

$$\dot{\boldsymbol{a}}_{t+\Delta t}=\dot{\boldsymbol{a}}_t+[(1-\delta)\ddot{\boldsymbol{a}}_t+\delta\ddot{\boldsymbol{a}}_{t+\Delta t}]\Delta t \tag{11.112a}$$

$$\boldsymbol{a}_{t+\Delta t}=\boldsymbol{a}_t+\dot{\boldsymbol{a}}_t\Delta t+\left(\frac{1}{2}-\alpha\right)\ddot{\boldsymbol{a}}_t\Delta t^2+\alpha\ddot{\boldsymbol{a}}_{t+\Delta t}\Delta t^2 \tag{11.112b}$$

上式中 α 和 δ 不同取值可以得到不同的方法,如 $\delta=\frac{1}{2}$,$\alpha=\frac{1}{4}$时即为平均加速度法;$\delta=\frac{1}{2}$,$\alpha=0$ 时为中心差分法;$\delta=\frac{1}{2}$,$\alpha=\frac{1}{6}$时为线性加速度法。

由式(11.112b)可以得到

$$\ddot{\boldsymbol{a}}_{t+\Delta t}=\frac{1}{\alpha\Delta t^2}(\boldsymbol{a}_{t+\Delta t}-\boldsymbol{a}_t)-\frac{1}{\alpha\Delta t}\dot{\boldsymbol{a}}_t-\left(\frac{1}{2\alpha}-1\right)\ddot{\boldsymbol{a}}_t \tag{11.113}$$

将式(11.112a)和式(11.113)代入 $t+\Delta t$ 时刻的动力方程

$$\boldsymbol{M}\ddot{\boldsymbol{a}}_{t+\Delta t}+\boldsymbol{C}\dot{\boldsymbol{a}}_{t+\Delta t}+\boldsymbol{K}\boldsymbol{a}_{t+\Delta t}=\boldsymbol{F}_{t+\Delta t} \tag{11.114}$$

有

$$\boldsymbol{M}\left[\frac{1}{\alpha\Delta t^2}(\boldsymbol{a}_{t+\Delta t}-\boldsymbol{a}_t)-\frac{1}{\alpha\Delta t}\dot{\boldsymbol{a}}_t-\left(\frac{1}{2\alpha}-1\right)\ddot{\boldsymbol{a}}_t\right]+\boldsymbol{C}\{\dot{\boldsymbol{a}}_t+[(1-\delta)\ddot{\boldsymbol{a}}_t+\delta\ddot{\boldsymbol{a}}_{t+\Delta t}]\Delta t\}+\boldsymbol{K}\boldsymbol{a}_{t+\Delta t}=\boldsymbol{F}_{t+\Delta t}$$

将上式中的 $\ddot{\boldsymbol{a}}_{t+\Delta t}$ 用式(11.113) 代入后化简可得

$$\left(\boldsymbol{K}+\frac{1}{\alpha\Delta t^2}\boldsymbol{M}+\frac{\delta}{\alpha\Delta t}\boldsymbol{C}\right)\boldsymbol{a}_{t+\Delta t}=\boldsymbol{F}_{t+\Delta t}+\boldsymbol{M}\left[\frac{1}{\alpha\Delta t^2}\boldsymbol{a}_t+\frac{1}{\alpha\Delta t}\dot{\boldsymbol{a}}_t+\left(\frac{1}{2\alpha}-1\right)\ddot{\boldsymbol{a}}_t\right]+\boldsymbol{C}\left[\frac{\delta}{\alpha\Delta t}\boldsymbol{a}_t+\left(\frac{\delta}{\alpha}-1\right)\dot{\boldsymbol{a}}_t+\left(\frac{\delta}{2\alpha}-1\right)\Delta t\ddot{\boldsymbol{a}}_t\right] \tag{11.115}$$

Newmark 时间积分法的算法步骤归纳如下:

(1) 初始计算

(a) 形成刚度矩阵 $\boldsymbol{K}$、质量矩阵 $\boldsymbol{M}$ 和阻尼矩阵 $\boldsymbol{C}$

(b) 给定位移和速度的初始值 $\boldsymbol{a}_0$,$\dot{\boldsymbol{a}}_0$,确定加速度初始值 $\ddot{\boldsymbol{a}}_0$

(c) 选择时间步长及参数 Δt,计算积分常数

$$\delta\geqslant 0.5,\quad \alpha\geqslant 0.25(0.5+\delta)^2$$

$$c_0=\frac{1}{\alpha\Delta t^2},\quad c_1=\frac{\delta}{\alpha\Delta t},\quad c_2=\frac{1}{\alpha\Delta t},\quad c_3=\frac{1}{2\alpha}-1$$

$$c_4=\frac{\delta}{\alpha}-1,\quad c_5=\frac{\Delta t}{2}\left(\frac{\delta}{\alpha}-2\right),\quad c_6=\Delta t(1-\delta),\quad c_7=\delta\Delta t$$

(d) 形成有效刚度矩阵 $\hat{\boldsymbol{K}}=\boldsymbol{K}+c_0\boldsymbol{M}+c_1\boldsymbol{C}$

(e) 三角分解 $\hat{\boldsymbol{K}}=\boldsymbol{LDL}^{\mathrm{T}}$

(2) 时间步循环

(a) 计算 $t+\Delta t$ 时刻的有效载荷列向量

$$\hat{\boldsymbol{F}}_{t+\Delta t}=\boldsymbol{F}_{t+\Delta t}+\boldsymbol{M}(c_0\boldsymbol{a}_t+c_2\dot{\boldsymbol{a}}_t+c_3\ddot{\boldsymbol{a}}_t)+\boldsymbol{C}(c_1\boldsymbol{a}_t+c_4\dot{\boldsymbol{a}}_t+c_5\ddot{\boldsymbol{a}}_t)$$

(b) 求时刻 $t+\Delta t$ 的位移 $\boldsymbol{LDL}^{\mathrm{T}}\boldsymbol{a}_{t+\Delta t}=\hat{\boldsymbol{F}}_{t+\Delta t}$

(c) 计算 $t+\Delta t$ 时刻的加速度和速度

$$\ddot{\boldsymbol{a}}_{t+\Delta t}=c_0(\boldsymbol{a}_{t+\Delta t}-\boldsymbol{a}_t)-c_2\dot{\boldsymbol{a}}_t-c_3\ddot{\boldsymbol{a}}_t$$

$$\dot{\boldsymbol{a}}_{t+\Delta t}=\dot{\boldsymbol{a}}_t+c_6\ddot{\boldsymbol{a}}_t+c_7\ddot{\boldsymbol{a}}_{t+\Delta t}$$

进入下一时间步循环,直到最后时刻为止。

下面讨论 Newmark 时间积分方法的特点。首先,方程(11.115)的求解需要求系数矩阵的逆,因而该方法是隐式算法。当参数 $\delta\geqslant0.5,\alpha\geqslant0.25(0.5+\delta)^2$ 时,该方法是无条件稳定的,此时时间步长的选择取决于精度要求。

Newmark 方法适用于较长时间的瞬态分析。较大的时间步长可以滤掉高阶不精确特征解对系统响应的影响,采用 Newmark 方法进行时间积分时通常采用比中心差分法更大的时间步长。

下面讨论 Newmark 方法解的稳定性。将循环计算公式(11.115)用于自由振动方程(11.97)可得

$$(1+\alpha\Delta t^2\omega_i^2)(x_i)_{t+\Delta t}=(x_i)_t+\Delta t(\dot{x}_i)_t+\left(\frac{1}{2}-\alpha\right)\Delta t^2(\ddot{x}_i)_t \tag{11.116}$$

可以进一步写成

$$(1+\alpha p_i)(x_i)_{t+\Delta t}+\left[-2+\left(\frac{1}{2}-2\alpha+\delta\right)p_i\right](x_i)_t+\left[1+\left(\frac{1}{2}+\alpha-\delta\right)p_i\right](x_i)_{t-\Delta t}=0 \tag{11.117}$$

式中

$$p_i=\Delta t^2\omega_i^2$$

假设

$$(x_i)_{t+\Delta t}=R\cdot(x_i)_t,\quad (x_i)_t=R\cdot(x_i)_{t-\Delta t}$$

代入式(11.117)可得特征方程

$$R^2(1+\alpha p_i)+R\left[-2+\left(\frac{1}{2}-2\alpha+\delta\right)p_i\right]+\left[1+\left(\frac{1}{2}+\alpha-\delta\right)p_i\right]=0 \tag{11.118}$$

该二次方程的根为

$$R_{1,2}=\frac{(2-g)\pm\sqrt{(2-g)^2-4(1+h)}}{2},\quad g=\frac{\left(\frac{1}{2}+\delta\right)p_i}{1+\alpha p_i},\quad h=\frac{\left(\frac{1}{2}-\delta\right)p_i}{1+\alpha p_i} \tag{11.119}$$

首先，真正的解在小阻尼下必须具有振荡的性质，因此 R 应是复数，要求

$$4(1+h)>(2-g)^2$$

即

$$p_i\left[4\alpha-\left(\frac{1}{2}+\delta\right)^2\right]>-4$$

只要 $\alpha\geqslant\frac{1}{4}\left(\frac{1}{2}+\delta\right)^2$，该不等式即满足。

其次，稳定的解必须不是无限增长的，即要求 $|R|=\sqrt{1+h}\leqslant 1$，因此

$$\delta\geqslant\frac{1}{2},\quad \frac{1}{2}-\delta+\alpha\geqslant 0 \tag{11.120}$$

综上所述，可得 Newmark 法无条件稳定的条件

$$\delta\geqslant\frac{1}{2},\quad \alpha\geqslant\frac{1}{4}\left(\frac{1}{2}+\delta\right)^2 \tag{11.121}$$

若不满足上式条件，时间步长必须满足

$$\Delta t<\Delta t_{cr}=\frac{T_i}{\pi}\frac{1}{\sqrt{(1/2+\delta)^2-4\alpha}} \tag{11.122}$$

即当积分参数满足式(11.121)时，Newmark 法是无条件稳定的，此时时间步长仅影响积分的精度，不影响其稳定性。若时间积分参数不满足(11.121)，时间步长必须满足(11.122)，积分才是稳定的，即此时 Newmark 方法是条件稳定的。

最后，取 $\delta>\frac{1}{2}$，则 $|R|<1$，表明振幅不断衰减，称为"人工"阻尼，或"数值阻尼"。通过取 $\delta>\frac{1}{2}$ 而引入数值阻尼，则高频的干扰可以迅速衰减，而对低频的影响甚微。结构动力响应中通常低频成分是主要的，容许采用较大的步长，故求解结构的动力响应时通常采用无条件稳定的隐式算法。

Newmark 方法为一种常用的隐式时间积分方法，许多商用有限元软件采用了这种方法。

11.7 算例：波传播及梁弯曲动力响应问题

算例一：图 11.3 所示为一弹性体有限元模型，长度为 95 m，高度为 40 m。其密度为 300 kg/m^3，弹性模量为 2.0×10^8 Pa，泊松比为 0.3。弹性体底边有竖直方向位移约束，左右两

边有水平位移约束。上表面中点受向下三角形集中冲击力载荷作用，计算模拟表面波的传播过程。采用四边形 4 结点单元，减缩积分方案，网格尺寸设置为 1 m。利用 ABAQUS/Explicit 显式积分模块，采用时间自动增量步，模拟得到的该弹性体的变形和 Mises 应力响应如图 11.3 所示。从图中可见表面波的传播过程。

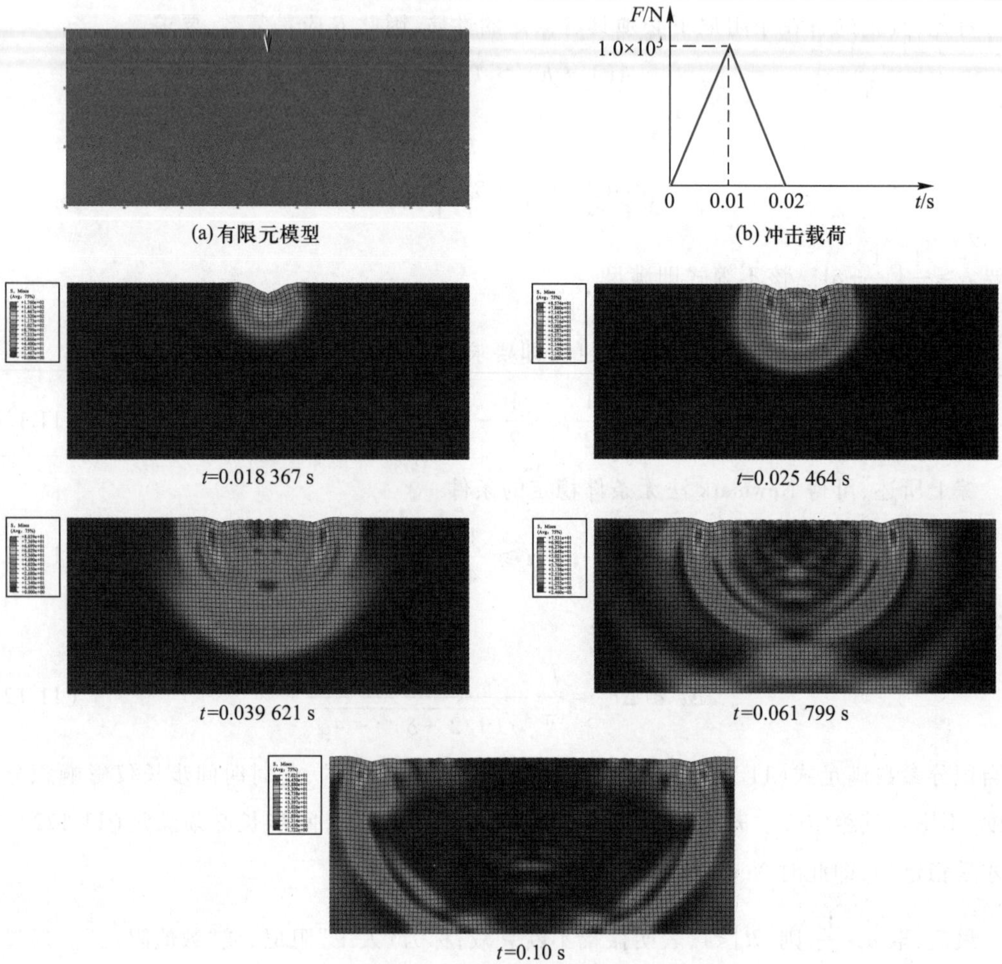

图 11.3　弹性体表面波传播有限元模拟

算例二：图 11.4 所示为一悬臂梁有限元模型，长度为 50 mm，高度为 5 mm，宽度为 1 mm。其密度为 7.8 kg/m^3，弹性模量为 2.0×10^5 MPa，泊松比为 0.3。梁左端固定，上表面右半部分受正弦变化的均布载荷 $\{q\}_{N/mm^2}=\sin 2\pi\{t\}_s$ 作用，计算其动力响应。采用四边形 8 结点单元，减缩积分方案，网格尺寸设置为 1 mm。利用 ABAQUS/Standard 的隐式积分模块，时间增量步取 0.05 s。计算得到的该悬臂梁典型时刻的 Mises 应力分布和典型点 A 竖向位移响应时程如图 11.4 所示。

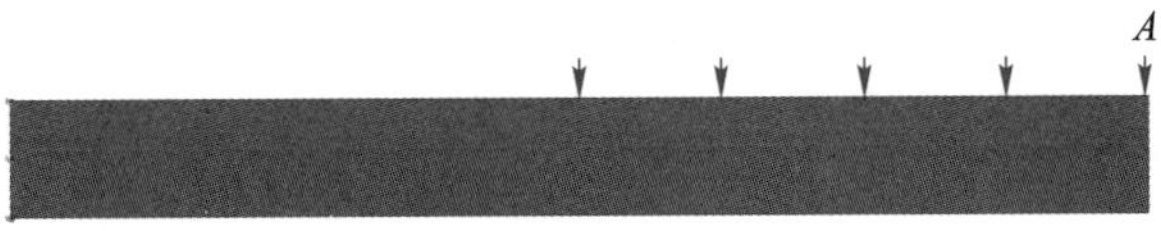

(a) 悬臂梁模型

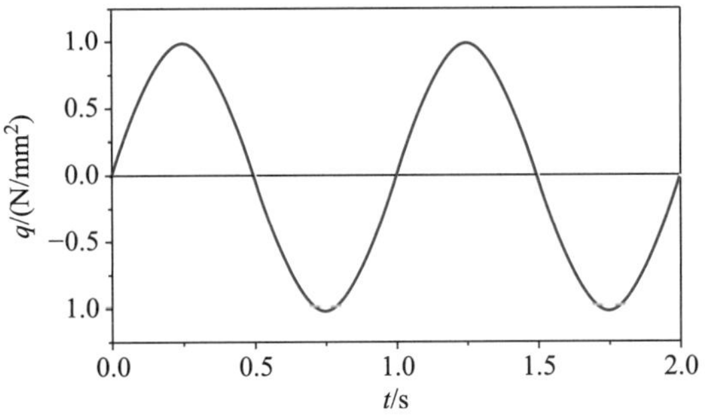

(b) 均布载荷时程

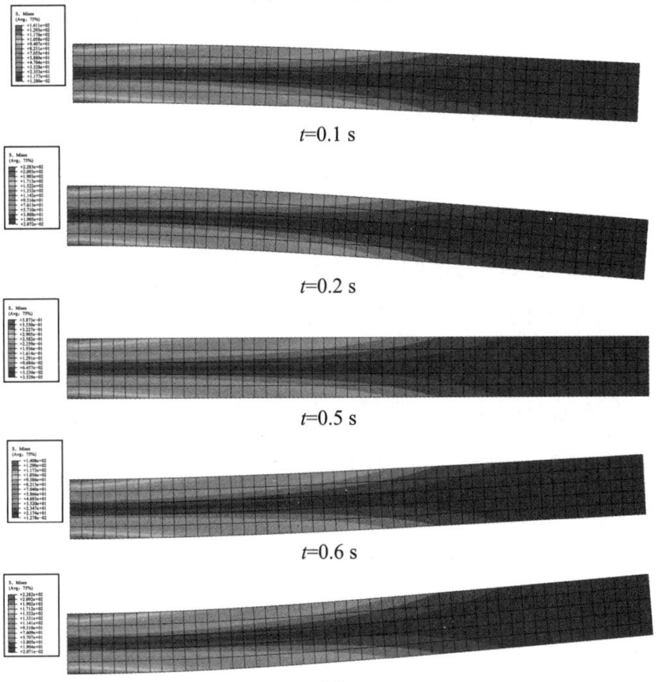

(c) 典型时刻变形及Mise应力分布

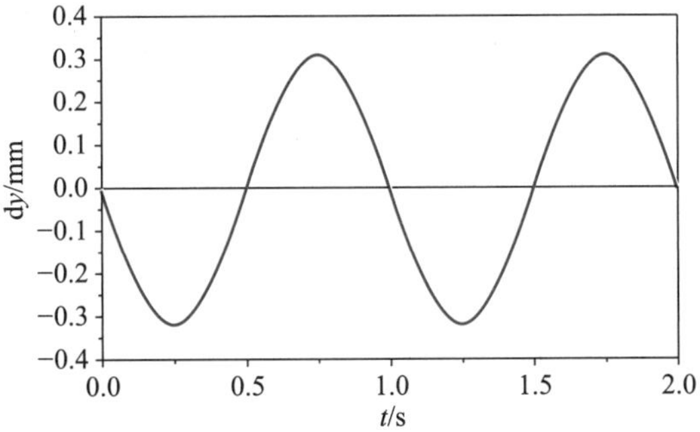

(d) 上表面右端点竖向位移响应时程

图 11.4　悬臂梁在正弦载荷作用下的动力响应

11.8　小结

采用有限元方法求解弹性动力学问题时，基于小变形假设，忽略结构几何构型随时间的变化，仅对结构初始时刻的几何构型进行空间离散。对结构进行空间离散后利用 Galerkin 加权残值法或 Hamilton 原理建立动力学有限元平衡方程。一般而言，得到的动力学方程中的质量矩阵和阻尼矩阵为满阵，称为一致质量矩阵和一致阻尼矩阵。为了提高动力学方程时间积分的效率，通常将质量矩阵进行对角化处理，得到集中质量矩阵。利用等效的集中质量矩阵求解动力学方程得到的动力响应影响很小，但是采用显式积分方案时计算效率可以得到极大的提高，这在非线性动力学方程时间积分时优势更加突出。

采用有限元方法离散弹性系统后，系统的无穷多自由度成为有限自由度。利用有限元方法可以求解弹性动力系统的特征值问题，得到系统的固有频率和模态。系统固有频率和模态是判断结构在外部动力载荷作用下是否发生共振的必要条件，同时也是采用模态叠加法求解线性系统动力响应的基础。

求解弹性系统动力响应的方法有振型叠加法和时间积分法。振型叠加法仅适用于求解线性系统的动力响应。时间积分法主要包括显式算法和隐式算法。中心差分法是典型的显式积分算法，该方法是条件稳定的，时间积分的步长必须小于临界步长。对于特定的材料，时间临界步长与单元的特征尺寸有关，单元尺寸越小，时间步长的临界值也越小。因此在采用显式方法进行时间积分时，网格的划分要尽量均匀，避免极少数特征尺寸极小的单元。显式积分方法的时间步长一般都非常小，因而适合于爆炸和冲击作用下的波传播现象的模拟。中心差分法在时间积分过程中无须在每一时间增量步中对代数方程利用三角分解进行求解，因而属于显式方法。这也是采用集中质量矩阵的最大优点。

Newmark 法是一种动力学有限元方程时间积分的隐式算法，该方法是无条件稳定的。时间步长的大小仅影响时间积分计算的精度，而不影响其稳定性。隐式算法时间步长较大，通过数值阻尼参数的选择可以滤掉动力响应中的高阶成分，因而适用于求解频率较低的动力响应问题。

无论采用显式算法还是隐式算法，都应该像检查单元尺寸收敛一样检查时间步长的收敛，即应该通过不断减小时间步长进行计算，直到前后两种时间步长积分计算得到的结果的误差满足精度要求为止。

习题

11.1　什么是一致质量矩阵和集中质量矩阵？将一致质量矩阵转换为集中质量矩阵有哪些方法？使用集中质量矩阵有何优点？

11.2　动力学问题有哪些种类？波传播问题和动力响应问题的方程本质上有区别吗？

11.3 使用模态(振型)叠加法求解动力响应的前提条件是什么？什么情况下使用模态叠加法具有优势？

11.4 什么是显式积分方法和隐式积分方法？什么是条件稳定和无条件稳定？

11.5 中心差分法和 Newmark 法各有何特点？各适合于求解哪类问题？时间积分时的步长取决于哪些因素？

11.6 使用中心差分法进行时间积分时的步长取决于哪些因素？在利用中心差分法求解拟静态问题的动力学方程时，可以采用何种办法增大临界时间步长？

11.7 已知材料的密度为 ρ，阻尼系数为 μ，试推导四边形 4 结点双一次单元的协调质量矩阵和协调阻尼矩阵，并按式(11.45)给出单元集中质量矩阵表达式。

11.8 忽略结构的阻尼，动力学方程为 $\boldsymbol{M}\ddot{\boldsymbol{a}}(t)+\boldsymbol{K}\boldsymbol{a}(t)=\boldsymbol{F}(t)$。假设质量矩阵和刚度矩阵分别如下：

$$\boldsymbol{M}=\begin{bmatrix}2 & 1 & 0\\1 & 6 & 0\\0 & 0 & 2\end{bmatrix},\quad \boldsymbol{K}=\begin{bmatrix}4 & 1 & 0\\1 & 8 & 2\\0 & 2 & 4\end{bmatrix}$$

载荷时程列向量为

$$\boldsymbol{F}=\begin{bmatrix}\sin(2\pi\times 0.25t)\\0\\0\end{bmatrix}$$

初始位移和速度为

$$\boldsymbol{a}(0)=\begin{bmatrix}0\\0\\0\end{bmatrix},\quad \dot{\boldsymbol{a}}(0)=\begin{bmatrix}0\\0\\0\end{bmatrix}$$

编写用 Newmark 法积分动力学方程的计算程序，并计算该方程在时间区间[0,2.0 s]的位移、速度和加速度时程响应。

11.9 图示为矩形截面悬臂梁，已知材料密度为 7.8 t/m^3，弹性模量为 200 GPa，泊松比为 0.3。(1)若梁厚度为 1 mm，分别用二维四边形 4 结点单元和 2 结点二维梁单元计算前 5 阶固有频率和模态，比较两种单元的计算结果，考查单元收敛性。(2)若梁的厚度为 5 mm，分别用六面体 8 结点单元和 2 结点三维空间梁单元计算前 5 阶固有频率和模态，比较两种单元的计算结果，考查单元收敛性。

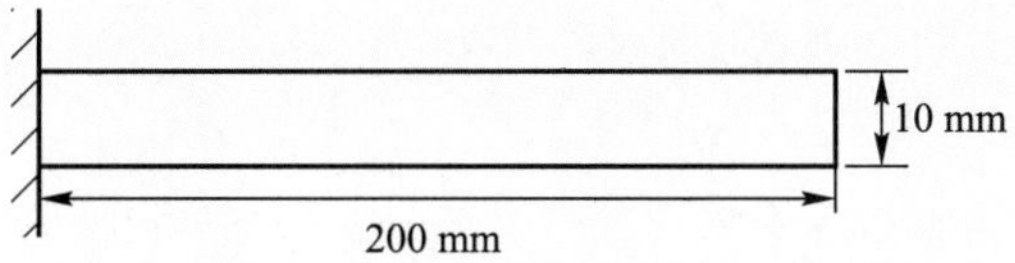

题 11.9 图

11.10　图 a 所示为拱形结构，已知材料的密度为 7.8 t/m^3，弹性模量为 200 GPa，泊松比为 0.3。拱的底面为固定约束，上表面作用一随时间变化的均布载荷 $q(t)$，其随时间的变化规律如图 b 所示。(1)将结构简化为二维平面应力问题，采用有限元方法计算该拱形结构的前 5 阶固有频率和模态；(2)利用二维模型计算结构在均布力作用下的动力响应；(3)假设结构的厚度为 2.5 m，利用三维模型重新计算其前 5 阶固有频率和模态，以及结构在 $q(t)$ 作用下的动力响应，此时 $q(t)$ 的单位为 kN/m^2。

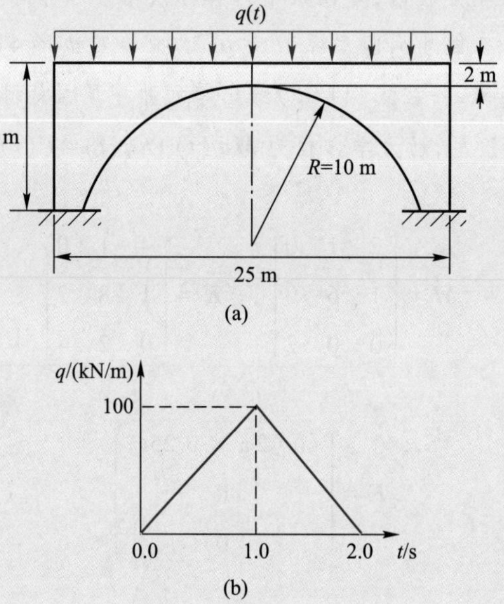

题 11.10 图

参考答案 A11

12

*第 12 章 混合型有限元公式

12.1 引言

采用有限元离散微分方程可以有不同的形式，离散的微分方程组的形式决定了有限元公式是混合型公式还是不可约型公式。考虑一组具有多个分量的未知向量 $\boldsymbol{u}$ 的微分方程组

$$\boldsymbol{A}(\boldsymbol{u})=\boldsymbol{0} \quad (\text{在 } V \text{ 域中}) \tag{12.1a}$$

和边界条件

$$\boldsymbol{B}(\boldsymbol{u})=\boldsymbol{0} \quad (\text{在 } S \text{ 边界上}) \tag{12.1b}$$

如果未知向量 $\boldsymbol{u}$ 中的任何量都不能消去，即都是独立的变量，则称该微分方程组为不可约型(irreducible)；如果 $\boldsymbol{u}$ 中的某些变量可以消去，则微分方程称为混合型(mixed)。

以 1.3 节所述的二维热传导问题为例，描述该问题的本构方程为

$$\boldsymbol{q}=-\boldsymbol{k}\nabla T, \quad \boldsymbol{q}=[q_x \quad q_y]^{\mathrm{T}} \tag{12.2}$$

其连续方程为

$$\nabla^{\mathrm{T}}\boldsymbol{q}=\frac{\partial q_x}{\partial x}+\frac{\partial q_y}{\partial y}=Q \tag{12.3}$$

如果上述方程和边界条件

$$T=\overline{T} \quad (\text{在 } S_T \text{ 边界上}) \tag{12.4a}$$

$$q_n=\overline{q}_n \quad (\text{在 } S_q \text{ 边界上}) \tag{12.4b}$$

得到同时满足，则问题得以求解。

显然，如果将本构方程(12.2)代入连续方程(12.3)中，可以消去 $\boldsymbol{q}$ 得到如下形式的方程：

$$\nabla^{\mathrm{T}}(\boldsymbol{k}\nabla T)+Q=0 \tag{12.5a}$$

该方程与边界条件一起描述了热传导问题。注意，此时方程(12.5a)中仅包含了一个独立变量温度 T，没有任何其他的变量可以消去，因而该方程是不可约的。对该方程进行离散得到

的有限元公式即为不可约型有限元公式。

也可以得到以热流密度 $\boldsymbol{q}$ 表达的不可约型方程。为此,在连续方程(12.3)中引入罚参数得到如下形式的方程:

$$\nabla^{\mathrm{T}}\boldsymbol{q} - Q = \frac{T}{\alpha} \tag{12.5b}$$

式中 α 为罚参数,显然当 α 趋于无穷大时方程(12.5b)和方程(12.3)的解是相同的,这种方法也称为罚方法。事实上,当 α 非常大但为有限值时,该两方程的解近似相同。

由方程(12.5b)可得

$$T = \alpha(\nabla^{\mathrm{T}}\boldsymbol{q} - Q) \tag{12.6}$$

将其代入本构方程(12.2)可得

$$\nabla(\nabla^{\mathrm{T}}\boldsymbol{q}) + \boldsymbol{k}^{-1}\frac{1}{\alpha}\boldsymbol{q} - \nabla Q = \boldsymbol{0} \tag{12.7}$$

该方程是以热流密度 $\boldsymbol{q}$ 为独立变量的不可约形式。对其进行离散也得到不可约型的有限元公式。

如果直接对方程组(12.2)、(12.3)进行离散,则可以得到同时以变量 $\boldsymbol{q}$ 和 T 为变量的有限元方程,该方程称为混合型有限元方程。

12.2　热传导问题的混合型公式

12.2.1　混合型方程的离散化

热传导本构方程(12.2)可写成

$$\boldsymbol{k}^{-1}\boldsymbol{q} + \nabla T = \boldsymbol{0}$$

其等效积分形式为

$$\int_V \delta\boldsymbol{q}^{\mathrm{T}}(\boldsymbol{k}^{-1}\boldsymbol{q} + \nabla T)\,\mathrm{d}V = 0 \tag{12.8}$$

视给定温度的边界条件(12.4a)为强制边界条件,连续方程(12.3)和给定热流密度边界条件(12.4b)的等效积分形式可写成

$$\int_V \delta T^{\mathrm{T}}(\nabla^{\mathrm{T}}\boldsymbol{q} - Q)\,\mathrm{d}V - \int_{S_q}\delta T^{\mathrm{T}}(q_n - \bar{q}_n)\,\mathrm{d}S = 0 \tag{12.9}$$

利用 Green 公式,上式第一个积分可写成

$$\begin{aligned}\int_V \delta T^{\mathrm{T}}\nabla^{\mathrm{T}}\boldsymbol{q}\mathrm{d}V &= -\int_V \nabla^{\mathrm{T}}(\delta T)\boldsymbol{q}\mathrm{d}V + \oint \delta T^{\mathrm{T}} q_n \mathrm{d}S \\ &= -\int_V \nabla^{\mathrm{T}}(\delta T)\boldsymbol{q}\mathrm{d}V + \int_{S_q}\delta T^{\mathrm{T}} q_n \mathrm{d}S + \int_{S_T}\delta T^{\mathrm{T}} q_n \mathrm{d}S \\ &= -\int_V \nabla^{\mathrm{T}}(\delta T)\boldsymbol{q}\mathrm{d}V + \int_{S_q}\delta T^{\mathrm{T}} q_n \mathrm{d}S\end{aligned}$$

因在 S_T 上 T 已知，见式(12.4a)，$\delta T=0$，故上式第二个等式的最后一个积分为零。将上式代入式(12.9)得

$$-\int_V \nabla^{\mathrm{T}}(\delta T)\boldsymbol{q}\mathrm{d}V-\int_V \delta T^{\mathrm{T}} Q\mathrm{d}V+\int_{S_q}\delta T^{\mathrm{T}}\bar{q}_n\mathrm{d}S=0 \tag{12.10}$$

式(12.8)和式(12.10)构成了热传导问题的等效积分形式。

现在讨论直接对方程(12.8)、(12.10)进行离散化的混合型有限元公式。假设热流密度 $\boldsymbol{q}$ 和温度 T 的单元插值形式为

$$\boldsymbol{q}=\boldsymbol{N}_q\boldsymbol{q}^e,\quad T=\boldsymbol{N}_T\boldsymbol{T}^e \tag{12.11a}$$

式中 $\boldsymbol{q}^e$ 和 $\boldsymbol{T}^e$ 为单元结点变量，求变分得

$$\delta\boldsymbol{q}=\boldsymbol{N}_q\delta\boldsymbol{q}^e,\quad \delta T=\boldsymbol{N}_T\delta\boldsymbol{T}^e \tag{12.11b}$$

将式(12.11)代入式(12.8)得

$$\int_{V^e}(\delta\boldsymbol{q}^e)^{\mathrm{T}}\boldsymbol{N}_q^{\mathrm{T}}\boldsymbol{k}^{-1}\boldsymbol{N}_q\boldsymbol{q}^e\mathrm{d}V+\int_{V^e}(\delta\boldsymbol{q}^e)^{\mathrm{T}}\boldsymbol{N}_q^{\mathrm{T}}\nabla\boldsymbol{N}_q\boldsymbol{T}^e\mathrm{d}V=0$$

或

$$(\delta\boldsymbol{q}^e)^{\mathrm{T}}\left[\left(\int_{V^e}\boldsymbol{N}_q^{\mathrm{T}}\boldsymbol{k}^{-1}\boldsymbol{N}_q\mathrm{d}V\right)\boldsymbol{q}^e+\left(\int_{V^e}\boldsymbol{N}_q^{\mathrm{T}}\nabla\boldsymbol{N}_q\mathrm{d}V\right)\boldsymbol{T}^e\right]=0$$

由 $\delta\boldsymbol{q}^e$ 的任意性得

$$\left(\int_{V^e}\boldsymbol{N}_q^{\mathrm{T}}\boldsymbol{k}^{-1}\boldsymbol{N}_q\mathrm{d}V\right)\boldsymbol{q}^e+\left(\int_{V^e}\boldsymbol{N}_q^{\mathrm{T}}\nabla\boldsymbol{N}_q\mathrm{d}V\right)\boldsymbol{T}^e=0 \tag{12.12}$$

将式(12.11)代入式(12.10)得

$$-(\delta\boldsymbol{T}^e)^{\mathrm{T}}\int_{V^e}\nabla^{\mathrm{T}}\boldsymbol{N}_T\boldsymbol{N}_q\boldsymbol{q}^e\mathrm{d}V-(\delta\boldsymbol{T}^e)^{\mathrm{T}}\int_{V^e}\boldsymbol{N}_T^{\mathrm{T}}Q\mathrm{d}V+(\delta\boldsymbol{T}^e)^{\mathrm{T}}\int_{S_q^e}\boldsymbol{N}_T^{\mathrm{T}}\bar{q}_n\mathrm{d}S=0$$

由 $\delta\boldsymbol{T}^e$ 的任意性得

$$\left(\int_{V^e}\nabla^{\mathrm{T}}\boldsymbol{N}_T\boldsymbol{N}_q\mathrm{d}V\right)\boldsymbol{q}^e+\int_{V^e}\boldsymbol{N}_T^{\mathrm{T}}Q\mathrm{d}V+\int_{S_q^e}\boldsymbol{N}_T^{\mathrm{T}}\bar{q}_n\mathrm{d}S=0 \tag{12.13}$$

将式(12.12)和式(12.13)写成如下形式：

$$\begin{bmatrix}\boldsymbol{A}^e & \boldsymbol{C}^e\\ \boldsymbol{C}^{e\mathrm{T}} & \boldsymbol{0}\end{bmatrix}\begin{bmatrix}\boldsymbol{q}^e\\ \boldsymbol{T}^e\end{bmatrix}=\begin{bmatrix}\boldsymbol{P}_1^e\\ \boldsymbol{P}_2^e\end{bmatrix} \tag{12.14a}$$

其中

$$\begin{gathered}\boldsymbol{A}^e=\int_{V^e}\boldsymbol{N}_q^{\mathrm{T}}\boldsymbol{k}^{-1}\boldsymbol{N}_q\mathrm{d}V,\quad \boldsymbol{C}^e=\int_{V^e}\boldsymbol{N}_q^{\mathrm{T}}\nabla\boldsymbol{N}_T\mathrm{d}V\\ \boldsymbol{P}_1^e=\boldsymbol{0},\quad \boldsymbol{P}_2^e=-\int_{V^e}\boldsymbol{N}_T^{\mathrm{T}}Q\mathrm{d}V+\int_{S_q^e}\boldsymbol{N}_T^{\mathrm{T}}\bar{q}_n\mathrm{d}S\end{gathered} \tag{12.14b}$$

单元平衡方程(12.14a)组集后可得到系统的整体平衡方程

$$\begin{bmatrix}\boldsymbol{A} & \boldsymbol{C}\\ \boldsymbol{C}^{\mathrm{T}} & \boldsymbol{0}\end{bmatrix}\begin{bmatrix}\tilde{\boldsymbol{q}}\\ \tilde{\boldsymbol{T}}\end{bmatrix}=\begin{bmatrix}\boldsymbol{P}_1\\ \boldsymbol{P}_2\end{bmatrix} \tag{12.15}$$

此为典型的混合型有限元公式。该问题具有混合型公式的主要特征，讨论如下：

(1) 混合型公式对所选择的插值函数的连续性要求不同。由于系数矩阵 $\boldsymbol{C}$ 中对 $\boldsymbol{N}_T$ 的最高阶导数为一阶,因而要求其是 C_0 连续的。而系数矩阵中未出现对 $\boldsymbol{N}_q$ 的导数,因此该插值函数在单元之间可以不连续(C_{-1} 连续)。值得一提的是,如果离散时对方程(12.9)中的梯度项而不是对方程(12.10)中的梯度项采用分部积分,则得到的公式会有所不同,此时 $\boldsymbol{N}_T$ 可以不连续(C_{-1} 连续),而要求 $\boldsymbol{N}_q$ 具有 C_0 连续性。如果采用不可约型有限元公式,对插值函数要求是 C_1 连续的。这种对连续性要求的放松对于板和壳弯曲问题特别重要,混合型公式在早期得到了很多重要的应用。

(2) 若在研究问题时重点关注 $\boldsymbol{q}$,则采用混合型公式可以得到较高的精度。然而,如果 $\boldsymbol{q}$ 的近似函数能够精确描述不可约形式给出的相同类型的变化,则混合型公式不会得到更高的精度,此时两种形式的公式得到的结果相同。

(3) 混合型方程的系数矩阵中通常有零对角元素,这是受拉格朗日乘子变量约束问题的一个特点。该类方程若采用标准的高斯消元法求解会存在困难。方程(12.14)是一个典型的双场问题,通常将第一个变量 $\boldsymbol{q}^e$ 称为主变量(primary variable),第二个变量 $\boldsymbol{T}^e$ 称为约束变量(constraint variable)。

(4) 由于结点变量增加,方程的规模增大,可以利用迭代法求解得以克服。

事实上,方程组(12.8)、(12.10)与如下泛函的极值条件等效:

$$\Pi = \frac{1}{2}\int_V \boldsymbol{q}^{\mathrm{T}}\boldsymbol{k}^{-1}\boldsymbol{q}\,\mathrm{d}V + \int_V \boldsymbol{q}^{\mathrm{T}}\,\nabla T\,\mathrm{d}V + \int_V TQ\,\mathrm{d}V - \int_{S_q} T\bar{q}_n\,\mathrm{d}S \tag{12.16}$$

这里将式(12.4a)视为强制边界条件。

12.2.2 混合型方程解的稳定性

虽然混合型公式放松了对插值函数连续性的要求,但对于所选择的某些插值函数,混合型公式可能得不到有意义的结果。其限制实际上比不可约形式要严格得多,后者仅需满足连续性要求即可,即有一个非常简单的"常数梯度"(如常应变)即可保证其收敛。

方程(12.15)为典型的混合型有限元公式,该方程可以写成

$$\begin{aligned} \boldsymbol{A}\tilde{\boldsymbol{q}} + \boldsymbol{C}\tilde{\boldsymbol{T}} &= \boldsymbol{P}_1 \\ \boldsymbol{C}^{\mathrm{T}}\tilde{\boldsymbol{q}} &= \boldsymbol{P}_2 \end{aligned} \tag{12.17}$$

如果 $\boldsymbol{A}$ 是非奇异的,在该方程组中消去 $\tilde{\boldsymbol{q}}$ 可得

$$(\boldsymbol{C}^{\mathrm{T}}\boldsymbol{A}^{-1}\boldsymbol{C})\tilde{\boldsymbol{T}} = -\boldsymbol{P}_2 + \boldsymbol{C}^{\mathrm{T}}\boldsymbol{A}^{-1}\boldsymbol{P}_1 \tag{12.18}$$

此方程有唯一解的条件是其系数矩阵

$$\boldsymbol{H} = \boldsymbol{C}^{\mathrm{T}}\boldsymbol{A}^{-1}\boldsymbol{C} \tag{12.19}$$

非奇异。如果 $\tilde{\boldsymbol{q}}$ 的分量数 n_q 小于 $\tilde{\boldsymbol{T}}$ 的分量数,则 $\boldsymbol{H}$ 将出现奇异性。因此,为了避免 $\boldsymbol{H}$ 的奇异性,必须满足

$$n_q \geqslant n_T \tag{12.20}$$

值得注意的是,该条件仅为得到稳定解的必要条件,而非充分条件。

12.3 弹性力学问题的混合型公式

本书前面讨论的弹性问题均采用以位移 $\boldsymbol{u}$ 为基本变量的不可约型有限元公式。在建立弹性静力学问题的有限元平衡方程时利用了虚功原理

$$\int_V \delta\boldsymbol{\varepsilon}^{\mathrm{T}}\boldsymbol{\sigma}\mathrm{d}V - \int_V \delta\boldsymbol{u}^{\mathrm{T}}\boldsymbol{f}\mathrm{d}V - \int_{S_\sigma} \delta\boldsymbol{u}^{\mathrm{T}}\bar{\boldsymbol{t}}\mathrm{d}S = 0 \tag{12.21}$$

以及本构关系

$$\boldsymbol{\sigma} = \boldsymbol{D}\boldsymbol{\varepsilon} \tag{12.22}$$

式(12.21)中的 $\bar{\boldsymbol{t}}$ 是边界上给定的已知面力。在 2.5.1 节中曾讨论过,式(12.21)表达的虚功原理与平衡方程和力边界条件的等效积分弱形式是等效的。另外,应变和位移之间还满足几何关系

$$\boldsymbol{\varepsilon} = \boldsymbol{L}\boldsymbol{u} \tag{12.23}$$

对其求变分可得

$$\delta\boldsymbol{\varepsilon} = \boldsymbol{L}\delta\boldsymbol{u} \tag{12.24}$$

采用位移插值关系

$$\boldsymbol{u} = \boldsymbol{N}_u\boldsymbol{u}^e \tag{12.25}$$

可以推导得到前面介绍的以位移为基本变量的不可约型有限元公式。事实上,也可以对应力 $\boldsymbol{\sigma}$ 和/或应变 $\boldsymbol{\varepsilon}$ 进行插值,得到不同的混合型有限元公式。

12.3.1 位移-应力混合型公式

如果除了对位移按式(12.25)插值外,同时对应力 $\boldsymbol{\sigma}$ 也进行单元独立插值,即

$$\boldsymbol{\sigma} = \boldsymbol{N}_\sigma\boldsymbol{\sigma}^e \tag{12.26}$$

由本构方程(12.22)和几何关系(12.23)可得

$$\boldsymbol{\sigma} = \boldsymbol{D}\boldsymbol{L}\boldsymbol{u} \tag{12.27}$$

该方程的等效积分形式可写成

$$\int_{V^e} \delta\boldsymbol{\sigma}^{\mathrm{T}}(\boldsymbol{L}\boldsymbol{u} - \boldsymbol{D}^{-1}\boldsymbol{\sigma})\mathrm{d}V = 0 \tag{12.28}$$

上式中 $\delta\boldsymbol{\sigma}$ 作为权函数引入。

式(12.21)和式(12.28)构成了求解弹性力学问题的场方程的等效积分形式。将式(12.25)和式(12.26)以及 $\delta\boldsymbol{u}=\boldsymbol{N}_u\delta\boldsymbol{u}^e$ 和 $\delta\boldsymbol{\sigma}=\boldsymbol{N}_\sigma\delta\boldsymbol{\sigma}^e$ 代入方程(12.21)、(12.28),并由 $\delta\boldsymbol{u}^e$ 和 $\delta\boldsymbol{\sigma}^e$ 的任意性,可得如下平衡方程:

$$\begin{bmatrix} \boldsymbol{A}^e & \boldsymbol{C}^e \\ \boldsymbol{C}^{e\mathrm{T}} & \boldsymbol{0} \end{bmatrix}\begin{bmatrix} \boldsymbol{\sigma}^e \\ \boldsymbol{u}^e \end{bmatrix} = \begin{bmatrix} \boldsymbol{P}_1^e \\ \boldsymbol{P}_2^e \end{bmatrix} \tag{12.29}$$

此即位移-应力混合型有限元公式。其中

$$\left.\begin{aligned}\boldsymbol{A}^e &= -\int_{V^e}\boldsymbol{N}_\sigma^{\mathrm{T}}\boldsymbol{D}^{-1}\boldsymbol{N}_\sigma\mathrm{d}V, \quad \boldsymbol{C}^e = \int_{V^e}\boldsymbol{N}_\sigma^{\mathrm{T}}\boldsymbol{B}\mathrm{d}V\\ \boldsymbol{P}_1^e &= \boldsymbol{0}, \quad \boldsymbol{P}_2^e = \int_{V^e}\boldsymbol{N}_u^{\mathrm{T}}\boldsymbol{f}\mathrm{d}V + \int_{S_\sigma^e}\boldsymbol{N}_u^{\mathrm{T}}\bar{\boldsymbol{t}}\mathrm{d}S\end{aligned}\right\} \tag{12.30}$$

其中 $\boldsymbol{B}=\boldsymbol{L}\boldsymbol{N}_u$。上述方程中尽管 $\boldsymbol{N}_\sigma$ 可以不连续，$\boldsymbol{N}_u$ 仍需具有 C_0 连续性。单元方程组集后得到与式(12.15)相同形式的方程。类似于 12.2.2 节中的分析可知，要有唯一解，必须满足条件

$$n_\sigma \geqslant n_u \tag{12.31}$$

即单元应力分量数 n_σ 必须大于等于位移分量数 n_u，该条件仅为必要条件，而非充分条件。

事实上，方程(12.21)、(12.28)与如下泛函的极值条件等效：

$$\Pi_{\mathrm{HR}} = \int_V \boldsymbol{\sigma}^{\mathrm{T}}\boldsymbol{L}\boldsymbol{u}\mathrm{d}V - \frac{1}{2}\int_V \boldsymbol{\sigma}^{\mathrm{T}}\boldsymbol{D}^{-1}\boldsymbol{\sigma}\mathrm{d}V - \int_V \boldsymbol{u}^{\mathrm{T}}\boldsymbol{f}\mathrm{d}V - \int_{S_\sigma}\boldsymbol{u}^{\mathrm{T}}\bar{\boldsymbol{t}}\mathrm{d}S \tag{12.32}$$

这里将位移边界条件作为强制边界条件。泛函(12.32)的极值条件为 $\delta\Pi_{\mathrm{HR}}=0$，此即 2.8.1 节介绍的 Hellinger-Reissner 变分原理。

由泛函(12.32)的极值条件 $\delta\Pi_{\mathrm{HR}}=0$ 可得

$$\begin{aligned}\delta\Pi_{\mathrm{HR}} &= \int_V \delta\boldsymbol{\sigma}^{\mathrm{T}}\boldsymbol{L}\boldsymbol{u}\mathrm{d}V + \int_V \boldsymbol{\sigma}^{\mathrm{T}}\boldsymbol{L}\delta\boldsymbol{u}\mathrm{d}V - \frac{1}{2}\int_V \delta\boldsymbol{\sigma}^{\mathrm{T}}\boldsymbol{D}^{-1}\boldsymbol{\sigma}\mathrm{d}V - \\ &\quad \frac{1}{2}\int_V \boldsymbol{\sigma}^{\mathrm{T}}\boldsymbol{D}^{-1}\delta\boldsymbol{\sigma}\mathrm{d}V - \int_V \delta\boldsymbol{u}^{\mathrm{T}}\boldsymbol{f}\mathrm{d}V - \int_{S_\sigma}\delta\boldsymbol{u}^{\mathrm{T}}\bar{\boldsymbol{t}}\mathrm{d}S\\ &= 0\end{aligned} \tag{12.33}$$

上式中 $\delta\boldsymbol{\sigma}^{\mathrm{T}}\boldsymbol{D}^{-1}\boldsymbol{\sigma}$ 是标量，求其转置可知 $\delta\boldsymbol{\sigma}^{\mathrm{T}}\boldsymbol{D}^{-1}\boldsymbol{\sigma}=\boldsymbol{\sigma}^{\mathrm{T}}\boldsymbol{D}^{-1}\delta\boldsymbol{\sigma}$，类似地可以证明 $\boldsymbol{\sigma}^{\mathrm{T}}\boldsymbol{L}\delta\boldsymbol{u}=\delta\boldsymbol{u}^{\mathrm{T}}\boldsymbol{L}^{\mathrm{T}}\boldsymbol{\sigma}$，则式(12.33)可写成

$$\int_V \delta\boldsymbol{\sigma}^{\mathrm{T}}(\boldsymbol{L}\boldsymbol{u} - \boldsymbol{D}^{-1}\boldsymbol{\sigma})\mathrm{d}V + \int_V \delta\boldsymbol{u}^{\mathrm{T}}\boldsymbol{L}^{\mathrm{T}}\boldsymbol{\sigma}\mathrm{d}V - \int_V \delta\boldsymbol{u}^{\mathrm{T}}\boldsymbol{f}\mathrm{d}V - \int_{S_\sigma}\delta\boldsymbol{u}^{\mathrm{T}}\bar{\boldsymbol{t}}\mathrm{d}S = 0 \tag{12.34}$$

由此可得

$$\int_V \delta\boldsymbol{\sigma}^{\mathrm{T}}(\boldsymbol{L}\boldsymbol{u} - \boldsymbol{D}^{-1}\boldsymbol{\sigma})\mathrm{d}V = 0$$

$$\int_V \delta\boldsymbol{u}^{\mathrm{T}}\boldsymbol{L}^{\mathrm{T}}\boldsymbol{\sigma}\mathrm{d}V - \int_V \delta\boldsymbol{u}^{\mathrm{T}}\boldsymbol{f}\mathrm{d}V - \int_{S_\sigma}\delta\boldsymbol{u}^{\mathrm{T}}\bar{\boldsymbol{t}}\mathrm{d}S = 0$$

因 $\boldsymbol{L}\delta\boldsymbol{u}=\delta\boldsymbol{\varepsilon}$，上式可写成 $\int_V \delta\boldsymbol{\varepsilon}^{\mathrm{T}}\boldsymbol{\sigma}\mathrm{d}V - \int_V \delta\boldsymbol{u}^{\mathrm{T}}\boldsymbol{f}\mathrm{d}V - \int_{S_\sigma}\delta\boldsymbol{u}^{\mathrm{T}}\bar{\boldsymbol{t}}\mathrm{d}S = 0$，可见式(12.34)与式(12.21)和式(12.28)等效。因此，利用泛函(12.32)的极值条件仍然可以得到与式(12.29)完全相同的混合型有限元方程。

12.3.2　位移-应力-应变混合型公式

当然，也可以将位移、应力和应变均作为基本变量建立弹性问题的混合型有限元公式。为此，可以写出本构方程(12.22)和几何方程(12.23)的等效积分以及虚功原理

$$\left.\begin{aligned}&\int_V \delta\boldsymbol{\varepsilon}^{\mathrm{T}}(\boldsymbol{D}\boldsymbol{\varepsilon}-\boldsymbol{\sigma})\mathrm{d}V=0\\&\int_V \delta\boldsymbol{\sigma}^{\mathrm{T}}(\boldsymbol{L}\boldsymbol{u}-\boldsymbol{\varepsilon})\mathrm{d}V=0\\&\int_V \delta(\boldsymbol{L}\boldsymbol{u})^{\mathrm{T}}\boldsymbol{\sigma}\mathrm{d}V-\int_V \delta\boldsymbol{u}^{\mathrm{T}}\boldsymbol{f}\mathrm{d}V-\int_{S_\sigma}\delta\boldsymbol{u}^{\mathrm{T}}\bar{\boldsymbol{t}}\mathrm{d}S=0\end{aligned}\right\}\tag{12.35}$$

仍然将位移边界条件视为强制边界条件。与式(12.35)等价的变分原理为胡-鹫广义变分原理(见 2.8.2 节),其泛函为

$$\Pi_{\mathrm{HW}}=\frac{1}{2}\int_V \boldsymbol{\varepsilon}^{\mathrm{T}}\boldsymbol{D}\boldsymbol{\varepsilon}\mathrm{d}V-\int_V \boldsymbol{\sigma}^{\mathrm{T}}(\boldsymbol{\varepsilon}-\boldsymbol{L}\boldsymbol{u})\mathrm{d}V-\int_V \boldsymbol{u}^{\mathrm{T}}\boldsymbol{f}\mathrm{d}V-\int_{S_\sigma}\boldsymbol{u}^{\mathrm{T}}\bar{\boldsymbol{t}}\mathrm{d}S\tag{12.36}$$

由该泛函的极值条件即可得到式(12.35)中的三个积分表达式。读者可以自己推导。

对位移、应力和应变分别插值

$$\boldsymbol{u}=\boldsymbol{N}_u\boldsymbol{u}^e,\quad \boldsymbol{\sigma}=\boldsymbol{N}_\sigma\boldsymbol{\sigma}^e,\quad \boldsymbol{\varepsilon}=\boldsymbol{N}_\varepsilon\boldsymbol{\varepsilon}^e\tag{12.37}$$

将它们的变分代入式(12.35)中的三个方程可以得到如下平衡方程:

$$\begin{bmatrix}\boldsymbol{A}^e & \boldsymbol{C}^e & \boldsymbol{0}\\ \boldsymbol{C}^{e\mathrm{T}} & \boldsymbol{0} & \boldsymbol{E}^e\\ \boldsymbol{0} & \boldsymbol{E}^{e\mathrm{T}} & \boldsymbol{0}\end{bmatrix}\begin{bmatrix}\boldsymbol{\varepsilon}^e\\ \boldsymbol{\sigma}^e\\ \boldsymbol{u}^e\end{bmatrix}=\begin{bmatrix}\boldsymbol{P}_1^e\\ \boldsymbol{P}_2^e\\ \boldsymbol{P}_3^e\end{bmatrix}\tag{12.38a}$$

其中

$$\left.\begin{aligned}&\boldsymbol{A}^e=\int_{V^e}\boldsymbol{N}_\varepsilon^{\mathrm{T}}\boldsymbol{D}\boldsymbol{N}_\varepsilon\mathrm{d}V,\quad \boldsymbol{C}^e=-\int_{V^e}\boldsymbol{N}_\varepsilon^{\mathrm{T}}\boldsymbol{N}_\sigma\mathrm{d}V,\quad \boldsymbol{E}^e=\int_{V^e}\boldsymbol{N}_\sigma^{\mathrm{T}}\boldsymbol{B}\mathrm{d}V\\&\boldsymbol{P}_1^e=\boldsymbol{0},\quad \boldsymbol{P}_2^e=\boldsymbol{0},\qquad \boldsymbol{P}_3^e=\int_{V^e}\boldsymbol{N}_u^{\mathrm{T}}\boldsymbol{f}\mathrm{d}V+\int_{S_\sigma^e}\boldsymbol{N}_u^{\mathrm{T}}\bar{\boldsymbol{t}}\mathrm{d}S\end{aligned}\right\}\tag{12.38b}$$

上式中 $\boldsymbol{B}=\boldsymbol{L}\boldsymbol{N}_u$。式(12.38a)为位移-应力-应变混合型有限元公式。尽管前面推导有限元公式时没有利用变分原理,事实上,由泛函(12.36)的极值条件仍然可以得到与式(12.38a)相同的方程组。

在 12.3.1 节中给出了位移-应力混合型公式(12.29)的稳定性条件(12.31),对于本节得到的位移-应力-应变混合形式,必须对该条件进行修正。该三场混合型方程的稳定性条件为

$$n_\varepsilon+n_u\geqslant n_\sigma,\quad n_\sigma\geqslant n_u\tag{12.39}$$

将单元方程组集可得如下形式的方程:

$$\begin{bmatrix}\boldsymbol{A} & \boldsymbol{C} & \boldsymbol{0}\\ \boldsymbol{C}^{\mathrm{T}} & \boldsymbol{0} & \boldsymbol{E}\\ \boldsymbol{0} & \boldsymbol{E}^{\mathrm{T}} & \boldsymbol{0}\end{bmatrix}\begin{bmatrix}\tilde{\boldsymbol{\varepsilon}}\\ \tilde{\boldsymbol{\sigma}}\\ \tilde{\boldsymbol{u}}\end{bmatrix}=\begin{bmatrix}\boldsymbol{P}_1\\ \boldsymbol{P}_2\\ \boldsymbol{P}_3\end{bmatrix}\tag{12.40}$$

首先将其第三个方程乘以 $\gamma\boldsymbol{E}$ 再加到第二个方程可得

$$\begin{bmatrix}\boldsymbol{A} & \boldsymbol{C} & \boldsymbol{0}\\ \boldsymbol{C}^{\mathrm{T}} & \gamma\boldsymbol{E}\boldsymbol{E}^{\mathrm{T}} & \boldsymbol{E}\\ \boldsymbol{0} & \boldsymbol{E}^{\mathrm{T}} & \boldsymbol{0}\end{bmatrix}\begin{bmatrix}\tilde{\boldsymbol{\varepsilon}}\\ \tilde{\boldsymbol{\sigma}}\\ \tilde{\boldsymbol{u}}\end{bmatrix}=\begin{bmatrix}\boldsymbol{P}_1\\ \boldsymbol{P}_2+\gamma\boldsymbol{E}\boldsymbol{P}_3\\ \boldsymbol{P}_3\end{bmatrix}\tag{12.41}$$

在上式中消去 $\tilde{\boldsymbol{\varepsilon}}$ 可得

$$\begin{bmatrix} \gamma \boldsymbol{E}\boldsymbol{E}^{\mathrm{T}} - \boldsymbol{C}^{\mathrm{T}}\boldsymbol{A}^{-1}\boldsymbol{C} & \boldsymbol{E} \\ \boldsymbol{E}^{\mathrm{T}} & \boldsymbol{0} \end{bmatrix} \begin{bmatrix} \tilde{\boldsymbol{\sigma}} \\ \tilde{\boldsymbol{u}} \end{bmatrix} = \begin{bmatrix} \boldsymbol{P}_2 + \gamma \boldsymbol{E}\boldsymbol{P}_3 - \boldsymbol{C}^{\mathrm{T}}\boldsymbol{A}^{-1}\boldsymbol{C}\boldsymbol{P}_1 \\ \boldsymbol{P}_3 \end{bmatrix} \tag{12.42}$$

为不产生奇异性，要求 $n_\sigma \geqslant n_u$。重新排列式(12.40)中的顺序有

$$\begin{bmatrix} \boldsymbol{A} & \boldsymbol{0} & \boldsymbol{C} \\ \boldsymbol{0} & \boldsymbol{0} & \boldsymbol{E}^{\mathrm{T}} \\ \boldsymbol{C}^{\mathrm{T}} & \boldsymbol{E} & \boldsymbol{0} \end{bmatrix} \begin{bmatrix} \tilde{\boldsymbol{\varepsilon}} \\ \tilde{\boldsymbol{u}} \\ \tilde{\boldsymbol{\sigma}} \end{bmatrix} = \begin{bmatrix} \boldsymbol{P}_1 \\ \boldsymbol{P}_3 \\ \boldsymbol{P}_2 \end{bmatrix} \tag{12.43}$$

同样，将第一式和第二式分别加上第三式的 $\gamma \boldsymbol{C}$ 和 $\gamma \boldsymbol{E}^{\mathrm{T}}$ 倍可得

$$\left[\begin{array}{cc:c} \boldsymbol{A} + \gamma \boldsymbol{C}\boldsymbol{C}^{\mathrm{T}} & \gamma \boldsymbol{C}\boldsymbol{E} & \boldsymbol{C} \\ \gamma \boldsymbol{E}^{\mathrm{T}}\boldsymbol{C}^{\mathrm{T}} & \gamma \boldsymbol{E}^{\mathrm{T}}\boldsymbol{E} & \boldsymbol{E}^{\mathrm{T}} \\ \hdashline \boldsymbol{C}^{\mathrm{T}} & \boldsymbol{E} & \boldsymbol{0} \end{array}\right] \begin{bmatrix} \tilde{\boldsymbol{\varepsilon}} \\ \tilde{\boldsymbol{u}} \\ \tilde{\boldsymbol{\sigma}} \end{bmatrix} = \begin{bmatrix} \boldsymbol{P}_1 + \gamma \boldsymbol{C}\boldsymbol{P}_2 \\ \boldsymbol{P}_3 + \gamma \boldsymbol{E}^{\mathrm{T}}\boldsymbol{P}_2 \\ \boldsymbol{P}_2 \end{bmatrix} \tag{12.44}$$

根据上面的分块，显然要求 $n_\varepsilon + n_u \geqslant n_\sigma$。

12.4　不可压缩弹性体问题

12.4.1　材料的不可压缩性

当材料的泊松比为 0.5 时，材料不可压缩。此时，标准的位移有限元公式将失效。实际上，当材料接近不可压缩，即泊松比大于 0.4 时也会出现问题。从土力学到航空工程的许多实际应用问题都会遇到接近不可压缩的材料，如常见的橡胶和塑料等为不可压缩弹性体。采用混合型公式可以克服求解这类问题的困难，具有重要的实际意义。

各向同性弹性材料的本构关系为

$$\boldsymbol{D} = \frac{E(1-\nu)}{(1+\nu)(1-2\nu)} \begin{bmatrix} 1 & \frac{\nu}{1-\nu} & \frac{\nu}{1-\nu} & 0 & 0 & 0 \\ \frac{\nu}{1-\nu} & 1 & \frac{\nu}{1-\nu} & 0 & 0 & 0 \\ \frac{\nu}{1-\nu} & \frac{\nu}{1-\nu} & 1 & 0 & 0 & 0 \\ 0 & 0 & 0 & \frac{1-2\nu}{2(1-\nu)} & 0 & 0 \\ 0 & 0 & 0 & 0 & \frac{1-2\nu}{2(1-\nu)} & 0 \\ 0 & 0 & 0 & 0 & 0 & \frac{1-2\nu}{2(1-\nu)} \end{bmatrix} \tag{12.45}$$

以位移为基本变量的有限元平衡方程为

$$\boldsymbol{K}\boldsymbol{a} = \boldsymbol{P} \tag{12.46}$$

其单元刚度矩阵的积分表达式为

$$\boldsymbol{K}^e = \int_{V^e} \boldsymbol{B}^{\mathrm{T}}\boldsymbol{D}\boldsymbol{B}\mathrm{d}V \tag{12.47}$$

若材料不可压，即 $\nu=0.5$，此时 $\boldsymbol{K}$ 趋于无穷大，方程无法求解，即当 $\nu=0.5$ 时位移有限元公式无效。事实上，当 $\nu>0.4$ 时位移有限元公式的解会出现振荡。

解决这一问题的途径之一是用罚函数法或 Lagrange 法将不可压缩条件(体积变形为零)作为附加条件引入泛函。一般采用以位移和压力为基本变量的混合型公式，能够处理完全不可压缩和接近不可压缩的问题。

12.4.2 应力和应变偏量

把标准的位移有限元公式应用于不可压缩或接近不可压缩材料的主要问题在于确定平均应力或压力与体积应变之间的关系，因此，对于各向同性材料，把这些分量从总的应力场中分离出来作为独立变量会带来方便。平均应力或压力为

$$p = \frac{1}{3}(\sigma_x + \sigma_y + \sigma_z) = \frac{1}{3}\boldsymbol{m}^{\mathrm{T}}\boldsymbol{\sigma} \tag{12.48}$$

其中

$$\boldsymbol{m} = [1 \quad 1 \quad 1 \quad 0 \quad 0 \quad 0]^{\mathrm{T}} \tag{12.49}$$

对于各向同性材料，体积应变为

$$\varepsilon_v = \varepsilon_x + \varepsilon_y + \varepsilon_z = \boldsymbol{m}^{\mathrm{T}}\boldsymbol{\varepsilon} \tag{12.50}$$

压力与体积应变之间有关系

$$\varepsilon_v = \frac{p}{K} \tag{12.51}$$

式中 K 为体积模量，对于不可压缩材料，其为无穷大，体积应变为零。

应变偏量定义为

$$\boldsymbol{\varepsilon}^{\mathrm{d}} = \boldsymbol{\varepsilon} - \frac{1}{3}\boldsymbol{m}\varepsilon_v = \left(\boldsymbol{I} - \frac{1}{3}\boldsymbol{m}\boldsymbol{m}^{\mathrm{T}}\right)\boldsymbol{\varepsilon} = \boldsymbol{I}_{\mathrm{d}}\boldsymbol{\varepsilon} \tag{12.52}$$

上式中 $\boldsymbol{I}$ 为单位矩阵，$\boldsymbol{I}_{\mathrm{d}}$ 称为偏量投影矩阵。应力偏量有类似关系

$$\boldsymbol{\sigma}^{\mathrm{d}} = \boldsymbol{\sigma} - \boldsymbol{m}p = \boldsymbol{\sigma} - \frac{1}{3}\boldsymbol{m}\boldsymbol{m}^{\mathrm{T}}\boldsymbol{\sigma} = \left(\boldsymbol{I} - \frac{1}{3}\boldsymbol{m}\boldsymbol{m}^{\mathrm{T}}\right)\boldsymbol{\sigma} = \boldsymbol{I}_{\mathrm{d}}\boldsymbol{\sigma} \tag{12.53}$$

对于各向同性弹性问题，应变偏量与应力偏量之间存在如下关系：

$$\boldsymbol{\sigma}^{\mathrm{d}} = \boldsymbol{I}_{\mathrm{d}}\boldsymbol{\sigma} = 2G\boldsymbol{I}_0\boldsymbol{\varepsilon}^{\mathrm{d}} = 2G\left(\boldsymbol{I}_0 - \frac{1}{3}\boldsymbol{m}\boldsymbol{m}^{\mathrm{T}}\right)\boldsymbol{\varepsilon} \tag{12.54}$$

其中

$$I_0 = \frac{1}{2}\begin{bmatrix} 2 & 0 & 0 & 0 & 0 & 0 \\ 0 & 2 & 0 & 0 & 0 & 0 \\ 0 & 0 & 2 & 0 & 0 & 0 \\ 0 & 0 & 0 & 1 & 0 & 0 \\ 0 & 0 & 0 & 0 & 1 & 0 \\ 0 & 0 & 0 & 0 & 0 & 1 \end{bmatrix} \tag{12.55}$$

为了后面表达方便,将各向同性材料的弹性模量写成偏量形式

$$D_{\mathrm{d}} = 2G\left(\boldsymbol{I}_0 - \frac{1}{3}\boldsymbol{m}\boldsymbol{m}^{\mathrm{T}}\right) \tag{12.56}$$

上述关系仅仅是应力-应变关系的另一种表达方式而已。其中弹性常数有如下关系:

$$G = \frac{E}{2(1+\nu)}, \quad K = \frac{E}{3(1-2\nu)} \tag{12.57}$$

12.4.3 位移-压力混合公式

现在构造以位移 $\boldsymbol{u}$ 和压力 p 为变量的混合型有限元公式。由定义(12.56),式(12.54)可以表达为

$$\boldsymbol{\sigma}^{\mathrm{d}} = D_{\mathrm{d}}\boldsymbol{\varepsilon} \tag{12.58}$$

故有

$$\boldsymbol{\sigma} = \boldsymbol{\sigma}^{\mathrm{d}} + \boldsymbol{m}p = D_{\mathrm{d}}\boldsymbol{\varepsilon} + \boldsymbol{m}p \tag{12.59}$$

将式(12.59)代入虚功原理表达式(12.21)可得

$$\int_V \delta\boldsymbol{\varepsilon}^{\mathrm{T}}\boldsymbol{D}_{\mathrm{d}}\boldsymbol{\varepsilon}\mathrm{d}V + \int_V \delta\boldsymbol{\varepsilon}^{\mathrm{T}}\boldsymbol{m}p\mathrm{d}V - \int_V \delta\boldsymbol{u}^{\mathrm{T}}\boldsymbol{f}\mathrm{d}V - \int_{S_\sigma} \delta\boldsymbol{u}^{\mathrm{T}}\bar{\boldsymbol{t}}\mathrm{d}S = 0 \tag{12.60}$$

另外,式(12.51)的 Galerkin 等效积分形式

$$\int_V \delta p\left(\boldsymbol{m}^{\mathrm{T}}\boldsymbol{\varepsilon} - \frac{p}{K}\right)\mathrm{d}V = 0 \tag{12.61}$$

上式利用了关系式(12.50)。应变和位移之间有关系 $\boldsymbol{\varepsilon}=\boldsymbol{L}\boldsymbol{u}$。对位移 $\boldsymbol{u}$ 和压力 p 独立插值

$$\boldsymbol{u} = \boldsymbol{N}_u\boldsymbol{u}^e, \quad p = \boldsymbol{N}_p\boldsymbol{p}^e \tag{12.62}$$

代入式(12.60)和式(12.61)可以得到位移-压力混合型有限元公式

$$\begin{bmatrix} \boldsymbol{A}^e & \boldsymbol{C}^e \\ \boldsymbol{C}^{e\mathrm{T}} & -\boldsymbol{V}^e \end{bmatrix}\begin{bmatrix} \boldsymbol{u}^e \\ \boldsymbol{p}^e \end{bmatrix} = \begin{bmatrix} \boldsymbol{P}_1^e \\ \boldsymbol{P}_2^e \end{bmatrix} \tag{12.63}$$

其中

$$\left.\begin{aligned} &\boldsymbol{A}^e = \int_{V^e}\boldsymbol{B}^{\mathrm{T}}\boldsymbol{D}_{\mathrm{d}}\boldsymbol{B}\mathrm{d}V, \quad \boldsymbol{C}^e = \int_{V^e}\boldsymbol{B}^{\mathrm{T}}\boldsymbol{m}\boldsymbol{N}_p\mathrm{d}V, \quad \boldsymbol{V}^e = \int_{V^e}\boldsymbol{N}_p^{\mathrm{T}}\frac{1}{K}\boldsymbol{N}_p\boldsymbol{m}\mathrm{d}V \\ &\boldsymbol{P}_1^e = \int_{V^e}\boldsymbol{N}_u^{\mathrm{T}}\boldsymbol{f}\mathrm{d}V + \int_{S_\sigma^e}\boldsymbol{N}_u^{\mathrm{T}}\bar{\boldsymbol{t}}\mathrm{d}S, \quad \boldsymbol{P}_2^e = \boldsymbol{0} \end{aligned}\right\} \tag{12.64}$$

可以看到,在材料不可压缩情况下,方程(12.63)具有混合型方程的“标准”形式。当 $K=\infty$,即 $\boldsymbol{V}=\mathbf{0}$ 时方程(12.63)与式(12.29)的形式一样。在实际应用中当 K 为一个很大的数,或 $\nu\to0.5$ 时这种形式是非常有用的。

此外,可以证明方程(12.63)要有唯一解,必须满足条件

$$n_u \geqslant n_p \tag{12.65}$$

12.4.4 位移-压力-体积应变混合公式

对于不可压缩材料,还可以采用以位移、压力和体积应变为变量的混合型有限元公式。假设材料为各向同性弹性。式(12.50)和式(12.51)可以分别表达为

$$\boldsymbol{m}^{\mathrm{T}}\boldsymbol{\varepsilon}-\varepsilon_v=\boldsymbol{m}^{\mathrm{T}}\boldsymbol{L}\boldsymbol{u}-\varepsilon_v=0 \tag{12.66a}$$

$$K\varepsilon_v-p=0 \tag{12.66b}$$

若分别对 ε_v 和 p 近似,则该两式的等效积分的 Galerkin 提法可写成

$$\int_V \delta p(\boldsymbol{m}^{\mathrm{T}}\boldsymbol{L}\boldsymbol{u}-\varepsilon_v)\,\mathrm{d}V=0 \tag{12.67}$$

$$\int_V \delta\varepsilon_v(K\varepsilon_v-p)\,\mathrm{d}V=0 \tag{12.68}$$

若位移和压力采用式(12.62)所示的插值形式,体积应变采用如下插值形式:

$$\boldsymbol{\varepsilon}_v=\boldsymbol{N}_{\varepsilon}\boldsymbol{\varepsilon}_v^e \tag{12.69}$$

将插值形式代入式(12.60)、(12.67)、(12.68)可得如下位移-压力-体积应变混合型有限元公式:

$$\begin{bmatrix}\boldsymbol{A}^e & \boldsymbol{C}^e & \mathbf{0}\\ \boldsymbol{C}^{e\mathrm{T}} & \mathbf{0} & -\boldsymbol{E}^e\\ \mathbf{0} & -\boldsymbol{E}^{e\mathrm{T}} & \boldsymbol{H}^e\end{bmatrix}\begin{bmatrix}\boldsymbol{u}^e\\ \boldsymbol{p}^e\\ \boldsymbol{\varepsilon}_v^e\end{bmatrix}=\begin{bmatrix}\boldsymbol{P}_1^e\\ \boldsymbol{P}_2^e\\ \boldsymbol{P}_3^e\end{bmatrix} \tag{12.70}$$

其中 $\boldsymbol{A}^e,\boldsymbol{C}^e,\boldsymbol{P}_1^e,\boldsymbol{P}_2^e$ 与式(12.64)中一样,而

$$\boldsymbol{E}^e=\int_{V^e}\boldsymbol{N}_u^{\mathrm{T}}\boldsymbol{N}_p\,\mathrm{d}V,\quad \boldsymbol{H}^e=\int_{V^e}\boldsymbol{N}_u^{\mathrm{T}}K\boldsymbol{N}_u\,\mathrm{d}V,\quad \boldsymbol{P}_3^e=\mathbf{0} \tag{12.71}$$

下面给出从式(12.70)导出的 B-bar 方法。假设 $\boldsymbol{N}_u$ 和 $\boldsymbol{N}_p$ 的项数相同,由式(12.70)中的第二式可得

$$\boldsymbol{\varepsilon}_v^e=(\boldsymbol{E}^e)^{-1}\boldsymbol{C}^{e\mathrm{T}}\boldsymbol{u}^e=\boldsymbol{W}^e\boldsymbol{u}^e \tag{12.72}$$

对式(12.70)第三式进行求解,可得

$$\boldsymbol{p}^e=(\boldsymbol{E}^e)^{-\mathrm{T}}\boldsymbol{H}^e\boldsymbol{C}^{e\mathrm{T}}\boldsymbol{\varepsilon}_v^e \tag{12.73}$$

将式(12.72)和式(12.73)代入式(12.70)的第一式,可得仅以位移为变量的方程

$$\bar{\boldsymbol{A}}^e\boldsymbol{u}^e=\boldsymbol{P}_1^e \tag{12.74}$$

对于各向同性材料,其中

$$\bar{\boldsymbol{A}}^e=\int_{V^e}\boldsymbol{B}^{\mathrm{T}}\boldsymbol{D}_{\mathrm{d}}\boldsymbol{B}\,\mathrm{d}V+\boldsymbol{W}^{e\mathrm{T}}\boldsymbol{H}^e\boldsymbol{W}^e=\boldsymbol{A}^e+\boldsymbol{W}^{e\mathrm{T}}\boldsymbol{H}^e\boldsymbol{W}^e \tag{12.75}$$

求解式(12.74)可得结构的结点位移,再利用式(12.72)和式(12.73)可以分别计算单元的体积应变和压力。

将式(12.75)进行修改可以得到与标准位移法类似的公式。式(12.75)可以写成

$$\overline{\boldsymbol{A}}^e = \int_{V^e} \overline{\boldsymbol{B}}^{\mathrm{T}} \boldsymbol{D} \overline{\boldsymbol{B}} \mathrm{d}V \tag{12.76}$$

其中

$$\overline{\boldsymbol{B}} = \boldsymbol{I}_{\mathrm{d}} \boldsymbol{B} + \frac{1}{3} \boldsymbol{m} \boldsymbol{N}_u \boldsymbol{W}^e \tag{12.77}$$

对于各向同性材料

$$\boldsymbol{D} = \boldsymbol{D}_{\mathrm{d}} + K \boldsymbol{m} \boldsymbol{m}^{\mathrm{T}} \tag{12.78}$$

可以看出,除了 $\boldsymbol{B}$ 矩阵被替换成 $\overline{\boldsymbol{B}}$ 外,上面的方程形式与标准的位移公式完全相同,因而称之为 B-bar 法。

12.5　混合型方程简单迭代解法

对于混合型问题,一般可以得到如下形式的方程:

$$\begin{bmatrix} \boldsymbol{A} & \boldsymbol{C} \\ \boldsymbol{C}^{\mathrm{T}} & \boldsymbol{0} \end{bmatrix} \begin{bmatrix} \boldsymbol{x} \\ \boldsymbol{y} \end{bmatrix} = \begin{bmatrix} \boldsymbol{f}_1 \\ \boldsymbol{f}_2 \end{bmatrix} \tag{12.79}$$

由于对角元素有零,采用高斯消元法求解会遇到困难。该方程可以采用迭代方法求解,且能显著降低计算成本。基本的迭代求解过程如下:

$$\boldsymbol{y}^{k+1} = \boldsymbol{y}^k + \boldsymbol{\rho} \boldsymbol{r}^k \tag{12.80}$$

其中 $\boldsymbol{r}^k$ 为方程(12.79)的第二个方程第 k 次迭代结果的残值

$$\boldsymbol{r}^k = \boldsymbol{C}^{\mathrm{T}} \boldsymbol{x}^k - \boldsymbol{f}_2 \tag{12.81}$$

接着求解方程(12.79)的第一个方程

$$\boldsymbol{x}^{k+1} = \boldsymbol{A}^{-1}(\boldsymbol{f}_1 - \boldsymbol{C} \boldsymbol{y}^{k+1}) \tag{12.82}$$

式(12.80)中的 $\boldsymbol{\rho}$ 是收敛加速矩阵。

该算法称为 Uzawa 法,已被广泛应用于优化问题中。

12.6　多个弹性子域之间的连接

实际应用中常常会遇到将求解区域分解为多个子域的情况。有两个原因促使我们将求解域分解成多个子域。一是并行算法的出现。并行算法在很多工程应用中已变得非常重要,使我们能够对不同部分采用完全不同的方法近似,且可以对不同区域进行同步计算,这一过程又称为区域分解算法。另一方面,在很多应用中,所分析结构的不同部分的网格可能由不同的人完成,这些部分需要融合在一起。另外,在分析的不同阶段结构的不同部分可能

会进入接触状态。采用区域分解的另一个原因是为求解这类问题提供有效的方法。

本节将处理两个或多个子域连接的问题，在这些子域中采用标准的有限元近似。在此仅讨论不可约型公式，尽管也可以采用其他形式的方程。这些子域的连接可以简单地利用拉格朗日乘子法实现，拉格朗日乘子定义在相连接的子域的界面上。

图 12.1 所示为两个相邻的弹性子域，在每一个子域中都采用位移为基本变量的不可约形式近似，而在子域之间的界面上采用独立的拉格朗日乘子建立它们之间的关系。

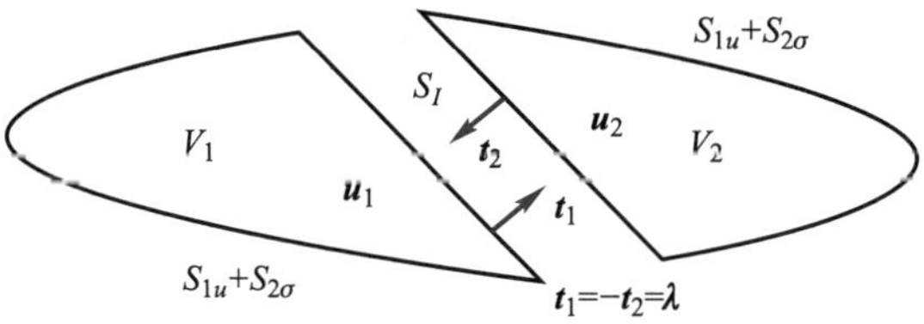

图 12.1 两个相邻弹性子域之间的连接

在子域 V_1内，基于位移 $\boldsymbol{u}_1$和界面力 $\boldsymbol{t}_1=\boldsymbol{\lambda}$ 建立起相应的近似公式。可以采用虚功原理的弱形式，参见式(12.21)～(12.23)有

$$\int_{V_1}\delta(\boldsymbol{L}\boldsymbol{u}_1)\boldsymbol{D}_1\boldsymbol{L}\boldsymbol{u}_1\mathrm{d}V-\int_{S_I}\delta\boldsymbol{u}_1^{\mathrm{T}}\boldsymbol{\lambda}\mathrm{d}S-\int_{V_1}\delta\boldsymbol{u}_1^{\mathrm{T}}\boldsymbol{f}\mathrm{d}V-\int_{S_{1\sigma}}\delta\boldsymbol{u}_1^{\mathrm{T}}\overline{\boldsymbol{t}}_1\mathrm{d}S=0 \tag{12.83}$$

假设位移场 $\boldsymbol{u}_1$的位移边界条件为强制边界条件。类似地，在子域 V_2内需要设定界面力 $\boldsymbol{t}_2=-\boldsymbol{\lambda}$ 来保证两个子域之间的平衡，即

$$\int_{V_2}\delta(\boldsymbol{L}\boldsymbol{u}_2)\boldsymbol{D}_2\boldsymbol{L}\boldsymbol{u}_2\mathrm{d}V-\int_{S_I}\delta\boldsymbol{u}_2^{\mathrm{T}}\boldsymbol{\lambda}\mathrm{d}S-\int_{V_2}\delta\boldsymbol{u}_2^{\mathrm{T}}\boldsymbol{f}\mathrm{d}V-\int_{S_{2\sigma}}\delta\boldsymbol{u}_2^{\mathrm{T}}\overline{\boldsymbol{t}}_2\mathrm{d}S=0 \tag{12.84}$$

另外，为保证两个子域界面的连续性，可将界面上位移连续方程写成如下等效积分形式：

$$\int_{S_I}\delta\boldsymbol{\lambda}(\boldsymbol{u}_2-\boldsymbol{u}_1)\mathrm{d}S=0 \tag{12.85}$$

对每一子域的位移和界面力进行插值，即

$$\boldsymbol{u}_1=\boldsymbol{N}_{u_1}\boldsymbol{u}_1^e,\quad \boldsymbol{u}_2=\boldsymbol{N}_{u2}\boldsymbol{u}_2^e,\quad \boldsymbol{\lambda}=\boldsymbol{N}_{\lambda}\boldsymbol{\lambda}^e \tag{12.86}$$

代入式(12.84)可得如下平衡方程：

$$\begin{bmatrix}\boldsymbol{K}_1^e & \boldsymbol{0} & \boldsymbol{Q}_1^e\\ \boldsymbol{0} & \boldsymbol{K}_2^e & \boldsymbol{Q}_2^e\\ (\boldsymbol{Q}_1^e)^{\mathrm{T}} & (\boldsymbol{Q}_2^e)^{\mathrm{T}} & \boldsymbol{0}\end{bmatrix}\begin{bmatrix}\boldsymbol{u}_1^e\\ \boldsymbol{u}_2^e\\ \boldsymbol{\lambda}^e\end{bmatrix}=\begin{bmatrix}\boldsymbol{P}_1^e\\ \boldsymbol{P}_2^e\\ \boldsymbol{0}\end{bmatrix} \tag{12.87}$$

其中

$$\left.\begin{aligned}&\boldsymbol{K}_1^e=\int_{V_1^e}\boldsymbol{B}_1^{\mathrm{T}}\boldsymbol{D}_1\boldsymbol{B}_1\mathrm{d}V,\quad \boldsymbol{K}_2^e=\int_{V_2^e}\boldsymbol{B}_2^{\mathrm{T}}\boldsymbol{D}_2\boldsymbol{B}_2\mathrm{d}V\\ &\boldsymbol{Q}_1^e=-\int_{S_I}\boldsymbol{N}_{u1}^{\mathrm{T}}\boldsymbol{N}_{\lambda}\mathrm{d}S,\quad \boldsymbol{Q}_2^e=-\int_{S_I}\boldsymbol{N}_{u2}^{\mathrm{T}}\boldsymbol{N}_{\lambda}\mathrm{d}S\\ &\boldsymbol{P}_1^e=\int_{V_1^e}\boldsymbol{N}_{u1}^{\mathrm{T}}\boldsymbol{f}_1\mathrm{d}V+\int_{S_{1\sigma}}\boldsymbol{N}_{u1}^{\mathrm{T}}\overline{\boldsymbol{t}}_1\mathrm{d}S\\ &\boldsymbol{P}_2^e=\int_{V_2^e}\boldsymbol{N}_{u2}^{\mathrm{T}}\boldsymbol{f}_2\mathrm{d}V+\int_{S_{2\sigma}}\boldsymbol{N}_{u2}^{\mathrm{T}}\overline{\boldsymbol{t}}_2\mathrm{d}S\end{aligned}\right\} \tag{12.88}$$

值得注意的是，上述方程的推导过程中，$\boldsymbol{\lambda}$ 和插值函数 $\boldsymbol{N}_\lambda$ 只在界面上定义。该方法可以扩展到多个子域的情况。也可以建立受拉格朗日乘子约束的变分原理，通过如下泛函的驻值条件得到方程(12.83)~(12.85)：

$$\Pi = \sum_{i=1}^{2}\left[\frac{1}{2}\int_{V_i}(\boldsymbol{L}\boldsymbol{u}_i)^{\mathrm{T}}\boldsymbol{D}_i\boldsymbol{L}\boldsymbol{u}_i\mathrm{d}V - \int_{V_i}\boldsymbol{u}_i^{\mathrm{T}}\boldsymbol{f}_i\mathrm{d}V - \int_{S_\sigma^i}\boldsymbol{u}_i^{\mathrm{T}}\bar{\boldsymbol{t}}_i\mathrm{d}S\right] + \int_{S_I}\boldsymbol{\lambda}^{\mathrm{T}}(\boldsymbol{u}_2 - \boldsymbol{u}_1)\mathrm{d}S \tag{12.89}$$

这一方法还可以用于在单变量位移场问题中施加位移边界条件，而不把位移边界条件作为强制边界条件。对于单变量情况，虚功原理的弱形式可写成

$$\int_V \delta(\boldsymbol{L}\boldsymbol{u})\boldsymbol{D}\boldsymbol{L}\boldsymbol{u}\mathrm{d}V - \int_{S_u}\delta\boldsymbol{u}^{\mathrm{T}}\boldsymbol{\lambda}\mathrm{d}S - \int_V \delta\boldsymbol{u}^{\mathrm{T}}\boldsymbol{f}\mathrm{d}V - \int_{S_\sigma}\delta\boldsymbol{u}^{\mathrm{T}}\bar{\boldsymbol{t}}\mathrm{d}S = 0 \tag{12.90}$$

事实上式中 $\boldsymbol{\lambda}$ 为给定位移边界 S_u 上的约束力，位移边界条件可表达为

$$\int_{S_u}\delta\boldsymbol{\lambda}(\boldsymbol{u} - \bar{\boldsymbol{u}})\mathrm{d}S = 0 \tag{12.91}$$

将插值式

$$\boldsymbol{u} = \boldsymbol{N}_u\boldsymbol{u}^e,\quad \boldsymbol{\lambda} = \boldsymbol{N}_\lambda\boldsymbol{\lambda}^e \tag{12.92}$$

代入式(12.90)和式(12.91)可得

$$\begin{bmatrix}\boldsymbol{K}^e & \boldsymbol{Q}^e\\ \boldsymbol{Q}^{e\mathrm{T}} & \boldsymbol{0}\end{bmatrix}\begin{bmatrix}\boldsymbol{u}^e\\ \boldsymbol{\lambda}^e\end{bmatrix} = \begin{bmatrix}\boldsymbol{P}_1^e\\ \boldsymbol{P}_2^e\end{bmatrix} \tag{12.93}$$

$$\left.\begin{aligned}&\boldsymbol{K}^e = \int_{V^e}\boldsymbol{B}^{\mathrm{T}}\boldsymbol{D}\boldsymbol{B}\mathrm{d}V,\quad \boldsymbol{Q}^e = -\int_{S_u^e}\boldsymbol{N}_u^{\mathrm{T}}\boldsymbol{N}_\lambda\mathrm{d}S\\ &\boldsymbol{P}_1^e = \int_{V^e}\boldsymbol{N}_u^{\mathrm{T}}\boldsymbol{f}\mathrm{d}V + \int_{S_\sigma^e}\boldsymbol{N}_u^{\mathrm{T}}\bar{\boldsymbol{t}}\mathrm{d}S,\quad \boldsymbol{P}_2^e = \int_{S_u^e}\boldsymbol{N}_\lambda^{\mathrm{T}}\bar{\boldsymbol{u}}\mathrm{d}S\end{aligned}\right\} \tag{12.94}$$

当边界条件难以得到精确满足时，采用这种公式施加给定的位移边界条件非常方便。上述公式利用虚功原理导出，也可以建立受拉格朗日乘子约束的变分原理，通过如下泛函的驻值条件得到上述方程：

$$\Pi = \frac{1}{2}\int_V(\boldsymbol{L}\boldsymbol{u})^{\mathrm{T}}\boldsymbol{D}\boldsymbol{L}\boldsymbol{u}\mathrm{d}V - \int_V\boldsymbol{u}^{\mathrm{T}}\boldsymbol{f}\mathrm{d}V - \int_{S_\sigma}\boldsymbol{u}^{\mathrm{T}}\bar{\boldsymbol{t}}\mathrm{d}S + \int_{S_u}\lambda^{\mathrm{T}}(\boldsymbol{u} - \bar{\boldsymbol{u}})\mathrm{d}S \tag{12.95}$$

12.7　小结

如果描述物理问题的场方程中的未知量都不能消去，即都是独立的变量，则称该微分方程组为不可约型；如果未知量中的某些变量可以消去，则微分方程称为混合型。对不可约型微分方程组进行有限元离散得到的有限元方程称为不可约型有限元方程，如以位移为基本变量的弹性力学有限元方程。反之，对混合型方程进行有限元离散得到混合型有限元方程。如同时以温度和热流密度作为基本变量的混合型热传导有限元方法，以及同时以位移、应变和应力为基本变量的混合型弹性力学有限元方程。采用混合型有限元方

程可以得到各种变量更高阶的精度，但同时带来占用内存多、计算效率较低的缺点。

混合型有限元方程的系数矩阵通常包含零对角元素，因而不适合采用 Gauss 消元法，通常采用迭代算法进行求解。

习题

12.1 什么是微分方程的不可约形式？什么是混合形式？分别写出弹性力学问题以位移为独立变量的不可约形式，以位移和应变为独立变量的混合形式，以位移、应变和应力同时为独立变量的混合形式。

12.2 混合型和不可约型有限元方法各有什么特点？

12.3 什么是不可压缩材料？采用常规的位移法求解不可压缩问题时有何困难？

12.4 式(12.7)是以热流密度为独立变量的热传导不可约形式，该方程通过引入罚参数 α 消去温度变量，这种方法又称为罚方法。试推导相应的有限元格式。

12.5 图示为中心处带圆孔的平板处于平面应力状态。圆孔的直径为 $D=10$ mm，板宽度为 $W=50$ mm，长度为 $L=80$ mm，厚度为 $t=1$ mm。材料的弹性模量为 200 GPa，泊松比取 0.49。在板的两端施加均布载荷 $q=10$ N/mm。利用自己编写的有限元程序或商用有限元软件，分别用三角形 3 结点单元和四边形 4 结点单元计算其变形和应力。

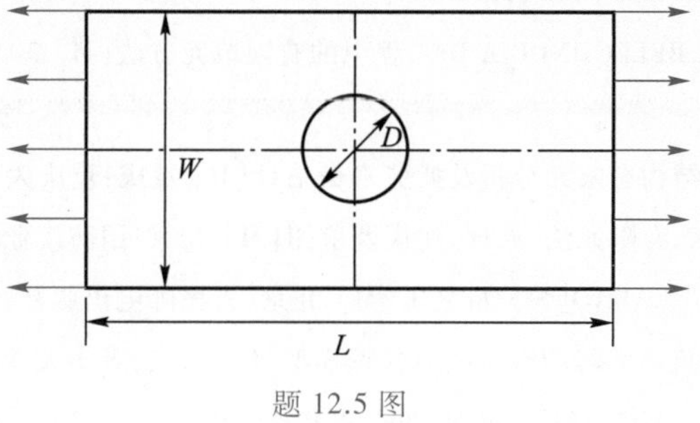

题 12.5 图

参考答案 A12

参考文献

[1] 比安什,福泰勒,埃戴.传热学[M].王晓东,译.大连:大连理工大学出版社,2008.

[2] AUTAR K K.Mechanics of Composite Materials[M].2nd ed.New York:Taylor & Francis Group,2006.

[3] BARBERO E J.Introduction to Composite Materials Design[M].2nd ed.New York:Taylor & Francis Group, 2011.

[4] BARBERO E J.Finite Element Analysis of Composite Materials Using ABAQUS[M].New York:Taylor & Francis Group,2013.

[5] BATHE K J.Finite Element Procedures[M].2nd ed.[S.l.]:Prentice Hall,Pearson Education Inc.,2014.

[6] CHANDRUPATLA T R,BELEGUNDU A D.Introduction to Finite Elements in Engineering[M].4th ed. [S.l.]:Person,China Machine Press,2013.

[7] CHANDRUPATLA T R,BELEGUNDU A D.工程中的有限单元方法[M].3 版.曾攀,译.北京:清华大学出版社,2006.

[8] 邓华超.某轿车白车身结构有限元分析及疲劳寿命估计[D].重庆:重庆大学,2016.

[9] 杜平安,甘娥忠,于亚婷.有限元法:原理、建模及应用[M].北京:国防工业出版社,2004.

[10] 江丙云,孔祥宏,树西,等.ABAQUS 分析之美[M].北京:人民邮电出版社,2018.

[11] 林翔.基于数值模拟和机器学习的汽车碰撞代理模型[D].重庆:重庆大学,2016.

[12] LIU G R,QUEK S S.The Finite Element Method:A Practical Course[M].[S.l.]:Butterworth-Heinemann, 2003.

[13] LOGAN D L.有限元方法基础教程[M].5 版.张荣华,王蓝婧,李继荣,等,译.北京:电子工业出版社, 2014.

[14] 罗伟.异型坯连铸过程中结晶器铜板及铸坯热力行为数值模拟研究[D].重庆:重庆大学,2012.

[15] LUO W,YAN B,XIONG Y X,et al.Improvement to Secondary Cooling Scheme for Beam Blank Continuous Casting[J].Ironmaking and Steelmaking,2012,39(2):125-132.

[16] LUO W,YAN B,LU X,et al.Improvement of Water Slot Design for Beam Casting Mould[J].Ironmaking and Steelmaking,2013,40(8):582-589.

[17] ONATE E.Structural Analysis with the Finite Element Method Linear Statics:Vol.2 Beams,Plates and Shells [M] [S.l.]:Springer,2013.

[18] 青绍平,严波,彭晓华,等.整体式钢包回转台静动态有限元分析[J].连铸,2009,4:20-23.

[19] 沈观林,胡更开,刘彬.复合材料力学[M].2 版.北京:清华大学出版社,2013.

[20] 王勖成.有限单元法[M].北京:清华大学出版社,2003.

[21] 吴家龙.弹性力学[M].3 版.北京:高等教育出版社,2016.

[22] 徐芝纶.弹性力学:上册,下册[M].5 版.北京:高等教育出版社,2016.

[23] 张雄,王天舒.计算动力学[M].北京:清华大学出版社,2007.

[24] ZHAO Y,YAN B,CHEN C,et al.Parameter Study on Dynamic Characteristics of Turbogenerator Stator End Winding[J].IEEE Transactions on Energy Conversion,2014,29(1):129-137.

[25] ZIENKIEWICZ O C,TAYLOR R L.有限元方法:第 1 卷,基本原理[M].5 版.曾攀,等,译.北京:清华大学出版社,2008.

[26] ZIENKIEWICZ O C,TAYLOR R L.有限元方法:第 2 卷,固体力学[M].5 版.庄茁,等,译.北京:清华大学出版社,2006.

[27] ZIENKIEWICZ O C,TAYLOR R L.The Finite Element Method:Vol.1 The Basis[M].6th ed.[S.l.],[S.n.],2005.

[28] ZIENKIEWICZ O C,TAYLOR R L.The Finite Element Method:Vol.2 Solid Mechanics[M].6th ed.[S.l.],[S.n.],2005.

[29] 朱伯芳.有限单元法原理与应用[M].2 版.北京:中国水利水电出版社,1998.

郑重声明